APP智能手机UI创意美化设计

Photoshop CC版

王红卫 等编著

U0200167

机械工业出版社
China Machine Press

图书在版编目（CIP）数据

APP智能手机UI创意美化设计：Photoshop CC版 /王红卫等编著. —北京：机械工业出版社，2016.1

ISBN 978-7-111-51922-5

Ⅰ. ①A… Ⅱ. ①王… Ⅲ. ①移动电话机－人机界面－程序设计②图像处理软件 Ⅳ. ①TN929.53②TP391.41

中国版本图书馆CIP数据核字（2015）第255575号

随着智能设备的飞速发展，移动设备APP界面设计领域如火如荼，人们追求APP界面设计的炫酷与个性化，企业希望通过APP界面设计为产品营销服务，越来越多的人从事移动设备APP界面设计与开发。

本书由手机APP界面设计经验丰富的作者精心编写，从最基础的设计知识入手，讲解了APP界面设计原理、设计中的元素、制作方法以及应用，并对手机APP界面设计中的各种流行风格做了细致解读；最后通过几个成熟的设计案例让读者理解手机APP界面设计的精华，巩固前面所学的内容，快速成为手机APP界面设计领域里的“大牛”。

本书附赠一张DVD多媒体光盘，收录了本书中所有的实例素材和源文件，以及所有实例的多媒体视频语音讲解，既适用于手机APP界面设计的初学者，也可作为平面设计师和智能手机APP开发人员的参考用书。

APP智能手机UI创意美化设计（Photoshop CC版）

出版发行：机械工业出版社（北京市西城区百万庄大街22号 邮政编码：100037）

责任编辑：夏非彼 迟振春

印　　刷：中国电影出版社印刷厂　　版　　次：2016年1月第1版第1次印刷

开　　本：170mm×242mm 1/16　　印　　张：27

书　　号：ISBN 978-7-111-51922-5　　定　　价：89.00元（附光盘）

ISBN 978-7-89405-907-9（光盘）

凡购本书，如有缺页、倒页、脱页，由本社发行部调换

客服热线：（010）88379426 88361066　　投稿热线：（010）88379604

购书热线：（010）68326294 88379649 68995259　　读者信箱：hzit@hzbook.com

版权所有·侵权必究

封底无防伪标均为盗版

本书法律顾问：北京大成律师事务所 韩光/邹晓东

前　言

随着移动智能设备的普及，安卓系统的智能手机、苹果公司 iOS 的智能设备，以及快速发展的 Windows Phone 智能手机系统，正飞速地改变人们的生活方式。这些智能设备有一个共同的特点——将繁琐的实体按键操作改为全触摸屏式操作。APP 界面设计伴随着智能设备的高速发展受到越来越多人的青睐，屏幕大了，功能变多了，对 APP 界面设计的要求也越来越高了。APP 界面设计不仅仅是在满足追求时髦的人的手机炫酷，也成为企业宣传服务的一把利刃。鉴于此，APP 应用公司越来越重视界面设计的个性化、时尚化与服务化。

本书汇集作者在手机 APP 界面设计的丰富经验，详细讲解 APP 手机界面设计知识，从写实到新潮，从质感到流行，从图标到整体商业案例系统，手把手教您 APP 界面创意设计，帮您轻松打开手机 APP 界面设计这扇窗，自由自在地翱翔在手机 APP 界面设计的蓝天上。

通过阅读本书，读者可以快速了解到以下内容：

- 快速认识并了解UI设计
- 学会制作常见的登录页和登录框
- 学会制作写实APP图标
- 快速掌握iOS新潮扁平风的设计技法
- 学会质感APP的表现手法
- 熟练掌握制作流行风图标的方法
- 掌握真正的手机APP界面商业案例设计的技巧

本书采用最新版 Photoshop CC 制作和讲解，让您在第一时间领略 Photoshop 最新版本的精彩之处。同时本书并不局限于软件版本，同样适合于 CS、CS2、CS3、CS4、CS5、CS6 版本，所以读者完全不用担心会被软件版本所困扰。

本书特色如下：

1. 从简单到复杂、从基础到专业、从理论到实践，从写实、质感、扁平风到简约流行风再到商业案例实战，一步步教读者认识手机 APP 界面设计知识的同时，掌握真正的设计精髓。

2. 在讲解过程中会加入相关内容提示，让大家在学习的过程中避免犯下小错误的同时将学到的知识举一反三。

3. 更加贴近读者的生活，在讲解中大量采用生活中常见的界面设计风格，并追随最前沿的设计潮流，启发设计灵感，让读者在设计过程中收获更多、掌握更多。

4．较强的实用性与理论性的完美结合，本书的实例都列出了详细的制作过程和理论知识，无论是刚接触设计的菜鸟还是已经熟练掌握设计软件的大鸟都可以快速入门并上手。

本书主要由王红卫编写，张四海、余昊、贺容、王英杰、崔鹏、桑晓洁、王世迪、吕保成、蔡桢桢、王红启、胡瑞芳、王翠花、夏红军、李慧娟、杨树奇、陈家文、王香、杨曼、马玉旋、张田田、谢颂伟、张英、石珍珍、陈志祥也参与了本书的编写。由于时间仓促，水平所限，错误在所难免，敬请广大读者批评指正。

编 者

2015 年 12 月

光盘使用说明

光盘操作

1. 将光盘插入光驱后，系统将自动运行本光盘中的程序，首先启动如图1所示的“主界面”画面。

提示：如果没有自动运行，可在光盘中双击start.exe图标运行该光盘。

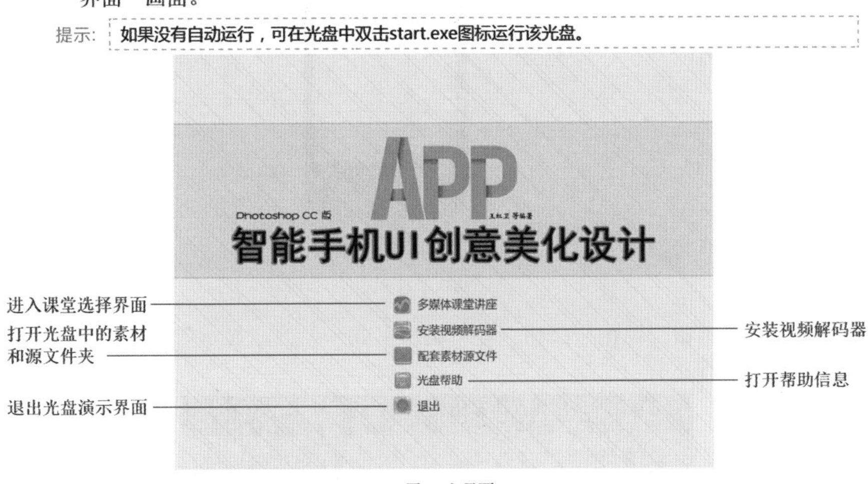

图1　主界面

2. 在主界面中单击某个选项标题，即可进入不同的界面。如果想进入多媒体教学界面，可以单击 多媒体课堂讲座，打开如图2所示的“章节选择界面”。

图2　章节选择界面

3. 在“章节选择界面”中单击某个案例标题，即可进入该案例视频界面进行学习，比如单击 7.1 卓云安全大师界面，打开如图3所示的界面。

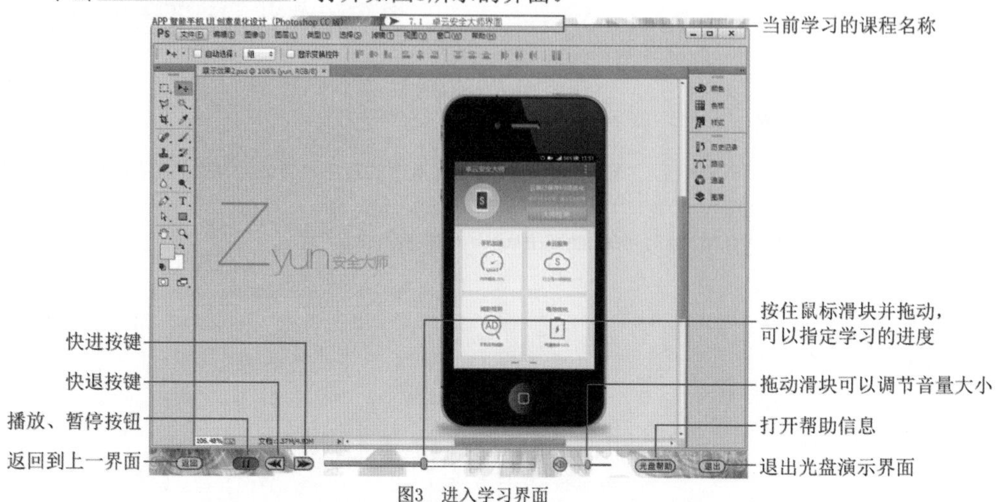

图3　进入学习界面

4. 在任意界面中单击“退出”按钮，即可退出多媒体学习，显示如图4所示的界面，将完全结束程序运行。

图4　退出界面

运行环境

本光盘可以运行于Windows 2000/XP/Vista/7的操作系统下。

注意：本书配套光盘中的文件，仅供学习和练习时使用，未经许可不能用于任何商业行为。

使用注意事项

1. 本教学光盘中所有视频文件均采用TSCC视频编码进行压缩，如果发现光盘中的视频不能正确播放，请在主界面中单击“安装视频解码器”按钮，安装解码器后再运行本光盘，即可正确播放视频文件了。
2. 放入光盘，程序将自动运行，或者执行Start.exe文件。
3. 本程序运行最佳屏幕分辨率为1024×768，否则将出现意想不到的错误。

技术支持

对本书及光盘中的任何疑问和技术问题，可发邮件至：smbook@163.com与作者联系。

目 录

配书光盘说明

一、光盘操作如下

1.将光盘插入光驱后，系统将自动运行本光盘中的程序，首先启动如图1所示的“主界面”画面。

图1 主界面

2.在主界面中，单击某个选项标题，即可进入不同的界面中，如果想进入多媒体教学界面，可以单击 按钮，打开如图2所示的“章节选择界面”。

开启界面设计这扇窗

内容摘要

本章主要讲解初识界面设计的基本知识，从各专业名词剖析，引导读者逐步迈向界面设计，让零基础的读者通过本章的学习对界面设计有一个全新的认识并为以后的设计界面打下坚实基础，同时本章中采用的名词大多比较容易理解，可以快速掌握。

教学目标

了解手机UI设计相关基本概念
了解各类智能手机操作系统
初识UI界面设计常用的软件
了解屏幕尺寸相关的术语和概念
认识图标格式
掌握低保真与高保真原型设计原理

1.1 手机UI设计相关基本概念

UI 即 User Interface 的简称，中文称之为用户界面，亦指用户界面工程。UI 设计是指建立在用户体验、人机交互基础之上，对各种软件、电子通信设备、应用及网站等界面的设计。界面设计的目的是让使用者在完成自己操作过程之前与操作的对象保持一种简单、有效的交流。

理想的 UI 设计能够让用户在与界面交流的过程中保持一种愉悦、理解、简单、直接的使用体验，所以在设计过程中通过技术功能的实现与视觉、感觉之间找到完美的平衡点，才能做出成功的设计以适应用户的最终需求，同时 UI 设计应当遵循友好、易用、可识别性等原则。

如今，用户界面无所不在，它已经融入到人们的生活、工作和学习当中，从移动电话、平板电脑到工作中必不可少的 PC，甚至汽车、家电等。如图 1.1 所示为各类应用的 UI 界面效果。

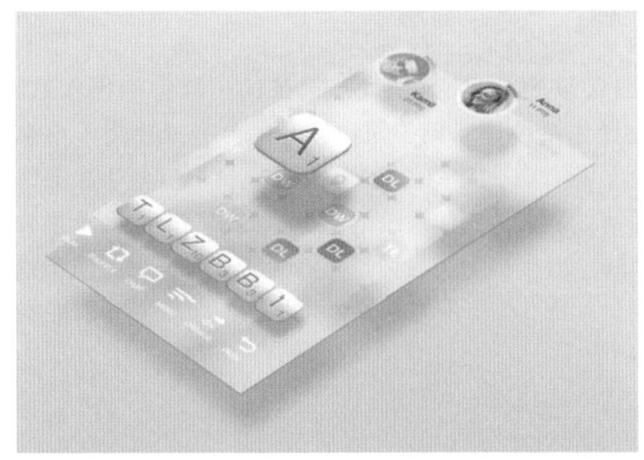

图1.1 各种UI界面效果

1.2 智能手机操作系统有哪些

现今主流的智能手机操作系统主要有 Android、iOS 和 Windows Phone 三类，这三类系统都有各自的特点。

1. Android

Android 中文名称为安卓，Android 是一个基于开放源代码的 Linux 平台衍生而来的操作系统，Android 最初是由一家小型的公司创建，后来被谷歌所收购，它也是当下最为流行的一款智能手机操作系统。其显著特点在于它是一款基于开放源代码的操作系统，这句话可以理解为，相比其他操作系统具有超强的可扩展性。如图 1.2 所示为装载 Android 操作系统的手机。

图1.2 装载Android操作系统的手机

2. iOS

iOS是源自苹果公司Mac机器装载的OS X系统发展而来的一款智能操作系统，目前为止最新为10.10版本，此款操作系统是苹果公司独家开发并且只使用于自家的iPhone、iPod Touch、iPad等设备上。相比其他智能手机操作系统，iOS智能手机操作系统的流畅性、完美的优化及安全等特性是其他操作系统无法比拟的。同时配合苹果公司出色的工业设计，一直以来都以高端、上档次为代名词，不过由于它是采用封闭源代码开发，所以在拓展性上要略显逊色。如图1.3所示为苹果公司生产的装载iOS智能操作系统的设备。

图1.3 装载iOS智能操作系统的设备

3. Windows Phone

Windows Phone（简称WP）是微软发布的一款移动操作系统。由于是初入智能手机市场，所以在份额上暂时无法与安卓及iOS相比，但是正是因为其年轻，所以此款操作系统有很多新奇的功能及操作，同时也是因为源自微软，在与PC端的Windows操作系

统互通性上占有很大的优势。如图 1.4 所示为装载 Windows Phone 的几款智能手机。

图1.4 装载Windows Phone的几款智能手机

1.3 UI界面设计常用的软件

如今 UI 界面设计中常用的主要软件有 Adobe 公司的 Photoshop 和 Illustrator、Corel 公司的 CorelDRAW 等，在这些软件中以 Photoshop 和 Illustrator 最为常用。

1. Photoshop

Photoshop 是 Adobe 公司旗下最为出名的图像处理软件之一，是集图像扫描、编辑修改、图像制作、广告创意、图像输入与输出于一体的图形图像处理软件，深受广大平面设计人员和电脑美术爱好者的喜爱。这款美国 Adobe 公司的软件一直是图像处理领域的巨无霸，在出版印刷、广告设计、美术创意、图像编辑等领域得到了极为广泛的应用。

Photoshop 的专长在于图像处理，而不是图形创作，有必要区分一下这两个概念。图像处理是对已有的位图图像进行编辑加工处理以及运用一些特殊效果，其重点在于对图像的处理加工；图形创作是按照自己的构思创意，使用矢量图形来设计图形，这类软件主要有 Adobe 公司的另一个著名软件 Illustrator 和 Macromedia 公司的 Freehand，不过 Freehand 已经快要淡出历史舞台了。

平面设计是 Photoshop 应用最为广泛的领域，无论是我们正在阅读的图书封面，还是大街上看到的招贴、海报，这些具有丰富图像的平面印刷品，基本上都需要 Photoshop 软件对图像进行处理。

2. Illustrator

Illustrator 是 Adobe 公司推出的专业矢量绘图工具，是出版、多媒体和在线图像的工业标准矢量插画软件。

无论是生产印刷出版线稿的设计者和专业插画家、生产多媒体图像的艺术家，还是互联网页或在线内容的制作者，都会发现 Illustrator 不仅仅是一个艺术产品工具，能适合大部分小型设计到大型的复杂项目。

3. CorelDRAW

CorelDRAW Graphics Suite 是一款由世界顶尖软件公司之一的加拿大 Corel 公司开发的图形图像软件，是集矢量图形设计、矢量动画、页面设计、网站制作、位图编辑、印刷排版、文字编辑处理和图形高品质输出于一体的平面设计软件，深受广大平面设计人员的喜爱，目前主要在广告制作、图书出版等方面得到广泛的应用。功能与其类似的软件有 Illustrator、Freehand。

CorelDRAW 图像软件是一套屡获殊荣的图形图像编辑软件，它包含两个绘图应用程序：一个用于矢量图及页面设计；一个用于图像编辑。这套绘图软件组合带给用户强大的交互式工具，使用户可创作出多种富有动感的特殊效果及点阵图像即时效果，在简单的操作中即可实现，而不会丢失当前的工作。

对于目前刚流行的 UI 界面设计，由于没有具有针对性的专业设计软件，所以大部分设计师会选择使用这 3 款软件来制作 UI 界面，如图 1.5 所示。

图1.5 不同设计软件的界面效果

1.4 屏幕尺寸相关的术语和概念

1. 屏幕尺寸

屏幕的物理尺寸，是以屏幕的对角线长度作为依据并且以英寸为单位。现今主流的手机屏幕尺寸主要有 3.5、4.0、4.7、5.0，更大的有 6.0、7.0 等，大屏幕的手机往往是跨界产品并非主流，而平板电脑常见的屏幕大小主要有 7.0、8.0、9.7、10.1 等。

2. 分辨率

分辨率是指屏幕上拥有像素的总数，像素数量越多就越清晰，分辩率就越高。现在某些平板电脑的屏幕分辨率已经高达 2048px×1536px，这类设备的屏幕相当清晰。

主流的屏幕分辩率如下：

- WVGA854：854px×480px；
- WVGA800：800px×480px；
- HVGA：640px×480px；
- QVGA：320px×240px；
- WQVGA432：432px×240px；
- WQVGA400：400px×240px；
- WXGA：800px×1280px

3. DPI

DPI 是指每英寸的像素，类似于密度，即每英寸图片上的像素点数量，用来表示图片的清晰度，DPI 越高屏幕自然越精细。

4. 屏幕密度

以 Android 系统为例，屏幕密度分为低密度（idpi）、中密度（mdpi）、高密度（hdpi），如表 1 所示表示在不同的密度下图标制作的大小。

表1　不同密度下图标制作的大小

图标类型	标准屏幕尺寸		
	低密度（idpi）	中密度（mdpi）	高密度（hdpi）
Launcher	36px×36px	48px×48px	72px×72px
Menu	36px×36px	48px×48px	72px×72px
Status Bar	24px×24px	32px×32px	48px×48px
Tab	24px×24px	32px×32px	48px×48px
Dialog	24px×24px	32px×32px	48px×48px
List View	24px×24px	32px×32px	48px×48px

表 2 中为 iOS 图标的大小，iOS 设备中的屏幕密度默认为中密度（mdpi），所以并不会像 Android 那样细分，在设计界面的时候只需要按照设备的版本来区分即可。

表2 iOS图标的大小

图标类型	标准屏幕尺寸		
设备	iPhone 4（4s）	iPod touch	iPad
Launcher	114px×114px	57px×57px	72px×72px
设备	29px×29px	29px×29px	29px×29px
spotlight	29px×29px	29px×29px	50px×50px
App store	512px×512px	512px×512px	512px×512px

相比 Android 和 iOS 设备，Windows Phone 的图标就十分简单了，如表 3 所示是 Windows Phone 7 系统中的图标尺寸。

表3 Windows Phone 7系统中的图标尺寸

图标类型	标准屏幕尺寸
应用工具栏	48px×48px
菜单图标	173px×73px

提示

各名词释义：Launcher为程序启动器，Menu为菜单，Status Bar为状态栏，Tab为切换，Dialog为对话框，List View为列表视图。

- px（Pixels，像素）：对应屏幕上的实际像素点。
- in（Inches，英寸）：屏幕物理长度单位。
- mm（Millimeters，毫米）：屏幕物理长度单位。
- pt（Points，磅）：屏幕物理长度单位，1/72in。
- dp（与密度无关的像素）：逻辑长度单位，比如在 160 dpi 屏幕上，1dp=1px=1/160in。随着密度变化，对应的像素数量也变化。

1.5 界面设计常见图标格式

界面设计常用的格式主要有以下几种。

1. JPEG

JPEG 格式是一种位图文件格式，JPEG 的缩写是 JPG，JPEG 几乎不同于当前使用的任何一种数字压缩方法，它无法重建原始图像。由于 JPEG 优异的品质和杰出的表现，因此应用非常广泛，特别是在网络和光盘读物上。目前各类浏览器均支持 JPEG 这种图像格式，因为 JPEG 格式的文件尺寸较小，下载速度快，使得网页有可能以较短的下载

时间提供大量美观的图像，JPEG 同时也就顺理成章地成为网络上最受欢迎的图像格式，但是不支持透明背景。

2. GIF

GIF（Graphics Interchange Format）的原义是“图像互换格式”，是 CompuServe 公司在 1987 年开发的图像文件格式。GIF 文件的数据，是一种基于 LZW 算法的连续色调的无损压缩格式，其压缩率一般在 50% 左右，它不属于任何应用程序。目前几乎所有相关软件都支持它，公共领域有大量的软件在使用 GIF 图像文件。GIF 图像文件的数据是经过压缩的，而且是采用了可变长度等压缩算法。GIF 格式的另一个特点是其在一个 GIF 文件中可以存多幅彩色图像，如果把存于一个文件中的多幅图像数据逐幅读出并显示到屏幕上，就可构成一种最简单的动画。GIF 格式自 1987 年由 CompuServe 公司引入后，因其体积小而成像相对清晰，特别适合于初期慢速的互联网，而因此大受欢迎。支持透明背景显示，可以以动态形式存在，制作动态图像时会用到这种格式。

3. PNG

PNG 图像文件存储格式，其目的是试图替代 GIF 和 TIFF 文件格式，同时增加一些 GIF 文件格式所不具备的特性。可移植网络图形格式（Portable Network Graphic Format，PNG）名称来源于非官方的“PNG's Not GIF”，是一种位图文件（bitmap file）存储格式，读成“ping”。PNG 用来存储灰度图像时，灰度图像的深度可多到 16 位，存储彩色图像时，彩色图像的深度可多到 48 位，并且还可存储多到 16 位的 α 通道数据。PNG 使用从 LZ77 派生的无损数据压缩算法，因其压缩比高，生成文件质量小，一般应用于 JAVA 程序，如图 1.6 所示为 3 种不同格式的显示效果。

图1.6 3种不同格式的显示效果

1.6 低保真与高保真原型设计

低保真原型设计是对产品原始大体框架的一个模拟，它停留在产品的外部特征和功能构架上，可以通过简单的设计工具快速制作出来，主要表现最初的设计概念和思路，最常用的方法就是利用铅笔、草图等工具绘制线框图来表达最初的设计框架。如图 1.7 所示为低保真原型的线框图。

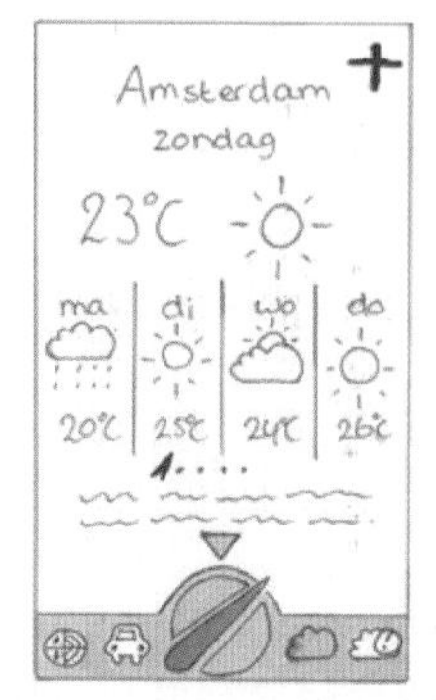

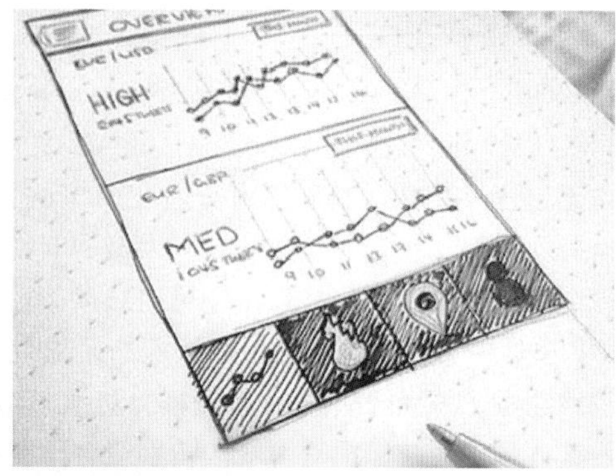

图1.7 低保真原型的线框图

高保真原型设计是全部功能及完整互动的原型设计，它可以展示产品 / 界面主要或全部的功能和工作流程，与用户之间具有完全的互动性。高保真原型的设计是建立在低保真原型设计的基础之上的，在进行设计的时候会以原始的低保真原型为基础。如图 1.8 所示为高保真原型设计的效果。

图1.8 高保真原型设计的效果

低保真到高保真原型设计图释如图 1.9 所示。

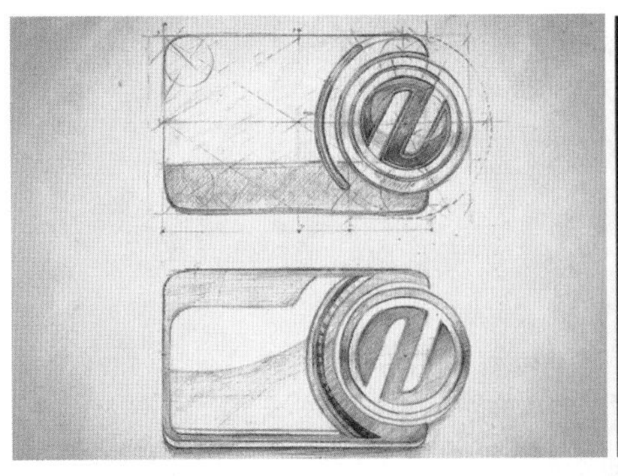

图1.9 低保真到高保真原型设计图释

提示

无论是低保真原型设计还是高保真原型设计，都是建立在得到设计主题才会开始设计的，这也是一整套UI界面设计的最终流程。

1.7 色彩基础知识

在五彩缤纷的大千世界里，人们可以感受到纷繁复杂的色彩，比如天空、草原、花朵等都有它们各自的色彩。对于一名设计师来说，要设计出好的作品，必须学会在作品中灵活、巧妙地运用色彩，使作品达到艺术表现效果，需要掌握色彩的基础知识，下面就来详细讲解这些知识。

1. 三原色

原色又称为基色，三基色（三原色）是指红（R）、绿（G）、蓝（B）三色，是调配其他色彩的基本色。原色的色纯度最高、最纯净、最鲜艳，可以调配出绝大多数色彩，而其他颜色不能调配出三原色，如图 1.10 所示。

加色三原色基于加色法原理。人的眼睛是根据所见光的波长来识别颜色的。可见光谱中的大部分颜色由三种基本色光按不同的比例混合而成，这三种基本色光的颜色就是红（Red）、绿（Green）、蓝（Blue）三原色光。这三种光以相同的比例混合且达到一定的强度，就呈现白色；若三种光的强度均为零，就是黑色，这就是加色法原理。加色法原理被广泛应用于电视机、监视器等主动发光的产品中。

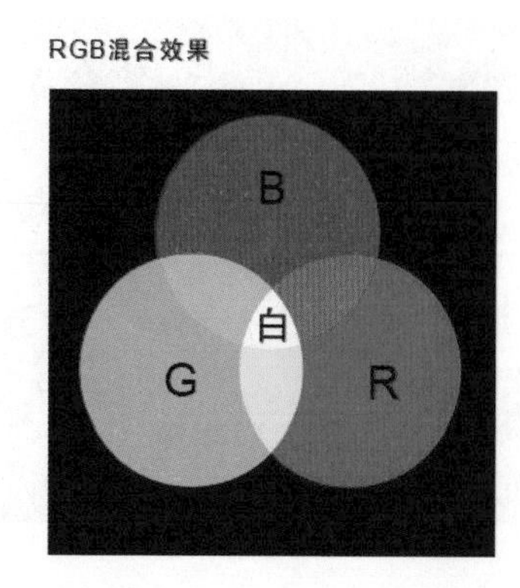

图1.10 三原色及色标样本

减色原色是指一些颜料，当按照不同的组合将这些颜料添加在一起时，可以创建一个色谱。减色原色基于减色法原理，与显示器不同，在打印、印刷、油漆、绘画等靠介质表面的反射被动发光的场合，物体所呈现的颜色是光源中被颜料吸收后所剩余的部分，所以其成色的原理叫做减色法原理。打印机使用减色原色（青色、洋红色、黄色和黑色颜料）并通过减色混合来生成颜色。减色法原理被广泛应用于各种被动发光的场合。在减色法原理中的三原色颜料分别是青（Cyan）、品红（Magenta）和黄（Yellow），如图 1.11 所示。通常所说的 CMYK 模式就是基于这种原理。

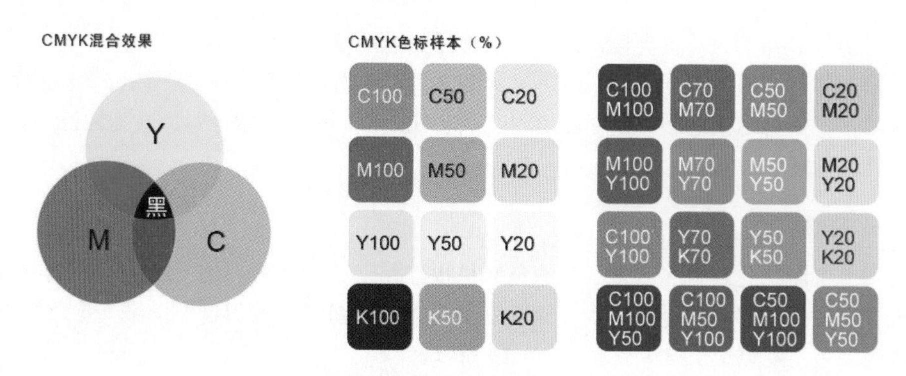

图1.11 CMYK混合效果及色标样本

2. 色彩的分类

色彩从属性上分，一般可分为无彩色和有彩色两种。

（1）无彩色

无彩色是指白色、黑色和由黑、白两色相互调和而形成的各种深浅不同的灰色系列，即反射白光的色彩。从物理学的角度看，它们不包括在可见光谱之中，故能称之为无彩色。

无彩色按照一定的变化规律，可以排成一系列。由白色渐变到浅灰、中灰到黑色，色度学上称此为黑白系列。黑白系列中由白到黑的变化，可以用一条水平轴表示，一端为白，一端为黑，中间有各种过渡的灰色，如图 1.12 所示。

无彩色系中的所有颜色只有一种基本性质，即明度。它们不具备色相和纯度的性质，也就是说它们的色相和纯度从理论上来说都等于零。明度的变化能使无彩色系呈现出梯度层次的中间过渡色，色彩的明度可用黑白度来表示，越接近白色，明度越高；越接近黑色，明度越低。无彩色设计示例如图 1.13 所示。

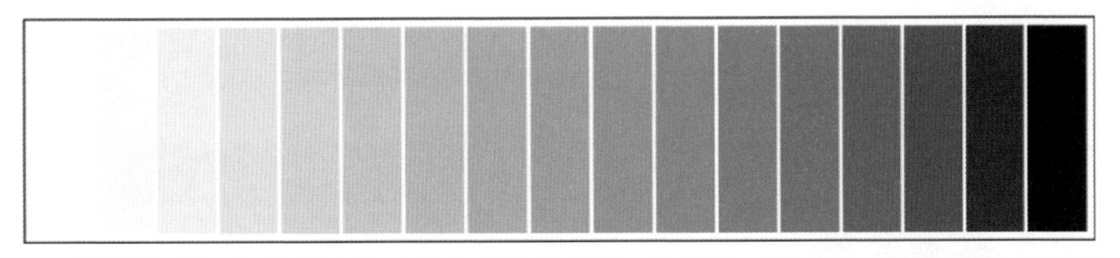

黑与白是时尚风潮的永恒主题，强烈的对比和脱俗的气质，无论是极简，还是花样百出，都能创造出十分引人注目的设计风格。极简的黑与白，还可以表现出新意层出的设计。在极简的黑白主题色彩下，加入极精致的搭配，品质在细节中得到无限升华，使作品更加深入人心。

图1.12 无彩色过渡效果

图1.13 无彩色设计示例效果

（2）有彩色

有彩色是指包括在可见光谱中的全部色彩，有彩色的物理色彩有 6 种基本色：红、橙、黄、绿、蓝、紫。基本色之间不同量的混合、基本色与无彩色之间不同量的混合所产生的色彩都属于有彩色系。有彩色是由光的波长和振幅决定的，波长决定色相，振幅决定色调。这 6 种基本色中，一般称红、黄、蓝为三原色；橙（红加黄）、绿（黄加蓝）、紫（蓝加红）为间色。从中可以看到，这 6 种基本色的排列中原色总是间隔一个间色，所以只需要记住基本色就可以区分原色和间色，如图 1.14 所示。

有彩色具有色相、明度、饱和度（也称彩度、纯度、艳度）的变化，色相、明度、饱和度是色彩最基本的三要素，在色彩学上也称为色彩的三属性。将有彩色系按顺序排成一个圆形，这便成为色相环，即色环。色环对于了解色彩之间的关系具有很大的作用，有彩色设计示例如图 1.15 所示。

大自然的无形之手给我们展示一个色彩缤纷的世界，千变万化的色彩搭配令人着迷。

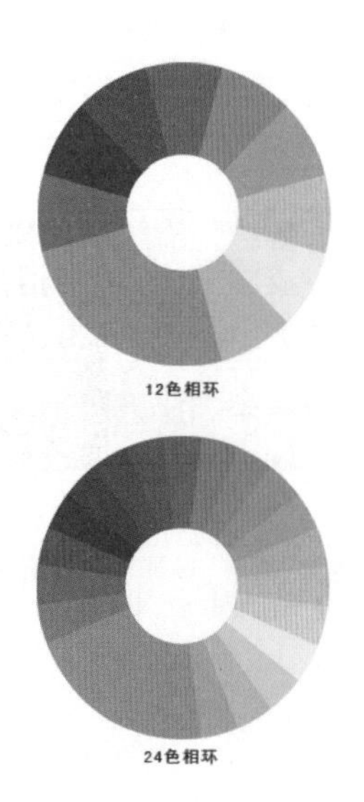

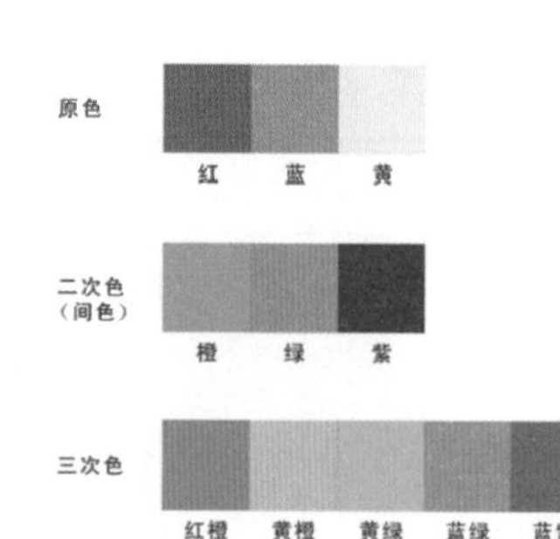

说明：

- 色相环是由原色、二次色（也叫间色）和三次色组合而成 。
- 色相环中的三原色（红、黄、蓝），在环中形成一个等边三角形。
- 二次色（橙、紫、绿）处在三原色之间，形成另一个等边三角形。
- 红橙、黄橙、黄绿、蓝绿、蓝紫、红紫这6种颜色为三次色，三次色是由原色和二次色混合而成。

图1.14 有彩色效果

图1.15 有彩色设计示例

3. 色彩概念

在平面设计中，经常接触到有关图像的色相（Hue）、明度（Brightness ）和饱和度（Saturation）的色彩概念，从 HSB 颜色模型中可以看出这些概念的基本情况，如图 1.16 所示。

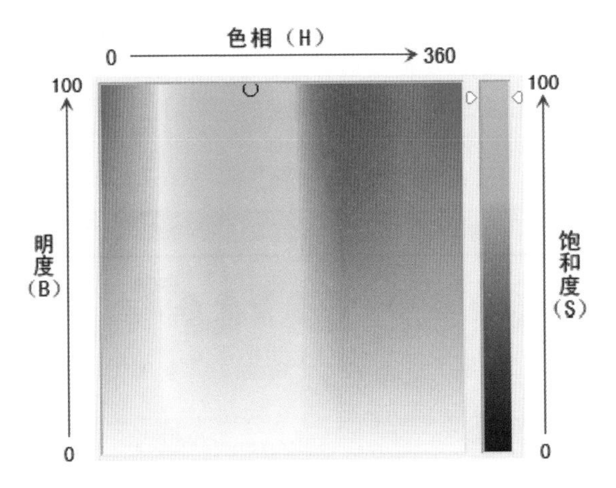

图1.16 HSB颜色模型

4. 色相

色相是指各类色彩的相貌称谓，是区别色彩种类的名称，如红、黄、绿、蓝、青等都代表一种具体的色相。色相是一种颜色区别于其他颜色最显著的特性，在 0~360° 的标准色环上，按位置度量色相，如图 1.17 所示。色相体现着色彩外向的性格，是色彩的灵魂。

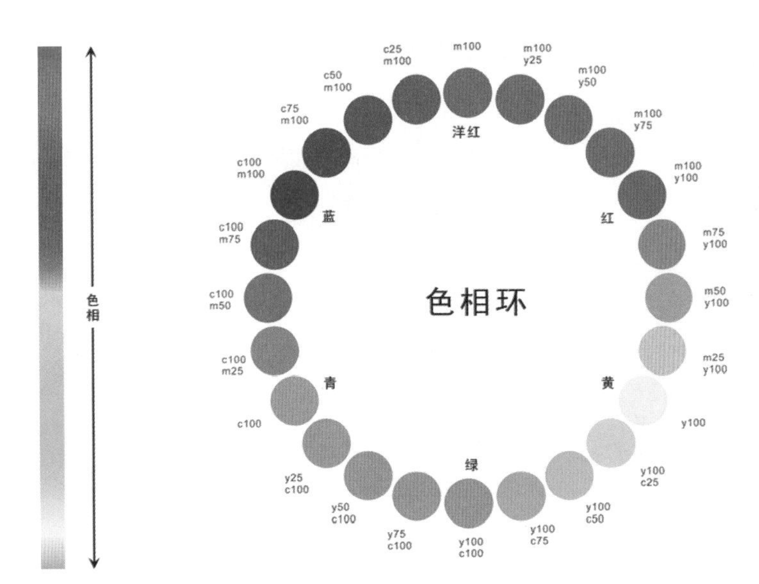

图1.17 色相及色相环

因色相不同而形成的色彩对比叫色相对比。以色相环为依据，颜色在色相环上的距离远近决定色相的强弱对比；距离越近，色相对比越弱；距离越远，色相对比越强烈，如图 1.18 所示。

色相对比一般包括对比色对比、互补色对比、邻近色对比和同类色对比，这些对比中互补色对比是最强烈鲜明的，比如黑白对比就是互补对比；而同类色对比是最弱的对比，同类色对比是同一色相里的不同明度和纯度的色彩对比，因为它是距离最小的色相，属于模糊难分的色相。色相设计示例如图 1.19 所示。

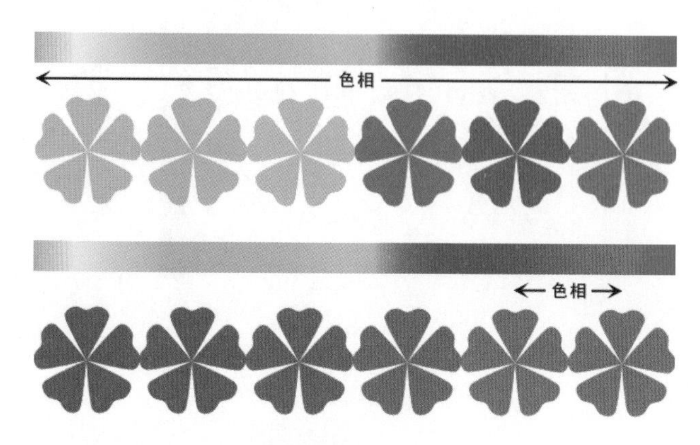

图1.18 色相对比效果

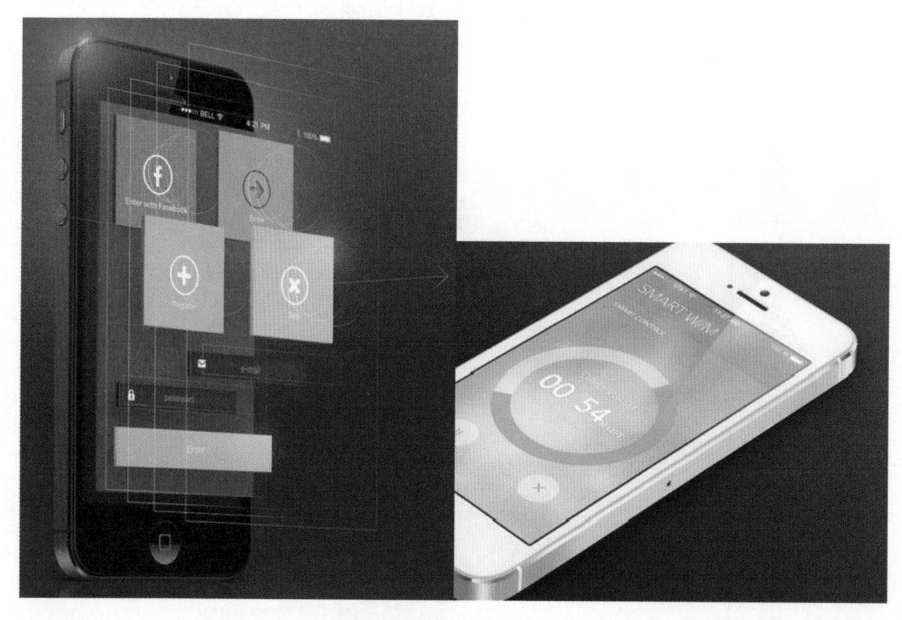

图1.19 色相设计示例

5. 明度

明度指的是色彩的明暗程度。有时也可称为亮度或深浅度。在无彩色中，最高明度为白色，最低明度为黑色。在有彩色中，任何一种色相中都有着一个明度特征。不同色相的明度也不同，黄色明度最高，紫色明度最低。任何一种色相如果加入白色，都会提高明度，白色成分越多，明度也就越高；任何一种色相如果加入黑色，明度相对降低，

黑色越多，明度越低，如图 1.20 所示。

明度是全部色彩都有的属性，明度关系是搭配色彩的基础。在设计中，明度最适合表现物体的立体感与空间感。

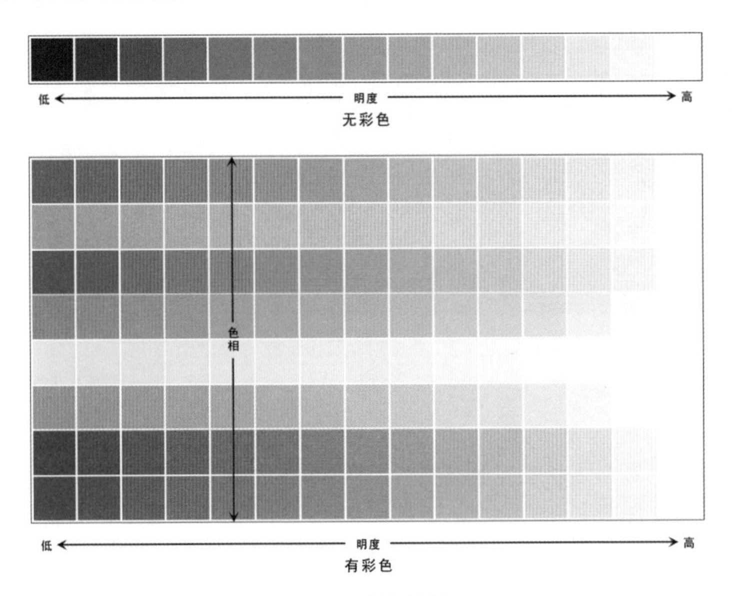

图1.20 明度效果

色相之间由于色彩明暗差别而产生的对比，称为明度对比，有时也叫黑白度对比。色彩对比的强弱决定与明度差别大小，明度差别越大，对比越强；明度差别越小，对比越弱。利用明度的对比可以很好地表现色彩的层次与空间关系。

明度对比越强的色彩最明快、清晰，最具有刺激性；明度对比处于中等的色彩刺激性相对小些，表现比较明快，通常用在室内装饰、服装设计和包装设计上；而处于最低等的明度对比不具备刺激性，多使用在柔美、含蓄的设计中。如图 1.21 所示为明度对比及设计应用。

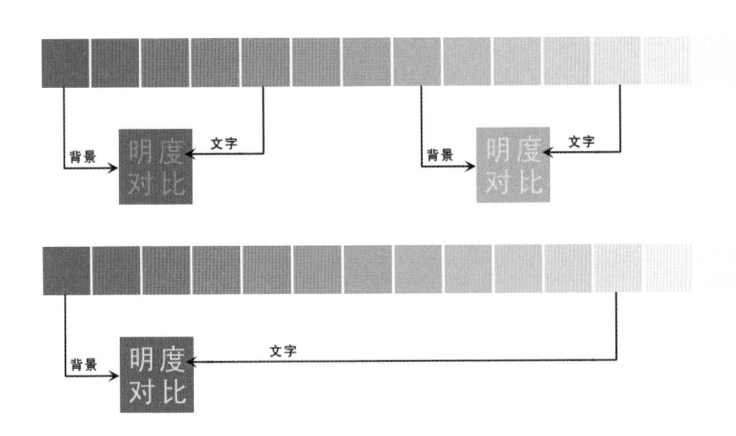

以单色为主色系，充分运用不同明度表现作品，使作品色彩分布平衡、颜色统一和谐、层次简洁分明。

图1.21 明度对比及设计应用

6. 饱和度

饱和度是指色彩的强度或纯净程度，也称彩度、纯度、艳度或色度。对色彩的饱和度进行调整也就是调整图像的彩度。饱和度表示色相中灰色分量所占的比例，它使用从0%（灰色）至 100% 的百分比来度量，当饱和度降低为 0 时，则会变成一个灰色图像，增加饱和度会增加其彩度。在标准色轮上，饱和度从中心到边缘递增。饱和度受到屏幕亮度和对比度的双重影响，一般亮度好对比度高的屏幕可以得到很好的饱和度，如图 1.22 所示。

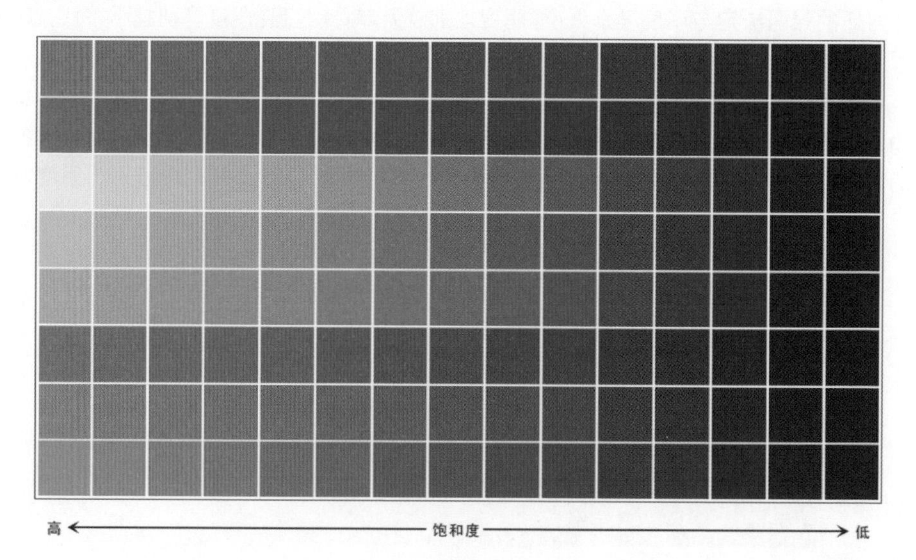

图1.22 饱和度效果

色相之间因饱和度的不同而形成的对比叫纯度对比。很难划分高、中、低纯度的统一标准，笼统的可以这样理解，将一种颜色（比如红色）与黑色相混成 9 个等差级别，

1~3 为低纯度色，4~6 为中纯度色，7~9 为高纯度色。

纯度相近的色彩对比，如 3 级以内的对比叫纯度弱对比，纯度弱对比的画面视觉效果比较弱，形象的清晰度较低，适合长时间及近距离观看；纯度相差 4~6 级的色彩对比叫纯度中对比，纯度中对比是最和谐的，画面效果含蓄丰富，主次分明；纯度相差 7~9 级的色彩对比叫纯度强对比，纯度强对比会出现鲜的更鲜、浊的更浊的现象，画面对比明朗、富有生气，色彩认知度也较高。纯度对比及设计应用如图 1.23 所示。

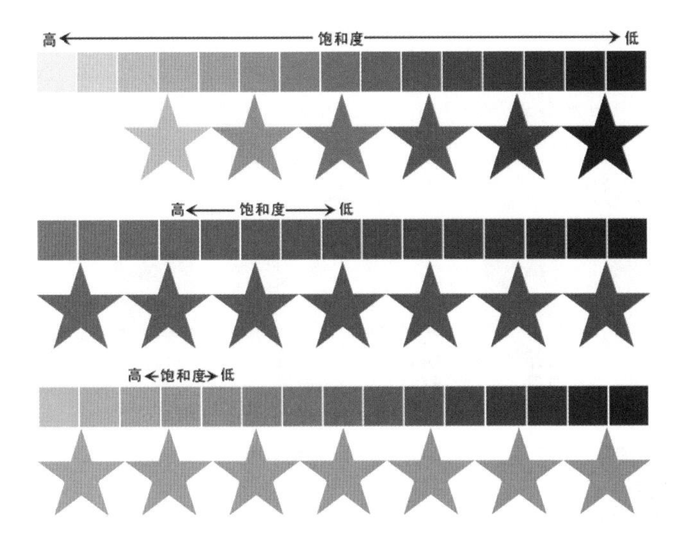

以彩度区分各元素的鲜明设计，明显划分版面产生对比，再配以或深或浅的单纯背景，达到醒目、素雅的设计风格。

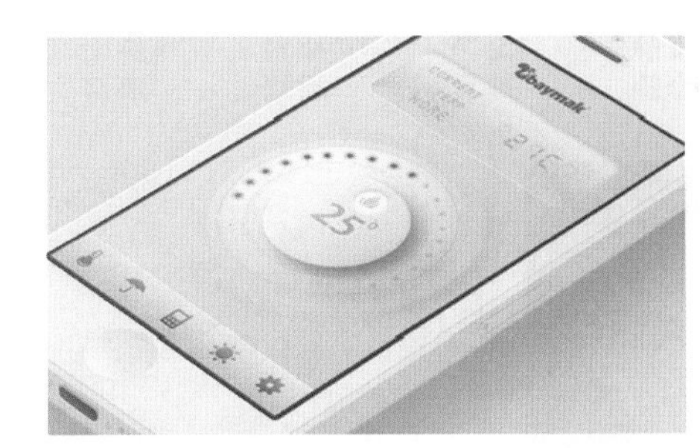

图1.23 纯度对比及设计应用

7. 色彩的性格

当人们看到颜色时，对它所描绘的印象中具有很多共通性，比方说当人们看到红色、橙色或黄色会产生温暖感；看到海水或月光会产生清爽感；看到青色或绿色会产生凉爽感，由此可见，色彩的温度感不过是人们的习惯反映，是长期实践的结果。

人们将红、橙之类的颜色叫暖色；把青、青绿的颜色叫冷色。红紫到黄绿属暖色，青绿到青属冷色，以青色为最冷，紫色是由属于暖色的红和属于冷色的青色组合成，所以紫和绿被称为温色，黑、白、灰、金、银等色称为中性色。

需要注意的是，色彩的冷暖是相对的，比如无彩色（如黑、白）与有彩色（黄、绿等），后者比前者暖；而如果由无彩色本身看，黑色比白色暖；从有彩色来看，同一色彩中含红、橙、黄成分偏多时偏暖；含青的成分偏多时偏冷，所以说，色彩的冷暖并不是绝对的。如图 1.24 所示为色彩性格及设计应用。

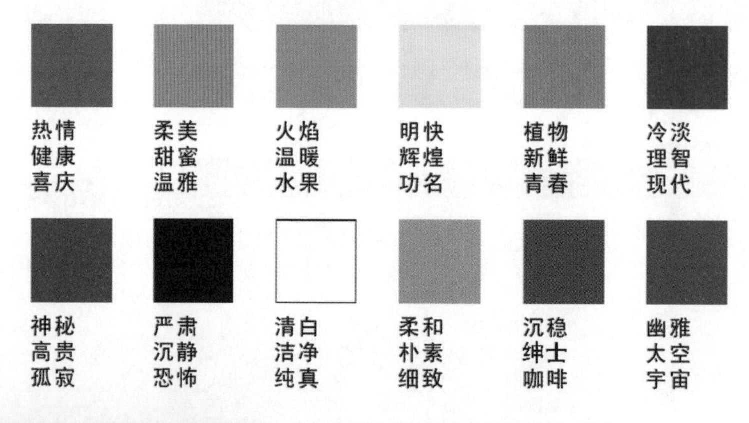

纯黑背景的海报设计，采用了红绿两种对比色表达主体内容，表现出强烈的热情、对比气氛；浅蓝色的设计给人传递一种轻松、淡雅、冷静的感觉。

图1.24 色彩性格及设计应用

1.8 界面设计配色秘笈

无论在任何设计领域，颜色的搭配永远都是至关重要的。优秀的配色不仅带给用户完美的体验，更能让使用者的心情舒畅，提升整个应用的价值，下面是几种常见的配色对用户的影响。

1. 百搭黑白灰

提起黑白灰这三种色彩，人们总是觉得在任何地方都离不开它们，也是最常见到的色彩，它们既能是和任何色彩做百搭的辅助色，同时又能作为主色调。通过对一些流行应用的观察，它们的主色调大多离不开这三种颜色，白色给人一种洁白、纯真、清洁的感受；而黑色则能带给人一种深沉、神秘、压抑的感受；灰色则具有中庸、平凡、中立和高雅的感觉，所以说在搭配方面这三种颜色几乎是万能的百搭色，同时最强的可识别性也是黑白灰配色里的一大特点。如图 1.25 所示为黑白灰配色效果展示。

图1.25 黑白灰配色效果展示

2. 甜美温暖橙

橙色是一种界于红色和黄色之间的一种色彩，它不同于大红色过于刺眼又比黄色更加富有视觉冲击感，在设计过程中这种色彩既可以大面积使用，同样可以作为搭配色用来点缀，常与黄色、红色、白色等搭配。如果和绿色搭配则给人一种清新甜美的感觉，在大面积的橙色中稍添加绿色可以起到画龙点睛的效果，这样可以避免只使用一种橙色而引起的视觉疲劳。如图 1.26 所示为甜美温暖橙配色效果展示。

图1.26 甜美温暖橙配色效果展示

3. 气质冷艳蓝

蓝色给人一种非常直观的清新、静谧、专业、冷静的感觉，同时蓝色也很容易和更合适的色彩搭配。在界面设计过程中可以把蓝色做的相对大牌，也可以用得趋于小清新，假如在搭配的过程中找不出更合适的颜色搭配，此时选用蓝色总是相对安全的，在搭配时通常和黄色、红色、白色、黑色等搭配。蓝色是冷色系里最典型的代表，而红色、黄色、橙色则是暖色系里最典型的代表，这两种冷暖色系对比之下，会更加具有跳跃感，很容易感染用户的情绪；蓝色和白色的搭配会显得更清新、素雅、极具品质感；蓝色和黑色的搭配类似于红色和黑色搭配，产生一种极强的时尚感，通常在做一些质感类图形图标设计时用到较多。如图 1.27 所示为气质冷艳蓝配色效果展示。

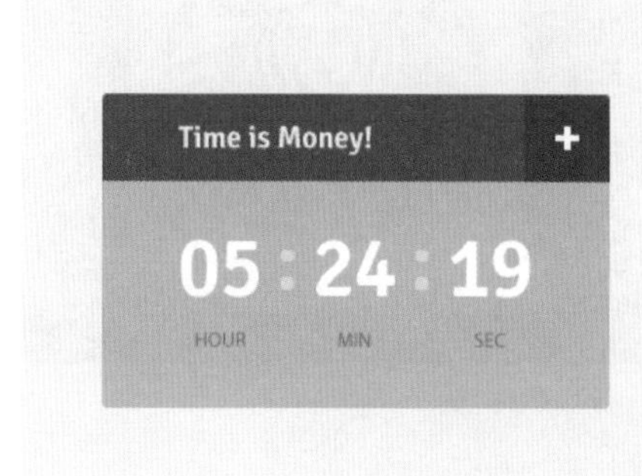

图1.27 气质冷艳蓝配色效果展示

4. 清新自然绿

和蓝色一样，绿色也是和大自然相关的灵活色彩，它与不同的颜色进行搭配时带给人不同的心理感受。柠檬绿代表了一种潮流，橄榄绿则显得十分平和贴近，而淡绿色可以给人一种清爽的春天的感觉，紫色和绿色是奇妙的搭配，紫色神秘又成熟，绿色又代表希望和清新，所以它是一种非常奇妙的颜色。如图1.28所示为清新自然绿配色效果展示。

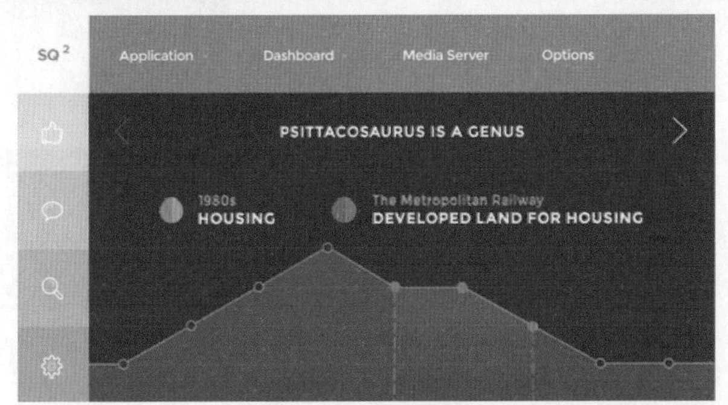

图1.28 清新自然绿配色效果展示

5. 热情狂热红

大红色在界面设计中是一种不常见的颜色，一般作为点缀色使用，表示警告、强调、警示，使用过度的话容易造成视觉疲劳。和黄色搭配是中国比较传统的喜庆搭配。这种艳丽浓重的色彩向来会让我们想到节日庆典，因此喜庆感会更强。而红色和白色搭配相对会让人感觉更干净整洁，也容易体现出应用的品质感；红色和黑色的搭配比较常见，会带给人一种强烈的时尚气质感，比如大红和纯黑搭配能带给人一种炫酷的感觉，红色和橙色的搭配则给人一种甜美的感觉。如图 1.29 所示为热情狂热红配色效果展示。

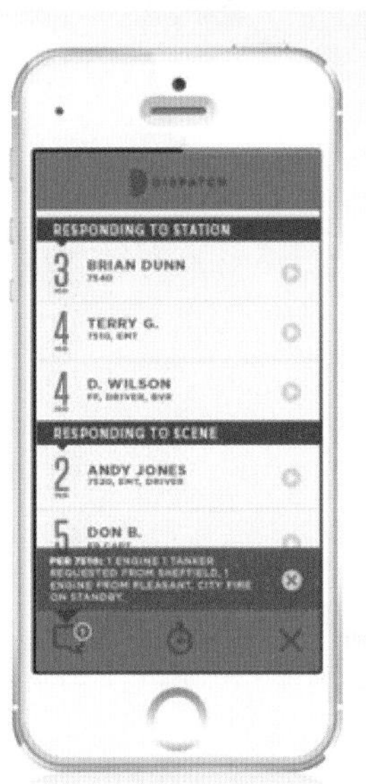

图1.29 热情狂热红配色效果展示

6. 靓丽醒目黄

黄色亮度最高，多用于大面积配色中的点睛色，它没有红色那么抢眼和俗气，确可以更加柔和地让人产生刺激感，在进行配色的过程中，通常和白色、黑色、白色、蓝色等进行搭配，黄色和黑色、白色的对比较强，容易形成较高层次的对比，突出主题；而与黄色、蓝色、紫色搭配，除强烈地对比刺激眼球外，还能够有较强的轻快时尚感。在日常店铺装修中常用于各种促俏活动的页面并与红色进行搭配，这样能起到欢快、明亮的感觉，并且活跃度较高。如图 1.30 所示为靓丽醒目黄配色效果展示。

图1.30 靓丽醒目黄配色效果展示

第2章

本章精彩效果展示

图3 进入学习界面

4. 在任意界面中，单击“退出”按钮退出光盘演示界面，显示如图4所示的界面，将完全结束程序运行。

图4 退出界面

二、运行环境

本光盘可以运行于Windows 2000/XP/Vista/7的操作系统下。

经典登录页和登录框

内容摘要

本章主要详解登录页和登录框的界面制作，登录页和登录框在UI界面设计中占有相当重的比重，无论是在PC端还是在移动端，作为一整套UI界面都是必不可少的组成部分。它的特别之处是大部分登录页面或者登录框没有过于花哨的背景、图形及图像元素，着重强调的是文本框、按钮的制作，在制作的过程中着重强调了清晰、明了、直观的信息解读，同时在配色方面需要一定的针对性。下面将讲解常用的会员登录页、管理登录页、社交类软件登录输入框等相关界面的制作。

教学目标

学习会员登录页的制作方法
学会旅游名片界面设计
掌握盒子登录界面的制作
学会通信应用界面的设计与制作
了解配置登录页的制作流程
学会制作社交应用登录框
掌握电话呼叫界面的设计方法

2.1 会员登录页

- 新建画布并填充渐变及添加笔触效果制作背景。
- 绘制图形制作主界面。
- 绘制界面细节及文本框等元素后添加文字完成最终效果制作。

本例主要讲解的是社交 APP 登录页制作，本例在制作的过程中采用了动感的背景作为衬托，利用蓝色和灰色系的色彩搭配手法制作出具有科技、时尚感的社交类 APP 登录界面。

难易程度：★★★☆☆
最终文件：配套光盘 \ 素材 \ 源文件 \ 第 2 章 \ 会员登录页 .psd
视频位置：配套光盘 \movie\2.1 会员登录页 .avi

会员登录页效果如图 2.1 所示。

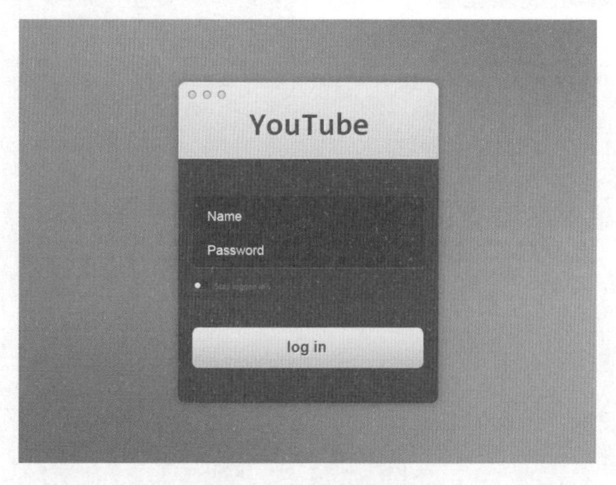

图2.1 会员登录页

2.1.1 制作背景

① 执行菜单栏中的【文件】|【新建】命令，在弹出的对话框中设置【宽度】为800像素，【高度】为600像素，【分辨率】为72像素/英寸，【颜色模式】为RGB颜色，新建一个空白画布，如图2.2所示。

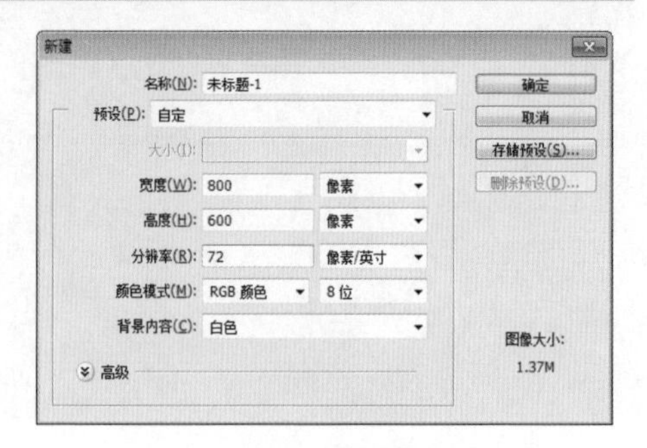

图2.2 新建画布

② 选择工具箱中的【渐变工具】，在选项栏中单击【点按可编辑渐变】按钮，在弹出的对话框中将渐变颜色更改为蓝色（R:157，G:180，B:227）到紫色（R:150，G:125，B:180），设置完成之后单击【确定】按钮，再单击选项栏中的【线性渐变】按钮，如图2.3所示。

图2.3 设置渐变

③ 在画布中从右上角向左下角方向拖动，为背景填充渐变，如图2.4所示。

图2.4 填充渐变

④ 单击【图层】面板底部的【创建新图层】按钮，新建一个【图层1】图层，如图2.5所示。

⑤ 选择工具箱中的【画笔工具】，在画布中单击鼠标右键，在弹出的面板中选择一种圆角笔触，将【大小】更改为300像素，【硬度】更改为0%，如图2.6所示。

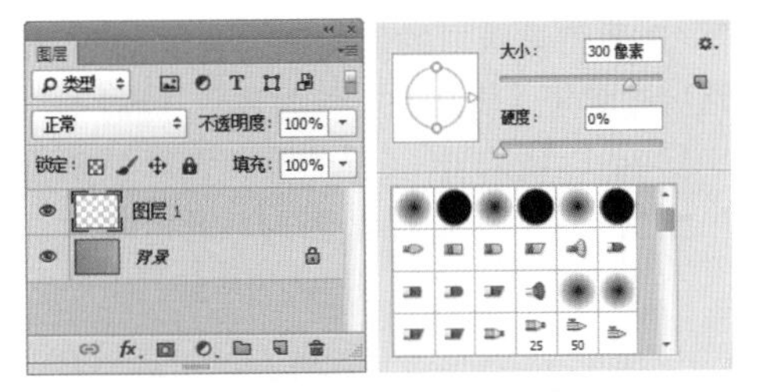

图2.5 新建图层　　图2.6 设置笔触

⑥ 选中【图层1】图层，将前景色更改为紫色（R:128，G:204，B:169），在画布中适当位置单击添加画笔笔触效果，如图2.7所示。

图2.7 添加笔触效果

提示

在添加笔触效果的时候，可适当将画笔笔触大小增加或者减小使效果更加无规律。

⑦ 选中【图层1】图层，执行菜单栏中的【滤镜】|【模糊】|【高斯模糊】命令，在弹出的对话框中将【半径】更改为115像素，设置完成之后单击【确定】按钮，如图2.8所示。

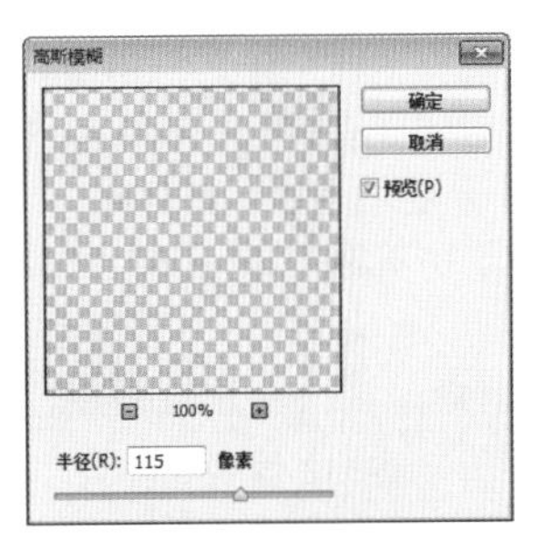

图2.8 设置高斯模糊

⑧ 选择工具箱中的【椭圆工具】，在选项栏中将【填充】更改为紫色（R:170，G:135，B:193），【描边】为无，在画布中绘制一个稍大的椭圆图形，此时将生成一个【椭圆1】图层，如图2.9所示。

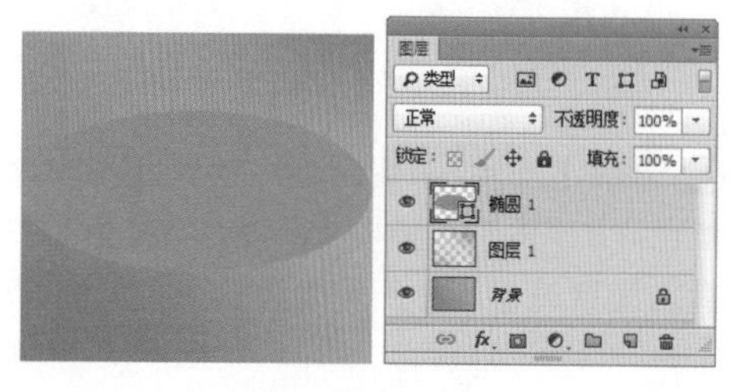

图2.9 绘制图形

⑨ 在【图层】面板中选中【椭圆1】图层，执行菜单栏中的【图层】|【栅格化】|【形状】命令，将当前图形栅格化，如图2.10所示。

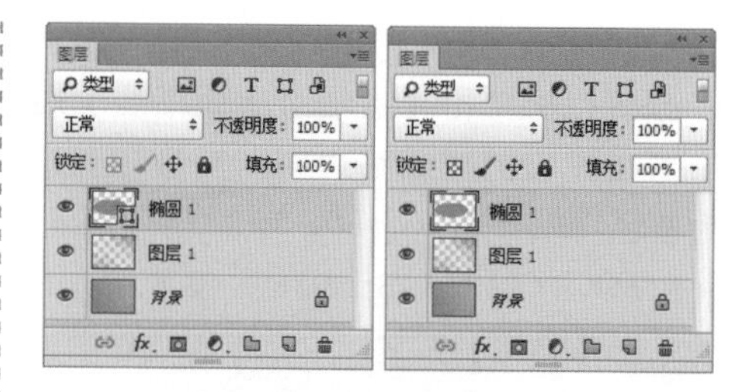

图2.10 栅格化形状

⑩ 选中【椭圆1】图层，按Ctrl+Alt+F组合键打开【高斯模糊】对话框，将【半径】更改为100像素，完成之后单击【确定】按钮，如图2.11所示。

图2.11 设置高斯模糊

2.1.2 绘制主界面

① 选择工具箱中的【圆角矩形工具】，在选项栏中将【填充】更改为白色，【描边】为无，【半径】为10像素，在画布中间绘制一个圆角矩形，此时将生成一个【圆角矩形1】图层，如图2.12所示。

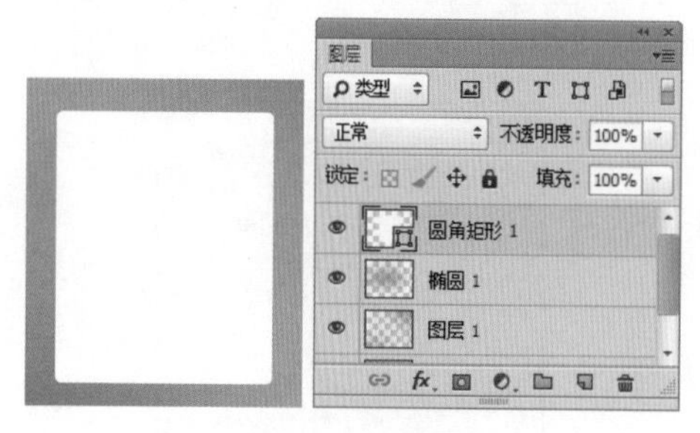

图2.12 绘制图形

② 在【图层】面板中选中【圆角矩形1】图层，将其拖至面板底部的【创建新图层】按钮上，复制一个【圆角矩形1拷贝】图层，如图2.13所示。

图2.13 复制图层

③ 在【图层】面板中，选中【圆角矩形1】图层，单击面板底部的【添加图层样式】 fx 按钮，在菜单中选择【内发光】命令，在弹出的对话框中将【混合模式】更改为【正常】，【颜色】更改为蓝色（R:27，G:60，B:130），【阻塞】更改为100%，【大小】更改为1像素，如图2.14所示。

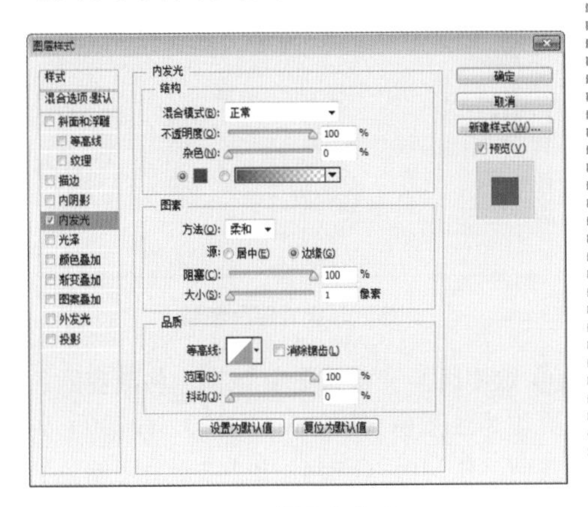

图2.14 设置内发光

④ 选中【颜色叠加】复选框，将【颜色】更改为蓝色（R:30，G:63，B:140），如图2.15所示。

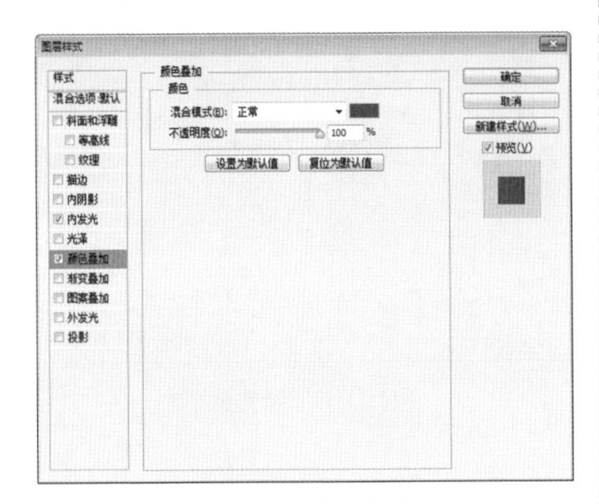

图2.15 设置颜色叠加

⑤ 选中【投影】复选框，将【混合模式】更改为【正常】，【颜色】更改为黑色，【不透明度】更改为40%，取消【使用全局光】复选框，【角度】更改为90度，【大小】更改为15像素，完成之后单击【确定】按钮，如图2.16所示。

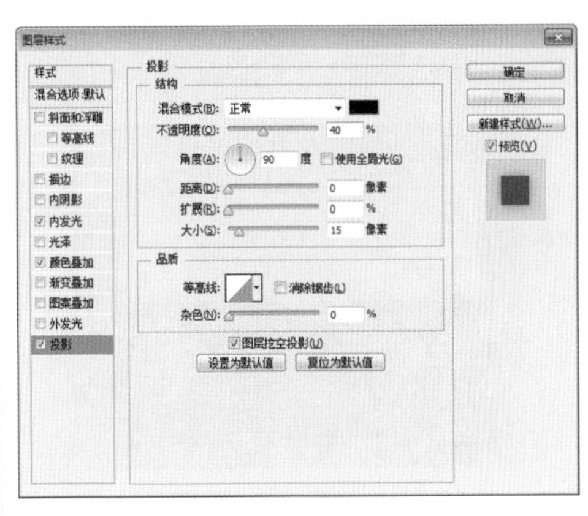

图2.16 设置投影

⑥ 选中【圆角矩形1 拷贝】图层，在画布中按Ctrl+T组合键对其执行【自由变换】命令，将光标移至出现的变形框底部控制点，向上拖动将图形高度缩小，完成之后按Enter键确认，如图2.17所示。

图2.17 变换图形

⑦ 选择工具箱中的【直接选择工具】，选中刚才经过变换的圆角矩形左下角的锚点，按Delete键将其删除，如图2.18所示。

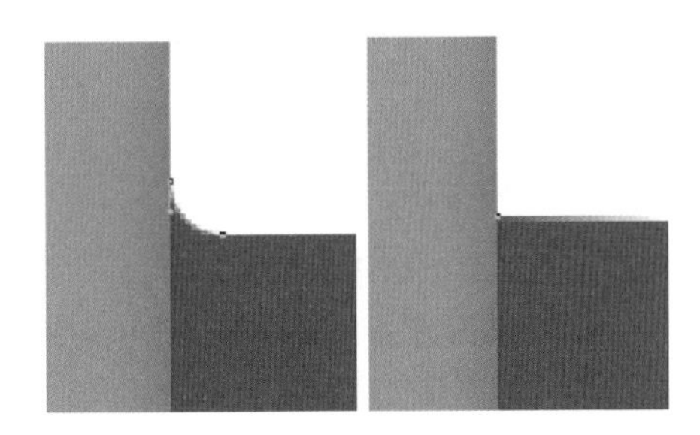

图2.18 删除锚点

⑧ 选择工具箱中的【直接选择工具】，以刚才同样的方法将右下角锚点删除，如图2.19所示。

图2.19 删除锚点

⑨ 在【图层】面板中选中【圆角矩形1 拷贝】图层，单击面板底部的【添加图层样式】fx按钮，在菜单中选择【内发光】命令，在弹出的对话框中将【混合模式】更改为【正常】，【颜色】更改为白色，【方法】更改为【精确】，【大小】更改为1像素，如图2.20所示。

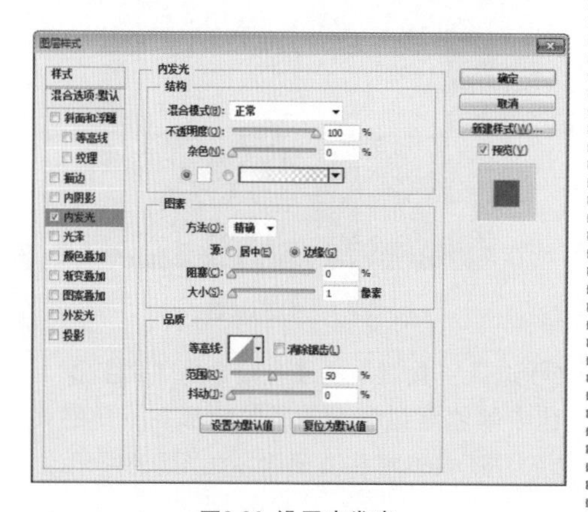

图2.20 设置内发光

⑩ 选中【颜色叠加】复选框，将【颜色】更改为灰色（R:150，G:150，B:150），【不透明度】更改为6%，如图2.21所示。

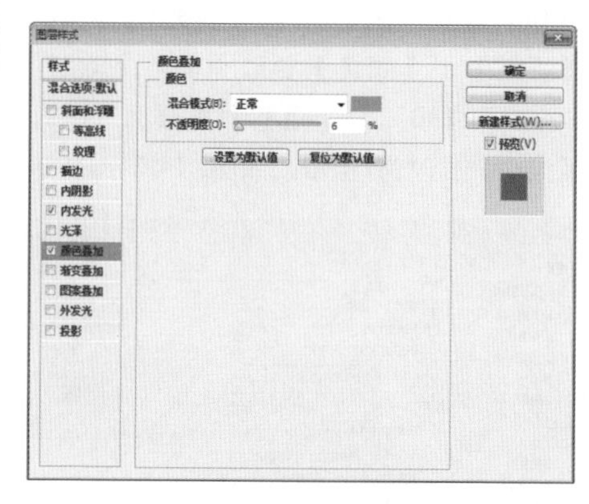

图2.21 设置颜色叠加

⑪ 选中【渐变叠加】复选框，将渐变颜色更改为浅蓝色（R:220，G:220，B:230）到灰色（R:240，G:244，B:248），【缩放】更改为80%，完成之后单击【确定】按钮，如图2.22所示。

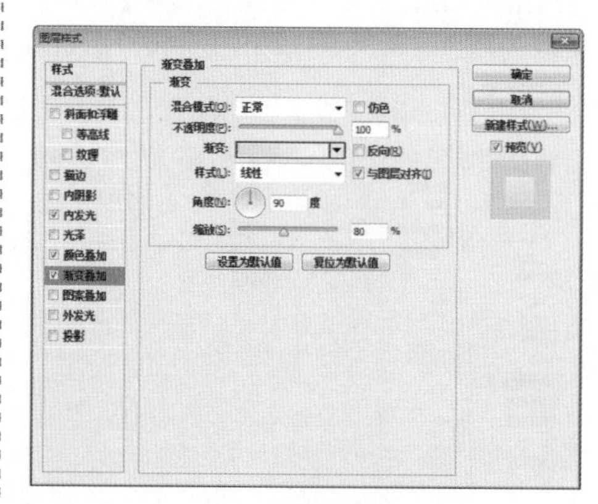

图2.22 设置渐变叠加

2.1.3 制作细节

① 选择工具箱中的【椭圆工具】，在选项栏中将【填充】更改为白色，【描边】为无，在圆角矩形左上角位置按住Shift键绘制一个正圆图形，此时将生成一个【椭圆2】图层，如图2.23所示。

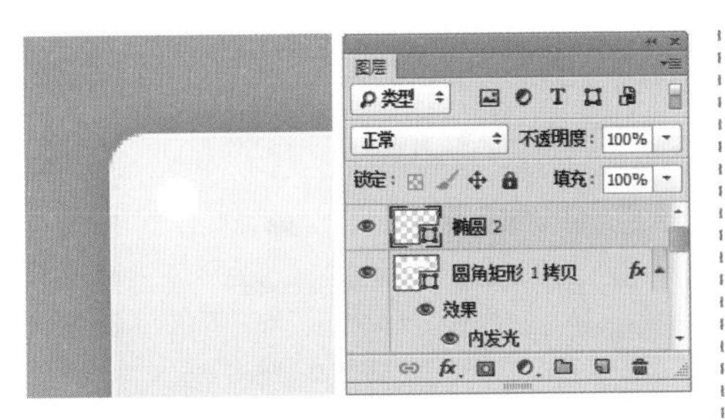

图2.23 绘制图形

② 为刚才绘制的椭圆添加相应的图层样式，制作出小按钮控件效果，如图2.24所示。

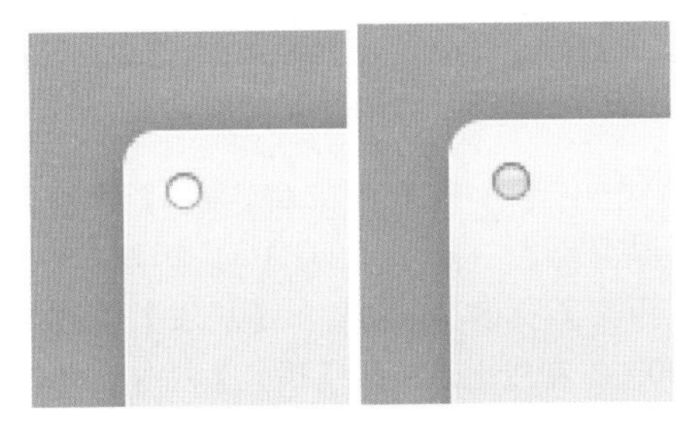

图2.24 小按钮控件效果

③ 将制作的小按钮复制2份，如图2.25所示。

图2.25 复制图形

④ 选择工具箱中的【横排文字工具】T，在刚才绘制的圆角矩形上添加文字，如图2.26所示。

⑤ 在【图层】面板中选中【YouTube】图层，单击面板底部的【添加图层样式】fx按钮，在菜单中选择【内阴影】命令，在弹出的对话框中将【颜色】更改为蓝色（R:24，G:53，B:117），取消【使用全局光】复选框，【角度】更改为90度，【距离】更改为1像素，如图2.27所示。

图2.26 添加文字

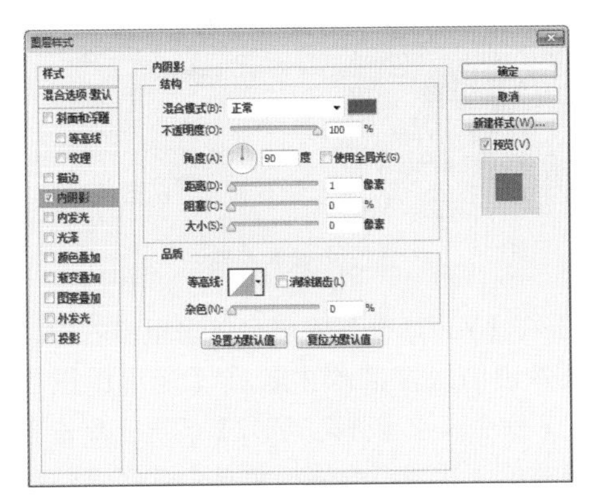

图2.27 设置内阴影

⑥ 选中【投影】复选框，将【颜色】更改为白色，【距离】更改为1像素，完成之后单击【确定】按钮，如图2.28所示。

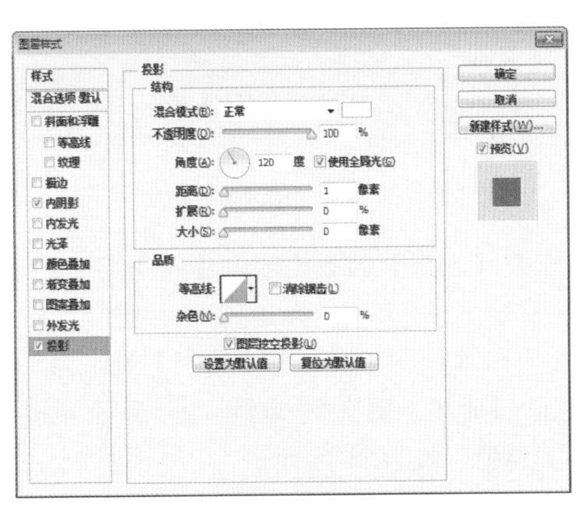

图2.28 设置投影

2.1.4 绘制文本框

① 选择工具箱中的【圆角矩形工具】，在选项栏中将【填充】更改为蓝色（R:26，G:55，B:122），【描边】为无，【半径】为5像素，在画布中的矩形上再次绘制一个圆角矩形，此时将生成一个【圆角矩形2】图层，如图2.29所示。

图2.29 绘制图形

② 在【YouTube】图层上单击鼠标右键，从弹出的快捷菜单中选择【拷贝图层样式】命令，在【圆角矩形2】图层上单击鼠标右键，从弹出的快捷菜单中选择【粘贴图层样式】命令，如图2.30所示。

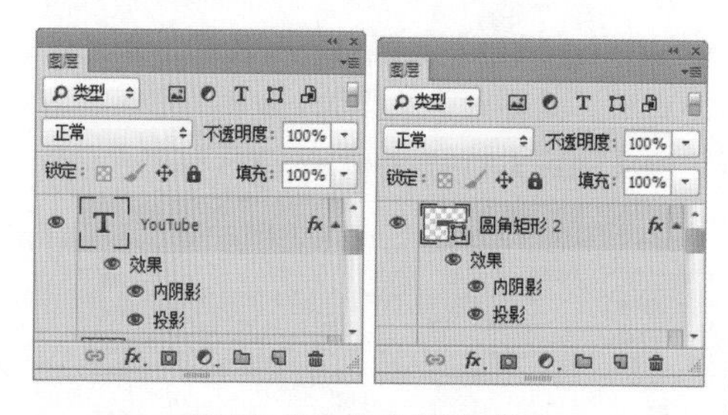

图2.30 拷贝并粘贴图层样式

③ 在【图层】面板中双击【圆角矩形2】图层样式名称，在弹出的对话框中选中【内阴影】复选框，将【颜色】更改为黑色，【距离】更改为1像素，【大小】更改为5像素，如图2.31所示。

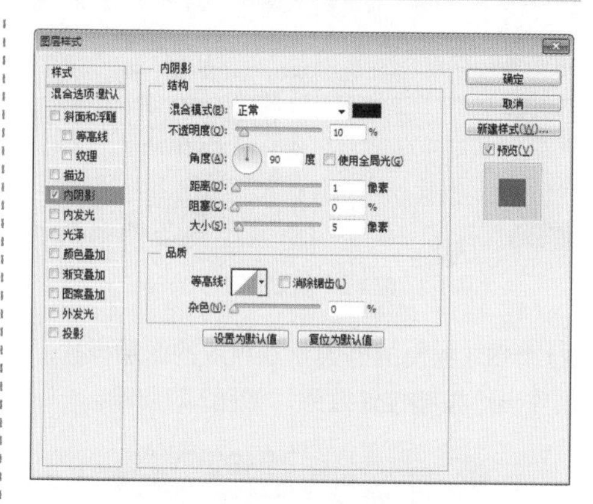

图2.31 设置内阴影

④ 选中【投影】复选框，将【颜色】更改为蓝色（R:67，G:103，B:184），【距离】更改为1像素，【扩展】更改为100%，完成之后单击【确定】按钮，如图2.32所示。

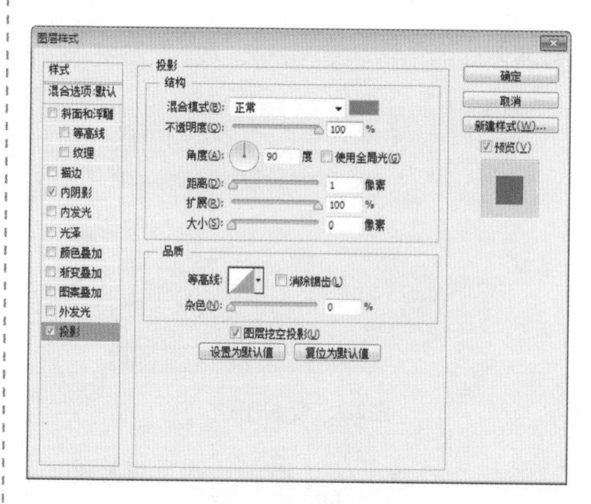

图2.32 设置投影

⑤ 选择工具箱中的【直线工具】，在选项栏中将【填充】更改为蓝色（R:26，G:55，B:122），【描边】为无，【粗细】更改为1像素，在刚才绘制的圆角矩形中按住Shift键绘制一条与圆角矩形宽度相同的线段，此时将生成一个【形状1】图层，如图2.33所示。

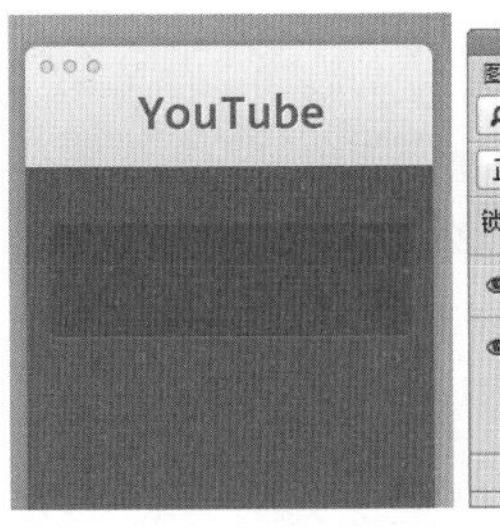

图2.33 绘制图形

⑥ 选择工具箱中的【圆角矩形工具】▢，在选项栏中将【填充】更改为蓝色（R:26，G:55，B:122），【描边】为无，【半径】为10像素，在界面图形下方位置绘制一个圆角矩形，此时将生成一个【圆角矩形3】图层，如图2.34所示。

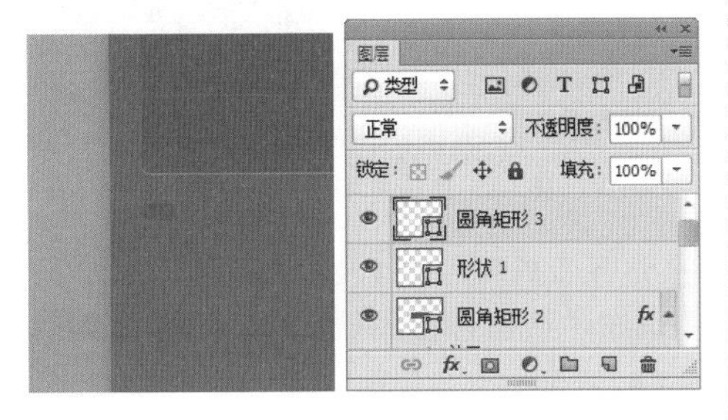

图2.34 绘制图形

⑦ 在【圆角矩形2】图层上单击鼠标右键，从弹出的快捷菜单中选择【拷贝图层样式】命令，在【圆角矩形3】图层上单击鼠标右键，从弹出的快捷菜单中选择【粘贴图层样式】命令，如图2.35所示。

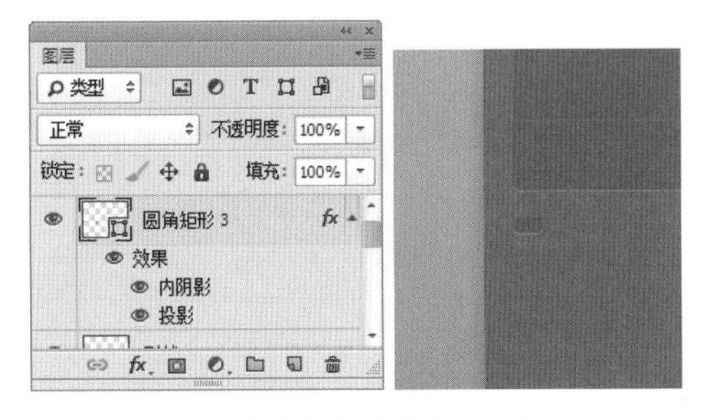

图2.35 拷贝并粘贴图层样式

⑧ 选择工具箱中的【椭圆工具】◯，在选项栏中将【填充】更改为白色，【描边】为无，按住Shift键在刚才绘制的圆角矩形靠左侧位置绘制一个正圆图形，此时将生成一个【椭圆3】图层，如图2.36所示。

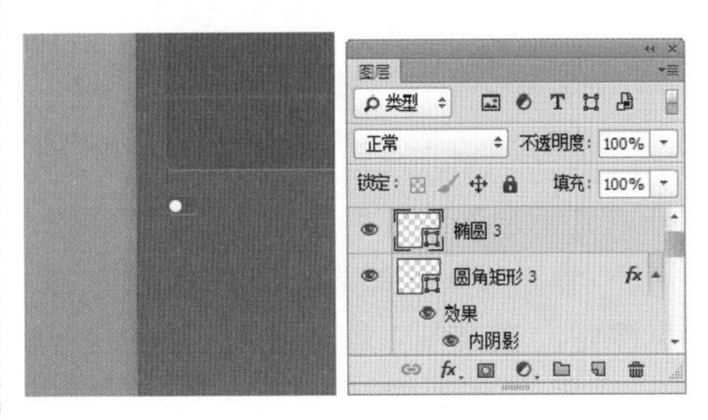

图2.36 绘制图形

⑨ 在【图层】面板中选中【椭圆3】图层，单击面板底部的【添加图层样式】fx按钮，在菜单中选择【渐变叠加】命令，在弹出的对话框中将【渐变】颜色更改为灰色（R:228，G:228，B:228）到白色，完成之后单击【确定】按钮，如图2.37所示。

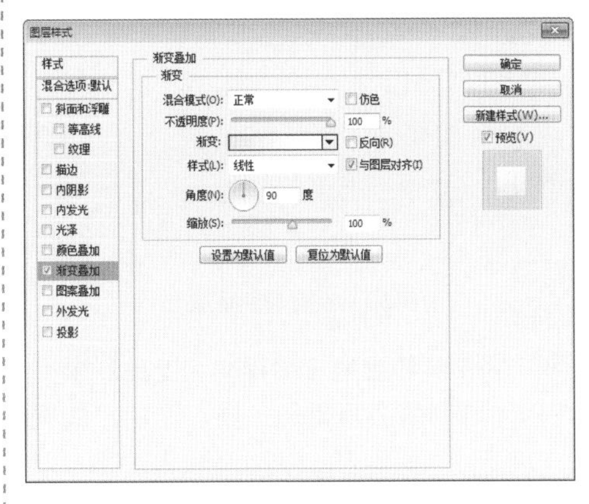

图2.37 设置渐变叠加

⑩ 选择工具箱中的【圆角矩形工具】▢，在选项栏中将【填充】更改为白色，【描边】为无，【半径】为8像素，在界面中再次绘制一个圆角矩形，此时将生成一个【圆角矩形4】图层，如图2.38所示。

图2.38 绘制图形

⑪ 在【图层】面板中选中【圆角矩形4】图层，单击面板底部的【添加图层样式】fx按钮，在菜单中选择【渐变叠加】命令，在弹出的对话框中将【渐变】颜色更改为灰色（R:207，G:207，B:207）到灰色（R:245，G:245，B:245），完成之后单击【确定】按钮，如图2.39所示。

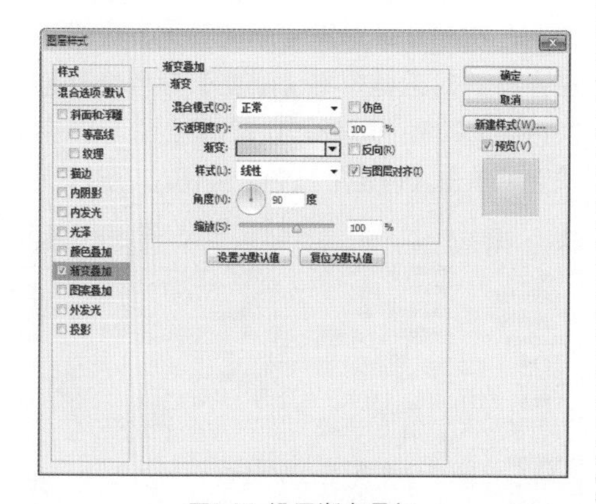

图2.39 设置渐变叠加

⑫ 选择工具箱中的【横排文字工具】T，在刚才绘制的圆角矩形上添加文字，如图2.40所示。

⑬ 在【YouTube】图层上单击鼠标右键，从弹出的快捷菜单中选择【拷贝图层样式】命令，在【log in】图层上单击鼠标右键，从弹出的快捷菜单中选择【粘贴图层样式】命令，如图2.41所示。

图2.40 添加文字

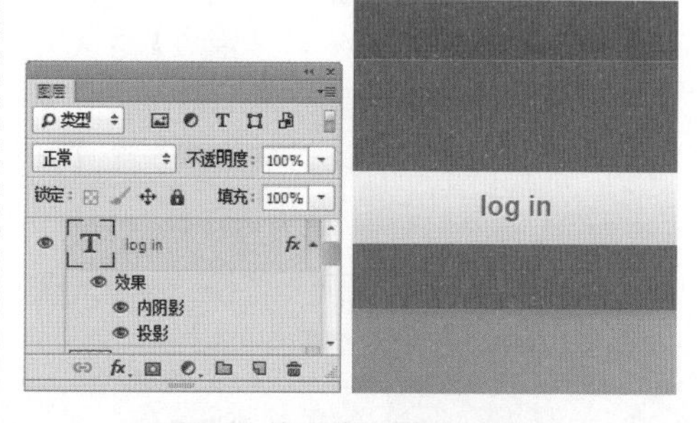

图2.41 拷贝并粘贴图层样式

⑭ 选择工具箱中的【横排文字工具】T，在画布中适当位置添加文字，最终效果如图2.42所示。

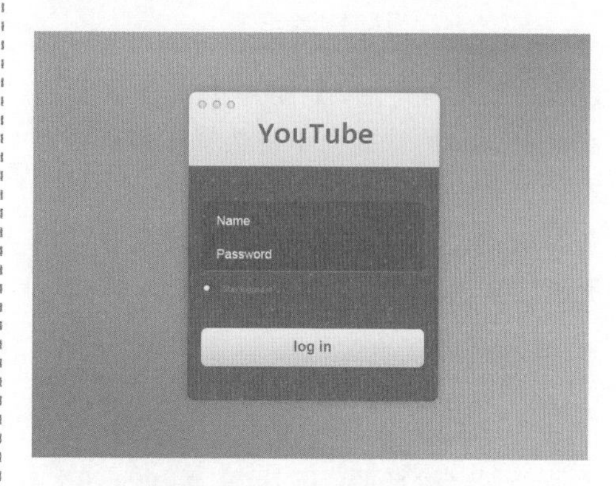

图2.42 添加文字及最终效果

2.2 旅游名片界面

- 新建画布并填充渐变效果制作背景。
- 绘制主界面图形确定界面主题风格。
- 添加素材图像并调色使之与界面整体风络相统一。
- 添加相关界面元素完成最终效果制作。

本例主要讲解的是旅游名片界面的制作，作为对外展示本地旅游业的界面设计，从美观点出发，采用了与旅游目的地对应的美丽极光风景图像覆盖大部分界面区域，而分界区添加的高斯模糊效果更是为整个界面增添动感神秘色彩。

难易程度：★★☆☆☆
调用素材：配套光盘 \ 素材 \ 调用素材 \ 第 2 章 \ 旅游名片界面
最终文件：配套光盘 \ 素材 \ 源文件 \ 第 2 章 \ 旅游名片界面 .psd
视频位置：配套光盘 \movie\2.2 旅游名片界面 .avi

旅游名片界面效果如图 2.43 所示。

图2.43 旅游名片界面

2.2.1 制作背景

① 执行菜单栏中的【文件】|【新建】命令，在弹出的对话框中设置【宽度】为800像素，【高度】为600像素，【分辨率】为72像素/英寸，【颜色模式】为RGB颜色，新建一个空白画布，如图2.44所示。

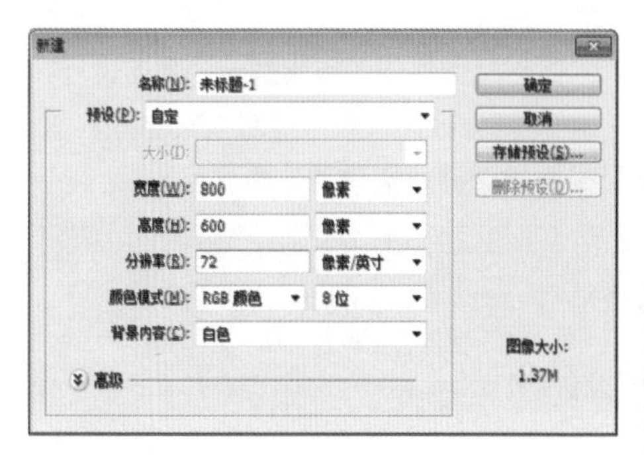

图2.44 新建画布

② 选择工具箱中的【渐变工具】，在选项栏中单击【点按可编辑渐变】按钮，在弹出的对话框中将渐变颜色更改为灰色（R:187，G:190，B:197）到浅红色（R:207，G:180，B:175）再到紫色（R:150，G:125，B:180），设置完成之后单击【确定】按钮，再单击选项栏中的【线性渐变】按钮，如图2.45所示。

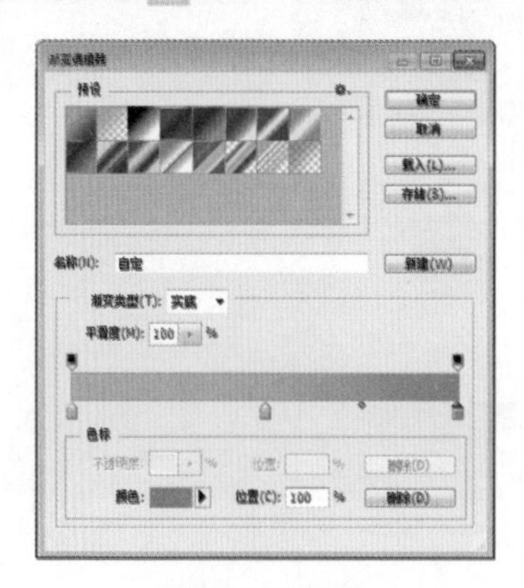

图2.45 设置渐变

③ 在画布中从右上角向左下角方向拖动，为背景填充渐变效果，如图2.46所示。

图2.46 填充渐变

④ 选择工具箱中的【矩形工具】，在选项栏中将【填充】更改为蓝色（R:50，G:50，B:102），【描边】为无，在画布中绘制一个矩形，此时将生成一个【矩形1】图层，如图2.47所示。

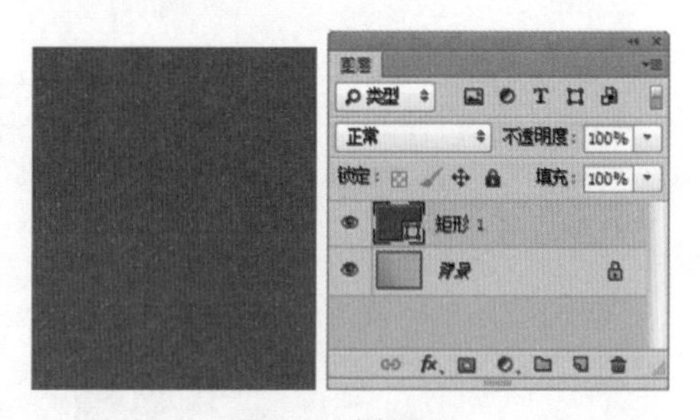

图2.47 绘制图形

⑤ 在【图层】面板中选中【矩形1】图层，执行菜单栏中的【图层】|【栅格化】|【形状】命令，将当前图形栅格化，如图2.48所示。

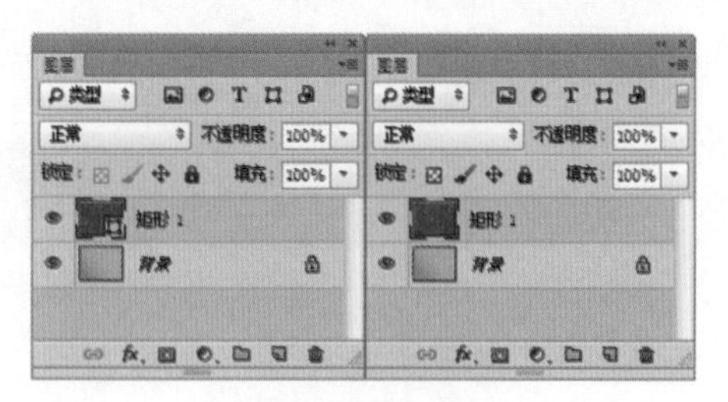

图2.48 栅格化图层

⑥ 选择工具箱中的【橡皮擦工具】，在画布中单击鼠标右键，在弹出的面板中选择一个适当大小的笔触，选中【矩形1】图层，在画布中部分区域涂抹，将部分图形擦除，如图2.49所示。

图2.49 擦除部分图形

⑦ 选中【矩形1】图层，执行菜单栏中的【滤镜】|【模糊】|【高斯模糊】命令，在弹出的对话框中将【半径】更改为100像素，设置完成之后单击【确定】按钮，如图2.50所示。

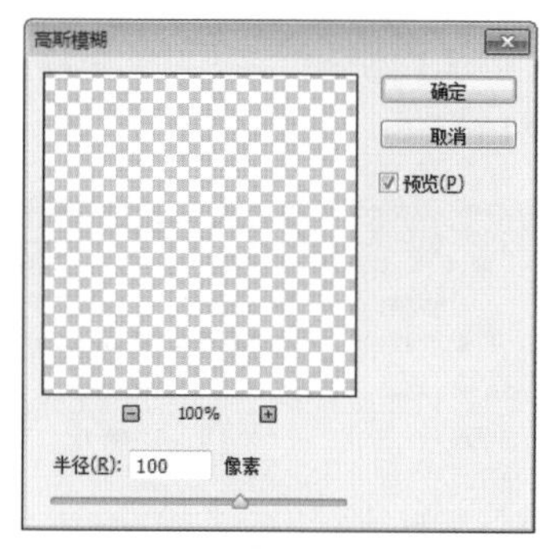

图2.50 设置高斯模糊

2.2.2 绘制界面

① 选择工具箱中的【圆角矩形工具】，在选项栏中将【填充】更改为白色，【描边】为无，【半径】为8像素，在画布中间绘制一个圆角矩形，此时将生成一个【圆角矩形1】图层，如图2.51所示。

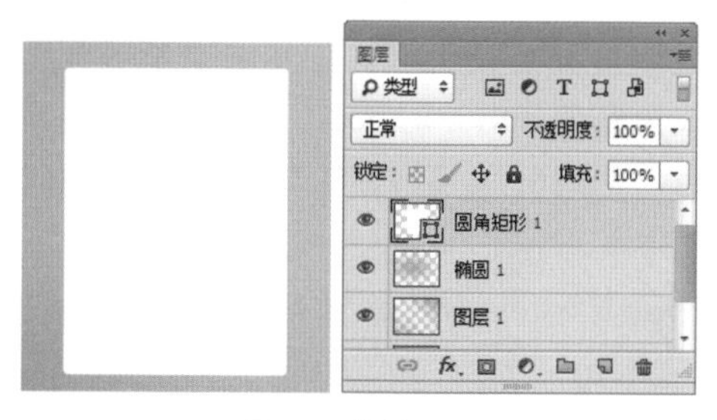

图2.51 绘制图形

② 在【图层】面板中选中【圆角矩形1】图层，将其拖至面板底部的【创建新图层】按钮上，复制一个【圆角矩形1拷贝】图层，如图2.52所示。

③ 选中【圆角矩形1】图层，在画布中按Ctrl+T组合键对其执行【自由变换】命令，将光标移至出现的变形框右侧按住Alt键向左侧拖动，将图形宽度缩小，完成之后按Enter键确认，再将其颜色更改为灰色（R:80，G:70，B:70），如图2.53所示。

图2.52 复制图层

图2.53 变换图形

将【圆角矩形1 拷贝】图层暂时隐藏，可以观察到【圆角矩形1】图层中的图形变换效果。

④ 在【图层】面板中选中【圆角矩形1】图层，执行菜单栏中的【图层】|【栅格化】|【形状】命令，将当前图形栅格化，如图2.54所示。

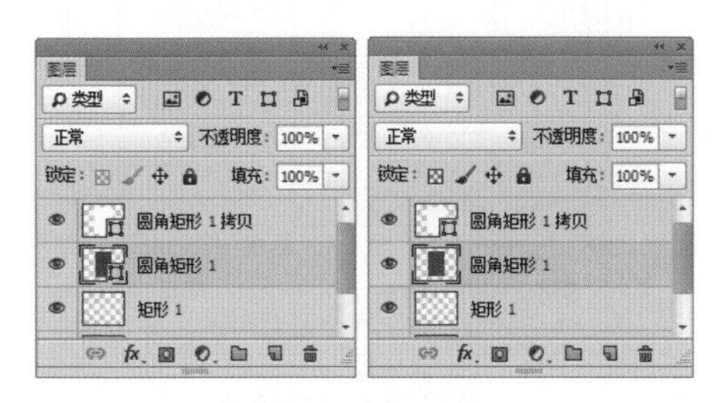

图2.54 栅格化形状

⑤ 选中【圆角矩形1】图层，执行菜单栏中的【滤镜】|【模糊】|【动感模糊】命令，在弹出的对话框中将【角度】更改为90度，【距离】更改为80像素，设置完成之后单击【确定】按钮，如图2.55所示。

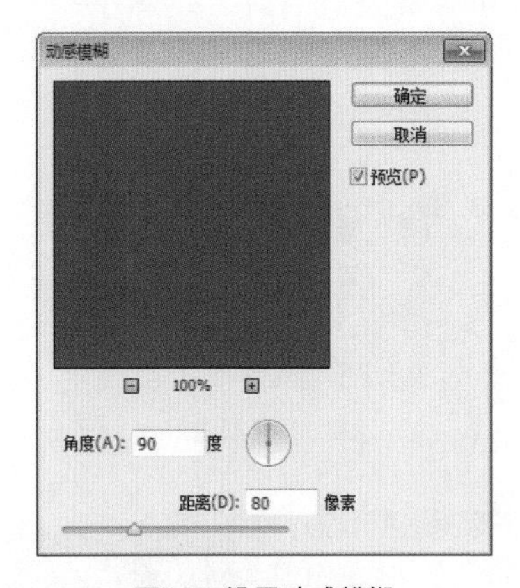

图2.55 设置动感模糊

⑥ 选中【圆角矩形1】图层，执行菜单栏中的【滤镜】|【模糊】|【高斯模糊】命令，在弹出的对话框中将【半径】更改为10像素，设置完成之后单击【确定】按钮，如图2.56所示。

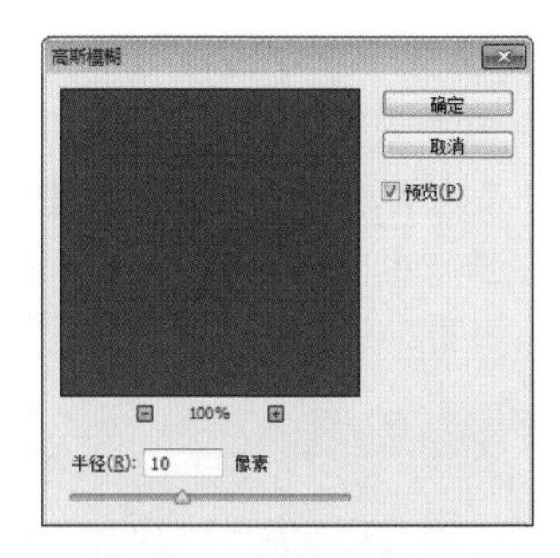

图2.56 设置高斯模糊

⑦ 选中【圆角矩形1】图层，在画布中将其图形向下稍微移动，如图2.57所示。

图2.57 移动图形

⑧ 在【图层】面板中选中【圆角矩形1 拷贝】图层，单击面板底部的【添加图层样式】 *fx* 按钮，在菜单中选择【渐变叠加】命令，在弹出的对话框中将【不透明度】更改为60%，【渐变】颜色更改为粉色（R:232，G:222，B:222）到灰色（R:246，G:246，B:246），如图2.58所示。

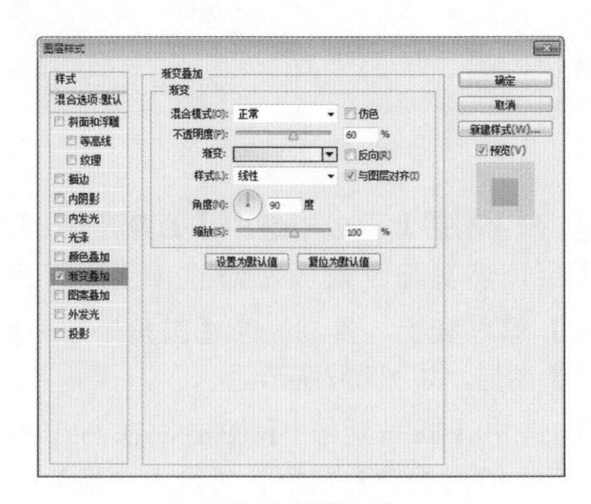

图2.58 设置渐变叠加

⑨ 选中【投影】复选框，将【不透明度】更改为20%，取消【使用全局光】复选框，【角度】更改为90度，【距离】更改为3像素，【大小】更改为5像素，完成之后单击【确定】按钮，如图2.59所示。

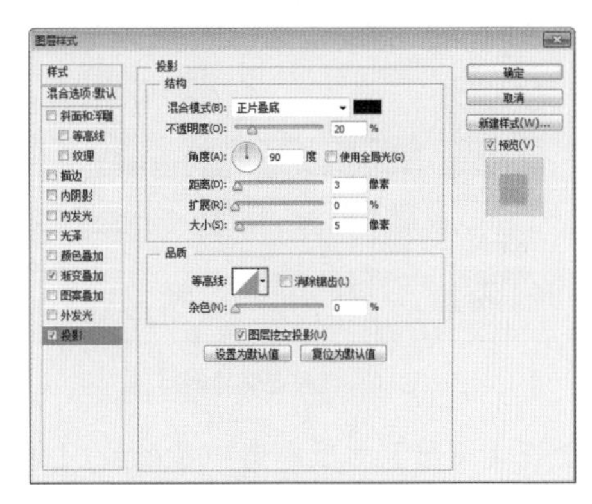

图2.59 设置投影

2.2.3 添加素材并调色

① 执行菜单栏中的【文件】|【打开】命令，在弹出的对话框中选择配套光盘中的“调用素材\第2章\旅游名片界面\极光.jpg”文件，将打开的素材拖入画布中并适当缩小，此时其图层名称将自动更改为【图层1】，如图2.60所示。

图2.60 添加素材

② 选中【图层1】图层，执行菜单栏中的【图像】|【调整】|【色相/饱和度】命令，在弹出的对话框中将【色相】更改为30，完成之后单击【确定】按钮，如图2.61所示。

图2.61 设置色相

③ 选中【图层1】图层，执行菜单栏中的【图像】|【调整】|【色阶】命令，在弹出的对话框中将【输入色阶】更改为（29，1.5，250），完成之后单击【确定】按钮，如图2.62所示。

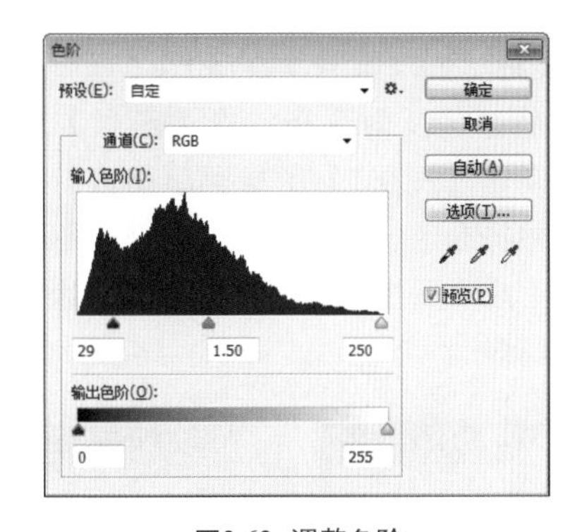

图2.62 调整色阶

④ 选中【图层1】图层，执行菜单栏中的【图像】|【调整】|【色彩平衡】命令，在弹出的对话框中将【色阶】更改为（17，-3，0），完成之后单击【确定】按钮，如图2.63所示。

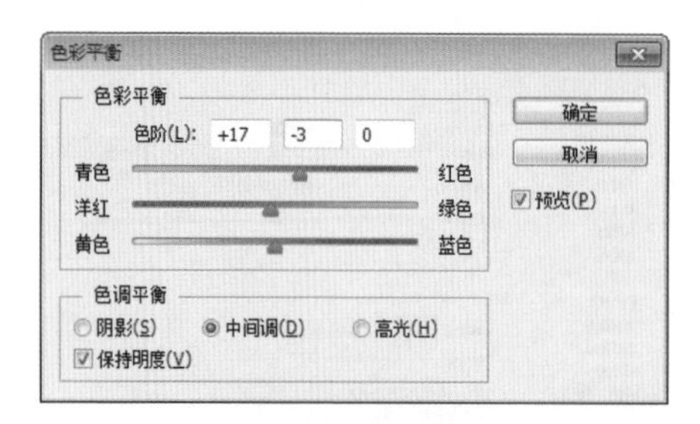

图2.63 调整色彩平衡

⑤ 在【图层】面板中选中【图层1】图层，单击面板底部的【添加图层蒙版】按钮，为其添加图层蒙版，如图2.64所示。

⑥ 在【图层】面板中，按住Ctrl键单击【圆角矩形1 拷贝】图层缩览图将其载入选区，如图2.65所示。

图2.64 添加图层蒙版　　图2.65 载入选区

⑦ 执行菜单栏中的【选择】|【反向】命令，将选区反向选择，在【图层】面板中，单击【图层1】图层蒙版缩览图，在画布中将选区填充为黑色，将部分图像隐藏，完成之后按Ctrl+D组合键取消选区，如图2.66所示。

图2.66 隐藏图像

⑧ 选择工具箱中的【矩形选框工具】，在画布中图像底部绘制一个矩形选区以选中部分图像，如图2.67所示。

⑨ 选中【图层1】图层，执行菜单栏中的【图层】|【新建】|【通过拷贝的图层】命令，此时将生成一个【图层2】图层，如图2.68所示。

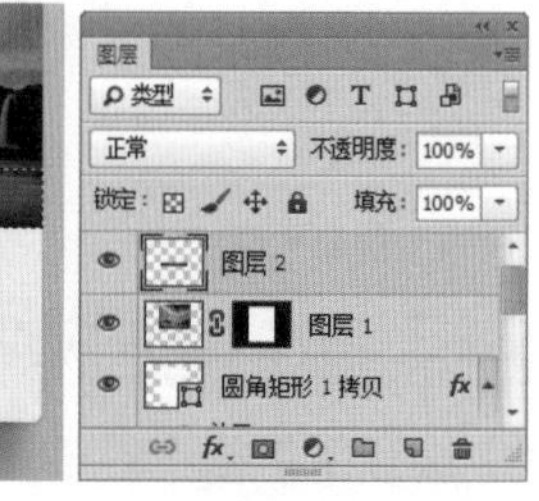

图2.67 绘制选区　　图 2.68 通过拷贝的图层

⑩ 在【图层】面板中选中【图层 2】图层，将其拖至面板底部的【创建新图层】按钮上，复制一个【图层 2 拷贝】图层，如图2.69所示。

⑪ 选中【图层2 拷贝】图层，在画布中按Ctrl+T组合键对其执行【自由变换】命令，当出现变形框以后按住Alt+Shift组合键将图形等比放大，完成之后按Enter键确认，如图2.70所示。

图2.69 复制图层　　图2.70 变换图像

⑫ 执行菜单栏中的【图像】|【调整】|【色阶】命令，在弹出的对话框中将【输入色阶】更改为（10，2.06，196），完成之后单击【确定】按钮，如图2.71所示。

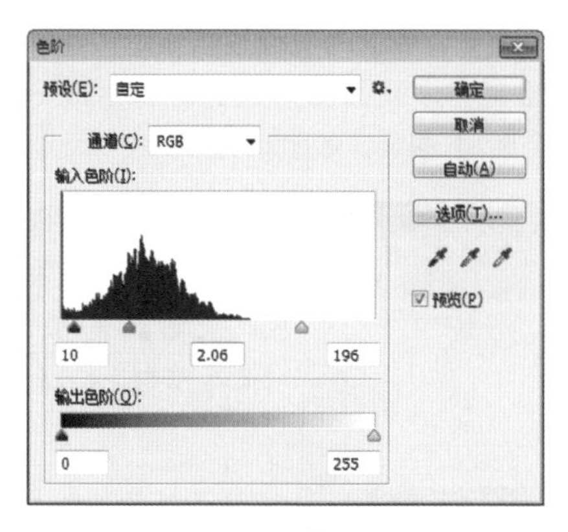

图2.71 调整色阶

⑬ 执行菜单栏中的【滤镜】|【模糊】|【高斯模糊】命令，在弹出的对话框中将【半径】更改为10像素，设置完成之后单击【确定】按钮，如图2.72所示。

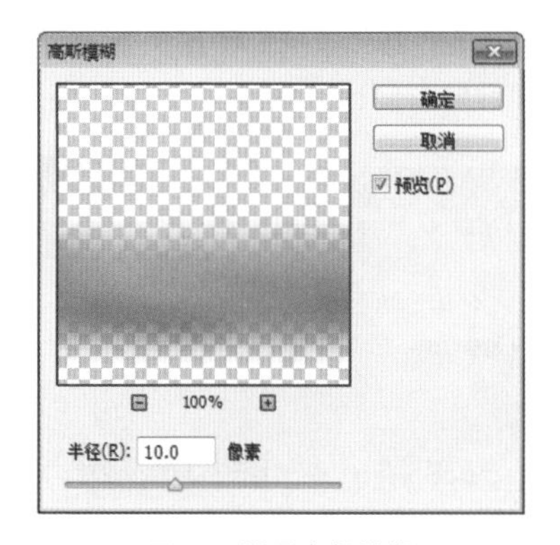

图2.72 设置高斯模糊

⑭ 在【图层】面板中，按住Ctrl键单击【图层2】图层缩览图，将其载入选区，如图2.73所示。

⑮ 执行菜单栏中的【选择】|【反向】命令，将选区反向选择，选中【图层2 拷贝】图层，在画布中将选区中的图像删除，完成之后按Ctrl+D组合键取消选区，如图2.74所示。

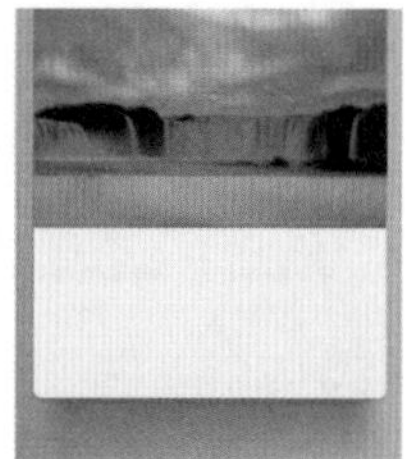

图2.73 载入选区　　图2.74 删除图像

⑯ 选择工具箱中的【直线工具】╱，在选项栏中将【填充】更改为浅蓝色（R:194，G:225，B:240），【描边】为无，【粗细】更改为1像素，在【图层2 拷贝】图层中的图像顶部沿边缘按住Shift键绘制一条与图像宽度相同的线段，此时将生成一个【形状1】图层，如图2.75所示。

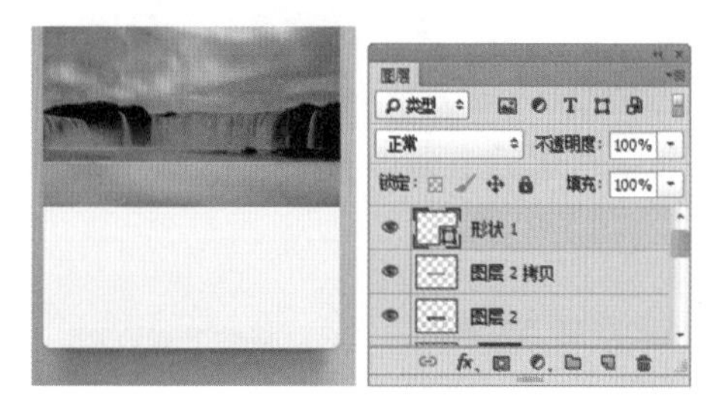

图2.75 绘制图形

⑰ 选中【形状1】图层，将其图层【不透明度】更改为80%，如图2.76所示。

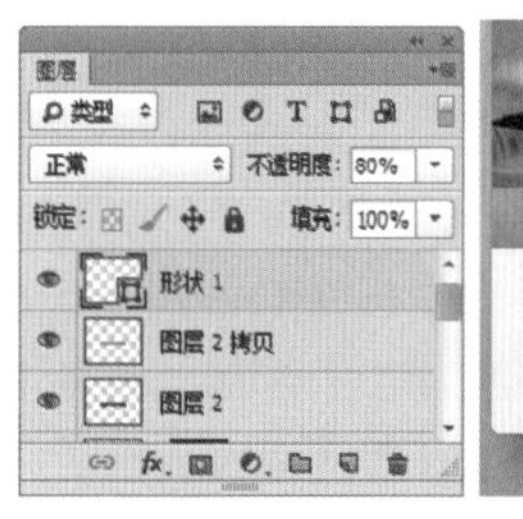

图2.76 更改图层不透明度

⑱ 选择工具箱中的【直线工具】╱，在选项栏中将【填充】更改为白色，【描边】为无，【粗细】更改为1像素，在界面中绘制一条垂直线段，此时将生成一个【形状2】图层，如图2.77所示。

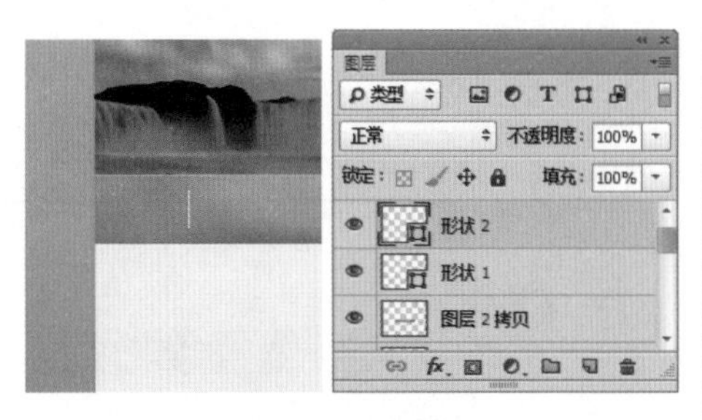

图2.77 绘制图形

⑲ 选中【形状2】图层，在画布中按住Alt+Shift组合键向右侧拖动，将图形复制2份，如图2.78（左）所示。

⑳ 选择工具箱中的【横排文字工具】T，在画布中适当位置添加文字，如图2.78（右）所示。

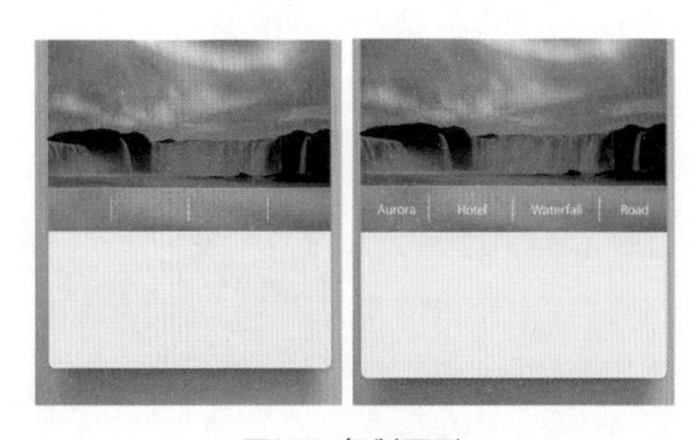

图2.78 复制图形

㉑ 选择工具箱中的【椭圆工具】，在选项栏中将【填充】更改为白色，【描边】为无，在画布界面适当位置按住Shift键绘制一个正圆图形，此时将生成一个【椭圆1】图层，如图2.79所示。

图2.79 绘制图形

㉒ 在【图层】面板中选中【椭圆1】图层，将其拖至面板底部的【创建新图层】按钮上，复制一个【椭圆1 拷贝】图层，如图2.80所示。

㉓ 选中【椭圆1 拷贝】图层，在画布中按住Shift键向右侧稍微平移，如图2.81所示。

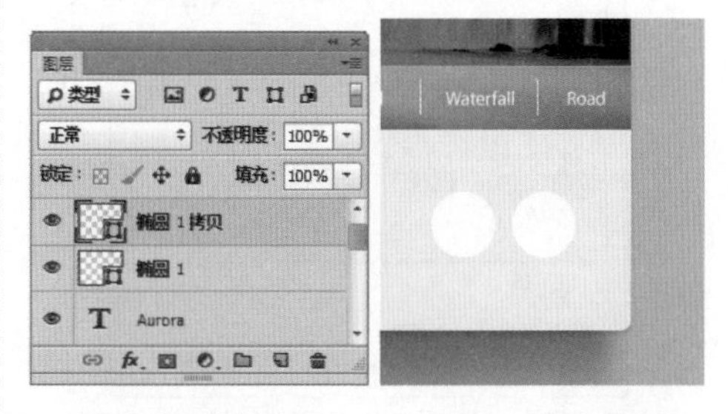

图2.80 复制图层　　图2.81 移动图形

2.2.4 添加界面元素

① 执行菜单栏中的【文件】|【打开】命令，在弹出的对话框中选择配套光盘中的“调用素材\第2章\旅游名片界面\北欧风情.jpg”文件，将打开的素材拖入画布中并适当缩小，此时其图层名称将自动更改为【图层3】，如图2.82所示。

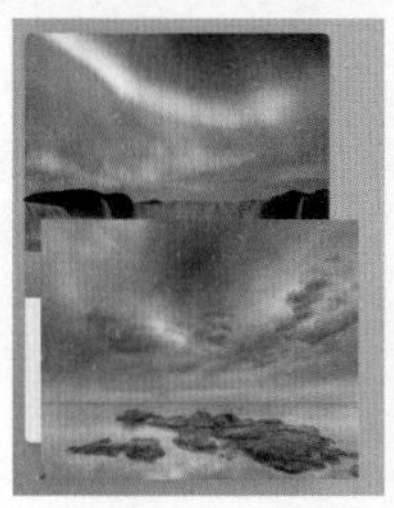

图2.82 添加素材

② 选中【图层3】图层，将其向下移至【椭圆1 拷贝】图层下方，再执行菜单栏中的【图层】|【创建剪切蒙版】命令，为当前图层创建剪切蒙版，如图2.83所示。

图2.83 创建剪切蒙版

③ 选中【图层3】图层，在画布中按Ctrl+T组合键对其执行【自由变换】命令，当出现变形框以后按住Alt+Shift组合键将图形等比例缩小，完成之后按Enter键确认，如图2.84所示。

图2.84 变换图像

提示

在变换图像的时候需要注意经过变换的效果与椭圆图形的比例，使整个构图自然。

④ 执行菜单栏中的【文件】|【打开】命令，在弹出的对话框中选择配套光盘中的“调用素材\第2章\旅游名片界面\北欧风情2.jpg”文件，将打开的素材拖入画布中并适当缩小，再以刚才同样的方法将部分图像隐藏，如图2.85所示。

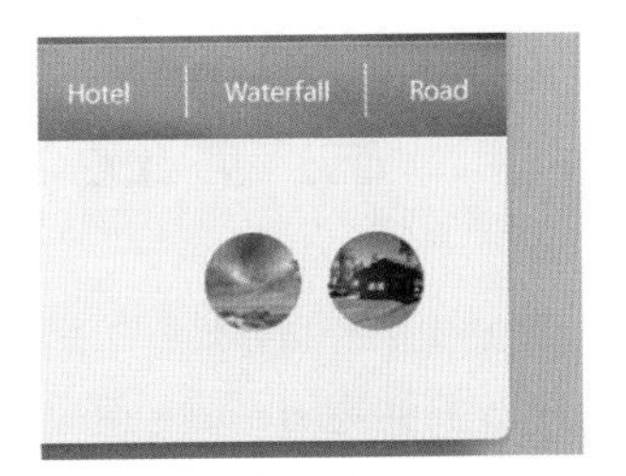

图2.85 添加素材图像

⑤ 选择工具箱中的【圆角矩形工具】▢，在选项栏中将【填充】更改为灰色（R:212，G:213，B:215），【描边】为无，【半径】为10像素，在刚才添加的素材图像后面绘制一个圆角矩形，此时将生成一个【圆角矩形2】图层，如图2.86所示。

⑥ 选择工具箱中的【直线工具】／，在选项栏中将【填充】更改为灰色（R:212，G:213，B:215），【描边】为无，【粗细】更改为1像素，在刚才添加的素材图像上方按住Shift键绘制一条水平线段，如图2.87所示。

图2.86 绘制图形

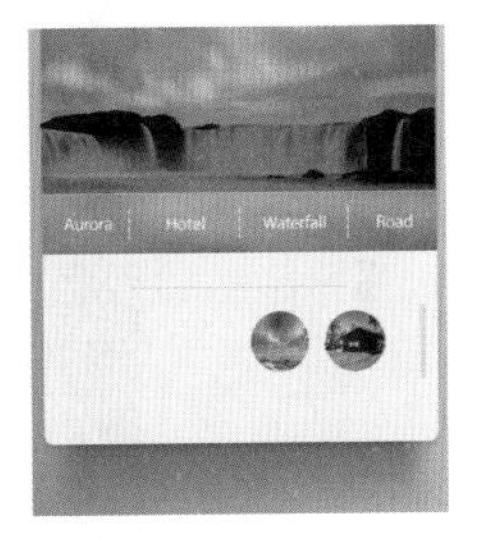

图2.87 绘制水平线

⑦ 选择工具箱中的【横排文字工具】T，在画布中适当位置添加文字，最终效果如图2.88所示。

图2.88 添加文字及最终效果

2.3 盒子登录界面

- 新建画布并添加杂色制作质感背景。
- 定义并为画布填充图案进一步修饰界面背景。
- 绘制图形并添加相关文字完成最终效果制作。

本例主要讲解的是登录界面效果制作，在此类常见的登录界面制作过程中并无过多的复杂华丽元素添加，从简单的质感背景到简洁的主界面给人一目了然的直观感受，同时在颜色方面也采用了极为耐看的橙黄色主界面与深灰色系背景搭配。

难易程度：★★☆☆☆
最终文件：配套光盘\素材\源文件\第 2 章\盒子登录界面 .psd
视频位置：配套光盘\movie\2.3 盒子登录界面 .avi

盒子登录界面效果如图 2.89 所示。

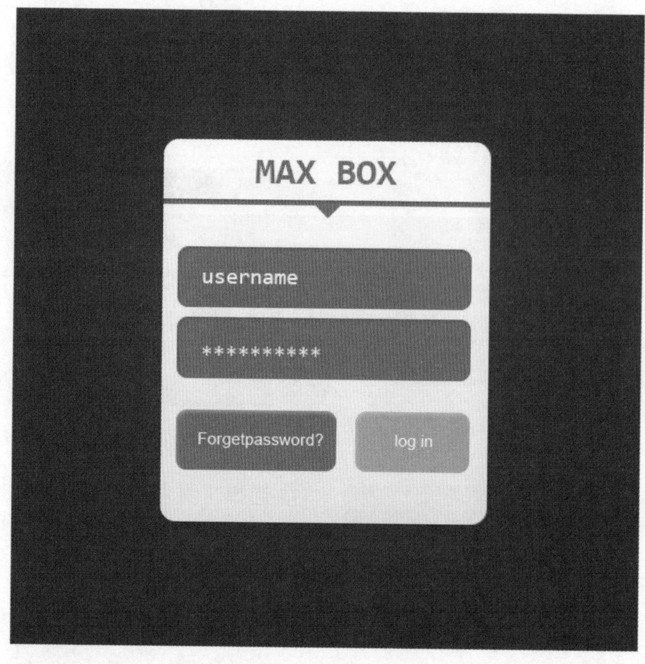

图2.89 盒子登录界面

2.3.1 制作背景

① 执行菜单栏中的【文件】|【新建】命令，在弹出的对话框中设置【宽度】为600像素，【高度】为600像素，【分辨率】为72像素/英寸，【颜色模式】为RGB颜色，新建一个空白画布，如图2.90所示。

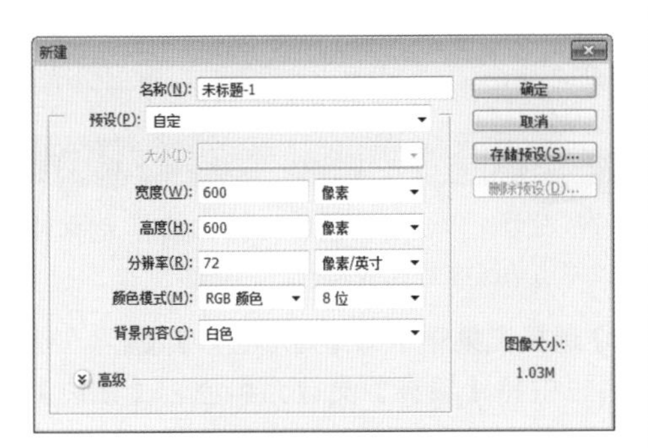

图2.90 新建画布

② 将背景填充为灰色（R:50，G:50，B:50），如图2.91所示。

图2.91 填充颜色

③ 执行菜单栏中的【滤镜】|【杂色】|【添加杂色】命令，在弹出的对话框中分别选中【高斯分布】单选按钮和【单色】复选框，如图2.92所示。

④ 选择工具箱中的【矩形工具】，在选项栏中将【填充】更改为深灰色（R:33，G:33，B:33），【描边】为无，在画布中绘制一个矩形，此时将生成一个【矩形1】图层，如图2.93所示。

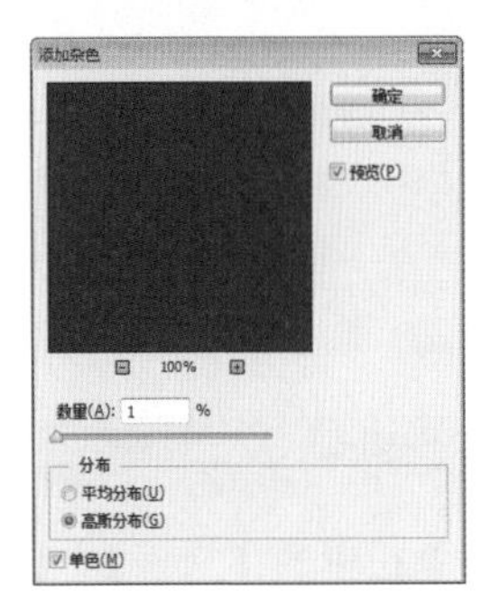

图2.92 设置添加杂色

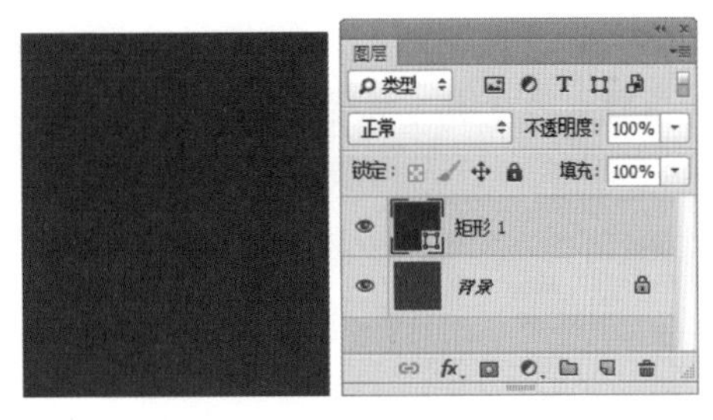

图2.93 绘制图形

⑤ 在【图层】面板中选中【矩形1】图层，单击面板底部的【添加图层蒙版】按钮，为其图层添加图层蒙版，如图2.94所示。

⑥ 选择工具箱中的【渐变工具】，在选项栏中单击【点按可编辑渐变】按钮，在弹出的对话框中选择【黑白渐变】，设置完成之后单击【确定】按钮，再单击选项栏中的【径向渐变】按钮，如图2.95所示。

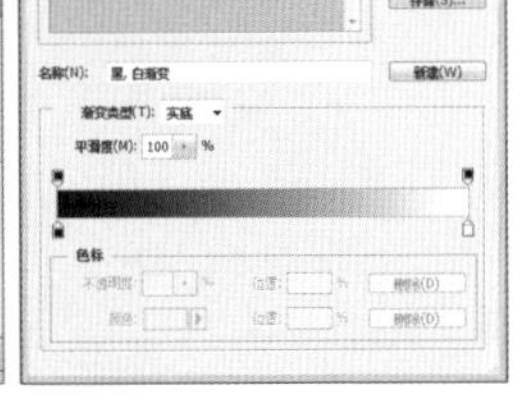

图2.94 添加图层蒙版　　图2.95 设置渐变

⑦ 单击【矩形1】图层蒙版缩览图，在画布中从中心向右上角方向拖动，如图2.96所示。

图2.96 隐藏图形

2.3.2 定义图案

① 执行菜单栏中的【文件】|【新建】命令，在弹出的对话框中设置【宽度】为5像素，【高度】为5像素，【分辨率】为72像素/英寸，【颜色模式】为RGB颜色，【背景内容】为透明，新建一个透明画布，如图2.97所示。

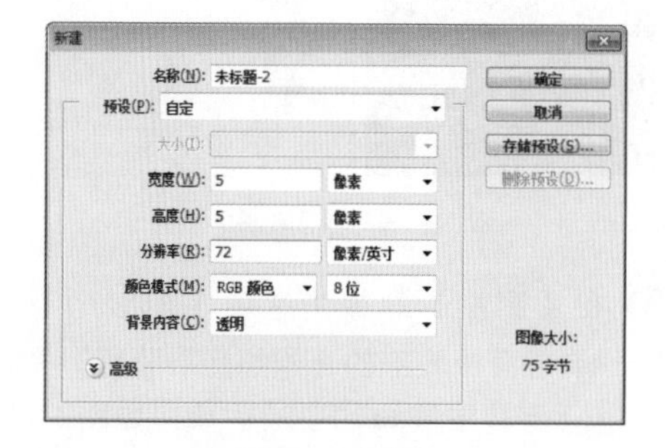

图2.97 新建画布

② 选择【缩放工具】，在新建的画布中单击鼠标右键，从弹出的快捷菜单中选择【按屏幕大小缩小】命令，将当前画布放至最大，如图2.98所示。

图2.98 放大画布

在画布中按住Alt键滚动鼠标中间滚轮，同样可以将当前画布放大或缩小。

③ 选择工具箱中的【矩形工具】，在选项栏中将【填充】更改为黑色，【描边】为无，在画布中右上角位置按住Shift键绘制一个矩形，此时将生成一个【矩形1】图层，如图2.99所示。

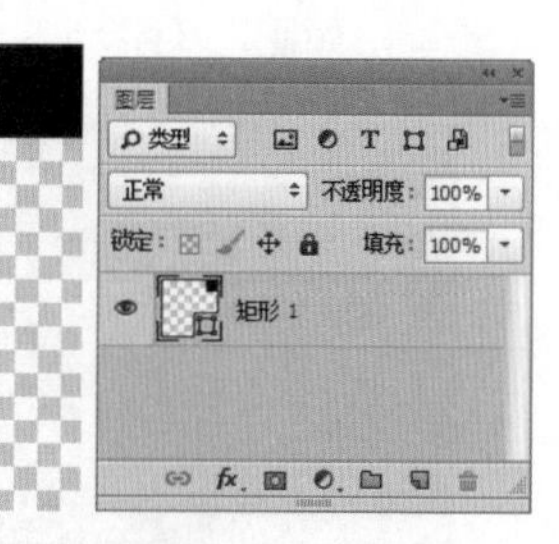

图2.99 绘制图形

④ 选中【矩形1】图层，在画布中按住Alt键向左下角拖动，将图形复制4份。同时选中复制生成的图形及【矩形1】图层，执行菜单栏中的【图层】|【合并形状】命令，此时将生成一个【矩形1 拷贝4】图层，如图2.100所示。

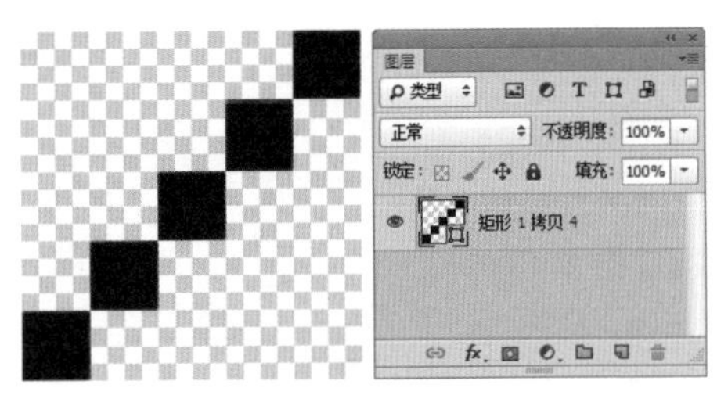

图2.100 复制并合并图层

⑤ 执行菜单栏中的【编辑】|【定义图案】命令，在弹出的对话框中将【名称】更改为纹理，完成之后单击【确定】按钮，如图2.101所示。

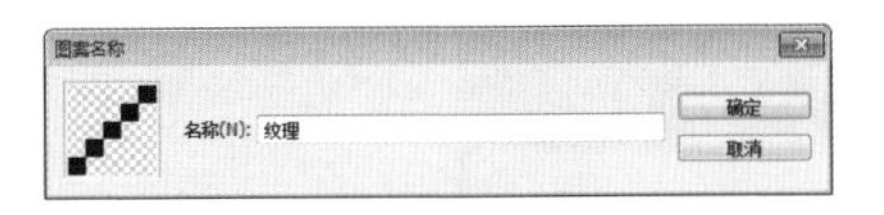

图2.101 定义图案

⑥ 在新建的第一个文档中，单击面板底部的【创建新图层】按钮，新建一个【图层1】图层，如图2.102所示。

图2.102 新建图层

⑦ 选中【图层1】图层，执行菜单栏中的【编辑】|【填充】命令，在弹出的对话框中将【使用】更改为图案，单击【自定图案】后方的按钮，在弹出的面板中选择刚才定义的“纹理”图案，完成之后单击【确定】按钮，如图2.103所示。

技巧

按Shift+F5组合键可快速打开【填充】对话框。

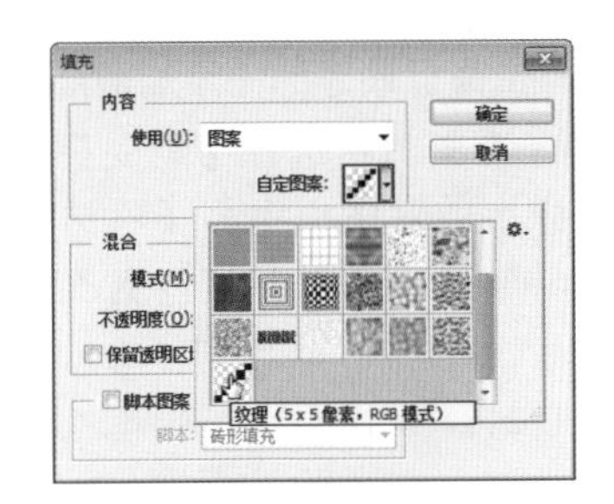

图2.103 设置填充

⑧ 选中【图层1】图层，将其图层【不透明度】更改为20%，如图2.104所示。

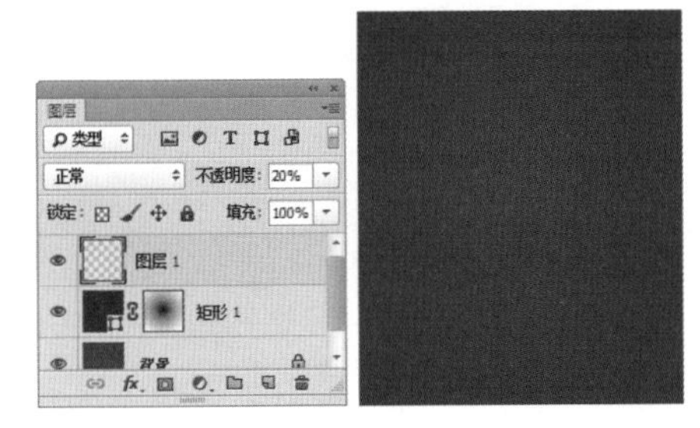

图2.104 更改图层不透明度

2.3.3 绘制界面

① 选择工具箱中的【圆角矩形工具】，在选项栏中将【填充】更改为白色，【描边】为无，【半径】为515像素，绘制一个圆角矩形，此时将生成一个【圆角矩形1】图层，如图2.105所示。

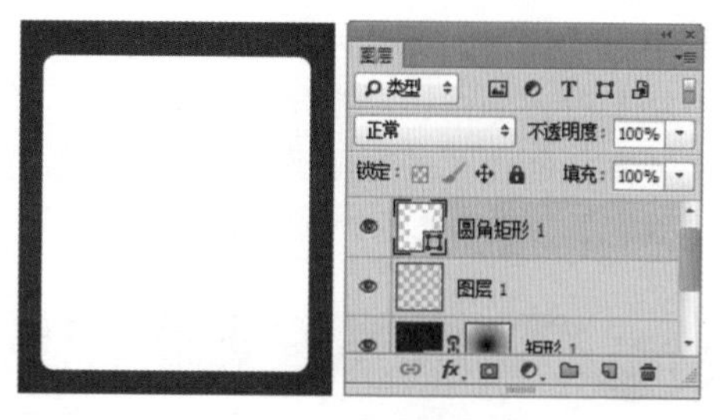

图2.105 绘制图形

② 在【图层】面板中选中【圆角矩形1】图层，单击面板底部的【添加图层样式】 按钮，在菜单中选择【渐变叠加】命令，在弹出的对话框中将【不透明度】更改为60%，【渐变】颜色更改为灰色（R:232，G:222，B:222）到粉色（R:246，G:246，B:246），如图2.106所示。

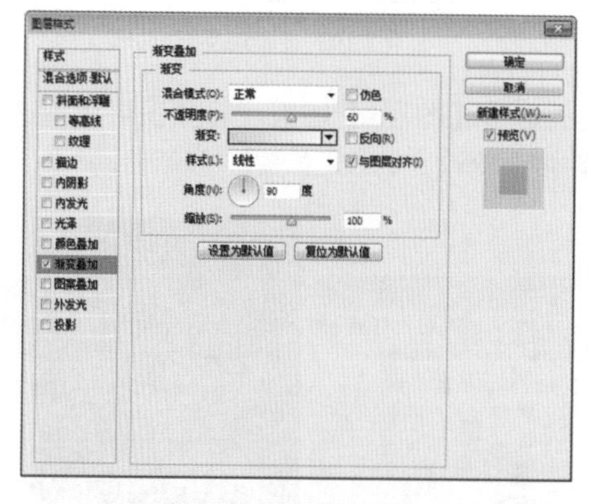

图2.106 设置渐变叠加

③ 选中【投影】复选框，将【不透明度】更改为20%，取消【使用全局光】复选框，【角度】更改为90度，【距离】更改为3像素，【大小】更改为15像素，完成之后单击【确定】按钮，如图2.107所示。

④ 选择工具箱中的【矩形工具】，在选项栏中将【填充】更改为橙色（R:194，G:80，B:2），【描边】为无，在刚才绘制的圆角矩形靠顶部位置绘制一个与其宽度相同的矩形，此时将生成一个【矩形2】图层，如图2.108所示。

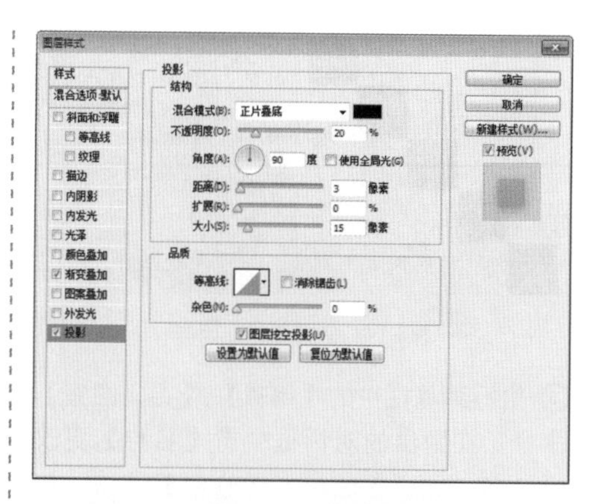

图2.107 设置投影

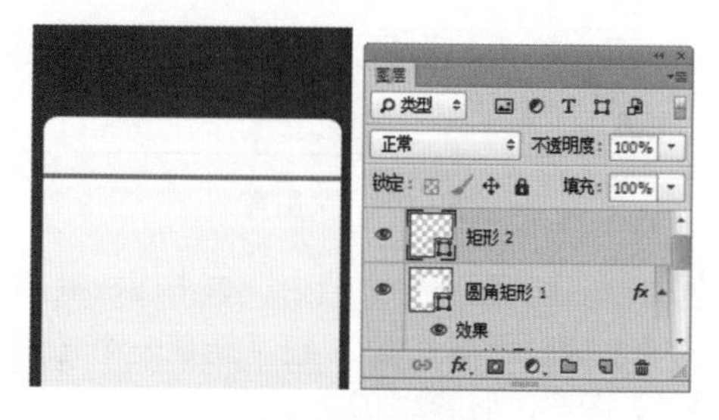

图2.108 绘制图形

⑤ 选择工具箱中的【矩形工具】，在选项栏中将【填充】更改为橙色（R:194，G:80，B:2），【描边】为无，在刚才绘制的矩形下方位置按住Shift键再次绘制一个矩形，此时将生成一个【矩形3】图层，如图2.109所示。

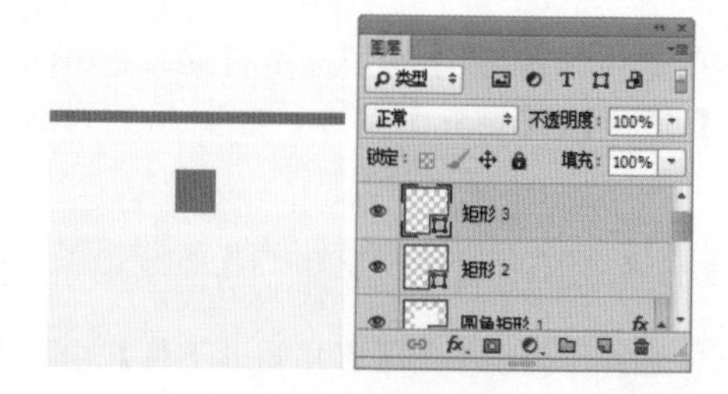

图2.109 绘制图形

⑥ 选中【矩形3】图层，在画布中按Ctrl+T组合键对其执行【自由变换】命令，当出现变形框以后在选项栏中【旋转】后方的

文本框中输入45°，完成之后按Enter键确认，如图2.110所示。

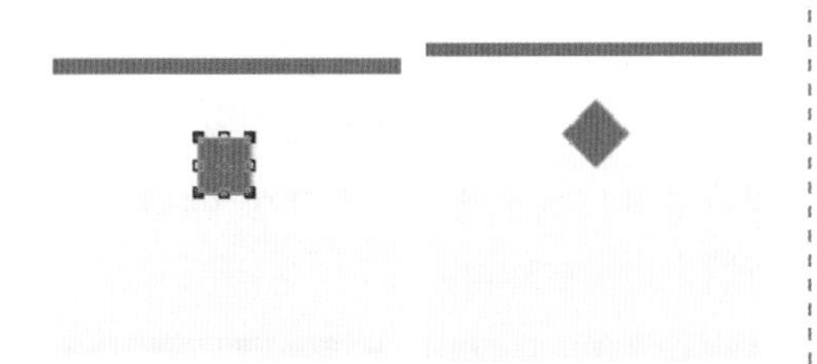

图2.110 变换图形

⑦ 选择工具箱中的【直接选择工具】，选中刚才旋转的图形顶部锚点并按Delete键将其删除，如图2.111所示。

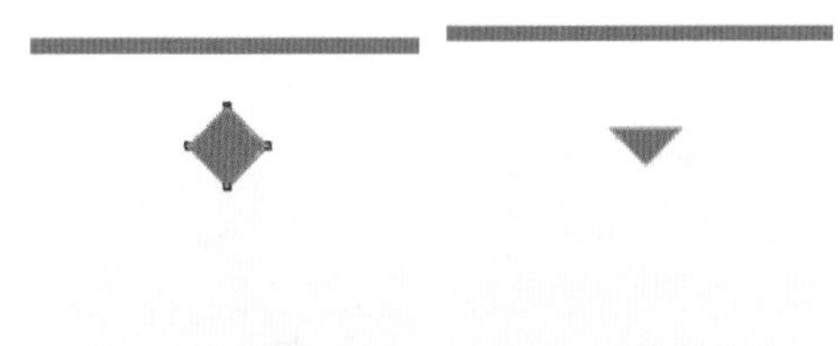

图2.111 删除锚点

⑧ 同时选中【矩形2】及【矩形3】图层，单击选项栏中的【水平居中对齐】按钮，将图形对齐，再按住Shift键向上移动，如图2.112所示。

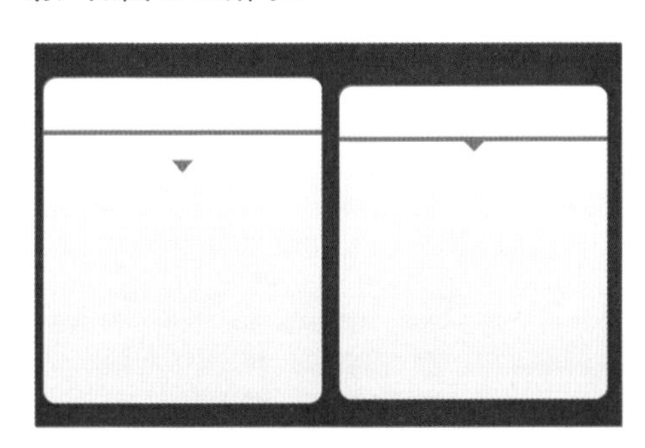

图2.112 对齐并移动图形

⑨ 在【图层】面板中同时选中【矩形2】及【矩形3】图层，执行菜单栏中的【图层】|【合并形状】命令，将图层合并，此时将生成一个【矩形3】图层，如图2.113所示。

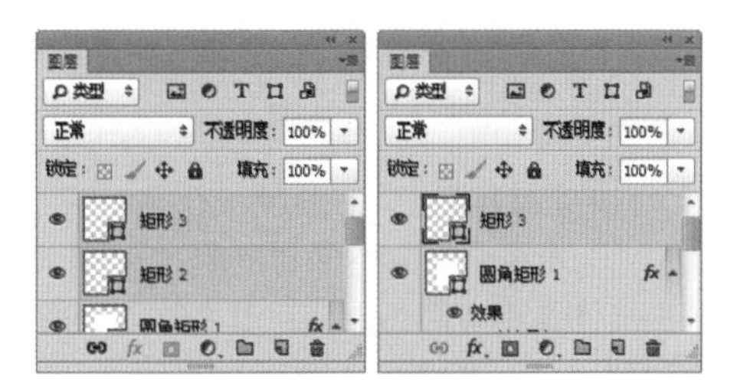

图2.113 合并图层

⑩ 在【图层】面板中选中【矩形 3】图层，单击面板底部的【添加图层样式】按钮，在菜单中选择【内阴影】命令，在弹出的对话框中将【大小】更改为3像素，【颜色】更改为灰色（R:35，G:31，B:32），如图2.114所示。

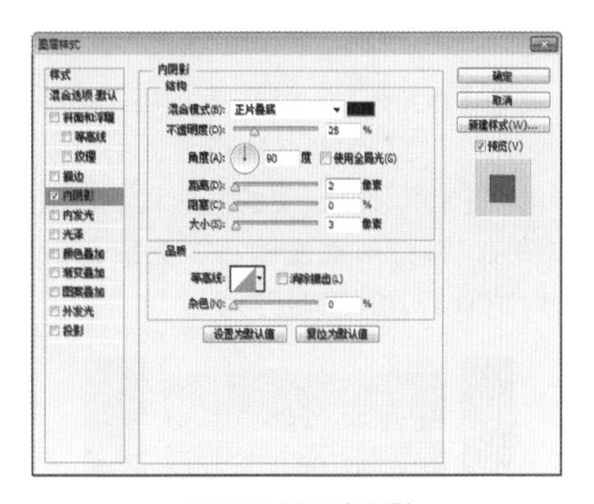

图2.114 设置内阴影

⑪ 选择工具箱中的【圆角矩形工具】，在选项栏中将【填充】更改为橙色（R:194，G:80，B:2），【描边】为无，【半径】为10像素，在下方绘制一个圆角矩形，此时将生成一个【圆角矩形2】图层，如图2.115所示。

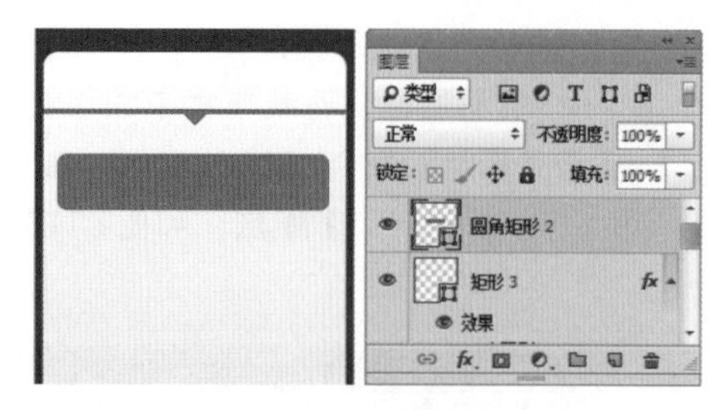

图2.115 绘制图形

⑫ 选中【圆角矩形2】图层，在画布中按住Alt+Shift组合键向下拖动复制2份，此时将生成【圆角矩形2 拷贝】和【圆角矩形2 拷贝2】图层，如图2.116所示。

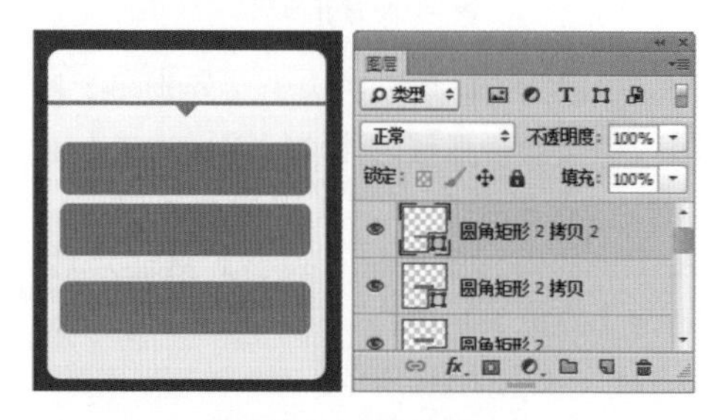

图2.116 复制图层

⑬ 选中【圆角矩形2 拷贝2】图层，在画布中按Ctrl+T组合键对其执行【自由变换】命令，将光标移至出现的变形框右侧向左侧拖动，将图形宽度缩小，完成之后按Enter键确认，如图2.117所示。

图2.117 变换图形

⑭ 在【图层】面板中选中【圆角矩形2 拷贝2】图层，将其拖至面板底部的【创建新图层】按钮上，复制一个【圆角矩形2 拷贝3】图层，如图2.118所示。

⑮ 选中【圆角矩形2 拷贝3】图层，以刚才同样的方法将图形宽度缩小并适当移动，如图2.119所示。

⑯ 在【矩形3】图层上单击鼠标右键，从弹出的快捷菜单中选择【拷贝图层样式】命令，在【圆角矩形2】图层上单击鼠标右键，从弹出的快捷菜单中选择【粘贴图层样式】命令，如图2.120所示。

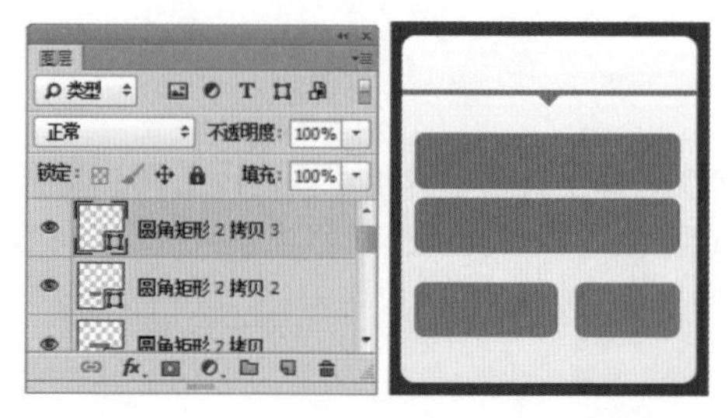

图2.118 复制图层　　图2.119 变换图形

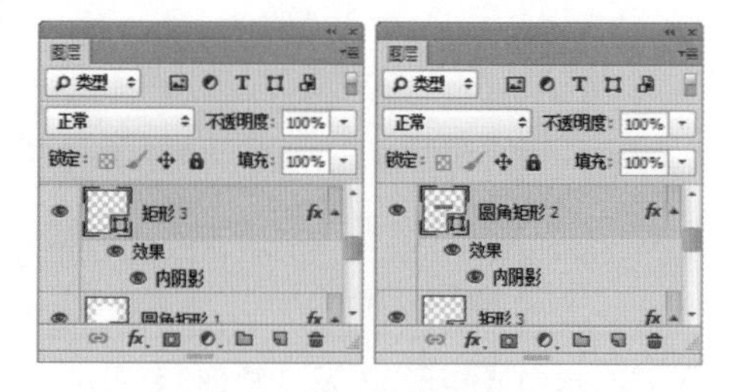

图2.120 拷贝并粘贴图层样式

⑰ 双击【圆角矩形2】图层样式名称，在弹出的对话框中将【角度】更改为105度，【距离】更改为2像素，【大小】更改为5像素，完成之后单击【确定】按钮，如图2.121所示。

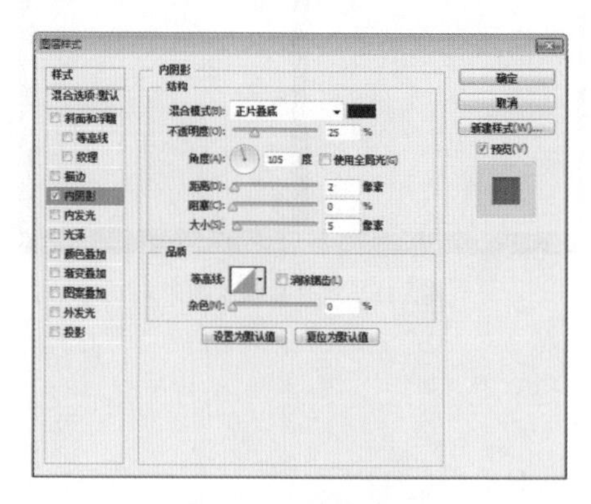

图2.121 设置内阴影

⑱ 在【圆角矩形2】图层上单击鼠标右键，从弹出的快捷菜单中选择【拷贝图层样式】命令，在【圆角矩形2 拷贝】图层上单击鼠标右键，从弹出的快捷菜单中选择【粘贴图层样式】命令，如图2.122所示。

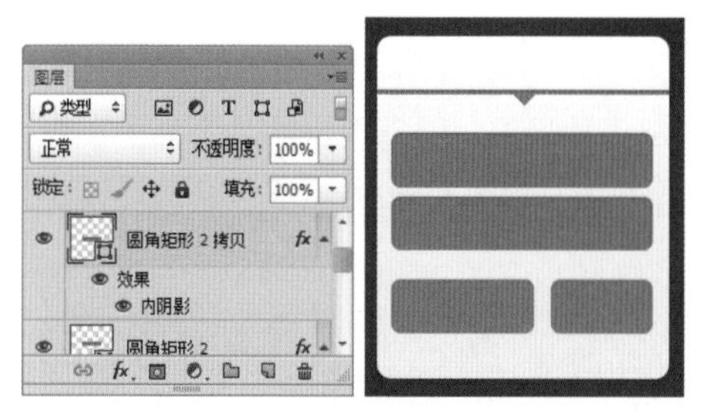

图2.122 拷贝并粘贴图层样式

⑲ 在【图层】面板中选中【圆角矩形2 拷贝2】图层，单击面板底部的【添加图层样式】*fx*按钮，在菜单中选择【内阴影】命令，在弹出的对话框中将【混合模式】更改为【正常】，【颜色】更改为白色，【距离】更改为2像素，【大小】更改为4像素，完成之后单击【确定】按钮，如图2.123所示。

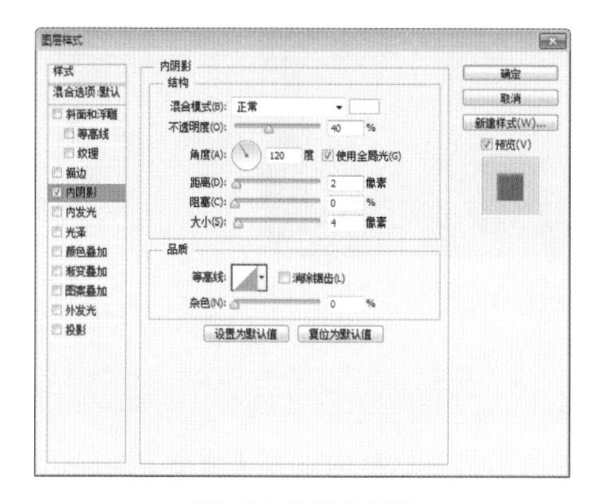

图2.123 设置内阴影

⑳ 在【圆角矩形2 拷贝2】图层上单击鼠标右键，从弹出的快捷菜单中选择【拷贝图层样式】命令，在【圆角矩形2 拷贝3】图层上单击鼠标右键，从弹出的快捷菜单中选择【粘贴图层样式】命令，如图2.124所示。

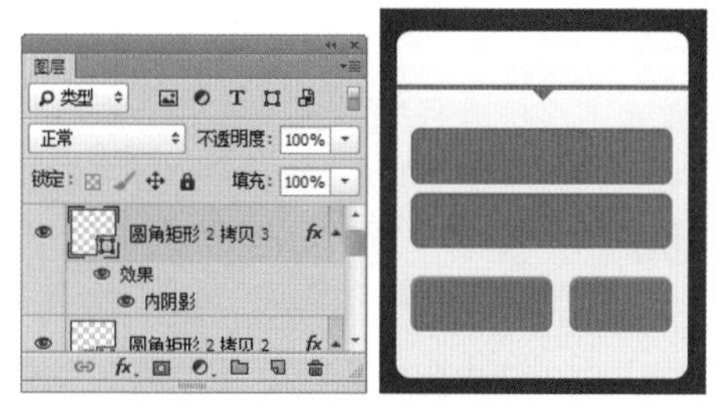

图2.124 拷贝并粘贴图层样式

㉑ 双击【圆角矩形2 拷贝3】图层样式名称，在弹出的对话框中选中【颜色叠加】复选框，将【颜色】更改为蓝色（R:20，G:168，B:173），完成之后单击【确定】按钮，如图2.125所示。

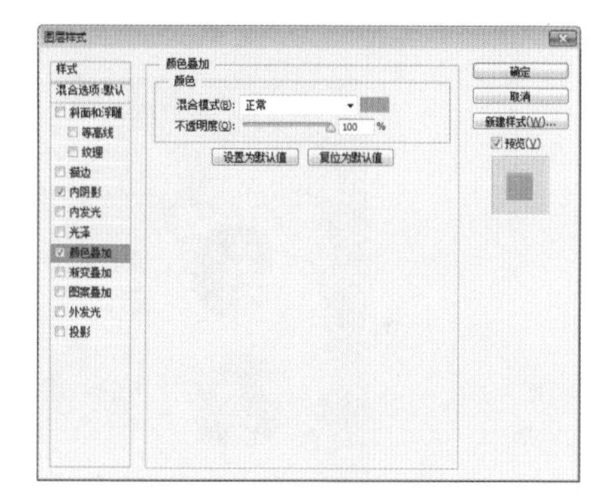

图2.125 设置颜色叠加

㉒ 选择工具箱中的【横排文字工具】T，在画布中适当位置添加文字，这样就完成了效果制作，最终效果如图2.126所示。

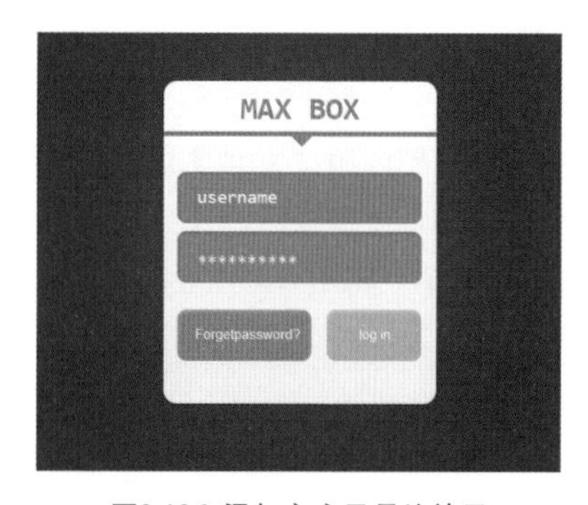

图2.126 添加文字及最终效果

2.4 通信应用界面

- 新建画布并添加素材图像，利用调色工具将图像调色后再为图像添加滤镜效果。
- 绘制图形制作应用主界面。
- 在主界面中添加相关元素及文字信息完成最终效果制作。

本例讲解的是社交 APP 界面制作，在制作过程中一切从简，减少了许多不必要的元素，使整个界面简洁明了，信息直观，这也正是社交类 APP 的设计手法所在。

难易程度：★★☆☆☆
调用素材：配套光盘 \ 素材 \ 调用素材 \ 第 2 章 \ 通信应用界面
最终文件：配套光盘 \ 素材 \ 源文件 \ 第 2 章 \ 通信应用界面 .psd
视频位置：配套光盘 \movie\2.4 通信应用界面 .avi

通信应用界面效果如图 2.127 所示。

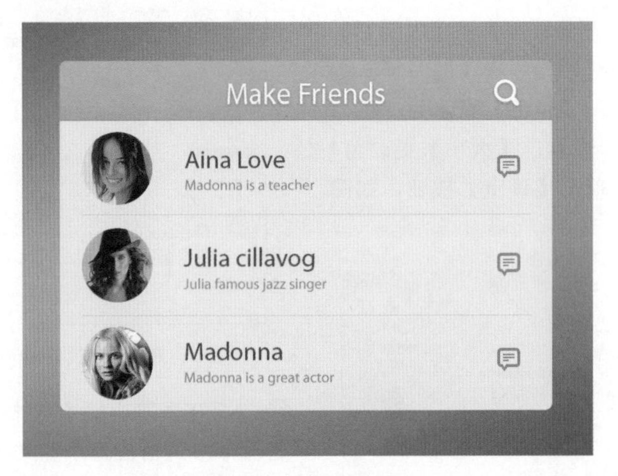

图2.127 通信应用界面

2.4.1 制作背景

① 执行菜单栏中的【文件】|【新建】命令，在弹出的对话框中设置【宽度】为800像素，【高度】为600像素，【分辨率】为72像素/英寸，【颜色模式】为RGB颜色，新建一个空白画布，如图2.128所示。

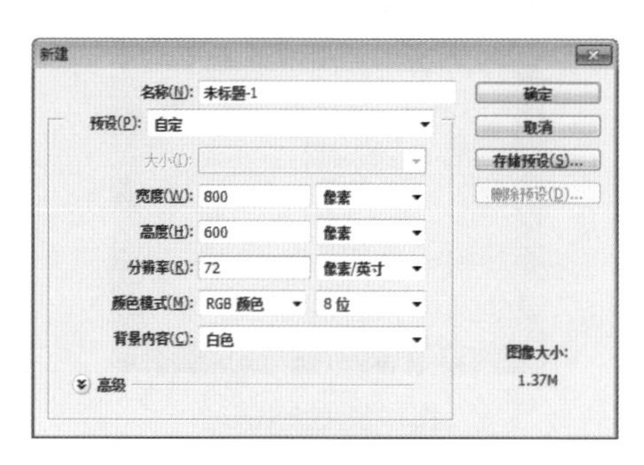

图2.128 新建画布

② 执行菜单栏中的【文件】|【打开】命令，在弹出的对话框中选择配套光盘中的“调用素材\第2章\通信应用界面\背景.jpg”文件，将打开的素材拖入画布中并适当缩放至画布相同大小，此时其图层名称将自动更改为【图层1】，如图2.129所示。

图2.129 添加素材

③ 选中【图层1】图层，执行菜单栏中的【图像】|【调整】|【色相/饱和度】命令，在弹出的对话框中将【饱和度】更改为25，完成之后单击【确定】按钮，如图2.130所示。

图2.130 调整饱和度

④ 选中【图层1】图层，执行菜单栏中的【图像】|【调整】|【照片滤镜】命令，在弹出的对话框中保持参数默认，完成之后单击【确定】按钮，如图2.131所示。

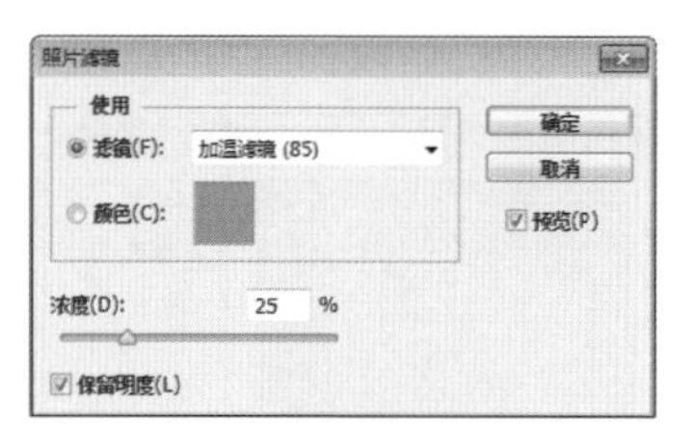

图2.131 调整照片滤镜

⑤ 选中【图层1】图层，执行菜单栏中的【图像】|【调整】|【色阶】命令，在弹出的对话框中将【输入色阶】更改为（24，0.97，255），完成之后单击【确定】按钮，如图2.132所示。

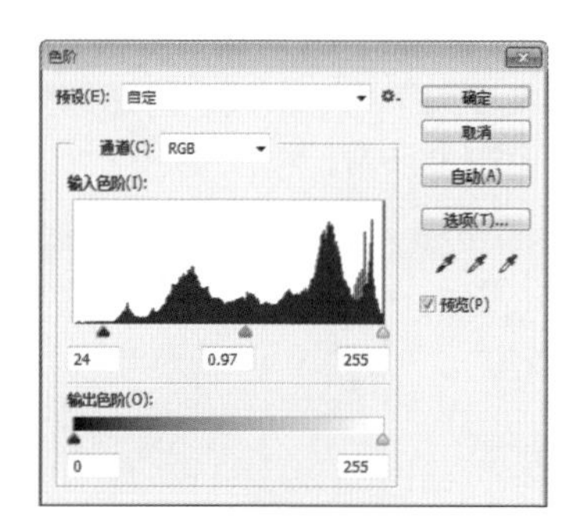

图2.132 调整色阶

⑥ 选中【图层1】图层，执行菜单栏中的【图像】|【调整】|【色彩平衡】命令，在弹出的对话框中将【色阶】更改为（0，0，10），完成之后单击【确定】按钮，如图2.133所示。

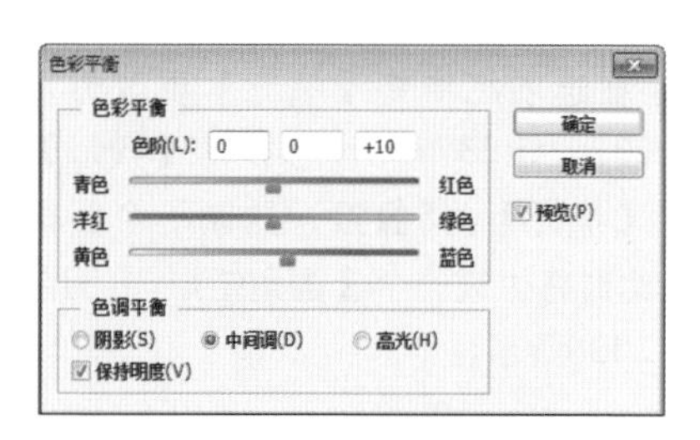

图2.133 调整色彩平衡

⑦ 选中【图层 1】图层，执行菜单栏中的【滤镜】|【模糊】|【高斯模糊】命令，在弹出的对话框中将【半径】更改为126像素，设置完成之后单击【确定】按钮，如图2.134所示。

图2.134 设置高斯模糊

⑧ 选中【图层 1】图层，执行菜单栏中的【图像】|【调整】|【曲线】命令，在弹出的对话框中向下拖动曲线，将图像亮度降低，如图2.135所示。

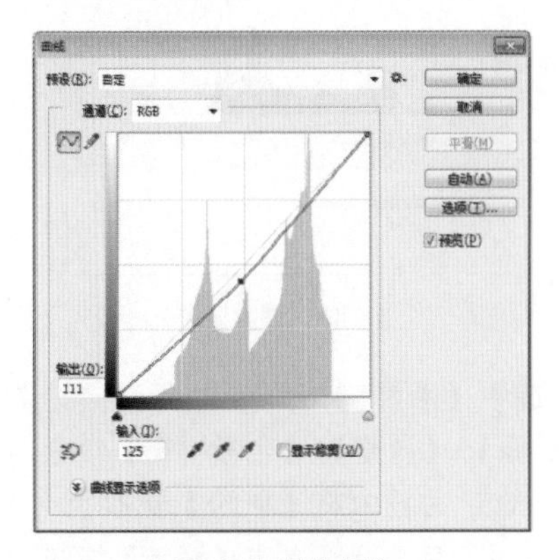

图2.135 调整曲线

⑨ 选择工具箱中的【圆角矩形工具】▢，在选项栏中将【填充】更改为灰色（R:232，G:237，B:234），【描边】为无，【半径】为5像素，绘制一个圆角矩形，此时将生成一个【圆角矩形1】图层，如图2.136所示。

图2.136 绘制图形

⑩ 在【图层】面板中选中【圆角矩形1】图层，将其拖至面板底部的【创建新图层】按钮上，复制一个【圆角矩形1 拷贝】图层，如图2.137所示。

⑪ 选中【圆角矩形1 拷贝】图层，按Ctrl+T组合键对其执行【自由变换】命令，将光标移至出现的变形框底部控制点向上拖动将图形高度缩小，完成之后按Enter键确认，再将其颜色更改为青色（R:54，G:183，B:166），如图2.138所示。

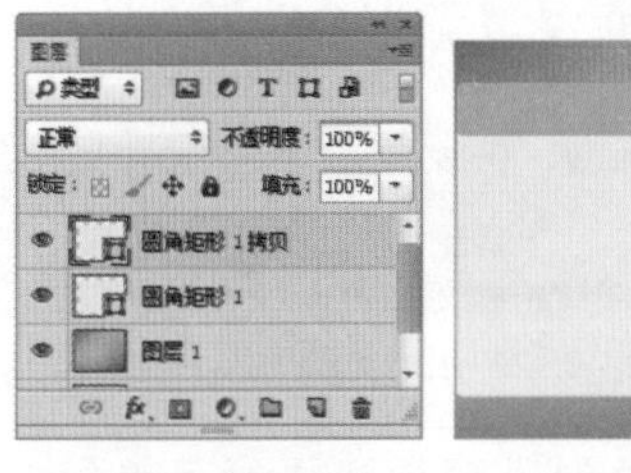

图2.137 复制图层　　图2.138 变换图形

⑫ 选择工具箱中的【直接选择工具】，选中刚才经过变换的圆角矩形左下角的锚点并按Delete键将其删除，如图2.139所示。

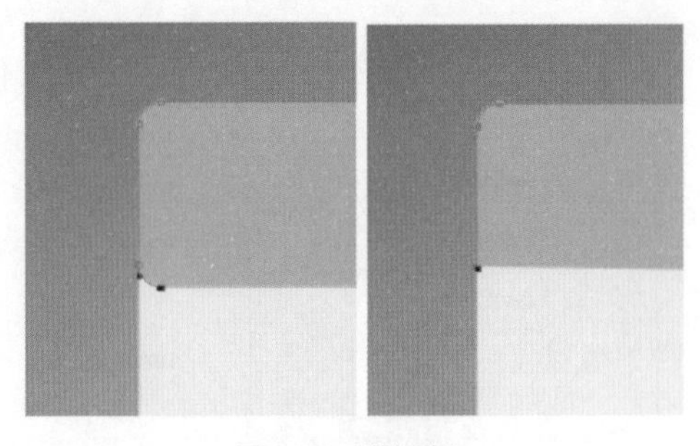

图2.139 删除锚点

⑬ 选择工具箱中的【直接选择工具】，以刚才同样的方法将右下角锚点删除，如图2.140所示。

图2.140 删除锚点

⑭ 在【图层】面板中选中【圆角矩形1 拷贝】图层，单击面板底部的【添加图层样式】 fx 按钮，在菜单中选择【渐变叠加】命令，在弹出的对话框中将【混合模式】更改为【叠加】，【不透明度】更改为40%，【渐变】颜色更改为黑色到灰色（R:111，G:111，B:111）到白色，并将灰色色标【位置】更改为15%，完成之后单击【确定】按钮，如图2.141所示。

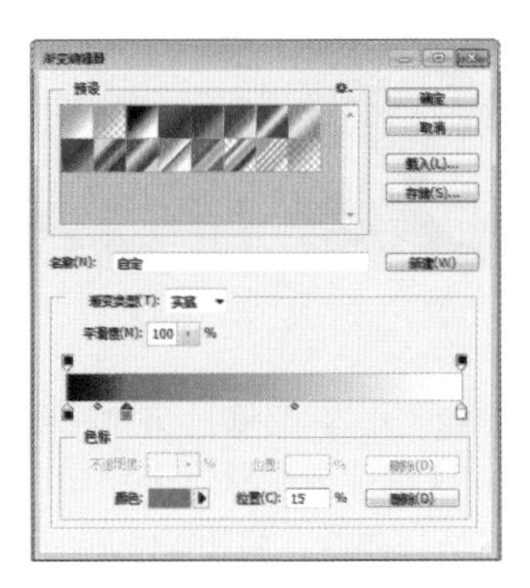

图2.141 设置渐变叠加

⑮ 选择工具箱中的【横排文字工具】 T，在画布中适当位置添加文字，如图2.142所示。

⑯ 在【图层】面板中选中【Make Friends】图层，单击面板底部的【添加图层样式】 fx 按钮，在菜单中选择【投影】命令，在弹出的对话框中将【不透明度】更改为30%，取消【使用全局光】复选框，【距离】更改为1像素，【大小】更改为5像素，完成之后单击【确定】按钮，如图2.143所示。

图2.142 添加文字

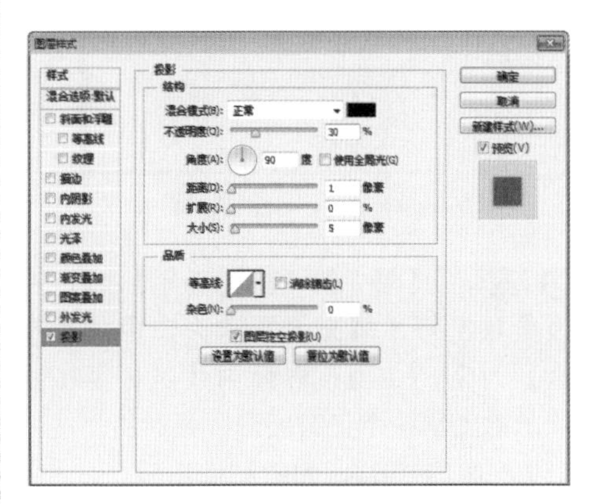

图2.143 设置投影

⑰ 选择工具箱中的【直线工具】，在选项栏中将【填充】更改为绿色（R:25，G:136，B:81），【描边】为无，【粗细】更改为1像素，沿矩形下边缘绘制一条水平线段，生成【形状1】图层。

⑱ 选择工具箱中的【直线工具】，在选项栏中将【填充】更改为灰色（R:207，G:207，B:207），【描边】为无，【粗细】更改为1像素，在界面适当位置按住Shift键绘制一条水平线段，此时将生成一个【形状2】图层，如图2.144所示。

图2.144 绘制图形

2.4.2 添加元素

① 选中【形状2】图层，在画布中按住Alt+Shift组合键向下拖动，将图形复制，如图2.145所示。

图2.145 复制图形

② 选择工具箱中的【椭圆工具】，在选项栏中将【填充】更改为白色，【描边】为无，在画布界面中适当位置按住Shift键绘制一个正圆图形，此时将生成一个【椭圆1】图层，如图2.146所示。

图2.146 绘制图形

③ 在【图层】面板中选中【椭圆1】图层，将其拖至面板底部的【创建新图层】按钮上，复制出【椭圆1 拷贝】和【椭圆1 拷贝2】图层，如图2.147所示。

④ 选中【椭圆1 拷贝】图层，在画布中按住Shift键向下侧稍微平移，如图2.148所示。

图2.147 复制图层　　图2.148 复制图形

⑤ 执行菜单栏中的【文件】|【打开】命令，在弹出的对话框中选择配套光盘中的“调用素材\第2章\通信应用界面\人物.jpg”文件，将打开的素材拖入画布中并适当缩小，此时其图层名称将自动更改为【图层2】，再将其移至【椭圆1 拷贝】图层下方，如图2.149所示。

图2.149 添加素材

⑥ 选中【图层2】图层，执行菜单栏中的【图层】|【创建剪切蒙版】命令，为当前图层创建剪切蒙版，如图2.150所示。

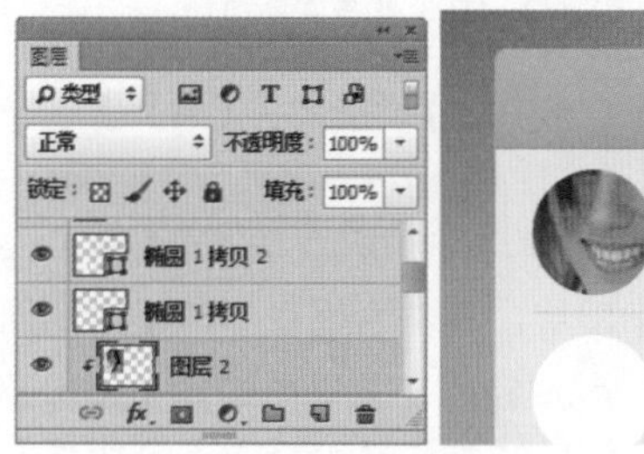

图2.150 创建剪切蒙版

⑦ 选中【图层2】图层，在画布中按Ctrl+T组合键对其执行【自由变换】命令，当出现变形框以后按住Alt+Shift组合键将图形等比例缩小，完成之后按Enter键确认，如图2.151所示。

图2.151 变换图像

⑧ 执行菜单栏中的【文件】|【打开】命令，在弹出的对话框中选择配套光盘中的“调用素材\第2章\通信应用界面\人物2.jpg、人物3.jpg”文件，将打开的素材拖入画布中并适当缩小，再以刚才同样的方法将部分图像隐藏，如图2.152所示。

图2.152 添加素材并隐藏部分图像

⑨ 选择工具箱中的【横排文字工具】T，在画布中适当位置添加文字，如图2.153所示。

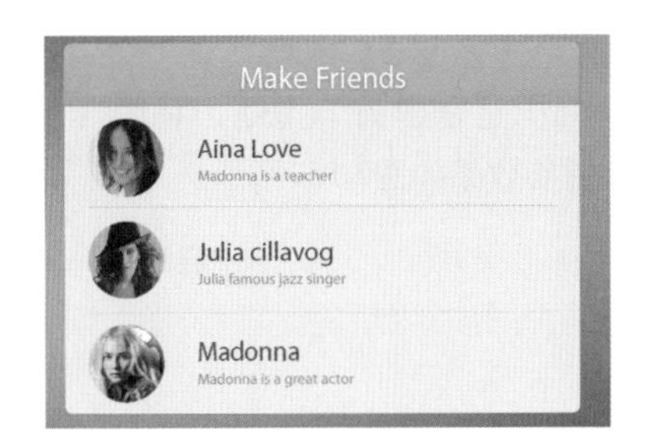

图2.153 添加文字

⑩ 执行菜单栏中的【文件】|【打开】命令，在弹出的对话框中选择配套光盘中的“调用素材\第2章\通信应用界面\图标.psd”文件，将打开的素材拖入画布中适当位置，如图2.154所示。

⑪ 选中【图标】图层，将其颜色更改为白色，如图2.155所示。

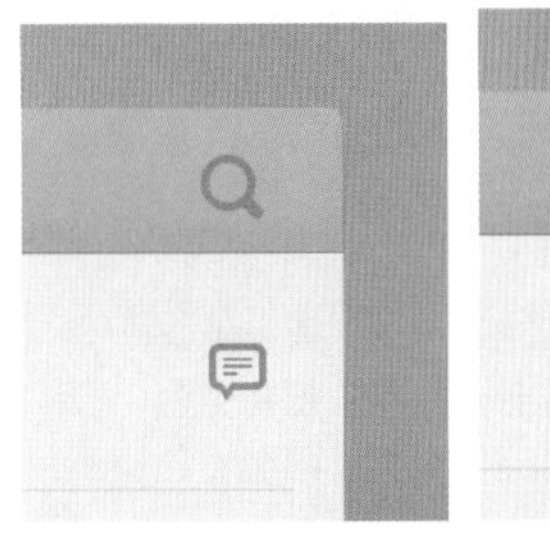

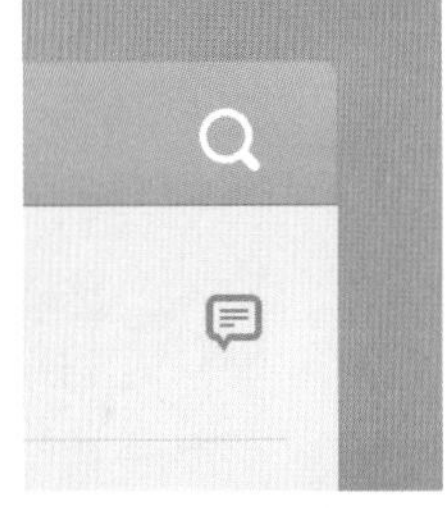

图2.154 添加素材　　图2.155 修改颜色

⑫ 在【Make Friends】图层上单击鼠标右键，从弹出的快捷菜单中选择【拷贝图层样式】命令，在【图标】图层上单击鼠标右键，从弹出的快捷菜单中选择【粘贴图层样式】命令，如图2.156所示。

图2.156 拷贝并粘贴图层样式

⑬ 选中【图标2】图层，在画布中按住Alt+Shift组合键向下拖动，将图形复制2份，最终效果如图2.157所示。

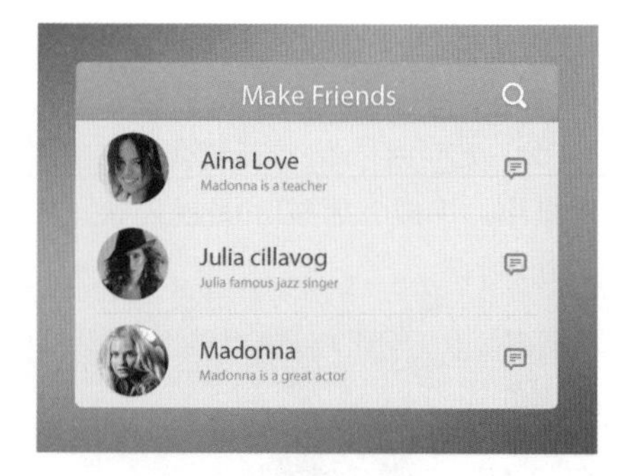

图2.157 复制图形及最终效果

2.5 酷黑登录页

- 新建画布并填充渐变制作背景。
- 绘制图形制作主界面。
- 绘制文本框及添加文字完成整个效果制作。

本例主要讲解的是酷黑登录页制作，整个界面的布局简洁、清晰明了，灰色系的色彩使整个登录页给人一种轻松的感觉。

难易程度：★★★☆☆
最终文件：配套光盘\素材\源文件\第 2 章\酷黑登录页 .psd
视频位置：配套光盘 \movie\2.5 酷黑登录页 .avi

酷黑登录页效果如图 2.158 所示。

图2.158 酷黑登录页

2.5.1 制作背景

① 执行菜单栏中的【文件】|【新建】命令，在弹出的对话框中设置【宽度】为800像素，【高度】为600像素，【分辨率】为72像素/英寸，【颜色模式】为RGB颜色，新建一个空白画布，如图2.159所示。

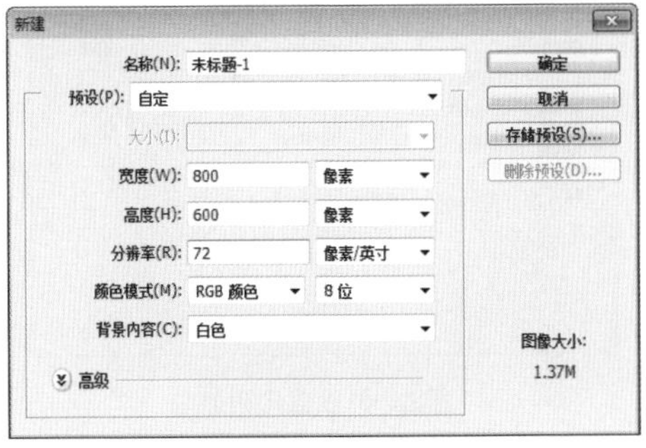

图2.159 新建画布

② 单击面板底部的【创建新图层】按钮，新建一个【图层1】图层，如图2.160所示。

③ 选中【图层1】图层，将画布填充为白色，如图2.161所示。

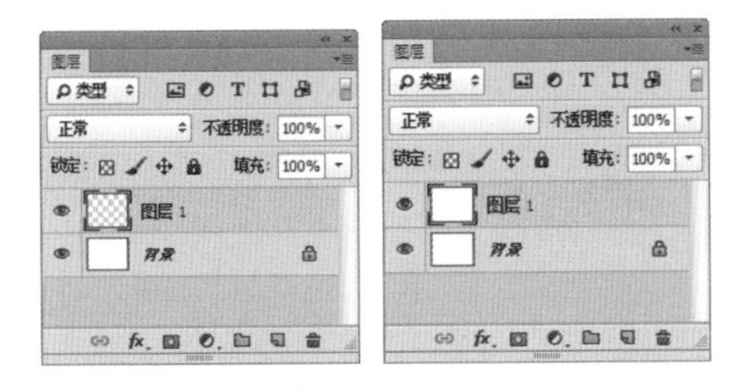

图2.160 新建图层　　图2.161 填充颜色

④ 在【图层】面板中选中【图层1】图层，单击面板底部的【添加图层样式】*fx* 按钮，在菜单中选择【渐变叠加】命令，在弹出的对话框中将【不透明度】更改为35%，【渐变】更改为黑、白渐变，【缩放】更改为150%，如图2.162所示。

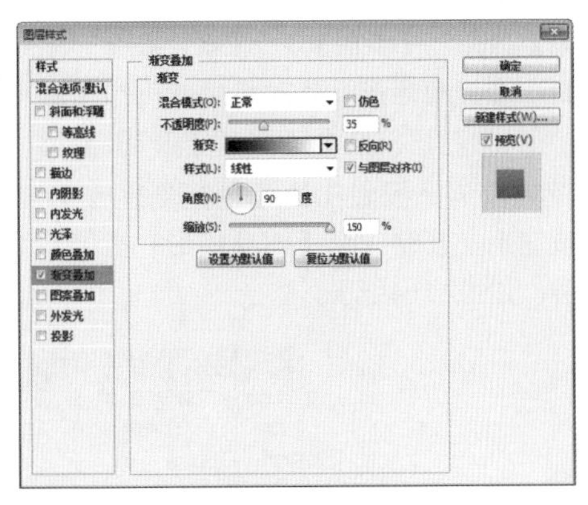

图2.162 设置渐变叠加

⑤ 选中【图案叠加】复选框，将【不透明度】更改为5%，单击【图案】后方的按钮，在弹出的面板中选择【填充纹理】|【画布】，【缩放】更改为10%，完成之后单击【确定】按钮，如图2.163所示。

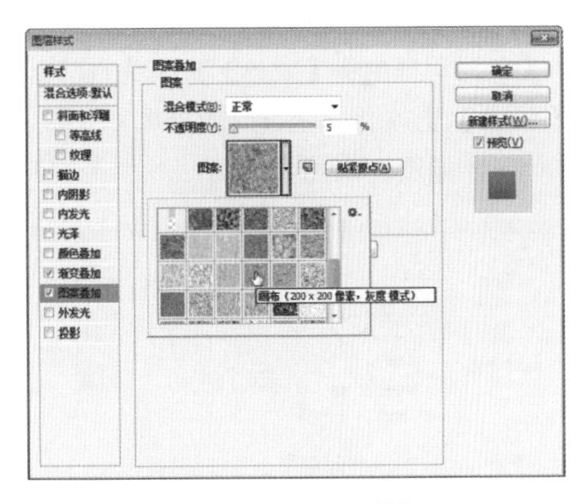

图2.163 设置图案叠加

提示

在UI设计的过程中要习惯常使用渐变叠加的方法为图形或者背景填充渐变，一方面可以更加精确控制渐变的大小、方向，更重要的是可以随时修改。

2.5.2 绘制界面

① 选择工具箱中的【圆角矩形工具】，在选项栏中将【填充】更改为白色，【描边】为无，【半径】为5像素，在画布中绘制一个圆角矩形，此时将生成一个【圆角矩形1】图层。选中【圆角矩形1】图层，将其拖至面板底部的【创建新图层】按钮上，复制一个【圆角矩形1 拷贝】图层，如图2.164所示。

图2.164 绘制图形并复制图层

② 在【图层】面板中选中【圆角矩形1】图层，单击面板底部的【添加图层样式】按钮，在菜单中选择【描边】命令，在弹出的对话框中将【大小】更改为1像素，【颜色】更改为深蓝色（R:40，G:53，B:64），如图2.165所示。

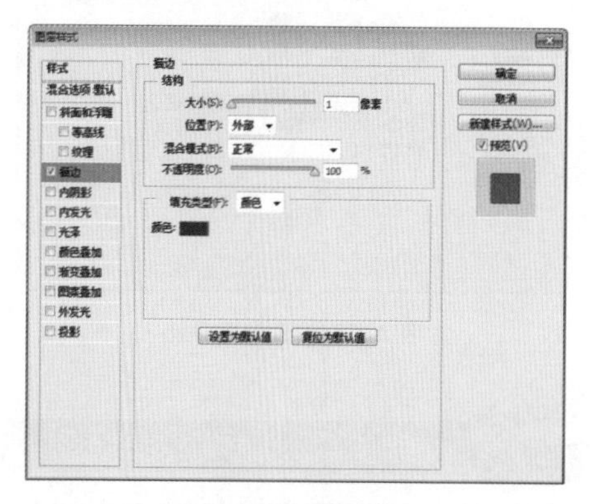

图2.165 设置描边

③ 选中【内阴影】复选框，将【混合模式】更改为【正常】，【颜色】更改为白色，【不透明度】更改为45%，取消【使用全局光】复选框，【角度】更改为90度，【距离】更改为1像素，如图2.166所示。

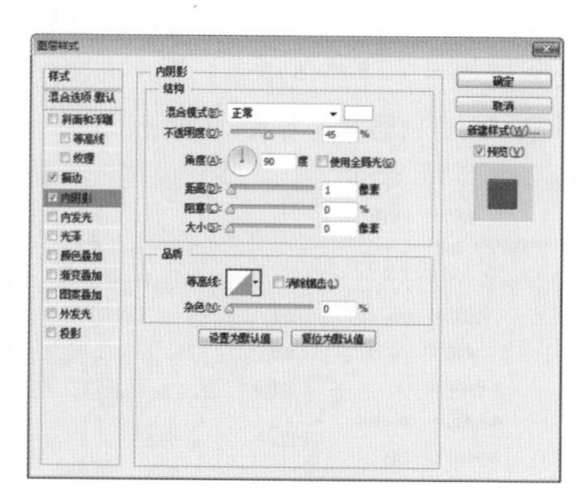

图2.166 设置内阴影

④ 选中【渐变叠加】复选框，将【渐变】更改为深蓝色（R:17，G:25，B:34）到蓝色（R:60，G:74，B:88），【角度】更改为90度，如图2.167所示。

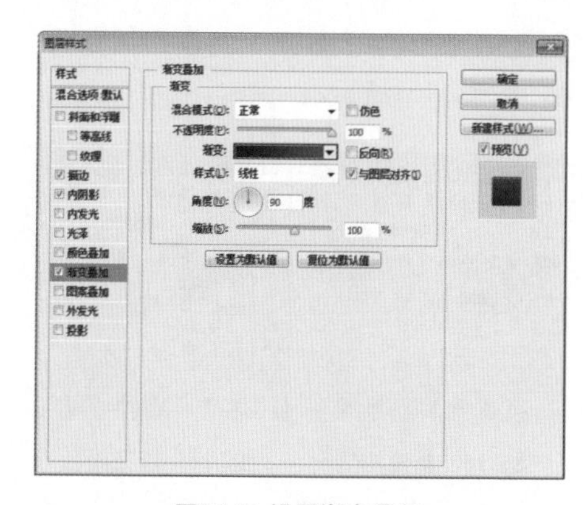

图2.167 设置渐变叠加

⑤ 选中【投影】复选框，取消【使用全局光】复选框，将【角度】更改为90度，完成之后单击【确定】按钮，如图2.168所示。

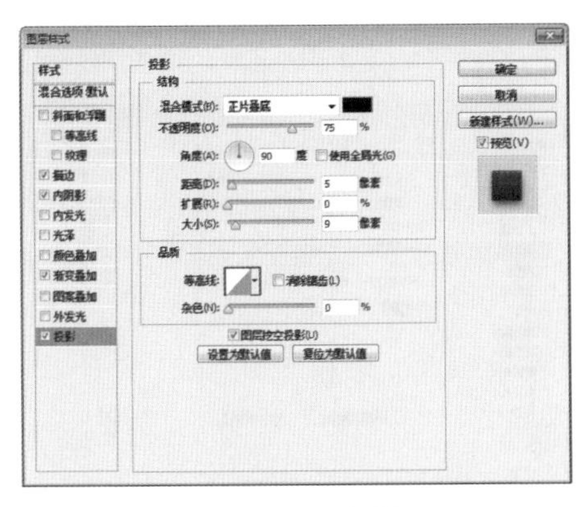

图2.168 设置投影

⑥ 选择工具箱中的【直接选择工具】，在画布中选中【圆角矩形1 拷贝】图层中的图形底部两个锚点，并按Delete键将其删除，如图2.169所示。

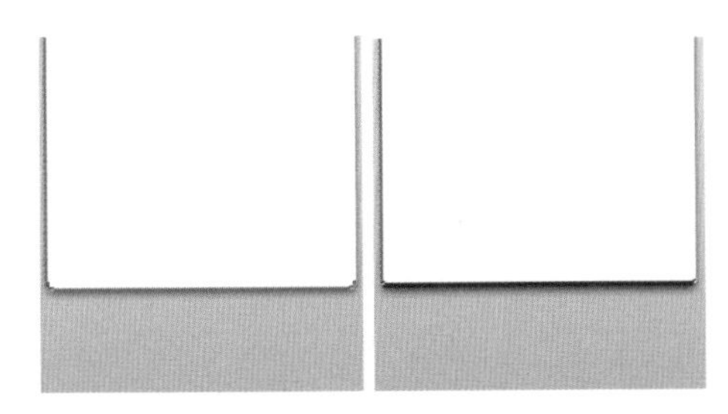

图2.169 删除锚点

⑦ 选择工具箱中的【直接选择工具】，在画布中选中【圆角矩形1 拷贝】图层中的图形左下角及右下角的两个锚点并向上拖动，如图2.170所示。

图2.170 移动锚点

⑧ 在【图层】面板中选中【圆角矩形1 拷贝】图层，单击面板底部的【添加图层蒙版】按钮，为其添加图层蒙版，如图2.171所示。

⑨ 选择工具箱中的【渐变工具】，在选项栏中单击【点按可编辑渐变】按钮，在弹出的对话框中选择【黑白渐变】，如图2.172所示，设置完成之后单击【确定】按钮，再单击选项栏中的【线性渐变】按钮。

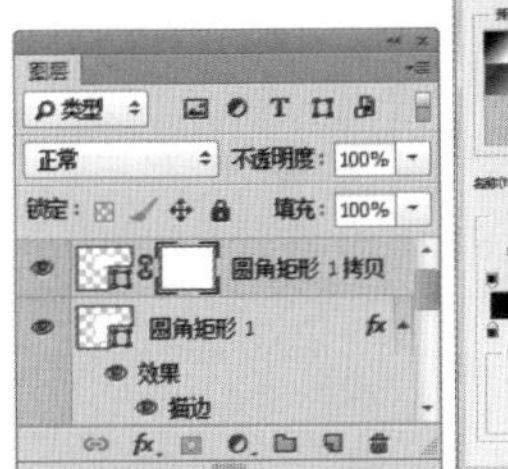

图2.171 添加图层蒙版　　图2.172 设置渐变

⑩ 单击【圆角矩形1 拷贝】图层蒙版缩览图，然后在画布中的图形上拖动，将部分图形隐藏，如图2.173所示。

图2.173 隐藏图形

⑪ 选中【圆角矩形1 拷贝】图层，将其图层【不透明度】更改为10%，如图2.174所示。

图2.174 更改图层不透明度

2.5.3 绘制文本框

① 选择工具箱中的【圆角矩形工具】，在选项栏中将【填充】更改为白色，【描边】为无，【半径】为3像素，在界面上绘制一个圆角矩形，此时将生成一个【圆角矩形2】图层，如图2.175所示。

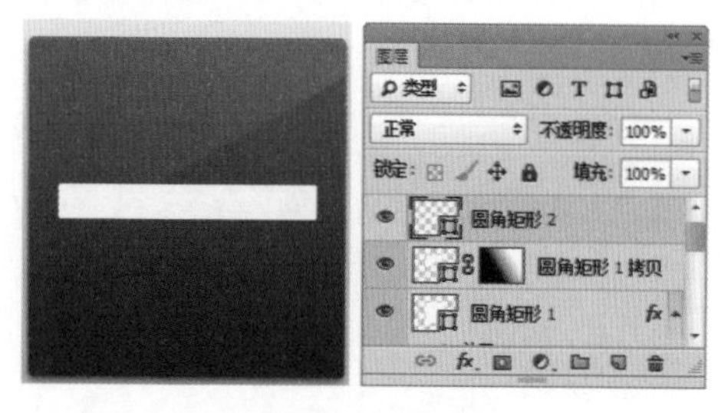

图2.175 绘制图形

② 选中【圆角矩形2】图层，在画布中按住Alt+Shift组合键向下拖动，将图形复制2份，此时将生成【圆角矩形2 拷贝】及【圆角矩形2 拷贝2】图层，如图2.176所示。

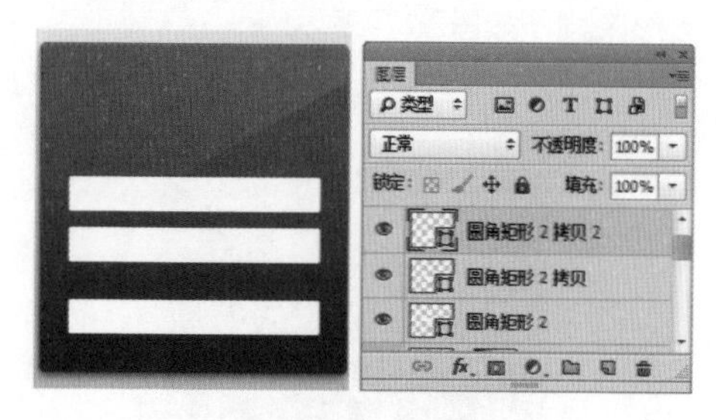

图2.176 复制图形

③ 在【图层】面板中选中【圆角矩形2】图层，单击面板底部的【添加图层样式】fx按钮，在菜单中选择【描边】命令，在弹出的对话框中将【大小】更改为1像素，【颜色】更改为黑色，如图2.177所示。

④ 选中【投影】复选框，将【混合模式】更改为【正常】，【颜色】更改为白色，【不透明度】更改为45%，【距离】更改为1像素，完成之后单击【确定】按钮，如图2.178所示。

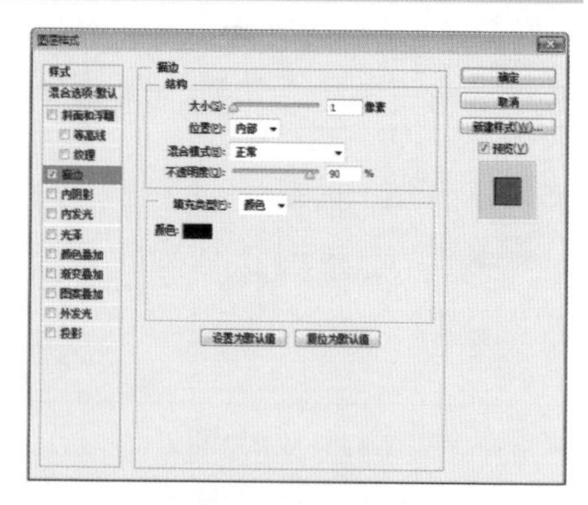

图2.177 设置描边

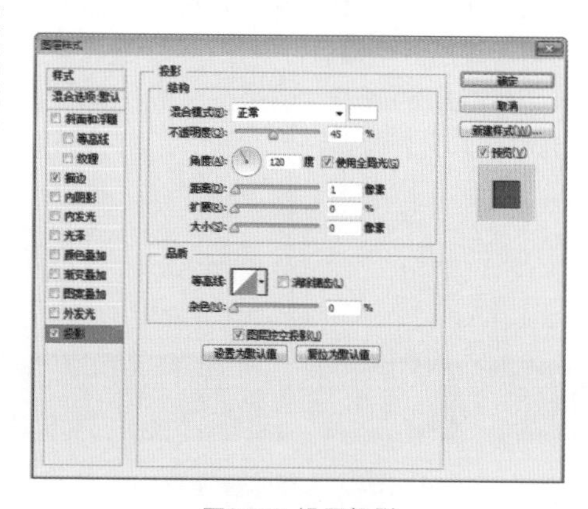

图2.178 设置投影

⑤ 在【圆角矩形2】图层上单击鼠标右键，从弹出的快捷菜单中选择【拷贝图层样式】命令，在【圆角矩形2 拷贝】图层上单击鼠标右键，从弹出的快捷菜单中选择【粘贴图层样式】命令，如图2.179所示。

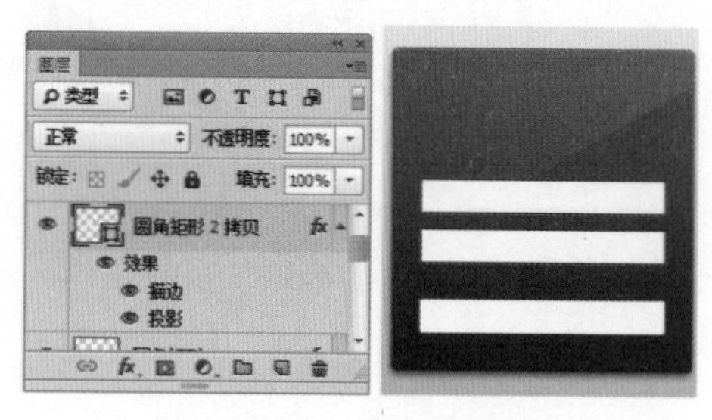

图2.179 拷贝并粘贴图层样式

⑥ 在【图层】面板中选中【圆角矩形2 拷贝2】图层，单击面板底部的【添加图层样式】fx按钮，在菜单中选择【描边】命令，在弹出的对话框中将【大小】更改为1像素，【不透明度】更改为80%，【颜色】更改为黑色，如图2.180所示。

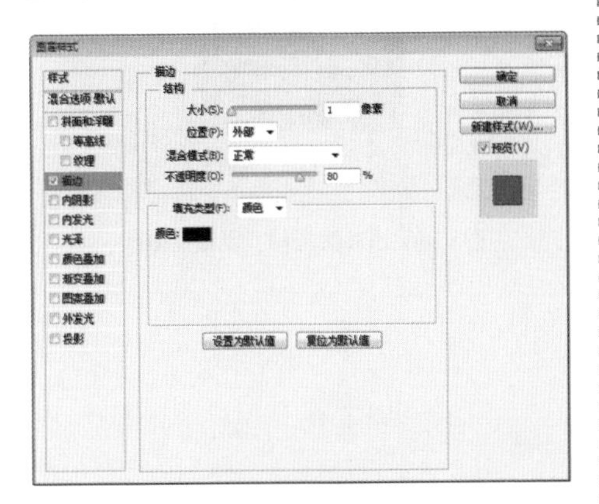

图2.180 设置描边

⑦ 选中【内阴影】复选框，将【混合模式】更改为【正常】，【颜色】更改为白色，【不透明度】更改为20%，取消【使用全局光】复选框，【角度】更改为90度，【距离】更改为1像素，如图2.181所示。

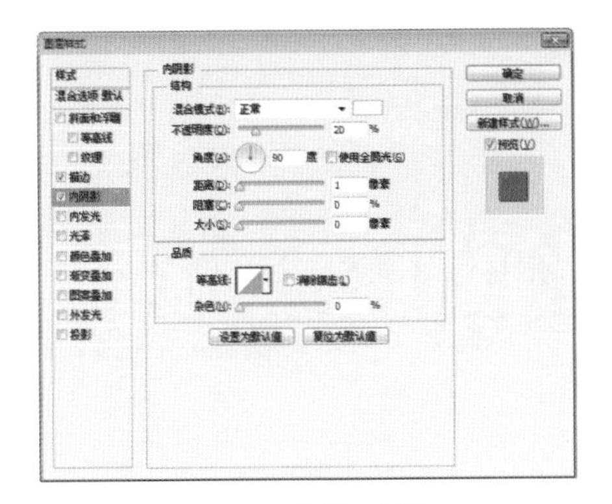

图2.181 设置内阴影

⑧ 选中【渐变叠加】复选框，将【渐变】更改为深蓝色（R:16，G:22，B:28）到深蓝色（R:48，G:54，B:62），【缩放】更改为130%，完成之后单击【确定】按钮，如图2.182所示。

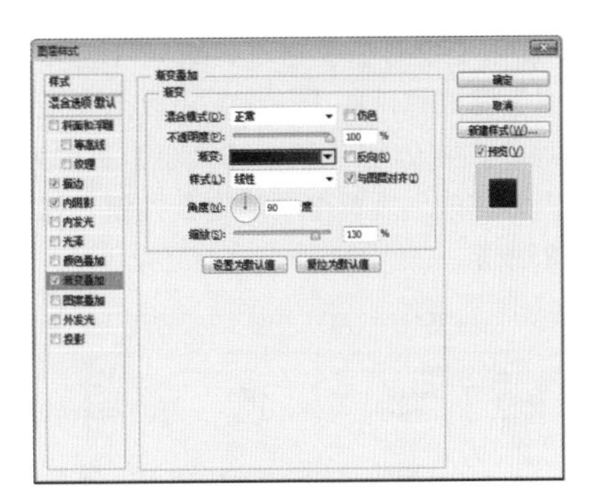

图2.182 设置渐变叠加

⑨ 选择工具箱中的【横排文字工具】T，在画布中适当位置添加文字，如图2.183所示。

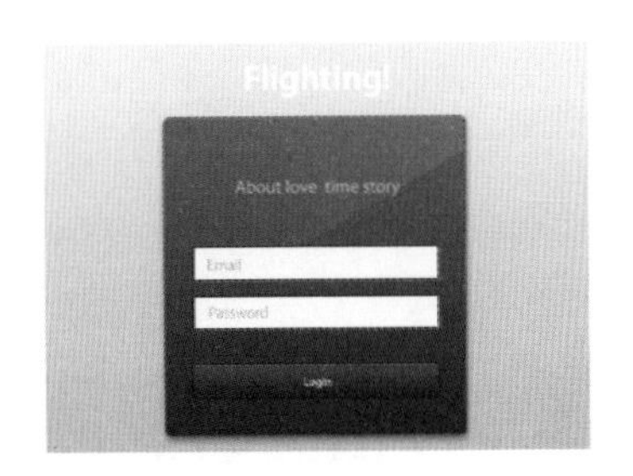

图2.183 添加文字

⑩ 在【图层】面板中选中【Flighting!】图层，单击面板底部的【添加图层样式】fx按钮，在菜单中选择【渐变叠加】命令，在弹出的对话框中将【不透明度】更改为80%，【渐变】更改为灰色（R:133，G:133，B:133）到灰色（R:45，G:45，B:45），【缩放】更改为150%，完成之后单击【确定】按钮，如图2.184所示。

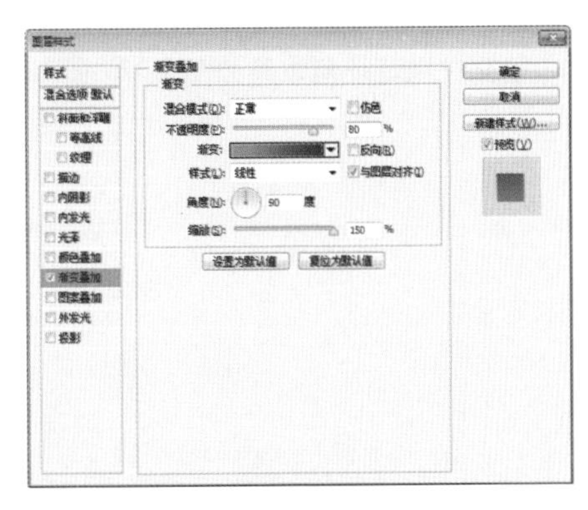

图2.184 设置渐变叠加

⑪ 选中【投影】复选框，取消【使用全局光】复选框，将【角度】更改为90度，【距离】更改为1像素，【大小】更改为1像素，完成之后单击【确定】按钮，如图2.185所示。

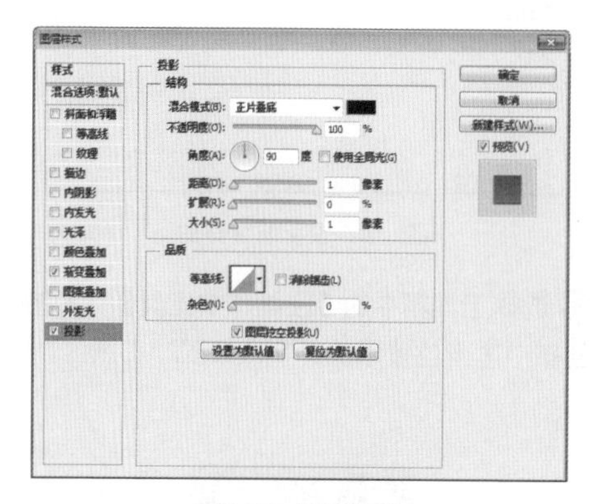

图2.185 设置投影

⑫ 以同样的方法为【Login】图层添加投影图层样式，最终效果如图2.186所示。

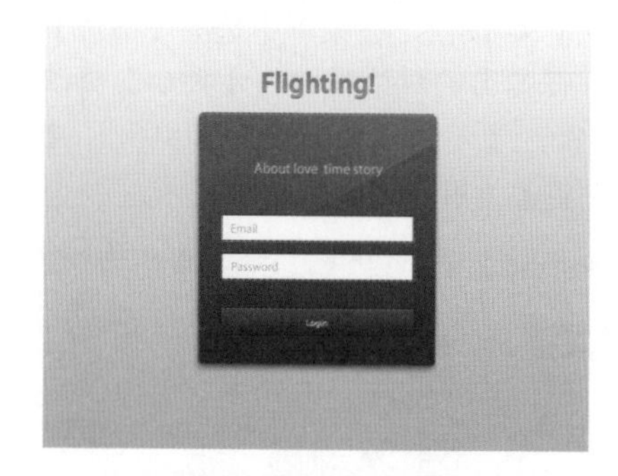

图2.186 添加图层样式及最终效果

2.6 社交应用登录框

- 新建画布并添加杂色及填充渐变制作背景。
- 绘制图形制作主界面。
- 绘制相关图形元素并添加相关文字完成最终效果制作。

本例主要讲解的是登录框制作，此款界面效果不俗，一切从简，甚至在绘制图形的时候极少用到添加图层样式效果，而整个色彩的搭配更显国际化。

难易程度：★★☆☆☆
最终文件：配套光盘 \ 素材 \ 源文件 \ 第 2 章 \ 社交应用登录框 .psd
视频位置：配套光盘 \movie\2.6 社交应用登录框 .avi

社交应用登录框效果如图 2.187 所示。

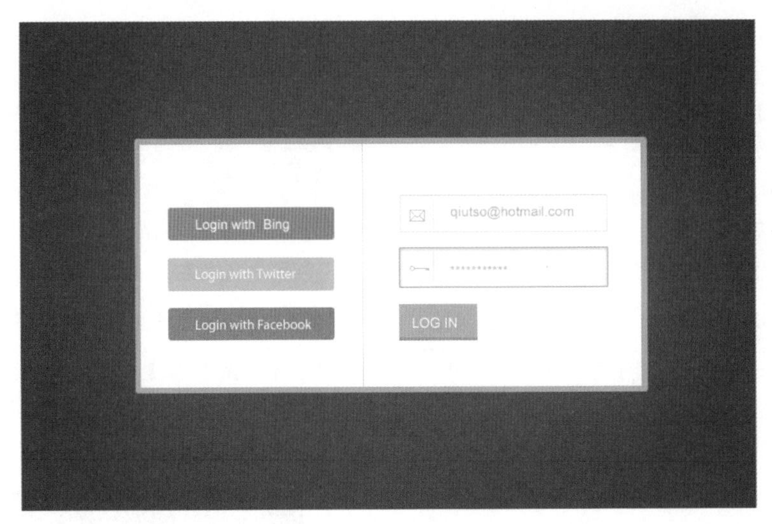

图2.187 社交应用登录框

2.6.1 制作背景

① 执行菜单栏中的【文件】|【新建】命令，在弹出的对话框中设置【宽度】为800像素，【高度】为500像素，【分辨率】为72像素/英寸，【颜色模式】为RGB颜色，新建一个空白画布，如图2.188所示。

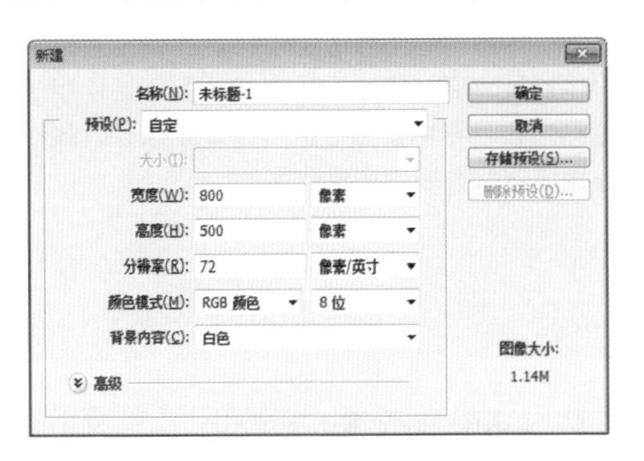

图2.188 新建画布

② 将画布填充为深灰色（R:65，G:65，B:65），如图2.189所示。

③ 执行菜单栏中的【滤镜】|【杂色】|【添加杂色】命令，在弹出的对话框中将【数量】更改为1%，分别选中【高斯分布】单选按钮及【单色】复选框，完成之后单击【确定】按钮，如图2.190所示。

图2.189 填充颜色

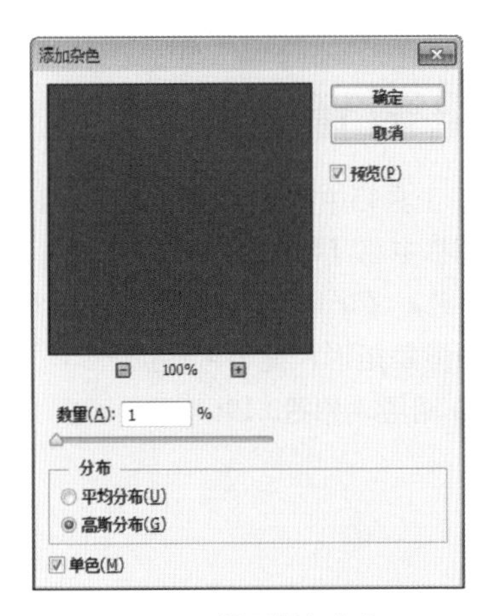

图2.190 设置添加杂色

④ 在【图层】面板中选中【背景】图层，将其拖至面板底部的【创建新图层】按钮上，复制一个【背景 拷贝】图层，如图2.191所示。

⑤ 在【图层】面板中选中【背景 拷贝】图层，将图层填充为深灰色（R:40，G:40，B:40），如图2.192所示。

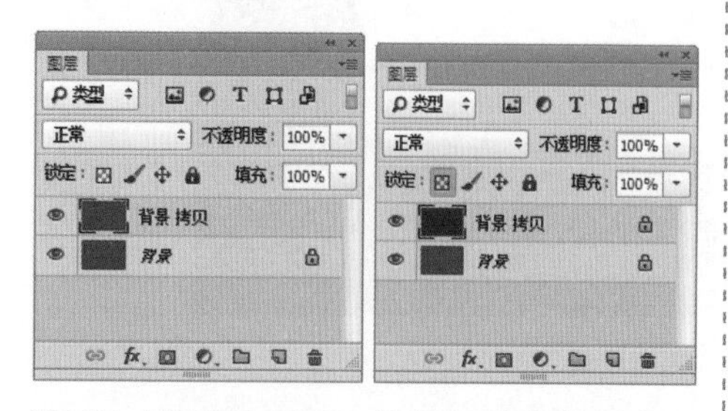

图2.191 复制图层 图2.192 锁定透明像素并填充颜色

⑥ 在【图层】面板中选中【背景 拷贝】图层，单击面板底部的【添加图层蒙版】按钮，为其添加图层蒙版，如图2.193所示。

⑦ 选择工具箱中的【渐变工具】，在选项栏中单击【点按可编辑渐变】按钮，在弹出的对话框中选择【黑白渐变】，设置完成之后单击【确定】按钮，再单击选项栏中的【径向渐变】按钮，如图2.194所示。

图2.193 添加图层蒙版　图2.194 设置渐变

⑧ 单击【背景 拷贝】图层，在画布中从中间向边缘方向拖动，将部分图形隐藏，如图2.195所示。

图2.195 隐藏图形

提示

选择工具箱中的【画笔工具】，设置适当大小笔触及硬度，单击【背景 拷贝】图层蒙版缩览图，在画布中其图形中间位置涂抹可以制作出明暗更加准确的背景效果。

2.6.2 绘制界面

① 选择工具箱中的【圆角矩形工具】，在选项栏中将【填充】更改为白色，【描边】为无，【半径】为3像素，在画布中绘制一个圆角矩形，此时将生成一个【圆角矩形1】图层，如图2.196所示。

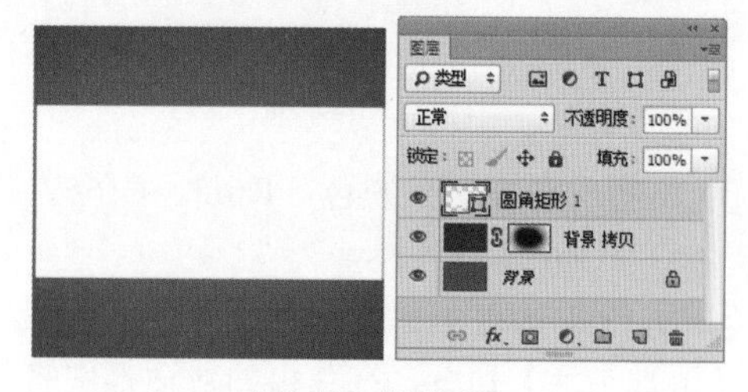

图2.196 绘制图形

② 在【图层】面板中选中【圆角矩形1】图层，单击面板底部的【添加图层样式】 fx 按钮，在菜单中选择【描边】命令，在弹出的对话框中将【大小】更改为6像素，【位置】更改为内部，【颜色】更改为深青色（R:78，G:183，B:168），完成之后单击【确定】按钮，如图2.197所示。

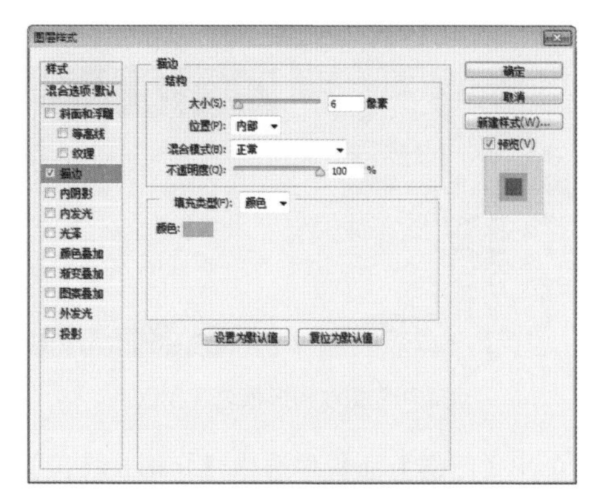

图2.197 设置描边

③ 选择工具箱中的【直线工具】╱，在选项栏中将【填充】更改为灰色（R:220，G:220，B:220），【描边】为无，【粗细】更改为1像素，在【圆角矩形1】上按住Shift键绘制一条宽度与其相同的垂直线段，此时将生成一个【形状1】图层，如图2.198所示。

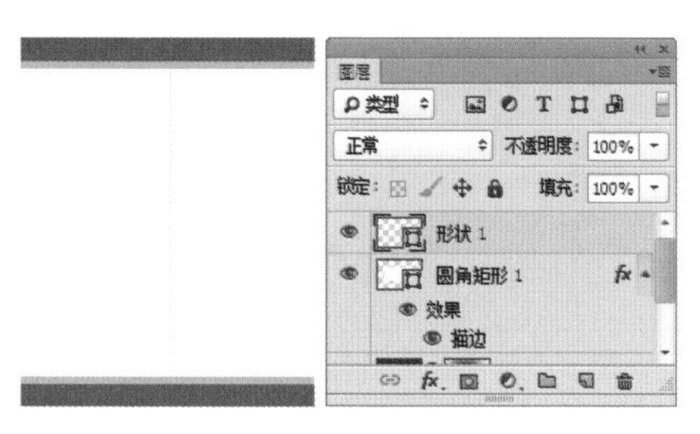

图2.198 绘制图形

④ 选择工具箱中的【圆角矩形工具】▢，在选项栏中将【填充】更改为红色（R:253，G:92，B:79），【描边】为无，【半径】为3像素，在【形状1】图形左侧位置绘制一个圆角矩形，此时将生成一个【圆角矩形2】图层，如图2.199所示。

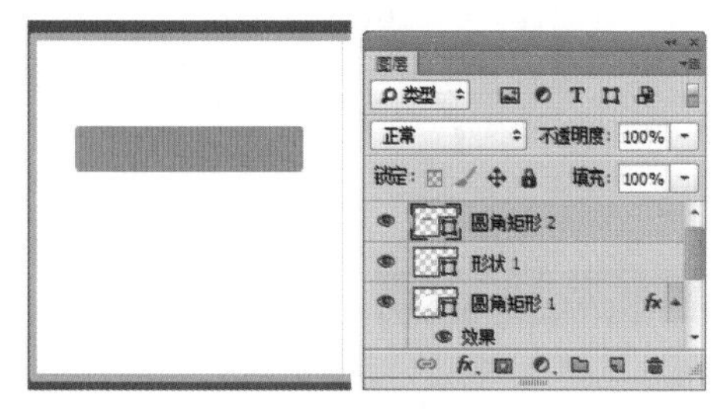

图2.199 绘制图形

⑤ 选中【圆角矩形2】图层，在画布中按住Alt+Shift组合键向下拖动，将图形复制2份，此时将生成一个【圆角矩形2 拷贝】和【圆角矩形2 拷贝2】图层，如图2.200所示。

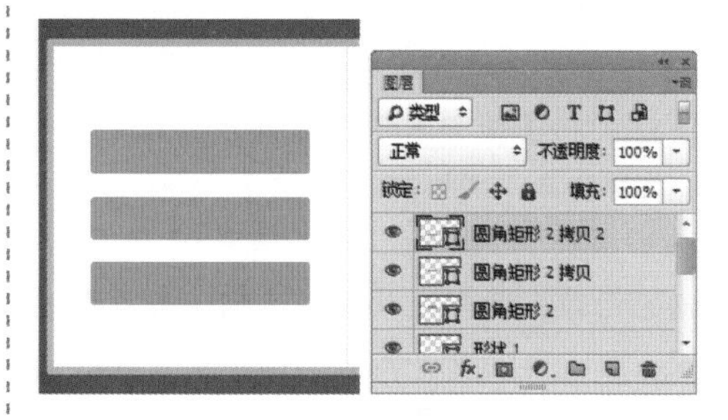

图2.200 复制图形

⑥ 选中【圆角矩形2 拷贝】图层，将其图形更改为青色（R:14，G:212，B:255），选中【圆角矩形2 拷贝2】图层，将其图形更改为蓝色（R:74，G:126，B:189），如图2.201所示。

图2.201 更改图形颜色

⑦ 选择工具箱中的【矩形工具】，在选项栏中将【填充】更改为无，【描边】为灰色（R:220，G:220，B:220），【大小】为1点，在垂直线段右侧绘制一个矩形，此时将生成一个【矩形1】图层，如图2.202所示。

图2.202 绘制图形

⑧ 选择工具箱中的【直线工具】，在选项栏中将【填充】更改为灰色（R:220，G:220，B:220），【描边】为无，【粗细】更改为1像素，在【矩形1】图层中的图形靠左侧按住Shift键绘制一条垂直线段，此时将生成一个【形状2】图层，如图2.203所示。

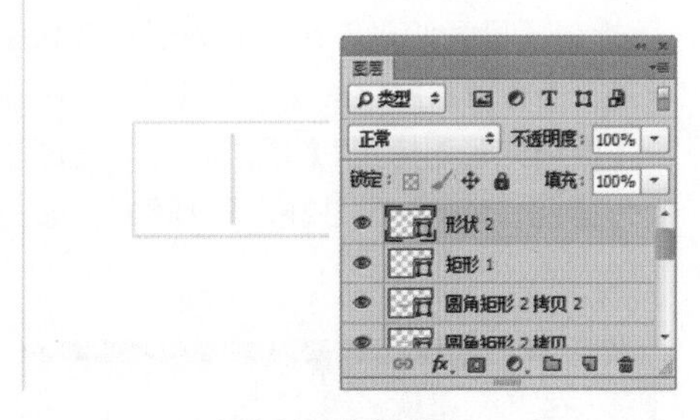

图2.203 绘制图形

⑨ 同时选中【形状2】及【矩形1】图层，在画布中按住Alt+Shift组合键向下拖动，将图形复制，此时将生成【形状2 拷贝】及【矩形1 拷贝】图层，如图2.204所示。

⑩ 选中【矩形1 拷贝】图层，将其【填充】更改为白色，【描边】为无，如图2.205所示。

图2.204 复制图形

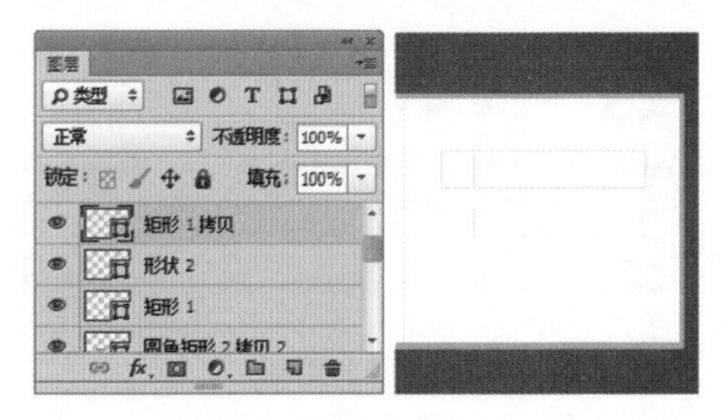

图2.205 更改图形描边及颜色

⑪ 在【图层】面板中选中【矩形1 拷贝】图层，单击面板底部的【添加图层样式】按钮，在菜单中选择【描边】命令，在弹出的对话框中将【大小】更改为1像素，【位置】更改为【内部】，【颜色】更改为深青色（R:50，G:173，B:156），如图2.206所示。

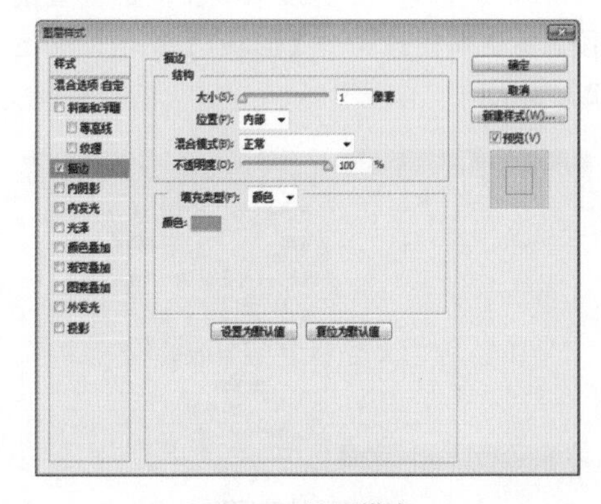

图2.206 设置描边

⑫ 选中【内阴影】复选框，将【颜色】设置为深青色（R:50；G:173；B:156），将【不透明度】更改为70%，取消【使用全局光】复选框，【角度】更改为90度，

【距离】更改为1像素，【大小】更改为5像素，完成之后单击【确定】按钮，如图2.207所示。

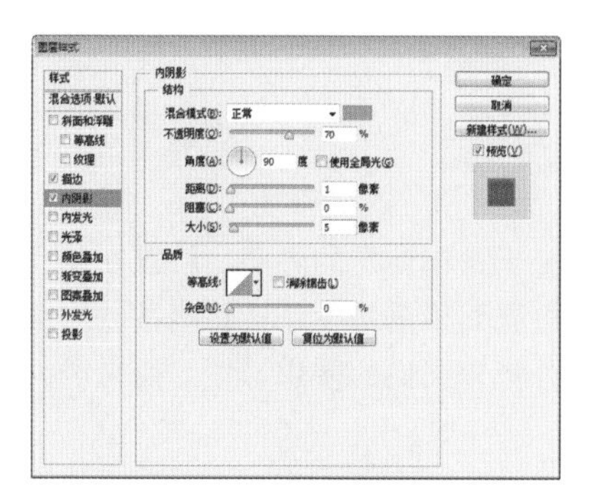

图2.207 设置内阴影

⑬ 选择工具箱中的【矩形工具】▭，在选项栏中将【填充】更改为深青色（R:31，G:157，B:139），【描边】为无，在画布中适当位置绘制一个矩形，此时将生成一个【矩形2】图层，将【矩形2】复制一份，如图2.208所示。

图2.208 绘制并复制图形

⑭ 选中【矩形2 拷贝】图层，在画布中将其图形颜色更改为青色（R:78，G:183，B:168），将【矩形2】向下稍微移动，如图2.209所示。

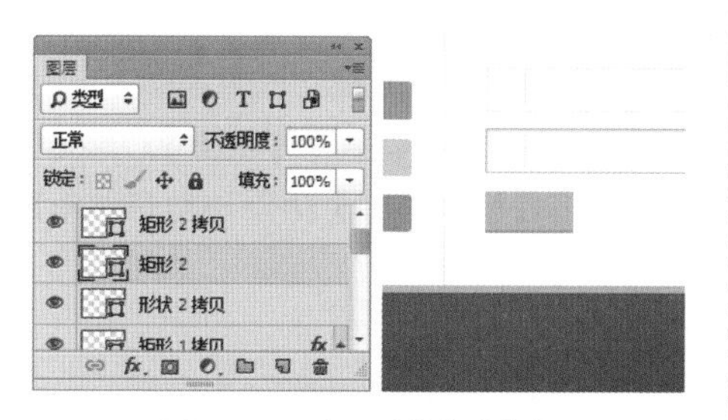

图2.209 更改图形并移动位置

⑮ 选择工具箱中的【横排文字工具】T，在画布中适当位置添加文字，如图2.210所示。

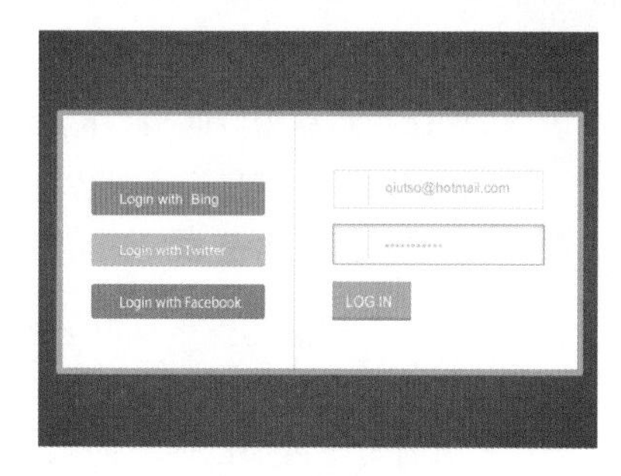

图2.210 添加文字

⑯ 选择工具箱中的【自定形状工具】，在选项栏中将【填充】更改为灰色（R:173；G:173；B:173），在画布中单击鼠标右键，从弹出的快捷菜单中选择【信封2】，在刚才绘制的图形适当位置按住Shift键绘制一个信封图形，如图2.211所示。

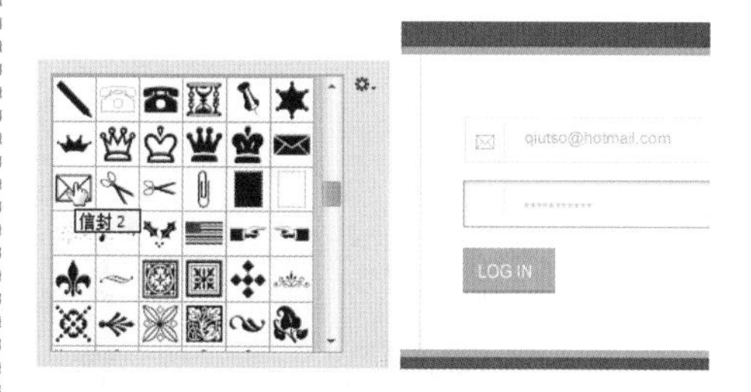

图2.211 绘制图形

⑰ 选择工具箱中的【自定形状工具】，在画布中再次单击鼠标右键，从弹出的快捷菜单中选择【物件】|【钥匙1】，在下方的登录框中按住Shift键绘制图形，这样就完成了效果制作，最终效果如图2.212所示。

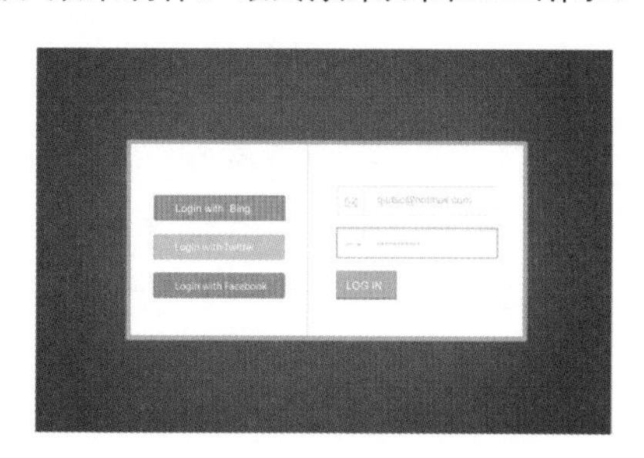

图2.212 设置形状及最终效果

2.7 电话呼叫界面

- 新建画布后绘制图形并配合滤镜命令制作背景。
- 绘制图形并定义图案制作呼叫主界面。
- 绘制界面元素及添加文字完成最终效果制作。

本例主要讲解的是电话呼叫界面制作，由于是移动端的界面，所以在制作过程中力求整个界面能很好地与移动电话机界面相搭，在保持功能按钮的准确布局的同时再加以明显的色彩区分，十分符合人们的使用习惯，而来电人物秀的设计又为整个界面增色不少。

难易程度：★★★☆☆
调用素材：配套光盘\素材\调用素材\第 2 章\电话呼叫界面
最终文件：配套光盘\素材\源文件\第 2 章\电话呼叫界面 .psd
视频位置：配套光盘\movie\2.7 电话呼叫界面 .avi

电话呼叫界面效果如图 2.213 所示。

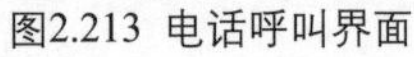
图2.213 电话呼叫界面

2.7.1 制作背景

① 执行菜单栏中的【文件】|【新建】命令，在弹出的对话框中设置【宽度】为800像素，【高度】为600像素，【分辨率】为72像素/英寸，【颜色模式】为RGB颜色，新建一个空白画布，如图2.214所示。

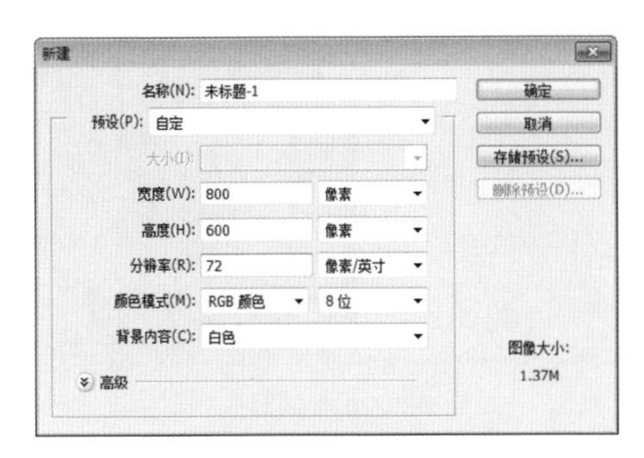

图2.214 新建画布

② 选择工具箱中的【渐变工具】，在选项栏中单击【点按可编辑渐变】按钮，在弹出的对话框中将渐变颜色更改为蓝色（R:50，G:70，B:123）到紫色（R:137，G:90，B:160），设置完成之后单击【确定】按钮，再单击选项栏中的【线性渐变】按钮，如图2.215所示。

图2.215 设置渐变

③ 在画布中从左下向右上方向拖动，为背景填充渐变，如图2.216所示。

图2.216 填充渐变

④ 选择工具箱中的【椭圆工具】，在选项栏中将【填充】更改为蓝色（R:137，G:195，B:233），【描边】为无，在画布靠左上角位置绘制一个椭圆图形，此时将生成一个【椭圆1】图层，如图2.217所示。

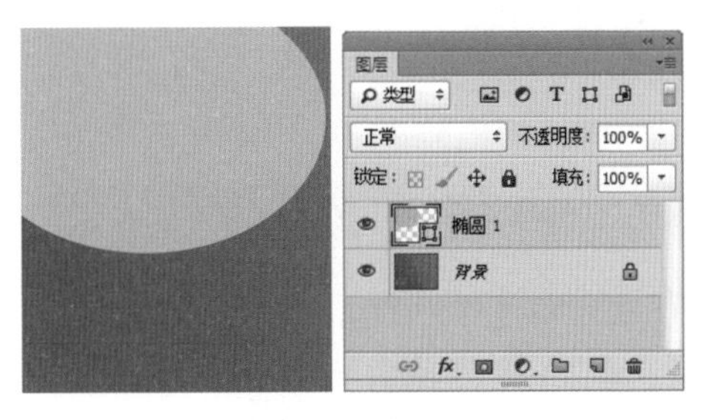

图2.217 绘制图形

⑤ 在【图层】面板中选中【椭圆1】图层，执行菜单栏中的【图层】|【栅格化】|【形状】命令，将当前图形栅格化，如图2.218所示。

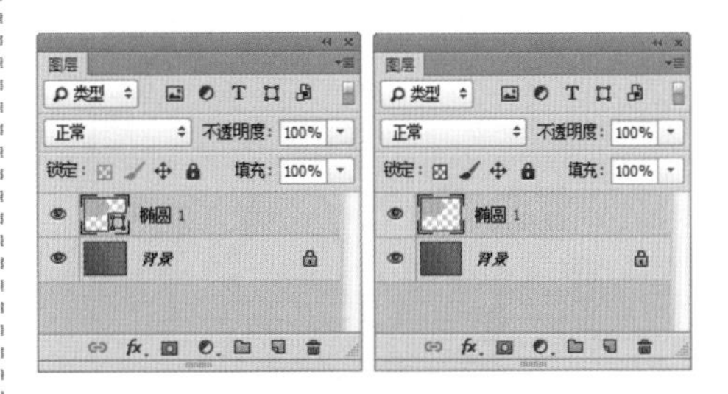

图2.218 栅格化形状

⑥ 选中【椭圆1】图层，执行菜单栏中的【滤镜】|【模糊】|【高斯模糊】命令，在弹出的对话框中将【半径】更改为180像素，设置完成之后单击【确定】按钮，如图2.219所示。

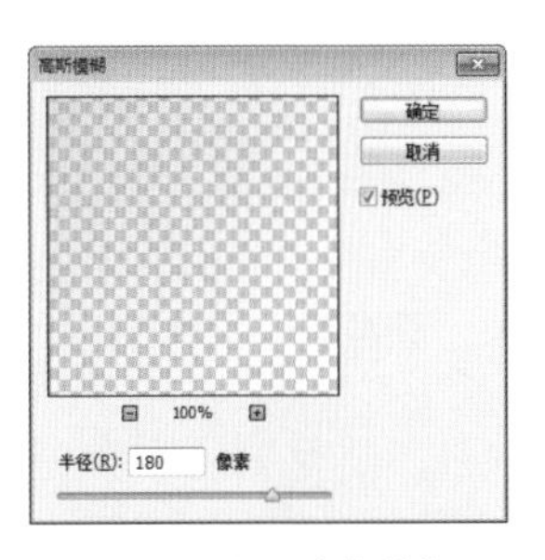

图2.219 设置高斯模糊

⑦ 选择工具箱中的【圆角矩形工具】，在选项栏中将【填充】更改为白色，【描边】为无，【半径】为15像素，在画布中绘制一个圆角矩形，此时将生成一个【圆角矩形1】图层，将其复制一份，如图2.220所示。

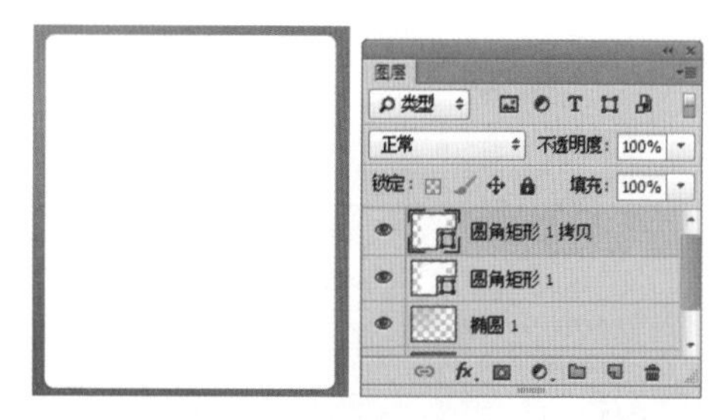

图2.220 绘制图形

2.7.2 定义图案

① 执行菜单栏中的【文件】|【新建】命令，在弹出的对话框中设置【宽度】为4像素，【高度】为4像素，【分辨率】为72像素/英寸，【颜色模式】为RGB颜色，【背景内容】为透明，新建一个透明画布，如图2.221所示。

图2.221 新建画布

② 在新建的画布中单击鼠标右键，从弹出的快捷菜单中选择【按屏幕大小缩放】命令，将当前画布放大，如图2.222所示。

图2.222 放大画布

③ 选择工具箱中的【矩形工具】，在选项栏中将【填充】更改为黑色，【描边】为无，在画布中靠顶部位置按住Shift键绘制一个矩形，此时将生成一个【矩形1】图层，如图2.223所示。

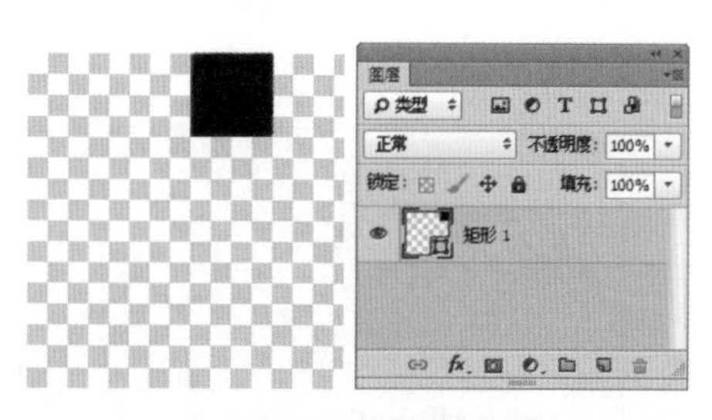

图2.223 绘制图形

④ 选中【矩形1】图层，在画布中按住Alt键拖动，将图形复制5份，同时选中复制生成的图形及【矩形1】图层，执行菜单栏中的【图层】|【合并形状】命令，此时将生成一个【矩形1 拷贝5】图层，如图2.224所示。

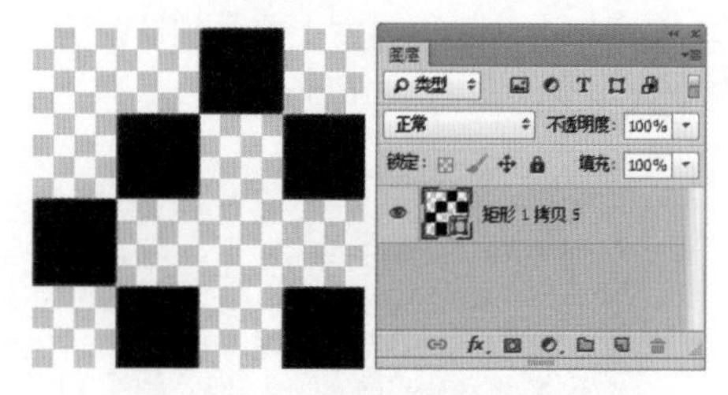

图2.224 复制并合并图层

⑤ 执行菜单栏中的【编辑】|【定义图案】命令，在弹出的对话框中将【名称】更改为纹理，完成之后单击【确定】按钮，如图2.225所示。

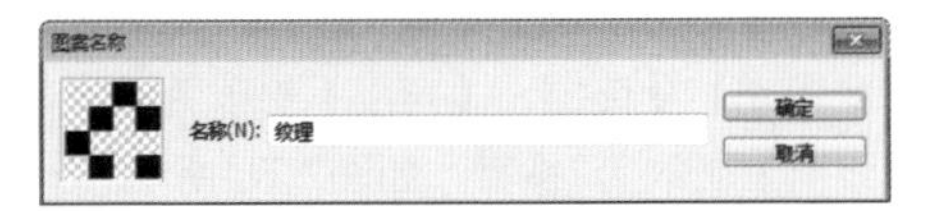

图2.225 定义图案

⑥ 返回原来的画布中，在【图层】面板中选中【圆角矩形1】图层，单击面板底部的【添加图层样式】fx按钮，在菜单中选择【内阴影】命令，在弹出的对话框中将【混合模式】更改为【正常】，【颜色】更改为白色，【不透明度】更改为10%，取消【使用全局光】复选框，将【角度】更改为-90度，【距离】更改为2像素，如图2.226所示。

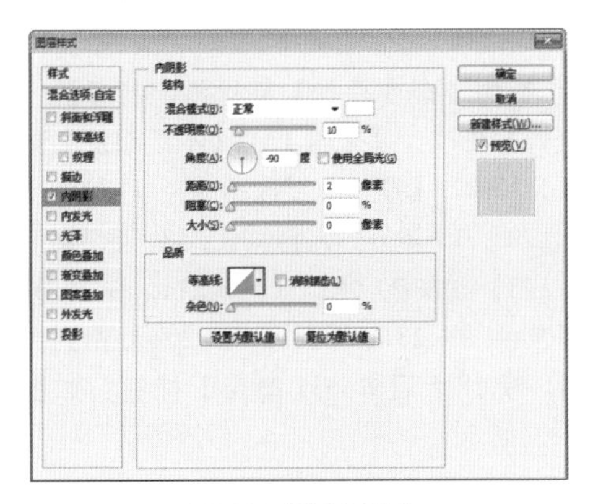

图2.226 设置内阴影

⑦ 选中【光泽】复选框，将【混合模式】更改为【正常】，【颜色】更改为白色，【不透明度】更改为15%，【角度】更改为55度，【距离】更改为10像素，【大小】更改为15像素，单击【等高线】后方的按钮，在弹出的面板中选择【高斯】，如图2.227所示。

⑧ 选中【渐变叠加】复选框，将【混合模式】更改为【正常】，【不透明度】更改为25%，【渐变】更改为灰色（R:170，G:170，B:170）到灰色（R:238，G:238，B:238）再到白色，并将中间的灰色色标【位置】更改为15%，如图2.228所示。

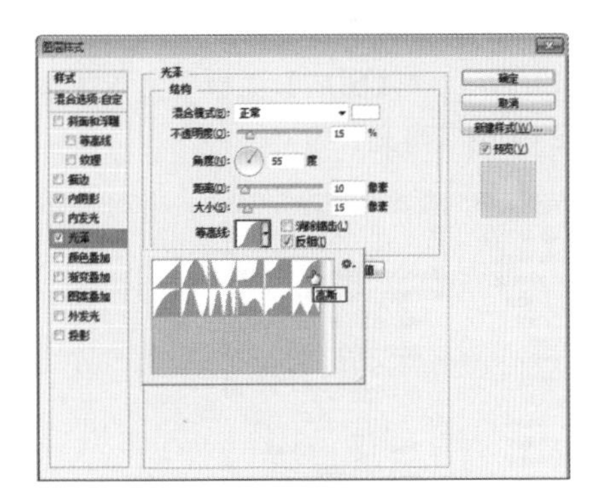

图2.227 设置光泽

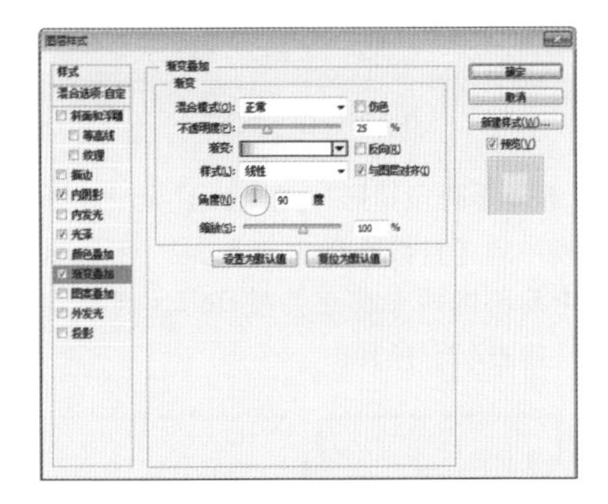

图2.228 设置渐变叠加

⑨ 选中【图案叠加】复选框，将【不透明度】更改为20%，单击【图案】后方的按钮，在弹出的面板中选择刚才定义的“纹理”图案，如图2.229所示。

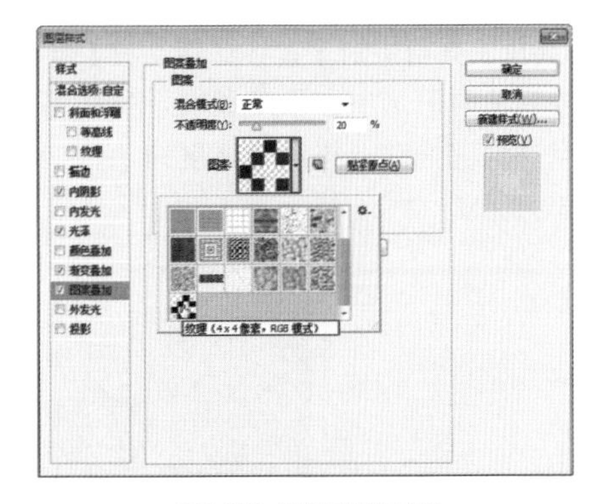

图2.229 设置定义图案

⑩ 选中【投影】复选框，取消【使用全局光】复选框，将【角度】更改为90度，【距离】更改为1像素，【大小】更改为3像素，完成之后单击【确定】按钮，如图2.230所示。在【图层】面板中修改【圆角矩形1】的【填充】为0%。

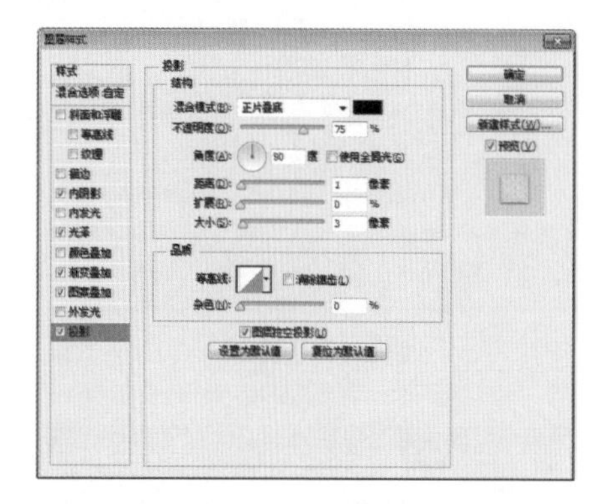

图2.230 设置投影

⑪ 选择【圆角矩形1 拷贝】图层，选择工具箱中的【直接选择工具】，在画布中选中底部的两个锚点并按Delete键将其删除，如图2.231所示。

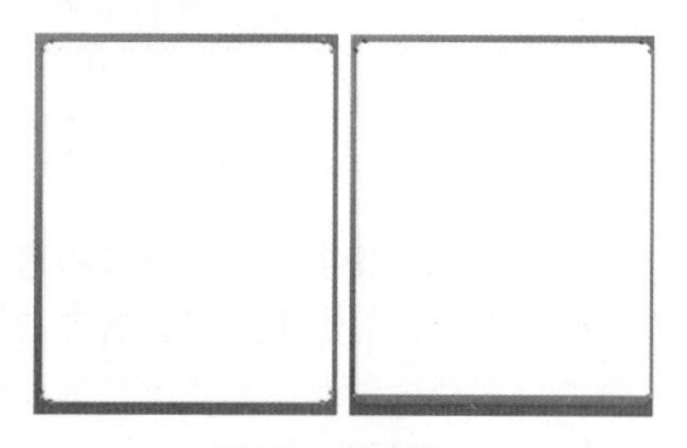

图2.231 删除锚点

⑫ 选择工具箱中的【直接选择工具】，在画布中同时选中左下角和右下角的两个锚点并向上拖动，将图形高度缩小，如图2.232所示。

图2.232 缩小图形高度

⑬ 在【图层】面板中选中【圆角矩形1 拷贝】图层，单击面板底部的【添加图层样式】fx按钮，在菜单中选择【内阴影】命令，在弹出的对话框中将【颜色】更改为白色，【不透明度】更改为35%，取消【使用全局光】复选框，【角度】更改为90度，【距离】更改为2像素，如图2.233所示。

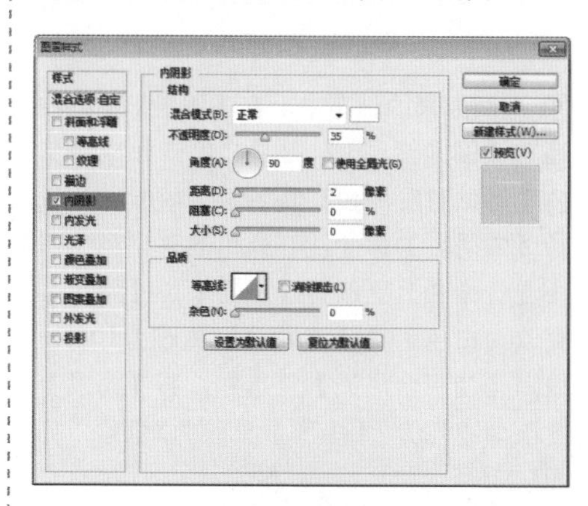

图2.233 设置内阴影

⑭ 选中【渐变叠加】复选框，将【混合模式】更改为【正常】，【不透明度】更改为25%，【渐变】更改为灰色（R:170，G:170，B:170）到灰色（R:238，G:238，B:238）到灰色（R:211，G:211，B:211）到灰色（R:236，G:236，B:236）再到白色，完成之后单击【确定】按钮，如图2.234所示。

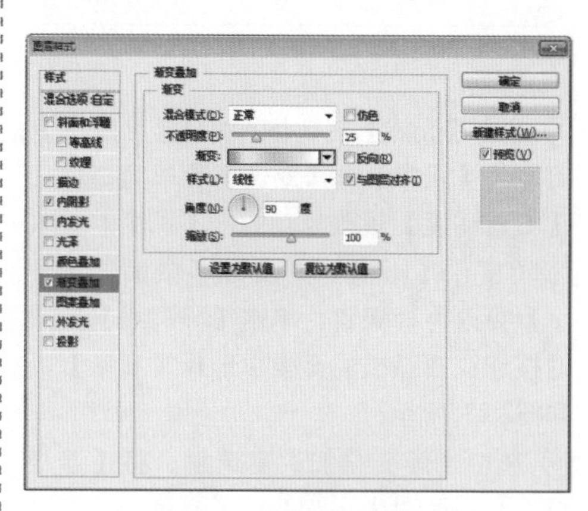

图2.234 设置渐变叠加

⑮ 选中【投影】复选框，将【不透明度】更改为30%，取消【使用全局光】复选框，【角度】更改为90度，【距离】更改为1像素，【大小】更改为2像素，完成之后单击【确定】按钮，如图2.235所示。

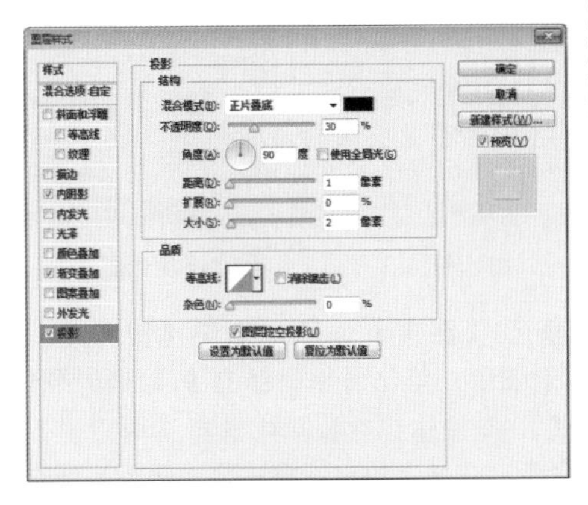

图2.235 设置投影

⑯ 在【图层】面板中选中【圆角矩形1 拷贝】图层，将其【填充】更改为0%，如图2.236所示。

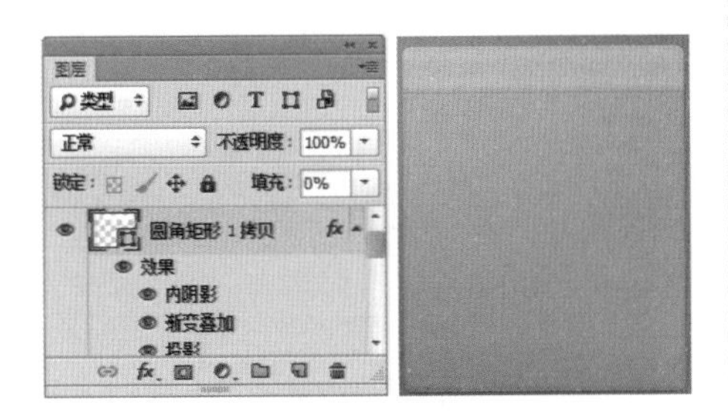

图2.236 更改填充

⑰ 选择工具箱中的【横排文字工具】T，在界面适当位置添加文字，如图2.237所示。

图2.237 添加文字

⑱ 在【图层】面板中选中【Calling Phone】图层，单击面板底部的【添加图层样式】fx按钮，在菜单中选择【投影】命令，在弹出的对话框中将【不透明度】更改为35%，取消【使用全局光】复选框，【角度】更改为90度，【距离】更改为1像素，【大小】更改为2像素，完成之后单击【确定】按钮，如图2.238所示。

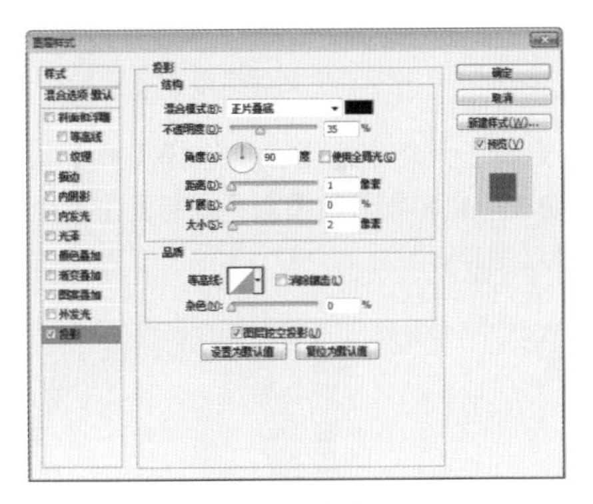

图2.238 设置投影

2.7.3 绘制界面元素

① 选择工具箱中的【圆角矩形工具】，在选项栏中将【填充】更改为白色，【描边】为无，【半径】为50像素，在刚才所添加的文字下面绘制一个圆角矩形，此时将生成一个【圆角矩形2】图层，如图2.239所示。

图2.239 绘制图形

② 选择工具箱中的【直接选择工具】，在画布中选中刚才绘制的圆角矩形，再选中工具箱中的【删除锚点工具】，分别单击这两个锚点将其删除，如图2.240所示。

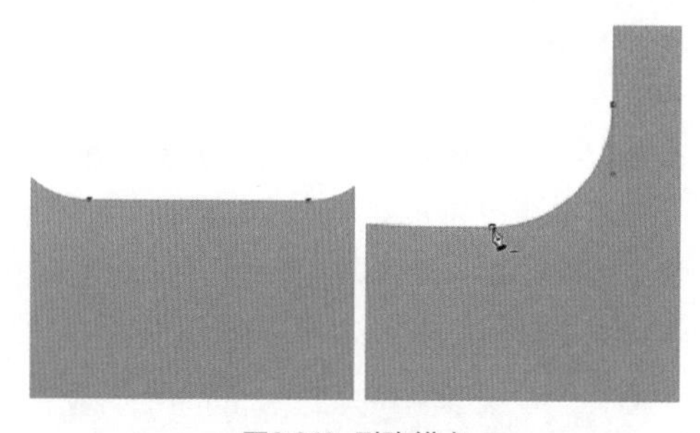
图2.240 删除锚点

③ 选择工具箱中的【直接选择工具】，拖动左下角和右下角控制杆，将图形变形，如图2.241所示。

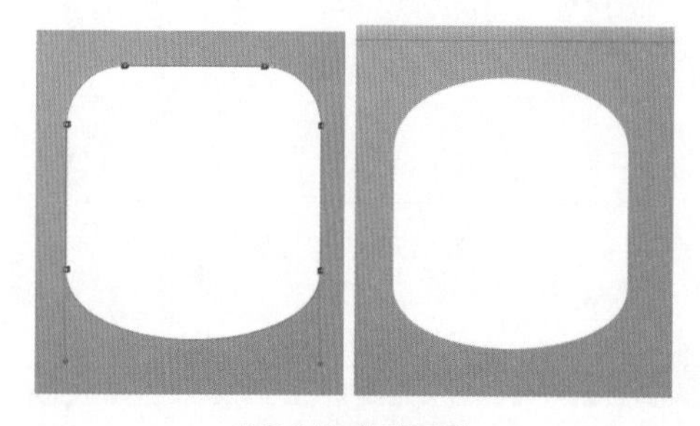
图2.241 变形图形

④ 在【图层】面板中选中【圆角矩形2】图层，将其拖至面板底部的【创建新图层】按钮上，复制一个【圆角矩形2 拷贝】图层，如图2.242所示。

⑤ 选中【圆角矩形2 拷贝】图层，将其图形颜色更改为土黄色（R:216，G:214，B:202），如图2.243所示。

图2.242 复制图层　　图2.243 更改图形颜色

⑥ 在【图层】面板中选中【圆角矩形2】图层，单击面板底部的【添加图层样式】按钮，在菜单中选择【内阴影】命令，在弹出的对话框中将【颜色】更改为白色，【不透明度】更改为60%，取消【使用全局光】复选框，【角度】更改为90度，【距离】更改为2像素，如图2.244所示。

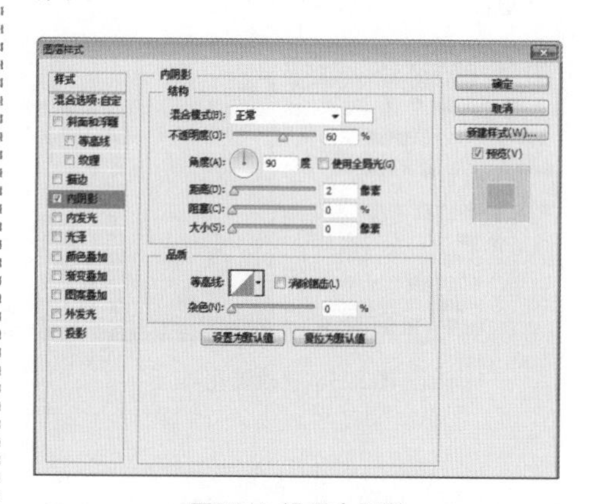

图2.244 设置内阴影

⑦ 选中【渐变叠加】复选框，将【混合模式】更改为【正常】，【不透明度】更改为25%，【渐变】更改为灰色（R:216，G:216，B:216）到白色，如图2.245所示。

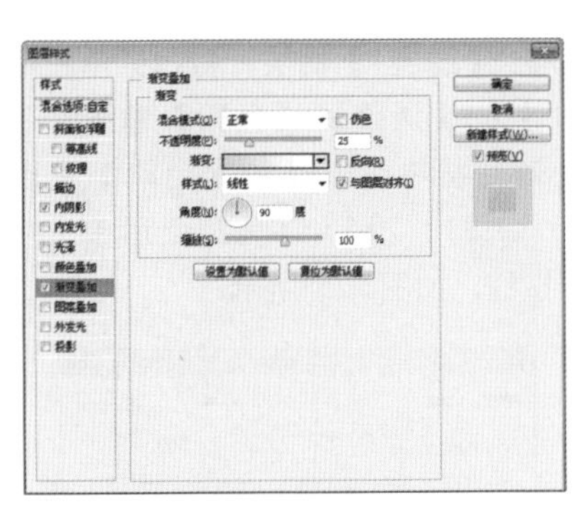

图2.245 设置渐变叠加

⑧ 选中【投影】复选框，将【不透明度】更改为50%，取消【使用全局光】复选框，【角度】更改为90度，【距离】更改为1像素，【大小】更改为3像素，完成之后单击【确定】按钮，如图2.246所示。在【图层】面板中，修改【圆角矩形2】图层的【填充】为20%。

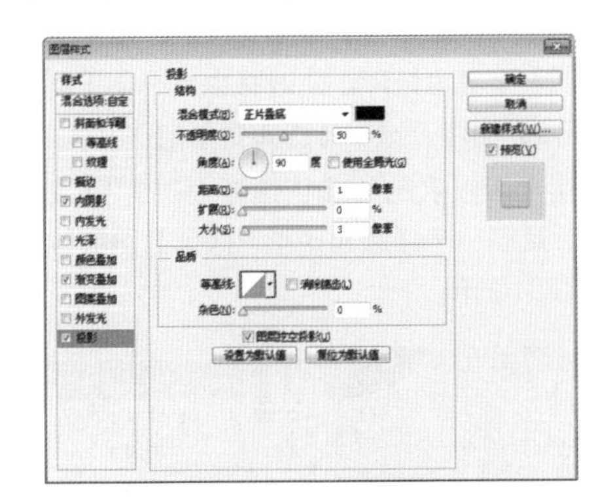

图2.246 设置投影

⑨ 选中【圆角矩形2 拷贝】图层，在画布中按Ctrl+T组合键对其执行【自由变换】命令，当出现变形框以后，按住Alt+Shift组合键将图形等比例缩小，完成之后按Enter键确认，如图2.247所示。

图2.247 变换图形

⑩ 在【图层】面板中选中【圆角矩形2 拷贝】图层，单击面板底部的【添加图层样式】fx按钮，在菜单中选择【内阴影】命令，在弹出的对话框中将【不透明度】更改为50%，取消【使用全局光】复选框，【角度】更改为90度，【距离】更改为2像素，【大小】更改为6像素，如图2.248所示。

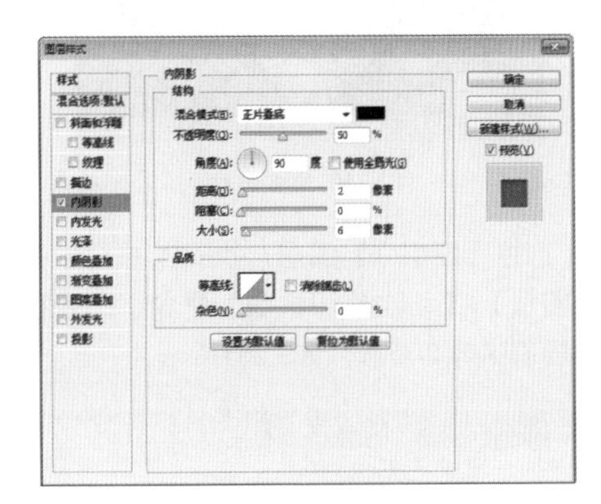

图2.248 设置内阴影

⑪ 选中【投影】复选框，将【颜色】更改为白色，【不透明度】更改为70%，取消【使用全局光】复选框，【角度】更改为90度，【距离】更改为2像素，完成之后单击【确定】按钮，如图2.249所示。

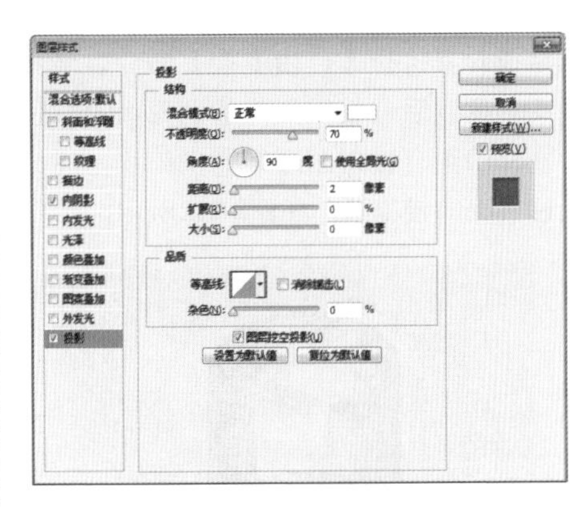

图2.249 设置投影

⑫ 执行菜单栏中的【文件】|【打开】命令，在弹出的对话框中选择配套光盘中的“调用素材\第2章\电话呼叫界面\人物.jpg”

文件，将打开的素材拖入画布中刚才绘制的图形上并适当缩小，此时其图层名称将自动更改为【图层 1】，如图2.250所示。

图2.250 添加素材

⑬ 选中【图层 1】图层，执行菜单栏中的【图层】|【创建剪切蒙版】命令，为当前图层创建剪切蒙版，如2.251所示。

图2.251 创建剪切蒙版

⑭ 选中【图层1】图层，在画布中按Ctrl+T组合键对其执行【自由变换】命令，当出现变形框以后，根据下方的图形大小按住Alt+Shift组合键将图形等比例缩小，完成之后按Enter键确认，如图2.252所示。

图2.252 变换图像

⑮ 选中【图层1】图层，执行菜单栏中的【图像】|【调整】|【色阶】命令，在弹出的对话框中将其【输入色阶】更改为（16，1.21，255），完成之后单击【确定】按钮，如图2.253所示。

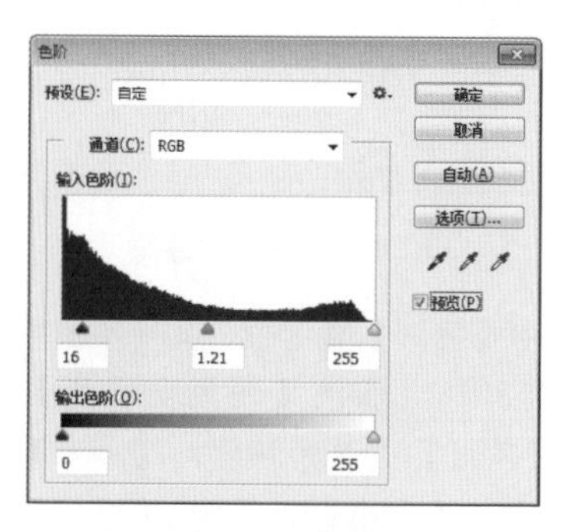

图2.253 调整色阶

⑯ 选择工具箱中的【圆角矩形工具】▢，在选项栏中将【填充】更改为黑色，【描边】为无，【半径】为30像素，在适当位置绘制一个圆角矩形，此时将生成一个【圆角矩形3】图层。选中【圆角矩形3】图层，将其拖至面板底部的【创建新图层】▢按钮上，复制一个【圆角矩形3 拷贝】图层，如图2.254所示。

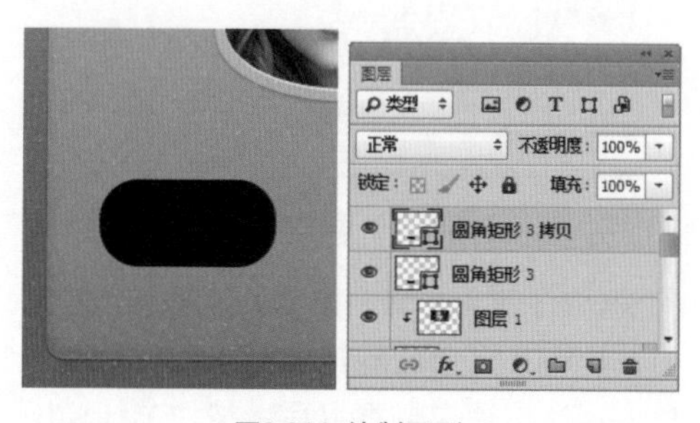

图2.254 绘制图形

⑰ 在【图层】面板中选中【圆角矩形3】图层，单击面板底部的【添加图层样式】fx按钮，在菜单中选择【描边】命令，在弹出的对话框中将【大小】更改为1像素，【位置】更改为【内部】，【不透明度】

更改为20%，【颜色】更改为黑色，如图2.255所示。

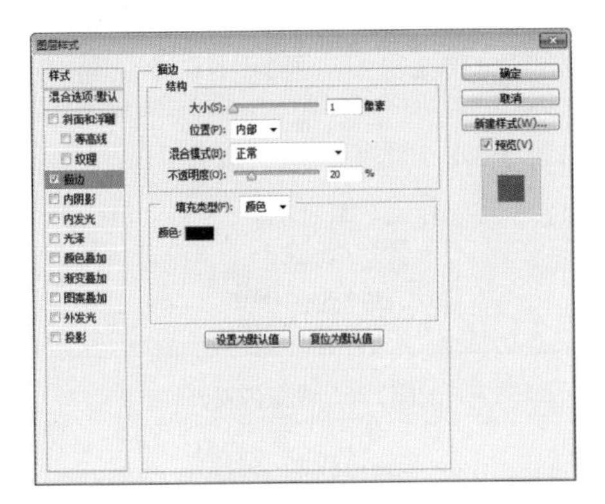

图2.255 设置描边

⑱ 选中【内阴影】复选框，将【不透明度】更改为30%，取消【使用全局光】复选框，将【角度】更改为90度，【距离】更改为1像素，【大小】更改为3像素，如图2.256所示。

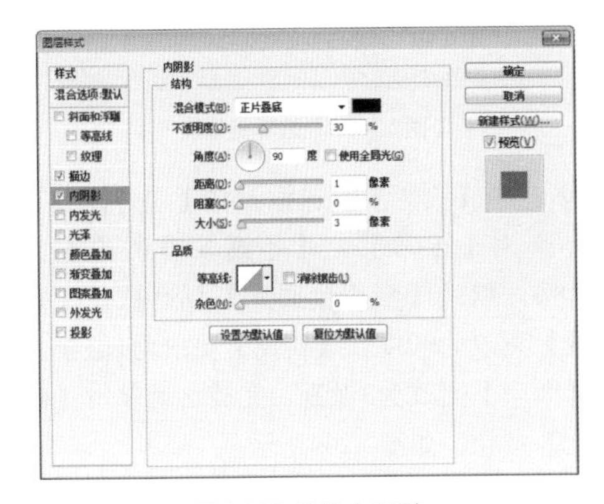

图2.256 设置内阴影

⑲ 选中【投影】复选框，将【颜色】更改为白色，【不透明度】更改为20%，取消【使用全局光】复选框，将【角度】更改90度，【距离】更改为1像素，完成之后单击【确定】按钮，如图2.257所示。

⑳ 在【图层】面板中选中【圆角矩形3】图层，将其【填充】更改为10%，如图2.258所示。

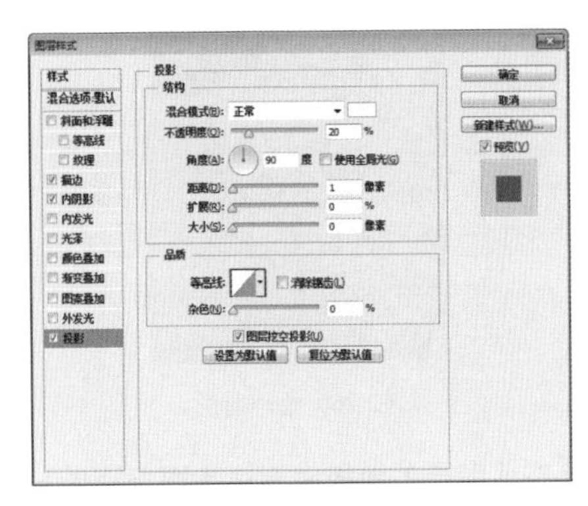

图2.257 设置投影

图2.258 更改填充

㉑ 选中【圆角矩形3 拷贝】图层，将其图形颜色更改为浅红色（R:247，G:100，B:100），如图2.259所示。

㉒ 选中【圆角矩形3 拷贝】图层，在画布中按Ctrl+T组合键对其执行【自由变换】命令，当出现变形框以后，按住Alt+Shift组合键将图形等比例缩小，完成之后按Enter键确认，如图2.260所示。

图2.259 更改图形颜色

图2.260 缩小图形

㉓ 在【图层】面板中选中【圆角矩形3 拷贝】图层，单击面板底部的【添加图层样式】fx按钮，在菜单中选择【内阴影】命令，在弹出的对话框中将【颜色】更改为白色，【不透明度】更改为20%，取消【使用全局光】复选框，【角度】更改为-90度，【距离】更改为2像素，如图2.261所示。

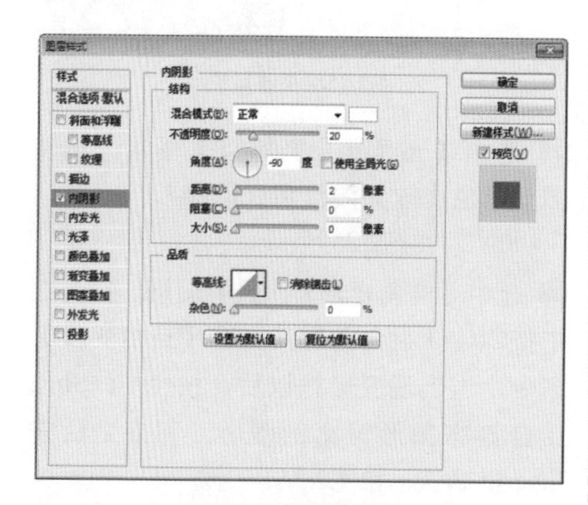

图2.261 设置内阴影

㉔ 选中【内发光】复选框，将【不透明度】更改为15%，【颜色】更改为白色，【大小】更改为1像素，如图2.262所示。

㉕ 选中【渐变叠加】复选框，将【混合模式】更改为柔光，【渐变】为黑白渐变，如图2.263所示。

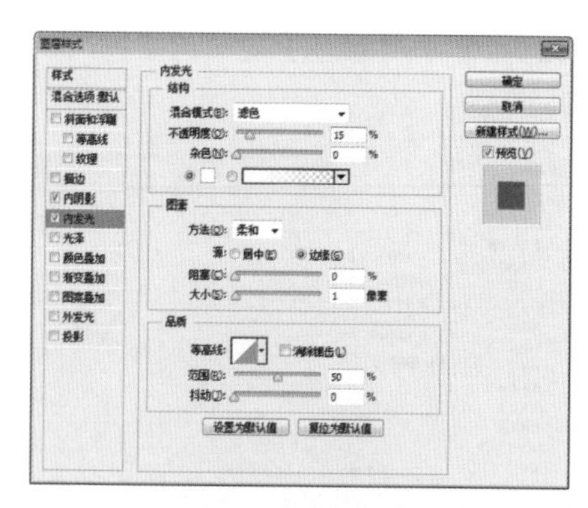

图2.262 设置内发光

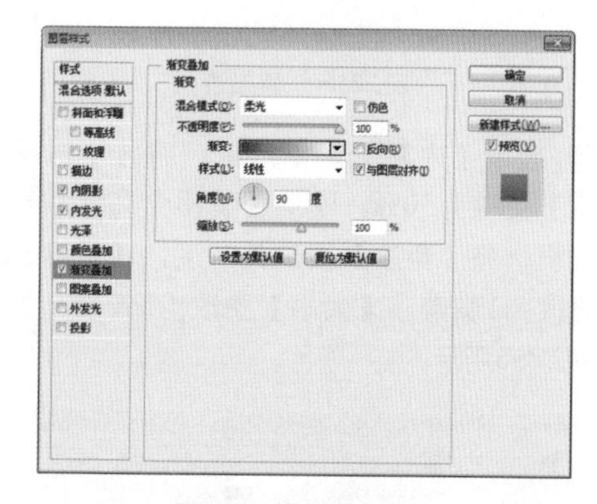

图2.263 设置渐变叠加

㉖ 选中【投影】复选框，将【混合模式】更改为【正常】，【不透明度】更改为60%，取消【使用全局光】复选框，【角度】更改为90度，【距离】更改为1像素，【大小】更改为3像素，完成之后单击【确定】按钮，如图2.264所示。

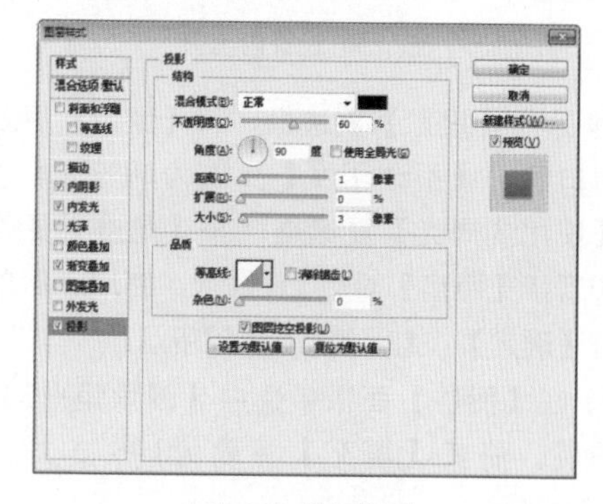

图2.264 设置投影

㉗ 执行菜单栏中的【文件】|【打开】命令，在弹出的对话框中选择配套光盘中的“调用素材\第2章\电话呼叫界面\听筒.psd”文件，将打开的素材拖入画布中刚才绘制的按钮上并适当缩小，如图2.265所示。

图2.265 添加素材

㉘ 选中【听筒】图层，将其图形颜色更改为浅红色（R:247，G:100，B:100），如图2.266所示。

图2.266 更改图形颜色

㉙ 在【图层】面板中选中【听筒】图层，单击面板底部的【添加图层样式】fx按钮，在菜单中选择【内阴影】命令，在弹出的对话框中将【不透明度】更改为40%，取消【使用全局光】复选框，【角度】更改为90度，【距离】更改为1像素，【大小】更改为3像素，如图2.267所示。

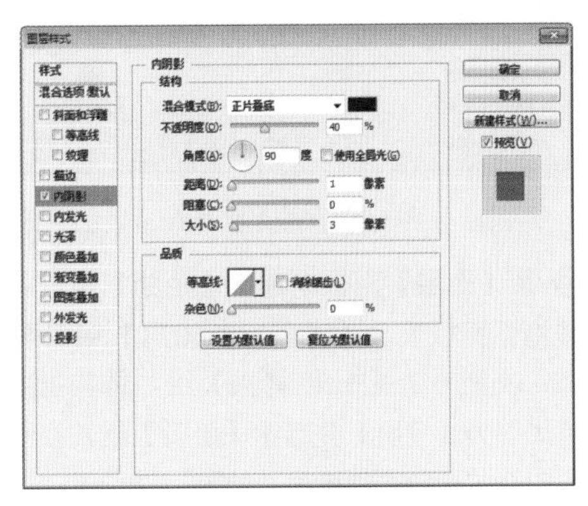

图2.267 设置内阴影

㉚ 选中【投影】复选框，将【混合模式】更改为【正常】，【颜色】更改为白色，【不透明度】更改为30%，取消【使用全局光】复选框，【角度】更改为90度，【距离】更改为2像素，完成之后单击【确定】按钮，如图2.268所示。

㉛ 同时选中【听筒】、【圆角矩形3 拷贝】及【圆角矩形3】图层，执行菜单栏中的【图层】|【新建】|【从图层建立组】，在弹出的对话框中将【名称】更改为【拒绝】，完成之后单击【确定】按钮，此时将生成一个【拒绝】组，如图2.269所示。

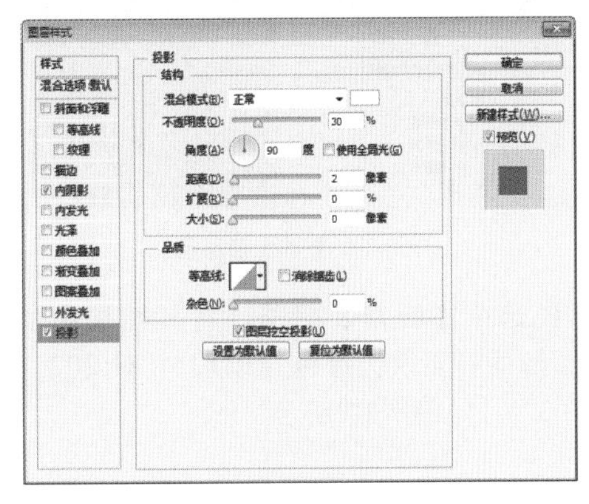

图2.268 设置投影

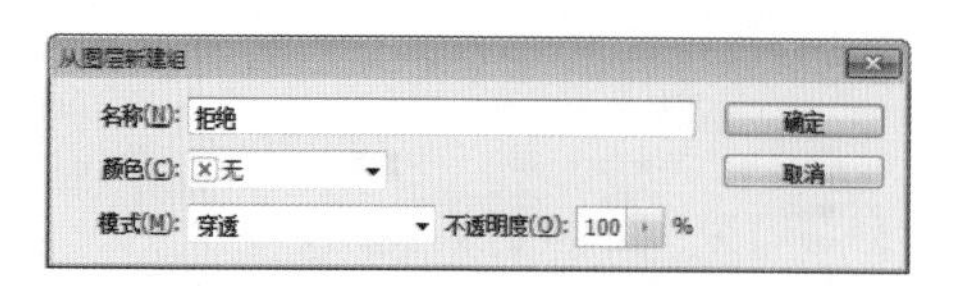

图2.269 从图层新建组

㉜ 在【图层】面板中选中【拒绝】组，将其拖至面板底部的【创建新图层】按钮上，复制一个【拒绝 拷贝】组，将其组名称更改为【接听】并选中【接听】组，在画布中将图形向右侧移动，如图2.270所示。

图2.270 复制组并移动图形

㉝ 在【图层】面板中选中【圆角矩形3 拷贝】图层，将其图层中的图形更改为绿色（R:128，G:202，B:32），如图2.271所示。

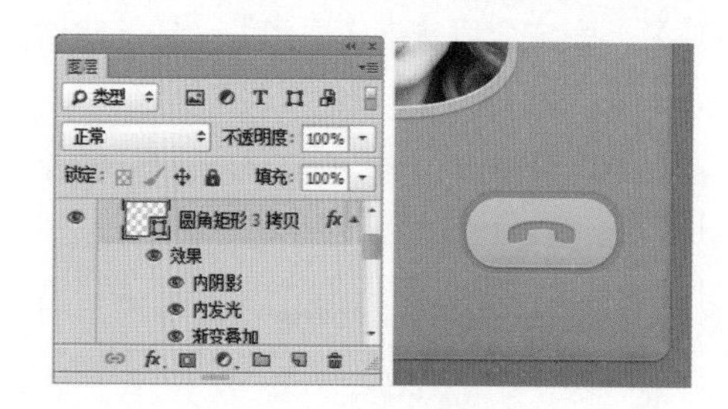

图2.271 更改图形颜色

㉞ 选中【听筒】图层，将其图层中的图形同样更改为绿色（R:128，G:202，B:32），如图2.272所示。

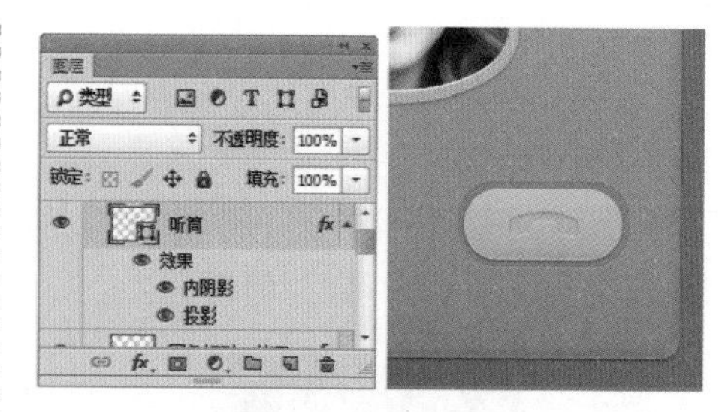

图2.272 更改图形颜色

㉟ 选中【接听】组中的【听筒】图层，在画布中按Ctrl+T组合键对其执行【自由变换】命令，当出现变形框以后，将图形适当旋转，完成之后按Enter键确认，如图2.273所示。

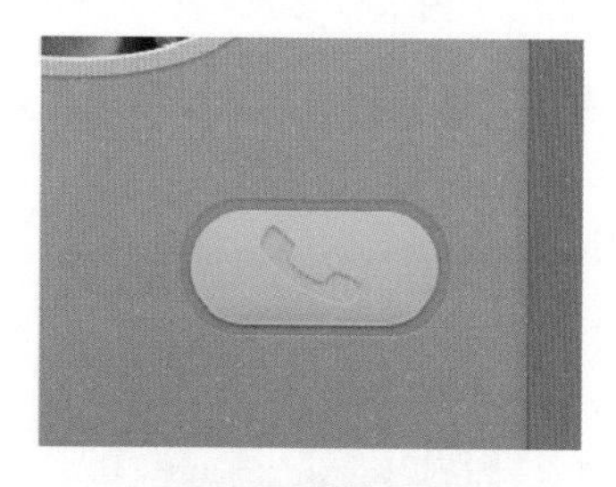

图2.273 旋转图形

㊱ 选择工具箱中的【横排文字工具】T，在画布中适当位置添加文字，再为其添加图层样式，这样就完成了效果制作，最终效果如图2.274所示。

图2.274 添加文字并添加图层样式及最终效果

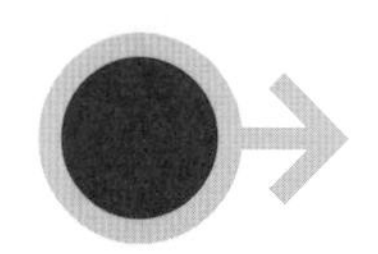

课后练习

课后练习2-1 摄影网站会员登录

本例主要讲解的是摄影网站会员登录界面效果制作，制作过程比较简单，主要注意色彩及质感的把握，即可制作出这样一款简单又能体现主题的登录界面。摄影网站会员登录最终效果如图 2.275 所示。

难易程度：★★☆☆☆
调用素材：配套光盘 \ 素材 \ 调用素材 \ 第 2 章 \ 摄影网站会员登录
最终文件：配套光盘 \ 素材 \ 源文件 \ 第 2 章 \ 摄影网站会员登录 .psd
视频位置：配套光盘 \movie\ 课后练习 2-1 摄影网站会员登录 .avi

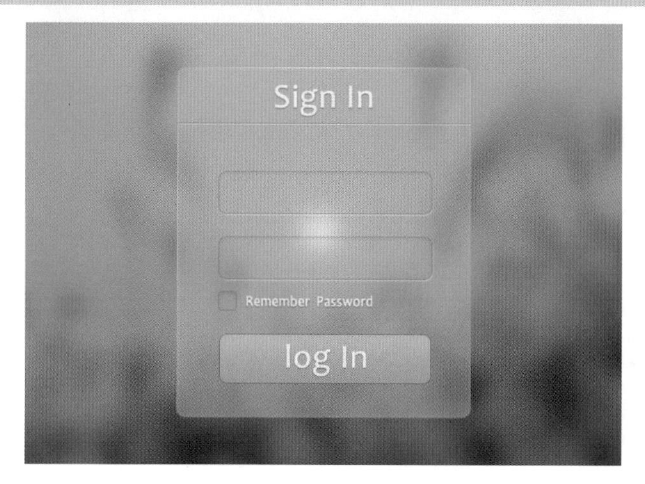

图2.275 摄影网站会员登录

操作提示

（1）新建画布，填充颜色并添加素材及配合滤镜命令，制作背景。
（2）绘制图形，更改其不透明度并添加图层样式，制作主界面。
（3）在界面中添加文字信息及绘制功能按钮，完成最终效果的制作。

关键步骤提示（如图2.276所示）

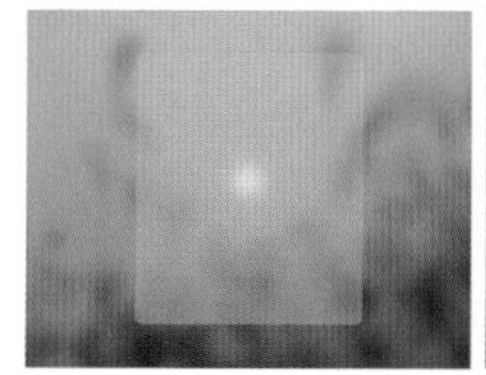

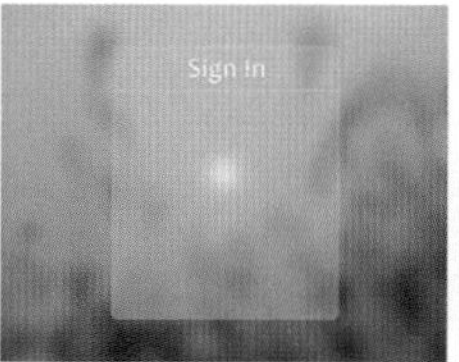

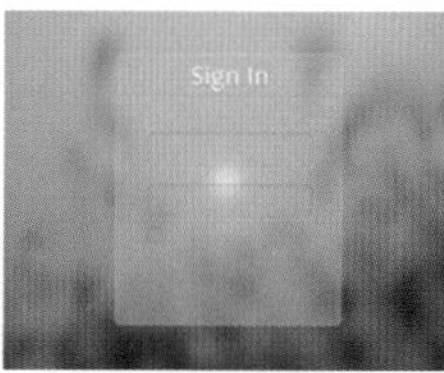

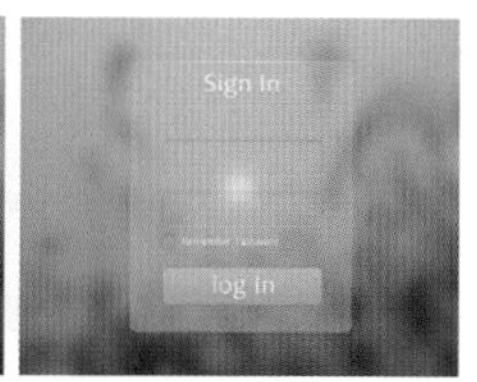

图2.276 关键步骤提示

课后练习2-2 复古登录框

本例主要讲解的是复古登录框效果制作，由于登录框的定位近似于复古，所以在界面构造上采用了木质的底座配合灰色的界面图形，使整个登录框富有韵味，同时界面中花纹图形线条也进一步加深了复古感。复古登录框最终效果如图 2.277 所示。

难易程度：★★★☆☆
调用素材：配套光盘 \ 素材 \ 调用素材 \ 第 2 章 \ 复古登录框
最终文件：配套光盘 \ 素材 \ 源文件 \ 第 2 章 \ 复古登录框 .psd
视频位置：配套光盘 \movie\ 课后练习 2-2 复古登录框 .avi

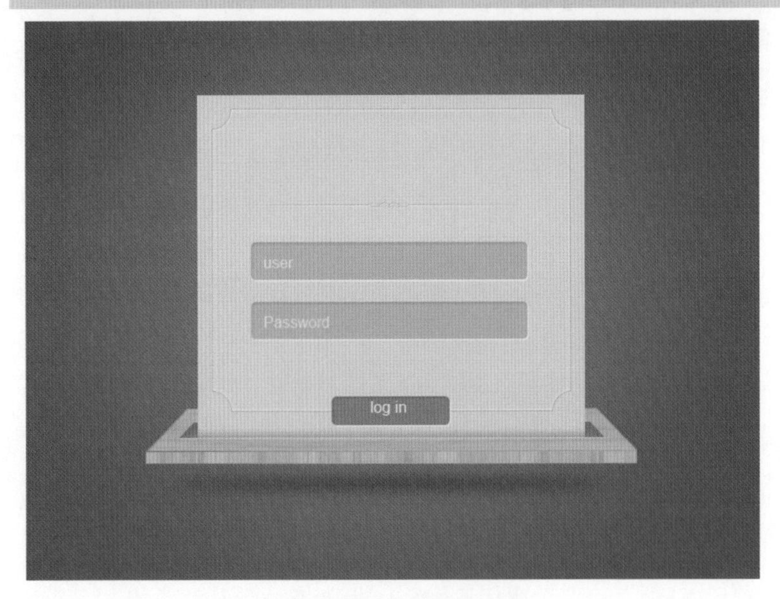

图2.277 复古登录框最终效果

操作提示

（1）新建画布，填充颜色并定义图案制作纹理背景。
（2）绘制图形制作界面底座图形，并利用图案叠加增加底座图形的质感。
（3）绘制界面图形并制作细节，完成最终效果的制作。

关键步骤提示（如图2.278所示）

图2.278 关键步骤提示

第3章

本章精彩效果展示

炫酷写实风格表现APP

内容摘要

本章主要详解炫酷写实风格表现APP的制作，在UI界面设计中写实类图形的制作是最常用的一种表现手法，它通常采用拟物化的表现方式制作界面、图形和图标，在制作的过程中需要着重强调图形、图标的细节。由于采用了拟物手法，在可识别性、视觉影响力上表现十分出色，因此这也是UI设计领域中需要着重掌握的部分。

教学目标

学习致炫光盘的写实手法
深层次剖析纸质办公档案袋的制作方法
学会写实专辑包装的制作
了解书香记事夹的打造手法
学习家居插板的制作方法
学会制作陶瓷茶杯的制作
学习打造质感开关的方法
掌握品质音量旋钮的制作思路

3.1 致炫光盘

- 新建画布，绘制图形并添加滤镜效果制作背景。
- 绘制图形并为图形制作质感细节。
- 为光盘制作真实的倒影效果完成最终效果制作。

本例主要讲解的是写实光盘效果制作，强烈的明暗对比、真实的光盘记录色彩，打造的这一款写实光盘十分博人眼球。在制作之初为光盘创建一个虚拟的平台效果，同时利用滤镜命令制作出光源效果，而渐变叠加的图层样式更是为光盘带来十分真实的色彩。

难易程度：★★☆☆☆
最终文件：配套光盘 \ 素材 \ 源文件 \ 第 3 章 \ 致炫光盘 .psd
视频位置：配套光盘 \movie\3.1 致炫光盘 .avi

致炫光盘效果如图 3.1 所示。

图3.1 致炫光盘

3.1.1 制作背景

① 执行菜单栏中的【文件】|【新建】命令，在弹出的对话框中设置【宽度】为800像素，【高度】为600像素，【分辨率】为72像素/英寸，【颜色模式】为RGB颜色，新建一个空白画布，如图3.2所示。

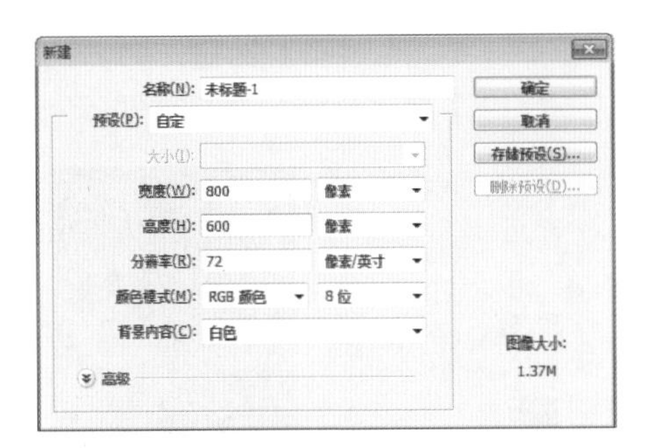

图3.2 新建画布

②将画布填充为深蓝色（R:8，G:7，B:12），如图3.3所示。

图3.3 填充颜色

③选择工具箱中的【椭圆工具】，在选项栏中将【填充】更改为灰色（R:85，G:84，B:87），【描边】为无，在画布靠底部位置绘制一个椭圆图形，并将其适当旋转，此时将生成一个【椭圆1】图层，如图3.4所示。

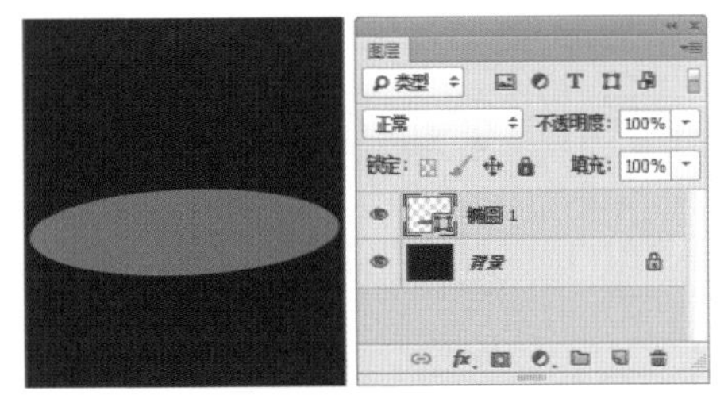

图3.4 绘制图形

④在【图层】面板中选中【椭圆1】图层，执行菜单栏中的【图层】|【栅格化】|【形状】命令，将当前图形栅格化，如图3.5所示。

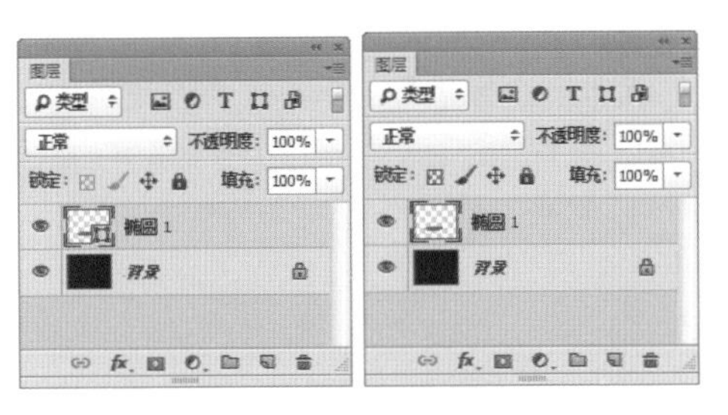

图3.5 栅格化形状

⑤选中【椭圆1】图层，执行菜单栏中的【滤镜】|【模糊】|【高斯模糊】命令，在弹出的对话框中将【半径】更改为50像素，设置完成之后单击【确定】按钮，如图3.6所示。

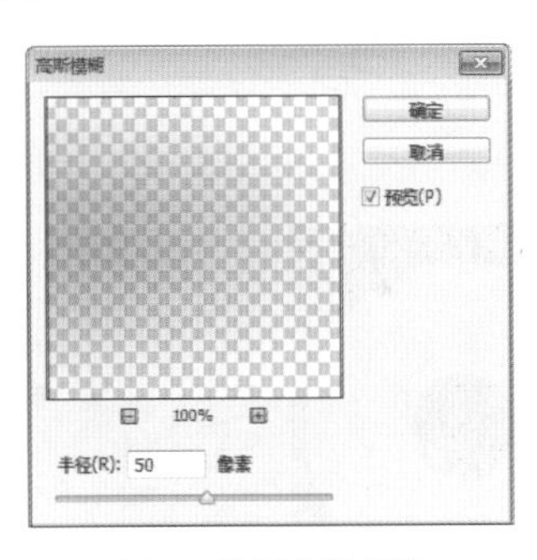

图3.6 设置高斯模糊

⑥在【图层】面板中选中【椭圆1】图层，将其拖至面板底部的【创建新图层】按钮上，复制一个【椭圆1 拷贝】图层，如图3.7所示。

⑦在【图层】面板中选中【椭圆1 拷贝】图层，单击面板上方的【锁定透明像素】按钮，将当前图层中的透明像素锁定，在画布中将图层填充为白色，如图3.8所示。

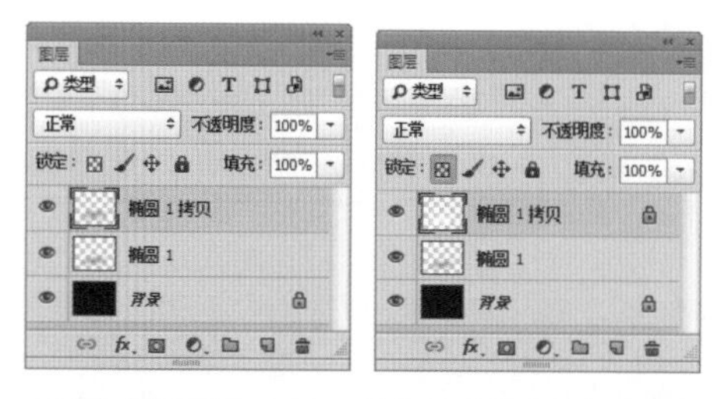
图3.7 复制图层　图3.8 锁定透明像素并填充颜色

⑧ 选中【椭圆1 拷贝】图层，将其图层【不透明度】更改为50%，如图3.9所示。

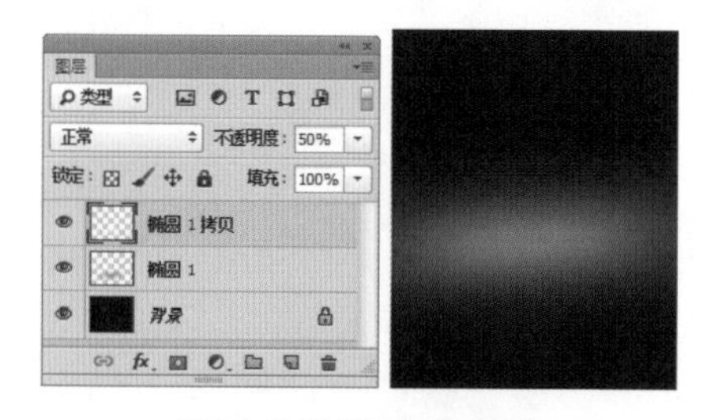
图3.9 更改图层不透明度

3.1.2 绘制图形

① 选择工具箱中的【椭圆工具】，在选项栏中将【填充】更改为白色，【描边】为无，在画布靠左侧位置按住Shift键绘制一个正圆图形，此时将生成一个【椭圆2】图层。在选项栏中单击【路径操作】按钮，选择【排除重叠形状】，在图中心位置绘制正圆，制作镂空效果，如图3.10所示。

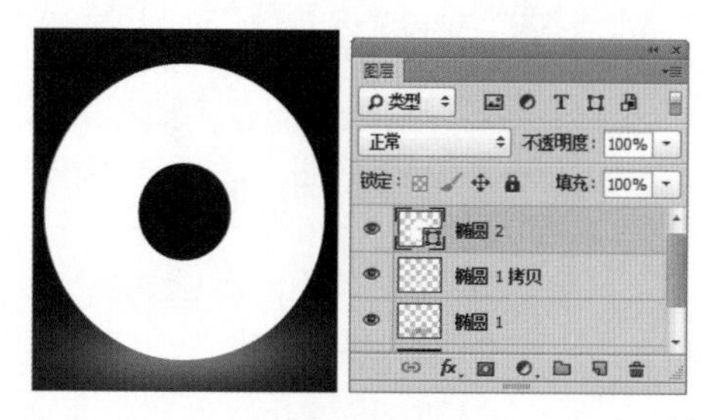
图3.10 绘制图形

② 在【图层】面板中选中【椭圆2】图层，单击面板底部的【添加图层样式】fx按钮，在菜单中选择【内阴影】命令，在弹出的对话框中将【混合模式】更改为【叠加】，【颜色】更改为白色，取消【使用全局光】复选框，【角度】更改为90度，【距离】更改为1像素，【阻塞】更改为100%，【大小】更改为1像素，完成之后单击【确定】按钮，如图3.11所示。

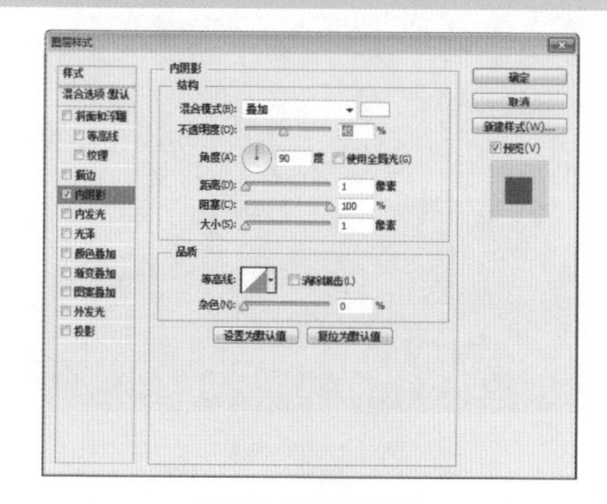
图3.11 设置内阴影

③ 选中【内发光】复选框，将【不透明度】更改为20%，【颜色】更改为黑色，【阻塞】更改为100%，【大小】更改为4像素，如图3.12所示。

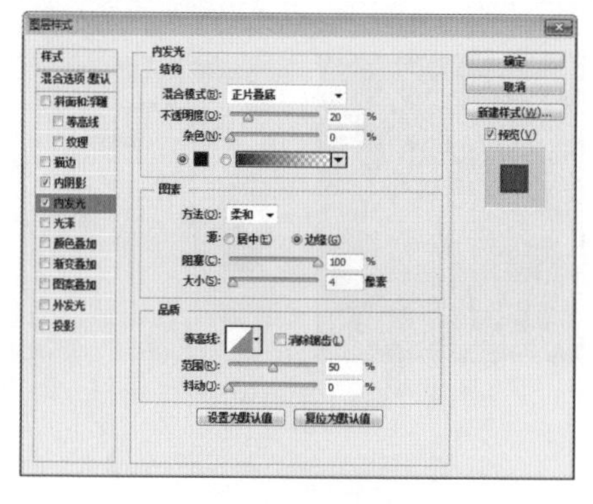
图3.12 设置内发光

④ 选中【渐变叠加】复选框，在弹出的对话框中将渐变颜色更改为多种颜色，添加多个和光盘颜色相似的色标，如图3.13所示。

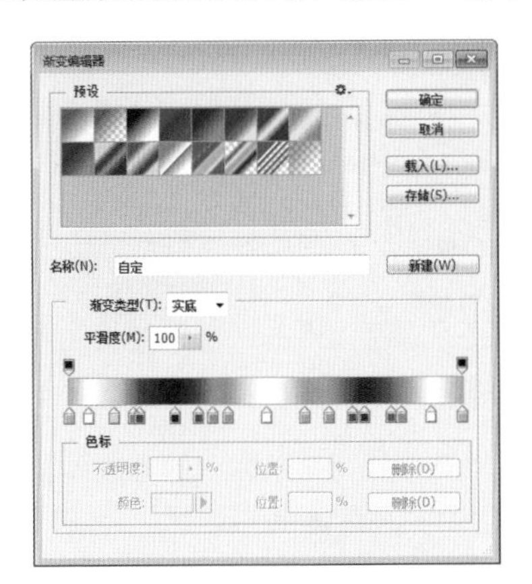

图3.13 设置渐变颜色

⑤ 将【样式】更改为【角度】，完成之后单击【确定】按钮，如图3.14所示。

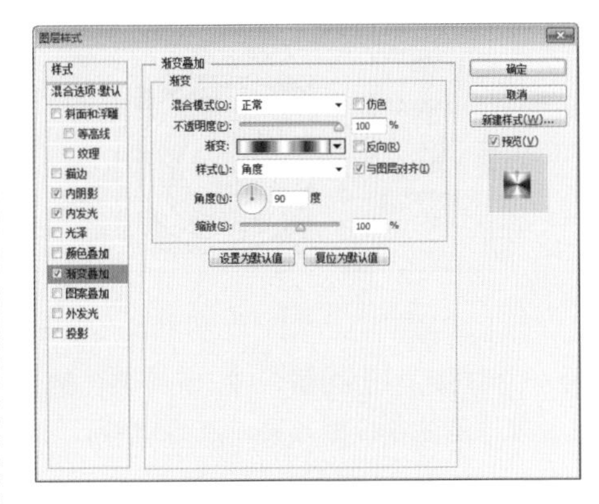

图3.14 设置渐变叠加

3.1.3 制作质感

① 单击【图层】面板底部的【创建新图层】按钮，新建一个【图层1】图层，如图3.15所示。

② 选中【图层1】图层，在画布中填充灰色（R:138，G:138，B:138），如图3.16所示。

图3.15 新建图层

图3.16 填充颜色

③ 选中【图层1】图层，执行菜单栏中的【滤镜】|【杂色】|【添加杂色】命令，在弹出的对话框中将【数量】更改为20%，分别选中【高斯分布】单选按钮和【单色】复选框，完成之后单击【确定】按钮，如图3.17所示。

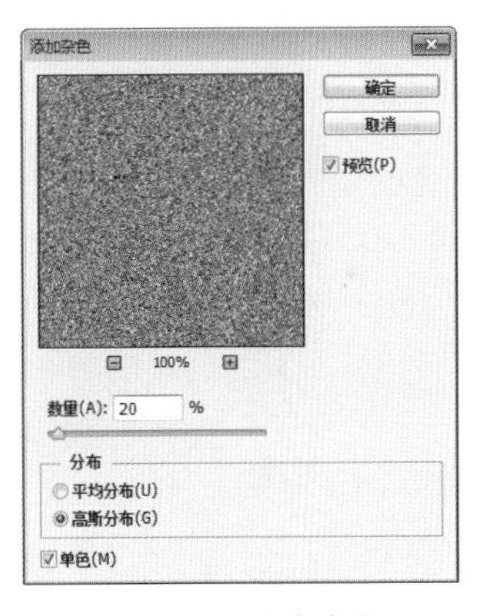

图3.17 设置添加杂色

④ 选中【图层1】图层，执行菜单栏中的【滤镜】|【模糊】|【径向模糊】命令，在弹出的对话框中将【数量】更改为70像素，分别选中【旋转】及【好】单选按钮，设置完成之后单击【确定】按钮，如图3.18所示。

图3.18 设置径向模糊

⑤ 选中【图层1】图层，按Ctrl+F组合键为其重复添加滤镜模糊效果，如图3.19所示。

图3.19 重复添加滤镜效果

⑥ 选中【图层1】图层，适当降低其图层不透明度，在画布中将图形适当移动使旋转的中心点与光盘的中心点对齐，如图3.20所示。

图3.20 变换图形

⑦ 在【图层】面板中选中【图层1】图层，单击面板底部的【添加图层蒙版】按钮，为其图层添加图层蒙版，如图3.21所示。

⑧ 在【图层】面板中，按住Ctrl键单击【椭圆2】图层缩览图，将其载入选区，如图3.22所示。

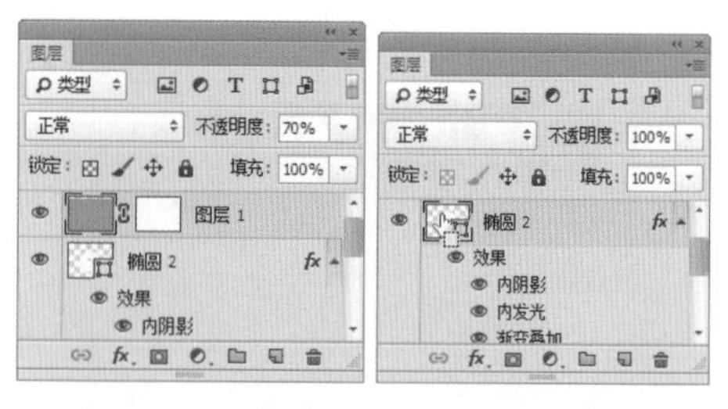

图3.21 添加图层蒙版　　图3.22 载入选区

⑨ 在画布中执行菜单栏中的【选择】|【反向】命令，将选区反向选择，单击【图层1】图层蒙版缩览图，在画布中将选区填充为黑色，将部分图形隐藏，完成之后按Ctrl+D组合键取消选区，如图3.23所示。

图3.23 隐藏图形

⑩ 在【图层】面板中选中【图层 1】图层，将其图层混合模式设置为【强光】，【不透明度】更改为15%，如图3.24所示。

图3.24 设置图层混合模式

3.1.4 制作细节

① 选择工具箱中的【椭圆工具】，在选项栏中将【填充】更改为黑色，【描边】为无，在椭圆图形上以其中心为起点按住Alt+Shift组合键绘制一个正圆图形，此时将生成一个【椭圆3】图层，并将其复制一份，如图3.25所示。

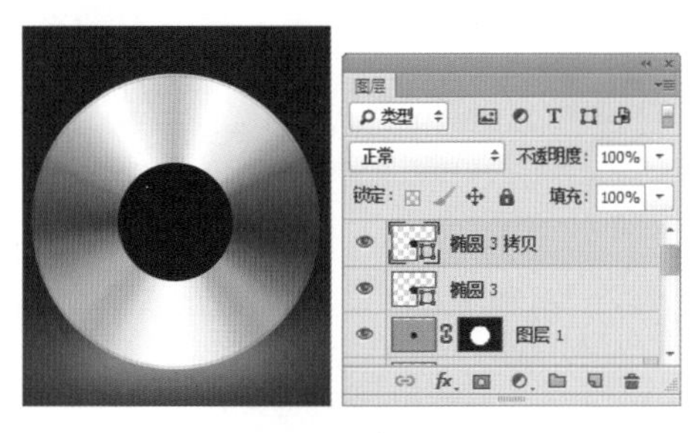

图3.25 绘制图形

② 在【图层】面板中选中【椭圆3】图层，将其图层混合模式设置为【正片叠底】，【不透明度】更改为20%，如图3.26所示。

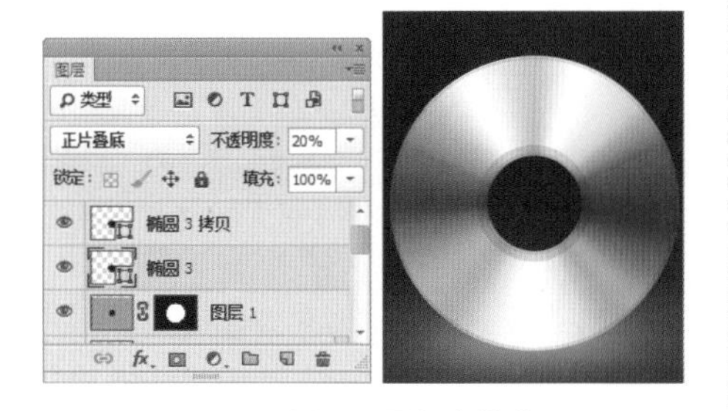

图3.26 设置图层混合模式

③ 选中【椭圆3 拷贝】图层，在画布中按Ctrl+T组合键对其执行【自由变换】命令，当出现变形框以后，按住Alt+Shift组合键将图形等比例缩小至与光盘孔大小相同的图形，完成之后按Enter键确认，如图3.27所示。

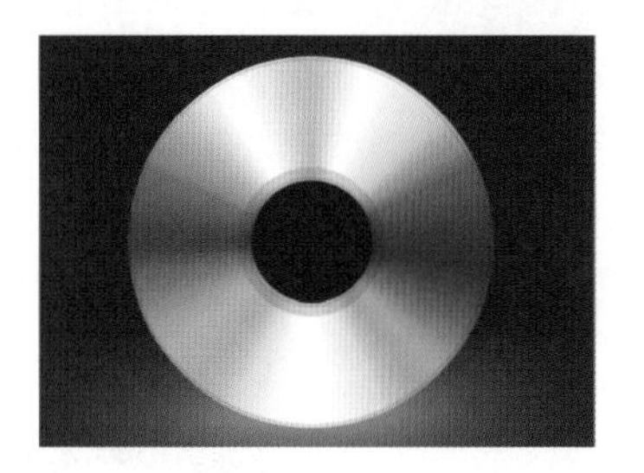

图3.27 变换图形

④ 在【图层】面板中选中【椭圆3 拷贝】图层，单击面板底部的【添加图层样式】fx按钮，在菜单中选择【投影】命令，在弹出的对话框中将【混合模式】更改为【叠加】，【颜色】更改为白色，取消【使用全局光】复选框，【角度】更改为90度，【距离】更改为1像素，【扩展】更改为100%，【大小】更改为1像素，完成之后单击【确定】按钮，如图3.28所示。

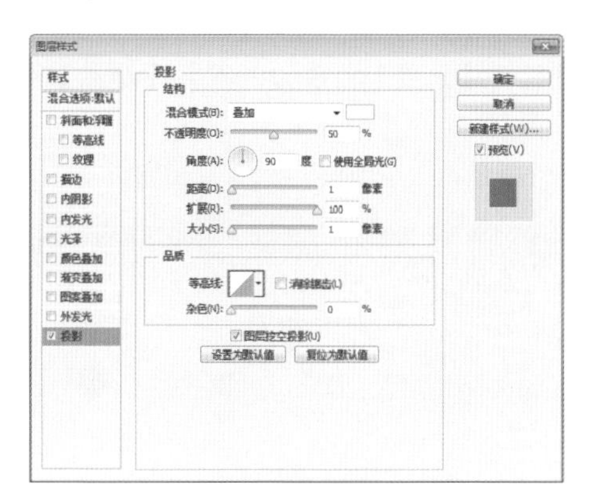

图3.28 设置投影

⑤ 在【图层】面板中选中【椭圆3 拷贝】图层，将其拖至面板底部的【创建新图层】按钮上，复制一个【椭圆3 拷贝2】图层，如图3.29所示。

⑥ 选中【椭圆3 拷贝2】图层，在画布中按Ctrl+T组合键对其执行【自由变换】命令，当出现变形框以后，按住Alt+Shift组合键将图形等比例缩小，完成之后按Enter键确认，再将其【填充】更改为无，【描边】更改为黑色，【大小】更改为25点，如图3.30所示。

图3.29 复制图层

图3.30 变换图形

⑦ 双击【椭圆3 拷贝2】图层样式名称，在弹出的对话框中选中【内阴影】复选框，将【混合模式】更改为【正常】，【颜色】更改为白色，取消【使用全局光】复选框，【角度】更改为90度，【距离】更改为1像素，【阻塞】更改为100%，如图3.31所示。

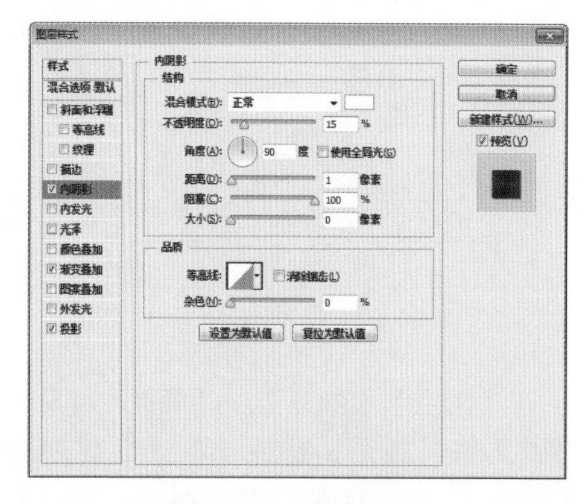

图3.31 设置内阴影

⑧ 选中【渐变叠加】复选框，将【不透明度】更改为60%，【渐变】颜色更改为灰色（R:40，G:40，B:40）到黑色到灰色（R:40，G:40，B:40）到黑色再到灰色（R:40，G:40，B:40），【样式】更改为角度，【角度】更改为0度，完成之后单击【确定】按钮，如图3.32所示。

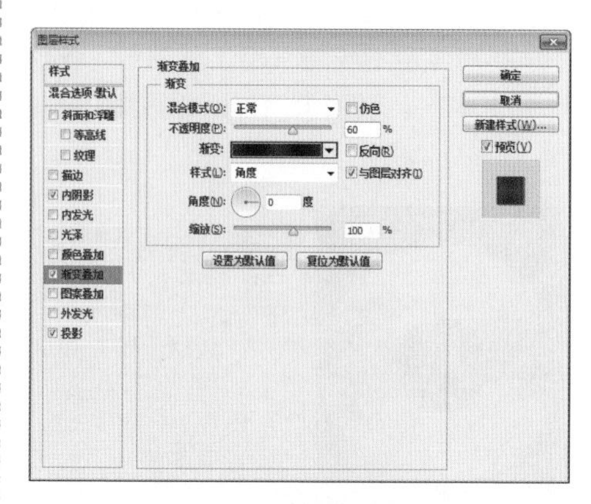

图3.32 设置渐变叠加

⑨ 在【图层】面板中选中【椭圆3 拷贝2】图层，将其拖至面板底部的【创建新图层】按钮上，复制一个【椭圆3 拷贝3】图层，如图3.33所示。

⑩ 在【图层】面板中，将【椭圆3 拷贝3】图层中的图层样式全部删除，如图3.34所示。

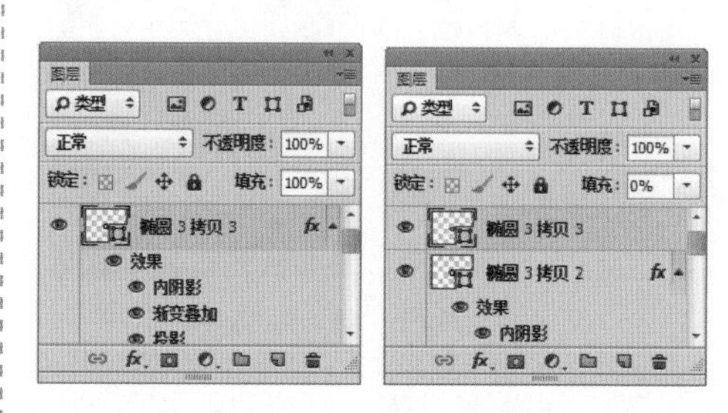

图3.33 复制图层　　图3.34 删除图层样式

⑪ 在【图层】面板中选中【椭圆3 拷贝3】图层，单击面板底部的【添加图层样式】fx按钮，在菜单中选择【描边】命令，在弹出的对话框中将【大小】更改为1像素，【不透明度】更改为60%，【颜色】更改为黑色，如图3.35所示。

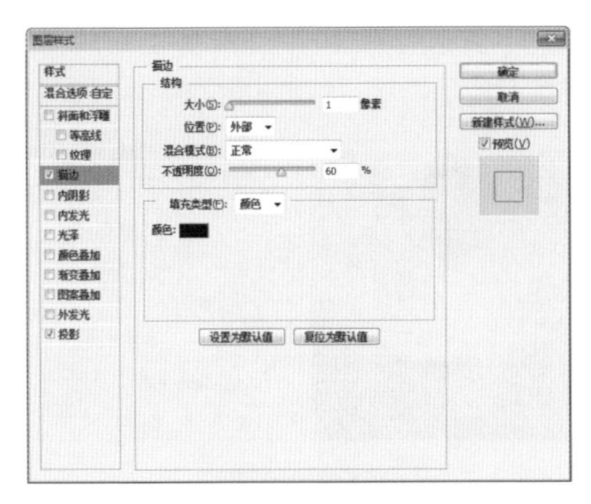

图3.35 设置描边

⑫ 选中【投影】复选框，将【混合模式】更改为【正常】，【颜色】更改为白色，【不透明度】更改为10%，【距离】更改为1像素，【扩展】更改为100%，【大小】更改为1像素，完成之后单击【确定】按钮，如图3.36所示。

⑬ 选中【椭圆3 拷贝3】图层，在画布中按Ctrl+T组合键对其执行【自由变换】命令，当出现变形框以后，按住Alt+Shift组合键将图形等比例缩小，完成之后按Enter键确认，如图3.37所示。

⑭ 在【图层】面板中选中【椭圆3 拷贝3】图层，将其【填充】更改为0%，如图3.38所示。

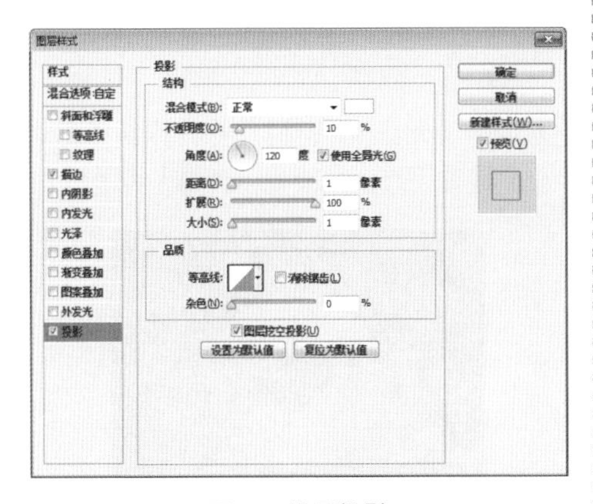

图3.36 设置投影

图3.37 变换图形　　图3.38 更改填充

⑮ 在【图层】面板中选中【椭圆3 拷贝3】图层，在其图层名称上单击鼠标右键，从弹出的快捷菜单中选择【栅格化图层样式】命令，再单击面板底部的【添加图层蒙版】 按钮，为其添加图层蒙版，如图3.39所示。

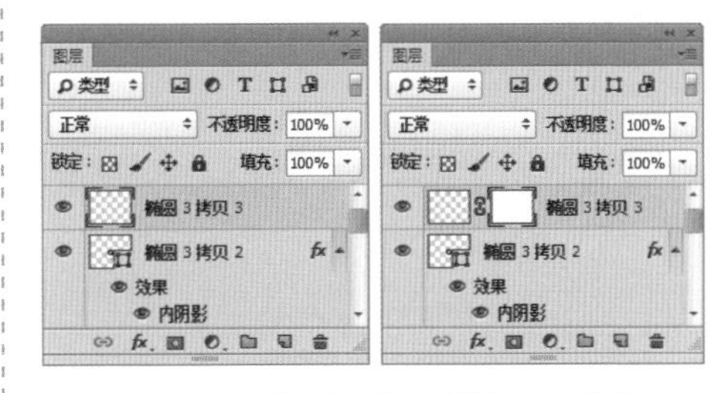

图3.39 栅格化图层样式并添加图层蒙版

⑯ 选择工具箱中的【画笔工具】，在画布中单击鼠标右键，在弹出的面板中选择一种圆角笔触，将【大小】更改为30像素，【硬度】更改为100%，如图3.40所示。

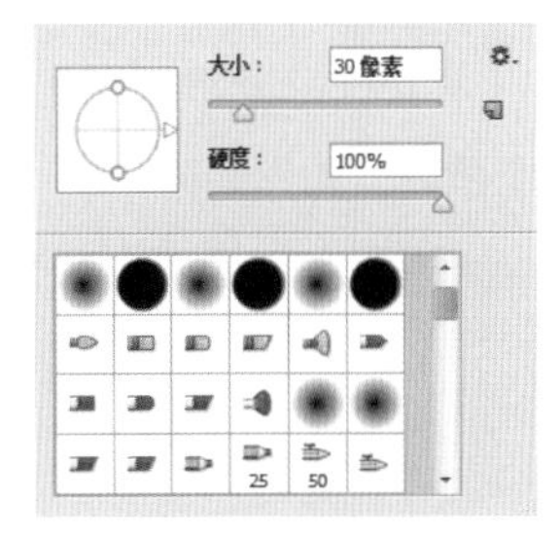

图3.40 设置笔触

⑰ 单击【椭圆3 拷贝3】图层蒙版缩览图，在画布中其图形中多余的部分位置单击，将部分图形隐藏，如图3.41所示。

图3.41 隐藏图形

⑱ 选择工具箱中的【椭圆工具】，在选项栏中将【填充】更改为黑色，【描边】为无，在光盘图形底部绘制一个椭圆图形，此时将生成一个【椭圆4】图层，如图3.42所示。

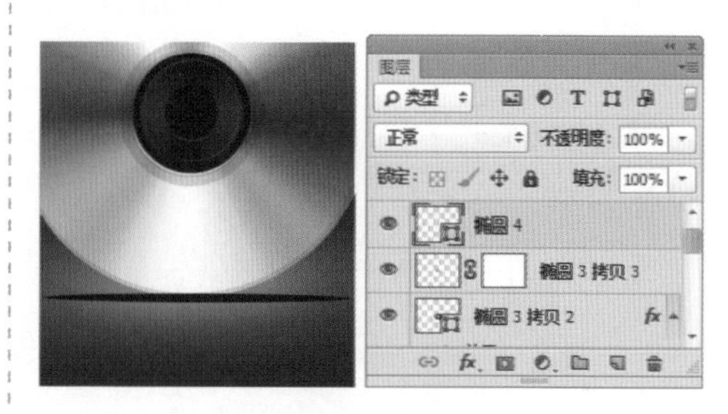

图3.42 绘制图形

3.1.5 制作阴影

① 在【图层】面板中选中【椭圆4】图层，执行菜单栏中的【图层】|【栅格化】|【形状】命令，将当前图形栅格化，如图3.43所示。

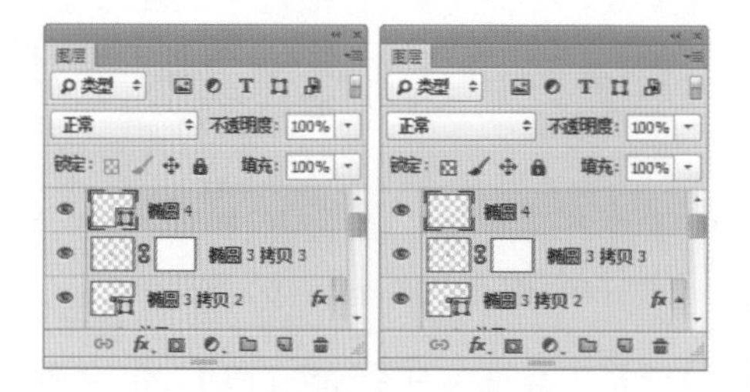

图3.43 栅格化图层

② 选中【椭圆4】图层，执行菜单栏中的【滤镜】|【模糊】|【动感模糊】命令，在弹出的对话框中将【角度】更改为0度，【距离】更改为100像素，设置完成之后单击【确定】按钮，如图3.44所示。

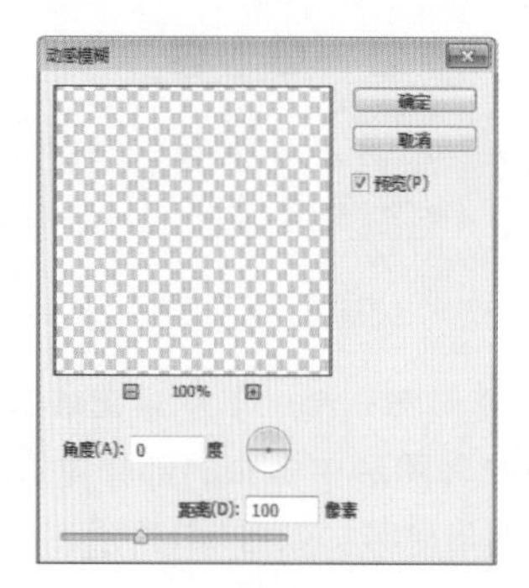

图3.44 设置动感模糊

③ 选中【椭圆4】图层，执行菜单栏中的【滤镜】|【模糊】|【高斯模糊】命令，在弹出的对话框中将【半径】更改为4像素，设置完成之后单击【确定】按钮，如图3.45所示。

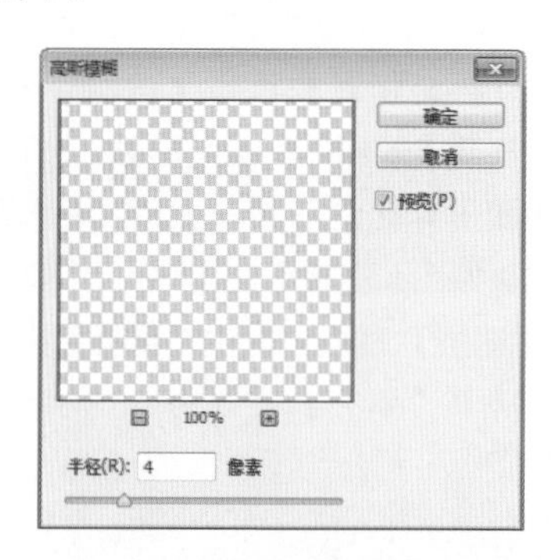

图3.45 设置高斯模糊

④ 选中【椭圆4】图层，将其移至【椭圆2】图层的下方，最终效果如图3.46所示。

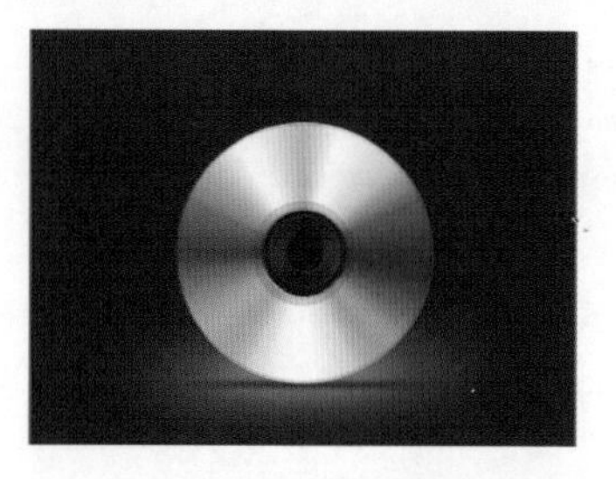

图3.46 更改图层顺序及最终效果

纸质办公档案袋

- 新建画布并添加图层样式制作背景。
- 绘制图形并添加素材图像利用图层混合模式制作真实的档案袋效果。
- 为档案袋添加装饰图形完成最终效果制作。

本例主要讲解的是写实档案袋效果制作，由于是写实类的图形制作，所以在制作的过程中尽力追求最真实的图形制作方式，通常需要仔细琢磨及细心制作才能完成此类写实档案袋的效果制作。

难易程度：★★★☆☆
最终文件：配套光盘 \ 素材 \ 源文件 \ 第 3 章 \ 纸质办公档案袋 .psd
视频位置：配套光盘 \movie\3.2 纸质办公档案袋 .avi

纸质办公档案袋效果如图 3.47 所示。

图3.47 纸质办公档案袋

3.2.1 制作背景

① 执行菜单栏中的【文件】|【新建】命令，在弹出的对话框中设置【宽度】为800像素，【高度】为600像素，【分辨率】为72像素/英寸，【颜色模式】为RGB颜色，新建一个空白画布，如图3.48所示。

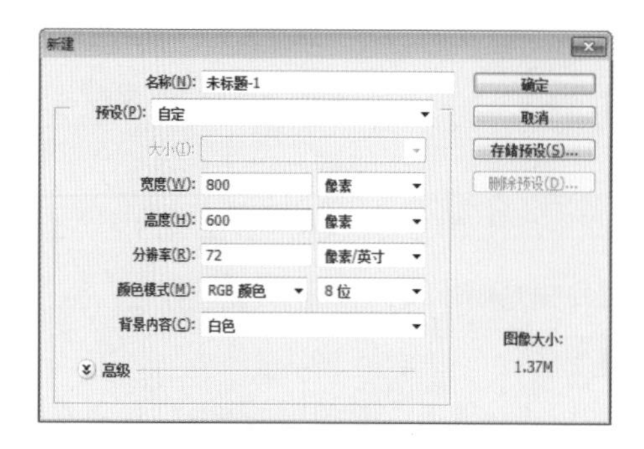

图3.48 新建画布

② 将背景填充为浅绿色（R:227，G:226，B:215），如图3.49所示。

③ 在【图层】面板中选中【背景】图层，执行菜单栏中的【图层】|【新建】|【通过拷贝的图层】命令，此时将生成一个【图层1】图层，如图3.50所示。

④ 在【图层】面板中选中【图层1】图层，单击面板底部的【添加图层样式】*fx*按钮，在菜单中选择【图案叠加】命令，在弹出的对话框中将【混合模式】更改为【颜色加深】，【不透明度】更改为60%，单击【图案】后方的按钮，在弹出的面板中选择【图案】|【编织】，完成之后单击【确定】按钮，如图3.51所示。

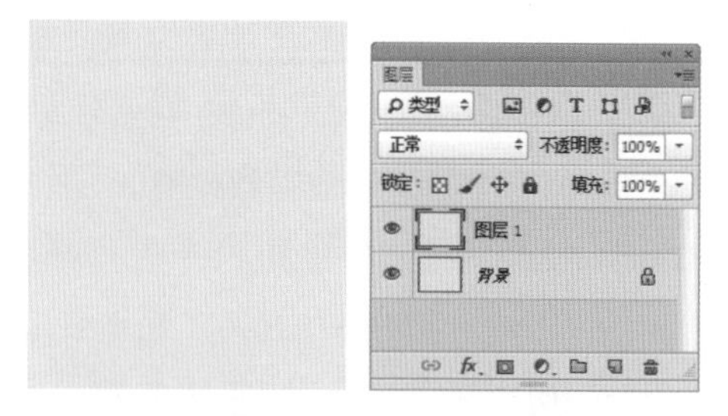

图3.49 填充颜色　　图3.50 复制图层

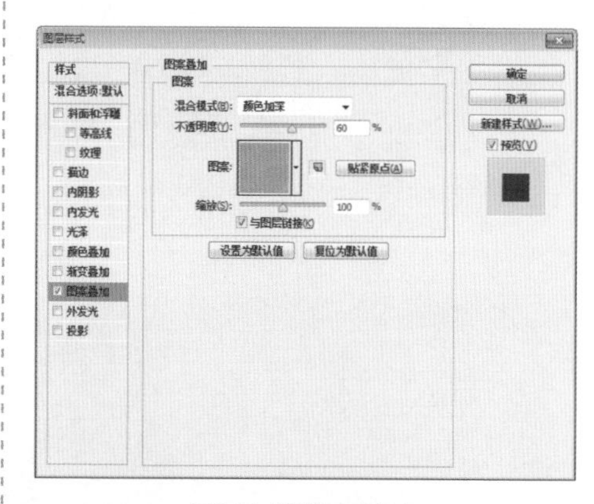

图3.51 设置图案叠加

3.2.2 绘制袋子

① 选择工具箱中的【圆角矩形工具】，在选项栏中将【填充】更改为深黄色（R:204，G:175，B:137），【描边】为无，【半径】为3像素，绘制一个圆角矩形，此时将生成一个【圆角矩形1】图层，如图3.52所示。

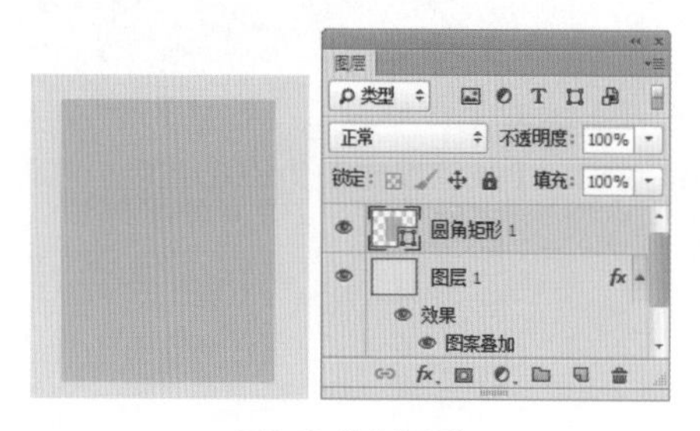

图3.52 绘制图形

② 在【图层】面板中选中【圆角矩形1】图层，将其拖至面板底部的【创建新图层】按钮上，复制一个【圆角矩形1 拷贝】图层，如图3.53所示。

③ 选中【圆角矩形1】图层，将其颜色更改为黑色，如图3.54所示。

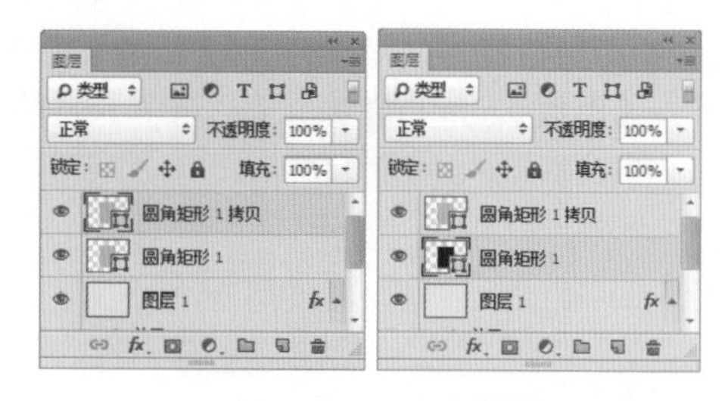

图3.53 复制图层　　图3.54 更改图形颜色

④ 在【图层】面板中选中【圆角矩形1】图层，执行菜单栏中的【图层】|【栅格化】|【形状】命令，将当前图形栅格化，如图3.55所示。

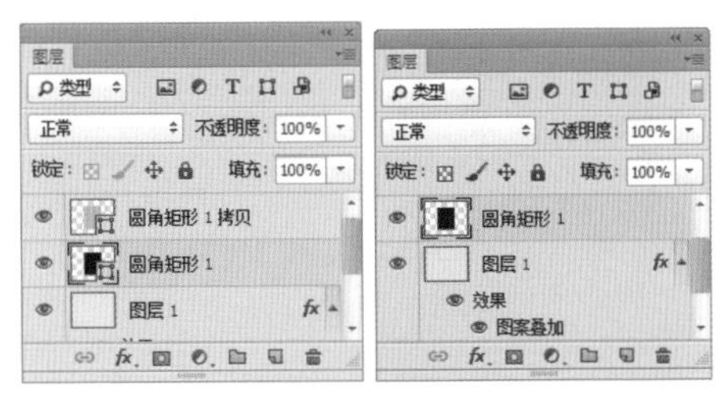

图3.55 栅格化形状

⑤ 选中【圆角矩形1】图层，在画布中按Ctrl+T组合键对其执行【自由变换】命令，将光标移至出现的变形框右侧按住Alt键向左侧拖动，将图形宽度适当缩小，完成之后按Enter键确认，如图3.56所示。

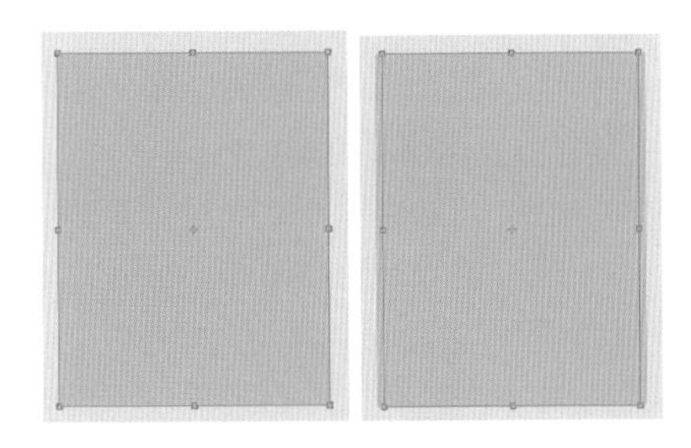

图3.56 变换图形

⑥ 选中【圆角矩形1】图层，执行菜单栏中的【滤镜】|【模糊】|【动感模糊】命令，在弹出的对话框中将【角度】更改为90度，【距离】更改为100像素，设置完成之后单击【确定】按钮，如图3.57所示。

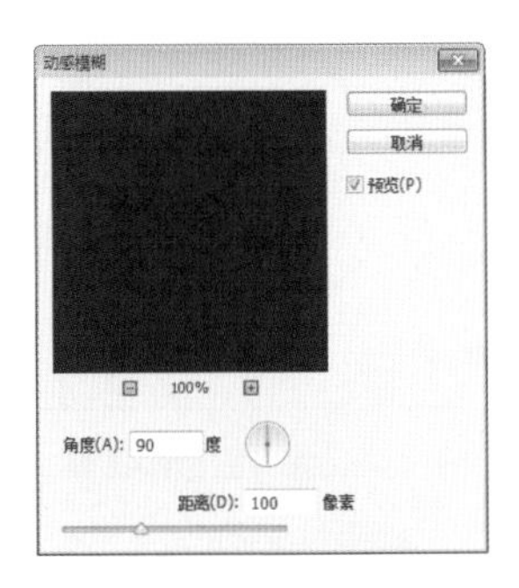

图3.57 设置动感模糊

⑦ 选中【圆角矩形1】图层，执行菜单栏中的【滤镜】|【模糊】|【高斯模糊】命令，在弹出的对话框中将【半径】更改为4像素，设置完成之后单击【确定】按钮，如图3.58所示。

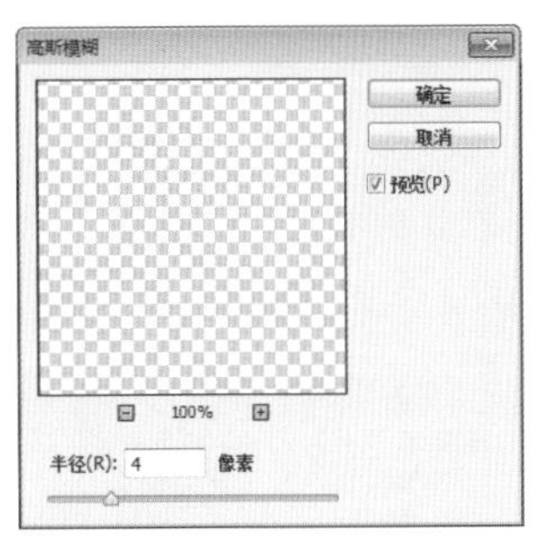

图3.58 设置高斯模糊

⑧ 在【图层】面板中选中【圆角矩形1】图层，单击面板底部的【添加图层蒙版】按钮，为其添加图层蒙版，如图3.59所示。

⑨ 选择工具箱中的【矩形选框工具】，在画布中【圆角矩形1】图层上半部分绘制一个矩形选区以选中部分图形，如图3.60所示。

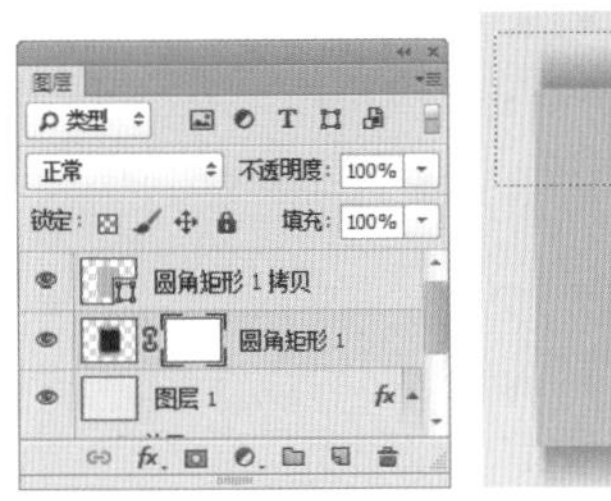

图3.59 添加图层蒙版

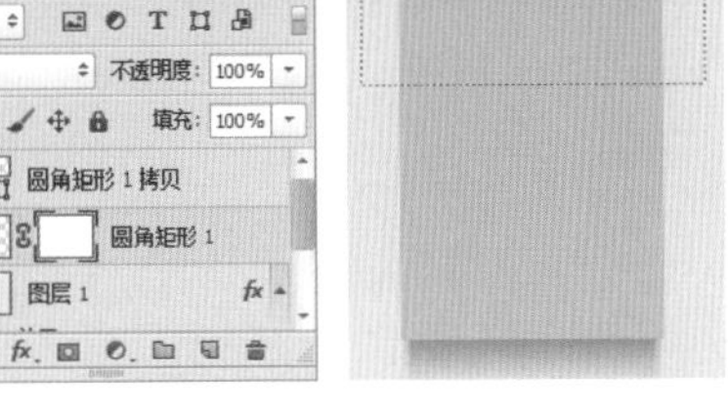

图3.60 绘制选区

⑩ 单击【圆角矩形1】图层蒙版缩览图，在画布中将选区填充为黑色，将部分图形隐藏，完成之后按Ctrl+D组合键取消选区，如图3.61所示。

图3.61 隐藏图形

⑪ 选中【圆角矩形1】图层，将其图层【不透明度】更改为30%，如图3.62所示。

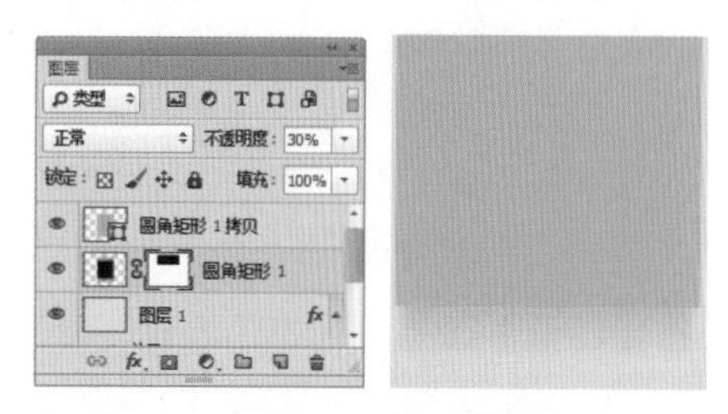

图3.62 更改图层不透明度

⑫ 在【图层】面板中选中【圆角矩形1 拷贝】图层，单击面板底部的【添加图层样式】*fx*按钮，在菜单中选择【内发光】命令，在弹出的对话框中将【混合模式】更改为【正片叠底】，【不透明度】更改为18%，【颜色】更改为黑色，【大小】更改为15像素，如图3.63所示。

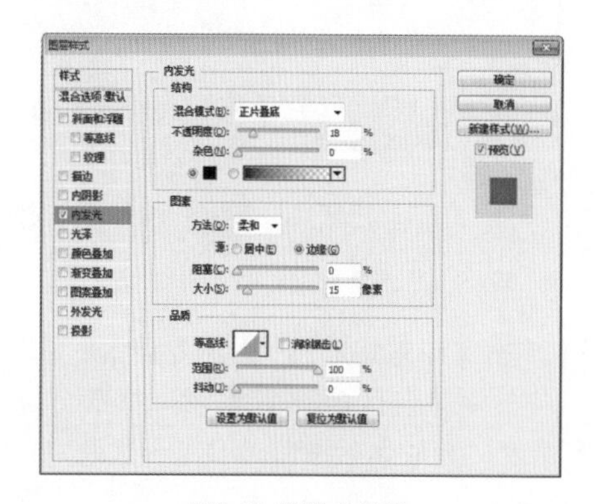

图3.63 设置内发光

⑬ 选中【外发光】复选框，将【不透明度】更改为40%，【颜色】更改为黑色，【大小】更改为4像素，如图3.64所示。

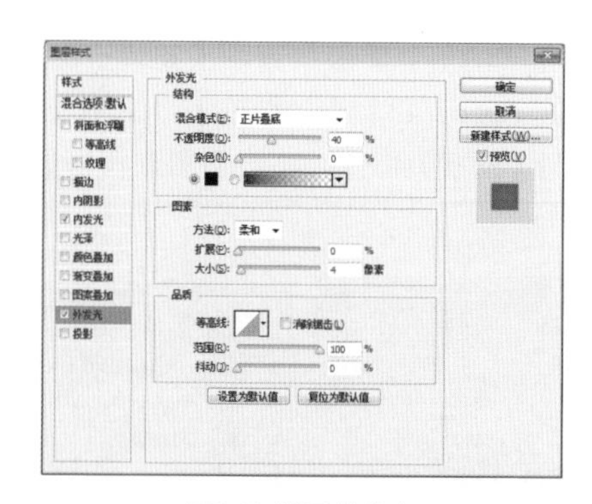

图3.64 设置外发光

⑭ 选中【投影】复选框，将【不透明度】更改为30%，【距离】更改为7像素，【大小】更改为13像素，如图3.65所示。

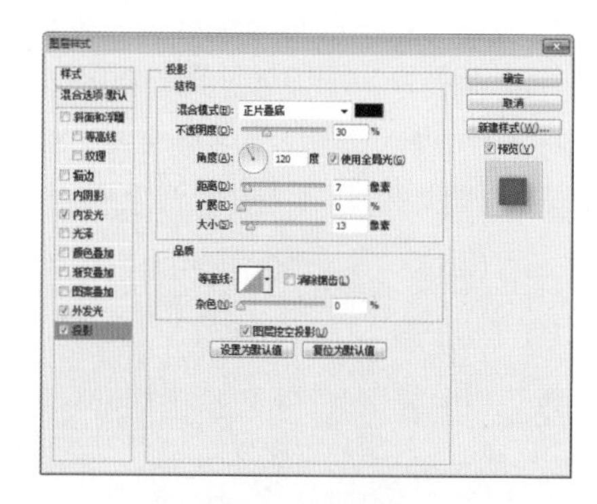

图3.65 设置投影

⑮ 单击【等高线】后方的缩览图，在弹出的面板中将曲线向下拖动，完成之后单击【确定】按钮，如图3.66所示。

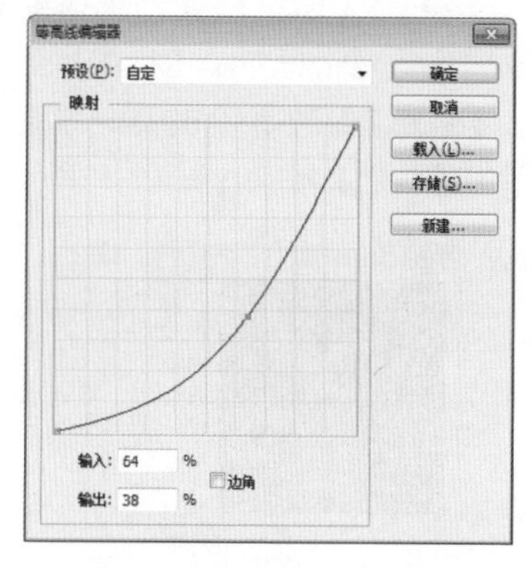

图3.66 设置等高线编辑器

3.2.3 制作细节

① 选择工具箱中的【圆角矩形工具】，在选项栏中将【填充】更改为深黄色（R:204，G:175，B:137），【描边】为无，【半径】为15像素，在画布中的圆角矩形上半部分位置绘制一个圆角矩形并与下方的圆角矩形对齐，此时将生成一个【圆角矩形2】图层，如图3.67所示。

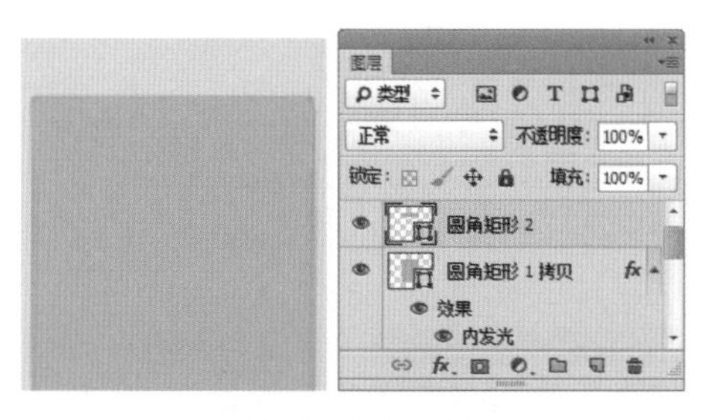

图3.67　绘制图形

② 选择工具箱中的【直接选择工具】，在画布中选中【圆角矩形2】图层中的图形左上角锚点并拖动，将图形圆角与下方的圆角尽量对齐，如图3.68所示。

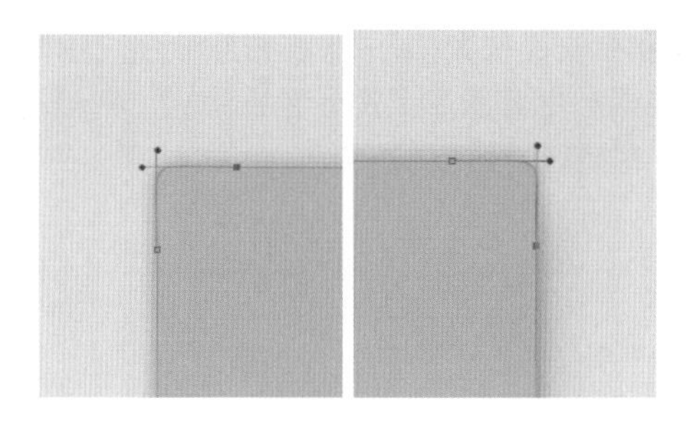

图3.68 移动锚点对齐图形

③ 选中【圆角矩形2】图层，按Ctrl+T组合键对其执行【自由变换】命令，在出现的变形框中单击鼠标右键，从弹出的快捷菜单中选择【透视】命令，将光标移至变形框左下角向右侧拖动，将图形变换使其形成一种透视效果，完成之后按Enter键确认，如图3.69所示。

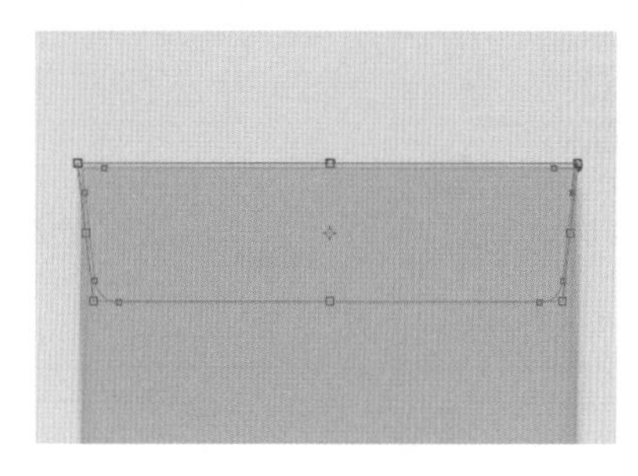

图3.69 变换图形

④ 在【图层】面板中选中【圆角矩形2】图层，将其拖至面板底部的【创建新图层】按钮上，复制一个【圆角矩形2 拷贝】图层，如图3.70所示。

⑤ 在【图层】面板中选中【圆角矩形2】图层，将其颜色更改为黑色，再执行菜单栏中的【图层】|【栅格化】|【形状】命令，将当前图形栅格化，如图3.71所示。

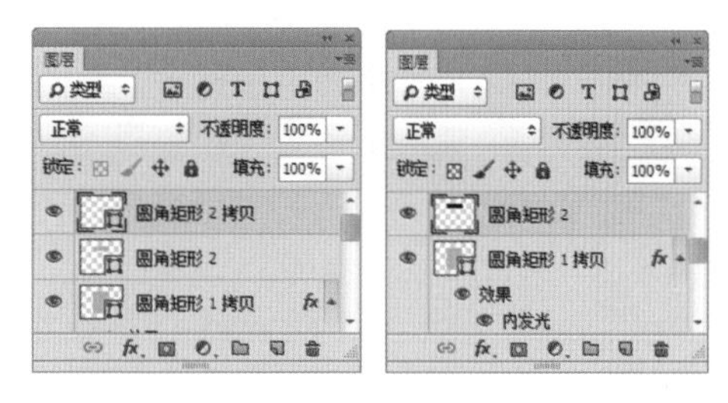

图3.70 复制图层　　图3.71 栅格化形状

⑥ 在【图层】面板中选中【圆角矩形2 拷贝】图层，单击面板底部的【添加图层样式】按钮，在菜单中选择【外发光】命令，在弹出的对话框中将【混合模式】更改为【正常】，【不透明度】更改为25%，【颜色】更改为黑色，【大小】更改为1像素，如图3.72所示。

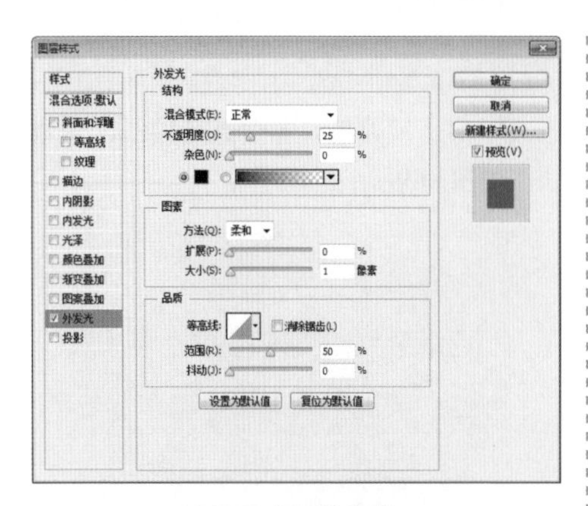

图3.72 设置外发光

⑦ 选中【投影】复选框，将【不透明度】更改为19%，取消【使用全局光】复选框，【角度】更改为90度，【距离】更改为7像素，【大小】更改为10像素，完成之后单击【确定】按钮，如图3.73所示。

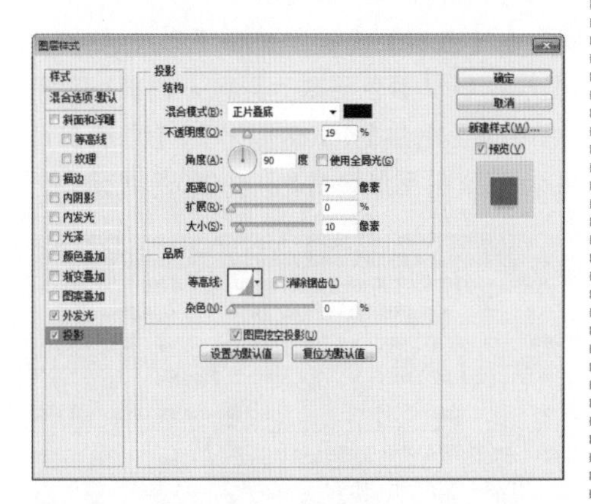

图3.73 设置投影

⑧ 选中【圆角矩形2】图层，执行菜单栏中的【滤镜】|【模糊】|【高斯模糊】命令，在弹出的对话框中将【半径】更改为18像素，设置完成之后单击【确定】按钮，如图3.74所示。

⑨ 在【图层】面板中选中【圆角矩形2】图层，单击面板底部的【添加图层蒙版】按钮，为其添加图层蒙版，如图3.75所示。

⑩ 选择工具箱中的【画笔工具】，在画布中单击鼠标右键，在弹出的面板中选择一种圆角笔触，将【大小】更改为200像素，【硬度】更改为0%，如图3.76所示。

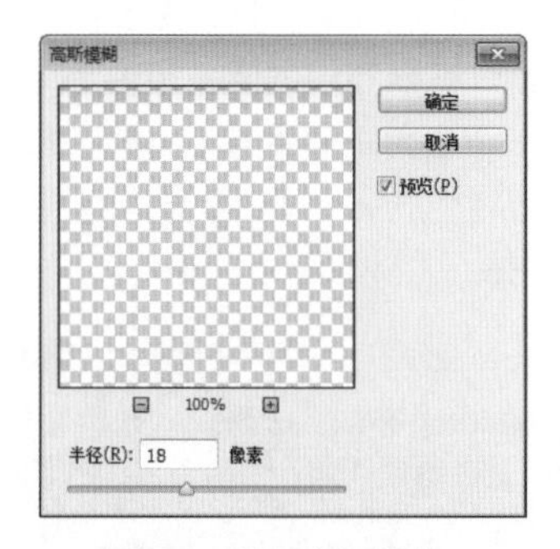

图3.74 设置高斯模糊

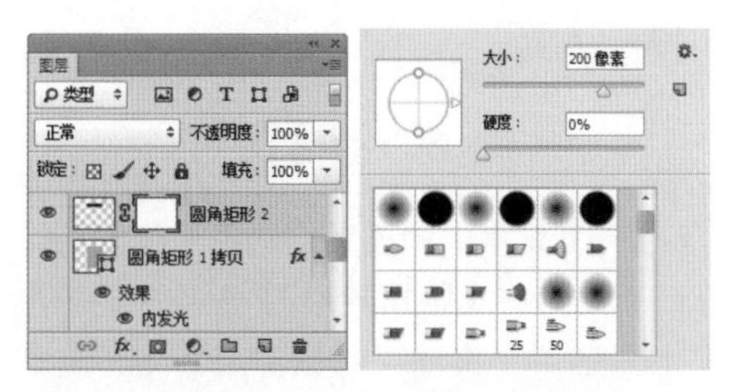

图3.75 添加图层蒙版　　图3.76 设置笔触

⑪ 单击【圆角矩形2】图层蒙版缩览图，在画布中其图形上部分区域涂抹，将部分图形隐藏，如图3.77所示。

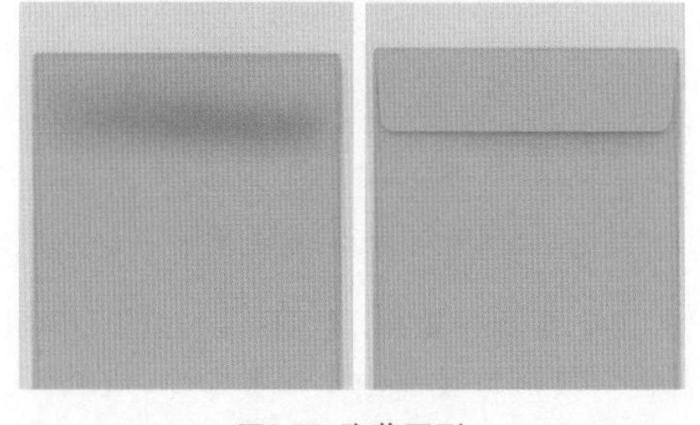

图3.77 隐藏图形

在隐藏图形的时候可先将【圆角矩形2 拷贝】图层隐藏，以方便观察，当需要时再将其显示即可。

⑫ 选择工具箱中的【矩形工具】，在选项栏中将【填充】更改为白色，【描边】为无，在画布中适当位置绘制一个矩形，此时将生成一个【矩形1】图层，如图3.78所示。

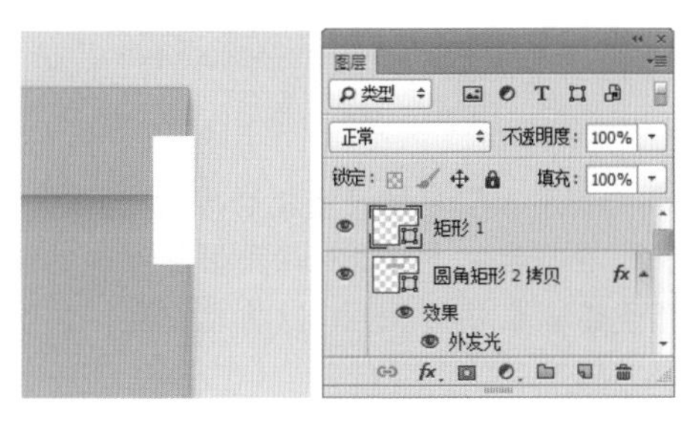

图3.78 绘制图形

⑬ 选中【矩形1】图层，在画布中按Ctrl+T组合键对其执行【自由变换】命令，当出现变形框以后，将图形适当旋转，再将其图层【不透明度】更改为10%，完成之后按Enter键确认，如图3.79所示。

图3.79 更改图层不透明度并旋转图形

⑭ 选中【矩形1】图层，执行菜单栏中的【图层】|【创建剪切蒙版】命令，为当前图层创建剪切蒙版，如图3.80所示。

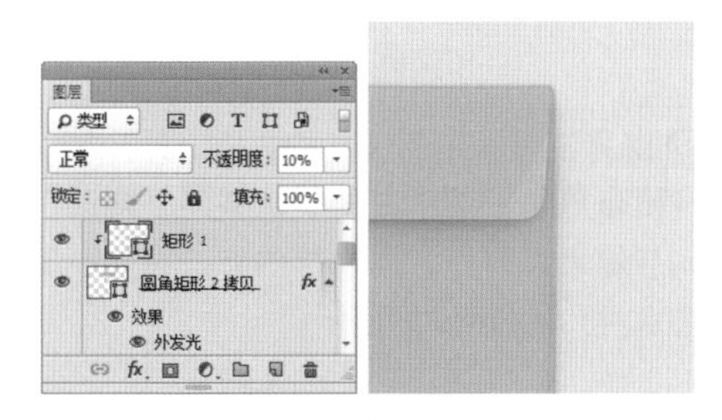

图3.80 创建剪切蒙版

⑮ 选择工具箱中的【椭圆工具】，在选项栏中将【填充】更改为深黄色（R:204，G:175，B:137），【描边】为无，在画布档案袋适当位置按住Shift键绘制一个正圆图形，此时将生成一个【椭圆1】图层，如图3.81所示。

⑯ 在【图层】面板中选中【椭圆1】图层，将其拖至面板底部的【创建新图层】按钮上，复制一个【椭圆1 拷贝】图层，如图3.82所示。

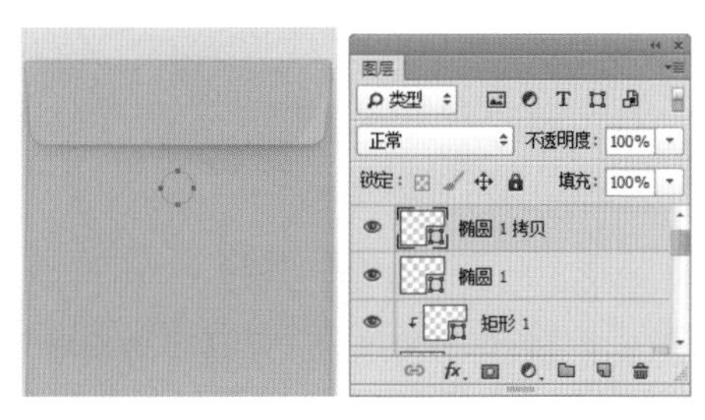

图3.81 绘制图形　　图3.82 复制图层

⑰ 在【图层】面板中选中【椭圆1】图层，单击面板底部的【添加图层样式】按钮，在菜单中选择【内发光】命令，在弹出的对话框中将【混合模式】更改为【颜色减淡】，【不透明度】更改为10%，【颜色】更改为白色，【大小】更改为1像素，如图3.83所示。

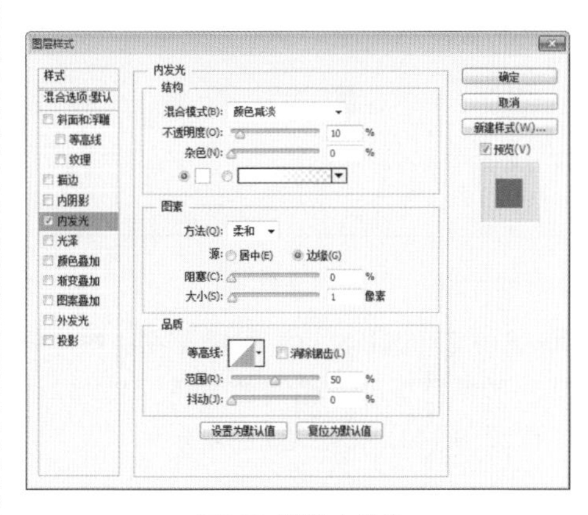

图3.83 设置内发光

⑱ 选中【外发光】复选框，将【不透明度】更改为20%，【颜色】更改为黑色，【大小】更改为4像素，【范围】更改为80%，如图3.84所示。

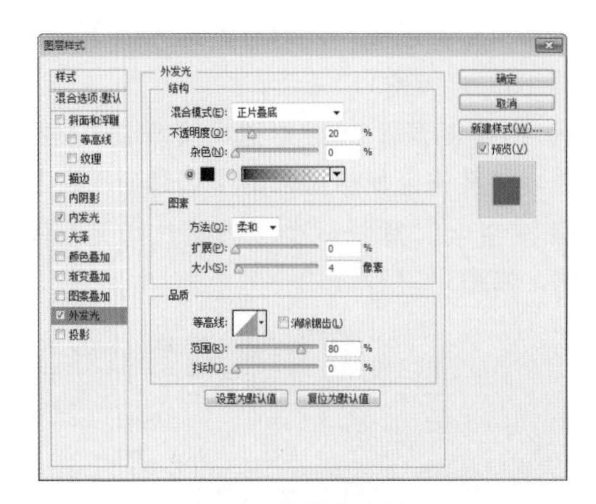

图3.84 设置外发光

⑲ 选中【投影】复选框，将【不透明度】更改为30%，取消【使用全局光】复选框，【角度】更改为90度，【距离】更改为6像素，【大小】更改为15像素，完成之后单击【确定】按钮，如图3.85所示。

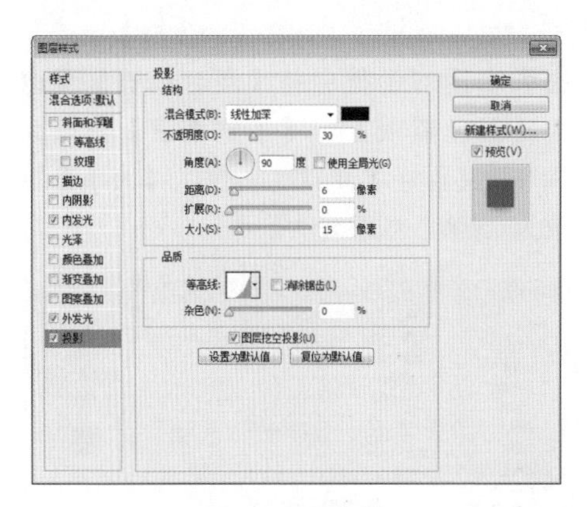

图3.85 设置投影

⑳ 选中【椭圆1 拷贝】图层，在画布中将其图形颜色更改为稍浅的黄色（R:212，G:182，B:140），如图3.86所示。

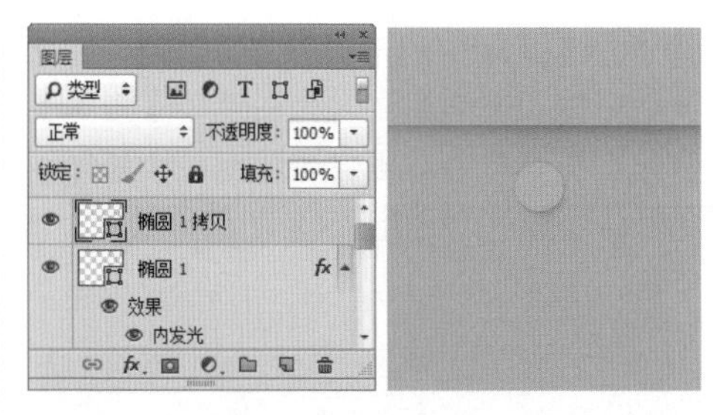

图3.86 更改图形颜色

㉑ 选择工具箱中的【直接选择工具】，在画布中选中【椭圆1 拷贝】图层中的图形顶部锚点并按Delete键将其删除，如图3.87所示。

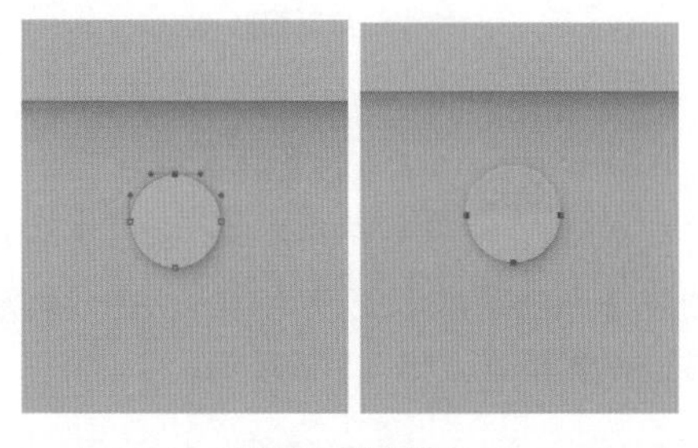

图3.87 删除锚点

㉒ 选择工具箱中的【钢笔工具】，单击刚才删除锚点后留下的左侧锚点，按住Alt键再单击右侧锚点，将图形相连接，如图3.88所示。

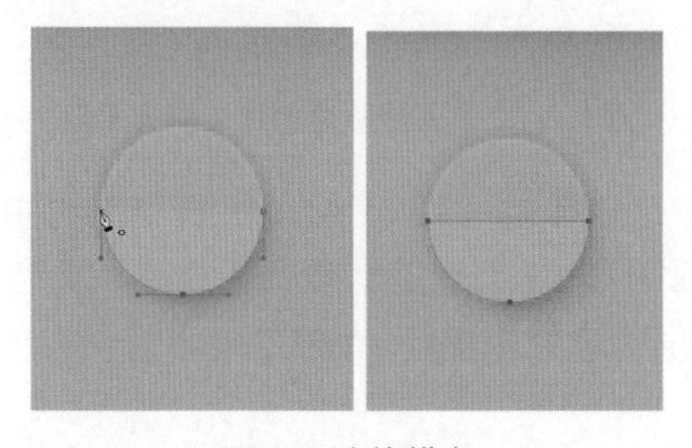

图3.88 连接锚点

㉓ 选择工具箱中的【直接选择工具】，将画布放大，选中左侧锚点并向下拖动使其与像素点对齐，以同样的方法将另一侧锚点对齐，如图3.89所示。

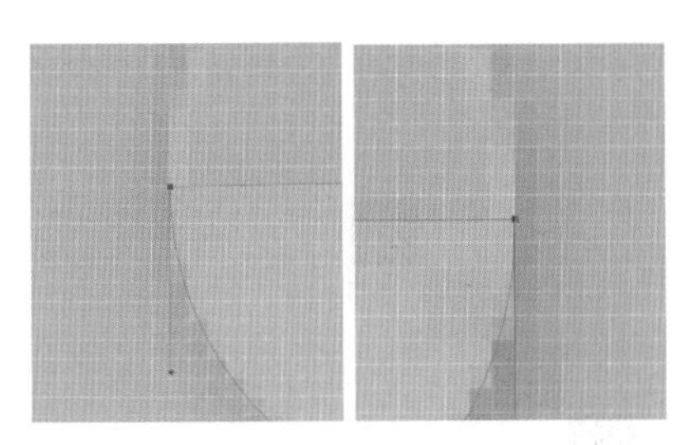

图3.89 移动锚点对齐像素点

提示

由于是写实类的图形制作，所以在制作过程中细节最为重要，每个像素之差都会产生不同的效果。

㉔ 在【图层】面板中同时选中【椭圆1 拷贝】及【椭圆1】图层，按Ctrl+G组合键可快速将图层编组，此时将生成一个【组1】组，如图3.90所示。

㉕ 在【图层】面板中选中【组1】组，将其拖至面板底部的【创建新图层】按钮上，复制一个【组1 拷贝】组，选中【组1 拷贝】组，在画布中按住Shift键向上移动，如图3.91所示。

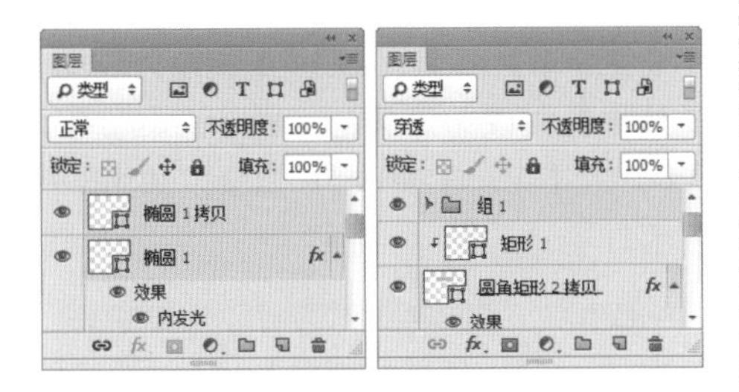

图3.90 快速编组

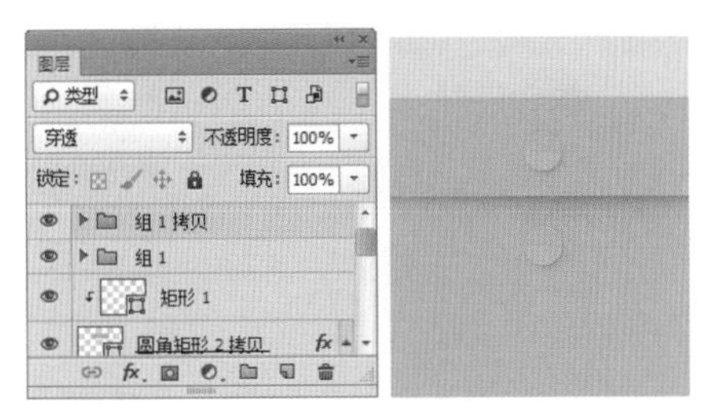

图3.91 复制图形

㉖ 选中【组1 拷贝】组，在画布中按Ctrl+T组合键对其执行【自由变换】命令，将光标移至出现的变形框上右击，从弹出的快捷菜单中选择【垂直翻转】命令，完成之后按Enter键确认，如图3.92所示。

图3.92 变换图形

㉗ 选择工具箱中的【矩形工具】，在选项栏中将【填充】更改为白色，【描边】为无，在画布中适当位置再次绘制一个细长的矩形，此时将生成一个【矩形2】图层，如图3.93所示。

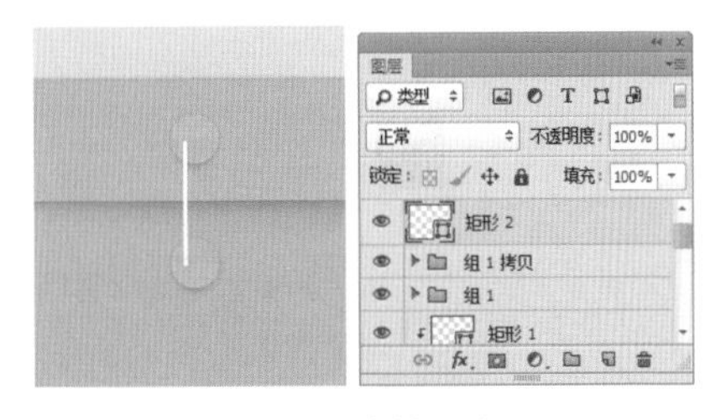

图3.93 绘制图形

3.2.4 定义图案

① 执行菜单栏中的【文件】|【新建】命令，在弹出的对话框中设置【宽度】为5像素，【高度】为5像素，【分辨率】为72像素/英寸，【颜色模式】为RGB颜色，【背景内容】为透明，新建一个透明画布，如图3.94所示。

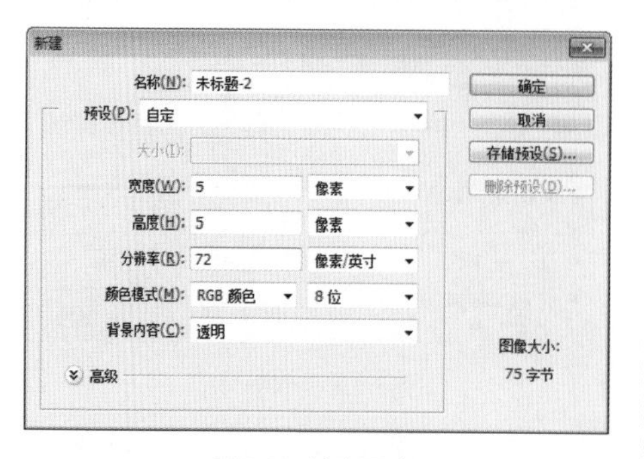

图3.94 新建画布

② 在新建的画布中单击鼠标右键，从弹出的快捷菜单中选择【按屏幕大小缩放】命令，将当前画布放至最大，如图3.95所示。

图3.95 放大画布

③ 选择工具箱中的【矩形工具】，在选项栏中将【填充】更改为黑色，【描边】为无，在画布中右上角位置按住Shift键绘制一个矩形，此时将生成一个【矩形1】图层，如图3.96所示。

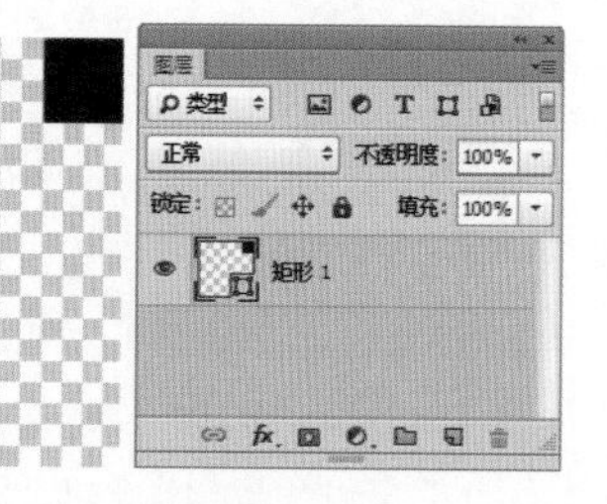

图3.96 绘制图形

④ 选中【矩形1】图层，在画布中按住Alt键向左下角拖动，将图形复制4份，同时选中复制生成的图形及【矩形1】图层，执行菜单栏中的【图层】|【合并形状】命令，此时将生成一个【矩形1 拷贝4】图层，如图3.97所示。

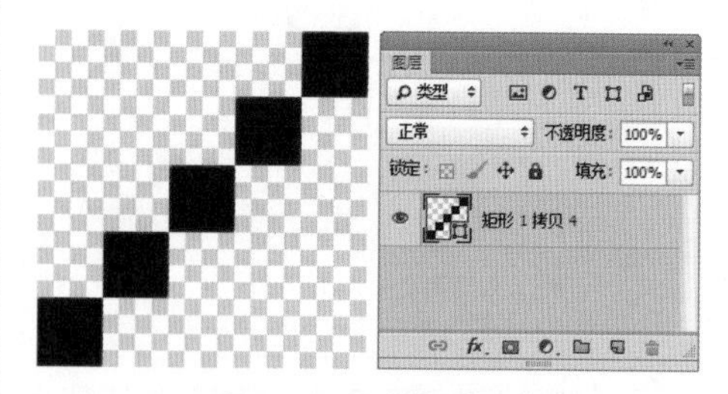

图3.97 复制并合并图层

⑤ 执行菜单栏中的【编辑】|【定义图案】命令，在弹出的对话框中将【名称】更改为“纹理”，完成之后单击【确定】按钮，如图3.98所示。

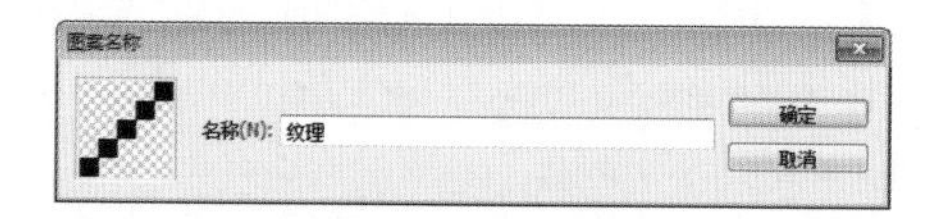

图3.98 定义图案

⑥ 在【图层】面板中选中【矩形2】图层，单击面板底部的【添加图层样式】fx按钮，在菜单中选择【内发光】命令，在弹出的对话框中将【混合模式】更改为【线性加深】，【不透明度】更改为50%，【颜色】更改为深黄色（R:107，G:60，B:0），【大小】更改为2像素，如图3.99所示。

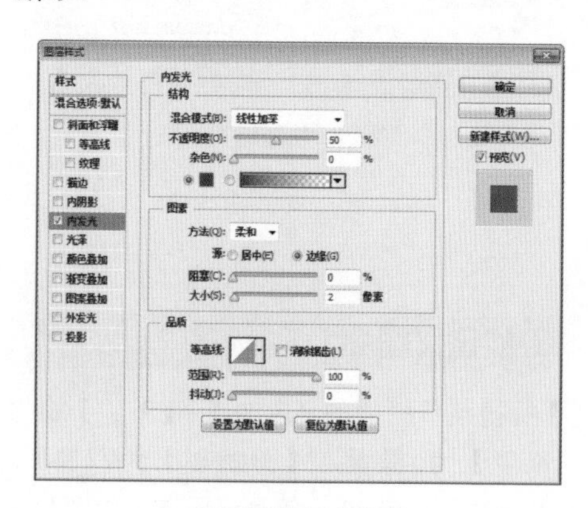

图3.99 设置内发光

⑦ 选中【图案叠加】复选框，将【不透明度】更改为30%，单击【图案】后方的按钮，在弹出的面板中选择刚才所定义的【纹理】，如图3.100所示。

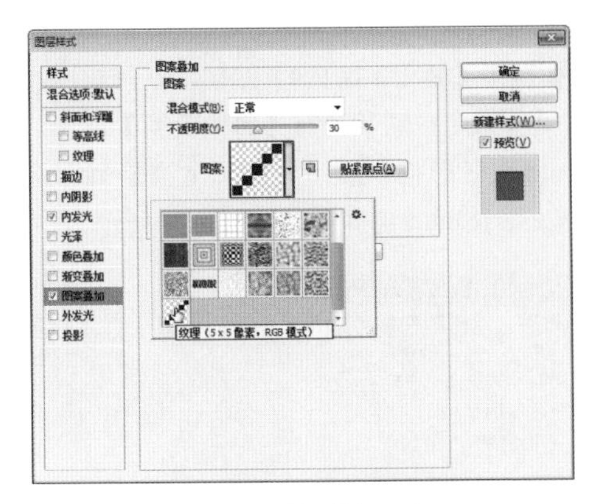

图3.100 设置叠加图案

⑧ 选中【外发光】复选框，将【混合模式】更改为【线性加深】，【不透明度】更改为25%，【颜色】更改为黑色，【大小】更改为3像素，如图3.101所示。

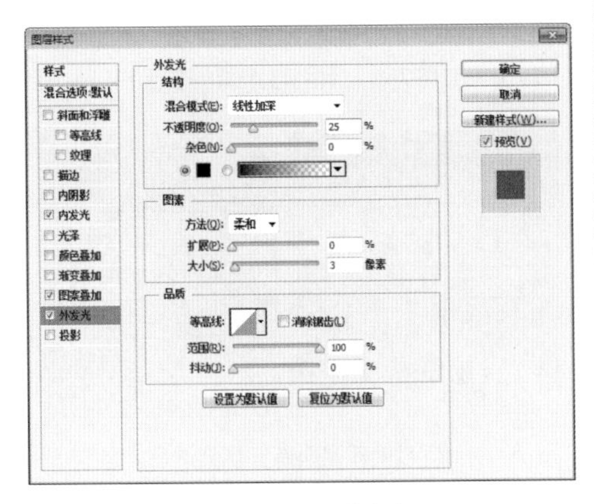

图3.101 设置外发光

⑨ 选中【投影】复选框，将【不透明度】更改为40%，【大小】更改为7像素，完成之后单击【确定】按钮，如图3.102所示。

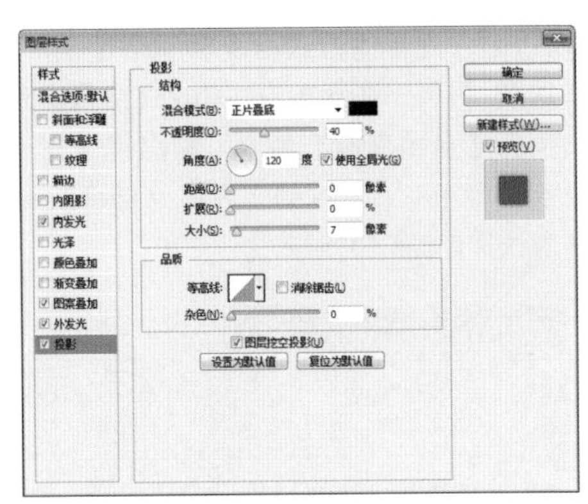

图3.102 设置投影

⑩ 在【图层】面板中选中【矩形2】图层，将其移至【组1】组的下方，如图3.103所示。

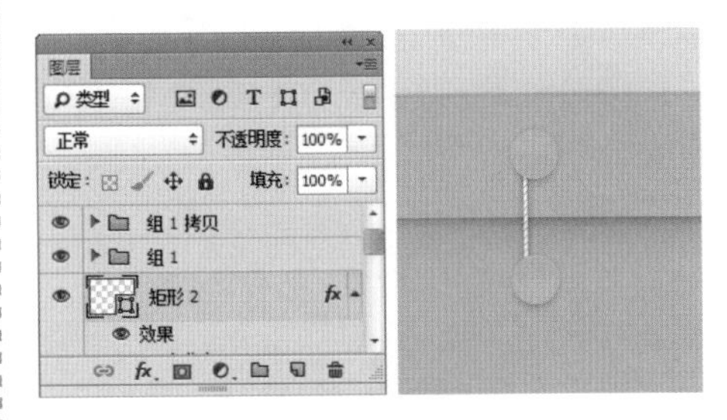

图3.103 更改图层顺序

⑪ 在【图层】面板中选中【矩形2】图层，在画布中按住Alt+Shift组合键向右侧拖动，将图形复制，此时将生成一个【矩形2 拷贝】图层，如图3.104所示。

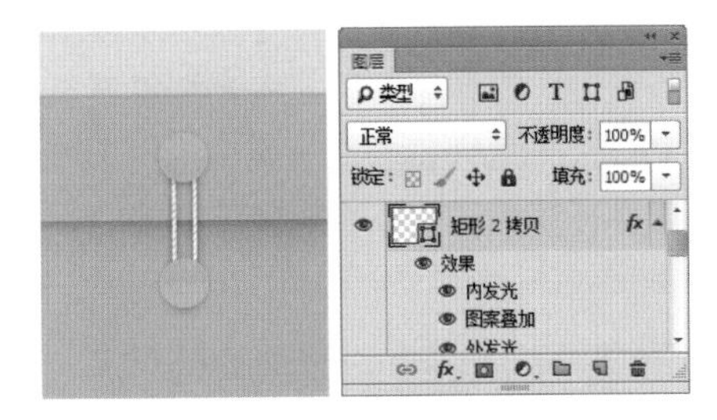

图3.104 复制图形

⑫ 以刚才同样的方法再复制一个【矩形2 拷贝2】图层，在画布中按Ctrl+T组合键对其执行【自由变换】命令，当出现变形框以后，将图形适当旋转，完成之后按Enter键确认，如图3.105所示。

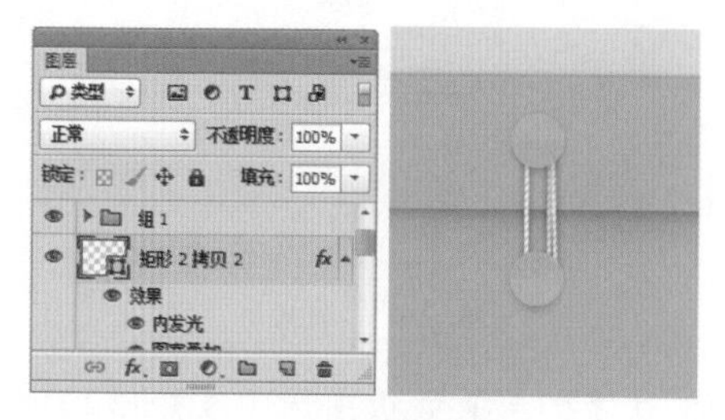

图3.105 复制及变换图形

⑬ 在【图层】面板中选中【矩形2 拷贝2】图层，将其拖至面板底部的【创建新图层】按钮上，复制一个【矩形2 拷贝3】图层，如图3.106所示。

图3.106 复制图层

⑭ 选中【矩形2 拷贝3】图层，在画布中按Ctrl+T组合键对其执行【自由变换】命令，当出现变形框以后，将光标移至变形框中心点按住Alt键将其拖至变形框顶部位置，再将其逆时针适当旋转，完成之后按Enter键确认，如图3.107所示。

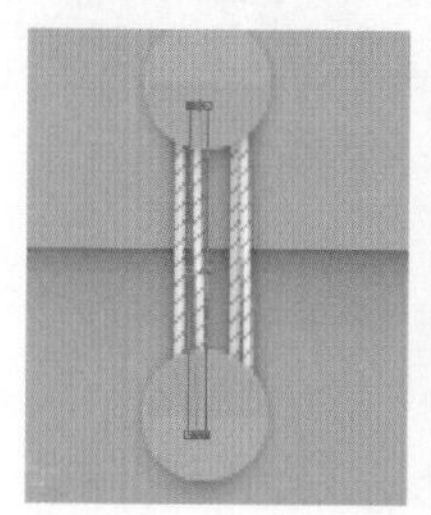
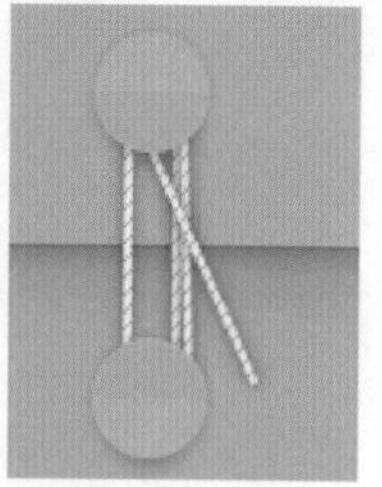

图3.107 旋转图形

⑮ 在【图层】面板中选中【矩形2 拷贝3】图层，将其拖至面板底部的【创建新图层】按钮上，复制一个【矩形2 拷贝4】图层，再将其向下移至【矩形2 拷贝3】图层下方，如图3.108所示。

⑯ 选中【矩形2 拷贝4】图层，在画布中按Ctrl+T组合键对其执行【自由变换】命令，当出现变形框以后，将图形适当旋转，完成之后按Enter键确认，如图3.109所示。

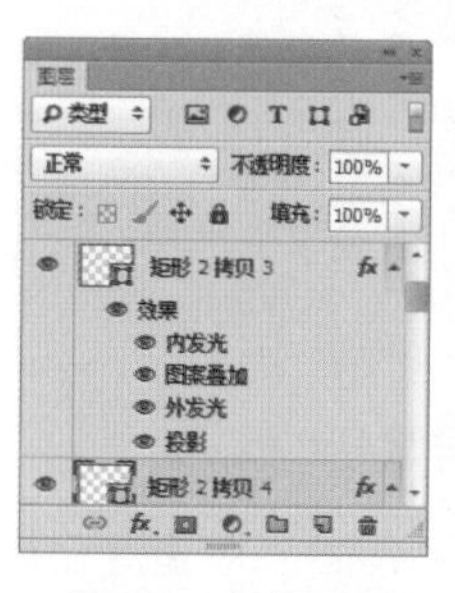

图3.108 复制图层

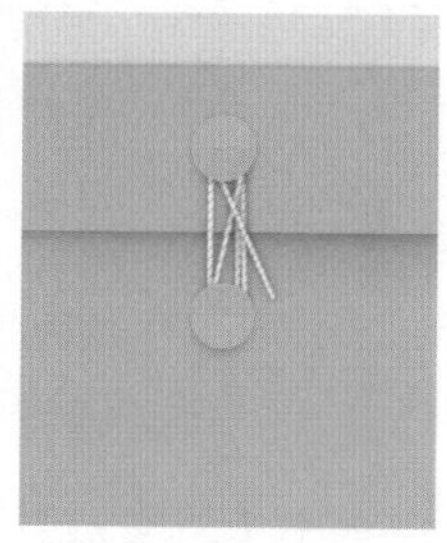

图3.109 旋转图形

⑰ 单击面板底部的【创建新图层】按钮，新建一个【图层2】图层。选中【图层2】图层，将其填充为深黄色（R:204，G:175，B:137），如图3.110所示。

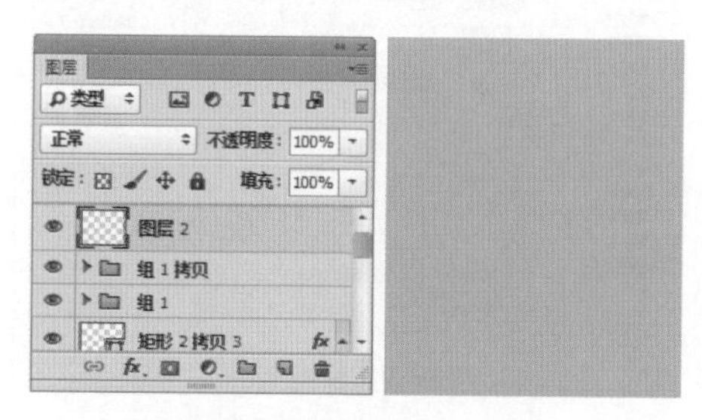

图3.110 新建图层并填充颜色

⑱ 选中【图层2】图层，执行菜单栏中的【滤镜】|【杂色】|【添加杂色】命令，在弹出的对话框中将【数量】更改为20%，分别选中【高斯分布】单选按钮和【单色】复选框，完成之后单击【确定】按钮，如图3.111所示。

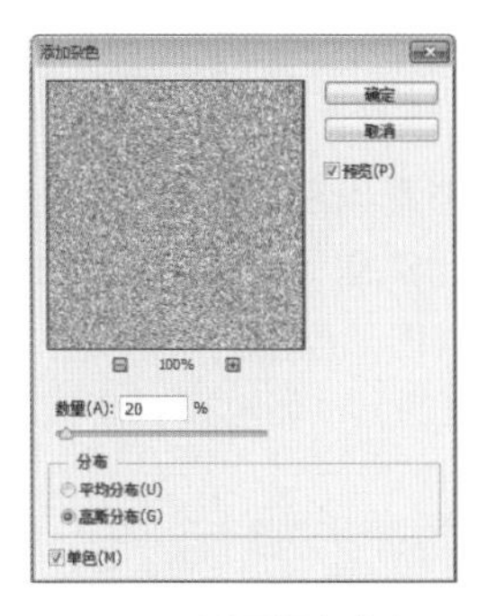

图3.111 设置添加杂色

⑲ 在【图层】面板中选中【图层2】图层，单击面板底部的【添加图层蒙版】按钮，为其添加图层蒙版，如图3.112所示。

⑳ 在【图层】面板中，按住Ctrl键单击【圆角矩形1 拷贝】图层缩览图，将其载入选区，如图3.113所示。

图3.112 添加图层蒙版

图3.113 载入选区

㉑ 在画布中执行菜单栏中的【选择】|【反向】命令，将选区反向选择，单击【图层】图层蒙版缩览图，在画布中将选区填充为黑色，将部分图形隐藏，完成之后按Ctrl+D组合键取消选区，如图3.114所示。

图3.114 隐藏图形

㉒ 在【图层】面板中选中【图层2】图层，将其图层混合模式设置为【正片叠底】，【不透明度】更改为10%，如图3.115所示。

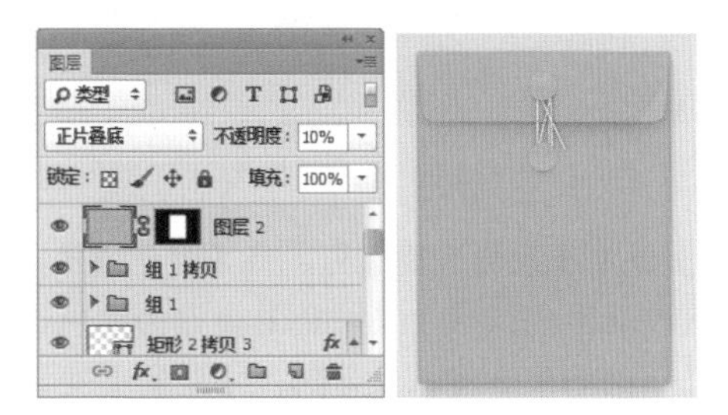

图3.115 设置图层混合模式

㉓ 选择工具箱中的【椭圆工具】，在选项栏中将【填充】更改为（R:98，G:57，B:29），【描边】为无，在刚才绘制的袋扣图形上按住Shift键绘制一个正圆图形，此时将生成一个【椭圆2】图层。选中【椭圆2】图层，将其拖至面板底部的【创建新图层】按钮上，复制一个【椭圆2 拷贝】图层，如图3.116所示。

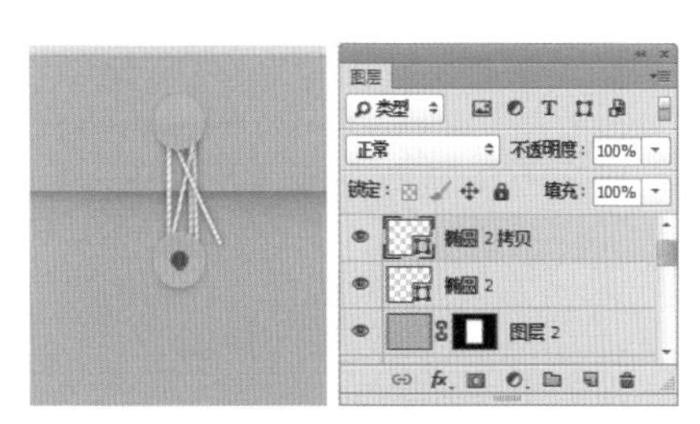

图3.116 绘制图形

㉔ 在【图层】面板中选中【椭圆2】图层，单击面板底部的【添加图层样式】fx按钮，在菜单中选择【外发光】命令，在弹出的对话框中将【混合模式】更改为【颜色减淡】，【不透明度】更改为30%，【大小】更改为1像素，【范围】更改为80%，如图3.117所示。

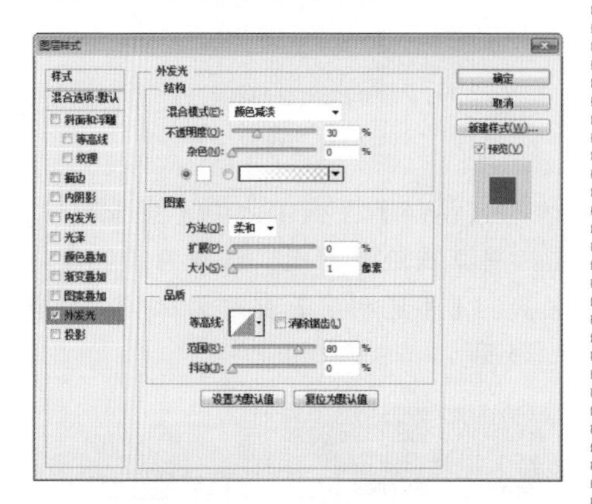

图3.117 设置外发光

㉕ 选中【投影】复选框，将【混合模式】更改为颜色减淡，【颜色】更改为白色，【不透明度】更改为10%，【距离】更改为2像素，完成之后单击【确定】按钮，如图3.118所示。

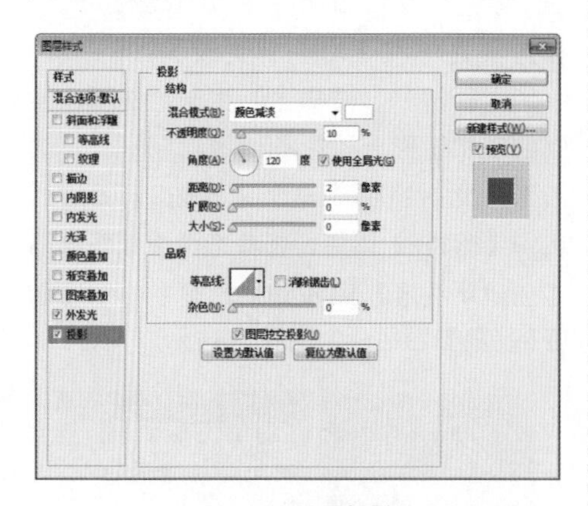

图3.118 设置投影

㉖ 选中【椭圆2 拷贝】图层，在画布中按Ctrl+T组合键对其执行【自由变换】命令，当出现变形框以后，按住Alt+Shift组合键将图形等比例缩小，完成之后按Enter键确认，再将其图形颜色更改为黄色（R:183，G:166，B:129），如图3.119所示。

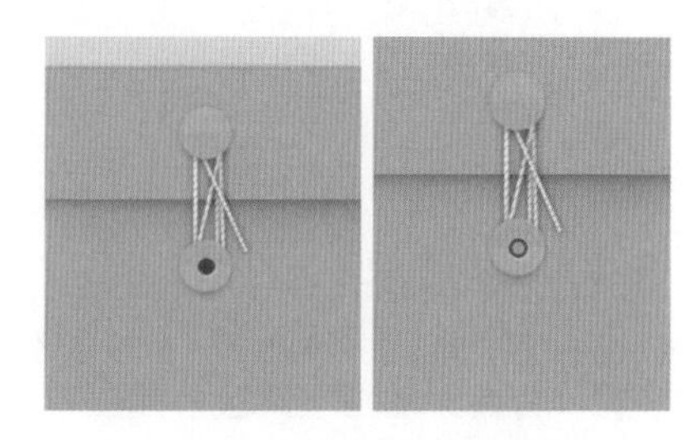

图3.119 变换图形并更改图形颜色

㉗ 在【图层】面板中选中【椭圆2 拷贝】图层，单击面板底部的【添加图层样式】fx按钮，在菜单中选择【斜面和浮雕】命令，在弹出的对话框中将【深度】更改为80%，【大小】更改为1像素，完成之后单击【确定】按钮，如图3.120所示。

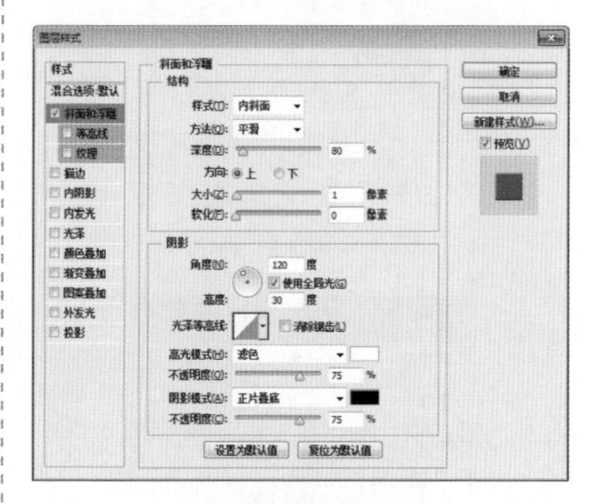

图3.120 设置斜面和浮雕

㉘ 同时选中【椭圆2】及【椭圆2 拷贝】图层，在画布中按住Alt+Shift组合键向上方拖动，将图形复制，此时将生成【椭圆2 拷贝2】和【椭圆2 拷贝3】两个图层，如图3.121所示。

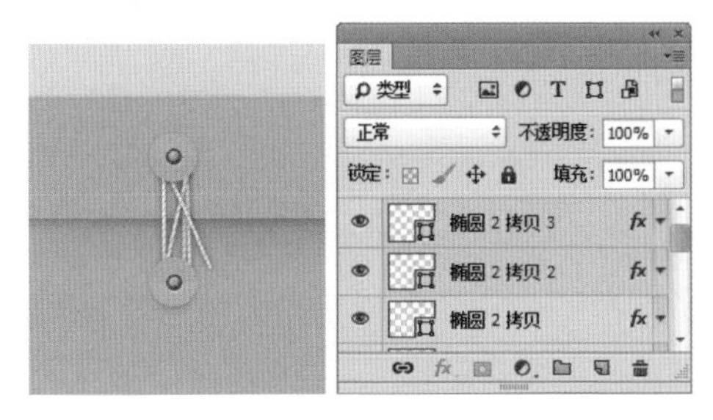

图3.121 复制图形

㉙ 选择工具箱中的【椭圆工具】，在选项栏中将【填充】更改为咖啡色（R:98，G:57，B:29），【描边】为无，在刚才绘制的绳子图形位置绘制一个椭圆图形，此时将生成一个【椭圆3】图层，如图3.122所示。

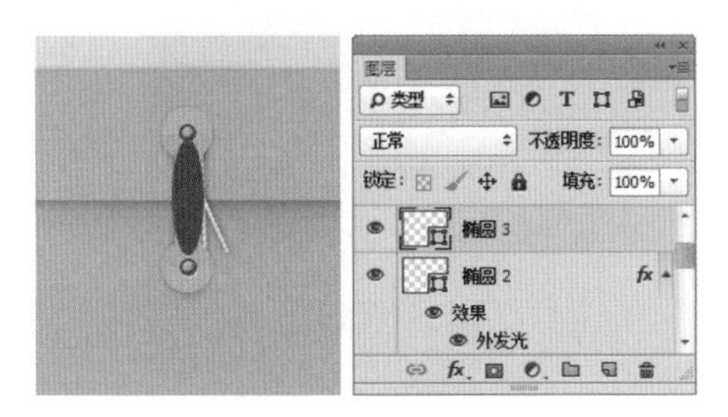

图3.122 绘制图形

㉚ 在【图层】面板中选中【椭圆3】图层，执行菜单栏中的【图层】|【栅格化】|【形状】命令，将当前图形栅格化，如图3.123所示。

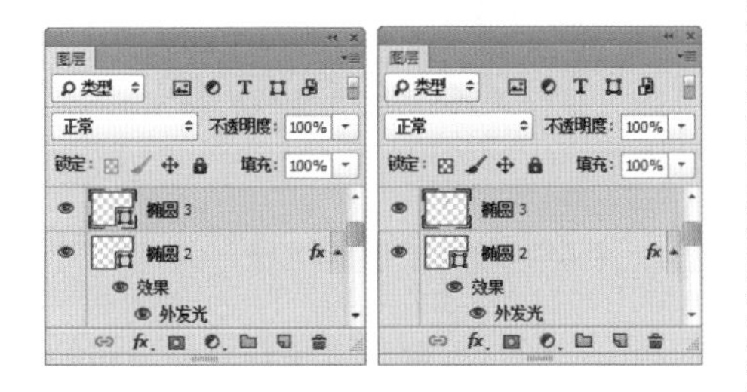

图3.123 栅格化形状

㉛ 选中【椭圆3】图层，执行菜单栏中的【滤镜】|【模糊】|【高斯模糊】命令，在弹出的对话框中将【半径】更改为10像素，设置完成之后单击【确定】按钮，如图3.124所示。

㉜ 在【图层】面板中选中【椭圆3】图层，将其移至【组1】组下方，如图3.125所示。

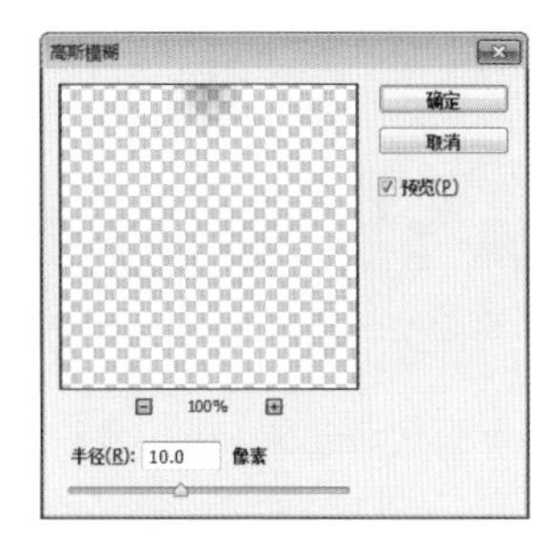

图3.124 设置高斯模糊

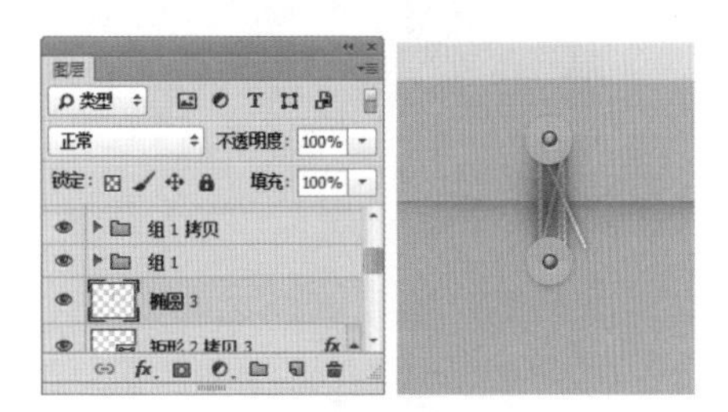

图3.125 更改图层顺序

㉝ 选中【椭圆3】图层，将其图层【不透明度】更改为30%，降低图层中的图形不透明度，这样就完成了效果制作，最终效果如图3.126所示。

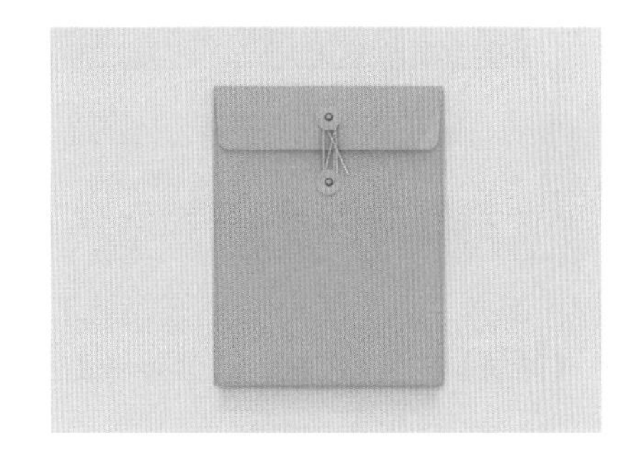

图3.126 更改不透明度及最终效果

3.3 写实专辑包装

- 新建画布，填充颜色并添加滤镜效果制作背景。
- 绘制图形制作 CD 封面后再绘制光盘。
- 分别为封面和光盘制作质感效果完成最终效果制作。

本例主要讲解的是写实 CD 制作，在制作过程中着重强调黑胶唱片的品质感。

难易程度：★★★☆☆
最终文件：配套光盘\素材\源文件\第 3 章\写实专辑包装 .psd
视频位置：配套光盘\movie\3.3 写实专辑包装 .avi

写实专辑包装效果如图 3.127 所示。

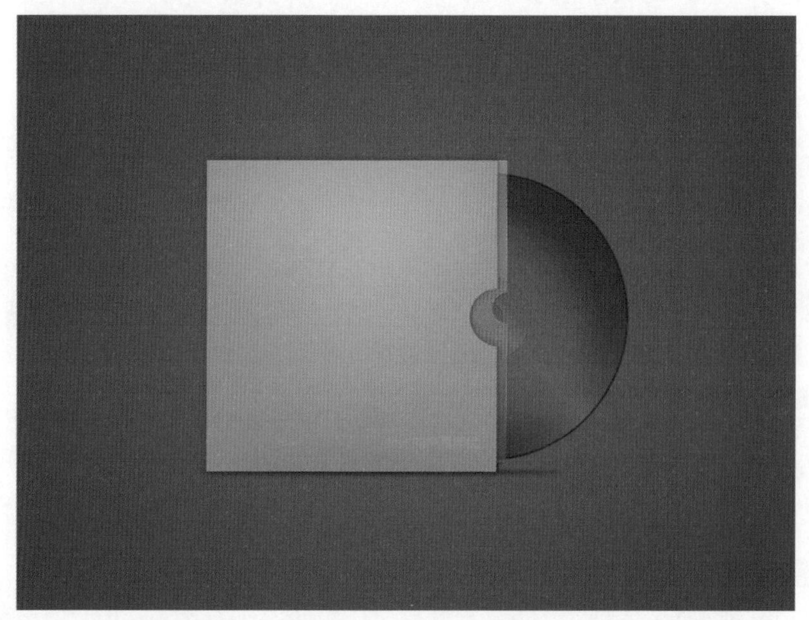

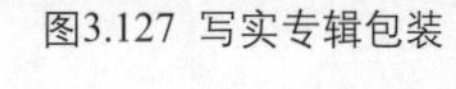

图3.127 写实专辑包装

3.3.1 制作背景

① 执行菜单栏中的【文件】|【新建】命令，在弹出的对话框中设置【宽度】为800像素，【高度】为600像素，【分辨率】为72像素/英寸，【颜色模式】为RGB颜色，新建一个空白画布，如图3.128所示。

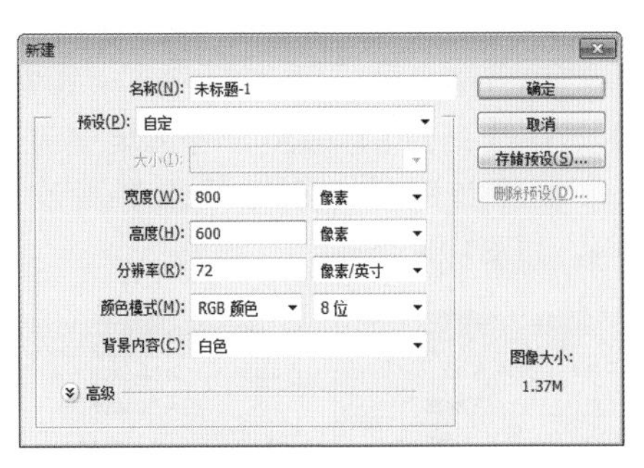

图3.128 新建画布

② 将背景填充为深蓝色（R:88，G:93，B:105），如图3.129所示。

③ 在【图层】面板中选中【背景】图层，执行菜单栏中的【图层】|【新建】|【通过拷贝的图层】命令，此时将生成一个【图层1】图层，如图3.130所示。

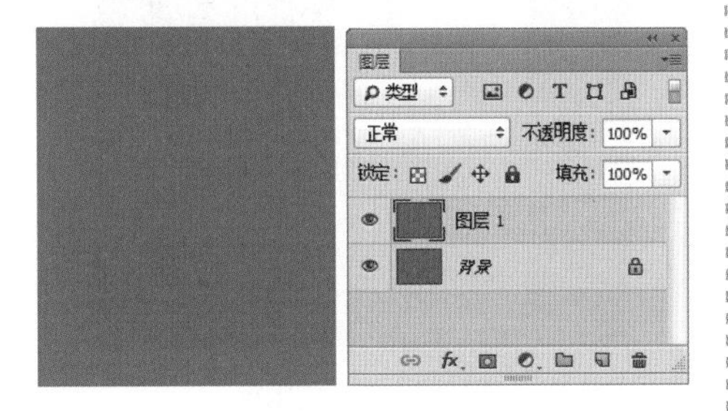

图3.129 填充颜色　　图3.130 复制图层

提示

选中【背景】图层，将其拖至面板底部的【创建新图层】按钮上，同样可以将其复制，除名称不同外，其他并无区别。

④ 选中【图层 1】图层，执行菜单栏中的【滤镜】|【杂色】|【添加杂色】命令，在弹出的对话框中将【数量】更改为1%，分别选中【高斯分布】单选按钮和【单色】复选框，完成之后单击【确定】按钮，如图3.131所示。

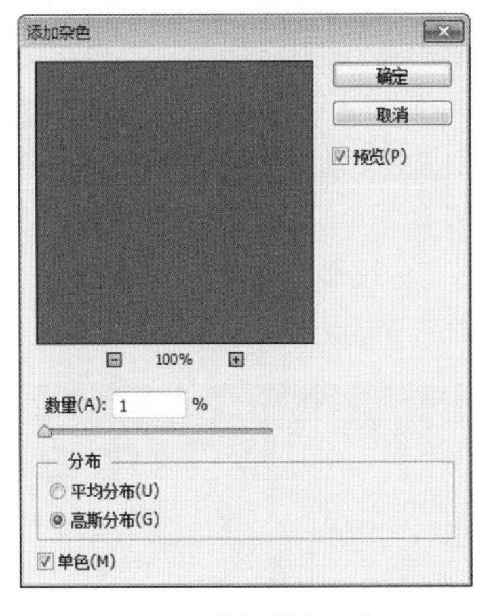

图3.131 设置添加杂色

⑤ 在【图层】面板中选中【图层1】图层，单击面板底部的【添加图层样式】fx按钮，在菜单中选择【渐变叠加】命令，在弹出的对话框中将【混合模式】更改为【叠加】，【不透明度】更改为80%，渐变颜色更改为深蓝色（R:88，G:93，B:105）到深蓝色（R:35，G:38，B:46），【样式】更改为【径向】，缩放】更改为150%，完成之后单击【确定】按钮，如图3.132所示。

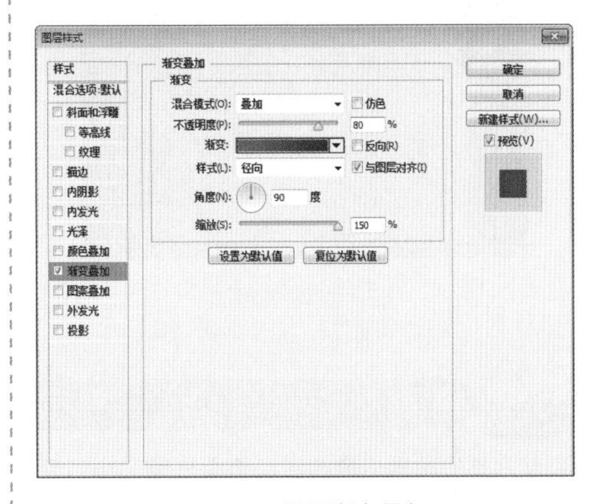

图3.132 设置渐变叠加

3.3.2 制作封面

① 选择工具箱中的【矩形工具】，在选项栏中将【填充】更改为蓝色（R:60，G:177，B:236），【描边】为无，在画布中绘制一个矩形，此时将生成一个【矩形1】图层，如图3.133所示。

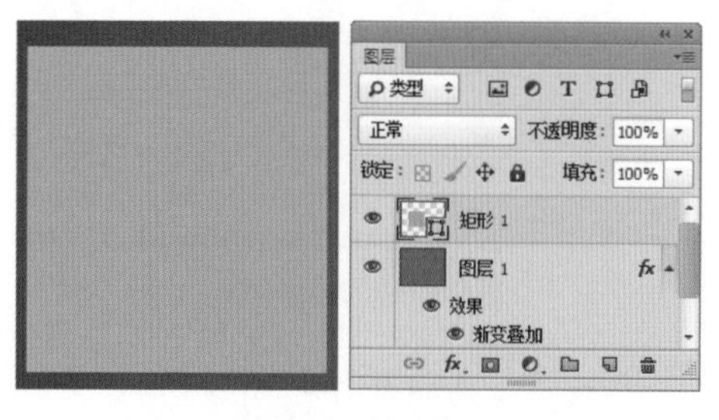

图3.133 绘制图形

② 单击选项栏中的【路径操作】按钮，在弹出的列表中选择【减去顶层形状】，在画布中刚才绘制的矩形右侧靠中间位置按住Shift键绘制一个正圆图形，并将矩形部分图形减去，如图3.134所示。

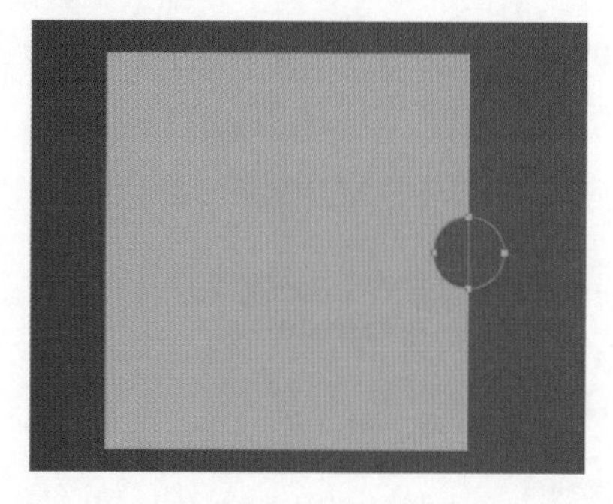

图3.134 减去图形

提示

在绘制减去图形的椭圆时，需要注意大小与整个CD包装的比例切勿过大或过小。

③ 在【图层】面板中选中【矩形1】图层，将其拖至面板底部的【创建新图层】按钮上，复制一个【矩形1 拷贝】图层，如图3.135所示。

④ 选中【矩形1】图层，将其填充为黑色，并将其图层【不透明度】更改为50%，如图3.136所示。

图3.135 复制图层 图3.136 更改图形颜色及不透明度

⑤ 选中【矩形1】图层，在画布中将图形向右侧移动1~2像素，如图3.137所示。

图3.137 移动图形

⑥ 在【图层】面板中选中【矩形1】图层，将其拖至面板底部的【创建新图层】按钮上，再次复制一个【矩形1 拷贝2】图层，如图3.138所示。

⑦ 在【图层】面板中选中【矩形1】图层，执行菜单栏中的【图层】|【栅格化】|【形状】命令，将当前图形栅格化，如图3.139所示。

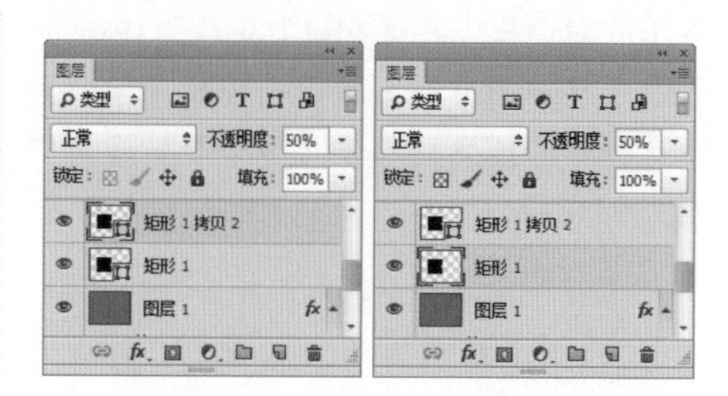

图3.138 复制图层　　图3.139 栅格化形状

⑧ 选中【矩形1】图层，执行菜单栏中的【滤镜】|【模糊】|【高斯模糊】命令，在弹出的对话框中将【半径】更改为5像素，设置完成之后单击【确定】按钮，如图3.140所示。

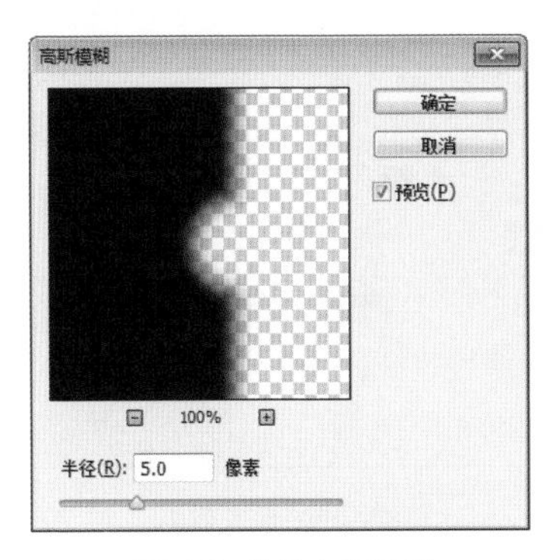

图3.140 设置高斯模糊

⑨ 在【图层】面板中选中【矩形1 拷贝】图层，单击面板底部的【添加图层样式】fx按钮，在菜单中选择【内阴影】命令，在弹出的对话框中将【混合模式】更改为【柔光】，【颜色】更改为白色，【不透明度】更改为50%，取消【使用全局光】复选框，角度更改为90度，【距离】更改为80像素，【大小】更改为100像素，如图3.141所示。

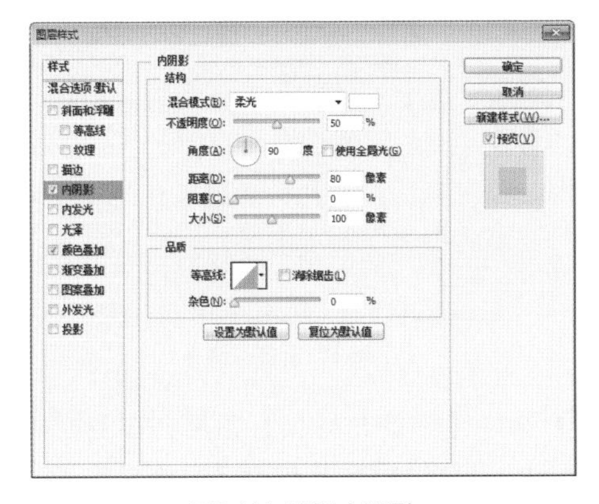

图3.141 设置内阴影

⑩ 选中【内发光】复选框，将【混合模式】更改为【柔光】，【不透明度】更改为25%，【杂色】更改为8%，【颜色】更改为黑色，【大小】更改为100像素，如图3.142所示。

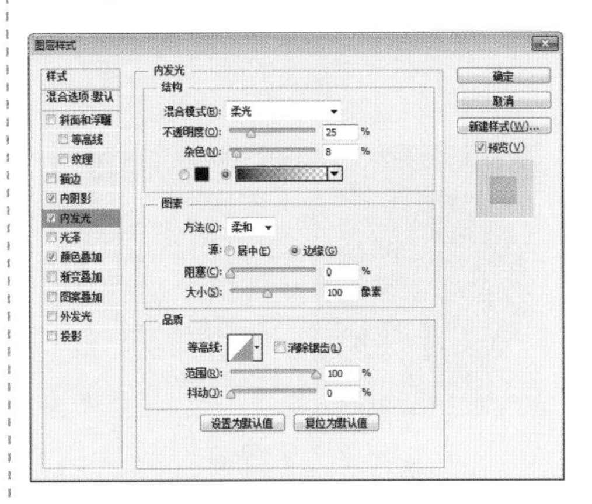

图3.142 设置内发光

⑪ 选中【渐变叠加】复选框，将【混合模式】更改为【柔光】，【不透明度】更改为80%，【渐变】更改为透明到黑色，【样式】更改为【径向】，【缩放】更改为150%，完成之后单击【确定】按钮，如图3.143所示。

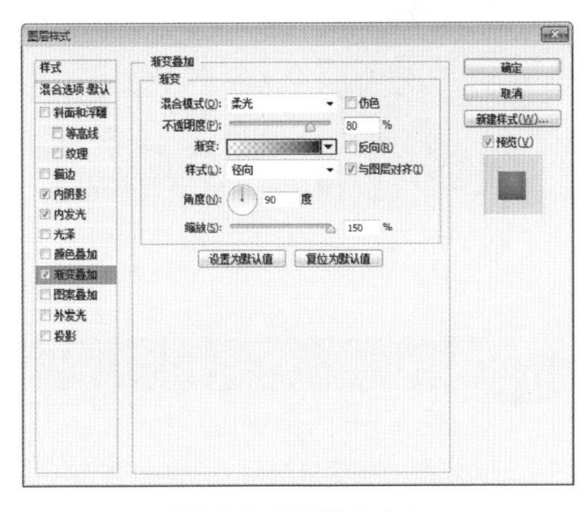

图3.143 设置渐变叠加

3.3.3 绘制光盘

① 选择工具箱中的【椭圆工具】，在选项栏中将【填充】更改为深灰色（R:20，G:20，B:20），【描边】为无，在矩形右侧位置按住Shift键绘制一个正圆图形，此时将生成一个【椭圆1】图层，如图3.144所示。

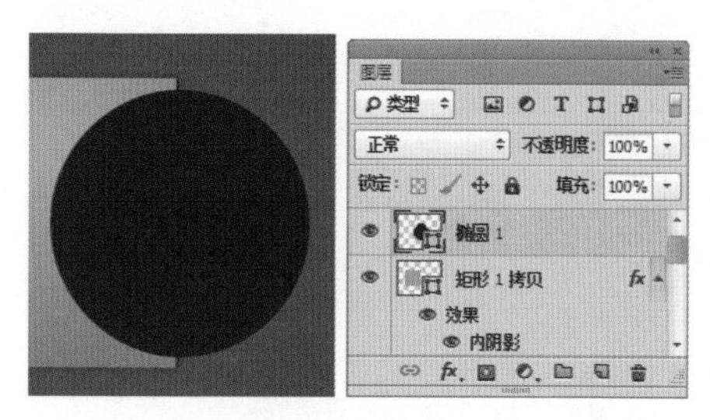

图3.144 绘制图形

② 单击选项栏中的【路径操作】按钮，在弹出的列表中选择【减去顶层形状】，在画布中刚才绘制的正圆中间位置按住Shift键绘制一个正圆图形并减去部分图形，将【椭圆1】复制一份，如图3.145所示。

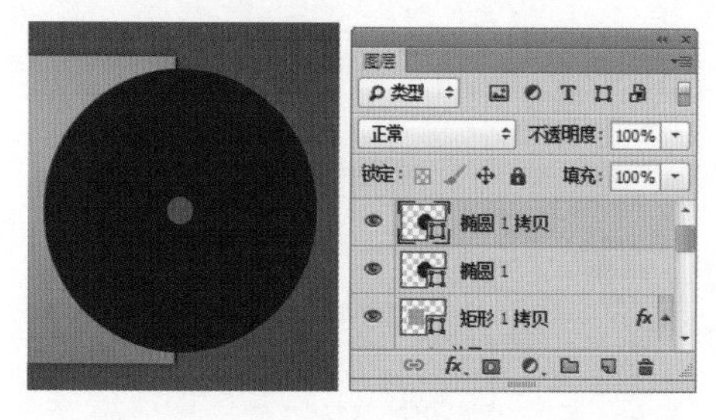

图3.145 减去图形

提示

在此处绘制减去图形的椭圆时，不需要减去过多，因为绘制的是仿黑胶唱片，所以在内孔的直径上切勿过大。

③ 在【图层】面板中选中【椭圆1】图层，单击面板底部的【添加图层样式】按钮，在菜单中选择【描边】命令，在弹出的对话框中将【大小】更改为2像素，【位置】更改为【内部】，【颜色】更改为黑色，如图3.146所示。

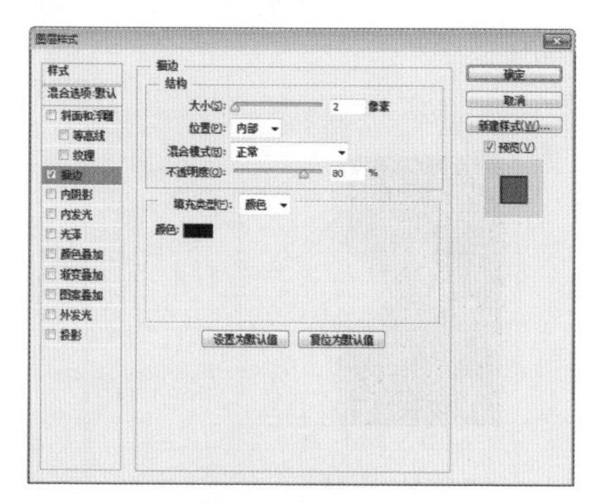

图3.146 设置描边

④ 选中【光泽】复选框，将【混合模式】更改为【正常】，【颜色】更改为白色，【不透明度】更改为20%，【角度】更改为45度，【距离】更改为60像素，【大小】更改为114像素，单击【等高线】后方的按钮，在弹出的面板中选择【高斯】，完成之后单击【确定】按钮，如图3.147所示。

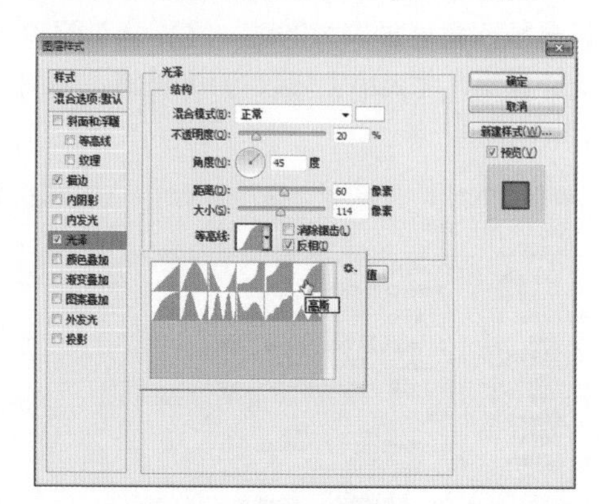

图3.147 设置光泽

⑤ 选中【椭圆1 拷贝】图层，在画布中按Ctrl+T组合键对其执行【自由变换】命令，当出现变形框以后按住Alt+Shift组合键将图形等比例缩小，完成之后按Enter键确认并修改其填充颜色为紫色（R:196，G:0，B:114），如图3.148所示。

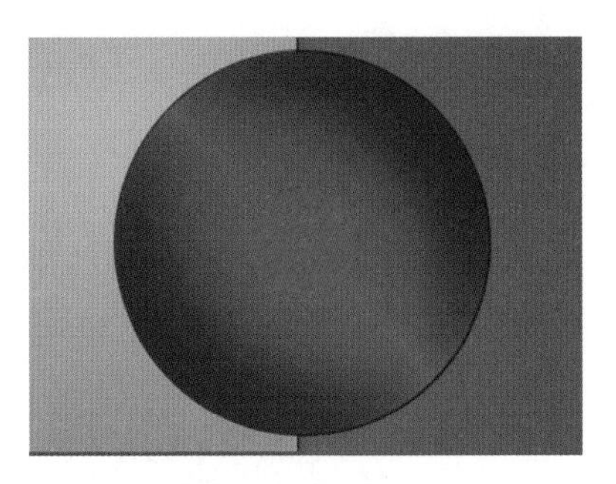

图3.148 变换图形

⑥ 在【图层】面板中选中【椭圆1 拷贝】图层，单击面板底部的【添加图层蒙版】按钮，为其添加图层蒙版，如图3.149所示。

⑦ 在【图层】面板中，按住Ctrl键单击【椭圆1】图层缩览图，将其载入选区，如图3.150所示。

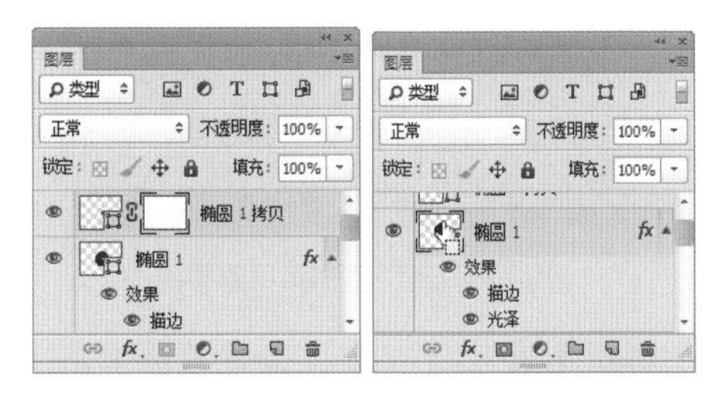

图3.149 添加图层蒙版　　图3.150 载入选区

⑧ 在画布中执行菜单栏中的【选择】|【反向】命令，将选区反向选择。再单击【椭圆1 拷贝】图层蒙版缩览图，在画布中将选区填充为黑色，隐藏部分图形，完成之后按Ctrl+D组合键取消选区，如图3.151所示。

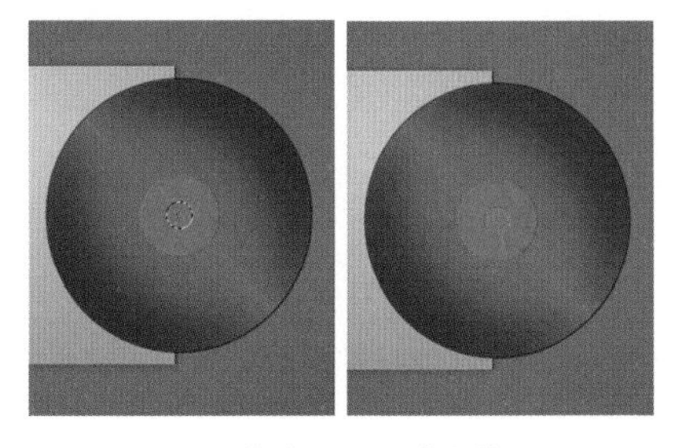

图3.151 将选区反向并隐藏图形

⑨ 在【图层】面板中选中【椭圆1 拷贝】图层，单击面板底部的【添加图层样式】按钮，在菜单中选择【光泽】命令，在弹出的对话框中将【混合模式】更改为【叠加】，【颜色】更改为白色，【不透明度】更改为50%，【角度】更改为45度，【距离】更改为25像素，【大小】更改为40像素，单击【等高线】后方的按钮，在弹出的面板中选择【高斯】，完成之后单击【确定】按钮，如图3.152所示。

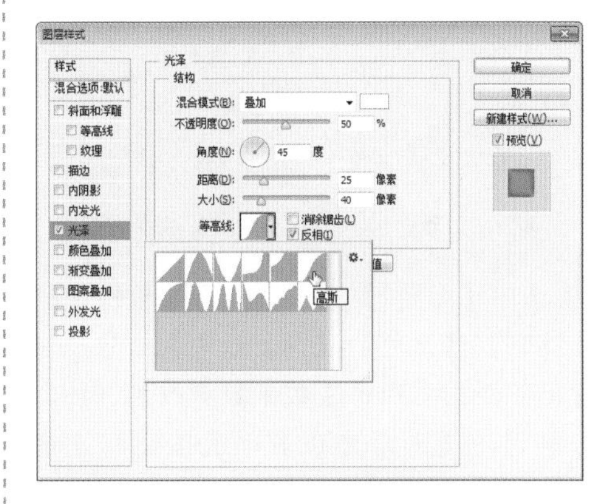

图3.152 设置光泽

⑩ 同时选中【椭圆1 拷贝】及【椭圆1】图层，按Ctrl+G组合键将图形快速编组，此时将生成一个【组1】组。双击组名称，将其更改为【光盘】，如图3.153所示。

⑪ 执行菜单栏中的【图层】|【合并组】命令，此时将生成一个【光盘】图层，如图3.154所示。

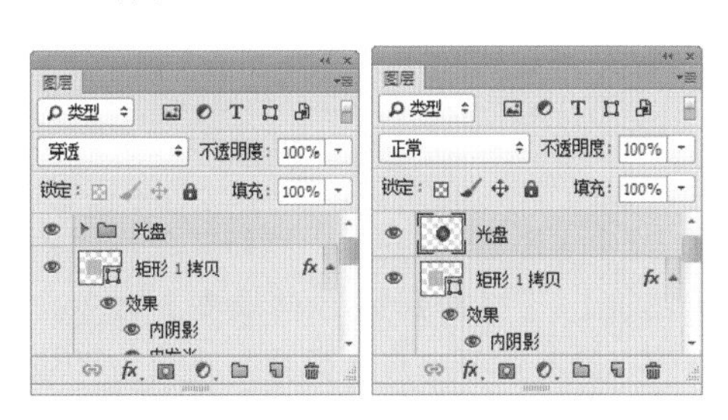

图3.153 快速编组　　图3.154 合并组

3.3.4 制作质感

① 单击面板底部的【创建新图层】按钮，新建一个【图层2】图层，如图3.155所示。

② 选中【图层2】图层，在画布中将其填充灰色（R:138，G:138，B:138），如图3.156所示。

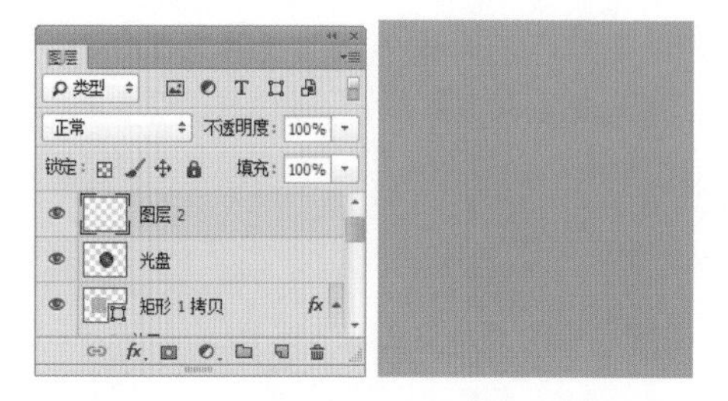

图3.155 新建图层　　图3.156 填充颜色

③ 选中【图层2】图层，执行菜单栏中的【滤镜】|【杂色】|【添加杂色】命令，在弹出的对话框中将【数量】更改为20%，分别选中【高斯分布】单选按钮和【单色】复选框，完成之后单击【确定】按钮，如图3.157所示。

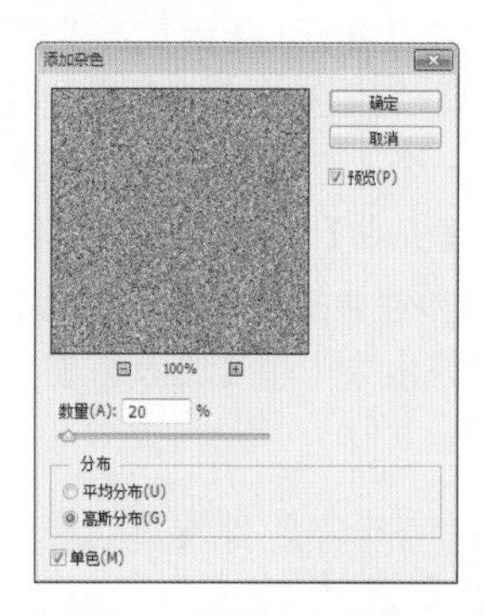

图3.157 设置添加杂色

④ 选中【图层2】图层，执行菜单栏中的【滤镜】|【模糊】|【径向模糊】命令，在弹出的对话框中将【数量】更改为70像素，分别选中【旋转】及【好】单选按钮，设置完成之后单击【确定】按钮，如图3.158所示。

图3.158 设置径向模糊

⑤ 选中【图层2】图层，按Ctrl+F组合键为其重复添加滤镜模糊效果，如图3.159所示。

图3.159 重复添加滤镜效果

⑥ 选中【图层2】图层，降低其图层不透明度，在画布中将图形适当移动使旋转的中心点与光盘的中心点对齐，再按Ctrl+T组合键对其执行【自由变换】命令，当出现变形框以后，按住Alt+Shift组合键将图形等比例缩小，完成之后按Enter键确认，如图3.160所示。

图3.160 变换图形

⑦ 在【图层】面板中选中【图层2】图层，单击面板底部的【添加图层蒙版】 按钮，为其添加图层蒙版，如图3.161所示。

⑧ 在【图层】面板中，按住Ctrl键单击【光盘】图层缩览图，将其载入选区，如图3.162所示。

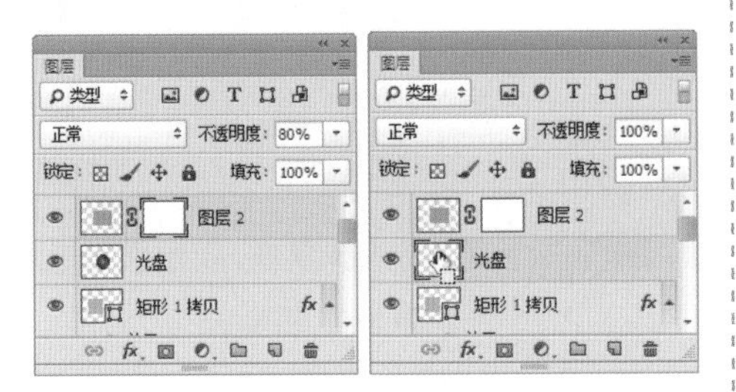

图3.161 添加图层蒙版　　图3.162 载入选区

⑨ 在画布中执行菜单栏中的【选择】|【反向】命令，将选区反向选择。单击【图层2】图层蒙版缩览图，在画布中将选区填充为黑色，隐藏部分图形，完成之后按Ctrl+D组合键取消选区，如图3.163所示。

⑩ 在【图层】面板中选中【图层 2】图层，将其图层混合模式设置为【强光】，【不透明度】更改为40%，如图3.164所示。

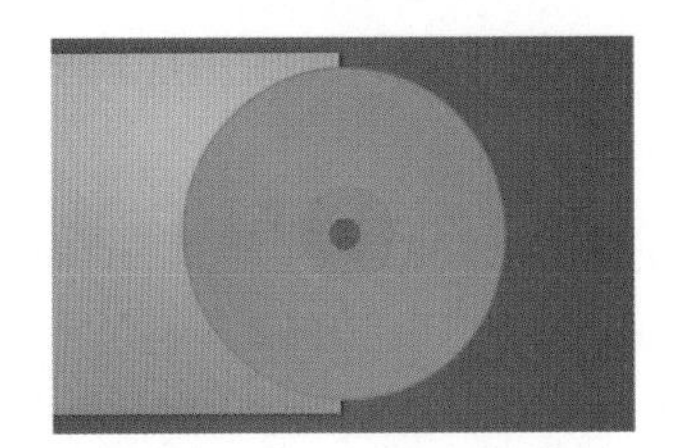

图3.163 隐藏图形

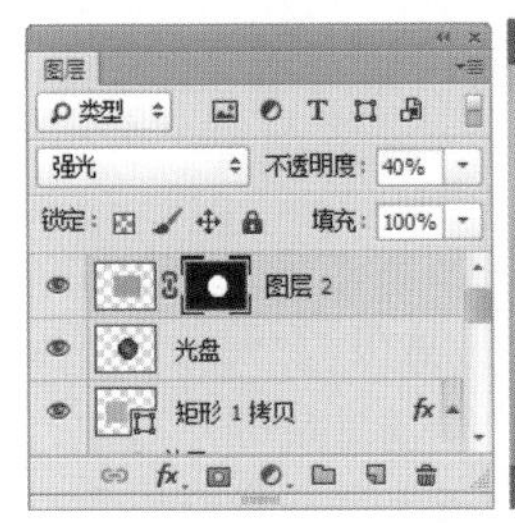

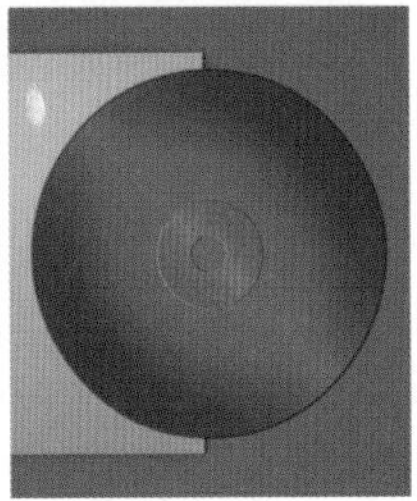

图3.164 设置图层混合模式

⑪ 在【图层】面板中同时选中【图层 2】及【光盘】图层，将其向下移至【矩形1】图层下方，如图3.165所示。

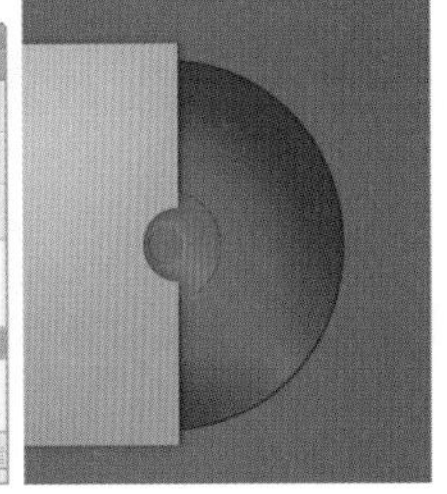

图3.165 更改图层顺序

3.3.5 制作封口细节

① 在【图层】面板中选中【矩形1 拷贝2】图层，将其拖至面板底部的【创建新图层】 按钮上，复制一个【矩形1 拷贝3】图层，如图3.166所示。

② 选中【矩形1 拷贝3】图层，将其填充为白色，再向右稍微平移，如图3.167所示。

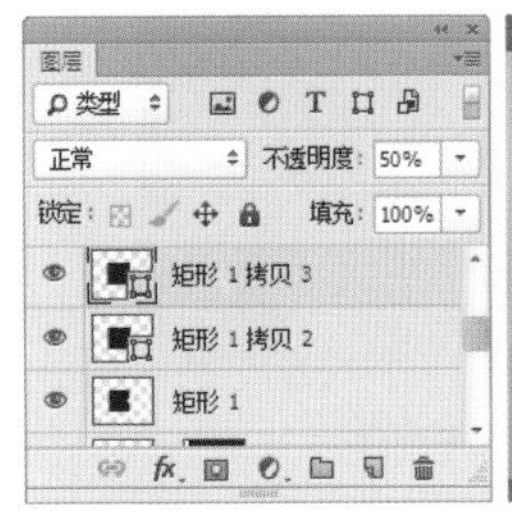

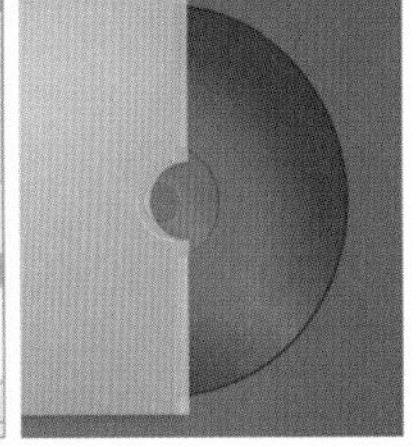

图3.166 复制图层　　图3.167 移动图形

③ 选中【矩形1 拷贝3】图层，将【填充】更改为20%，如图3.168所示。

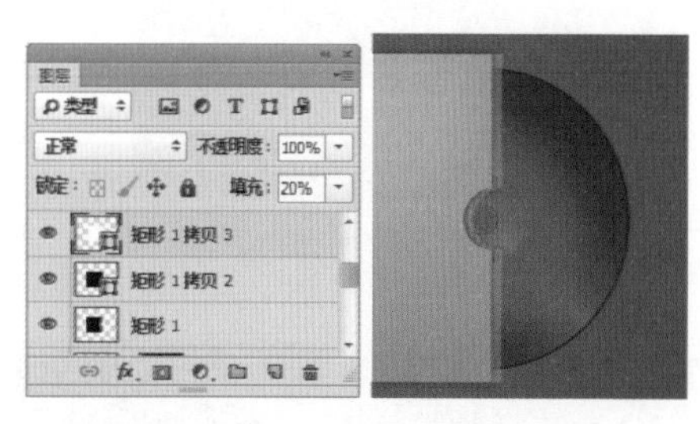

图3.168 更改图层不透明度及填充

④ 选择工具箱中的【直接选择工具】，在画布中选中【矩形1 拷贝3】图层中图形右侧椭圆路径，按Ctrl+T组合键对其执行【自由变换】命令，当出现变形框以后，按住Alt+Shift组合键将图形等比例缩小，完成之后按Enter键确认，如图3.169所示。

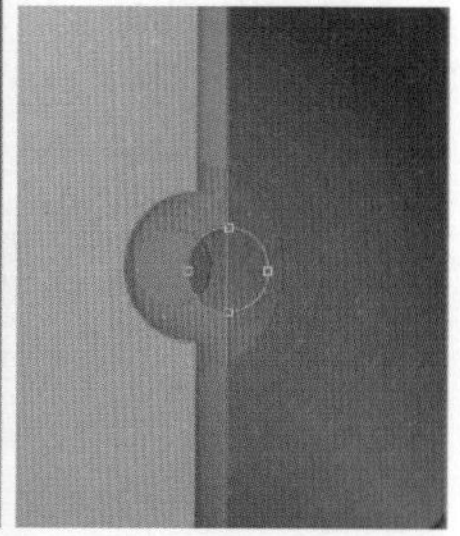

图3.169 缩小路径

⑤ 选中【矩形1 拷贝3】图层，在画布中将图形向上稍微移动，如图3.170所示。

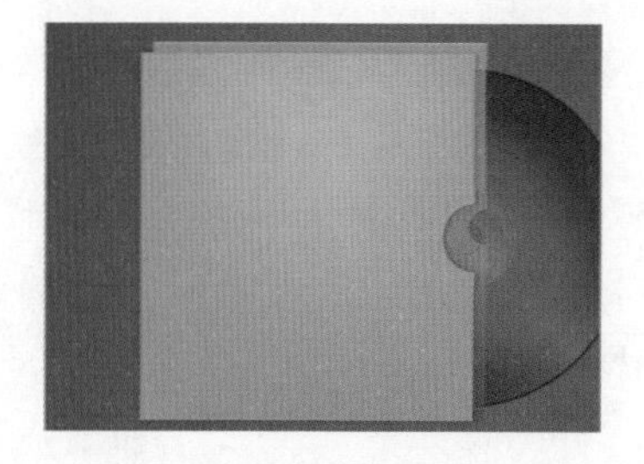

图3.170 移动图形

⑥ 选择工具箱中的【直接选择工具】，同时选中【矩形1 拷贝3】图层中的图形右上角和左上角的锚点，再将其向下拖动并与CD包装盒顶部边缘对齐，如图3.171所示。

按住Shift键可加选锚点。

图3.171 缩小高度

⑦ 选择工具箱中的【直线工具】，在选项栏中将【填充】更改为白色，【描边】为无，【粗细】更改为1像素，在【矩形1 拷贝3】图层中的图形右侧边缘按住Shift键绘制一条垂直线段，此时将生成一个【形状1】图层，如图3.172所示。

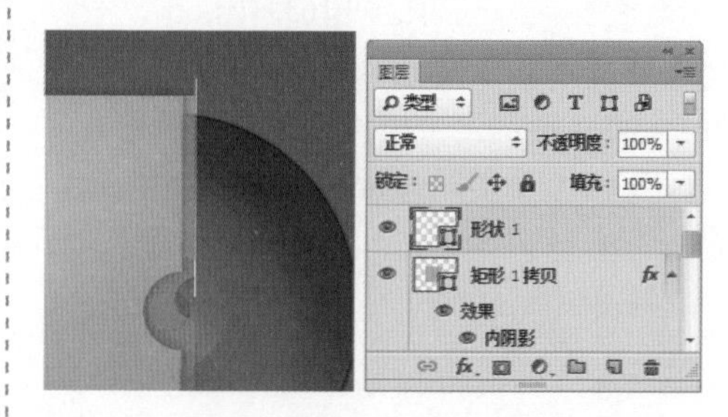

图3.172 绘制图形

⑧ 在【图层】面板中选中【形状1】图层，单击面板底部的【添加图层蒙版】按钮，为其图层添加图层蒙版，如图3.173所示。

⑨ 选择工具箱中的【渐变工具】，在选项栏中单击【点按可编辑渐变】按钮，在弹出的对话框中将渐变颜色更改为黑色到白色再到黑色，设置完成之后单击【确定】按钮，再单击选项栏中的【线性渐变】按钮，如图3.174所示。

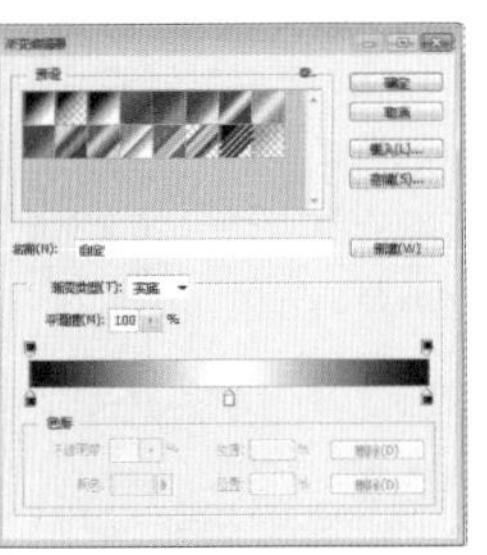

图3.173 添加图层蒙版　　图3.174 设置渐变

⑩ 单击【形状1】图层蒙版缩览图，在画布中其图形上按住Shift键从上至下拖动，将部分图形隐藏，如图3.175所示。

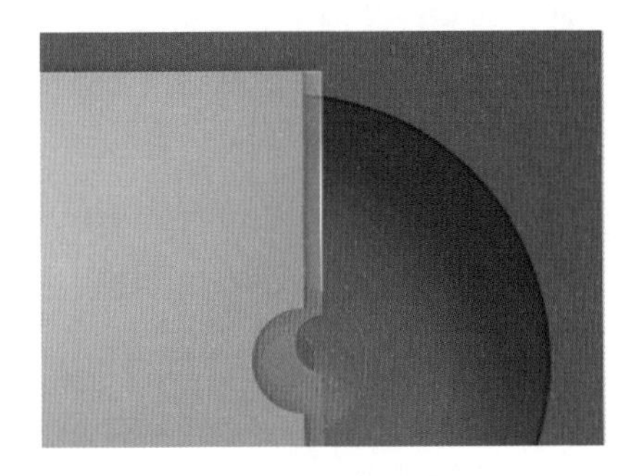

图3.175 隐藏图形

⑪ 选中【形状1】图层，将其图层【不透明度】更改为60%，如图3.176所示。

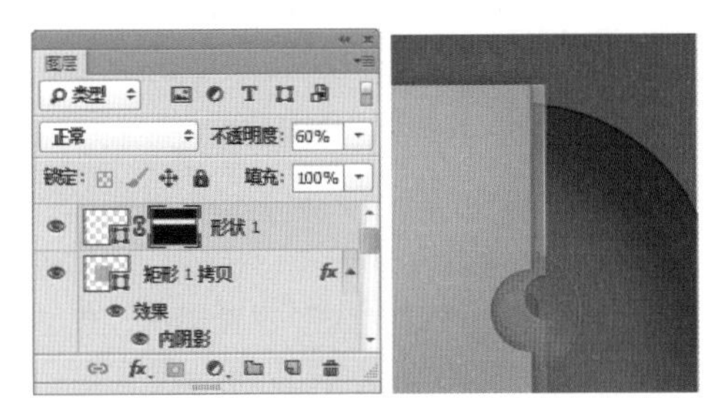

图3.176 更改图层不透明度

⑫ 选中【形状1】图层，在画布中按住Alt+Shift组合键向下拖动，复制图形，如图3.177所示。

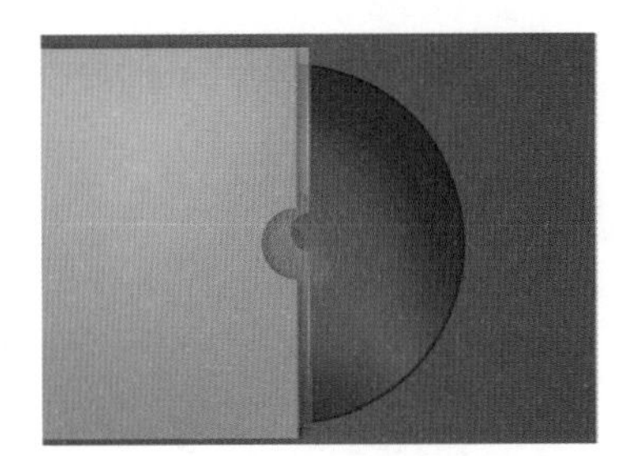

图3.177 复制图形

⑬ 选中【形状1 拷贝】图层，将其图层【不透明度】更改为30%，如图3.178所示。

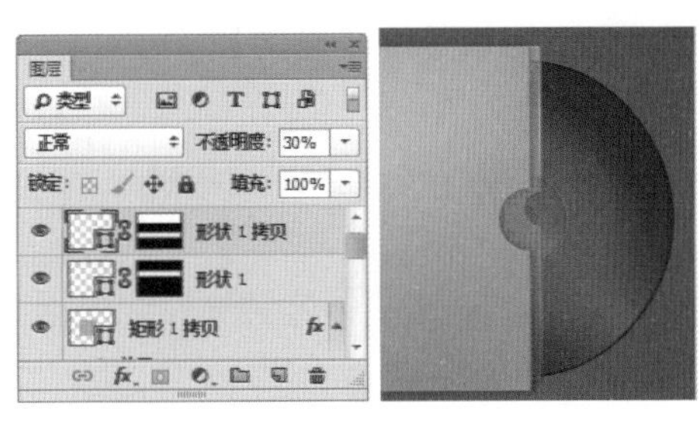

图3.178 降低图层不透明度

⑭ 选择工具箱中的【椭圆工具】，在选项栏中将【填充】更改为黑色，【描边】为无，在光盘包装盒底部位置绘制一个扁长的椭圆图形，此时将生成一个【椭圆1】图层，如图3.179所示。

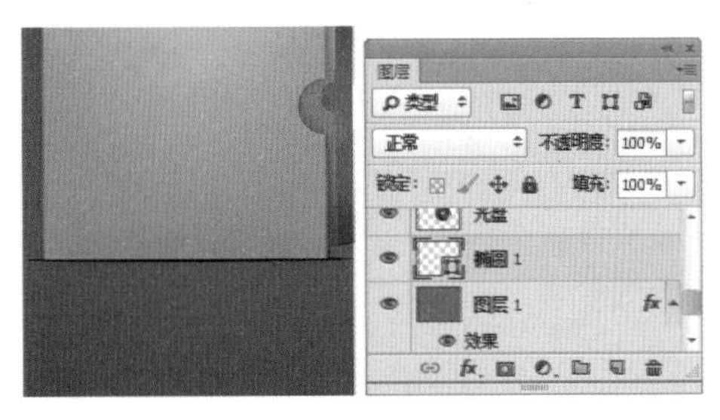

图3.179 绘制图形

⑮ 在【图层】面板中选中【椭圆1】图层，执行菜单栏中的【图层】|【栅格化】|【形状】命令，将当前图形栅格化，如图3.180所示。

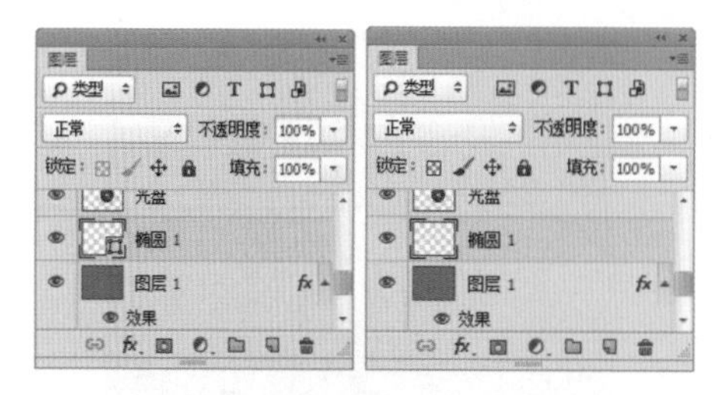

图3.180 栅格化形状

⑯ 选中【椭圆1】图层，执行菜单栏中的【滤镜】|【模糊】|【高斯模糊】命令，在弹出的对话框中将【半径】更改为2像素，设置完成之后单击【确定】按钮，如图3.181所示。

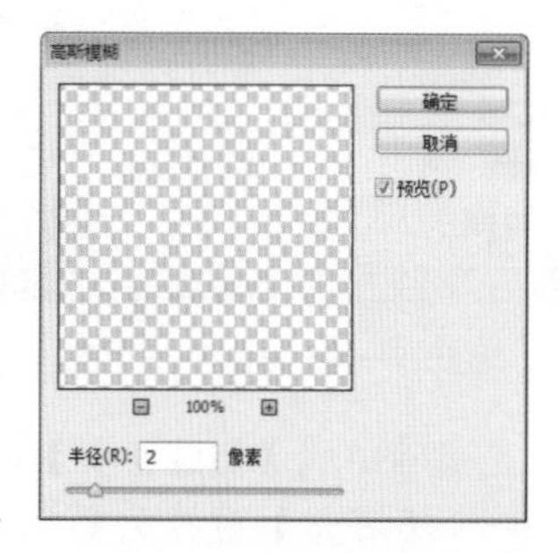

图3.181 设置高斯模糊

⑰ 选中【椭圆1】图层，将其图层【不透明度】更改为60%，如图3.182所示。

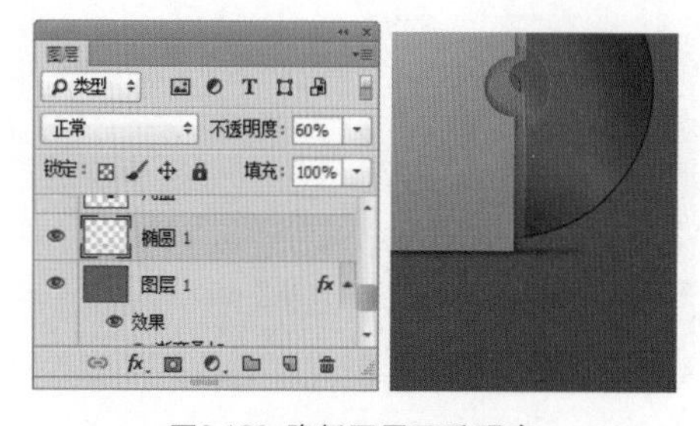

图3.182 降低图层不透明度

⑱ 选择工具箱中的【横排文字工具】T，在CD包装盒的右下角位置添加文字并适当降低其不透明度，如图3.183所示。

⑲ 在【图层】面板中选中【枫树的纯真年代】图层，单击面板底部的【添加图层蒙版】按钮，为其添加图层蒙版，如图3.184所示。

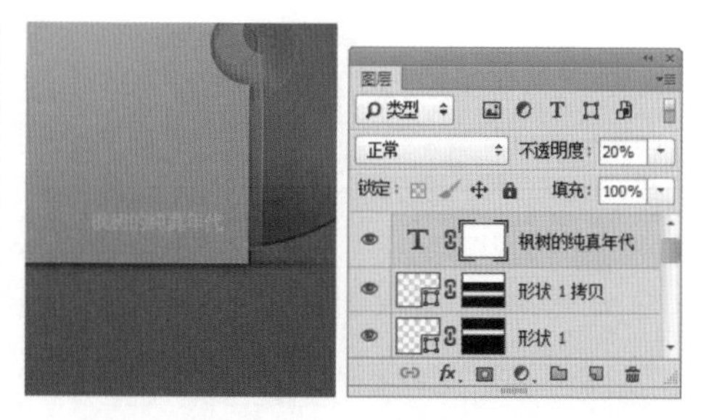

图3.183 添加文字　　图3.184 添加图层蒙版

⑳ 选择工具箱中的【渐变工具】，在选项栏中单击【点按可编辑渐变】按钮，在弹出的对话框中选择【黑白渐变】，设置完成之后单击【确定】按钮，再单击选项栏中的【线性渐变】按钮，如图3.185所示。

图3.185 设置渐变

㉑ 单击【枫树的纯真年代】图层蒙版缩览图，在画布中其文字上倾斜拖动，将部分文字隐藏，这样就完成了效果制作，最终效果如图3.186所示。

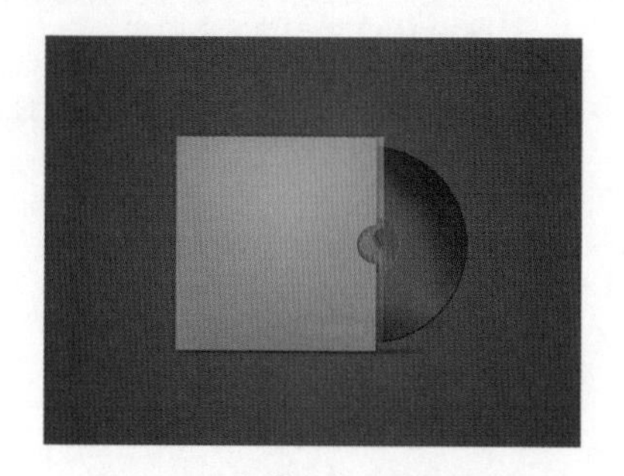

图3.186 隐藏文字及最终效果

3.4 书香记事夹

- 新建画布，利用渐变工具及绘制图形制作渐变背景。
- 绘制图形并添加素材图像制作出具有质感的木板效果。
- 为绘制的木板添加纹理及稿纸、夹子、文字等元素完成效果制作。

本例主要讲解的是写实记事夹效果制作，由于需要体现木板质感的夹板，所以在制作过程中可以灵活添加素材图像为其叠加制作出具有清晰纹理质感的记事夹。

难易程度：★★★☆☆
调用素材：配套光盘 \ 素材 \ 调用素材 \ 第 3 章 \ 书香记事夹
最终文件：配套光盘 \ 素材 \ 源文件 \ 第 3 章 \ 书香记事夹 .psd
视频位置：配套光盘 \movie\3.4 书香记事夹 .avi

书香记事夹效果如图 3.187 所示。

图3.187 书香记事夹

3.4.1 制作背景

① 执行菜单栏中的【文件】|【新建】命令，在弹出的对话框中设置【宽度】为800像素，【高度】为600像素，【分辨率】为72像素/英寸，【颜色模式】为RGB颜色，新建一个空白画布，如图3.188所示。

图3.188 新建画布

② 选择工具箱中的【渐变工具】，在选项栏中单击【点按可编辑渐变】按钮，在弹出的对话框中将渐变颜色更改为灰色（R:234，G:233，B:230）到灰色（R:157，G:153，B:143），设置完成之后单击【确定】按钮，再单击选项栏中的【径向渐变】按钮，如图3.189所示。

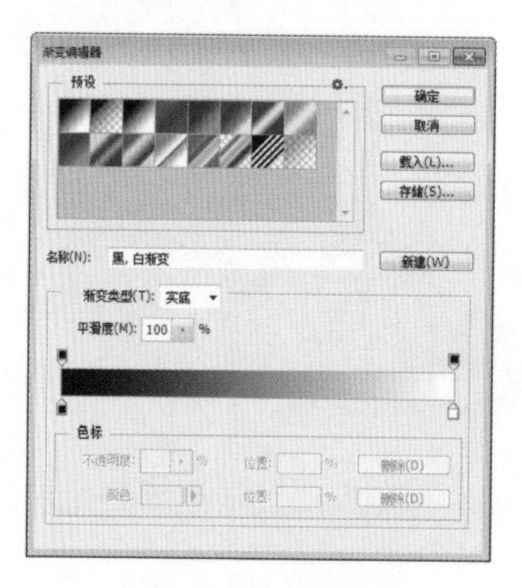

图3.189 设置渐变

③ 在画布中从中心向边缘方向拖动，为画布填充渐变。

④ 选择工具箱中的【椭圆工具】，在选项栏中将【填充】更改为灰色（R:234，G:233，B:230），【描边】为无，在画布靠左侧位置按住Shift键绘制一个正圆图形，此时将生成一个【椭圆 1 】图层，如图3.190所示。

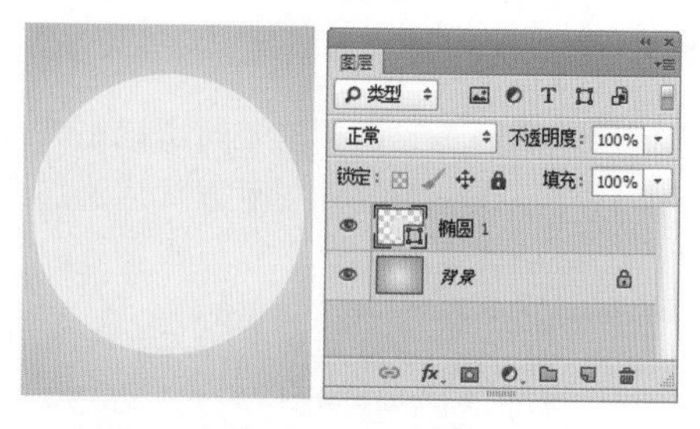

图3.190 绘制图形

⑤ 在【图层】面板中选中【椭圆1】图层，执行菜单栏中的【图层】|【栅格化】|【形状】命令，将当前图形栅格化，如图3.191所示。

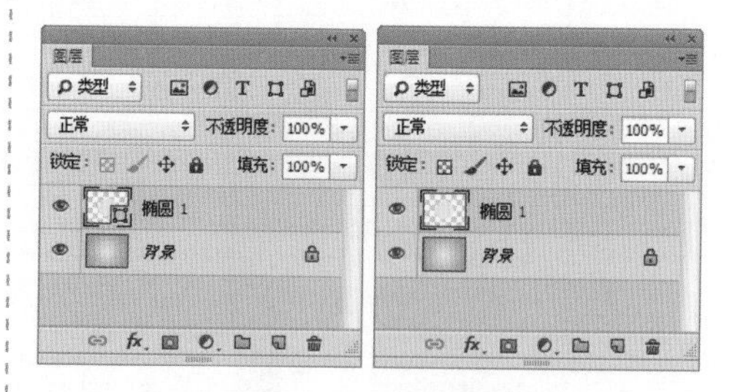

图3.191 栅格化形状

⑥ 选中【椭圆1】图层，执行菜单栏中的【滤镜】|【模糊】|【高斯模糊】命令，在弹出的对话框中将【半径】更改为80像素，设置完成之后单击【确定】按钮，如图3.192所示。

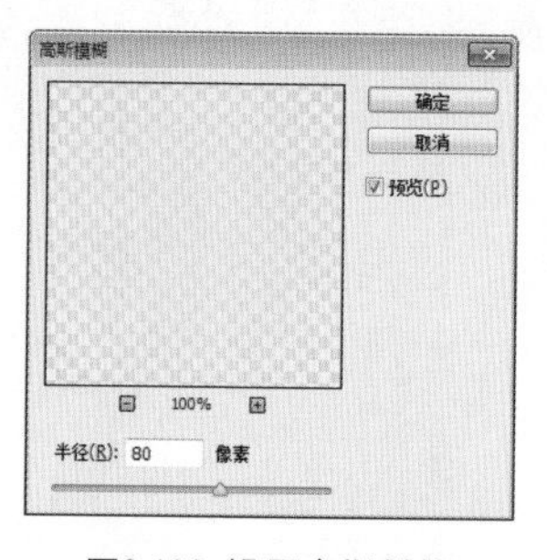

图3.192 设置高斯模糊

3.4.2 绘制木板

① 选择工具箱中的【圆角矩形工具】▢，在选项栏中将【填充】更改为白色，【描边】为无，【半径】为6像素，在画布中适当位置绘制一个圆角矩形，此时将生成一个【圆角矩形1】图层，如图3.193所示。

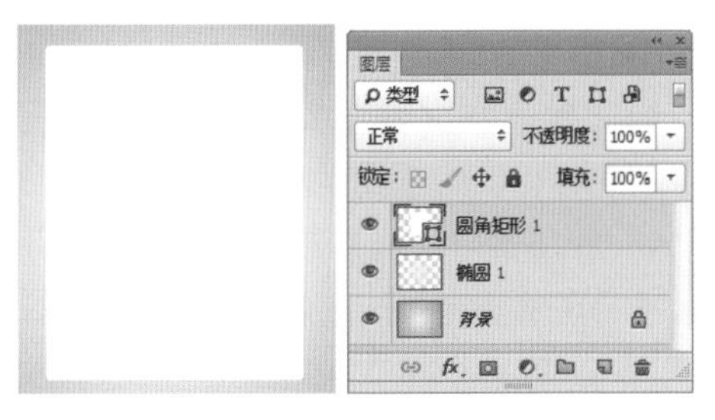

图3.193 绘制图形

② 选中【圆角矩形1】图层，按Ctrl+T组合键对其执行【自由变换】命令，在出现的变形框中单击鼠标右键，从弹出的快捷菜单中选择【透视】命令，将光标移至变形框右下角向右侧拖动，图形变换使其形成一种透视效果，完成之后按Enter键确认，如图3.194所示。

③ 执行菜单栏中的【文件】|【打开】命令，在弹出的对话框中选择配套光盘中的“调用素材\第3章\书香记事夹\牛皮纸.jpg”文件，将打开的素材拖入画布中并适当缩小，此时其图层名称将自动更改为【图层 1】，如图3.195所示。

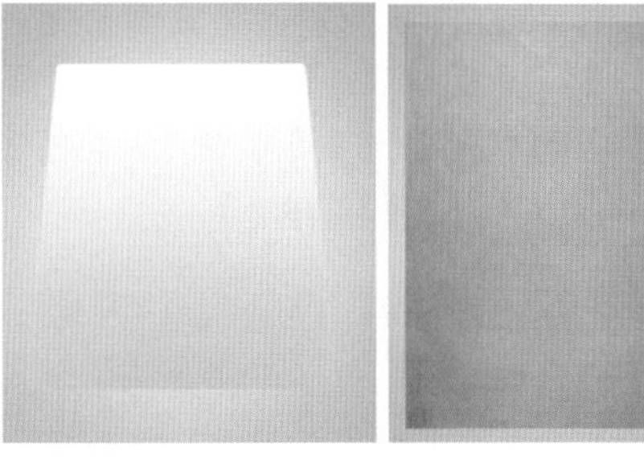

图3.194 变换图形　　图3.195 添加素材

④ 选中【图层 1】图层，执行菜单栏中的【图层】|【创建剪切蒙版】命令，为当前图层创建剪切蒙版，如图3.196所示。

图3.196 创建剪切蒙版

3.4.3 添加纹理

① 执行菜单栏中的【文件】|【打开】命令，在弹出的对话框中选择配套光盘中的“调用素材\第3章\书香记事夹\油画.jpg”文件，将打开的素材拖入画布中矩形图形位置并适当缩小，此时其图层名称将自动更改为【图层 2】，如图3.197所示。

图3.197 添加素材

当【图层】面板中最上方的图层创建了剪切蒙版效果之后，再添加的素材图像会自动创建剪切蒙版。

② 选中【图层2】图层，将其图层【不透明度】更改为10%，再执行菜单栏中的【图像】|【调整】|【去色】命令，将图像中的颜色去除，如图3.198所示。

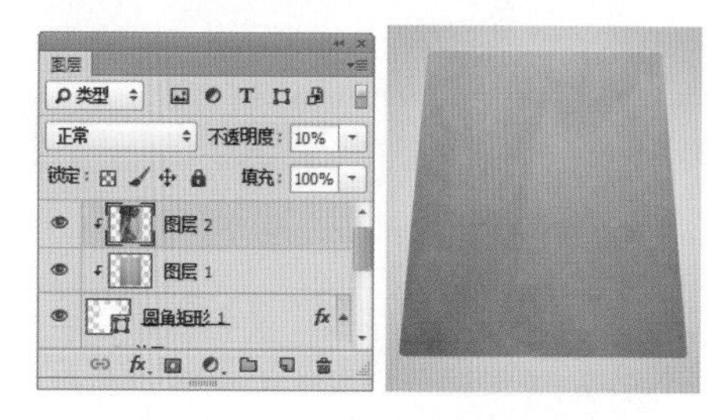

图3.198 更改图层不透明度并去色

③ 选择工具箱中的【圆角矩形工具】，在选项栏中将【填充】更改为黄色（R:157，G:153，B:143），【描边】为无，【半径】为5像素，在刚才所添加的圆角矩形的下方绘制，此时将生成一个【圆角矩形2】图层，如图3.199所示。

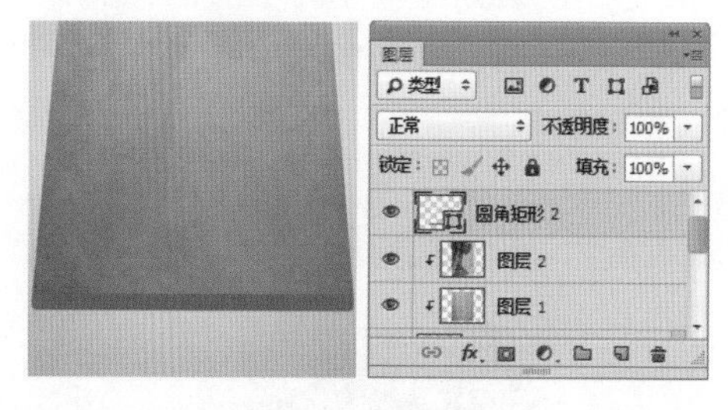

图3.199 绘制图形

④ 在【图层】面板中选中【圆角矩形2】图层，执行菜单栏中的【图层】|【栅格化】|【形状】命令，将当前图形栅格化，如图3.200所示。

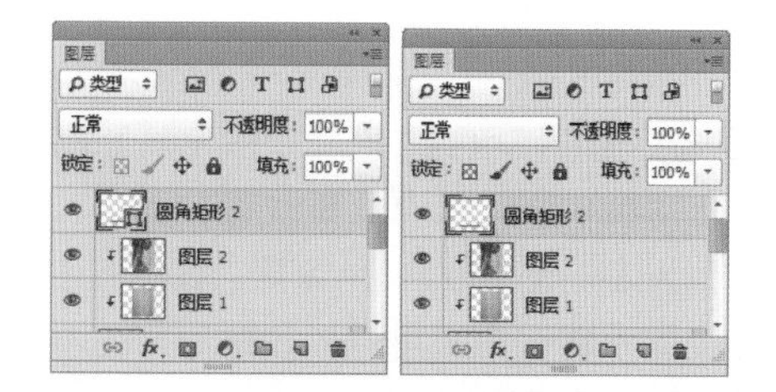

图3.200 栅格化形状

⑤ 选中【圆角矩形2】图层，执行菜单栏中的【滤镜】|【杂色】|【添加杂色】命令，在弹出的对话框中将【数量】更改为2%，分别选中【高斯分布】单选按钮和【单色】复选框，完成之后单击【确定】按钮，如图3.201所示。

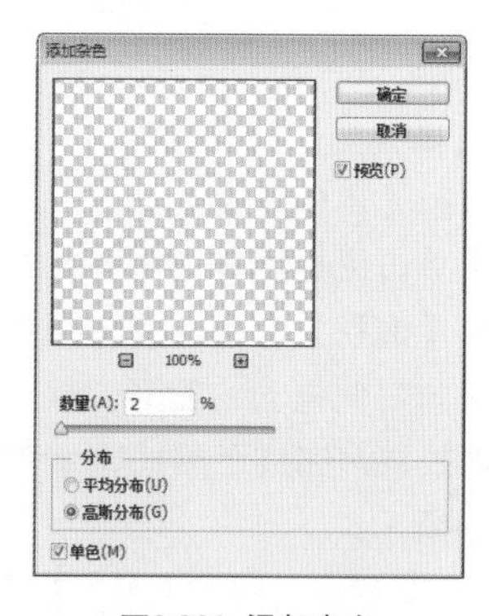

图3.201 添加杂色

⑥ 在【图层】面板中选中【圆角矩形2】图层，将其移至【椭圆1】图层上方，如图3.202所示。

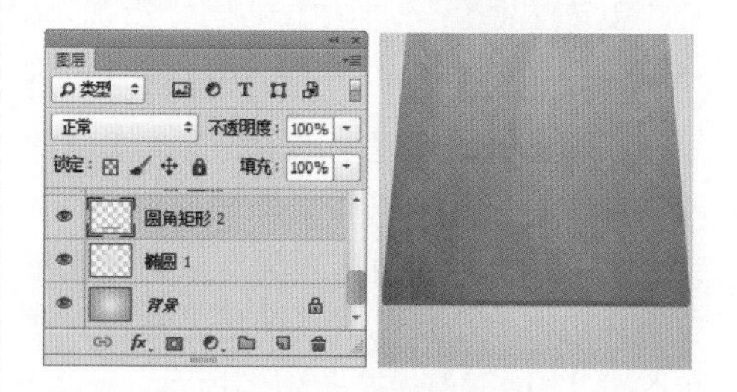

图3.202 更改图层顺序

⑦ 在【图层】面板中选中【圆角矩形2】图层，单击面板底部的【添加图层样式】按钮，在菜单中选择【渐变叠加】命

令，在弹出的对话框中将【混合模式】更改为【叠加】，【渐变】颜色更改为深黄色（R:70，G:48，B:16）到白色，如图3.203所示。

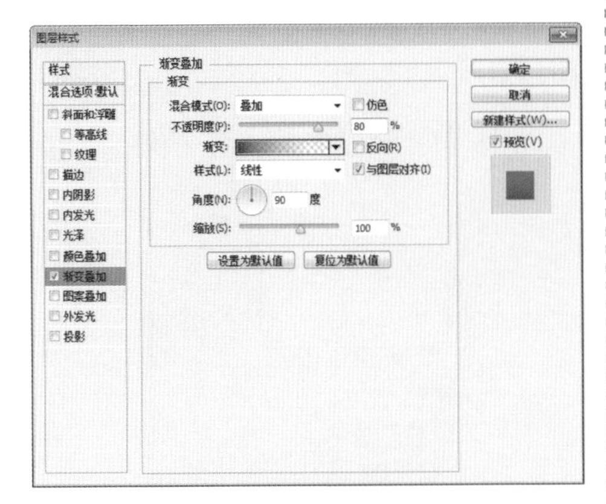

图3.203 设置渐变叠加

⑧ 选中【投影】复选框，将【距离】更改为1像素，【大小】更改为6像素，完成之后单击【确定】按钮，如图3.204所示。

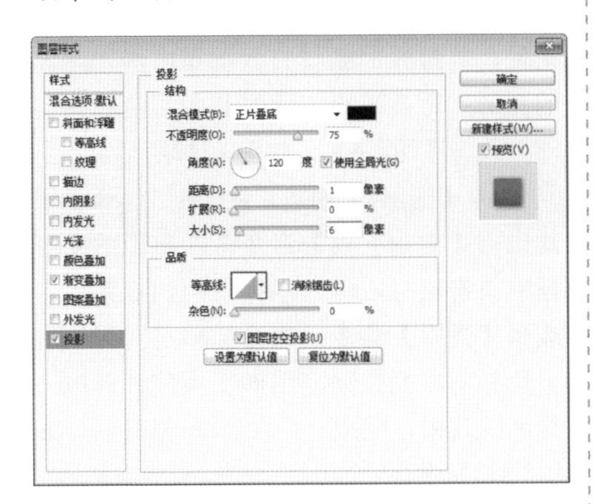

图3.204 设置投影

⑨ 执行菜单栏中的【文件】|【打开】命令，在弹出的对话框中选择配套光盘中的“调用素材\第3章\书香记事夹\皮革.jpg”文件，将打开的素材拖入画布中矩形图形位置并适当缩小，此时其图层名称将自动更改为【图层 3】，如图3.205所示。

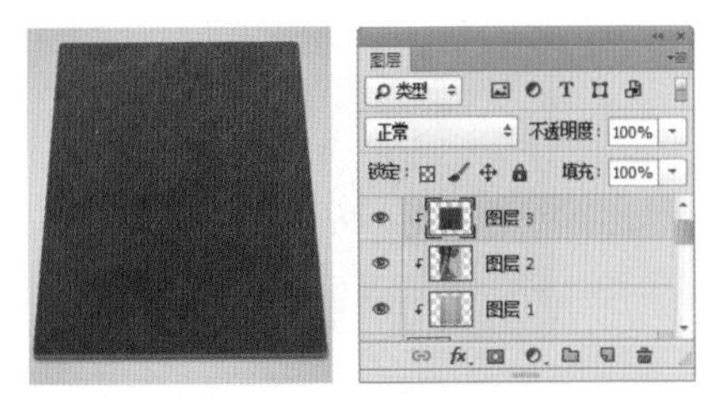

图3.205 添加素材

⑩ 在【图层】面板中选中【图层3】图层，将其图层混合模式设置为【滤色】，如图3.206所示。

图3.206 设置图层混合模式

⑪ 选中【图层3】图层，执行菜单栏中的【图像】|【调整】|【色阶】命令，在弹出的对话框中将【输入色阶】更改为（30，1.03，240），完成之后单击【确定】按钮，如图3.207所示。

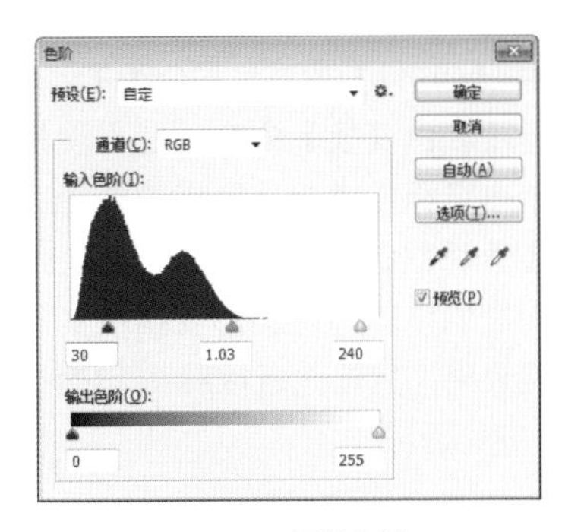

图3.207 调整色阶

⑫ 选中【图层3】图层，执行菜单栏中的【滤镜】|【锐化】|【USM锐化】命令，在弹出的对话框中将【数量】更改为20%，【半径】更改为3像素，完成之后单击【确定】按钮，如图3.208所示。

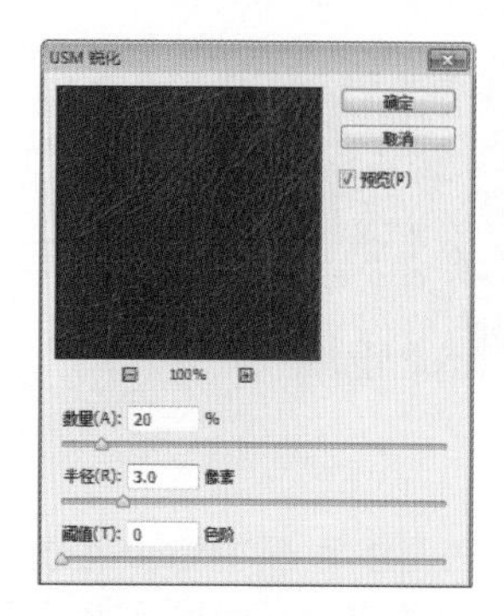
图3.208 设置USM锐化

⑬ 选择工具箱中的【矩形工具】，在选项栏中将【填充】更改为白色，【描边】为无，在画布中木板上绘制一个矩形，此时将生成一个【矩形1】图层，如图3.209所示。

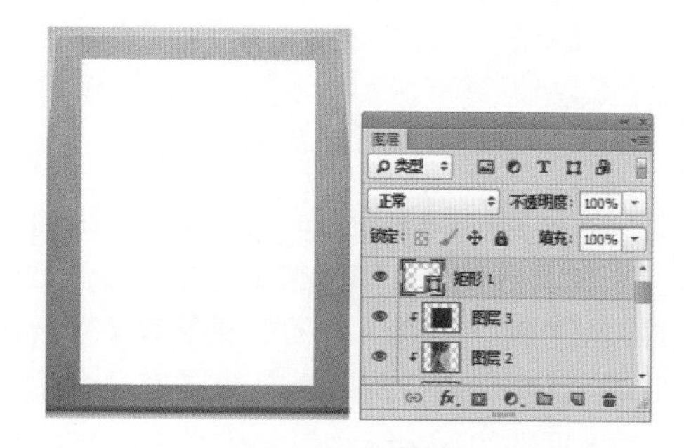
图3.209 绘制图形

⑭ 选中【矩形1】图层，按Ctrl+T组合键对其执行【自由变换】命令，在出现的变形框中单击鼠标右键，从弹出的快捷菜单中选择【透视】命令，将光标移至变形框右下角向右侧拖动，将图形变换使其形成一种透视效果，完成之后按Enter键确认，如图3.210所示。

图3.210 变换图形

⑮ 选中【矩形1】图层，执行菜单栏中的【滤镜】|【杂色】|【添加杂色】命令，在弹出的对话框中将【数量】更改为1%，分别选中【高斯分布】单选按钮和【单色】复选框，完成之后单击【确定】按钮，如图3.211所示。

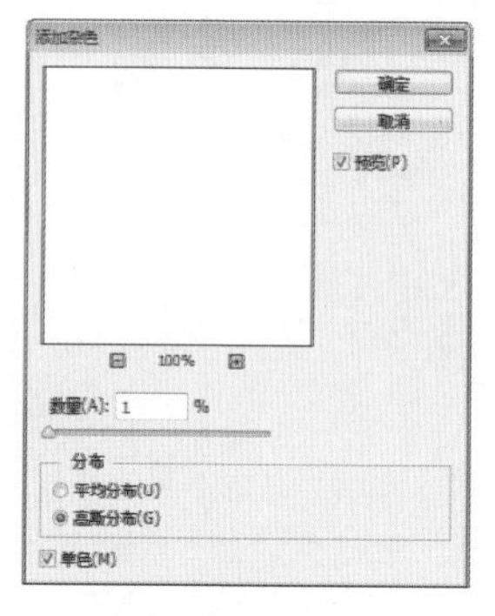
图3.211 设置添加杂色

⑯ 执行菜单栏中的【文件】|【打开】命令，在弹出的对话框中选择配套光盘中的“调用素材\第3章\书香记事夹\稿纸.jpg”文件，将打开的素材拖入画布中刚才绘制的图形并适当缩小，此时其图层名称将自动更改为【图层4】，如图3.212所示。

⑰ 选中【图层4】图层，按Ctrl+T组合键对其执行【自由变换】命令，在出现的变形框中单击鼠标右键，从弹出的快捷菜单中选择【透视】命令，将光标移至变形框右下角并向右侧拖动，图形变换使其形成一种透视效果，完成之后按Enter键确认，如图3.213所示。

图3.212 添加素材　　图3.213 变换图像

⑱ 在【图层】面板中选中【图层4】图层，将其图层混合模式设置为【线性加深】，如图3.214所示。

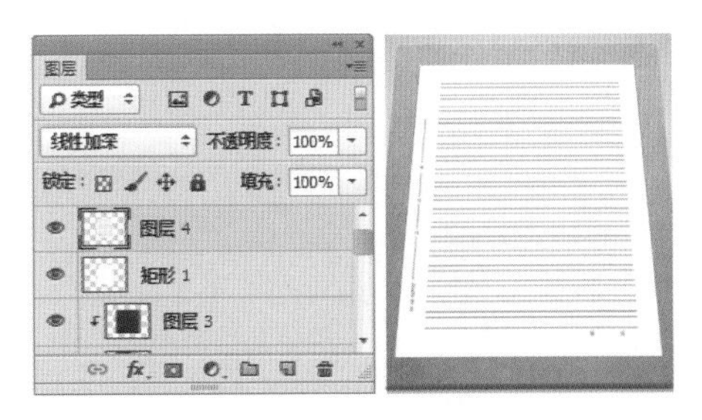

图3.214 设置图层混合模式

⑲ 在【图层】面板中同时选中【图层4】及【矩形1】图层，执行菜单栏中的【图层】|【合并图层】命令，将图层合并，此时将生成一个【图层4】图层，如图3.215所示。

⑳ 在【图层】面板中选中【图层4】图层，单击面板底部的【添加图层样式】*fx*按钮，在菜单中选择【渐变叠加】命令，在弹出的对话框中将【不透明度】更改为6%，设置【渐变】颜色为【黑白渐变】，完成之后单击【确定】按钮，如图3.216所示。

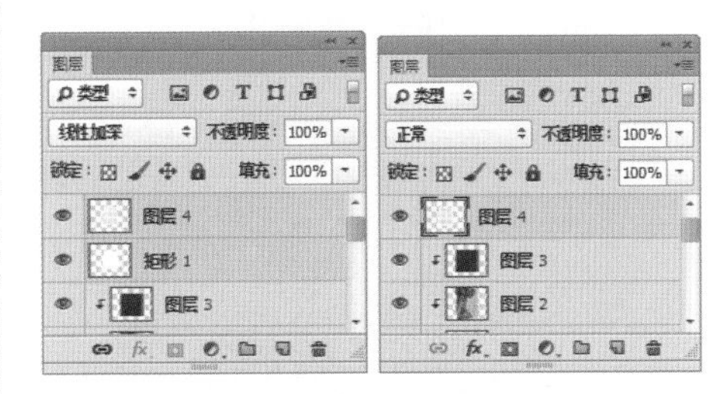

图3.215 合并图层

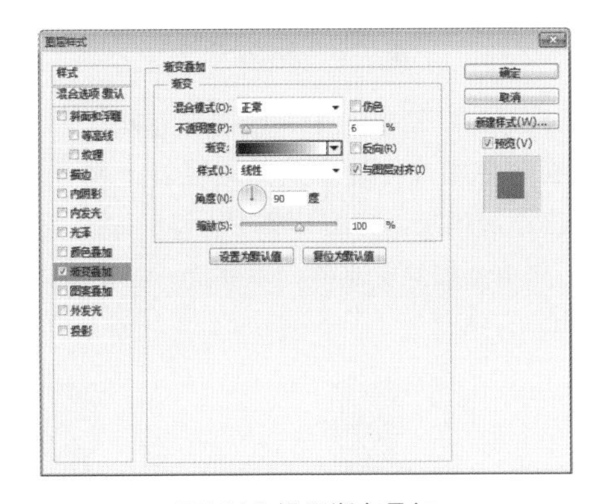

图3.216 设置渐变叠加

3.4.4 绘制折痕

① 选择工具箱中的【钢笔工具】，在添加的稿纸图像右下角位置绘制一个不规则封闭路径，如图3.217所示。

② 在画布中按Ctrl+Enter组合键将刚才所绘制的封闭路径转换成选区。选中【图层4】图层，在画布中将选区中的图像删除，完成之后按Ctrl+D组合键取消选区，如图3.218所示。

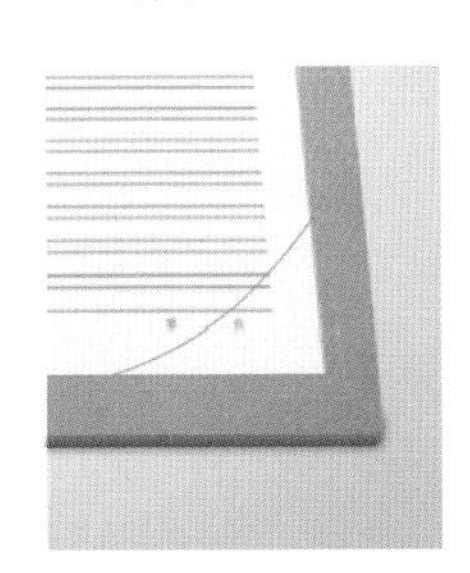

图3.217 绘制路径

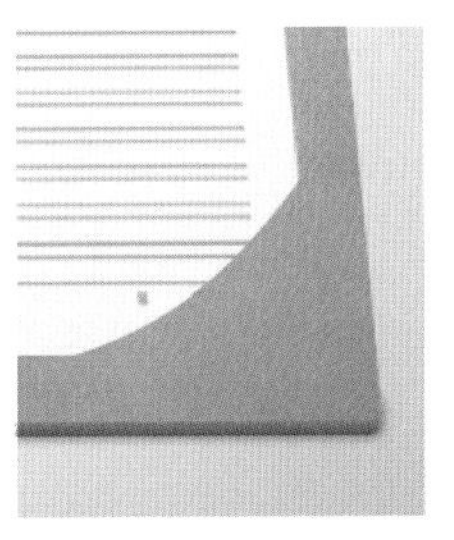

图3.218 删除图像

③ 执行菜单栏中的【窗口】|【路径】命令，在弹出的面板中选中路径，如图3.219所示。

④ 选择工具箱中的【直接选择工具】，选中右下角锚点并向上拖动，如图3.220所示。

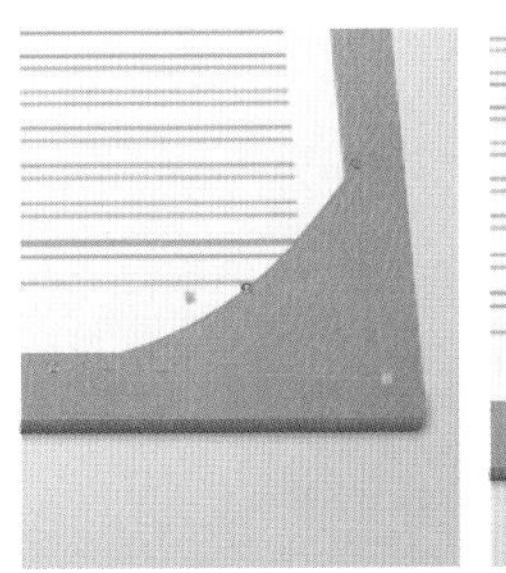

图3.219 选中路径

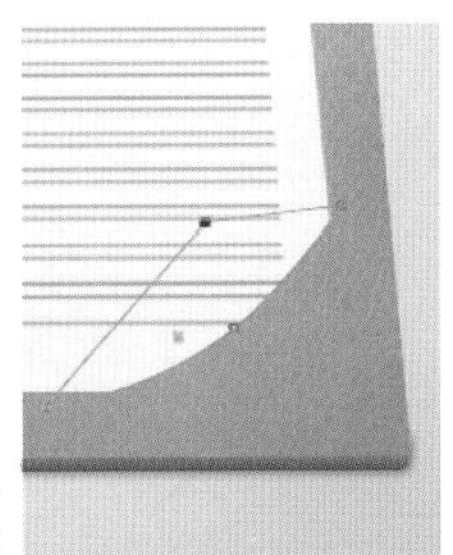

图3.220 移动锚点

⑤ 选择工具箱中的【直接选择工具】，以刚才同样的方法选中不同位置的锚点并移动，如图3.221所示。

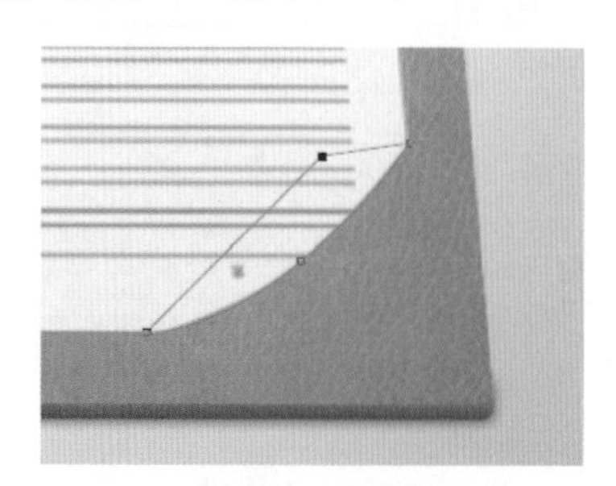

图3.221 移动锚点

⑥ 选择工具箱中的【添加锚点工具】，在画布中刚才经过变换的路径右上角位置单击添加锚点，如图3.222所示。

⑦ 选中添加的锚点并向下移动，如图3.223所示。

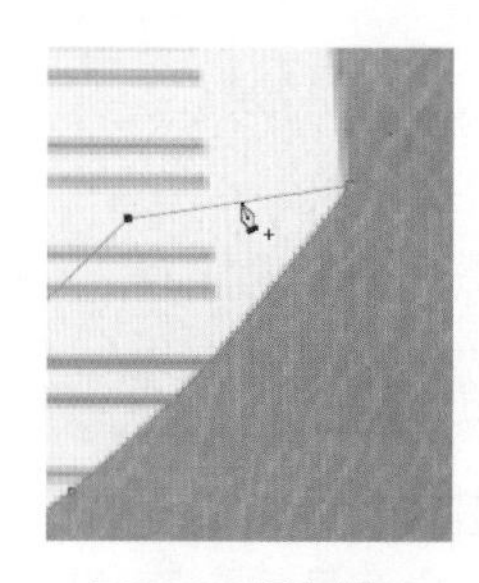

图3.222 添加锚点　　图3.223 移动锚点

⑧ 以刚才同样的方法在路径其他位置添加锚点并移动，如图3.224所示。

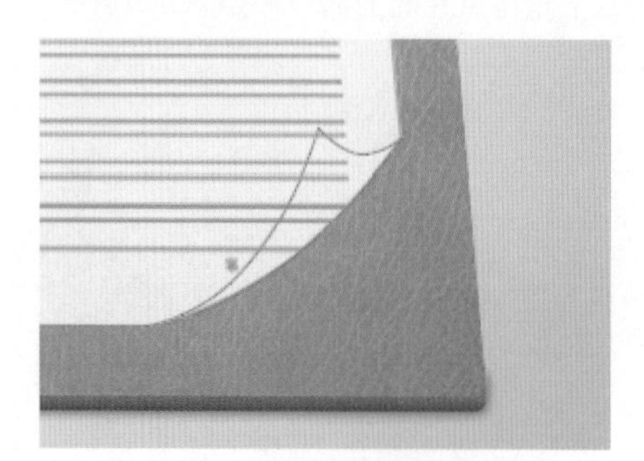

图3.224 添加并移动锚点

⑨ 在画布中按Ctrl+Enter组合键将刚才所绘制的封闭路径转换成选区，如图3.225所示。

⑩ 单击【图层】面板底部的【创建新图层】按钮，新建一个【图层5】图层，如图3.226所示。

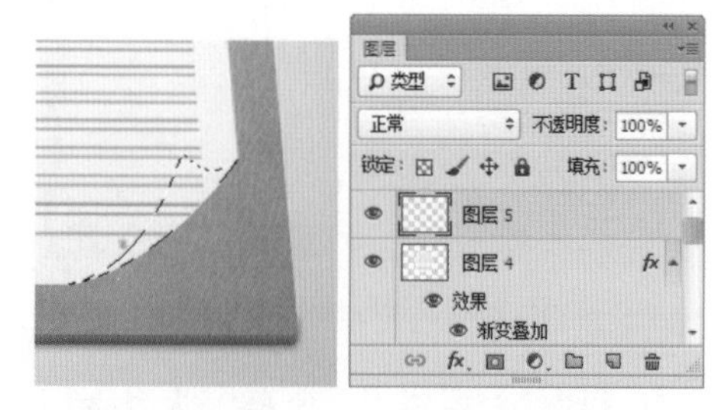

图3.225 转换选区　　图3.226 新建图层

⑪ 选中【图层5】图层，在画布中将选区填充为白色，填充完成之后按Ctrl+D组合键取消选区，如图3.227所示。

图3.227 填充颜色

⑫ 选中【图层5】图层，执行菜单栏中的【滤镜】|【杂色】|【添加杂色】命令，在弹出的对话框中将【数量】更改为1%，分别选中【高斯分布】单选按钮和【单色】复选框，完成之后单击【确定】按钮，如图3.228所示。

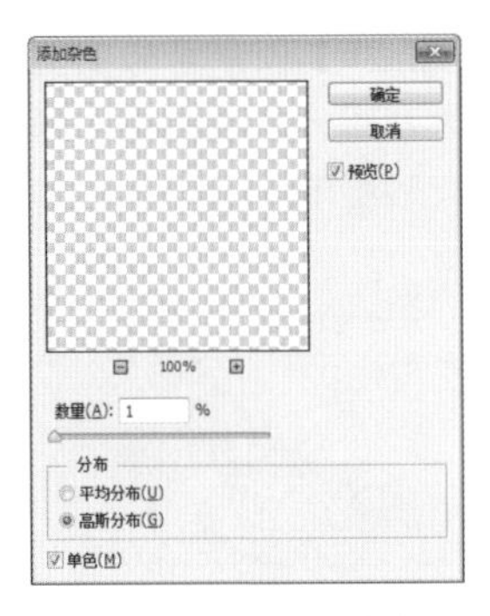

图3.228 设置添加杂色

⑬ 在【图层4】图层上单击鼠标右键，从弹出的快捷菜单中选择【拷贝图层样式】命令，在【图层5】图层上单击鼠标右键，从弹出的快捷菜单中选择【粘贴图层样式】命令，如图3.229所示。

图3.229 拷贝并粘贴图层样式

⑭ 在【图层】面板中双击【图层5】图层样式名称，在弹出的对话框中将【混合模式】更改为【线性加深】，【不透明度】更改为30%，【渐变】颜色更改为黑色到深灰色（R:133，G:133，B:133），如图3.230所示。

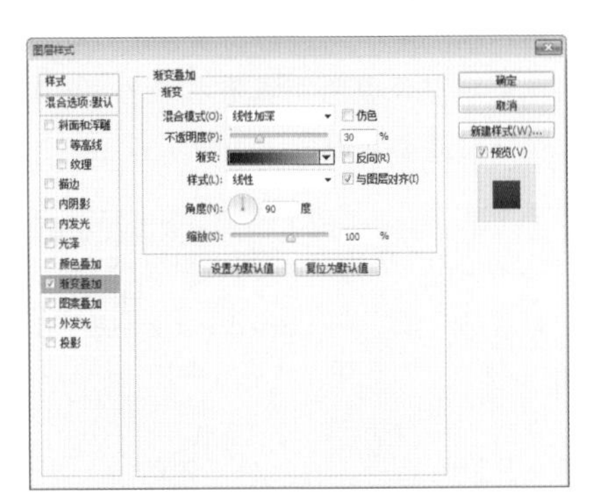

图3.230 设置渐变叠加

⑮ 选择工具箱中的【钢笔工具】，在稿纸右下角位置绘制一个不规则封闭路径，如图3.231所示。

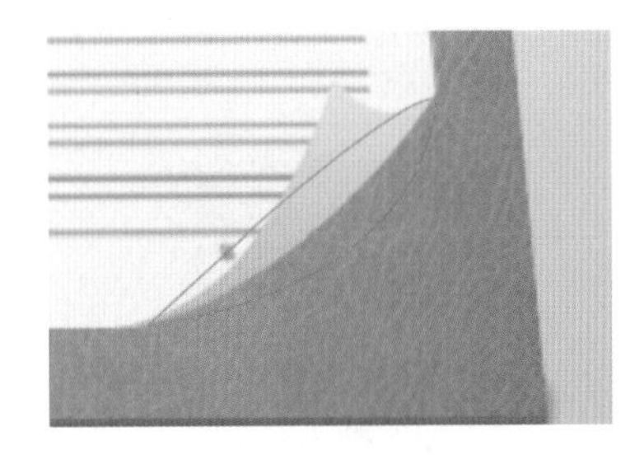

图3.231 绘制路径

⑯ 在画布中按Ctrl+Enter组合键将刚才所绘制的封闭路径转换成选区，如图3.232所示。

⑰ 单击【图层】面板底部的【创建新图层】按钮，新建一个【图层6】图层，如图3.233所示。

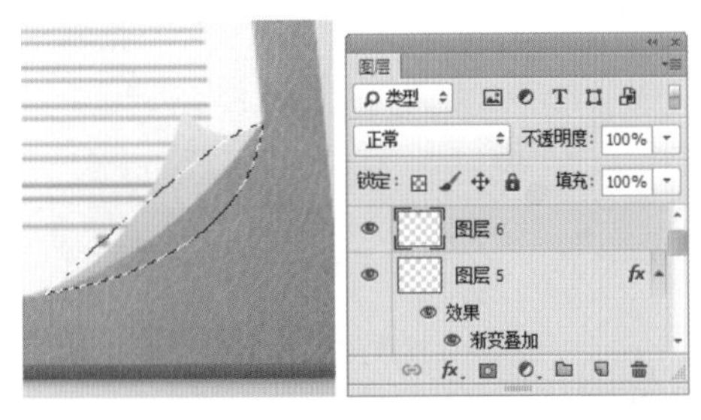

图3.232 转换选区　　图3.233 新建图层

⑱ 选中【图层6】图层，在画布中将选区填充为黑色，填充完成之后按Ctrl+D组合键取消选区，再将其移至【图层4】下方，如图3.234所示。

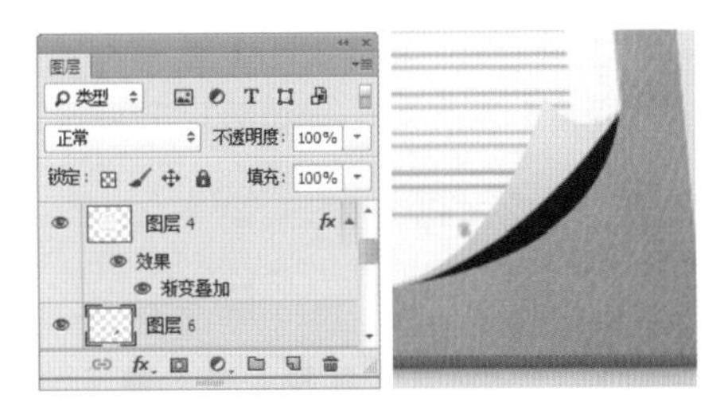

图3.234 填充颜色

⑲ 选中【图层6】图层，执行菜单栏中的【滤镜】|【模糊】|【高斯模糊】命令，在弹出的对话框中将【半径】更改为5像素，设置完成之后单击【确定】按钮，如图3.235所示。

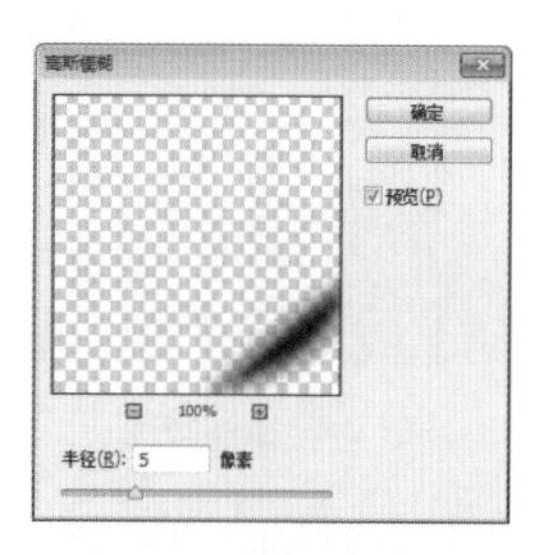

图3.235 设置高斯模糊

⑳ 选中【图层6】图层，将其图层【不透明度】更改为80%，如图3.236所示。

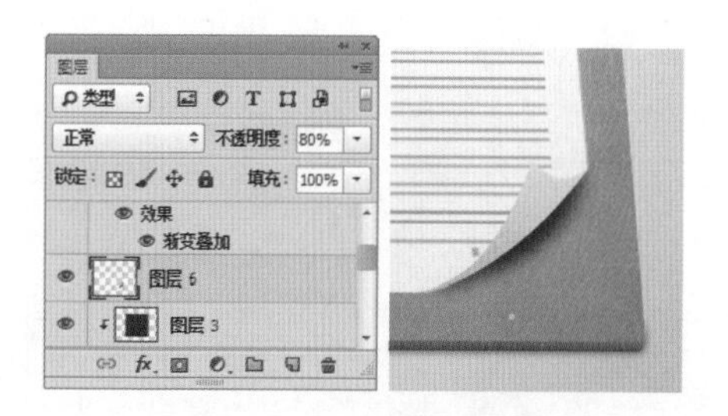

图3.236 更改图层不透明度

㉑ 在【图层】面板中选中【图层6】图层，单击面板底部的【添加图层蒙版】按钮，为其添加图层蒙版，如图3.237所示。

㉒ 选择工具箱中的【画笔工具】，在画布中单击鼠标右键，在弹出的面板中，选择一种圆角笔触，将【大小】更改为60像素，【硬度】更改为0%，如图3.238所示。

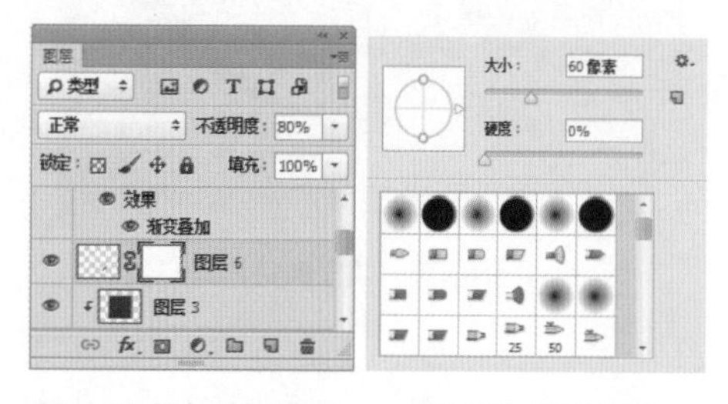

图3.237 添加图层蒙版　　图3.238 设置笔触

㉓ 单击【图层6】图层蒙版缩览图，在画布中其图形上部分区域涂抹，隐藏部分图形，如图3.239所示。

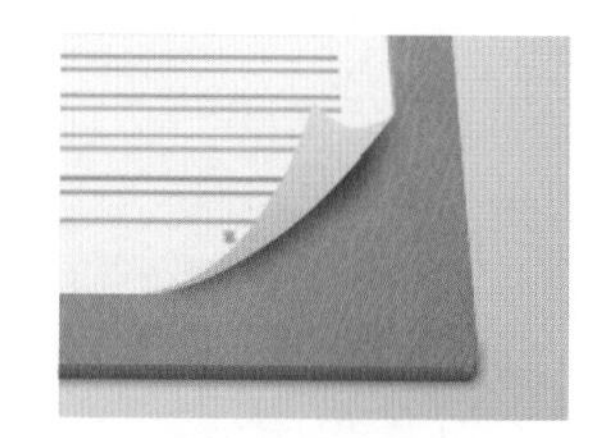

图3.239 隐藏图形

㉔ 在【图层】面板中选中【图层5】图层，将其拖至面板底部的【创建新图层】按钮上，复制一个【图层5 拷贝】图层，如图3.240所示。

㉕ 在【图层】面板中选中【图层5】图层，在其图层名称上单击鼠标右键，从弹出的快捷菜单中选择【栅格化图层样式】命令，如图3.241所示。

图3.240 复制图层　　图3.241 栅格化图层样式

㉖ 在【图层】面板中选中【图层5】图层，单击面板上方的【锁定透明像素】按钮，将当前图层中的透明像素锁定，在画布中将图层填充为黑色，填充完成之后再次单击此按钮将其解除锁定，如图3.242所示。

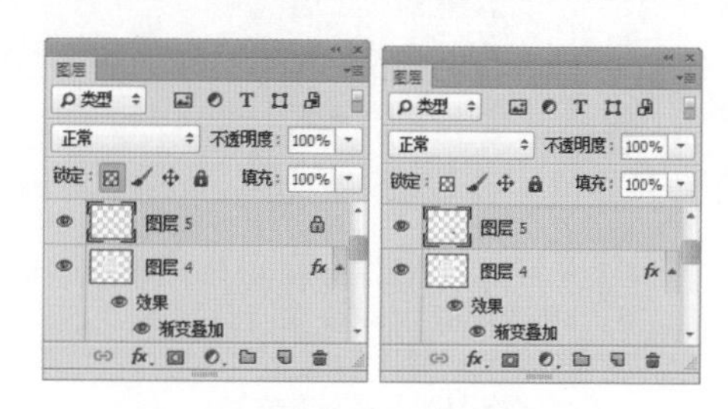

图3.242 锁定透明像素并填充颜色

㉗ 选中【图层5】图层，执行菜单栏中的【滤镜】|【模糊】|【高斯模糊】命令，在弹出的对话框中将【半径】更改为6像素，设置完成之后单击【确定】按钮，如图3.243所示。

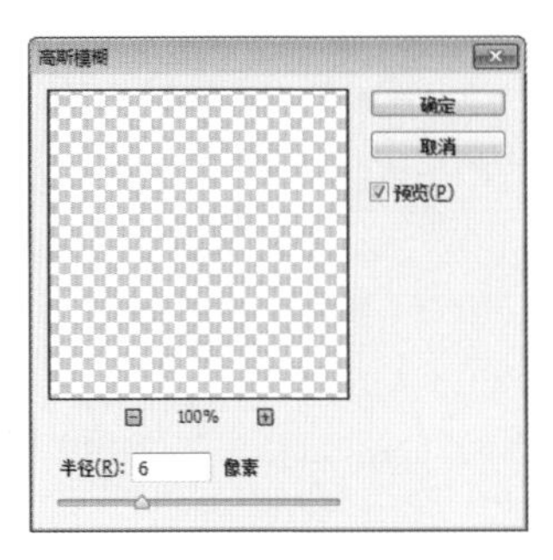

图3.243 设置高斯模糊

㉘ 在【图层】面板中，按住Ctrl键单击【图层5 拷贝】图层缩览图，将其载入选区，如图3.244所示。

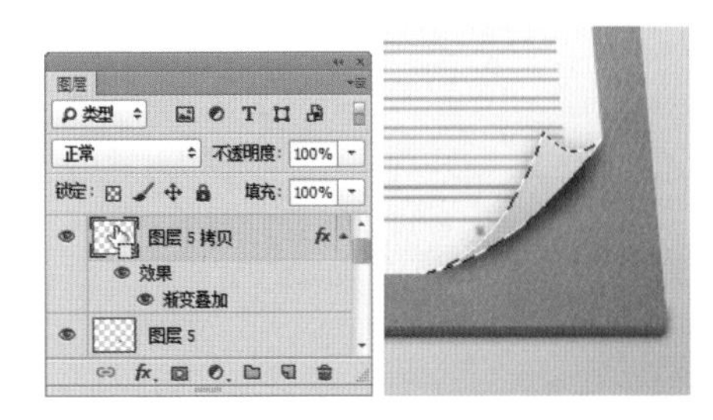

图3.244 载入选区

㉙ 选择任意一种选取工具，在选区中单击鼠标右键，从弹出的快捷菜单中选择【建立工作路径】命令，在弹出的对话框中将【容差】更改为1像素，完成之后单击【确定】按钮，如图3.245所示。

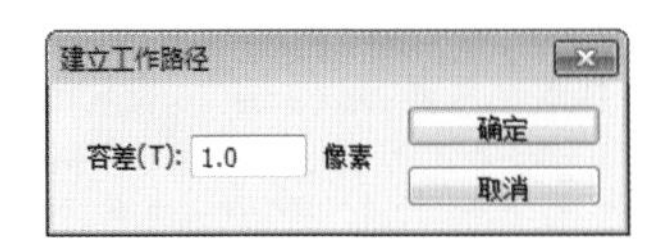

图3.245 建立工作路径

㉚ 选择工具箱中的【直接选择工具】，在画布中选中部分锚点并按Delete键将其删除，如图3.246所示。

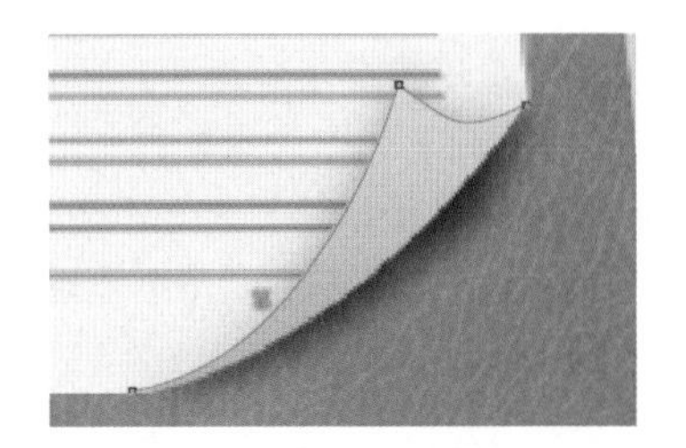

图3.246 删除部分锚点

㉛ 单击【图层】面板底部的【创建新图层】按钮，新建一个【图层7】图层，如图3.247所示。

㉜ 选择工具箱中的【画笔工具】，在画布中单击鼠标右键，在弹出的面板中选择一种圆角笔触，将【大小】更改为1像素，【硬度】更改为100%，如图3.248所示。

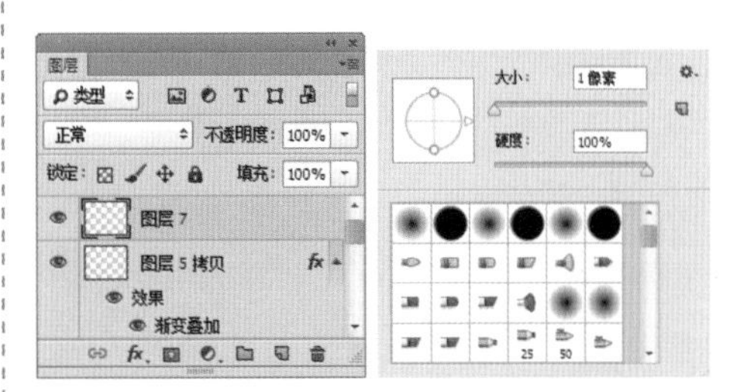

图3.247 新建图层　　图3.248 设置笔触

㉝ 选中【图层7】图层，将前景色更改为白色，执行菜单栏中的【窗口】|【路径】命令，在弹出的面板中选中【工作路径】，在其路径名称上单击鼠标右键，从弹出的快捷菜单中选择【描边路径】命令，在弹出的对话框中选择【工具】为【画笔】，确认取消选中【模拟压力】复选框，完成之后单击【确定】按钮，如图3.249所示。

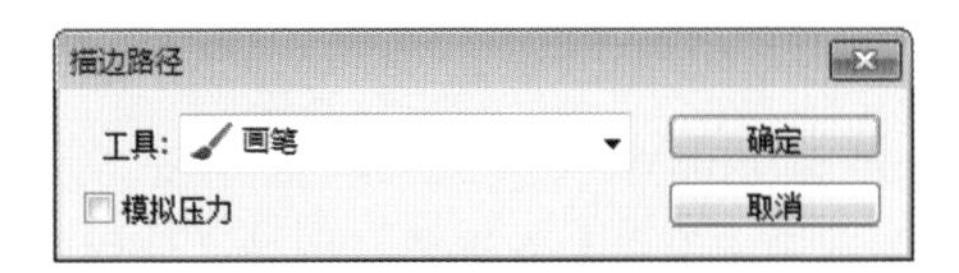

图3.249 设置描边路径

3.4.5 绘制夹子

① 选择工具箱中的【矩形工具】，在选项栏中将【填充】更改为深黄色（R:142，G:118，B:93），【描边】为无，在画布中绘制一个矩形，此时将生成一个【矩形1】图层，如图3.250所示。

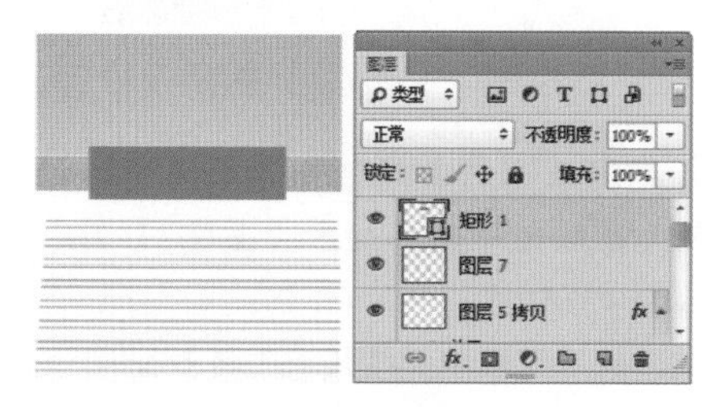

图3.250 绘制图形

② 单击选项栏中的【路径操作】按钮，在弹出的列表中选择【减去顶层形状】，在刚才绘制的矩形中间位置绘制一个椭圆图形，减去矩形部分图形，并将其复制一份，如图3.251所示。

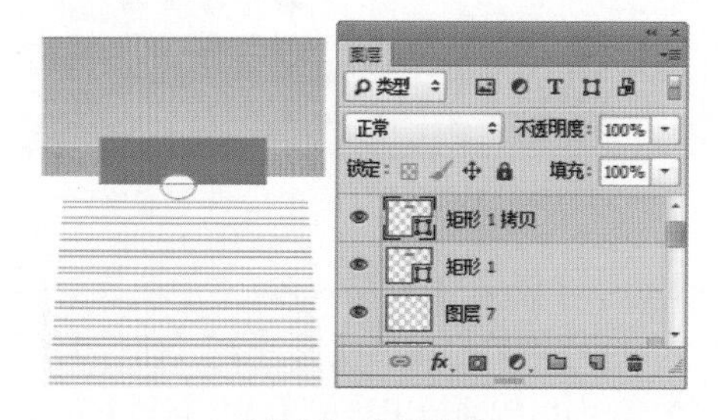

图3.251 减去图形

③ 在【图层】面板中选中【矩形1 拷贝】图层，单击面板底部的【添加图层样式】按钮，在菜单中选择【渐变叠加】命令，在弹出的对话框中将【混合模式】更改为【柔光】，【渐变】颜色更改为灰色（R:100，G:100，B:100）到白色再到灰色（R:100，G:100，B:100），如图3.252所示。

④ 选中【投影】复选框，取消【使用全局光】复选框，将【不透明度】更改为75%，【角度】更改为90度，【距离】更改为1像素，【大小】更改为1像素，完成之后单击【确定】按钮，如图3.253所示。

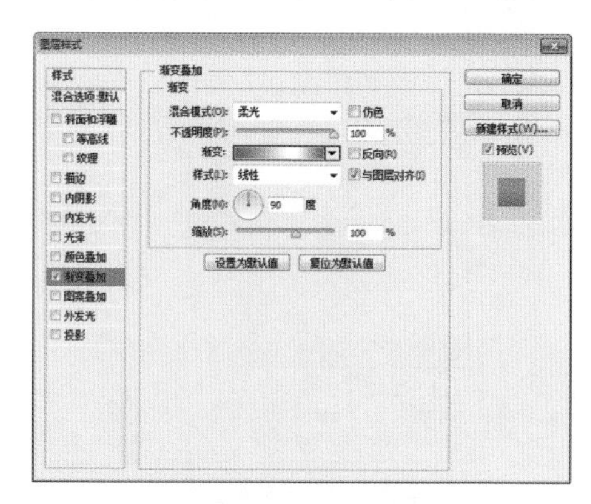

图3.252 设置渐变叠加

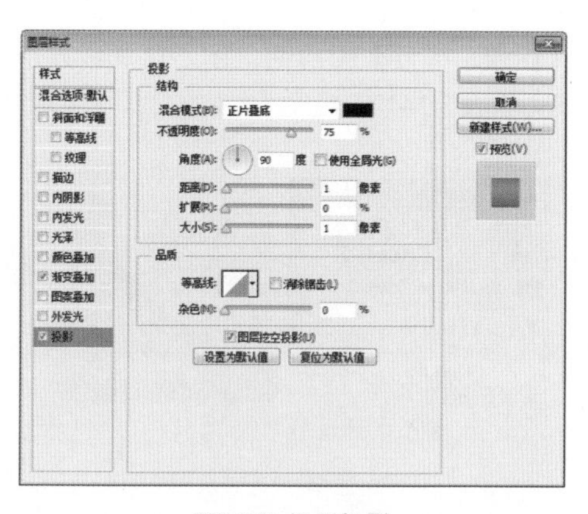

图3.253 设置投影

⑤ 在【图层】面板中选中【矩形1】图层，将其图层颜色更改为黑色。执行菜单栏中的【图层】|【栅格化】|【形状】命令，将当前图形栅格化，如图3.254所示。

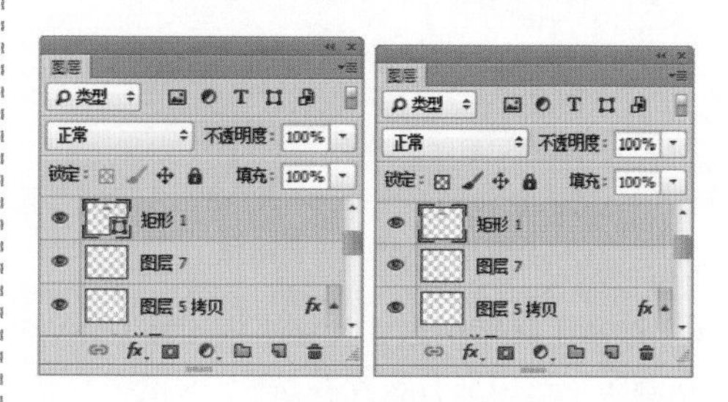

图3.254 栅格化形状

⑥ 选中【矩形1】图层，执行菜单栏中的【滤镜】|【模糊】|【高斯模糊】命令，在弹出的对话框中将【半径】更改为3像素，设置完成之后单击【确定】按钮，如图3.255所示。

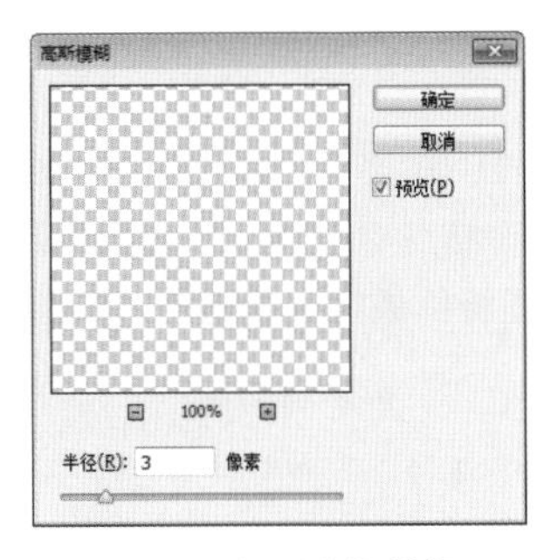

图3.255 设置高斯模糊

⑦ 在【图层】面板中选中【矩形1】图层，单击面板底部的【添加图层蒙版】按钮，为其添加图层蒙版，如图3.256所示。

⑧ 选择工具箱中的【画笔工具】，在画布中单击鼠标右键，在弹出的面板中选择一种圆角笔触，将【大小】更改为50像素，【硬度】更改为0%，如图3.257所示。

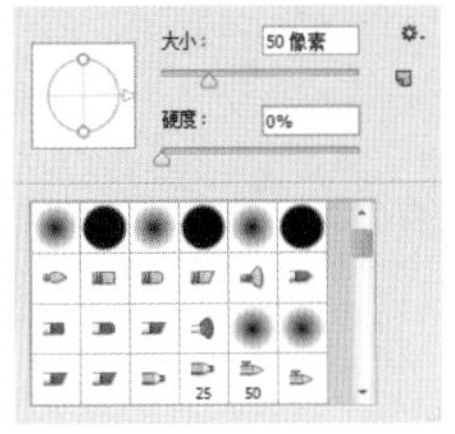

图3.256 添加图层蒙版　　图3.257 设置笔触

⑨ 单击【矩形1】图层蒙版缩览图，在画布中其图形上部分区域涂抹，隐藏部分图形，如图3.258所示。

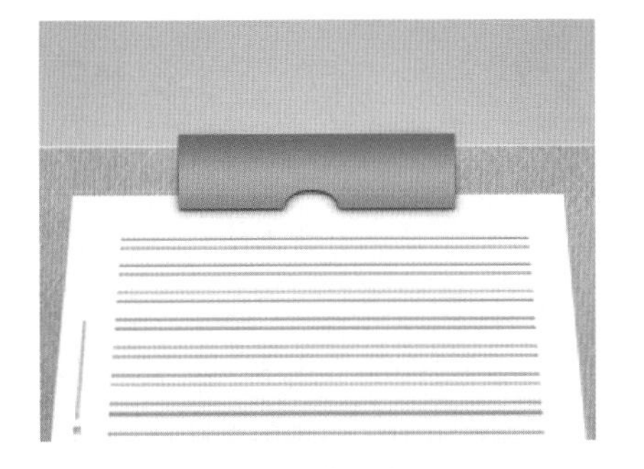

图3.258 隐藏部分图形

⑩ 选中【矩形1】图层，将其图层【不透明度】更改为80%，如图3.259所示。

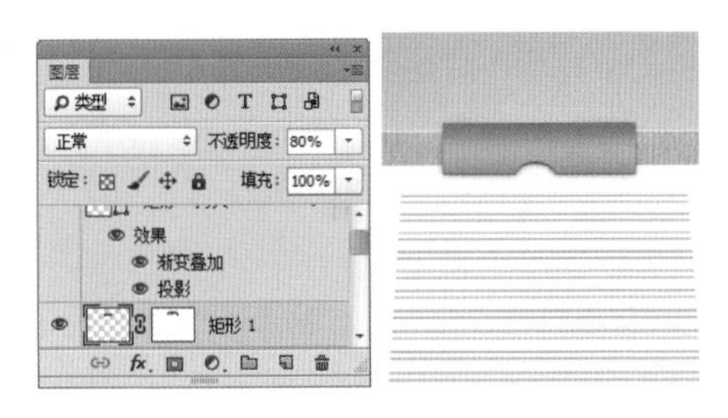

图3.259 更改图层不透明度

⑪ 选择工具箱中的【横排文字工具】T，在画布中适当位置添加文字，这样就完成了效果制作，最终效果如图3.260所示。

图3.260 添加文字及最终效果

3.5 家居插板

- 新建画布并添加渐变效果制作具有真实高光的背景。
- 绘制图形并为图形添加图层样式制作主界面。
- 添加相关写实图形元素完成最终效果制作。

本例主要讲解的是插板写实制作，在制作过程中强调了真实性及科学合理性，在制作之初可以观察家中电器的开关、插板，在脑海中勾画出相应的草图效果，同时在结尾处添加真实的图形元素也为整个插板的最终效果增色不少。

难易程度：★★☆☆☆
最终文件：配套光盘 \ 素材 \ 源文件 \ 第 3 章 \ 家居插板 .psd
视频位置：配套光盘 \movie\3.5 家居插板 .avi

家居插板效果如图 3.261 所示。

图3.261 家居插板

3.5.1 制作背景

① 执行菜单栏中的【文件】|【新建】命令，在弹出的对话框中设置【宽度】为800像素，【高度】为600像素，【分辨率】为72像素/英寸，【颜色模式】为RGB颜色，新建一个空白画布，如图3.262所示。

图3.262 新建画布

② 选择工具箱中的【渐变工具】，在选项栏中单击【点按可编辑渐变】按钮，在弹出的对话框中将渐变颜色更改为灰色（R:246，G:246，B:246）到灰色（R:207，G:207，B:207），设置完成之后单击【确定】按钮，再单击选项栏中的【线性渐变】按钮，如图3.263所示。

图3.263 设置渐变

③ 在画布中按住Shift键从上至下拖动，为画布填充渐变，如图3.264所示。

图3.264 填充渐变

④ 选择工具箱中的【椭圆工具】，在选项栏中将【填充】更改为白色，【描边】为无，在画布中绘制一个椭圆图形，此时将生成一个【椭圆1】图层，如图3.265所示。

图3.265 绘制图形

⑤ 在【图层】面板中选中【椭圆1】图层，执行菜单栏中的【图层】|【栅格化】|【形状】命令，将当前图形栅格化，如图3.266所示。

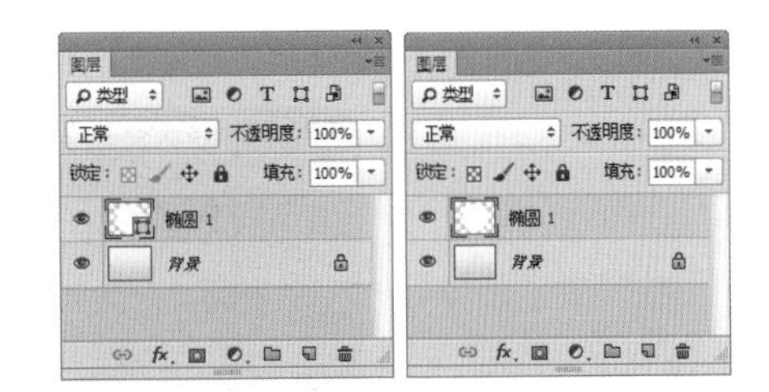

图3.266 栅格化形状

⑥ 选中【椭圆1】图层，执行菜单栏中的【滤镜】|【模糊】|【高斯模糊】命令，在弹出的对话框中将【半径】更改为60像素，设置完成之后单击【确定】按钮，如图3.267所示。

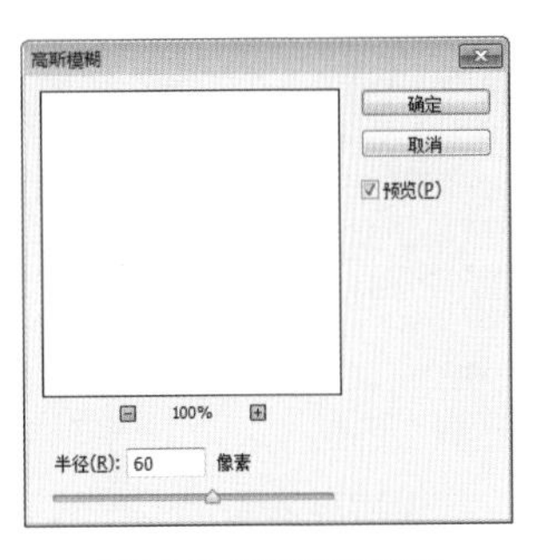

图3.267 设置高斯模糊

3.5.2 绘制图形

① 选择工具箱中的【圆角矩形工具】，在选项栏中将【填充】更改为白色，【描边】为无，【半径】为60像素，在画布中按住Shift绘制一个圆角矩形，此时将生成一个【圆角矩形1】图层，将其复制两份，如图3.268所示。

图3.268 绘制图形

② 选中【圆角矩形1】图层，将图形填充为黑色，如图3.269所示。

图3.269 更改图形颜色

③ 在【图层】面板中选中【圆角矩形1】图层，执行菜单栏中的【图层】|【栅格化】|【形状】命令，将当前图形栅格化，如图3.270所示。

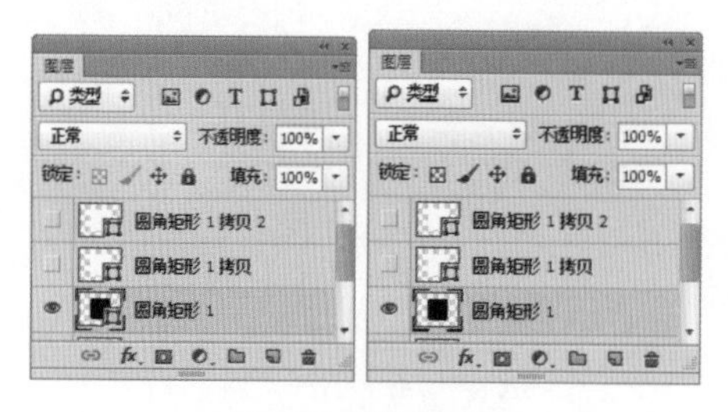

图3.270 栅格化形状

④ 选中【圆角矩形1】图层，执行菜单栏中的【滤镜】|【模糊】|【动感模糊】命令，在弹出的对话框中将【角度】更改为90度，【距离】更改为30像素，设置完成之后单击【确定】按钮，如图3.271所示。

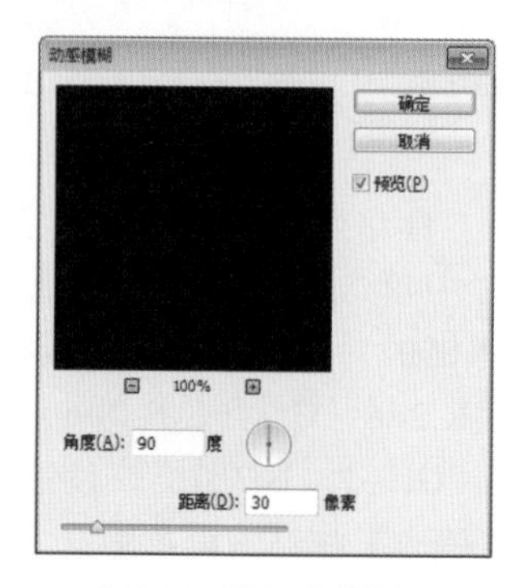

图3.271 设置动感模糊

⑤ 选中【圆角矩形1】图层，将其图层【不透明度】更改为30%，如图3.272所示。

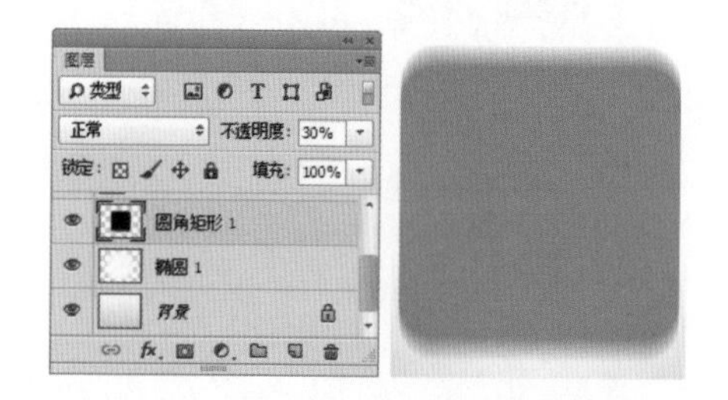

图3.272 更改图层不透明度

提示

在变换图形的时候可将【圆角矩形1】图层上方的图层暂时隐藏，以观察变换的效果。

⑥ 在【图层】面板中选中【圆角矩形1】图层，单击面板底部的【添加图层蒙版】按钮，为其添加图层蒙版，如图3.273所示。

⑦ 选择工具箱中的【矩形选框工具】⬚，在画布中【圆角矩形1】图层中的图形上半部分位置绘制一个矩形选区，以选中部分图形，如图3.274所示。

图3.273 添加图层蒙版

图3.274 绘制选区

⑧ 单击【圆角矩形1】图层蒙版缩览图，在画布中将选区填充为黑色，隐藏部分图形，完成之后按Ctrl+D组合键将选区取消，如图3.275所示。

图3.275 隐藏图形

⑨ 在【图层】面板中选中【圆角矩形1 拷贝】图层，单击面板底部的【添加图层样式】fx按钮，在菜单中选择【斜面和浮雕】命令，在弹出的对话框中将【深度】更改为50%，【大小】更改为40像素，【软化】更改为2像素，【角度】更改为90度，【高度】更改为55度，如图3.276所示。

⑩ 选中【渐变叠加】复选框，将【不透明度】更改为100%，【渐变】更改为灰色（R:220，G:220，B:220）到灰色（R:236，G:236，B:236），完成之后单击【确定】按钮，如图3.277所示。

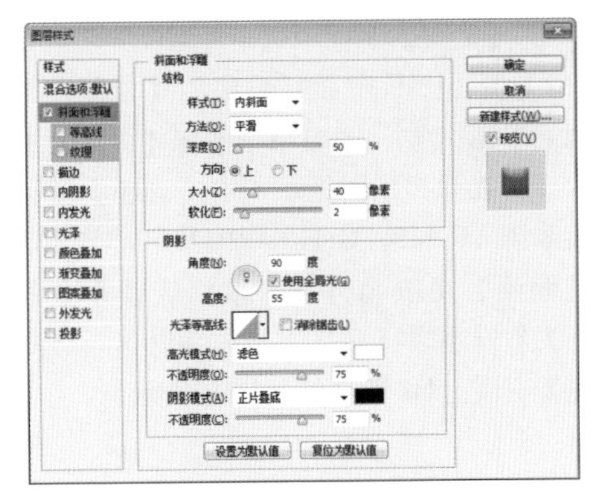

图3.276 设置斜面和浮雕

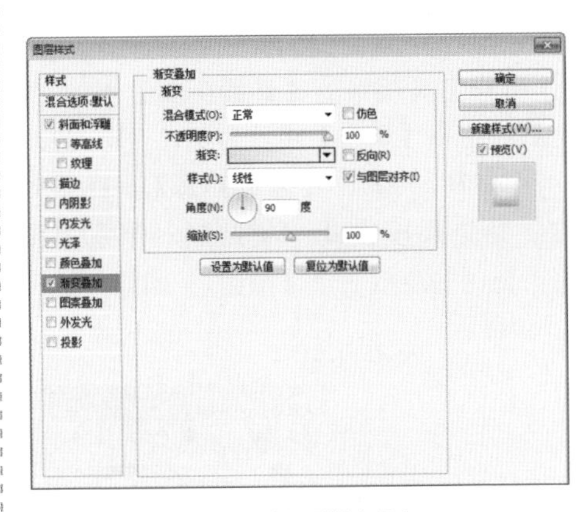

图3.277 设置渐变叠加

⑪ 选中【圆角矩形1 拷贝2】图层，在选项栏中将其【填充】更改为无，【描边】更改为灰色（R:239，G:239，B:239），【大小】更改为2点，并将其适当缩小，如图3.278所示。

图3.278 变换图形

⑫ 在【图层】面板中选中【圆角矩形1 拷贝2】图层，单击面板底部的【添加图层样式】fx按钮，在菜单中选择【内阴影】命令，在弹出的对话框中将【颜色】更改为灰色（R:113，G:113，B:113），将【不透明度】更改为60%，取消【使用全局光】复选框，【角度】更改为90度，【距离】更改为1像素，如图3.279所示。

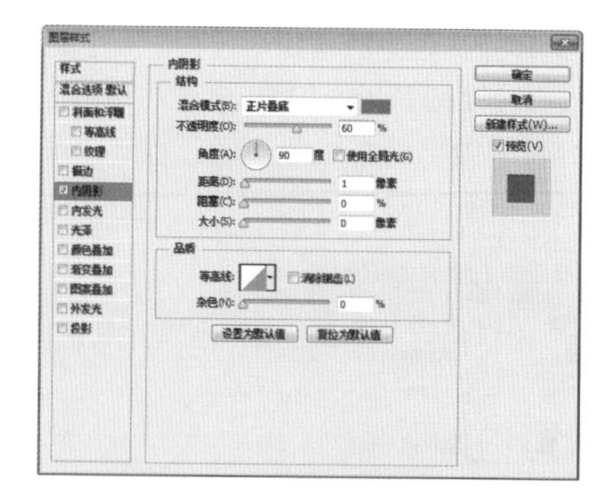

图3.279 设置内阴影

3.5.3 制作图形元素

① 选择工具箱中的【椭圆工具】，在选项栏中将【填充】更改为灰色（R:244，G:244，B:244），【描边】为无，在图形右上角位置按住Shift键绘制一个正圆图形，此时将生成一个【椭圆1】图层，如图3.280所示。

图3.280 绘制图形

② 在【图层】面板中选中【椭圆1】图层，单击面板底部的【添加图层样式】fx按钮，在菜单中选择【渐变叠加】命令，在弹出的对话框中将【不透明度】更改为100%，【渐变】更改为白色到灰色（R:209，G:209，B:209），完成之后单击【确定】按钮，如图3.281所示。

③ 选择工具箱中的【矩形工具】，在选项栏中将【填充】更改为灰色（R:134，G:134，B:134），【描边】为无，在画布中绘制一个矩形，此时将生成一个【矩形1】图层，如图3.282所示。

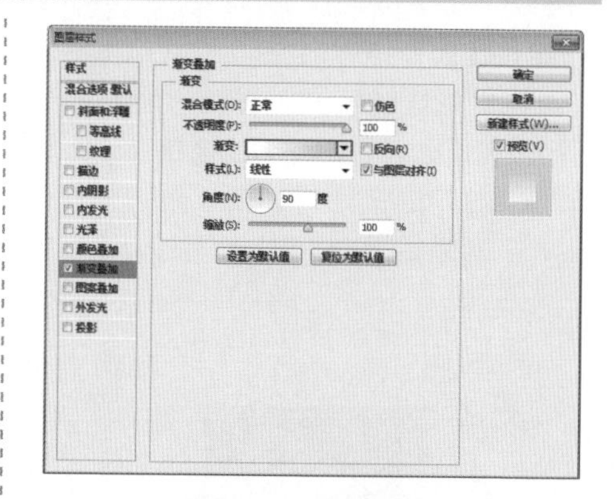

图3.281 设置渐变叠加

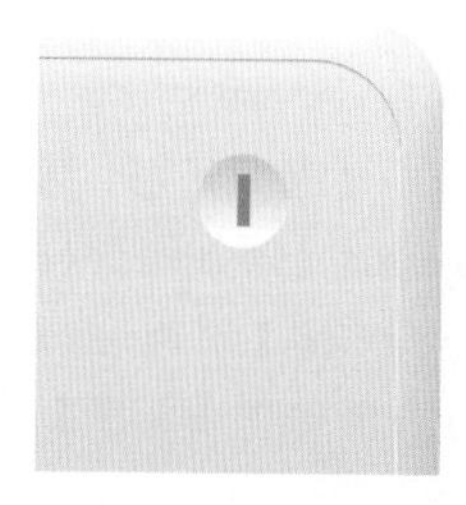

图3.282 绘制图形

④ 在【图层】面板中选中【矩形1】图层，单击面板底部的【添加图层样式】fx按钮，在菜单中选择【内阴影】命令，在弹出的对话框中取消【使用全局光】复选框，将【不透明度】更改为100%，【角度】更改为90度，将【距离】更改为3像素，【大小】更改为5像素，完成之后单击【确定】按钮，如图3.283所示。

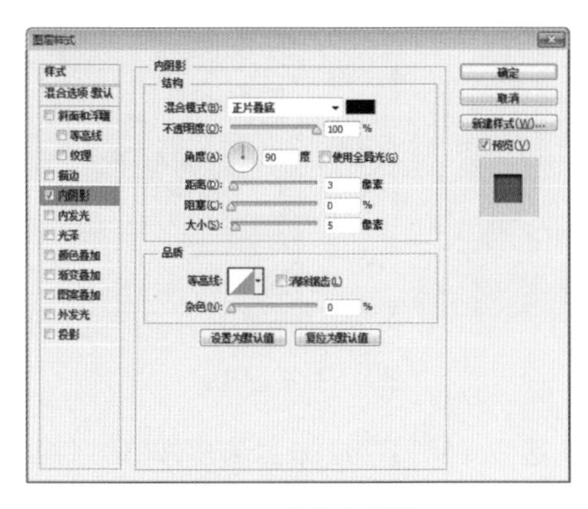

图3.283 设置内阴影

⑤ 选择工具箱中的【矩形工具】，在选项栏中将【填充】更改为灰色（R:211，G:211，B:211），【描边】为无，在刚才绘制的图形下方位置绘制一个矩形，此时将生成一个【矩形2】图层，如图3.284所示。

图3.284 绘制图形

⑥ 在【图层】面板中选中【矩形2】图层，将其拖至面板底部的【创建新图层】按钮上，复制一个【矩形2拷贝】图层，如图3.285所示。

⑦ 选中【矩形2 拷贝】图层，在画布中将其填充为浅灰色（R:246，G:246，B:246），如图3.286所示。

图3.285 复制图层　图3.286 更改图形颜色

⑧ 在【图层】面板中选中【矩形2 拷贝】图层，单击面板底部的【添加图层蒙版】按钮，为其添加图层蒙版，如图3.287所示。

⑨ 选择工具箱中的【多边形套索工具】，在画布中【矩形2 拷贝】图层中的图形上绘制一个不规则选区，以选中部分图形，如图3.288所示。

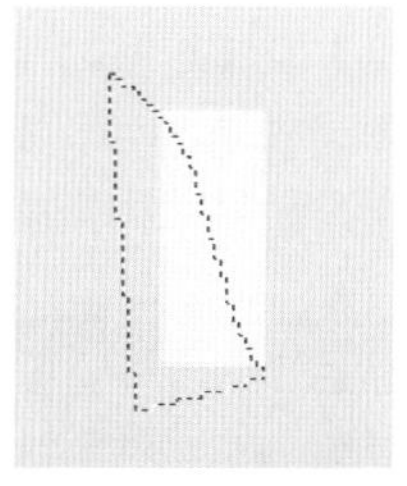

图3.287 添加图层蒙版　图3.288 绘制选区

⑩ 单击【矩形2 拷贝】图层蒙版缩览图，在画布中将选区填充为黑色，隐藏部分图形，完成之后按Ctrl+D组合键将选区取消，如图3.289所示。

图3.289 隐藏图形

⑪ 在【图层】面板中选中【矩形1】图层，将其拖至面板底部的【创建新图层】按钮上，复制一个【矩形1 拷贝】图层，并将其移至图层最上方，在画布中将其移至【矩形2 拷贝】图层中的图形上，如图3.290所示。

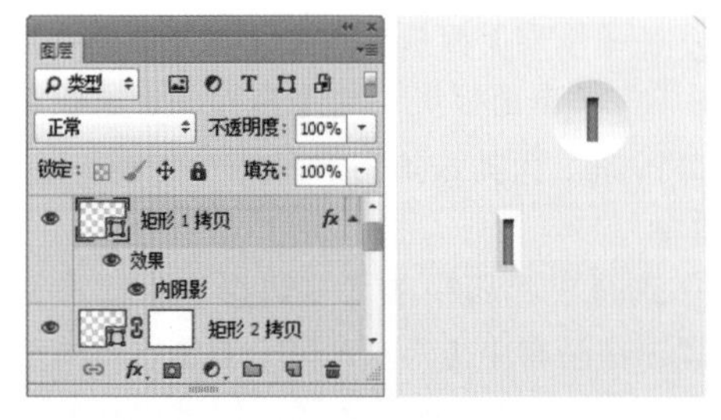

图3.290 复制并移动图形

⑫ 同时选中【矩形1 拷贝】、【矩形2 拷贝】及【矩形2】图层，按Ctrl+G组合键将图层快速编组，此时将生成一个【组1】组，如图3.291所示。

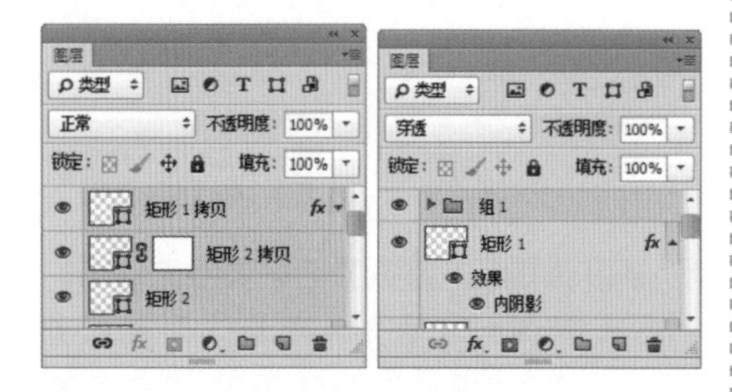

图3.291 快速编组

⑬ 在【图层】面板中选中【组1】组，将其拖至面板底部的【创建新图层】按钮上，复制一个【组1 拷贝】组，如图3.292所示。

⑭ 选中【组1 拷贝】组，在画布中按住Shift键向右侧平移，如图3.293所示。

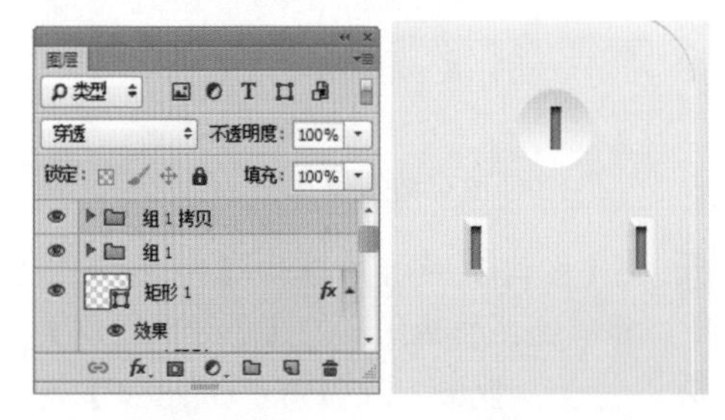

图3.292 复制组　　图3.293 移动图形

⑮ 同时选中【组1 拷贝】组及【组1】组，在画布中按住Alt+Shift组合键向下拖动，此时将生成两个【组1 拷贝2】组，如图3.294所示。

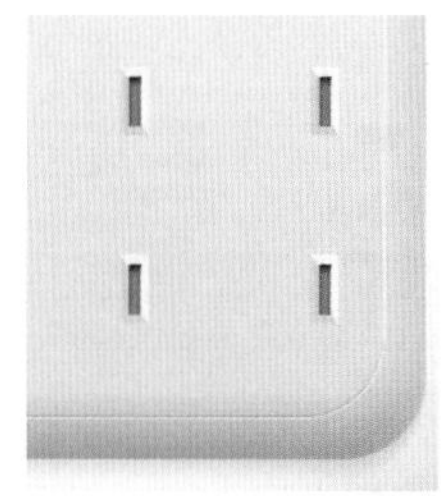

图3.294 复制图形

⑯ 选中【组1】组，在画布中按Ctrl+T组合键对其执行【自由变换】命令，当出现变形框以后，在选项栏中【旋转】后方的文本框中输入-30度，将图形适当旋转，完成之后按Enter键确认；以同样的方法选中【组1 拷贝】组并将其旋转，如图3.295所示。

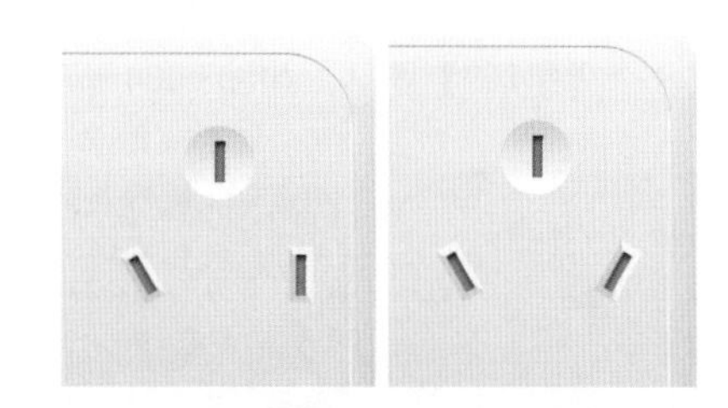

图3.295 旋转图形

在旋转【组1 拷贝】组的时候，由于需要顺时针旋转，所以在输入度数的时候应为30度。

⑰ 选择工具箱中的【圆角矩形工具】，在选项栏中将【填充】更改为灰色（R:244，G:244，B:244），【描边】为无，【半径】为18像素，在插孔左侧位置绘制一个圆角矩形，此时将生成一个【圆角矩形2】图层，如图3.296所示。

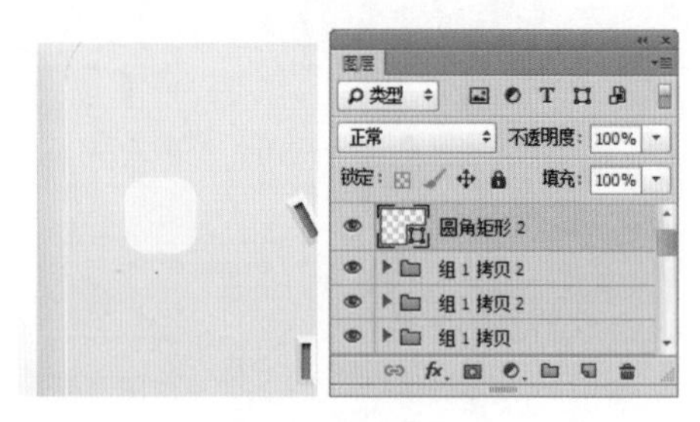

图3.296 绘制图形

⑱ 在【图层】面板中选中【圆角矩形2】图层，单击面板底部的【添加图层样式】fx按钮，在菜单中选择【描边】命令，在弹出的对话框中将【大小】更改为1像素，【颜色】更改为灰色（R:130，G:130，B:130），如图3.297所示。

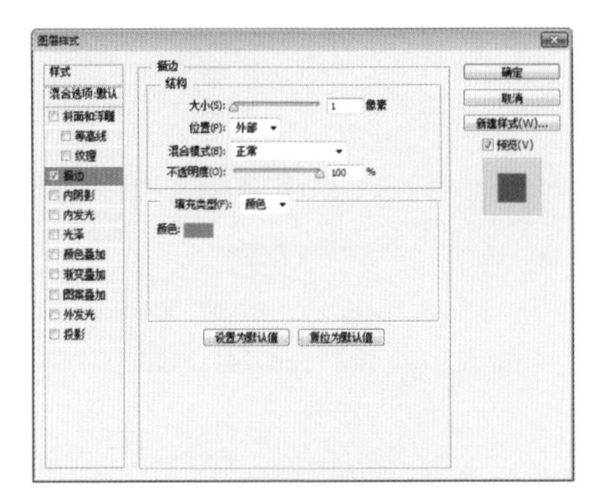

图3.297 设置描边

⑲ 选中【渐变叠加】复选框，将【渐变】更改为白色到灰色（R:207，G:207，B:207），白色色标【位置】更改为25%，【样式】更改为【对称的】，【角度】更改为0度，如图3.298所示。

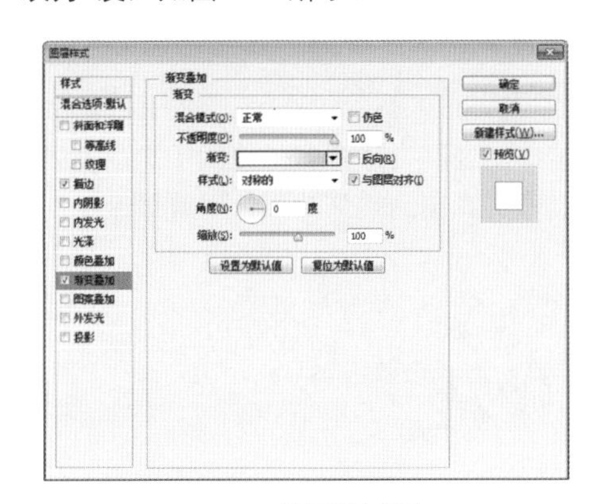

图3.298 设置渐变叠加

⑳ 选中【外发光】复选框，将【混合模式】更改为【正常】，【颜色】更改为黄色（R:255，G:255，B:208），【扩展】更改为45%，【大小】更改为2像素，完成之后单击【确定】按钮，如图3.299所示。

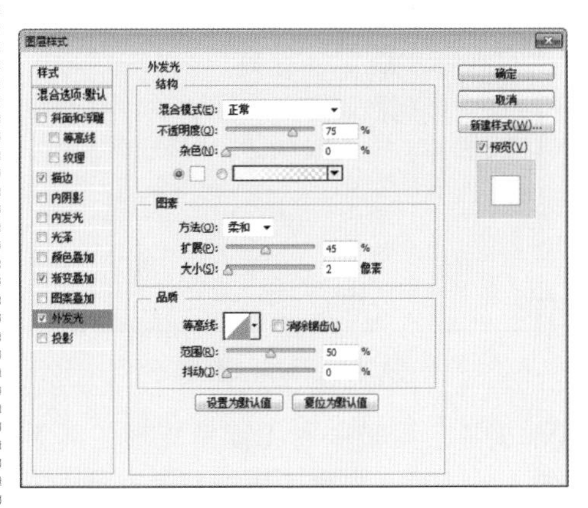

图3.299 设置渐变叠加

㉑ 选择工具箱中的【圆角矩形工具】▢，在选项栏中将【填充】更改为白色，【描边】为无，【半径】为15像素，在刚才绘制的圆角矩形上再次绘制一个圆角矩形，此时将生成一个【圆角矩形3】图层，如图3.300所示。

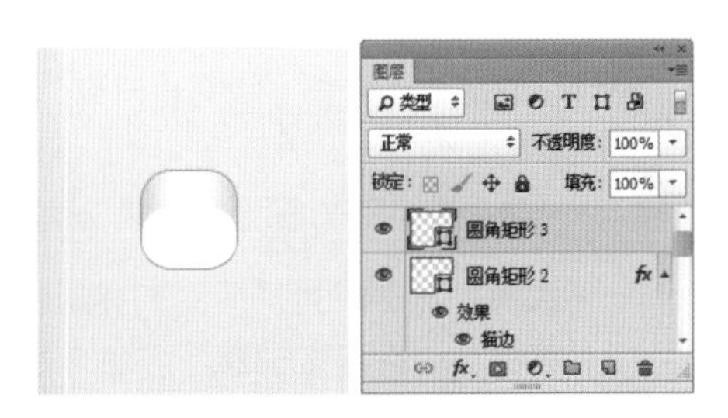

图3.300 绘制图形

㉒ 在【图层】面板中选中【圆角矩形3】图层，单击面板底部的【添加图层样式】fx按钮，在菜单中选择【渐变叠加】命令，在弹出的对话框中将【渐变】颜色更改为灰色（R:242，G:242，B:242）到灰色（R:180，G:180，B:180），完成之后单击【确定】按钮，如图3.301所示。

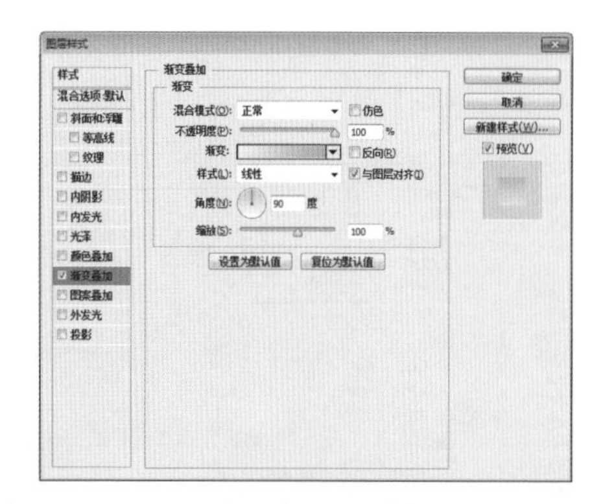

图3.301 设置渐变叠加

㉓ 选择工具箱中的【圆角矩形工具】▢，在选项栏中将【填充】更改为绿色（R:137，G:247，B:77），【描边】为无，【半径】为15像素，在刚才绘制的圆角矩形图形上再次绘制一个圆角矩形，这样就完成了效果制作，最终效果如图3.302所示。

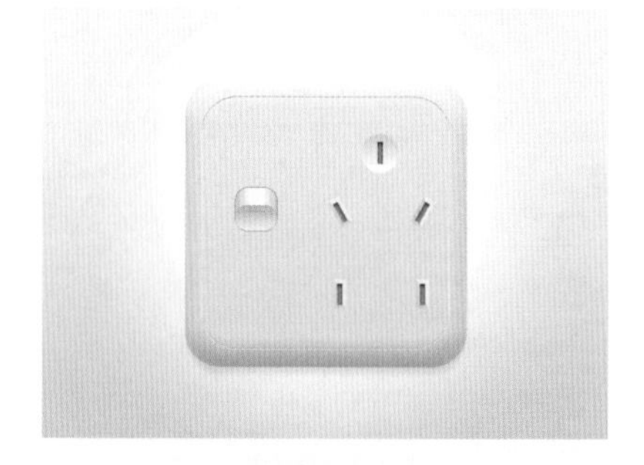

图3.302 绘制图形及最终效果

3.6 陶瓷茶杯

- 新建画布并添加渐变及滤镜效果制作背景。
- 首先绘制一个图形为即将绘制的图形制作真实的倒影效果。
- 在制作的阴影上绘制相对应的图形并为其添加高光、倒影等元素完成茶杯效果制作。
- 绘制写实茶叶图形作为装饰完成最终效果制作。

本例主要讲解的是写实茶杯制作，在制作的过程中注意每一处的阴影、高光等细节，采用多观察、多思考的思路制作出真实的茶杯效果，同时最后绘制的茶叶图形完美地装饰了整个茶杯效果。

难易程度：★★★☆☆

最终文件：配套光盘 \ 素材 \ 源文件 \ 第 3 章 \ 陶瓷茶杯 .psd

视频位置：配套光盘 \movie\3.6 陶瓷茶杯 .avi

陶瓷茶杯效果如图 3.303 所示。

图3.303 陶瓷茶杯

3.6.1 制作背景

① 执行菜单栏中的【文件】|【新建】命令，在弹出的对话框中设置【宽度】为800像素，【高度】为600像素，【分辨率】为72像素/英寸，【颜色模式】为RGB颜色，新建一个空白画布，如图3.304所示。

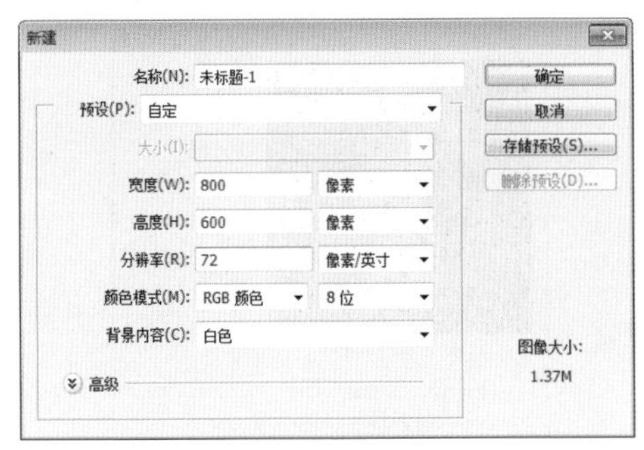

图3.304 新建画布

② 单击【图层】面板底部的【创建新图层】按钮，新建一个【图层1】图层，如图3.305所示。

③ 选中【图层1】图层，将画布填充为浅灰色（R:244，G:244，B:244），如图3.306所示。

图3.305 新建图层　　图3.306 填充颜色

④ 选中【图层1】图层，执行菜单栏中的【滤镜】|【杂色】|【添加杂色】命令，在弹出的对话框中将【数量】更改为1%，分别选中【高斯分布】单选按钮和【单色】复选框，完成之后单击【确定】按钮，如图3.307所示。

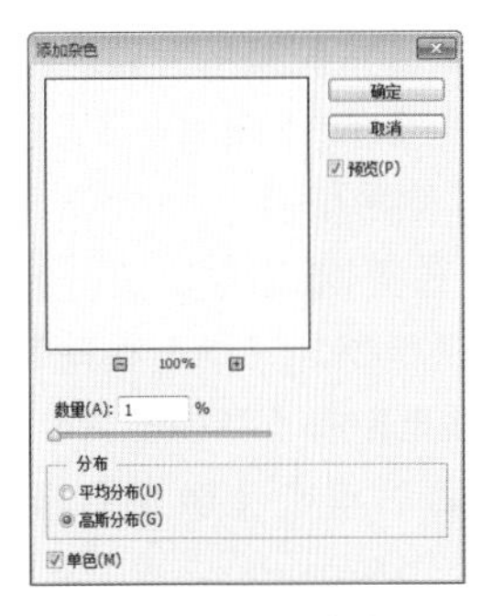

图3.307 设置添加杂色

⑤ 在【图层】面板中选中【图层1】图层，单击面板底部的【添加图层样式】fx按钮，在菜单中选择【渐变叠加】命令，在弹出的对话框中将【渐变】颜色更改为浅灰色（R:239，G:239，B:239）到灰色（R:134，G:134，B:134），【样式】更改为【径向】，【缩放】更改为150%，完成之后单击【确定】按钮，如图3.308所示。

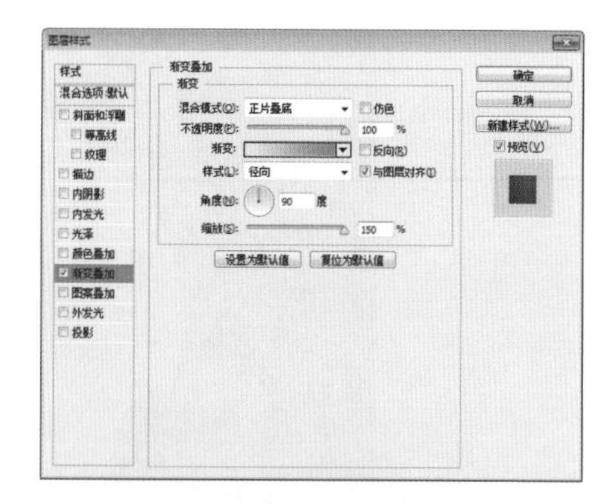

图3.308 设置渐变叠加

3.6.2 制作阴影

① 选择工具箱中的【椭圆工具】，在选项栏中将【填充】更改为白色，【描边】为无，在画布中按住Shift键绘制一个正圆图形，此时将生成一个【椭圆1】图层，如图3.309所示。

② 选中【椭圆1】图层，将其拖至面板底部的【创建新图层】按钮上，复制一个【椭圆1 拷贝】图层，如图3.310所示。

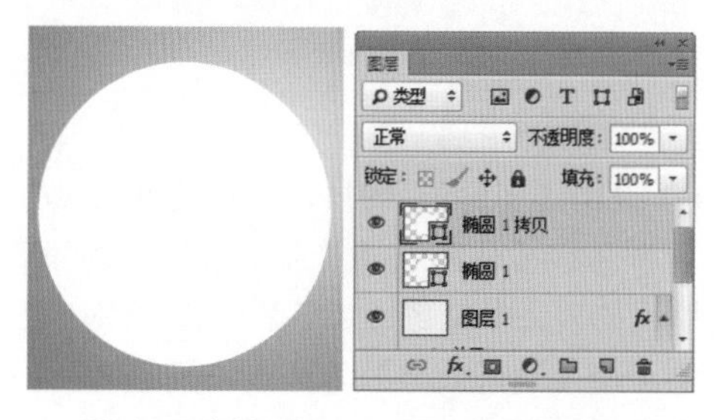

图3.309 绘制图形　　图3.310 复制图层

③ 在【图层】面板中选中【椭圆1】图层，修改【填充】颜色为黑色，执行菜单栏中的【图层】|【栅格化】|【形状】命令，将当前图形栅格化，如图3.311所示。

④ 选中【椭圆1】图层，执行菜单栏中的【滤镜】|【模糊】|【高斯模糊】命令，在弹出的对话框中将【半径】更改为8像素，设置完成之后单击【确定】按钮，如图3.312所示。

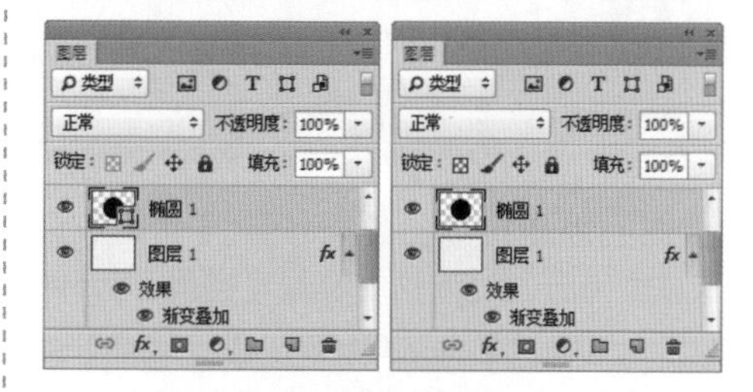

图3.311 栅格化形状

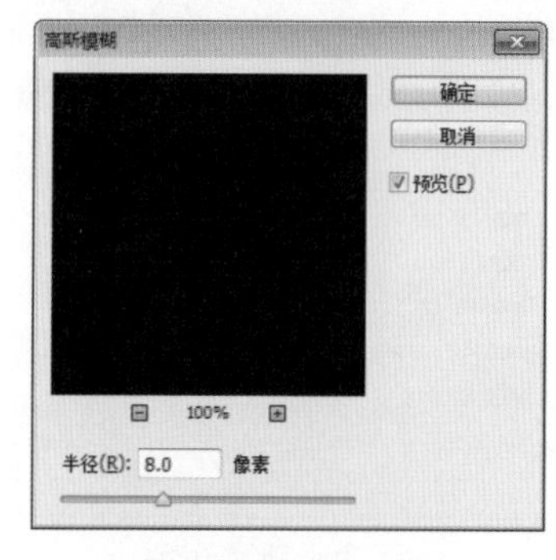

图3.312 设置高斯模糊

⑤ 在【图层】面板中选中【椭圆1】图层，单击面板底部的【添加图层蒙版】按钮，为其添加图层蒙版，如图3.313所示。

⑥ 选择工具箱中的【画笔工具】，在画布中单击鼠标右键，在弹出的面板中选择一种圆角笔触，将【大小】更改为168像素，【硬度】更改为0%，如图3.314所示。

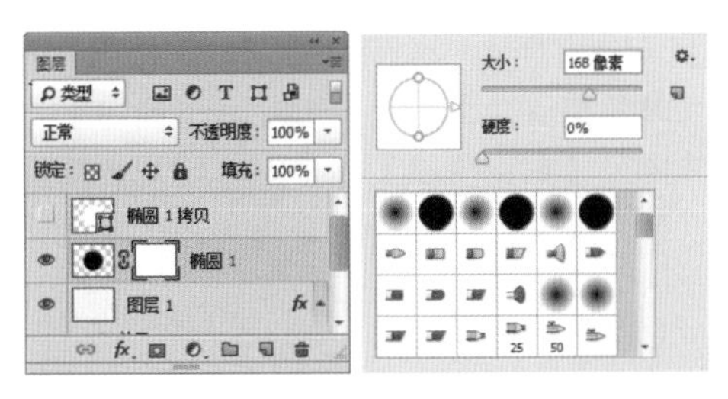

图3.313 添加图层蒙版　　图3.314 设置笔触

⑦ 单击【椭圆1】图层蒙版缩览图，在画布中其图形上部分区域涂抹，将部分图形隐藏，如图3.315所示。

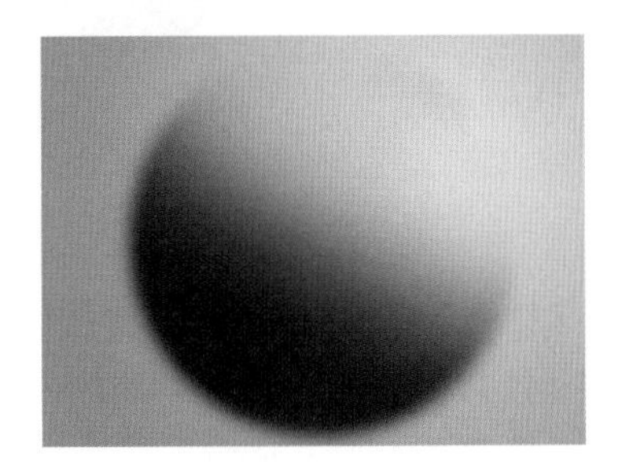

图3.315 隐藏图形

提示

在隐藏图形的时候，可先将【椭圆1 拷贝】图层隐藏，以方便观察隐藏的效果。

⑧ 在【图层】面板中选中【椭圆1 拷贝】图层，将其拖至面板底部的【创建新图层】按钮上，复制出【椭圆1 拷贝2】及【椭圆1 拷贝3】图层，如图3.316所示。

图3.316 复制图层

⑨ 在【图层】面板中选中【椭圆1 拷贝2】图层，单击面板底部的【添加图层样式】fx按钮，在菜单中选择【渐变叠加】命令，在弹出的对话框中将【不透明度】更改为40%，【渐变】更改为蓝色（R:205，G:223，B:228）到蓝色（R:246，G:252，B:253），【角度】更改为30度，【缩放】更改为112%，完成之后单击【确定】按钮，如图3.317所示。

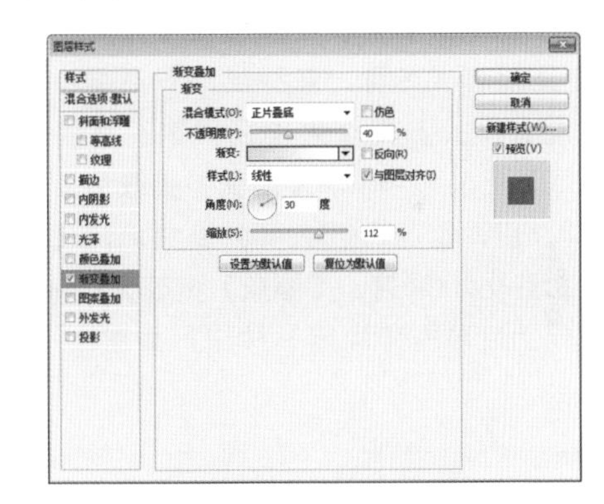

图3.317 设置渐变叠加

3.6.3 绘制盘子

① 选中【椭圆1 拷贝2】图层，在画布中按Ctrl+T组合键对其执行【自由变换】命令，当出现变形框以后，按住Alt+Shift组合键将图形等比例缩小，完成之后按Enter键确认，如图3.318所示。

图3.318 变换图形

② 在【图层】面板中选中【椭圆1 拷贝2】图层，将其拖至面板底部的【创建新图层】按钮上，复制一个【椭圆1 拷贝4】图层，如图3.319所示。

③ 选中【椭圆1 拷贝4】图层，在画布中按Ctrl+T组合键对其执行【自由变换】命令，当出现变形框以后，按住Alt+Shift组合键将图形等比例缩小，完成之后按Enter键确认，如图3.320所示。

图3.319 复制图层

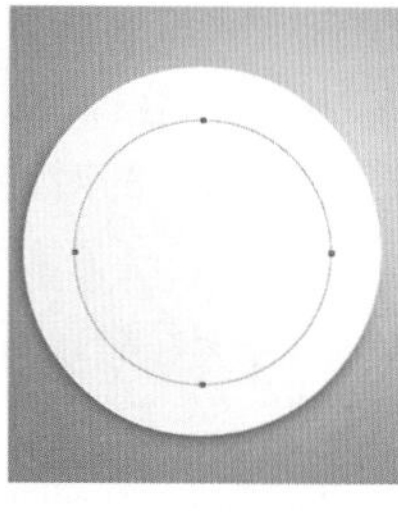

图3.320 变换图形

④ 在【图层】面板中双击【椭圆1 拷贝4】图层样式名称，在弹出的对话框中将【混合模式】更改为【正常】，【不透明度】更改为40%，【渐变】更改为蓝色（R:213，G:235，B:240）到白色，【角度】更改为160度，【缩放】更改为90%，完成之后单击【确定】按钮，如图3.321所示。

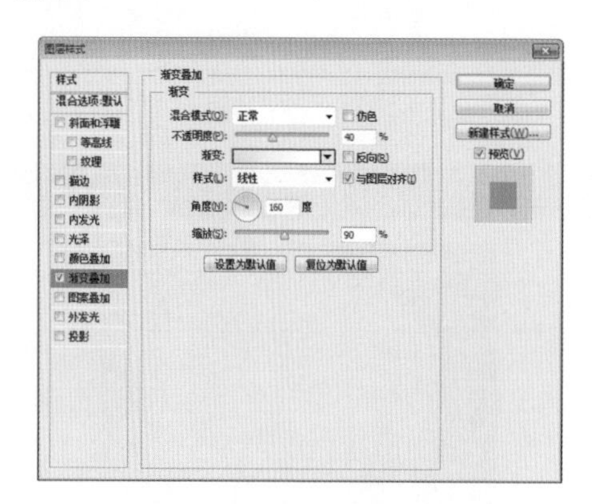

图3.321 设置渐变叠加

⑤ 选中【椭圆1 拷贝3】图层，在画布中将其颜色更改为黑色，再按Ctrl+T组合键对其执行【自由变换】命令，当出现变形框以后，按住Alt+Shift组合键将图形等比例缩小，完成之后按Enter键确认，如图3.322所示。

图3.322 变换图形

⑥ 在【图层】面板中，选中【椭圆1 拷贝3】图层，执行菜单栏中的【图层】|【栅格化】|【形状】命令，将当前图形栅格化，如图3.323所示。

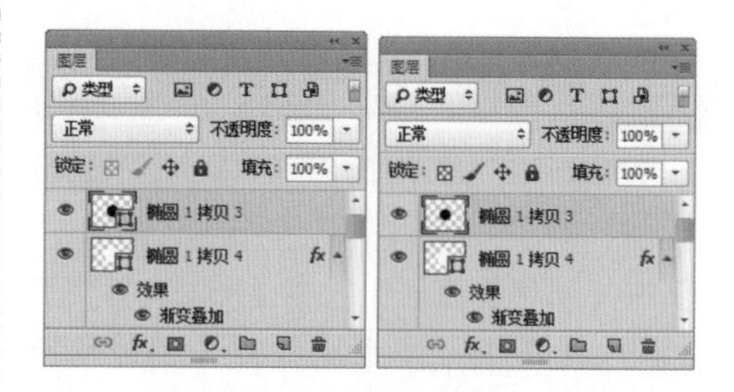

图3.323 栅格化形状

⑦ 在【图层】面板中选中【椭圆1 拷贝3】图层，单击面板底部的【添加图层蒙版】按钮，为其添加图层蒙版，如图3.324所示。

⑧ 选择工具箱中的【渐变工具】，在选项栏中单击【点按可编辑渐变】按钮，在弹出的对话框中设置渐变为【白黑渐变】，设置完成之后单击【确定】按钮，再单击选项栏中的【径向渐变】按钮，如图3.325所示。

图3.324 添加图层蒙版　　图3.325 设置渐变

⑨ 单击【椭圆1 拷贝3】图层蒙版缩览图，在画布中其图形上拖动，将部分图形隐藏，如图3.326所示。

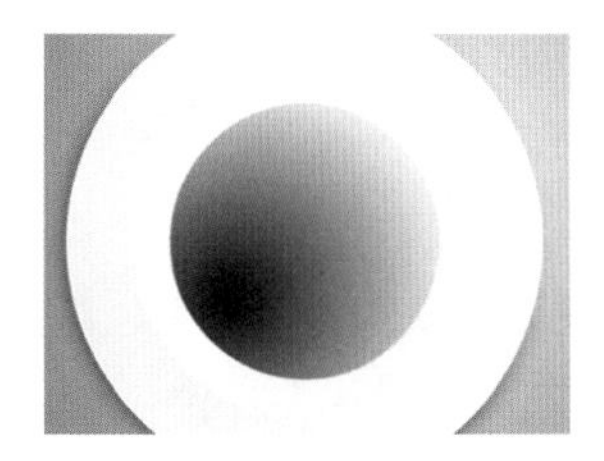

图3.326 隐藏图形

⑩ 选中【椭圆1 拷贝3】图层，执行菜单栏中的【滤镜】|【模糊】|【高斯模糊】命令，在弹出的对话框中将【半径】更改为16像素，设置完成之后单击【确定】按钮，如图3.327所示。

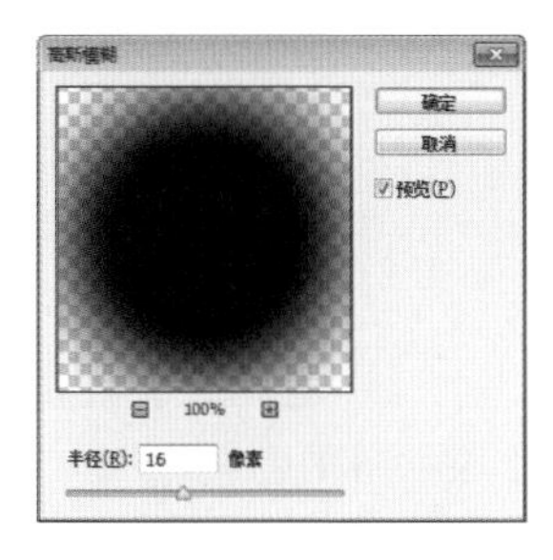

图3.327 设置高斯模糊

⑪ 选择工具箱中的【椭圆工具】，在选项栏中将【填充】更改为白色，【描边】为无，在绘制的盘子位置以中心为起点按住Alt+Shift组合键绘制一个正圆图形，此时将生成一个【椭圆2】图层，双击此图层名称将其更改为【茶杯】，如图3.328所示。

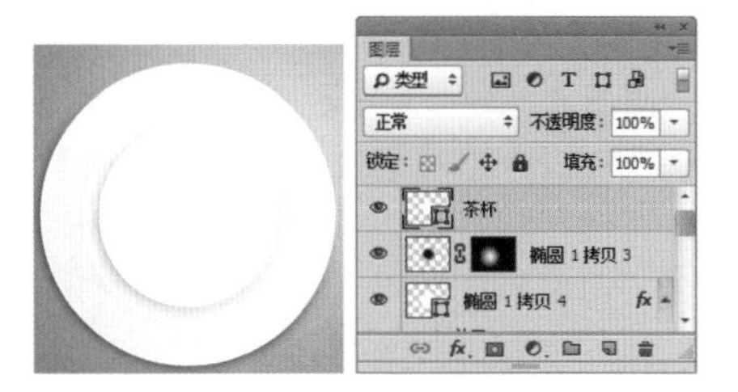

图3.328 绘制图形

⑫ 在【图层】面板中选中【茶杯】图层，将其拖至面板底部的【创建新图层】按钮上，复制出【茶杯 拷贝】及【茶杯 拷贝2】图层，双击这两个图层名称，分别将其名称改为【茶水】和【茶水2】，如图3.329所示。

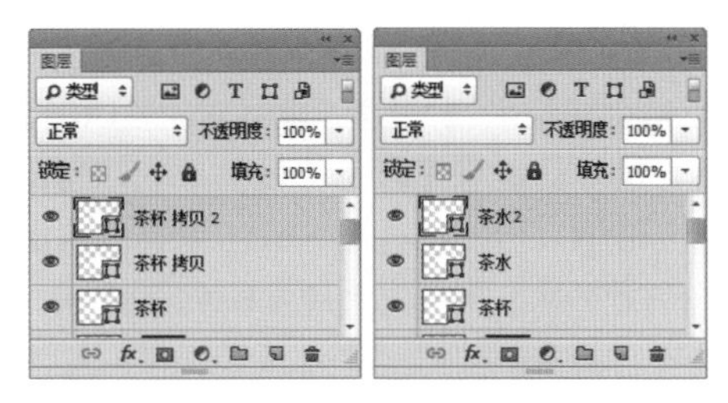

图3.329 复制图层并更改图层名称

⑬ 在【图层】面板中选中【茶杯】图层，单击面板底部的【添加图层样式】fx按钮，在菜单中选择【内阴影】命令，在弹出的对话框中将【不透明度】更改为12%，取消【使用全局光】复选框，【角度】更改为45度，【距离】更改为2像素，【大小】更改为6像素，完成之后单击【确定】按钮，如图3.330所示。

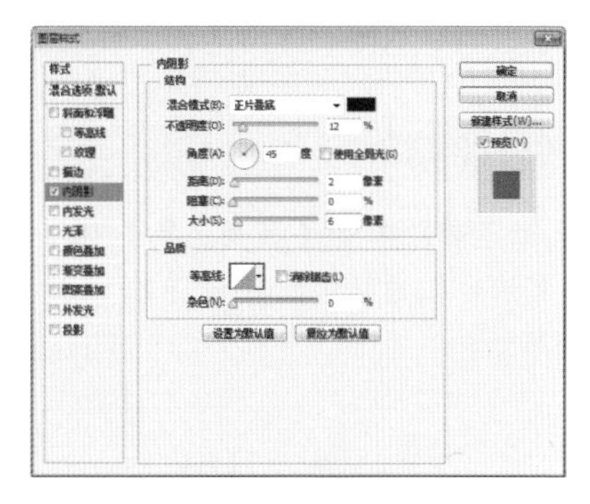

图3.330 设置内阴影

⑭ 选中【茶水】图层，在画布中将其图形颜色更改为灰色（R:213，G:213，B:213）按Ctrl+T组合键对其执行【自由变换】命令，当出现变形框以后，按住Alt+Shift组合键将图形等比例缩小，完成之后按Enter键确认，如图3.331所示。

图3.331 变换图形

⑮ 选中【茶水2】图层，在画布中按Ctrl+T组合键对其执行【自由变换】命令，当出现变形框以后，按住Alt+Shift组合键将图形等比例缩小，完成之后按Enter键确认，如图3.332所示。

图3.332 变换图形

⑯ 在【图层】面板中选中【茶水2】图层，单击面板底部的【添加图层样式】 *fx* 按钮，在菜单中选择【描边】命令，在弹出的对话框中将【大小】更改为2像素，【颜色】更改为绿色（R:109，G:157，B:87），如图3.333所示。

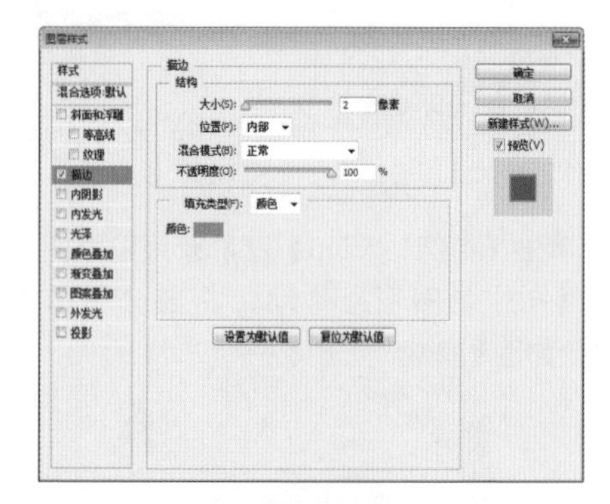

图3.333 添加描边

⑰ 选中【渐变叠加】复选框，将【渐变】更改为绿色（R:220，G:236，B:189）到绿色（R:73，G:99，B:31），【角度】更改为30度，完成之后单击【确定】按钮，如图3.334所示。

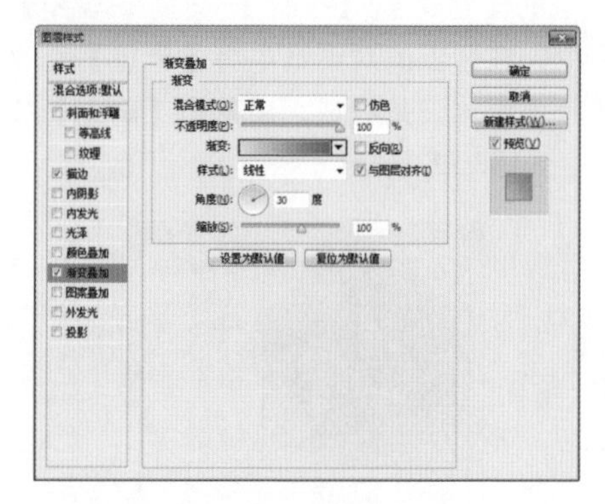

图3.334 设置渐变叠加

3.6.4 绘制茶水

① 选择工具箱中的【椭圆工具】，在选项栏中将【填充】更改为白色，【描边】为无，在茶杯位置按住Shift键绘制一个正圆图形，此时将生成一个【椭圆2】图层，如图3.335所示。

图3.335 绘制图形

② 在【图层】面板中选中【椭圆2】图层，单击面板底部的【添加图层样式】fx按钮，在菜单中选择【内发光】命令，在弹出的对话框中将【颜色】更改为白色，【大小】更改为20像素，如图3.336所示。

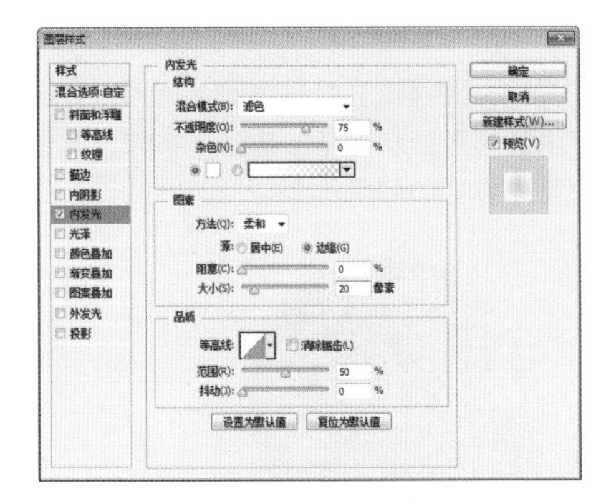

图3.336 设置内发光

③ 在【图层】面板中选中【椭圆2】图层，将其【填充】更改为0%，如图3.337所示。

④ 在【图层】面板中，选中【椭圆2】图层，在其图层名称上单击鼠标右键，从弹出的快捷菜单中选择【栅格化图层样式】命令；再单击面板底部的【添加图层蒙版】按钮，为其添加图层蒙版，如图3.338所示。

图3.337 更改填充

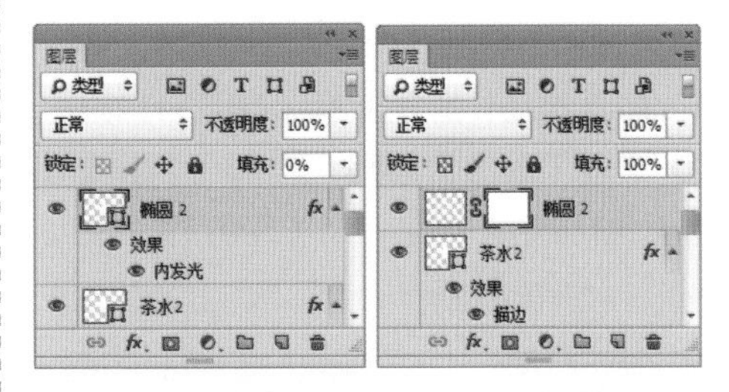

图3.338 栅格化图层样式并添加图层蒙版

⑤ 选择工具箱中的【画笔工具】，在画布中单击鼠标右键，在弹出的面板中选择一种圆角笔触，将【大小】更改为300像素，【硬度】更改为0%，如图3.339所示。

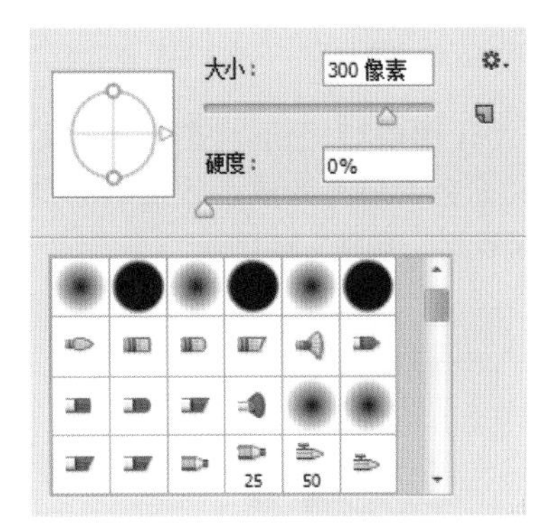

图3.339 设置笔触

3.6.5 制作茶水高光

① 单击【椭圆2】图层蒙版缩览图，在画布中其图形上拖动，将部分图形隐藏，如图3.340所示。

② 选择工具箱中的【钢笔工具】，在茶水位置绘制一个不规则封闭路径，如图3.341所示。

图3.340 隐藏图形　　图3.341 绘制路径

③ 在画布中按Ctrl+Enter组合键将刚才所绘制的封闭路径转换成选区，如图3.342所示。

④ 单击【图层】面板底部的【创建新图层】按钮，新建一个【图层2】图层，如图3.343所示。

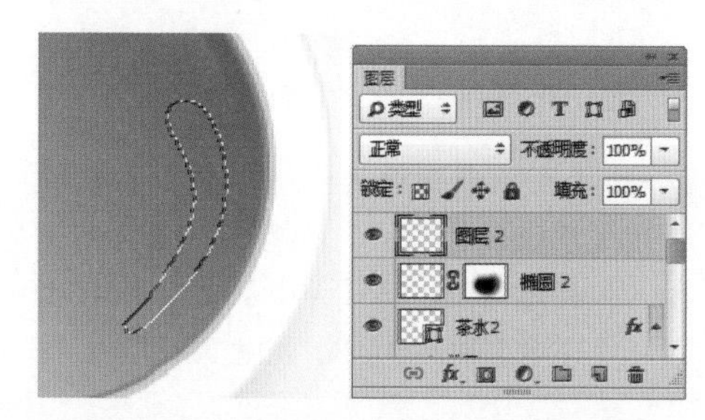

图3.342 转换选区　　图3.343 新建图层

⑤ 选中【图层2】图层，在画布中将选区填充为白色，填充完成之后按Ctrl+D组合键取消选区，如图3.344所示。

图3.344 填充颜色

⑥ 在【图层】面板中选中【图层2】图层，单击面板底部的【添加图层蒙版】按钮，为其添加图层蒙版，如图3.345所示。

⑦ 选择工具箱中的【渐变工具】，在选项栏中单击【点按可编辑渐变】按钮，在弹出的对话框中选择【黑白渐变】，设置完成之后单击【确定】按钮，再单击选项栏中的【线性渐变】按钮，如图3.346所示。

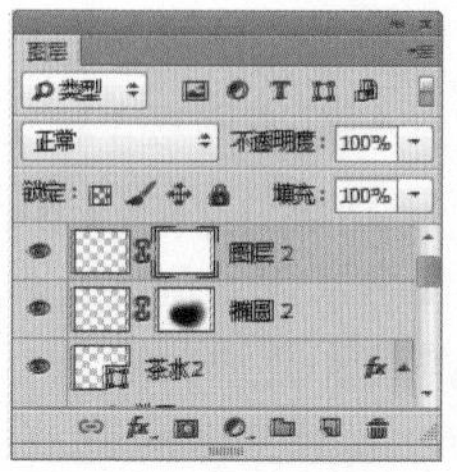

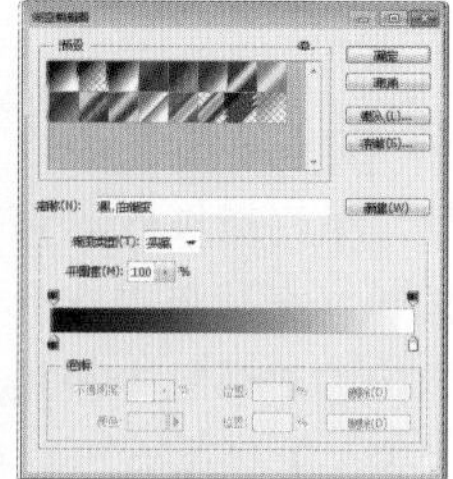

图3.345 添加图层蒙版　　图3.346 设置渐变

⑧ 单击【图层2】图层蒙版缩览图，在画布中其图形上从下至上拖动，将部分图形隐藏，如图3.347所示。

图3.347 隐藏部分图形

⑨ 选中【图层 2】图层，将其图层【不透明度】更改为30%，如图3.348所示。

图3.348 更改图层不透明度

3.6.6 制作手柄

① 选择工具箱中的【圆角矩形工具】，在选项栏中将【填充】更改为白色，【描边】为无，【半径】为15像素，在茶杯位置绘制一个圆角矩形，此时将生成一个【圆角矩形1】图层，将其图层名称更改为【手柄】，并将其移至【茶杯】图层下方，如图3.349所示。

② 将【茶杯】图层拖至面板底部的【创建新图层】按钮上，复制一个【手柄 拷贝】图层，如图3.350所示。

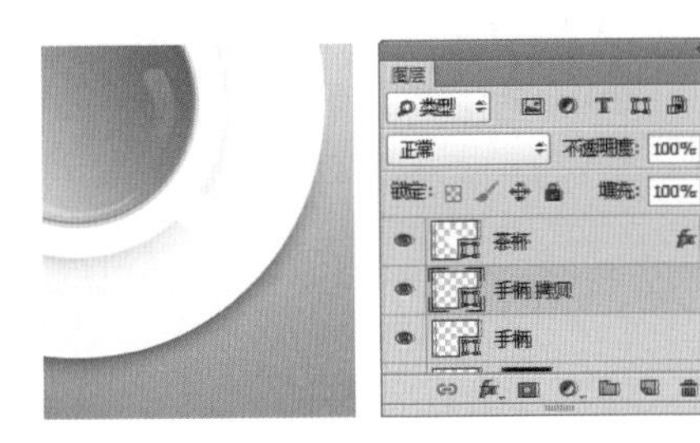

图3.349 绘制图形　　图3.350 复制图层

③ 在【图层】面板中选中【手柄 拷贝】图层，单击面板底部的【添加图层样式】*fx* 按钮，在菜单中选择【渐变叠加】命令，在弹出的对话框中将【渐变】更改为灰色（R:226，G:226，B:226）到白色再到白色，将第2个白色色标【位置】更改为40%，【样式】更改为【对称的】，【角度】更改为50度，【缩放】更改为75%，完成之后单击【确定】按钮，如图3.351所示。

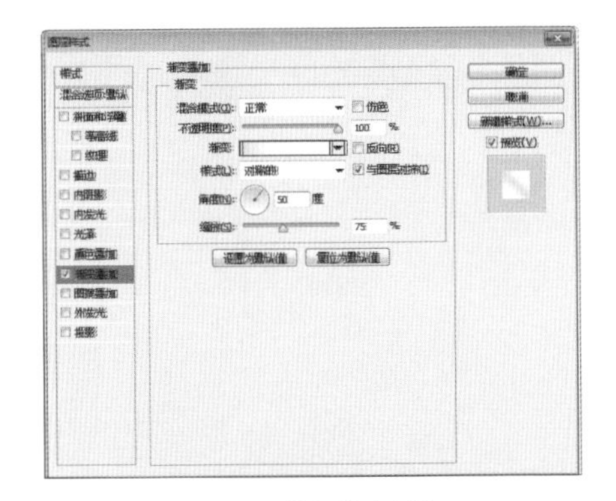

图3.351 设置渐变叠加

④ 在【图层】面板中选中【手柄】图层，将其图形颜色更改为黑色，再执行菜单栏中的【图层】|【栅格化】|【形状】命令，将当前图形栅格化，如图3.352所示。

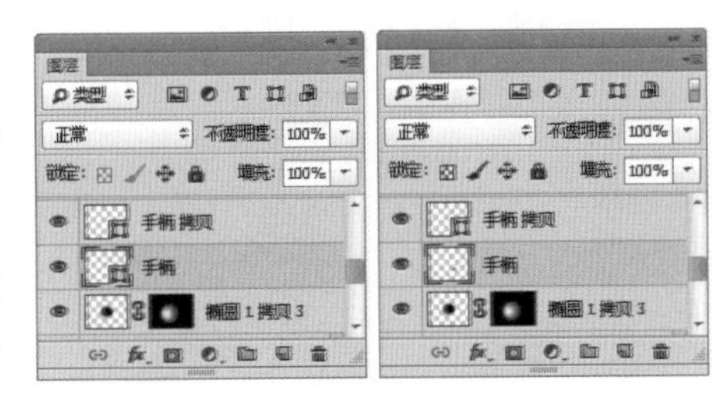

图3.352 更改图形颜色并栅格化形状

⑤ 选中【手柄】图层，将其图层【不透明度】更改为60%，在画布中将其稍微移动，如图3.353所示。

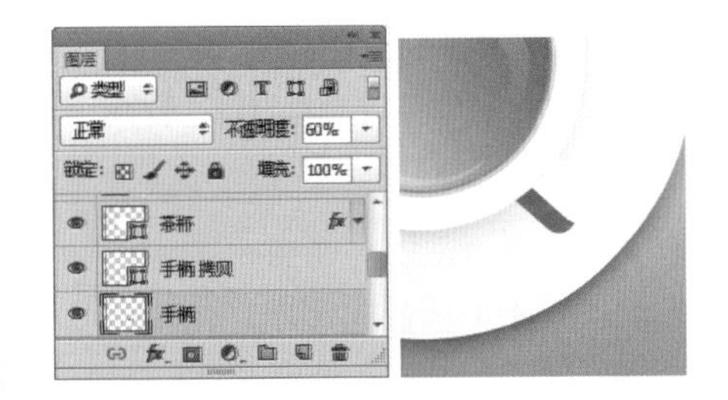

图3.353 更改图层不透明度

⑥ 选中【手柄】图层，执行菜单栏中的【滤镜】|【模糊】|【高斯模糊】命令，在弹出的对话框中将【半径】更改为12像素，设置完成之后单击【确定】按钮，如图3.354所示。

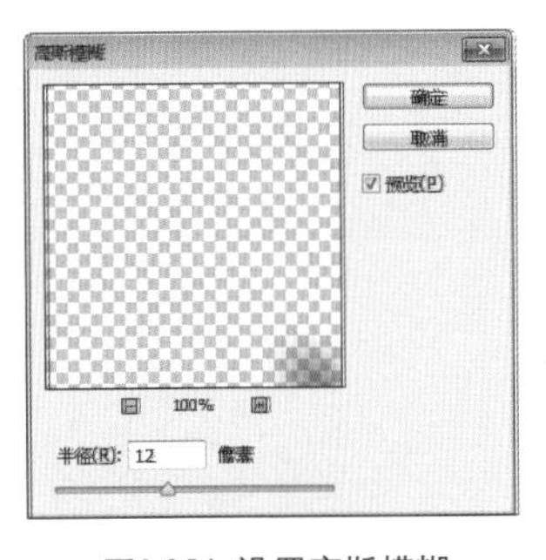

图3.354 设置高斯模糊

3.6.7 绘制茶叶

① 选择工具箱中的【钢笔工具】，在盘子左下角位置绘制一个绿叶路径，再为其填充颜色及添加相关元素完成一片绿叶效果制作，再利用【钢笔工具】绘制水珠效果添加装饰，如图3.355所示。

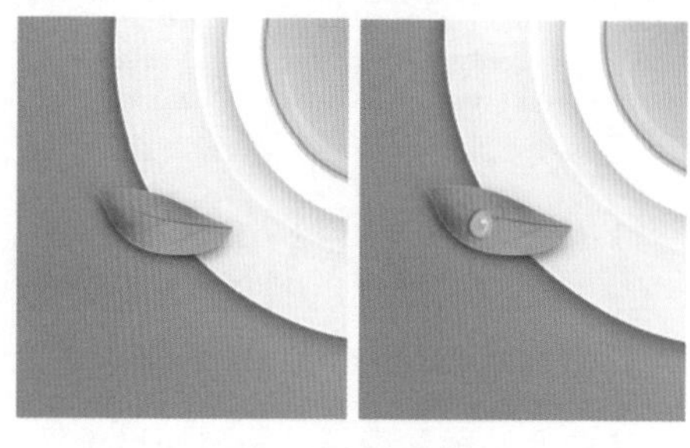

图3.355 绘制图形

② 将绘制的绿叶图形复制并适当缩小完成效果制作，最终效果如图3.356所示。

图3.356 复制图形完成最终效果制作

3.7 写实质感开关

- 新建画布，添加素材图像并利用调色工具制作背景。
- 绘制图形制作开关图形。
- 为绘制的开关图形添加装饰元素完成最终效果制作。

本例主要讲解的是写实开关制作，在制作过程中并没有过多的繁琐步骤，而是通过细节的刻画并配合恰到好处的图层样式来表现近乎完美的写实开关效果制作。

难易程度：★★☆☆☆
调用素材：配套光盘 \ 素材 \ 调用素材 \ 第 3 章 \ 写实质感开关
最终文件：配套光盘 \ 素材 \ 源文件 \ 第 3 章 \ 写实质感开关 .psd
视频位置：配套光盘 \movie\3.7 写实质感开关 .avi

写实质感开关效果如图 3.357 所示。

图3.357 写实质感开关

3.7.1 制作背景

① 执行菜单栏中的【文件】|【新建】命令，在弹出的对话框中设置【宽度】为600像素，【高度】为450像素，【分辨率】为72像素/英寸，【颜色模式】为RGB颜色，新建一个空白画布，如图3.358所示。

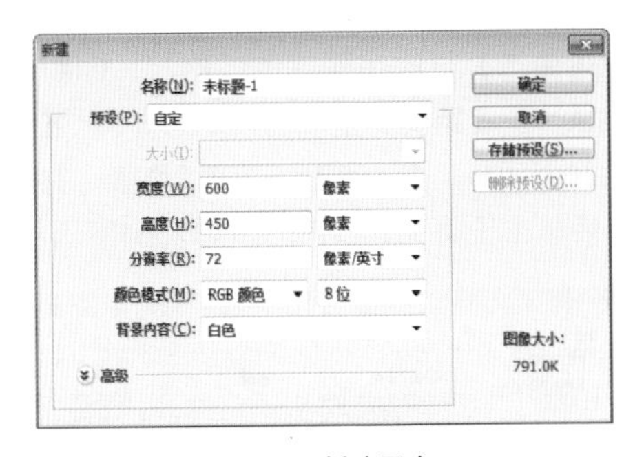

图3.358 新建画布

② 执行菜单栏中的【文件】|【打开】命令，在弹出的对话框中选择配套光盘中的“调用素材\第3章\写实质感开关\木板纹理.jpg”文件，将打开的素材拖入画布中，此时其图层名称将自动更改为【图层1】，如图3.359所示。

图3.359 添加素材

③ 选择工具箱中的【圆角矩形工具】，在选项栏中将【填充】更改为粉色（R:255，G:245，B:235），【描边】为无，【半径】为30像素，在画布适当位置绘制一个圆角矩形。选中【圆角矩形1】图层并其拖至面板底部的【创建新图层】按钮上，复制出【圆角矩形1 拷贝】及【圆角矩形1 拷贝2】图层，如图3.360所示。

图3.360 绘制图形并复制图层

④ 在【图层】面板中选中【圆角矩形1】图层，单击面板底部的【添加图层样式】fx按钮，在菜单中选择【投影】命令，在弹出的对话框中将【混合模式】更改为【正常】，【颜色】更改为深黄色（R:118，G:80，B:40），【不透明度】更改为60%，取消【使用全局光】复选框，将【角度】更改为90度，【距离】更改为2像素，【扩展】更改为25%，【大小】更改为4像素，完成之后单击【确定】按钮，如图3.361所示。

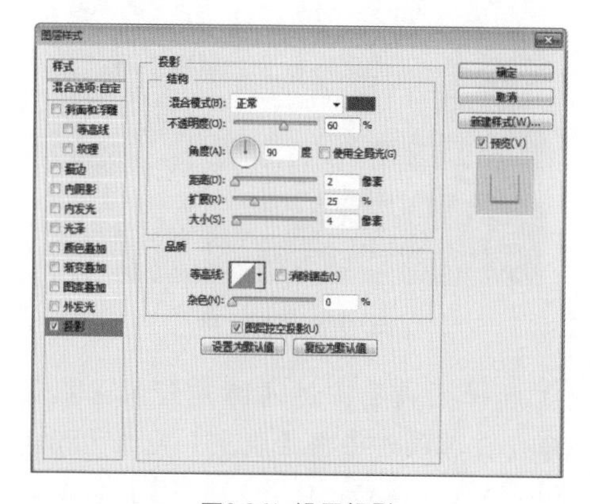

图3.361 设置投影

⑤ 在【图层】面板中选中【圆角矩形1】图层，将其图层【填充】更改为0%，如图3.362所示。

提示

将图层【不透明度】或者【填充】值降低以后，需要将其上方的图层暂时隐藏才可以看到效果。

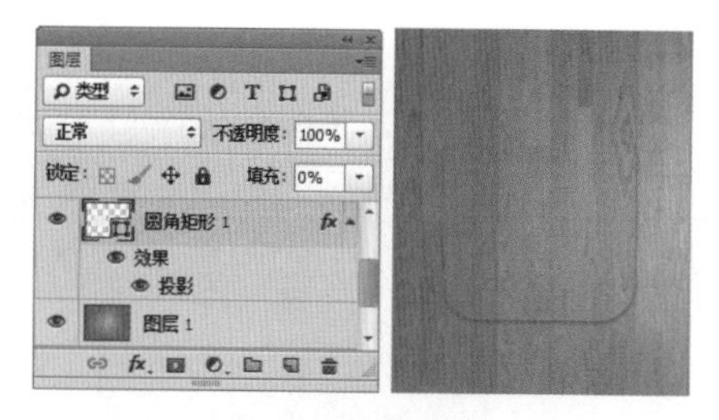

图3.362 更改填充

⑥ 在【圆角矩形1】图层上单击鼠标右键，从弹出的快捷菜单中选择【拷贝图层样式】命令，在【圆角矩形1 拷贝】图层上单击鼠标右键，从弹出的快捷菜单中选择【粘贴图层样式】命令，如图3.363所示。

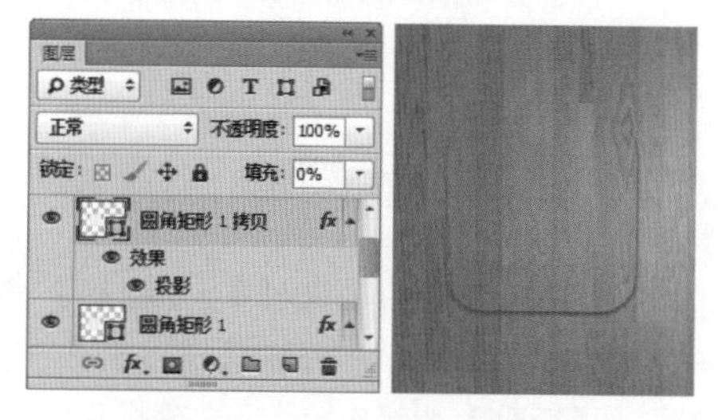

图3.363 拷贝并粘贴图层样式

⑦ 在【图层】面板中双击【圆角矩形1 拷贝】图层样式名称，在弹出的对话框中将【颜色】更改为深黄色（R:72，G:47，B:24），【距离】更改为0像素，【扩展】更改为50%，【大小】更改为2像素，完成之后单击【确定】按钮，如图3.364所示。

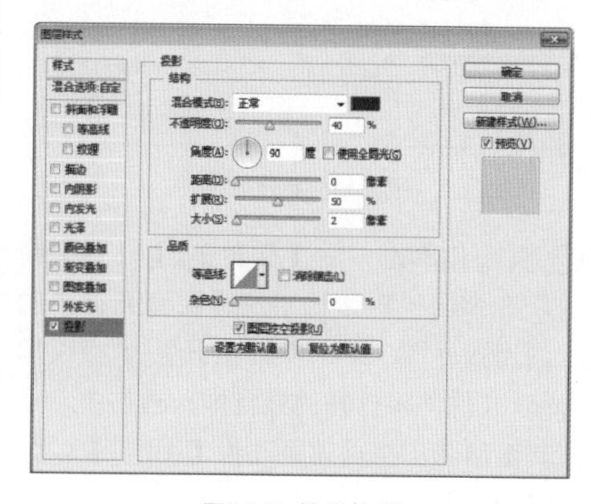

图3.364 设置投影

⑧ 在【图层】面板中选中【圆角矩形1 拷贝2】图层，单击面板底部的【添加图层样式】fx按钮，在菜单中选择【渐变叠加】命令，在弹出的对话框中将【混合模式】更改为【叠加】，【不透明度】更改为60%，【渐变】颜色更改为黑白渐变，完成之后单击【确定】按钮，如图3.365所示。

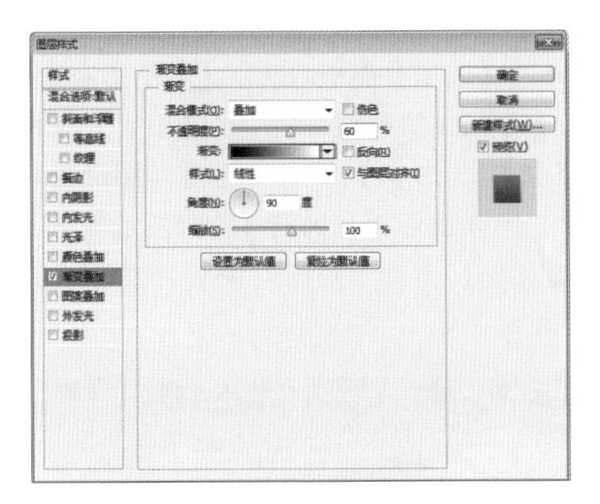

图3.365 设置渐变叠加

⑨ 选择工具箱中的【圆角矩形工具】▢，在选项栏中将【填充】更改为黄色（R:220，G:196，B:174），【描边】为无，【半径】为30像素，在画布圆角矩形上再次绘制一个圆角矩形并且使圆角矩形的底部与下方的图形对齐，此时将生成一个【圆角矩形2】图层。选中【圆角矩形2】图层并将其拖至面板底部的【创建新图层】按钮上，复制出一个【圆角矩形2 拷贝】图层，如图3.366所示。

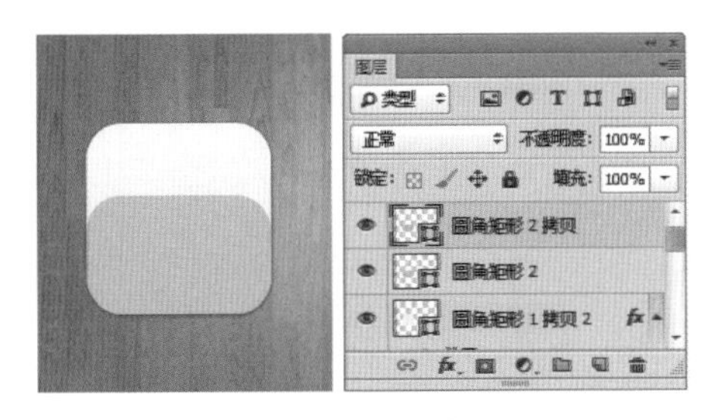

图3.366 绘制图形并复制图层

⑩ 在【图层】面板中选中【圆角矩形2】图层，执行菜单栏中的【图层】|【栅格化】|【形状】命令，将当前图形栅格化，如图3.367所示。

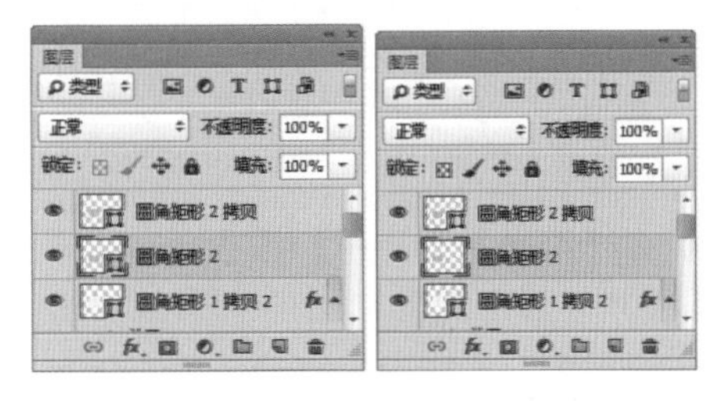

图3.367 栅格化形状

⑪ 选中【圆角矩形2】图层，执行菜单栏中的【滤镜】|【杂色】|【添加杂色】命令，在弹出的对话框中将【数量】更改为1%，分别选中【高斯分布】单选按钮和【单色】复选框，完成之后单击【确定】按钮，如图3.368所示。

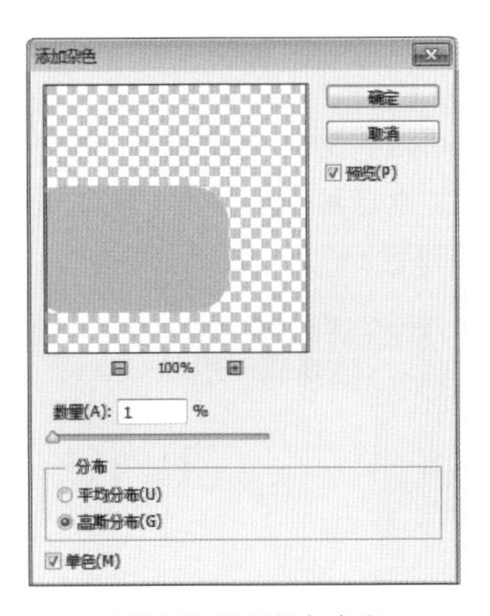

图3.368 设置添加杂色

⑫ 在【图层】面板中选中【圆角矩形2】图层，单击面板底部的【添加图层蒙版】按钮，为其添加图层蒙版，如图3.369所示。

⑬ 选中【圆角矩形2 拷贝】图层，在画布中将其图形向上稍微移动，如图3.370所示。

图3.369 添加图层蒙版

图3.370 移动图形

⑭ 在【图层】面板中，按住Ctrl键单击【圆角矩形2 拷贝】图层缩览图，如图3.371所示。

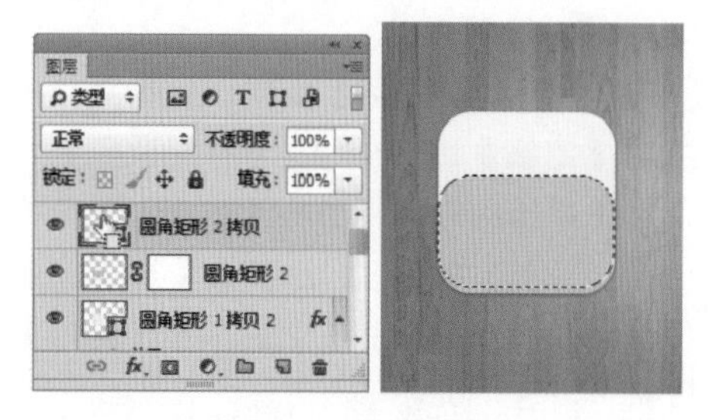

图3.371 载入选区

⑮ 单击【圆角矩形2】图层蒙版缩览图，在画布中将选区填充为黑色，隐藏部分图形，完成之后按Ctrl+D组合键取消选区，如图3.372所示。

图3.372 隐藏图形

⑯ 选中【圆角矩形2】图层，将其图层【不透明度】更改为50%，如图3.373所示。

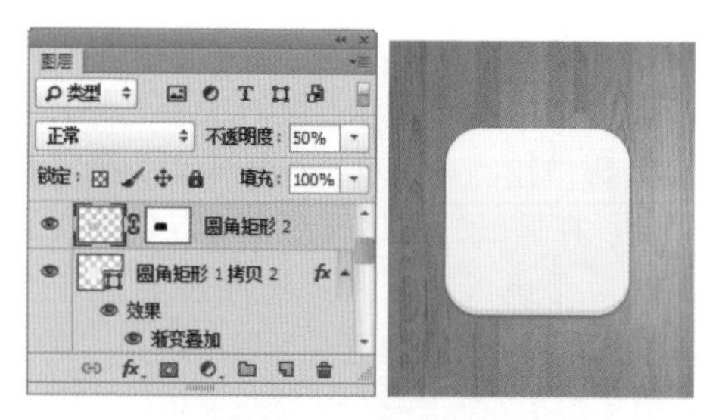

图3.373 更改图层不透明度

⑰ 在【图层】面板中选中【圆角矩形2 拷贝】图层，执行菜单栏中的【图层】|【栅格化】|【形状】命令，将当前图形栅格化；再单击面板底部的【添加图层蒙版】按钮，为其添加图层蒙版，如图3.374所示。

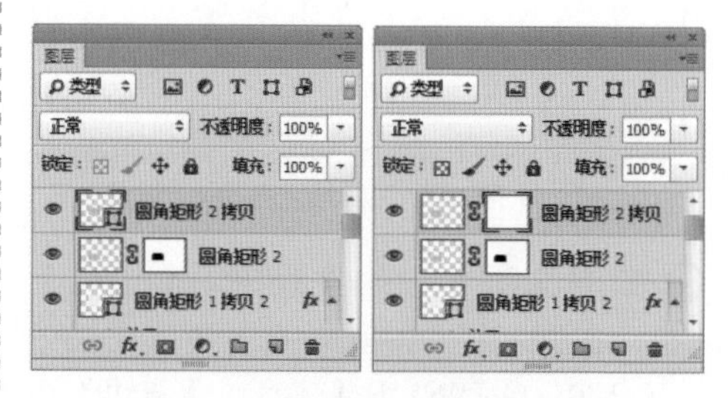

图3.374 栅格化图层并添加图层蒙版

⑱ 选择工具箱中的【渐变工具】，在选项栏中单击【点按可编辑渐变】按钮，在弹出的对话框中选择【黑白渐变】，设置完成之后单击【确定】按钮，再单击选项栏中的【线性渐变】按钮，如图3.375所示。

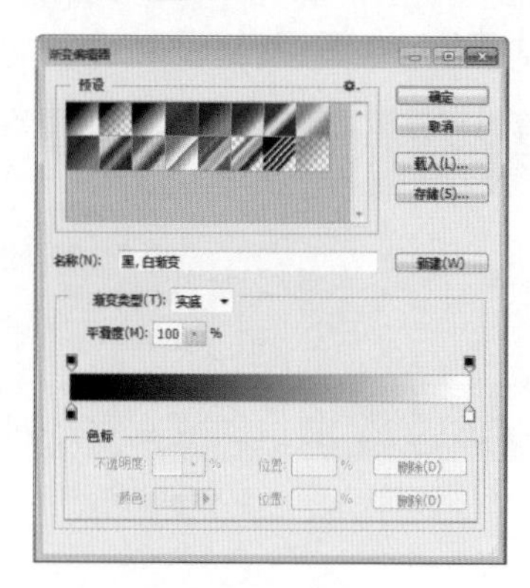

图3.375 设置渐变

⑲ 单击【圆角矩形2 拷贝】图层蒙版缩览图，在画布中其图形上按住Shift键从上至下拖动，将图形颜色减淡，如图3.376所示。

图3.376 减淡图形颜色

⑳ 选中【圆角矩形2 拷贝】图层，将其图层【不透明度】更改为20%，如图3.377所示。

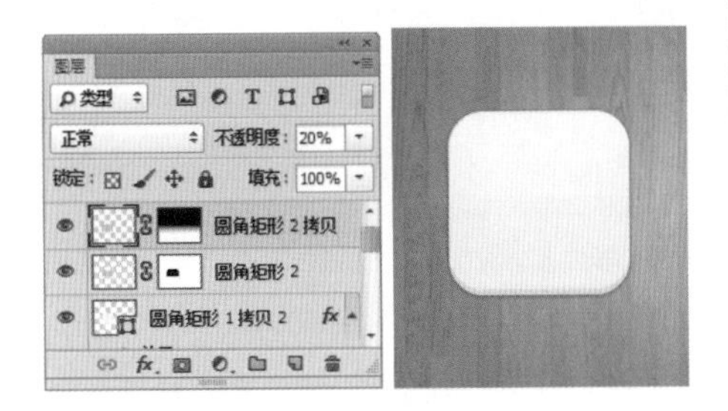

图3.377 更改图层不透明度

㉑ 在【图层】面板中选中【圆角矩形2】图层，将其拖至面板底部的【创建新图层】按钮上，复制一个【圆角矩形2 拷贝2】图层，如图3.378所示。

㉒ 选中【圆角矩形2 拷贝2】图层，在画布中按Ctrl+T组合键对其执行【自由变换】命令，将光标移至出现的变形框上右击，从弹出的快捷菜单中选择【垂直翻转】命令，完成之后按Enter键确认，再将其向上移动至圆角矩形顶部与边缘对齐，如图3.379所示。

图3.378 复制图层

图3.379 变换图形

3.7.2 制作细节

① 选择工具箱中的【圆角矩形工具】，在选项栏中将【填充】更改为无，【描边】为白色，【大小】为4点，【半径】为10像素，绘制一个圆角矩形，此时将生成一个【圆角矩形3】图层，如图3.380所示。

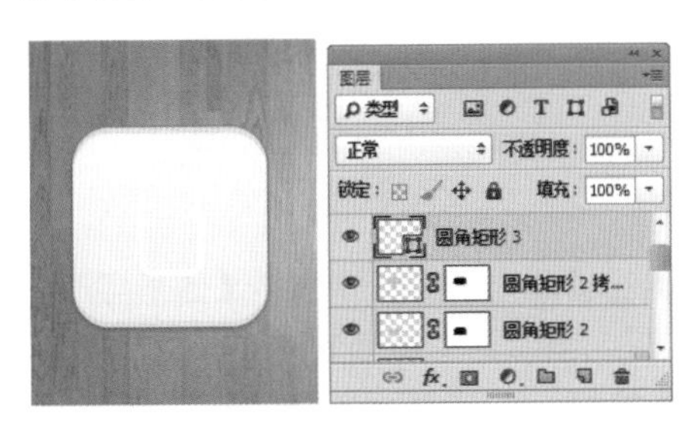

图3.380 绘制图形

② 在【图层】面板中选中【圆角矩形3】图层，单击面板底部的【添加图层样式】fx按钮，在菜单中选择【内阴影】命令，在弹出的对话框中将【距离】更改为1像素，【阻塞】更改为26%，【大小】更改为2像素，如图3.381所示。

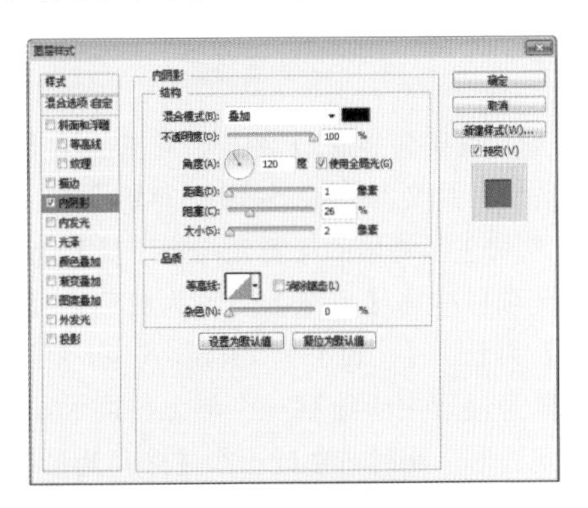

图3.381 设置内阴影

③ 选中【渐变叠加】复选框，将【渐变】颜色更改为浅红色（R:239，G:225，B:210）到浅红色（R:224，G:210，B:195），如图3.382所示。

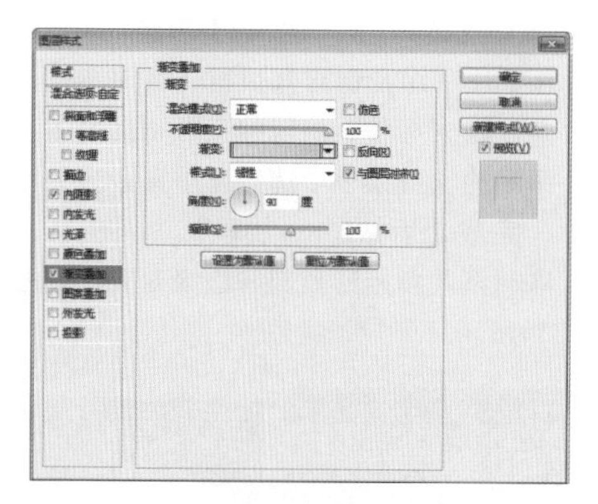

图3.382 设置渐变叠加

④ 选中【投影】复选框，将【混合模式】更改为【正常】，【颜色】更改为白色，【距离】更改为2像素，完成之后单击【确定】按钮，如图3.383所示。

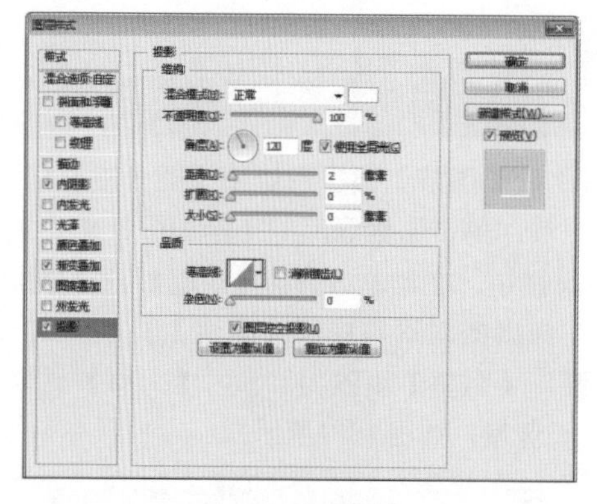

图3.383 设置投影

⑤ 选中【圆角矩形3】图层，将其图层【不透明度】更改为90%，如图3.384所示。

⑥ 选择工具箱中的【圆角矩形工具】，在选项栏中将【填充】更改为白色，【描边】为无，【半径】为5像素，在刚才绘制的圆角矩形中心绘制一个与之相同大小的圆角矩形，此时将生成一个【圆角矩形4】图层，并且使绘制的图形与下方的圆角矩形对齐，如图3.385所示。

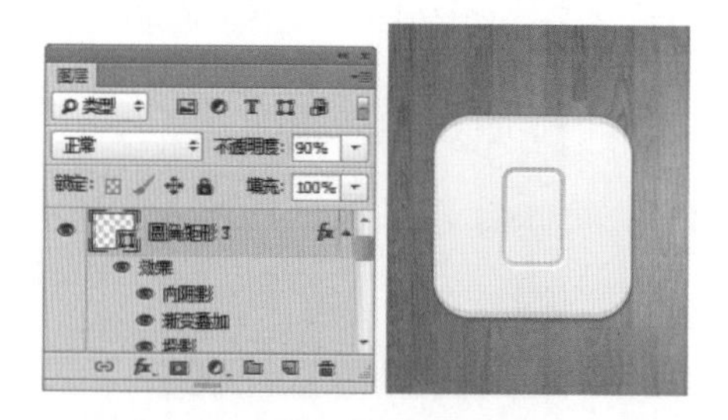

图3.384 更改图层不透明度

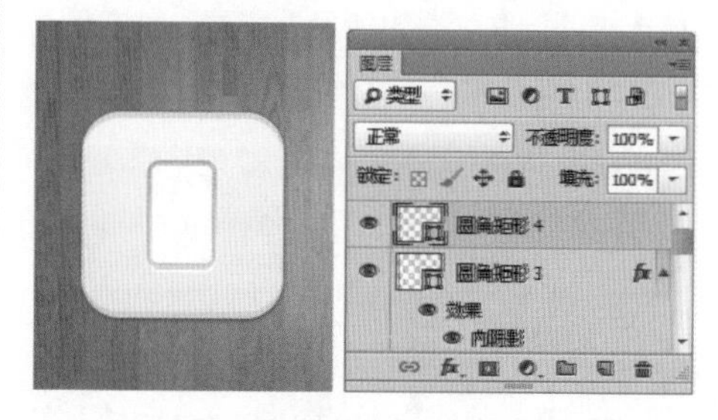

图3.385 绘制图形

⑦ 在【图层】面板中选中【圆角矩形4】图层，将其拖至面板底部的【创建新图层】按钮上，复制一个【圆角矩形4 拷贝】图层，如图3.386所示。

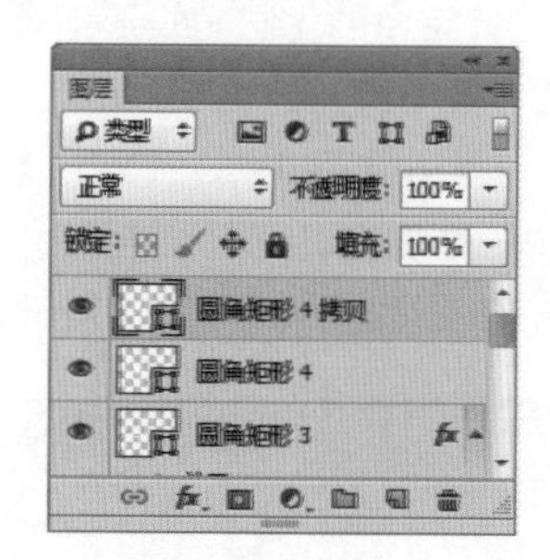

图3.386 复制图层

⑧ 在【图层】面板中选中【圆角矩形4】图层，单击面板底部的【添加图层样式】按钮，在菜单中选择【渐变叠加】命令，在弹出的对话框中将【不透明度】更改为8%，【渐变】颜色更改为浅红色（R:240，G:227，B:214）到白色，【角

度】更改为-90度，如图3.387所示。

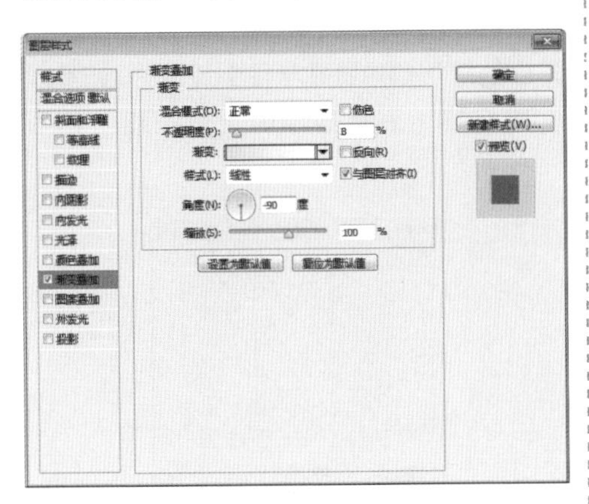

图3.387 设置渐变叠加

⑨ 选中【投影】复选框，将【混合模式】更改为【正常】，【颜色】更改为深黄色（R:164，G:138，B:113），【不透明度】更改为70%，取消【使用全局光】，【扩展】更改为30%，【大小】更改为2像素，完成之后单击【确定】按钮，如图3.388所示。

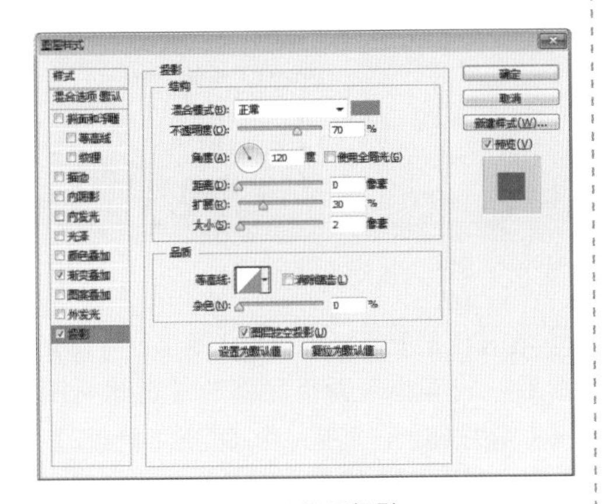

图3.388 设置投影

⑩ 选中【圆角矩形4 拷贝】图层，在画布中按Ctrl+T组合键对其执行【自由变换】命令，将光标移至出现的变形框顶部并向下拖动，适当缩小图形高度，完成之后按Enter键确认，如图3.389所示。

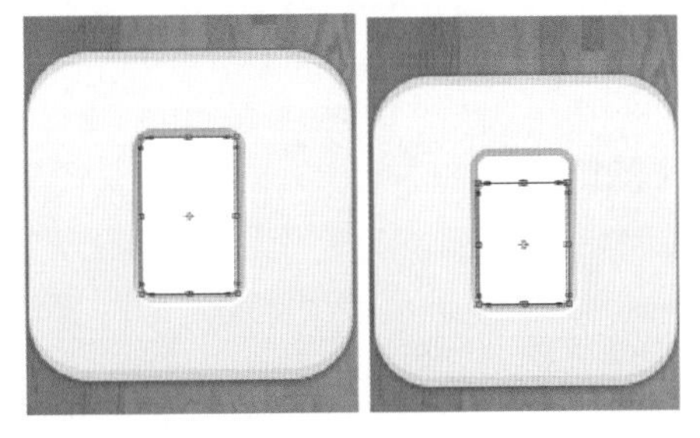

图3.389 变换图形

⑪ 在【图层】面板中选中【圆角矩形4 拷贝】图层，单击面板底部的【添加图层样式】fx按钮，在菜单中选择【内阴影】命令，在弹出的对话框中将【混合模式】更改为【正常】，【颜色】更改为白色，【不透明度】更改为65%，【阻塞】更改为100%，【大小】更改为1像素，如图3.390所示。

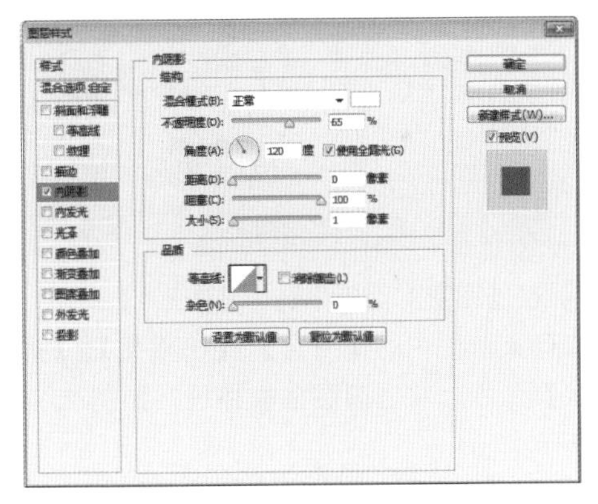

图3.390 设置内阴影

⑫ 选中【渐变叠加】复选框，将【渐变】颜色更改为浅红色（R:240，G:227，B:214）到白色，【角度】更改为-90度，如图3.391所示。

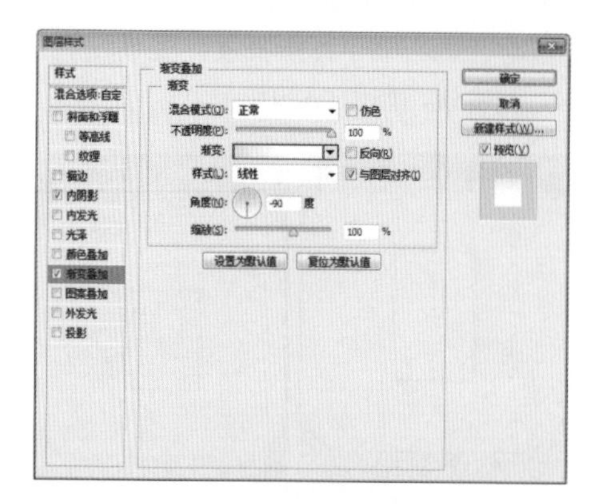
图3.391 设置渐变叠加

⑬ 选择工具箱中的【矩形工具】，在选项栏中将【填充】更改为浅红色（R:240，G:227，B:215），【描边】为无，在画布中适当位置绘制一个矩形，此时将生成一个【矩形1】图层，如图3.392所示。

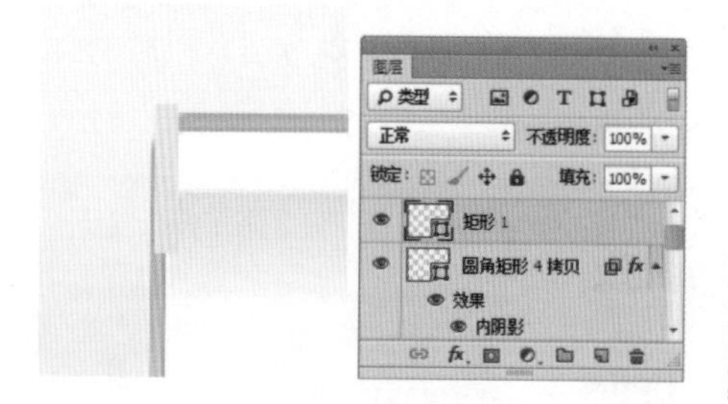
图3.392 绘制图形

⑭ 在【图层】面板中选中【矩形1】图层，执行菜单栏中的【图层】|【栅格化】|【形状】命令，将当前图形栅格化，如图3.393所示。

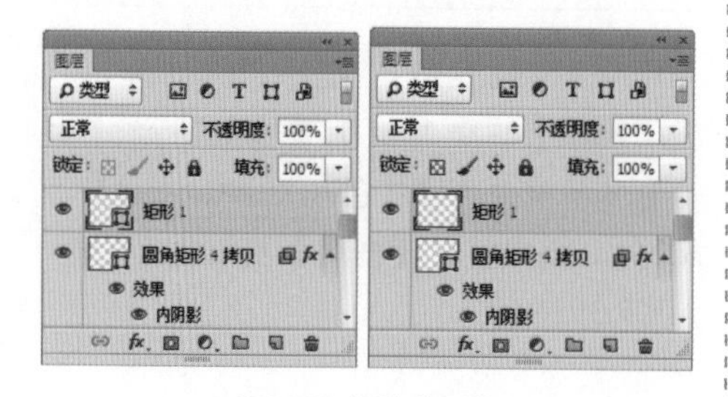
图3.393 栅格化形状

⑮ 选中【矩形1】图层，执行菜单栏中的【滤镜】|【模糊】|【高斯模糊】命令，在弹出的对话框中将【半径】更改为2像素，设置完成之后单击【确定】按钮，如图3.394所示。

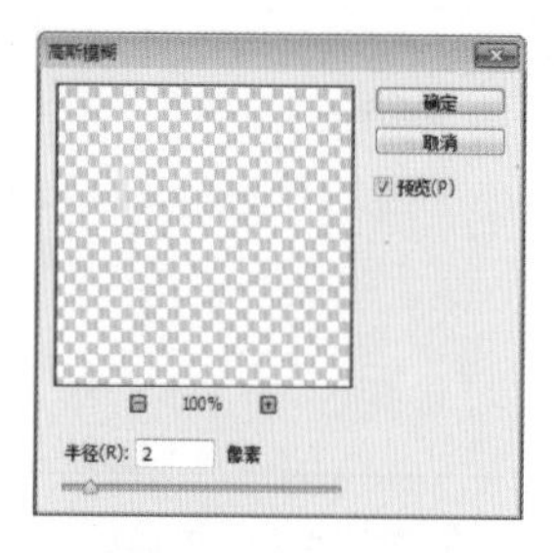
图3.394 设置高斯模糊

⑯ 选中【矩形1】图层，在画布中按住Alt+Shift组合键将其拖至圆角矩形的右侧边缘位置，此时将生成一个【矩形1 拷贝】图层，如图3.395所示。

图3.395 复制图形

⑰ 在【图层】面板中选中【矩形1 拷贝】图层，将其拖至面板底部的【创建新图层】按钮上，复制一个【矩形1 拷贝2】图层，如图3.396所示。

图3.396 复制图层

⑱ 选中【矩形1 拷贝2】图层，在画布中按Ctrl+T组合键对其执行【自由变换】命令，在出现的变形框中单击鼠标右键，从弹出的快捷菜单中选择【旋转90度（顺时针）】命令，再将其向上移至圆角矩形顶部靠近边缘位置，按住Alt键将图形宽度等比放大，完成之后按Enter键确认，如图3.397所示。

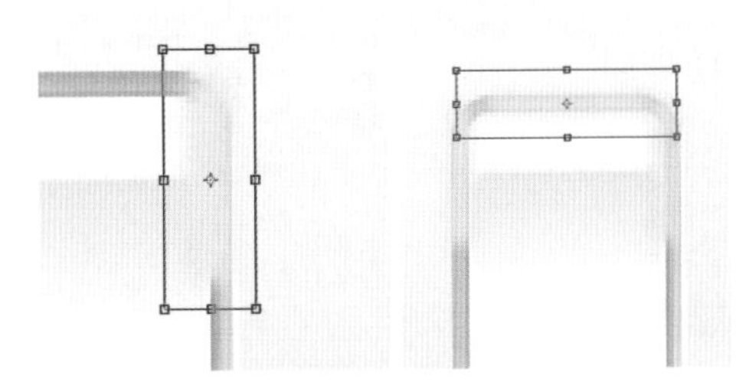

图3.397 变换图形

⑲ 在【图层】面板中，将【矩形1 拷贝】和【矩形1 拷贝2】拼合图层为【矩形1 拷贝2】。选中【矩形1 拷贝2】图层，将其移至【圆角矩形4】图层的上方，再执行菜单栏中的【图层】|【创建剪切蒙版】命令，为当前图层创建剪切蒙版，将部分图形隐藏，如图3.398所示。

图3.398 更改图层顺序并创建剪切蒙版

⑳ 选择工具箱中的【椭圆工具】，在选项栏中将【填充】更改为无，【描边】为浅红色（R:222，G:206，B:192），【大小】为1点，在绘制的按钮图形靠下方位置按住Shift键绘制一个正圆图形，此时将生成一个【椭圆1】图层，如图3.399所示。

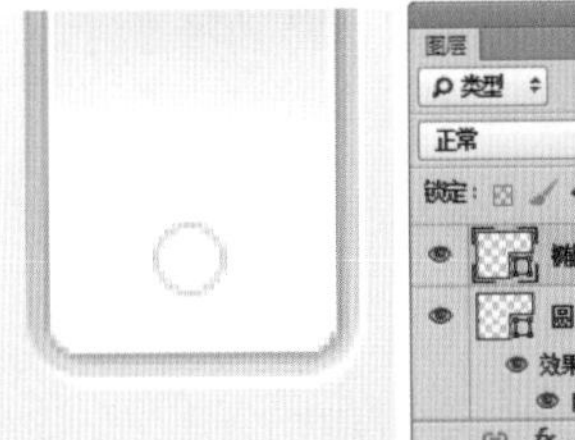

图3.399 绘制图形

㉑ 在【图层】面板中选中【椭圆1】图层，单击面板底部的【添加图层样式】fx按钮，在菜单中选择【内阴影】命令，在弹出的对话框中将【距离】更改为1像素，【阻塞】更改为25%，【大小】更改为2像素，如图3.400所示。

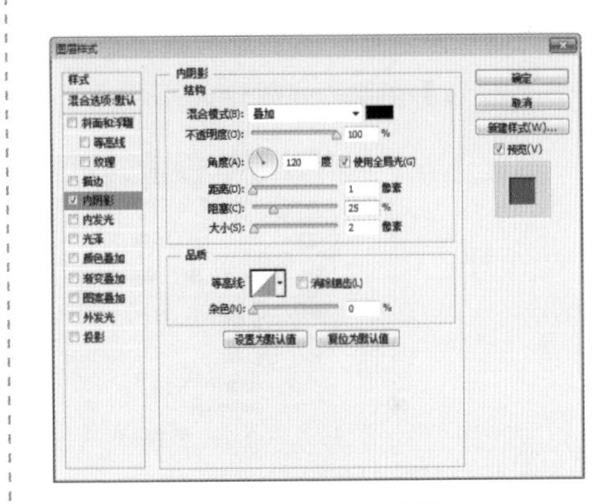

图3.400 设置内阴影

㉒ 选中【投影】复选框，将【距离】更改为2像素，完成之后单击【确定】按钮，如图3.401所示。

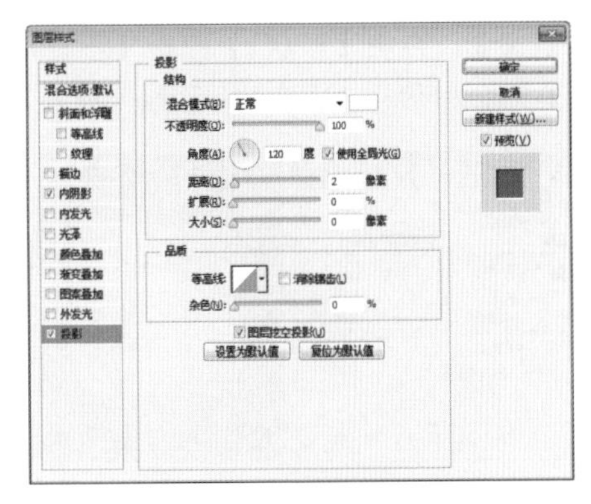

图3.401 设置投影

㉓ 选中【椭圆1】图层，将其图层【不透明度】更改为30%，如图3.402所示。

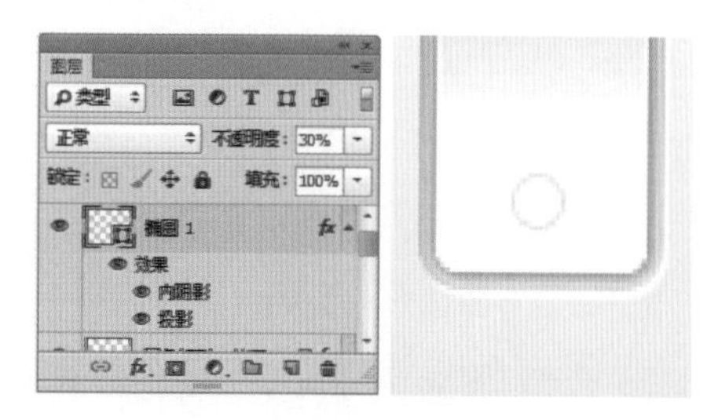

图3.402 更改图层不透明度

㉔ 选择工具箱中的【直线工具】，在选项栏中将【填充】更改为绿色（R:83，G:224，B:34），【描边】为无，【粗细】更改为2像素，在刚才绘制的正圆图形上按住Shift键绘制一条垂直线段，此时将生成一个【形状1】图层，如图3.403所示。

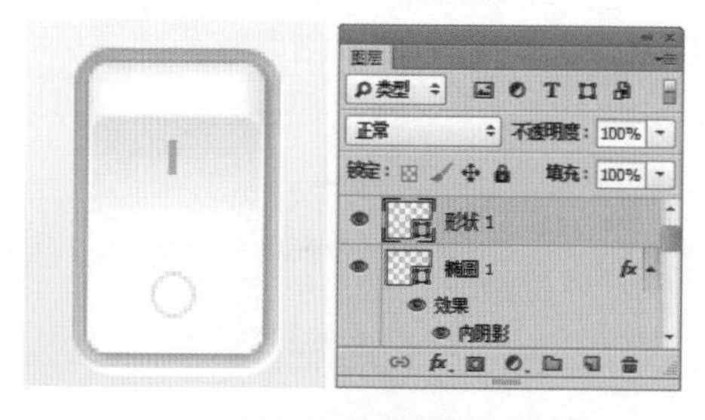

图3.403 绘制图形

㉕ 在【椭圆1】图层上单击鼠标右键，从弹出的快捷菜单中选择【拷贝图层样式】命令，在【形状1】图层上单击鼠标右键，从弹出的快捷菜单中选择【粘贴图层样式】命令，再将【形状1】图层【不透明度】更改为50%，如图3.404所示。

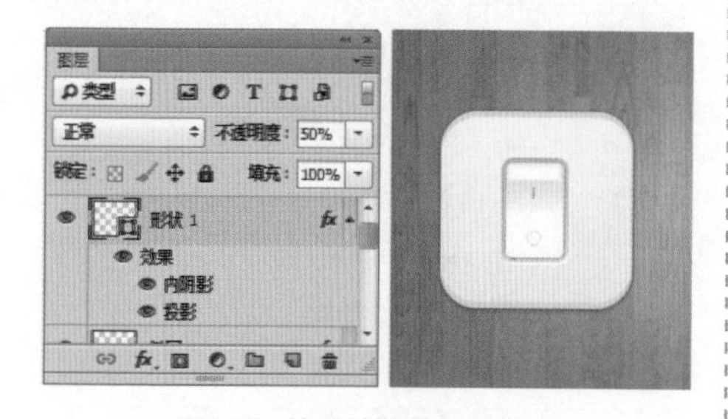

图3.404 拷贝并粘贴图层样式

㉖ 选择工具箱中的【椭圆工具】，在选项栏中将【填充】更改为浅红色（R:188，G:180，B:170），【描边】为无，在开关面板左上角位置按住Shift键绘制一个正圆图形，此时将生成一个【椭圆2】图层。选中【椭圆2】图层，将其拖至面板底部的【创建新图层】按钮上，复制一个【椭圆2 拷贝】图层，如图3.405所示。

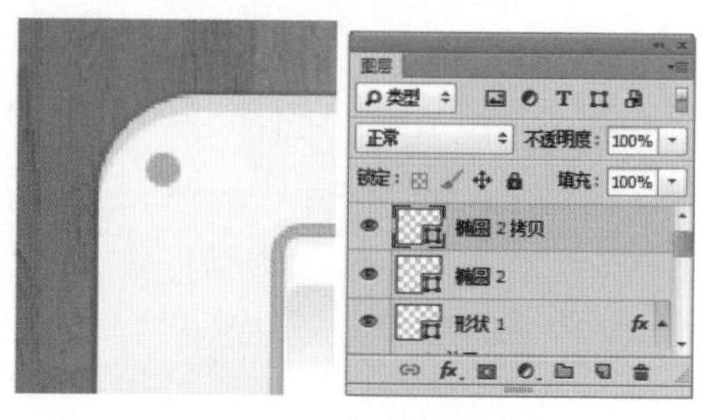

图3.405 绘制图形并复制图层

㉗ 在【图层】面板中选中【椭圆2】图层，单击面板底部的【添加图层样式】按钮，在菜单中选择【斜面和浮雕】命令，在弹出的对话框中将【大小】更改为5像素，将【高光模式】更改为【线性减淡（添加）】，【颜色】更改为白色，【不透明度】更改为30%，【阴影模式】更改为【正片叠底】，【颜色】更改为浅红色（R:250，G:232，B:214），如图3.406所示。

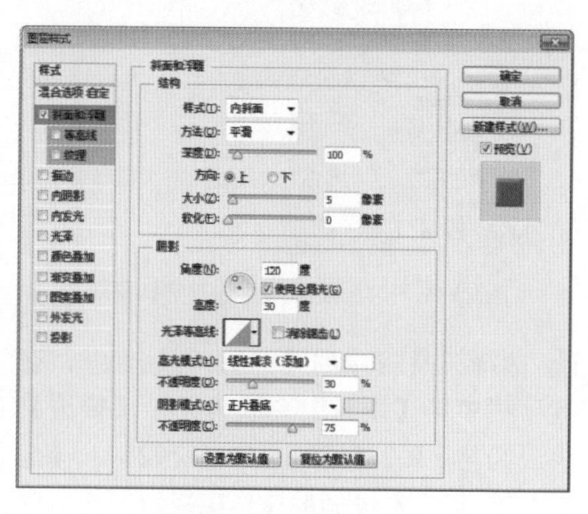

图3.406 设置斜面和浮雕

㉘ 选中【描边】复选框，将【大小】更改为2像素，【填充类型】更改为【渐变】，【渐变】更改为浅红色（R:220，G:214，B:207）到白色，【角度】更改为-90度，如图3.407所示。

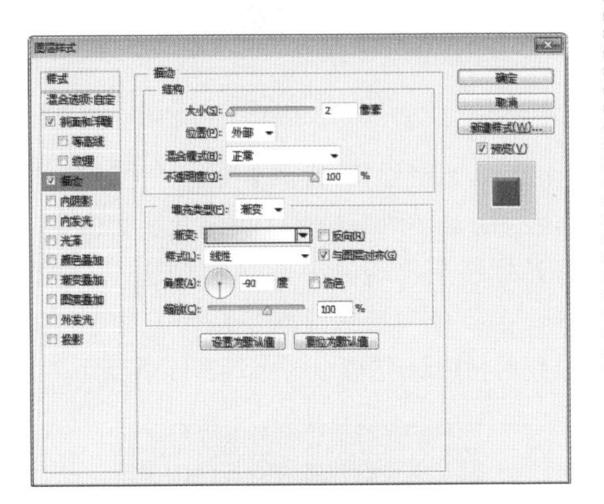

图3.407 设置描边

㉙ 选中【内阴影】复选框，将【颜色】更改为浅红色（R:215，G:204，B:188），【不透明度】更改为50%，取消【使用全局光】复选框，【角度】更改为-90度，【距离】更改为1像素，【阻塞】更改为90%，如图3.408所示。

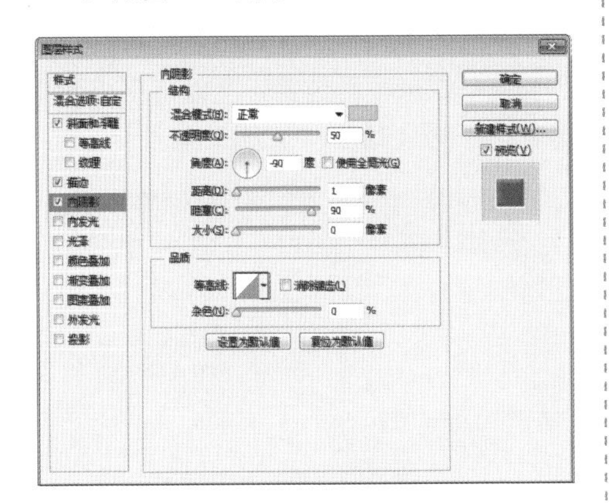

图3.408 设置内阴影

㉚ 选中【光泽】复选框，将【颜色】更改为白色，【不透明度】更改为90%，【角度】更改为20度，【距离】更改为10像素，【大小】更改为15像素，单击【等高线】后面的按钮，在弹出的面板中选择【高斯】，完成之后单击【确定】按钮，如图3.409所示。

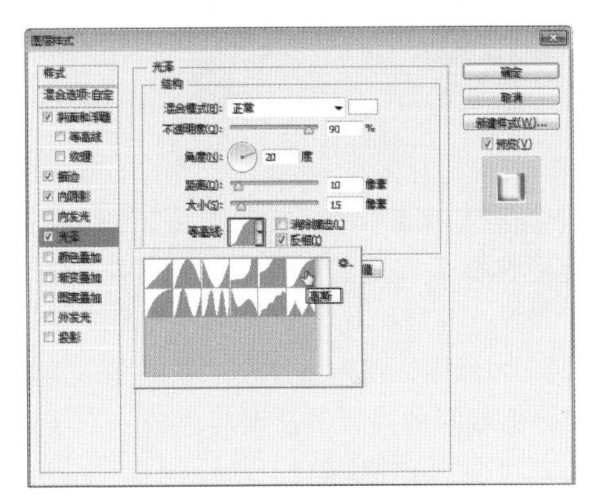

图3.409 设置光泽

㉛ 在【图层】面板中选中【椭圆2 拷贝】图层，单击面板底部的【添加图层样式】*fx*按钮，在菜单中选择【描边】命令，在弹出的对话框中将【大小】更改为1像素，【位置】更改为【内部】，【不透明度】更改为30%，【颜色】更改为黑色，如图3.410所示。

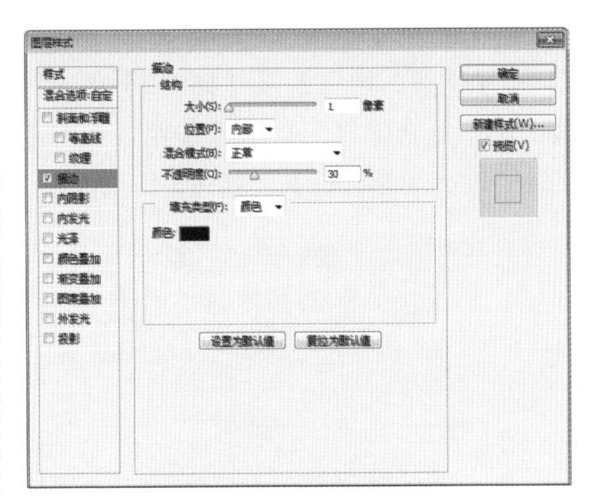

图3.410 设置描边

㉜ 在【图层】面板中选中【椭圆2 拷贝】图层，将其图层【填充】更改为0%，如图3.411所示。

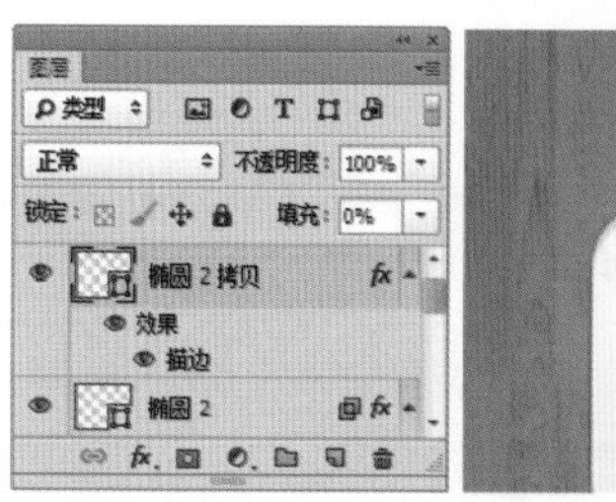

图3.411 更改填充

㉝ 选择工具箱中的【直线工具】，在选项栏中将【填充】更改为灰色（R:188，G:188，B:188），【描边】为无，【粗细】为1像素，在刚才绘制的正圆图形上绘制一条倾斜的线段，此时将生成一个【形状2】图层，如图3.412所示。

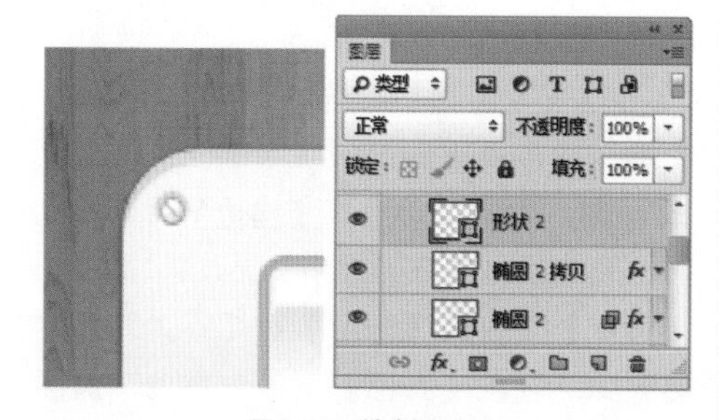

图3.412 绘制图形

㉞ 在【图层】面板中同时选中【形状2】、【椭圆2 拷贝】及【椭圆2】图层，按Ctrl+G组合键将图层快速编组，再将组名称更改为【螺丝钉】，如图3.413所示。

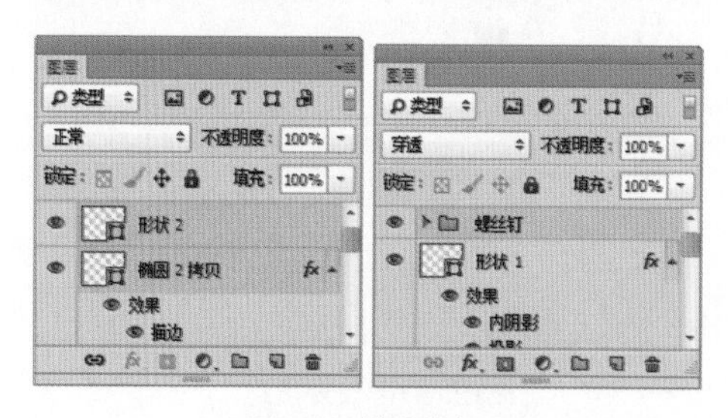

图3.413 快速编组

㉟ 选中【螺丝钉】组，在画布中按住Alt+Shift组合键向右侧平移至圆角矩形的右上角位置，此时将生成一个【螺丝钉 拷贝】组，如图3.414所示。

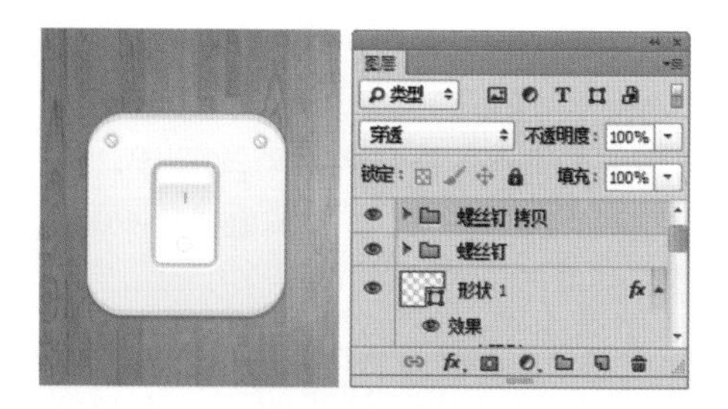

图3.414 复制图形

㊱ 选中【螺丝钉 拷贝】组，在画布中按Ctrl+T组合键对其执行【自由变换】命令，将光标移至出现的变形框上右击，从弹出的快捷菜单中选择【水平翻转】命令，完成之后按Enter键确认，如图3.415所示。

图3.415 变换图形

㊲ 同时选中【螺丝钉】及【螺丝钉 拷贝】组，在画布中按住Alt+Shift组合键向下拖动至圆角矩形顶部位置，此时将生成两个【螺丝钉 拷贝2】组，如图3.416所示。

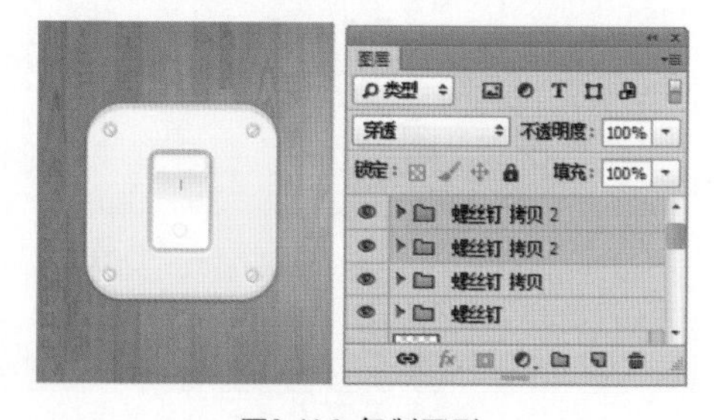

图3.416 复制图形

㊳ 保持两个【螺丝钉 拷贝2】组选中状态，在画布中按Ctrl+T组合键对其执行【自由变换】命令，将光标移至出现的变形框上右击，从弹出的快捷菜单中选择【垂直翻转】命令，完成之后按Enter键确认，如图3.417所示。

图3.417 变换图形

㊴ 同时选中除【图层1】及【背景】图层之外的所有图层，执行菜单栏中的【图层】|【新建】|【从图层建立组】，在弹出的对话框中将【名称】更改为【打开】，完成之后单击【确定】按钮，此时将生成一个【打开】组，如图3.418所示。

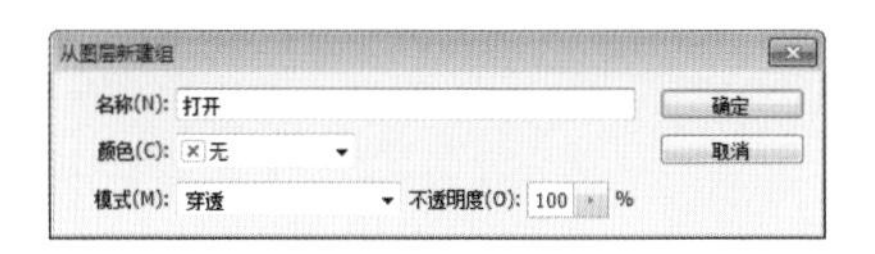

图3.418 将图层编组

㊵ 选中【打开】组，在画布中按住Alt+Shift组合键向右侧平移，将其复制，此时生成一个【打开 拷贝】组，将其组名称更改为【关闭】组，如图3.419所示。

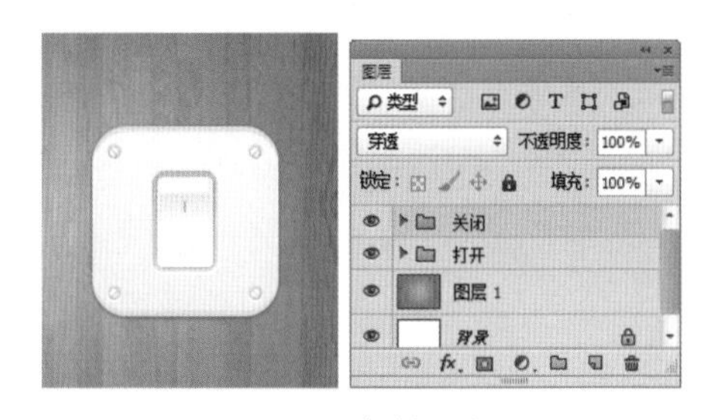

图3.419 复制图形

㊶ 选中【圆角矩形4 拷贝】图层，在画布中按住Shift键将图形向上移动并使图形顶部与下方图形的顶部边缘对齐，如图3.420所示。

㊷ 在【图层】面板中双击【圆角矩形4 拷贝】图层样式名称，在弹出的对话框中选中【渐变叠加】复选框，选中【反向】复选框，完成之后单击【确定】按钮，如图3.421所示。

图3.420 移动图形

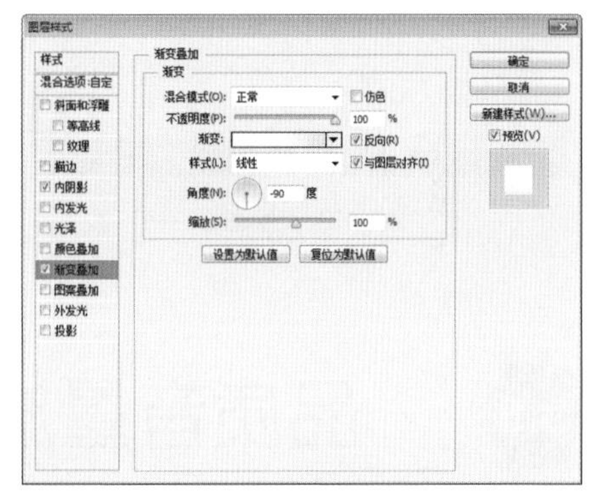

图3.421 设置渐变叠加

㊸ 选中【矩形1 拷贝2】图层，在画布中按住Shift键向下移动并使图形边缘与下方图形边缘对齐，再按Ctrl+T组合键对其执行【自由变换】命令，将光标移至出现的变形框上右击，从弹出的快捷菜单中选择【垂直翻转】命令，完成之后按Enter键确认，如图3.422所示。

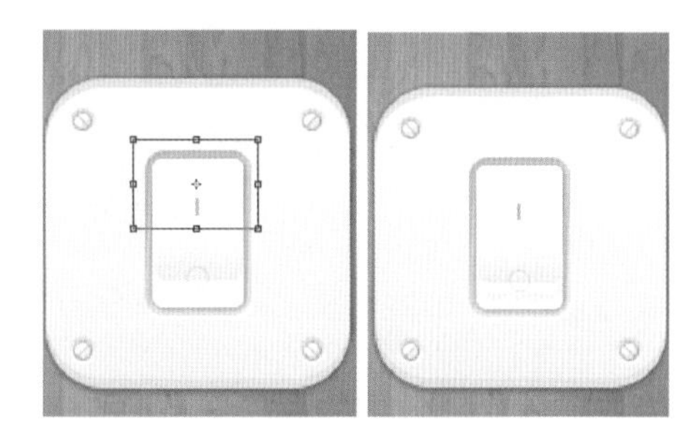

图3.422 变换图形

㊹ 以刚才同样的方法同时选中【形状1】及【椭圆1】图层，在画布中按Ctrl+T组合键对其执行【自由变换】命令，将光标移至出现的变形框上右击，从弹出的快捷菜单中选择【垂直翻转】命令，再按住Shift键向上移动，完成之后按Enter键确认，如图3.423所示。

图3.423 变换图形

㊺ 选中【形状1】图层，将其图形颜色更改为灰色（R:210，G:210，B:210），这样就完成了效果制作，最终效果如图3.424所示。

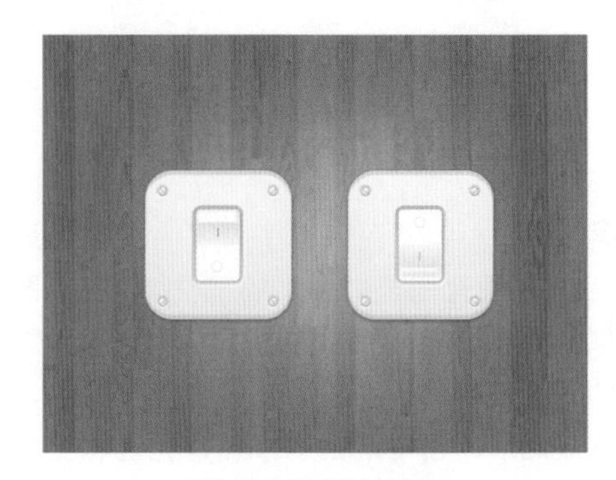

图3.424 更改图形颜色

3.8 品质音量旋钮

- 新建画布并添加渐变效果制作背景。
- 绘制图形制作主界面效果。
- 为绘制的图形添加真实的阴影及图层样式。
- 为绘制的写实旋钮添加装饰元素完成最终效果制作。

本例主要讲解的是写实旋钮效果制作，在制作过程上十分注重细节的运用及关键元素的添加，而整体的构思也十分高端上档次，同时在配色方面更能体现出此款旋钮的品质感。

难易程度：★★★☆☆
最终文件：配套光盘 \ 素材 \ 源文件 \ 第 3 章 \ 品质音量旋钮 .psd
视频位置：配套光盘 \movie\3.8 品质音量旋钮 .avi

品质音量旋钮效果如图 3.425 所示。

图3.425 品质音量旋钮

3.8.1 制作背景

① 执行菜单栏中的【文件】|【新建】命令，在弹出的对话框中设置【宽度】为600像素，【高度】为600像素，【分辨率】为72像素/英寸，【颜色模式】为RGB颜色，新建一个空白画布，如图3.426所示。

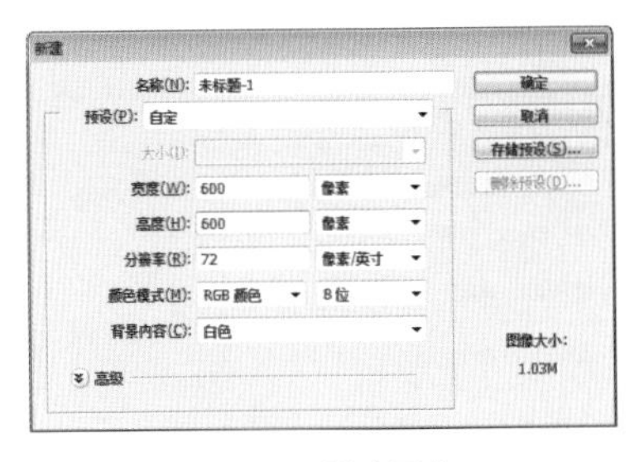

图3.426 新建画布

② 单击【图层】面板底部的【创建新图层】按钮，新建一个【图层1】图层，如图3.427所示。

③ 选中【图层1】图层，将其填充为白色，如图3.428所示。

④ 在【图层】面板中选中【图层1】图层，单击面板底部的【添加图层样式】fx按钮，在菜单中选择【渐变叠加】命令，在弹出的对话框中将【渐变】更改为灰色（R:245，G:245，B:245）到灰色（R:211，G:207，B:195），【样式】更改为【径向】，【缩放】更改为130%，完成之后单击【确定】按钮，如图3.429所示。

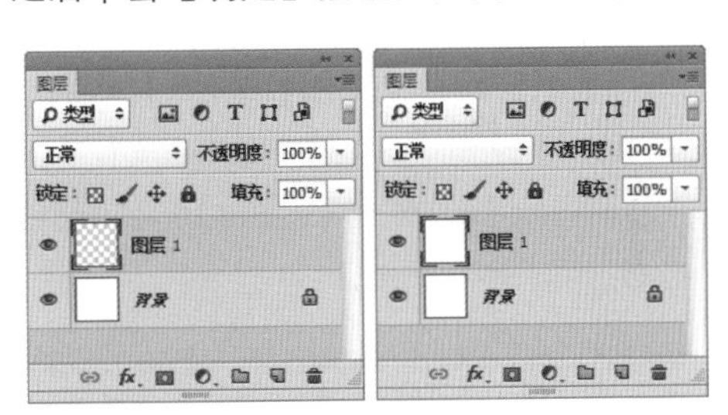

图3.427 新建图层　　图3.428 填充颜色

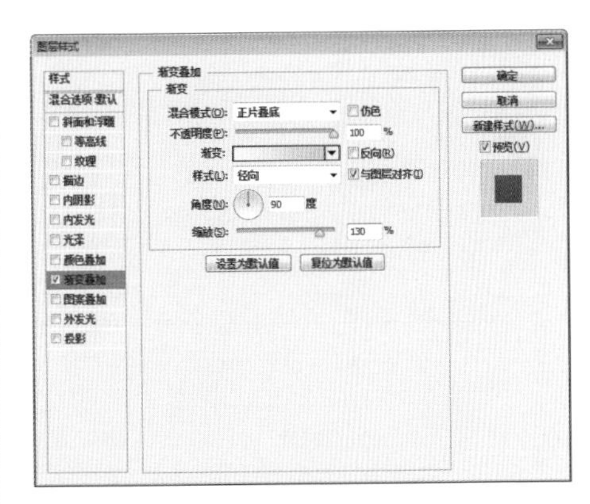

图3.429 设置渐变叠加

3.8.2 绘制图形

① 选择工具箱中的【圆角矩形工具】，在选项栏中将【填充】更改为白色，【描边】为无，【半径】为50像素，在画布中绘制一个圆角矩形，此时将生成一个【圆角矩形1】图层。选中【圆角矩形1】图层，将其拖至面板底部的【创建新图层】按钮上，复制出【圆角矩形1 拷贝】及【圆角矩形1 拷贝2】图层，如图3.430所示。

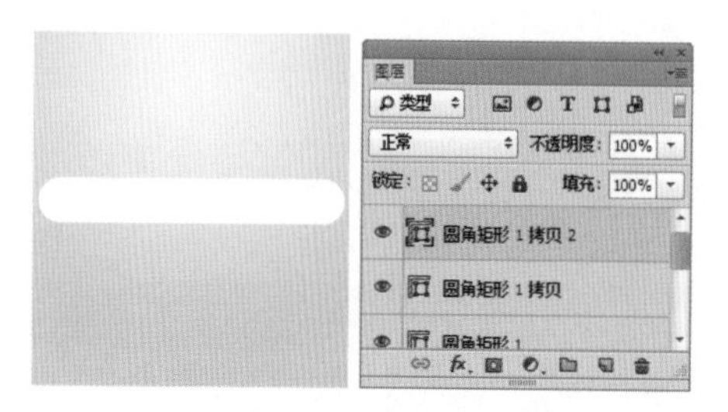

图3.430 绘制图形

② 在【图层】面板中选中【圆角矩形1】图层，单击面板底部的【添加图层样式】按钮，在菜单中选择【描边】命令，在弹出的对话框中将【大小】更改为1像素，【位置】更改为【内部】，【颜色】更改为灰色（R:126，G:126，B:126），如图3.431所示。

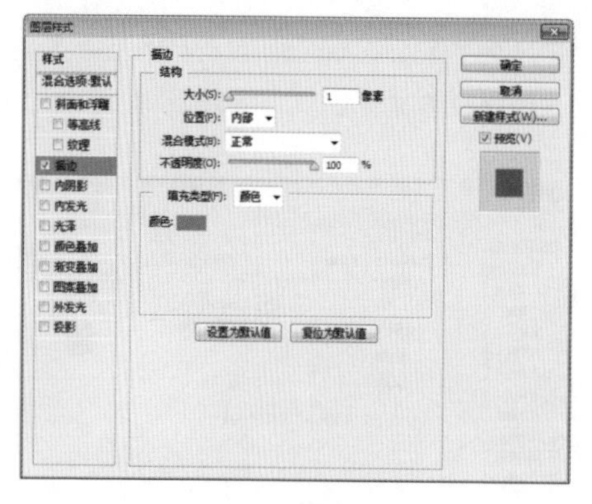

图3.431 设置描边

③ 选中【圆角矩形1 拷贝】图层，在画布中将图形向上稍微移动，使其与下方图形形成一种叠加的立体效果，如图3.432所示。

图3.432 移动图形

在移动【圆角矩形1 拷贝】图层中的图形时候，需要先将【圆角矩形1 拷贝2】图层隐藏，以方便观察图形效果。

④ 选中【圆角矩形1 拷贝2】图层，在画布中将其图形颜色更改为灰色（R:239，G:239，B:239），如图3.433所示。

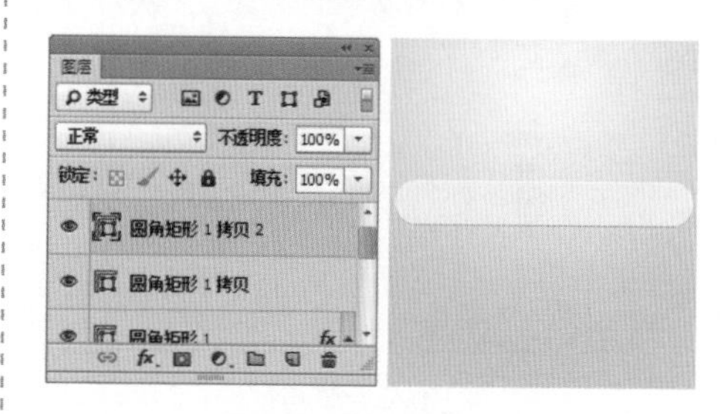

图3.433 更改图形颜色

⑤ 在【图层】面板中选中【圆角矩形1 拷贝2】图层，单击面板底部的【添加图层样式】按钮，在菜单中选择【渐变叠加】命令，在弹出的对话框中将【渐变】更改为灰色（R:212，G:208，B:196）到灰色（R:250，G:250，B:250），【缩放】更改为106%，完成之后单击【确定】按钮，如图3.434所示。

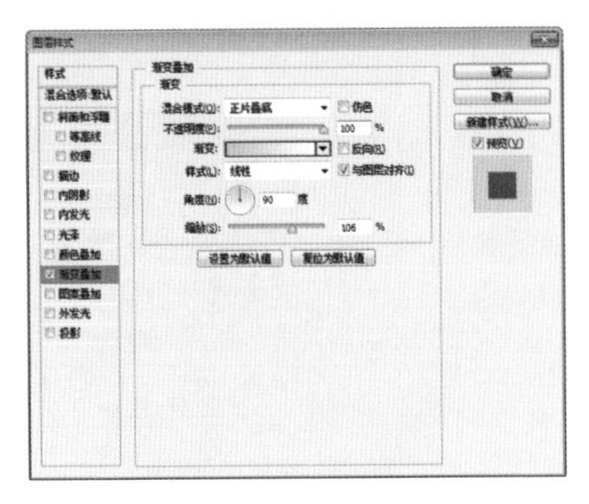

图3.434 设置渐变叠加

⑥ 选择工具箱中的【矩形工具】，在选项栏中将【填充】更改为白色，【描边】为无，在画布中绘制一个矩形，此时生成一个【矩形1】图层，如图3.435所示。

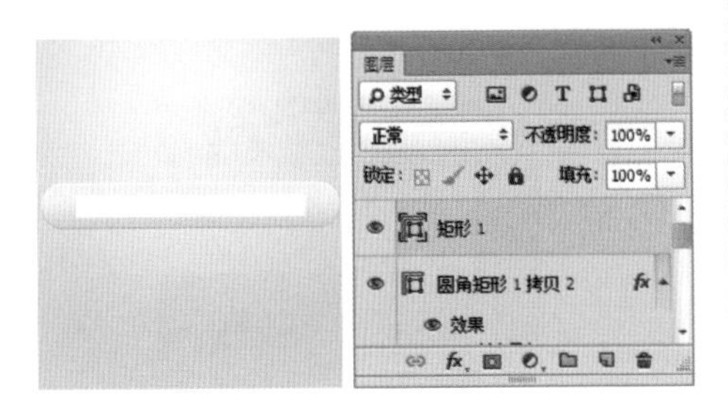

图3.435 绘制图形

⑦ 在【图层】面板中选中【矩形1】图层，单击面板底部的【添加图层样式】fx按钮，在菜单中选择【描边】命令，在弹出的对话框中将【大小】更改为2像素，【颜色】更改为灰色（R:70，G:70，B:70），如图3.436所示。

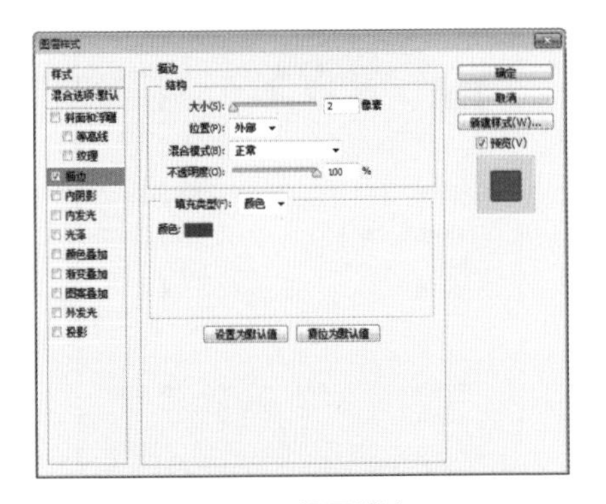

图3.436 设置描边

⑧ 选中【渐变叠加】复选框，将【渐变】更改为灰色到蓝色系的过渡渐变，并分别降低相应色标的不透明度及更改位置，如图3.437所示。

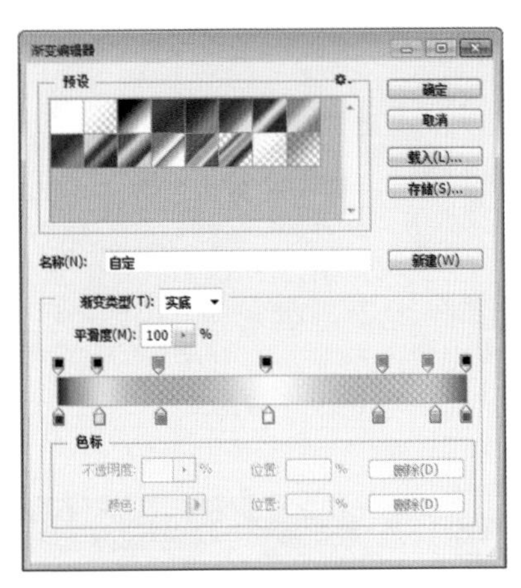

图3.437 设置渐变颜色

⑨ 将【样式】更改为【线性】，【角度】更改为0度，完成之后单击【确定】按钮，如图3.438所示。

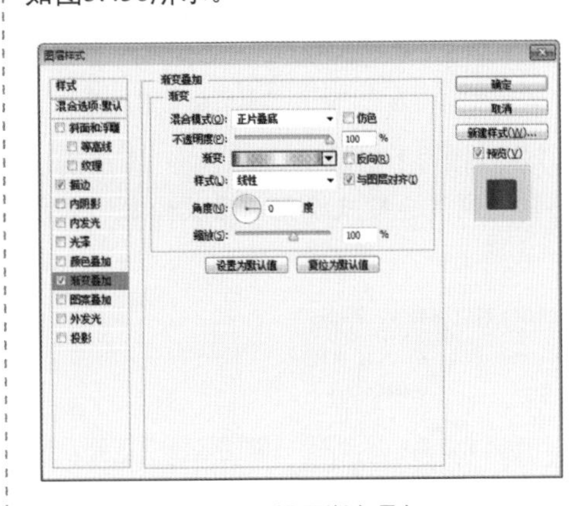

图3.438 设置渐变叠加

提示

在设置渐变颜色的时候，可根据当前图形的渐变叠加情况来设置不同的透明度和位置，在写实类的图形制作过程中，有时候数值并不是绝对的，可根据当前实际情况灵活变化以达到想要的效果。

⑩ 选择工具箱中的【横排文字工具】，在画布中矩形下方按住Shift键再按“|”键添加多个符号，输入完成之后将其移至矩形图形上，如图3.439所示。

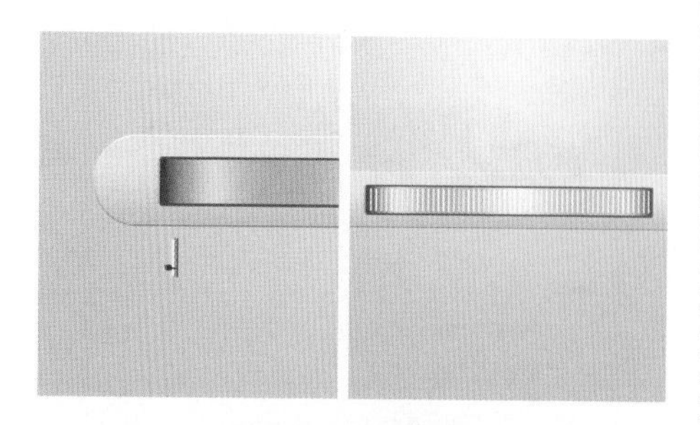

图3.439 添加文字

提示

如果直接在矩形上输入符号，由于是按住Shift键输入，可能会导致Photoshop默认为添加至矩形图形中，所以为方便起见，可以在矩形下方位置输入完成后再移至矩形上。

在UI制作过程中可灵活使用“文字工具”，比如在制作旋钮、网孔、网纹之类的写实图形时可使用Shift键搭配相应的符号键输入符号以替代图形，这种制作方法效率高的同时也更加规范。

⑪ 在【图层】面板中选中【||||…】图层，将其图层混合模式设置为【柔光】，如图3.440所示。

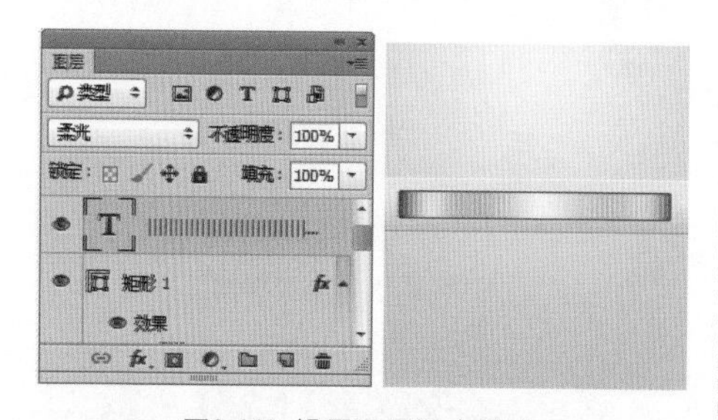

图3.440 设置图层混合模式

⑫ 选择工具箱中的【矩形工具】，在选项栏中将【填充】更改为白色，【描边】为无，在【矩形1】图层中的图形顶部边缘绘制一个细长的矩形，此时将生成一个【矩形2】图层，如图3.441所示。

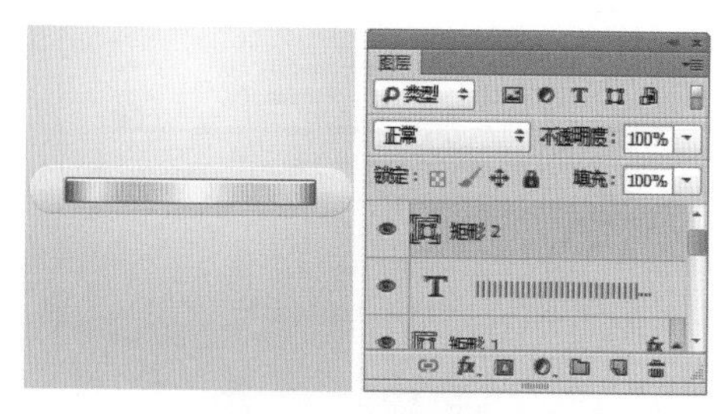

图3.441 绘制图形

提示

在绘制【矩形2】图形的时候，需要注意与下方矩形的间距，必要时可将画布放至最大以便观察并对齐图形，如图3.442所示。

图3.442 放大效果

⑬ 在【图层】面板中选中【矩形2】图层，单击面板底部的【添加图层样式】按钮，在菜单中选择【渐变叠加】命令，在弹出的对话框中将【渐变】更改为透明到白色到白色再到透明，完成之后单击【确定】按钮，如图3.443所示。

图3.443 设置渐变颜色

⑭ 将【混合模式】更改为【正常】，【不透明度】更改为88%，【角度】更改为0度，【缩放】更改为112%，完成之后单击【确定】按钮，如图3.444所示。

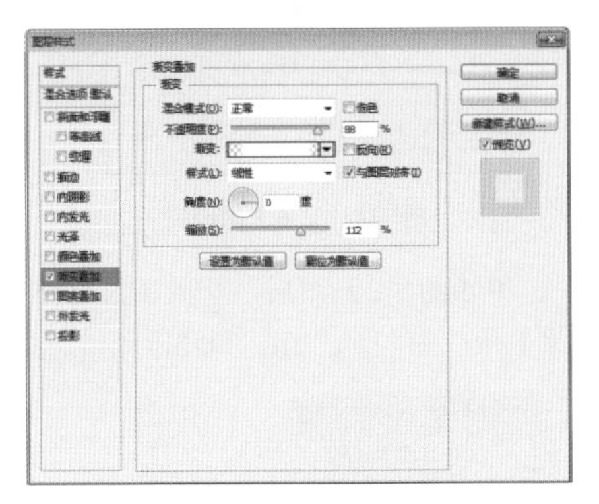

图3.444 设置渐变叠加

⑮ 在【图层】面板中选中【矩形2】图层，将其图层【填充】更改为0%，如图3.445所示。

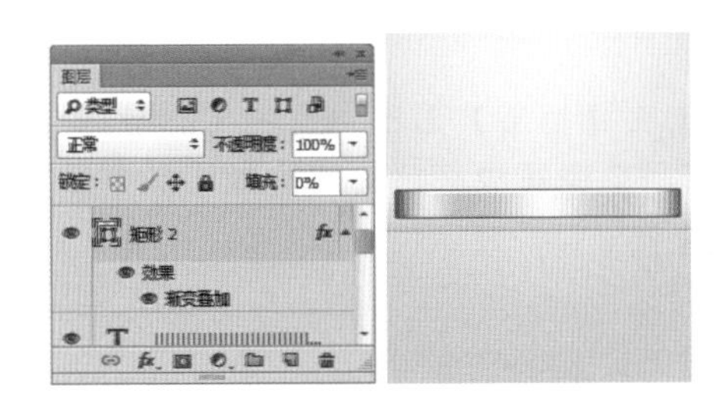

图3.445 更改填充

⑯ 在【图层】面板中选中【矩形2】图层，将其拖至面板底部的【创建新图层】按钮上，复制一个【矩形2 拷贝】图层，如图3.446所示。

⑰ 选中【矩形2 拷贝】图层，在画布中按住Shift键将图形向下平移，并与下方的矩形底部对齐，如图3.447所示。

⑱ 在【图层】面板中，双击【矩形2 拷贝】图层样式名称，在弹出的对话框中将其【渐变】颜色更改为深灰色（R:35，G:25，B:25）到灰色（R:121，G:121，B:121）到灰色（R:121，G:121，B:121）再到灰色（R:35，G:25，B:25），如图3.448所示。

图3.446 复制图层

图3.447 移动图形

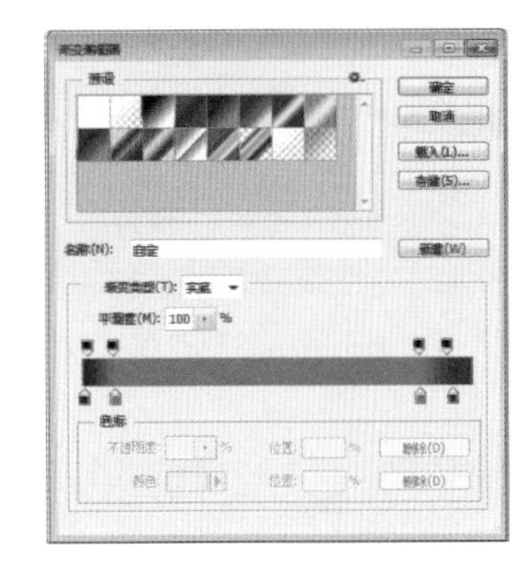

图3.448 设置渐变颜色

3.8.3 制作阴影

① 选择工具箱中的【钢笔工具】，在旋钮位置绘制一个弧形封闭路径，如图3.449所示。

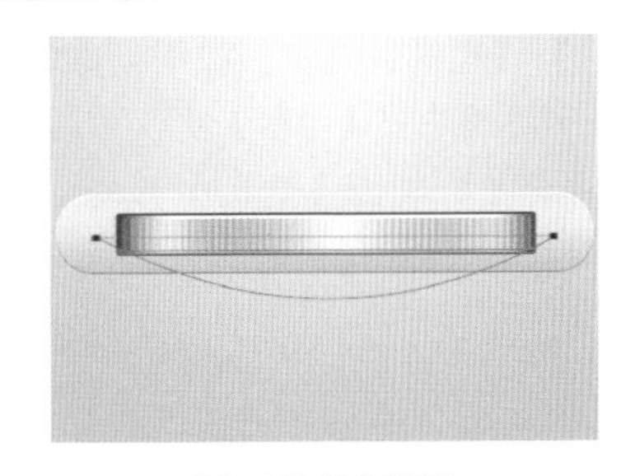

图3.449 绘制路径

② 在画布中按Ctrl+Enter组合键将刚才所绘制的封闭路径转换成选区，如图3.450所示。

③ 单击【图层】面板底部的【创建新图层】按钮，新建一个【图层2】图层，如图3.451所示。

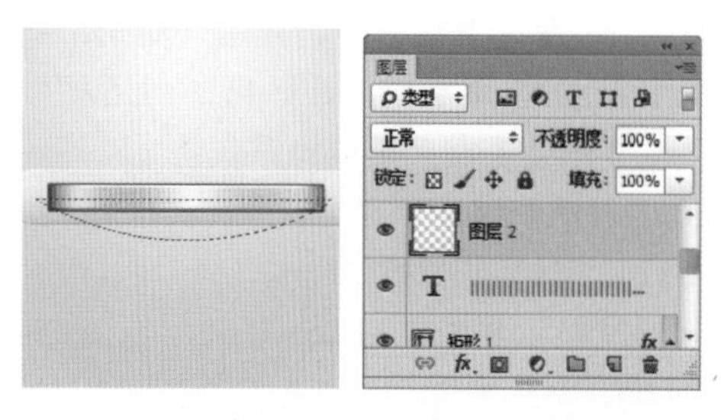

图3.450 转换选区　　图3.451 新建图层

④ 选中【图层2】图层，在画布中将选区填充为黑色，填充完成之后按Ctrl+D组合键取消选区，再将其移至【矩形1】图层下方，如图3.452所示。

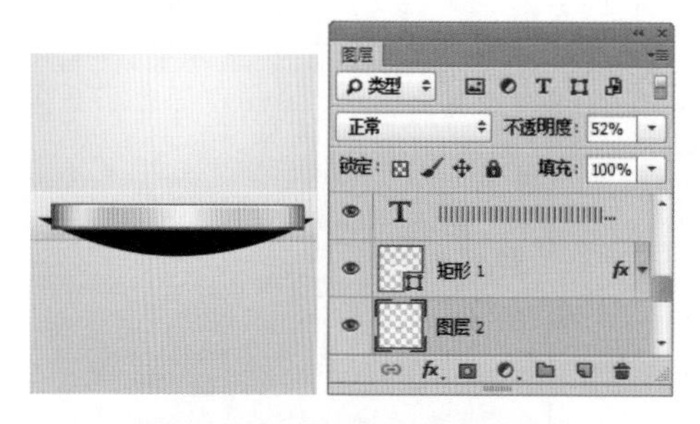

图3.452 填充颜色并更改图层顺序

当填充过颜色之后可适当将【图层 2】图层中的图形进行调整。

⑤ 选中【图层 2】图层，执行菜单栏中的【滤镜】|【模糊】|【高斯模糊】命令，在弹出的对话框中将【半径】更改为2像素，设置完成之后单击【确定】按钮，如图3.453所示。

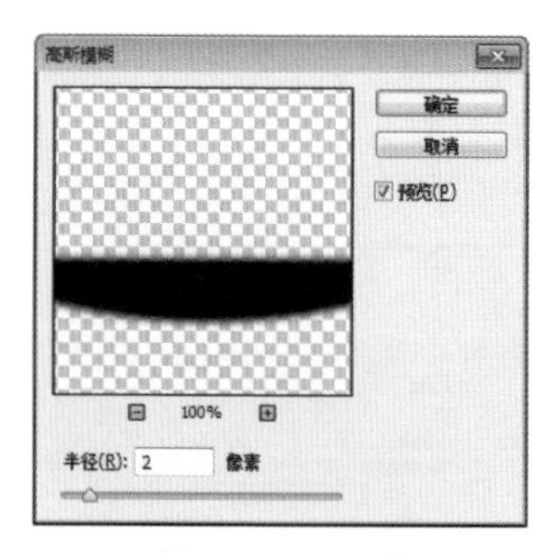

图3.453 设置高斯模糊

⑥ 选中【图层2】图层，将其图层【不透明度】更改为50%，如图3.454所示。

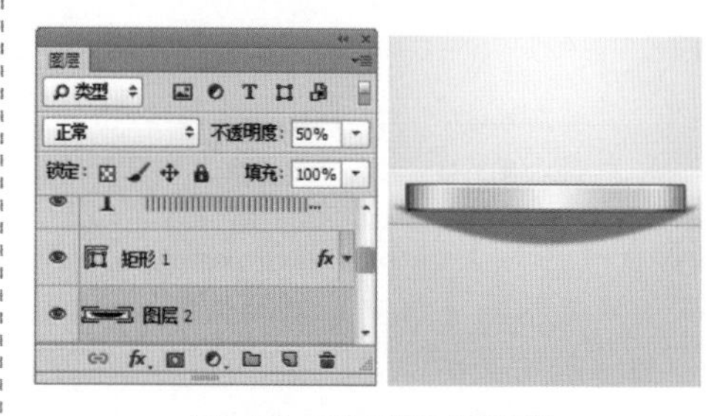

图3.454 更改图层不透明度

⑦ 在【图层】面板中选中【图层2】图层，单击面板底部的【添加图层蒙版】按钮，为其添加图层蒙版，如图3.455所示。

⑧ 选择工具箱中的【矩形选框工具】，在画布中绘制一个矩形选区，如图3.456所示。

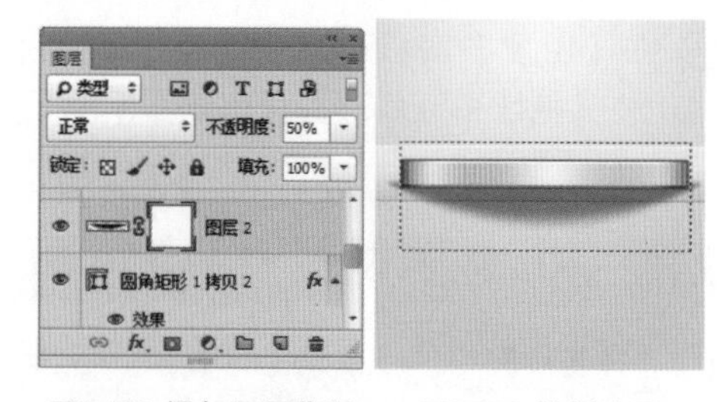

图3.455 添加图层蒙版　　图3.456 绘制选区

⑨ 在画布中执行菜单栏中的【选择】|【反向】命令，将选区反向。单击【图层2】图层蒙版缩览图，将选区填充为黑色，隐藏部分图形，完成之后按Ctrl+D组合键取消选区，如图3.457所示。

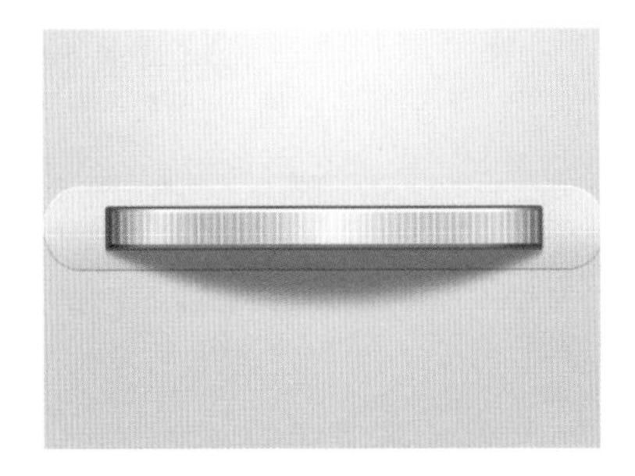

图3.457 隐藏图形

⑩ 选择工具箱中的【椭圆工具】◯，在选项栏中将【填充】更改为黑色，【描边】为无，在旋钮图形下方位置绘制一个椭圆图形，此时将生成一个【椭圆1】图层，效果如图3.458所示。

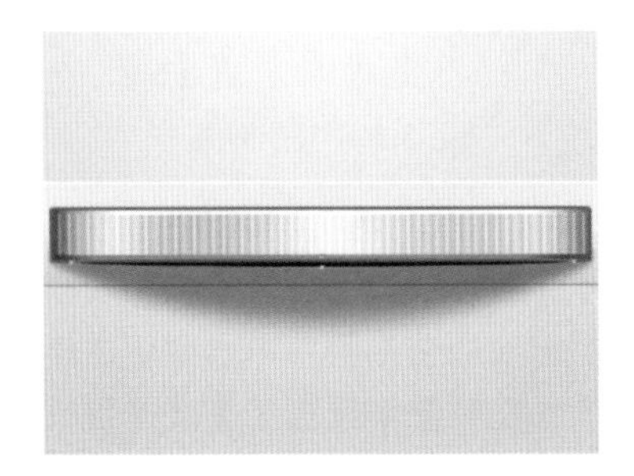

图3.458 绘制图形

⑪ 在【图层】面板中选中【椭圆1】图层，执行菜单栏中的【图层】|【栅格化】|【形状】命令，将当前图形栅格化，如图3.459所示。

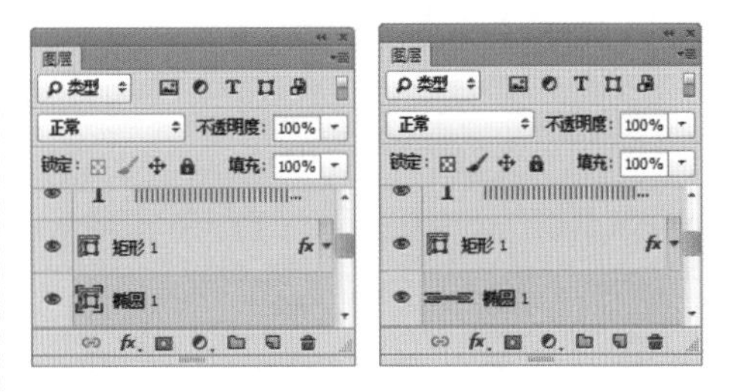

图3.459 栅格化形状

⑫ 选中【椭圆1】图层，执行菜单栏中的【滤镜】|【模糊】|【高斯模糊】命令，在弹出的对话框中将【半径】更改为3像素，设置完成之后单击【确定】按钮，如图3.460所示。

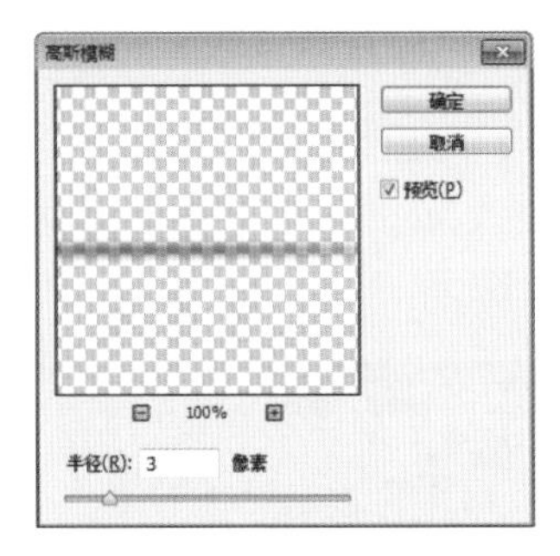

图3.460 设置高斯模糊

3.8.4 添加装饰元素

① 选择工具箱中的【直线工具】／，在选项栏中将【填充】更改为灰色（R:205，G:205，B:205），【描边】为无，【粗细】更改为2像素，在旋钮图形左侧位置按住Shift键绘制一条水平线段，此时将生成一个【形状1】图层，如图3.461所示。

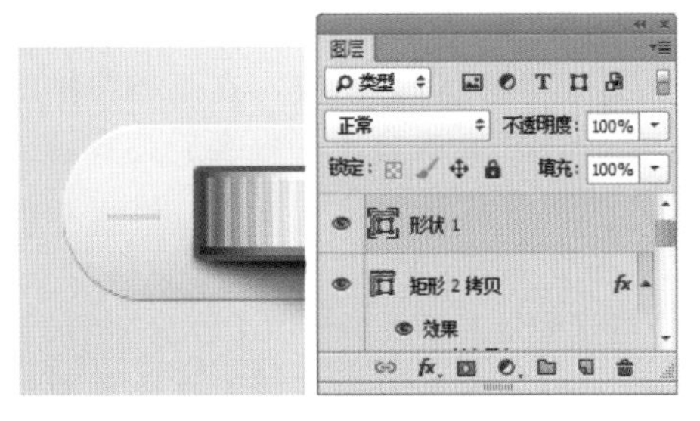

图3.461 绘制图形

② 在【图层】面板中选中【形状1】图层，单击面板底部的【添加图层样式】fx按钮，在菜单中选择【内阴影】命令，在弹出的对话框中保持数值默认，单击【确定】按钮，如图3.462所示。

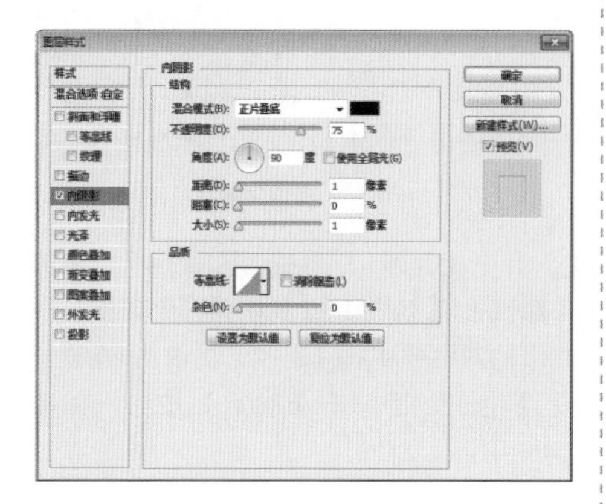

图3.462 设置内阴影

③ 选中【形状1】图层，将其图层【不透明度】更改为50%，【填充】更改为0%，如图3.463所示。

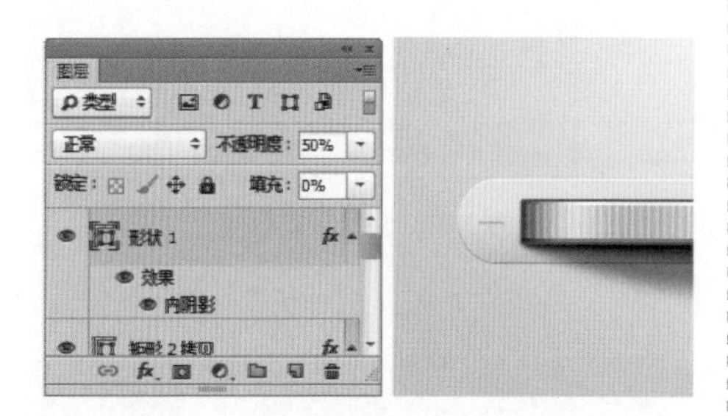

图3.463 更改图层不透明度及填充

④ 选中【形状1】图层，在画布中按住Alt+Shift组合键将图形拖至旋钮右侧位置，此时将生成一个【形状1 拷贝】图层，如图3.464所示。

⑤ 在【图层】面板中选中【形状1 拷贝】图层，将其拖至面板底部的【创建新图层】按钮上，复制一个【形状1 拷贝2】图层，如图3.465所示。

图3.464 复制图形

图3.465 复制图层

⑥ 选中【形状1 拷贝2】图层，在画布中按Ctrl+T组合键对其执行【自由变换】命令，在出现的变形框中单击鼠标右键，从弹出的快捷菜单中选择【旋转90度（顺时针）】命令，完成之后按Enter键确认，如图3.466所示。

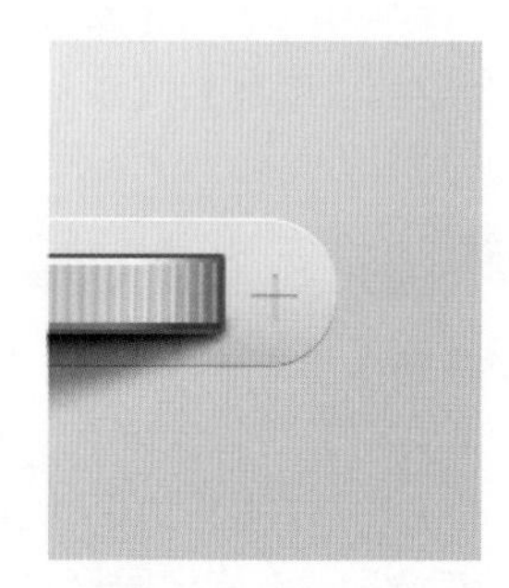

图3.466 变换图形

⑦ 在【图层】面板中双击【形状1 拷贝2】图层样式名称，在弹出的对话框中将【角度】更改为0度，完成之后单击【确定】按钮，如图3.467所示。

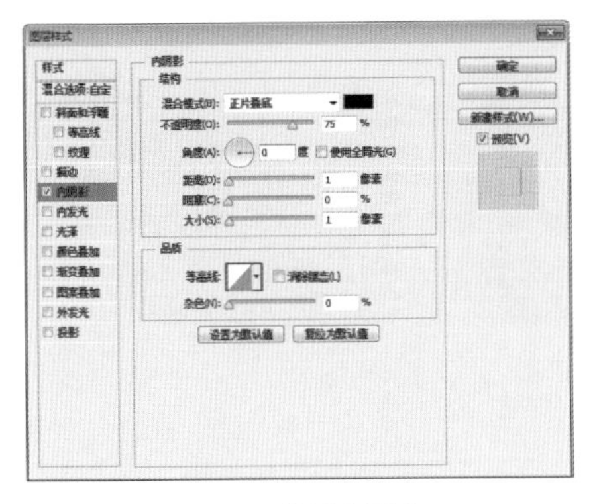

图3.467 设置内阴影

⑧ 选择工具箱中的【矩形工具】，在选项栏中将【填充】更改为橙色（R:220，G:130，B:75），【描边】为无，在画布中绘制一个矩形，此时将生成一个【矩形3】图层，如图3.468所示。

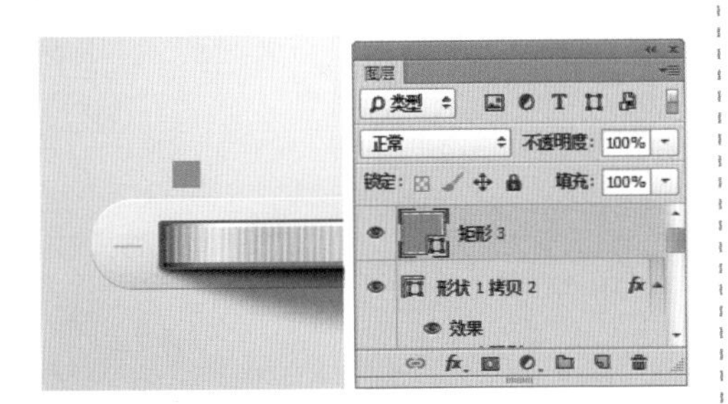

图3.468 绘制图形

⑨ 选中【矩形3】图层，在画布中按住Alt+Shift组合键向右侧拖动，将图形复制多份以制作音量标记，如图3.469所示。

图3.469 复制图形

提示

在绘制音量标记图形的时候，可以根据下方的旋钮图形长度来决定复制的图形数量。

⑩ 同时选中包括【矩形3】图层在内的及复制所生成的所有相关图层，按Ctrl+E组合键将其合并，并将合并后的图层名称更改为【音量标记】，如图3.470所示。

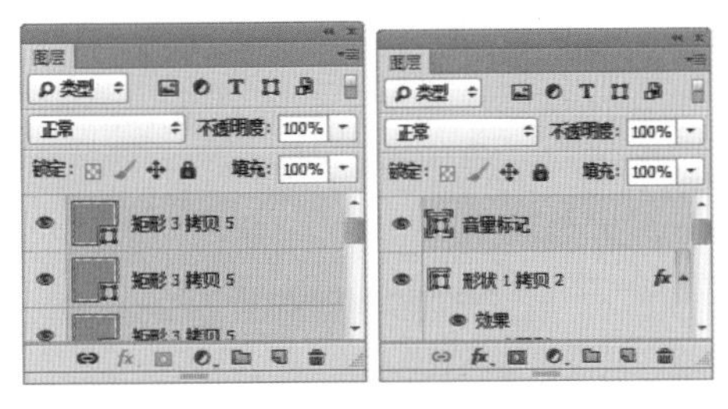

图3.470 合并图层并更改名称

⑪ 选择工具箱中的【钢笔工具】，在绘制的音量标记图形上绘制一个弧形的封闭路径，如图3.471所示。

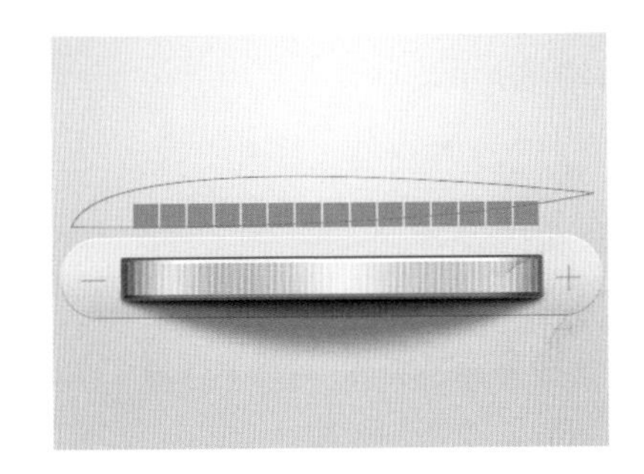

图3.471 绘制路径

⑫ 在画布中按Ctrl+Enter组合键将刚才所绘制的封闭路径转换成选区，如图3.472所示。

⑬ 为【音量标记】层添加图层蒙版，单击【音量标记】图层蒙版缩览图，在画布中将选区填充为黑色，隐藏部分图形，完成之后按Ctrl+D组合键取消选区，如图3.473所示。

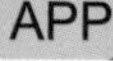

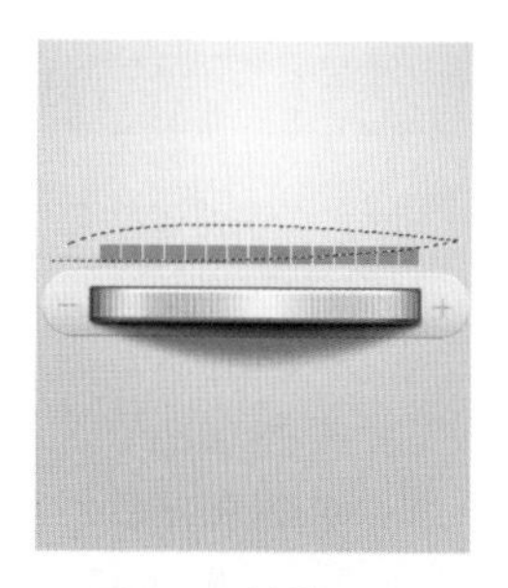

图3.472 转换选区

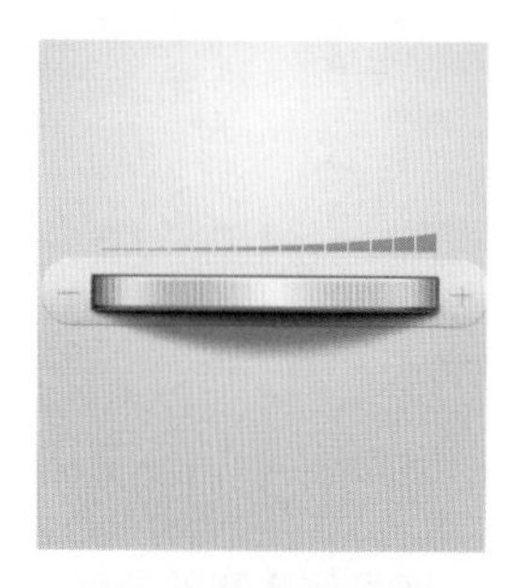

图3.473 隐藏图形

⑭ 选择工具箱中的【横排文字工具】T，在刚才绘制的图形左右两侧位置添加文字，如图3.474所示。

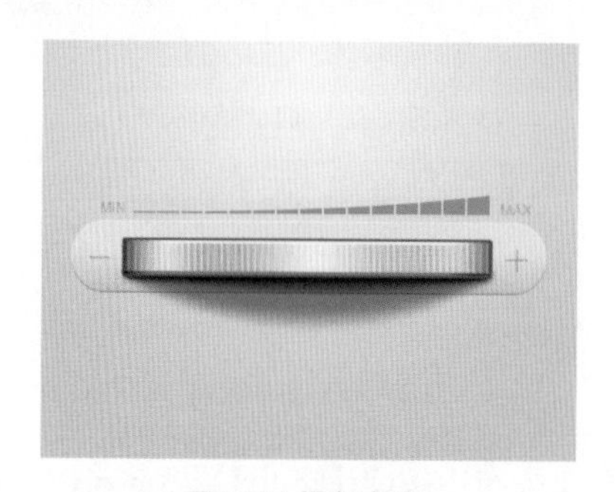

图3.474 添加文字

⑮ 在【图层】面板中选中【MIN】图层，单击面板底部的【添加图层样式】fx按钮，在菜单中选择【内阴影】命令，在弹出的对话框中将【大小】更改为1像素，【颜色】更改为灰色（R:179，G:179，B:179），如图3.475所示。

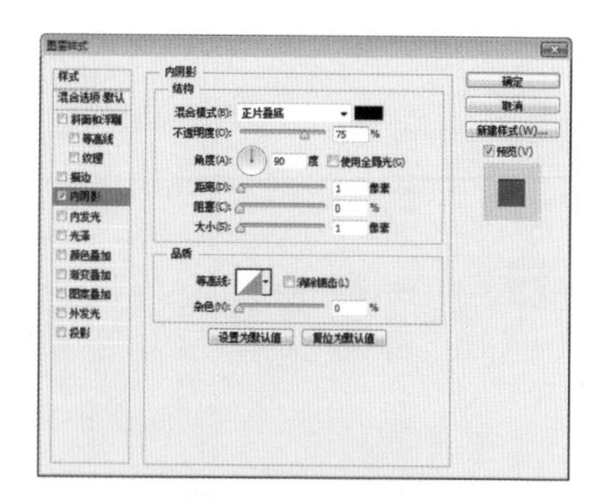

图3.475 设置内阴影

⑯ 在【MIN】图层上单击鼠标右键，从弹出的快捷菜单中选择【拷贝图层样式】命令，在【MAX】图层上单击鼠标右键，从弹出的快捷菜单中选择【粘贴图层样式】命令，如图3.476所示。

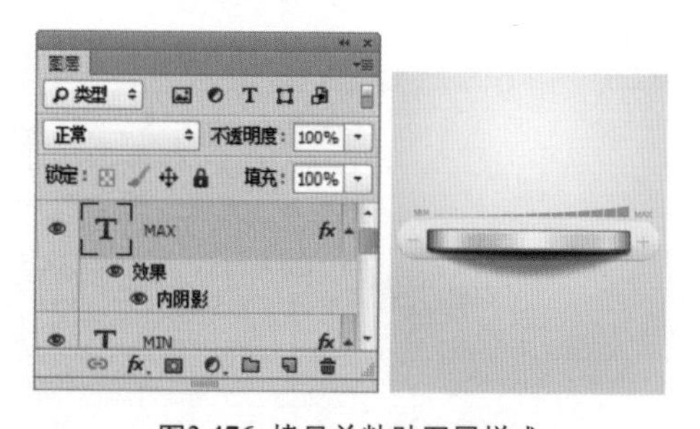

图3.476 拷贝并粘贴图层样式

⑰ 选中【MIN】图层，将其图层【不透明度】更改为60%，以同样的方法选中【MAX】图层，同样将其图层不透明度更改为60%，这样就完成了效果制作，最终效果如图3.477所示。

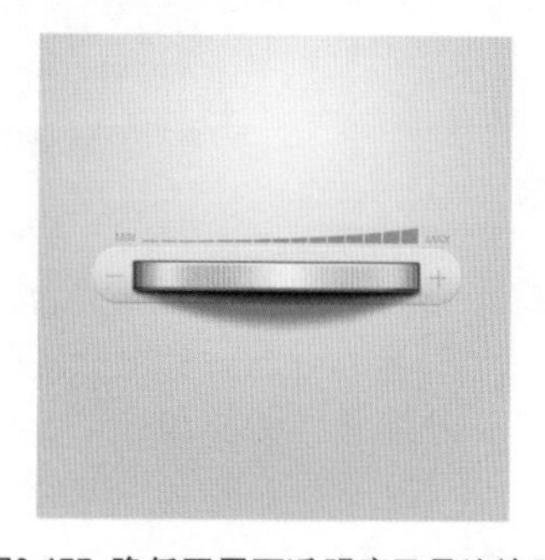

图3.477 降低图层不透明度及最终效果

课后练习

课后练习3-1 写实闹钟

本例主要讲解的是写实闹钟制作，本例的整体制作过程稍显复杂，需要重点注意图形的前后顺序及高光、阴影的实现，而闹钟表盘的细节同样相当重要，在绘制的过程中可以将闹钟分为几个部分逐步实现即可。写实闹钟最终效果如图 3.478 所示。

难易程度：★★★★☆
最终文件：配套光盘 \ 素材 \ 源文件 \ 第 3 章 \ 写实闹钟 .psd
视频位置：配套光盘 \movie\ 课后练习 3-1 写实闹钟 .avi

图3.478 写实闹钟最终效果

操作提示

（1）新建画布并填充渐变制作背景。

（2）绘制图形制作闹钟轮廓，在闹钟轮廓上绘制扬声器孔、灯开关、等图形，完成闹钟整体轮廓的制作。

（3）在闹钟图形上绘制表盘图形并添加细节，完成闹钟的整体效果制作。

关键步骤提示（如图3.479所示）

图3.479 关键步骤提示

课后练习3-2 写实电视机

本例主要讲解的是写实电视机制作，本例的制作主要以拟物风格为主，同时在制作过程中电视机整体的构造与真实电视机十分相似，需要重点注意高光及阴影的变化。写实电视机最终效果如图 3.480 所示。

难易程度：★★★★☆

最终文件：配套光盘\素材\源文件\第 3 章\写实电视机 .psd

视频位置：配套光盘\movie\课后练习 3-2 写实电视机 .avi

图3.480 写实电视机最终效果

操作提示

（1）新建画布并填充渐变制作背景。

（2）绘制图形制作电视机外轮廓。

（3）在电视机图形上绘制屏幕图形以及细节图形，完成最终效果的制作。

关键步骤提示（如图3.481所示）

图3.481 关键步骤提示

课后练习3-3 写实小票图形

本例讲解写实小票图形的制作，本例中的小票图像十分真实且信息明确，在制作过程中采用拟物手法，通过模拟现实世界里的小票图像，表现此款图形的完美视觉效果。写实小票图形最终效果如图 3.482 所示。

难易程度：★★☆☆☆
最终文件：配套光盘 \ 素材 \ 源文件 \ 第 3 章 \ 写实小票图形 .psd
视频位置：配套光盘 \movie\ 课后练习 3-3 写实小票图形 .avi

图3.482 写实小票图形最终效果

操作提示

（1）新建画布并填充渐变制作背景。
（2）绘制图形制作便签纸出口及写实小票纸效果。
（3）为制作的写实小票添加阴影。
（4）添加素材及文字，增强小票的质感，完成最终效果的制作。

关键步骤提示（如图3.483所示）

图3.483 关键步骤提示

第4章

本章精彩效果展示

iOS前沿新潮扁平风

内容摘要

本章主要详解iOS前沿新潮扁平风图标的制作，在移动端苹果公司一直是前卫UI设计的领跑者，移动端UI界面设计发展至今，出现了众多的流行界面设计风格，而如今苹果公司掀起了扁平风格设计浪潮，它的最大特点是整体扁平，没有突兀感，并且在可识别性上不输于写实类图标，最重要的是它能带给用户清爽、简洁的直观感受。

教学目标

学习相机图标的制作
学会铅笔图标的制作方法
学会指南针图标的制作流程
学习制作定位图标
汲取微信图标设计思路
学会制作天气Widget的方法
了解对话图标的制作
学会制作写实盘子

4.1 扁平相机图标

- 新建画布并填充渐变制作背景。
- 绘制图标及装饰图形制作主界面。
- 为图标绘制镜头效果及高光完成最终效果制作。

本例主要讲解的是相机图标制作，此款图标的外观清爽、简洁，彩虹条的装饰使这款深色系的镜头漂亮且沉稳。

难易程度：★★★☆☆
最终文件：配套光盘 \ 素材 \ 源文件 \ 第 4 章 \ 扁平相机图标 .psd
视频位置：配套光盘 \movie\4.1 扁平相机图标 .avi

扁平相机图标效果如图 4.1 所示。

图4.1 扁平相机图标

4.1.1 制作背景

① 执行菜单栏中的【文件】|【新建】命令，在弹出的对话框中设置【宽度】为800像素，【高度】为600像素，【分辨率】为72像素/英寸，【颜色模式】为RGB颜色，新建一个空白画布，如图4.2所示。

图4.2 新建画布

② 将画布填充为深灰色（R:172，G:174，B:183），如图4.3所示。

图4.3 填充颜色

③ 单击【图层】面板底部的【创建新图层】按钮，新建一个【图层1】图层，如图4.4所示。

④ 选中【图层1】图层，将其填充为白色，如图4.5所示。

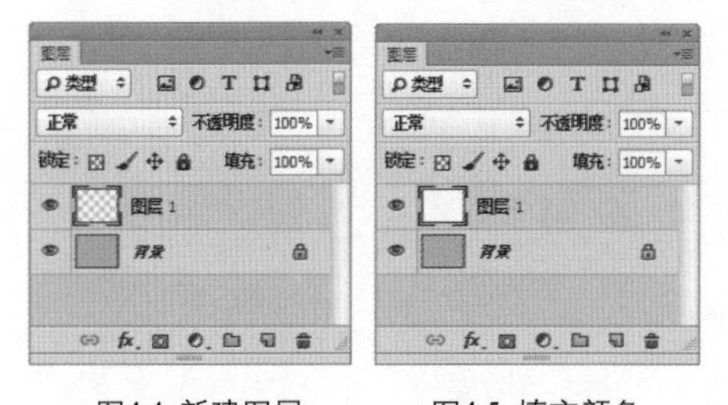

图4.4 新建图层　　图4.5 填充颜色

⑤ 在【图层】面板中选中【图层1】图层，单击面板底部的【添加图层样式】*fx*按钮，在菜单中选择【渐变叠加】命令，在弹出的对话框中将渐变颜色更改为灰色（R:220，G:224，B:232）到灰色（R:192，G:195，B:200），【缩放】更改为150%，完成之后单击【确定】按钮，如图4.6所示。

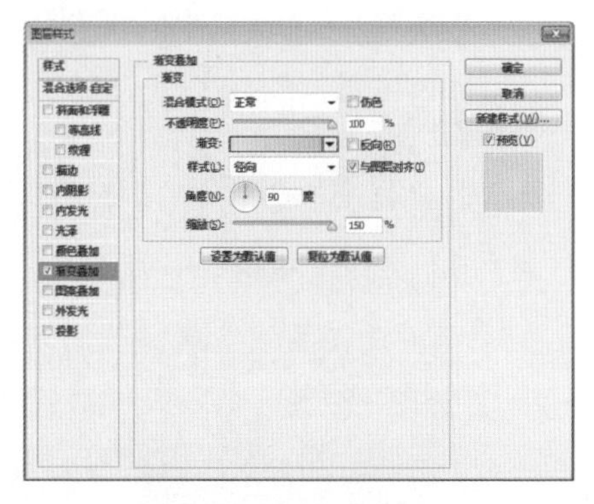

图4.6 设置渐变叠加

⑥ 选中【图层1】图层，将其图层【不透明度】更改为70%，如图4.7所示。

图4.7 更改图层不透明度

4.1.2 绘制图标

① 选择工具箱中的【圆角矩形工具】，在选项栏中将【填充】更改为浅黄色（R:242，G:242，B:220），【描边】为无，【半径】为80像素，在画布中绘制一个圆角矩形，此时将生成一个【圆角矩形1】图层，如图4.8所示。

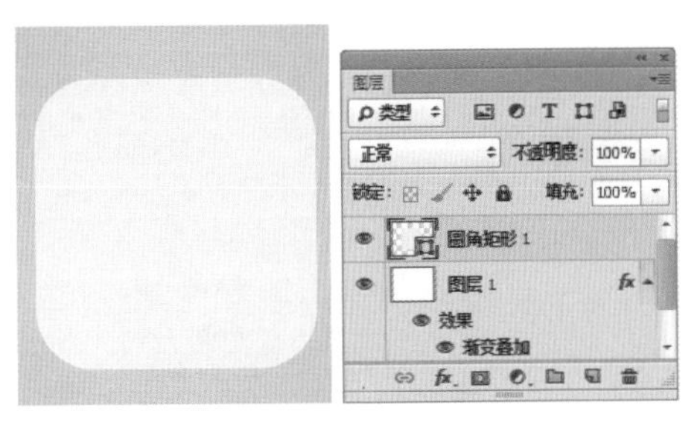

图4.8 绘制图形

② 在【图层】面板中选中【圆角矩形1】图层，将其拖至面板底部的【创建新图层】按钮上，复制一个【圆角矩形1 拷贝】图层，如图4.9所示。

③ 选中【圆角矩形1 拷贝】图层，在画布中将其图形颜色更改为灰色（R:209，G:203，B:185），如图4.10所示。

图4.9 复制图层　　图4.10 更改图形颜色

④ 选择工具箱中的【添加锚点工具】，在【圆角矩形1 拷贝】图层中的图形左上角位置单击添加锚点，如图4.11所示。

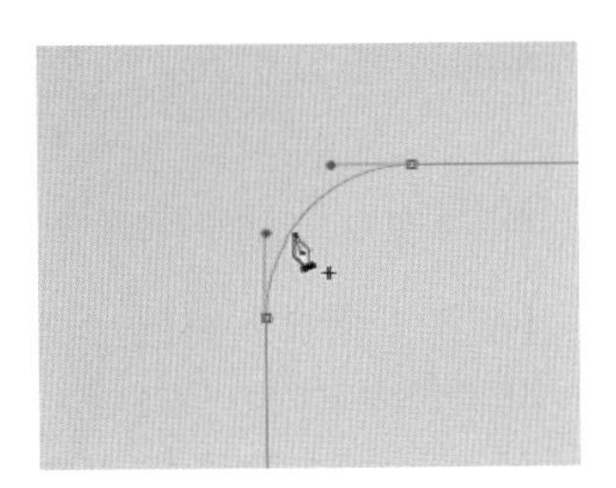

图4.11 添加锚点

⑤ 选择工具箱中的【直接选择工具】，在画布中选中【圆角矩形1 拷贝】图层中的图形左侧部分锚点并按Delete键将其删除，如图4.12所示。

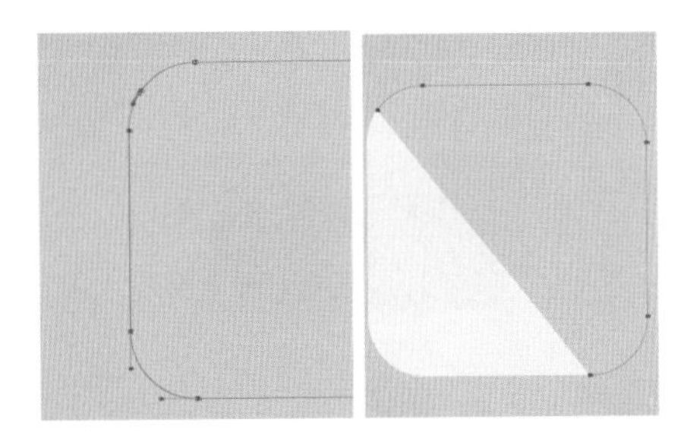

图4.12 删除锚点

⑥ 在【图层】面板中选中【圆角矩形1】图层，将其拖至面板底部的【创建新图层】按钮上，复制一个【圆角矩形1 拷贝2】图层，如图4.13所示。

⑦ 选中【圆角矩形1 拷贝2】图层，在画布中将其图形颜色更改为深黄色（R:87，G:80，B:43），如图4.14所示。

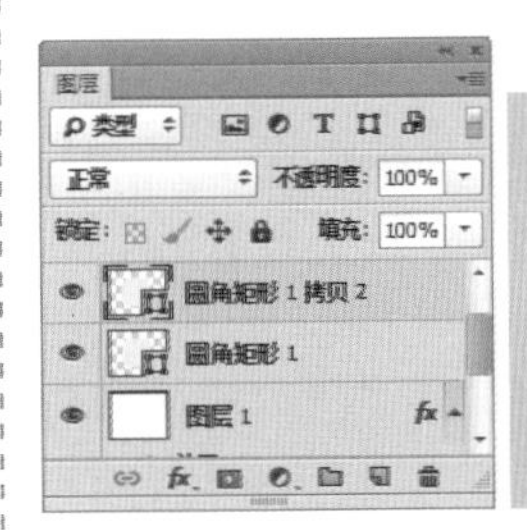

图4.13 复制图层　　图4.14 更改图形颜色

⑧ 选择工具箱中的【直接选择工具】，在画布中选中【圆角矩形1 拷贝2】图层中的图形底部锚点并向上移动，如图4.15所示。

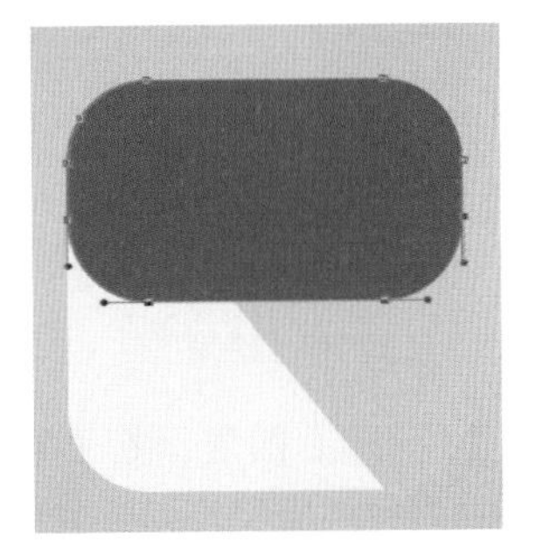

图4.15 移动锚点

⑨ 选择工具箱中的【直接选择工具】，选中【圆角矩形1 拷贝2】图层中的图形底部两个锚点并按Delete键将其删除，如图4.16所示。

图4.16 删除锚点

⑩ 选择工具箱中的【矩形工具】，在选项栏中将【填充】更改为白色，【描边】为无，在画布中【圆角矩形1 拷贝2】图层中的图形下方位置绘制一个矩形，此时将生成一个【矩形1】图层，如图4.17所示。

图4.17 绘制图形

⑪ 选中【矩形1】图层，将其图层【不透明度】更改为50%，如图4.18所示。

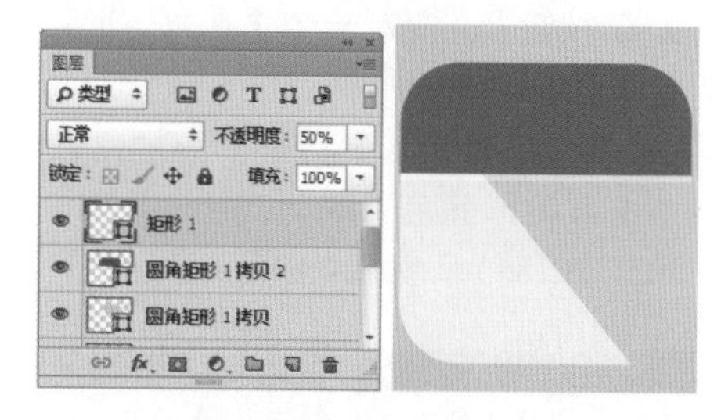

图4.18 更改图层不透明度

4.1.3 添加装饰

① 选择工具箱中的【矩形工具】，在选项栏中将【填充】更改为红色（R:236，G:47，B:60），【描边】为无，在圆角矩形左上角位置绘制一个细长矩形并且使矩形底部与【矩形1】图形对齐，此时将生成一个【矩形2】图层，如图4.19所示。

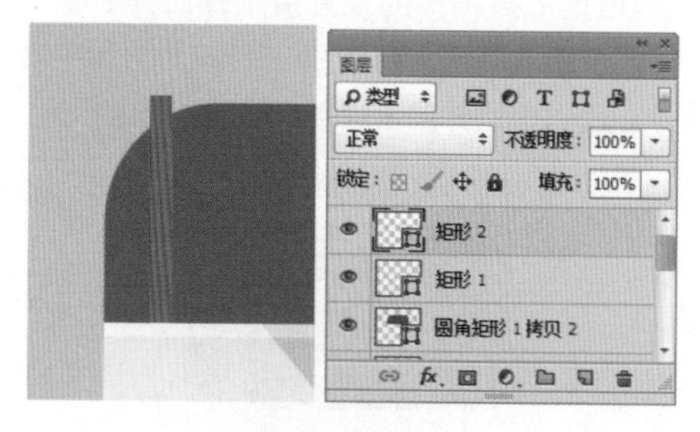

图4.19 绘制图形

② 选中【矩形2】图层，在画布中按住Alt+Shift组合键向右侧拖动，此时生成一个【矩形2 拷贝】图层，再将其图形颜色更改为深红色（R:212，G:42，B:55），如图4.20所示。

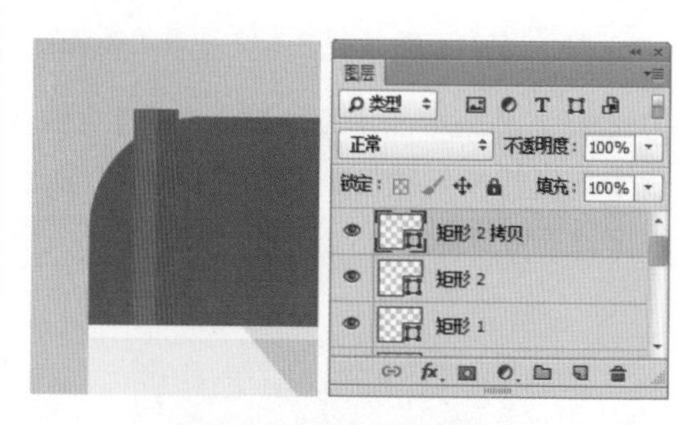

图4.20 复制图形并更改颜色

③ 选中【矩形2 拷贝】图层，在画布中按住Alt+Shift组合键向右侧平移，此时生成一个【矩形2 拷贝2】图层。选中【矩形2 拷贝2】图层，将其颜色更改为黄色（R:236，G:234，B:52），如图4.21所示。

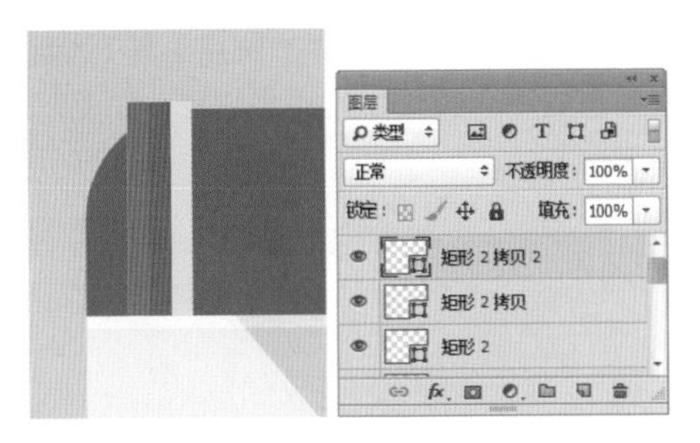

图4.21 复制图形并更改颜色

④ 以刚才同样的方法复制多个图形并更改不同的颜色，如图4.22所示。

图4.22 复制图形并更改颜色

⑤ 同时选中【矩形2】到【矩形2 拷贝7】所有相关的图层，执行菜单栏中的【图层】|【新建】|【从图层建立组】命令，在弹出的对话框中将【名称】更改为【彩虹条】，完成之后单击【确定】按钮，此时将生成一个【彩虹条】组，如图4.23所示。

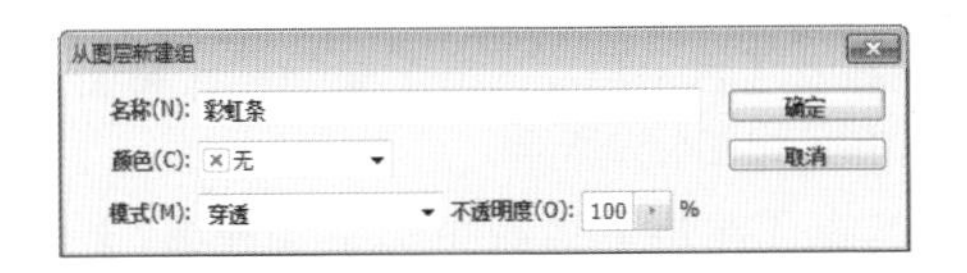

图4.23 从图层新建组

⑥ 在【图层】面板中选中【彩虹条】组，执行菜单栏中的【图层】|【合并组】命令，将图层合并，此时将生成一个【彩虹条】图层，如图4.24所示。

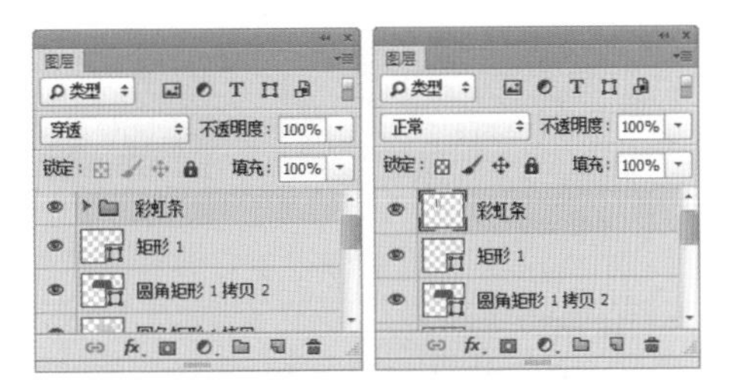

图4.24 合并图层

⑦ 在【图层】面板中选中【圆角矩形1 拷贝2】图层，将其移至【彩虹条】图层下方，如图4.25所示。

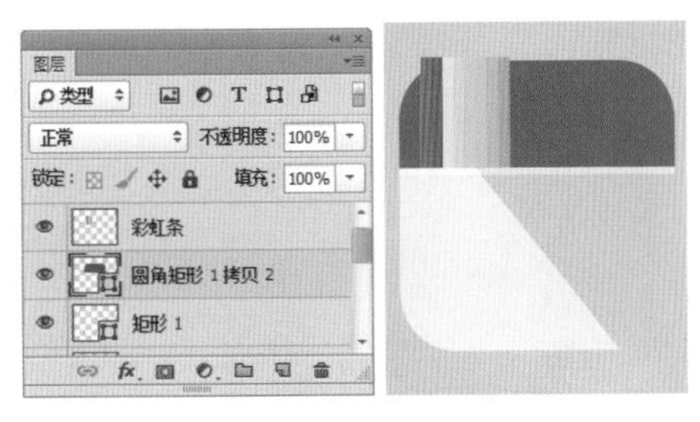

图4.25 更改图形顺序

⑧ 选中【彩虹条】图层，执行菜单栏中的【图层】|【创建剪切蒙版】命令，为当前图层创建剪切蒙版，如图4.26所示。

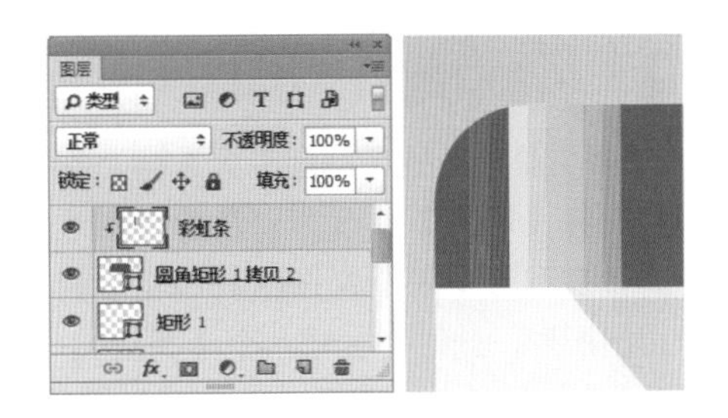

图4.26 创建剪切蒙版

⑨ 在【图层】面板中选中【圆角矩形1】图层，将其拖至面板底部的【创建新图层】按钮上，复制一个【圆角矩形1 拷贝3】图层。选中【圆角矩形1 拷贝3】图层，在画布中将其图形颜色更改为白色，并将其移至所有图层最上方，再将图层【不透明度】更改为8%，如图4.27所示。

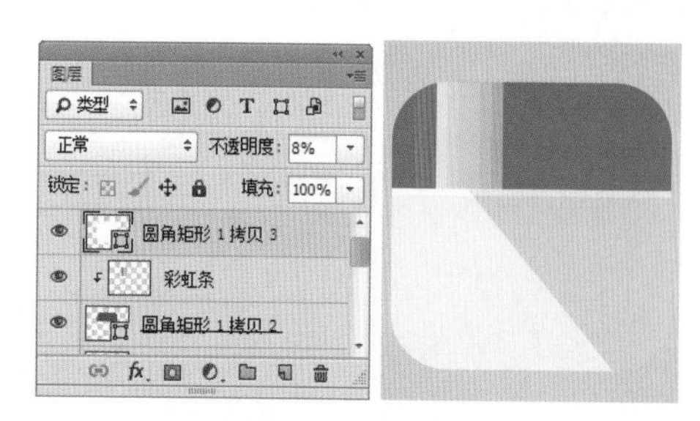

图4.27 复制图层并更改图形颜色

⑩ 选择工具箱中的【直接选择工具】，选中【圆角矩形1 拷贝3】图层中的图形左上角锚点并按住Shift键向右侧平移，如图4.28所示。

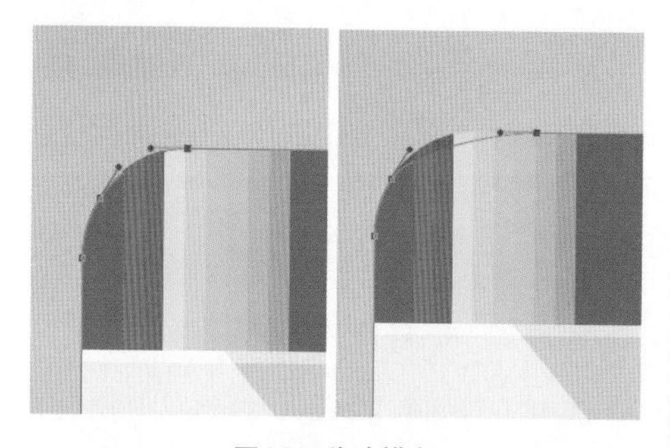

图4.28 移动锚点

⑪ 选择工具箱中的【添加锚点工具】，在图形右下角位置单击添加锚点，如图4.29所示。

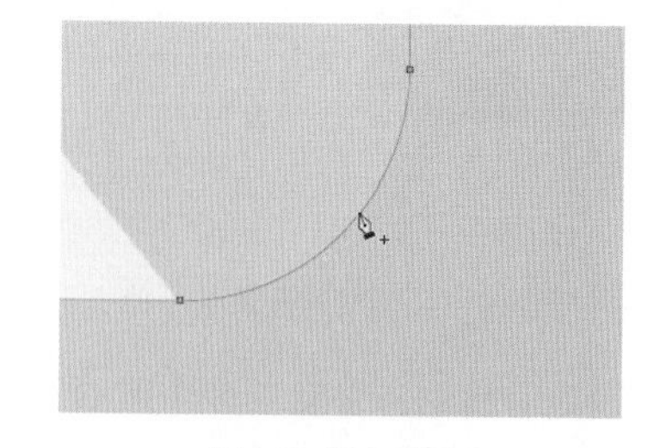

图4.29 添加锚点

⑫ 选择工具箱中的【直接选择工具】，选中部分锚点并删除，如图4.30所示。

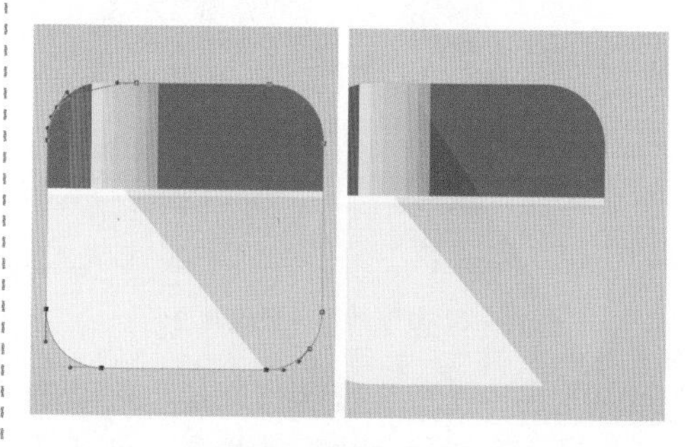

图4.30 删除部分锚点

4.1.4 绘制镜头

① 选择工具箱中的【椭圆工具】，在选项栏中将【填充】更改为白色，【描边】为无，在图形中间位置按住Shift键绘制一个正圆图形，此时将生成一个【椭圆1】图层，如图4.31所示。

图4.31 绘制图形

② 同时选中【椭圆1】及【圆角矩形1】图层，单击选项栏中的【垂直居中对齐】按钮及【水平居中对齐】按钮，将图形对齐，如图4.32所示。

③ 在【图层】面板中选中【椭圆1】图层，将其拖至面板底部的【创建新图层】按钮上，复制一个【椭圆1 拷贝】图层，如图4.33所示。

图4.32 对齐图形

图4.33 复制图层

④ 选中【椭圆1 拷贝】图层，在画布中按Ctrl+T组合键对其执行【自由变换】命令，当出现变形框以后按住Alt+Shift组合键将图形等比例缩小，完成之后按Enter键确认，再将其图形颜色更改为深灰色（R:99，G:99，B:99），如图4.34所示。

图4.34 变换图形

⑤ 选中【椭圆1 拷贝】图层，将其图层【不透明度】更改为50%，如图4.35所示。

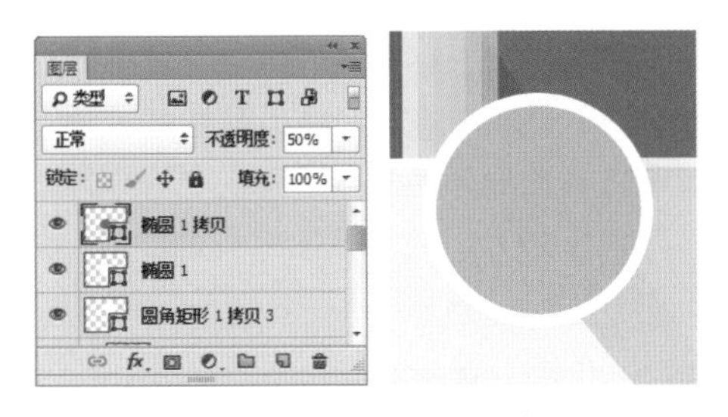

图4.35 更改图层不透明度

⑥ 选中【椭圆1】图层，在画布中将其图形颜色更改为黑色，再将其图层【不透明度】更改为10%，如图4.36所示。

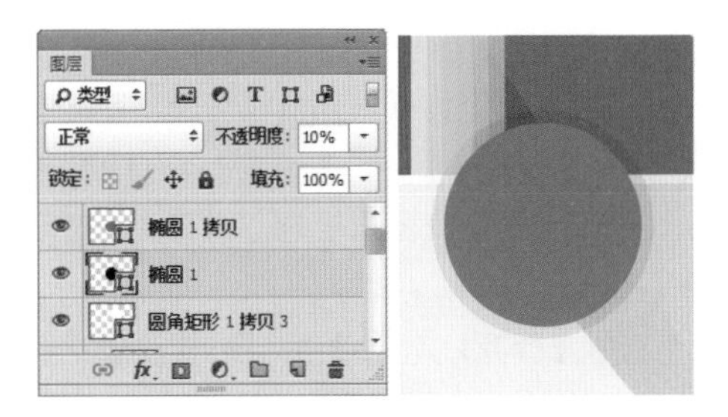

图4.36 更改图形颜色及不透明度

⑦ 在【图层】面板中选中【椭圆1】图层，单击面板底部的【添加图层蒙版】按钮，为其添加图层蒙版，如图4.37所示。

⑧ 在【图层】面板中，按住Ctrl键单击【彩虹条】图层缩览图，将其载入选区，如图4.38所示。

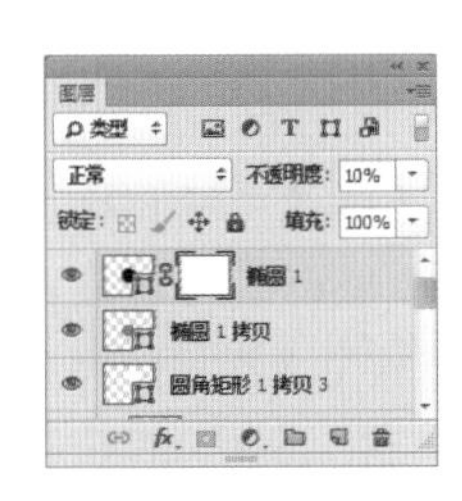

图4.37 添加图层蒙版

图4.38 载入选区

⑨ 在画布中执行菜单栏中的【选择】|【反向】命令，将选区反向，再单击【椭圆1】图层蒙版缩览图，在画布中将选区填充为黑色，隐藏部分图形，完成之后按Ctrl+D组合键取消选区，如图4.39所示。

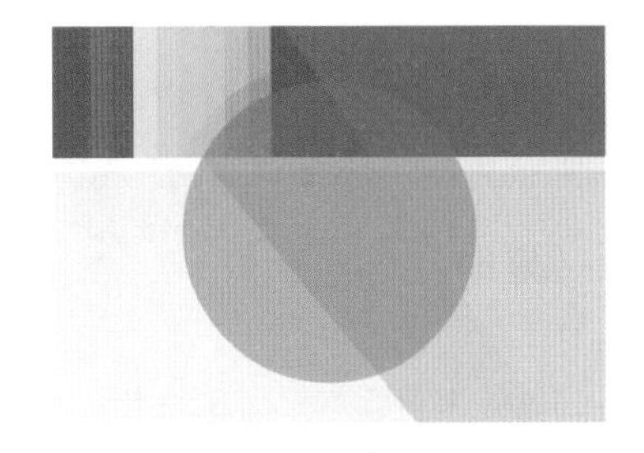

图4.39 隐藏图形

⑩ 在【图层】面板中选中【椭圆1 拷贝】图层，将其拖至面板底部的【创建新图层】按钮上，复制一个【椭圆1 拷贝2】图层，将其移至所有图层上方，再将【不透明度】更改为100%，如图4.40所示。

⑪ 选中【椭圆1 拷贝2】图层，修改填充颜色为灰色（R:220，G:220，B:220），在画布中将其向上稍微移动使其与下方图形形成立体效果，如图4.41所示。

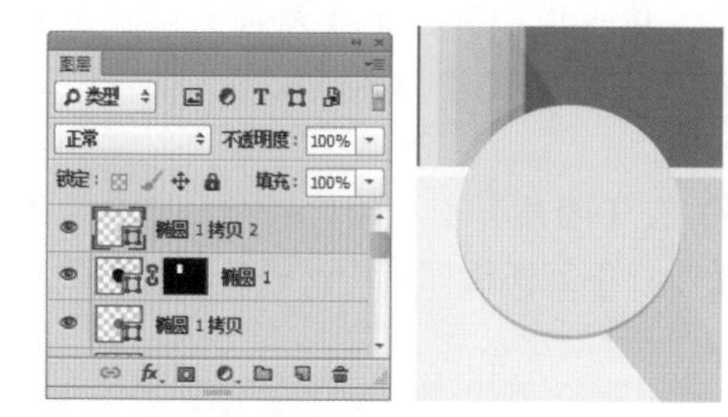

图4.40 复制图层并更改图层顺序 图4.41 移动图形

⑫ 在【图层】面板中选中【椭圆1 拷贝2】图层，将其拖至面板底部的【创建新图层】按钮上，复制一个【椭圆1 拷贝3】图层。选中【椭圆1 拷贝3】图层将其图层颜色更改为深灰色（R:33，G:34，B:35），再按Ctrl+T组合键对其执行【自由变换】命令，当出现变形框以后按住Alt+Shift组合键将图形等比例缩小，完成之后按Enter键确认，如图4.42所示。

图4.42 复制图层并更改变换图形

⑬ 以同样的方法选中【椭圆1 拷贝3】图层并将其复制两个拷贝图形，再将其中的一个图形更改颜色，同时把两个图形分别等比例缩小，如图4.43所示。

图4.43 复制并变换图形

⑭ 选择工具箱中的【圆角矩形工具】，在选项栏中将【填充】更改为白色，【描边】为无，【半径】为10像素，在图标右上角位置绘制一个圆角矩形，此时将生成一个【圆角矩形2】图层，如图4.44所示。

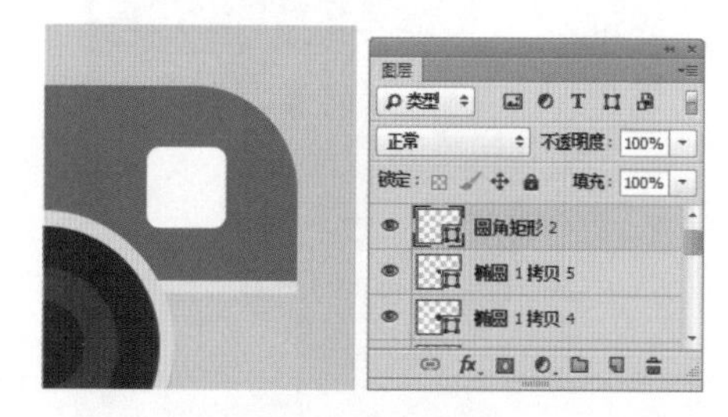

图4.44 绘制图形

⑮ 在【图层】面板中选中【圆角矩形2】图层，将其拖至面板底部的【创建新图层】按钮上，复制一个【圆角矩形2 拷贝】图层，如图4.45所示。

⑯ 选中【圆角矩形2 拷贝】图层，在画布中将其图形颜色更改为深灰色（R:33，G:34，B:35），再将其向上稍微移动，如图4.46所示。

图4.45 复制图层 图4.46 更改图形颜色

⑰ 选中【圆角矩形2】图层，将其图层【不透明度】更改为20%，如图4.47所示。

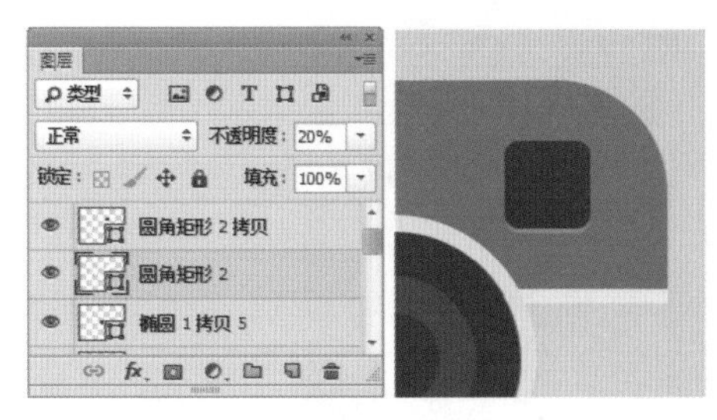

图4.47 更改图层不透明度

⑱ 在【图层】面板中选中【圆角矩形2 拷贝】图层，将其拖至面板底部的【创建新图层】按钮上，复制一个【圆角矩形2 拷贝2】图层，【填充】修改为深灰色（R:25，G:25，B:25），如图4.48所示。

⑲ 选择工具箱中的【直接选择工具】，在画布中选中【圆角矩形2 拷贝2】图层中的图形左下角部分锚点将其删除，这样就完成了效果制作，最终效果如图4.49所示。

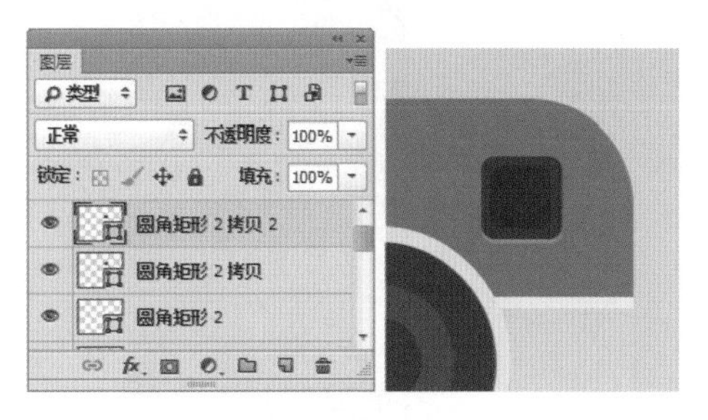

图4.48 复制图层

图4.49 删除锚点及最终效果

4.2 扁平铅笔图标

- 新建画布并填充颜色制作深色系背景。
- 绘制图形并变换制作图标。
- 绘制细节并为图标添加阴影效果完成最终效果制作。

本例主要讲解的是铅笔图标效果制作，此款图标的可识别性极强，并且配色十分醒目，能很好地与其他扁平风格的图标相搭配。

难易程度：★★☆☆☆
最终文件：配套光盘 \ 素材 \ 源文件 \ 第 4 章 \ 扁平铅笔图标 .psd
视频位置：配套光盘 \movie\4.2 扁平铅笔图标 .avi

扁平铅笔图标效果如图 4.50 所示。

图4.50 扁平铅笔图标

4.2.1 绘制图标

① 执行菜单栏中的【文件】|【新建】命令，在弹出的对话框中设置【宽度】为800像素，【高度】为600像素，【分辨率】为72像素/英寸，【颜色模式】为RGB颜色，新建一个空白画布，如图4.51所示。

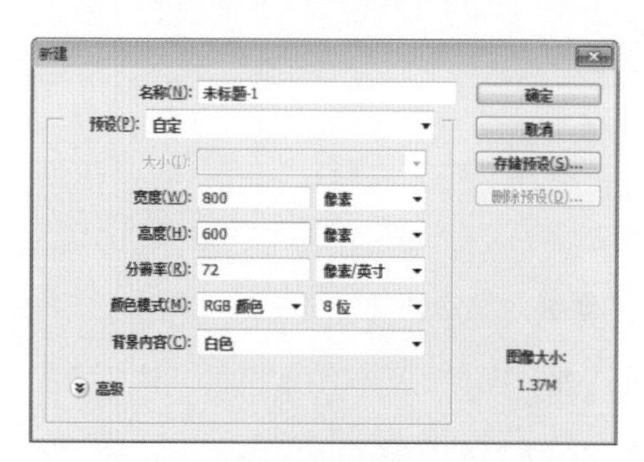

图4.51 新建画布

② 将画布填充为灰绿色（R:75，G:90，B:75），如图4.52所示。

③ 选择工具箱中的【圆角矩形工具】▢，在选项栏中将【填充】更改为绿色（R:80，G:174，B:80），【描边】为无，【半径】为50像素，在画布中绘制一个圆角矩形，此时将生成一个【圆角矩形1】图层，如图4.53所示。

图4.52 填充颜色

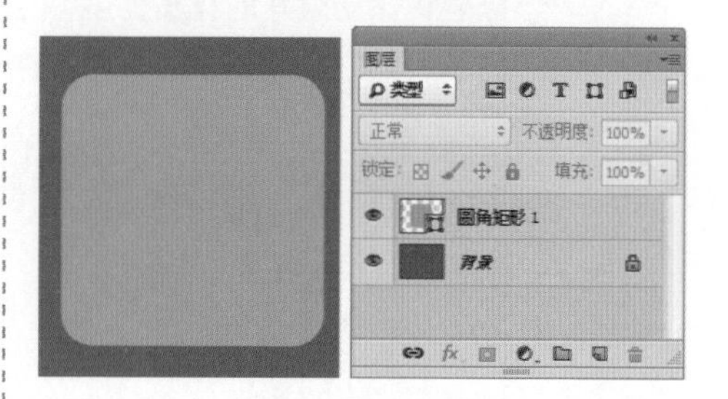

图4.53 绘制图形

④ 选择工具箱中的【圆角矩形工具】▢，在选项栏中将【填充】更改为白色，【描边】为无，【半径】为20像素，在画布中绘制一个圆角矩形，此时将生成一个【圆角矩形2】图层，如图4.54所示。

图4.54 绘制圆角矩形

4.2.2 变换图形

① 选择工具箱中的【添加锚点工具】，在【圆角矩形2】图层中的图形左上角单击添加锚点，如图4.55所示。

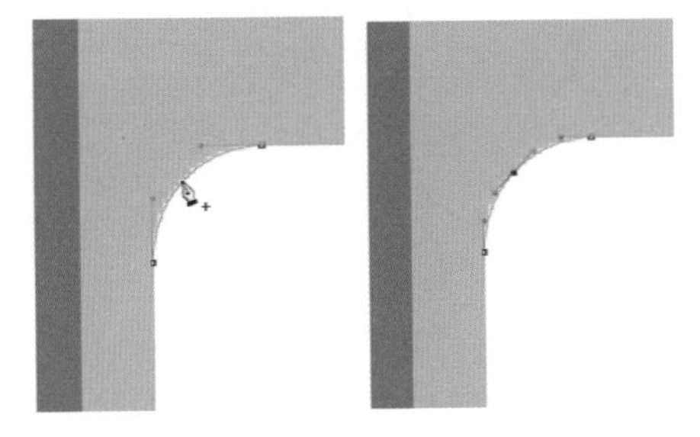

图4.55 添加锚点

② 选择工具箱中的【转换点工具】，在画布中单击刚才添加的锚点，将其转换成节点，如图4.56所示。

③ 选择工具箱中的【直接选择工具】，选中刚才经过转换的节点并拖动，将圆角变成直角，如图4.57所示。

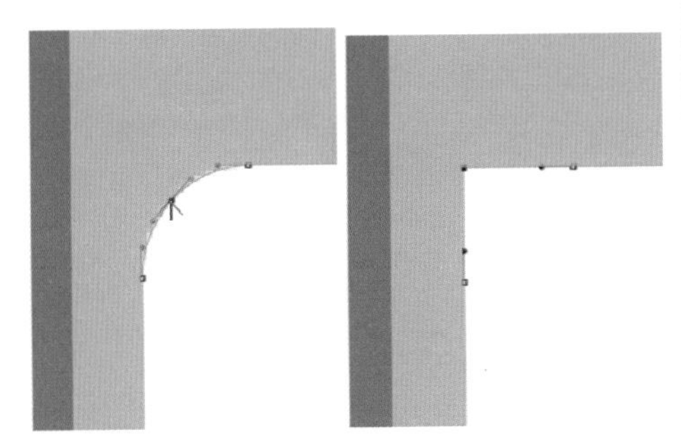

图4.56 转换锚点　　图4.57 移动锚点

④ 以同样的方法将圆角矩形的左下角圆角变成直角，如图4.58所示。

图4.58 变换图形

⑤ 选择工具箱中的【添加锚点工具】，在【圆角矩形2】图层中的图形靠左侧上方位置单击添加锚点。

⑥ 以同样的方法在对应的锚点下方位置再次添加锚点，如图4.59所示。

图4.59 添加锚点

⑦ 选择工具箱中的【删除锚点工具】，在图形左侧边缘锚点上单击删除锚点。

⑧ 以同样的方法在下方的锚点上再次单击删除锚点，如图4.60所示。

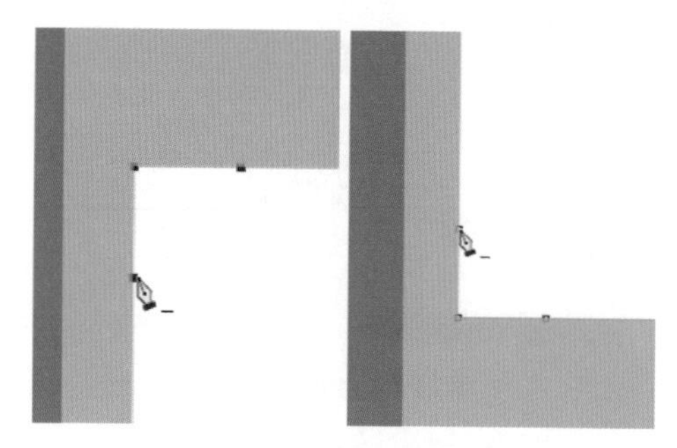

图4.60 删除锚点

⑨ 选择工具箱中的【直接选择工具】，选中图形左下角的锚点并向上拖动，再以同样的方法选中图形左上角锚点并向下拖动，如图4.61所示。

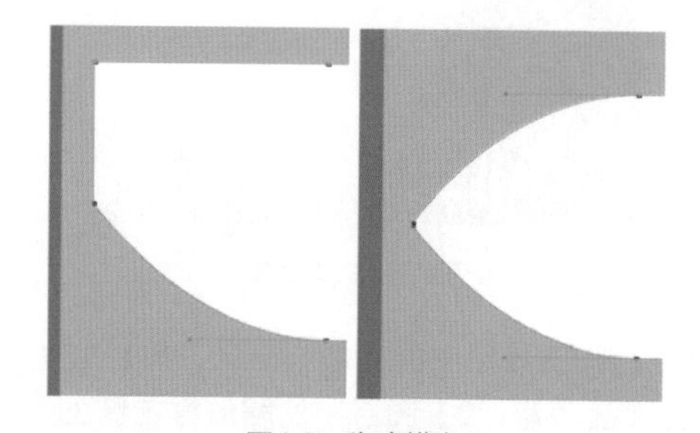

图4.61 移动锚点

⑩ 选择工具箱中的【直接选择工具】，按住Alt键拖动底部锚点的控制杆，如图4.62所示。

⑪ 以同样的方法拖动上方的控制杆，如图4.63所示。

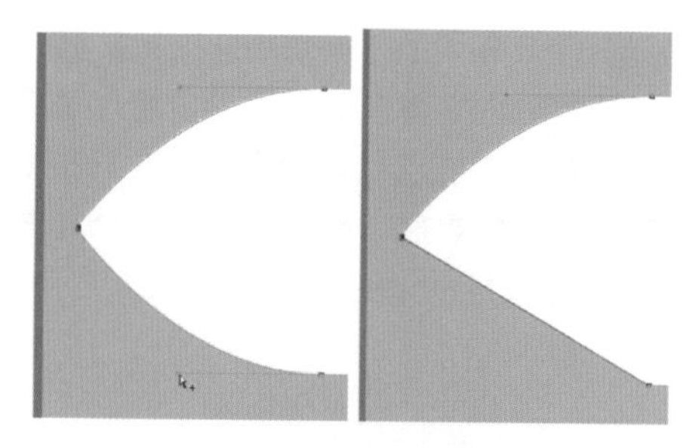

图4.62 拖动控制杆

图4.63 变换图形

⑫ 在【图层】面板中选中【圆角矩形2】图层，将其拖至面板底部的【创建新图层】按钮上，复制一个【圆角矩形2 拷贝】图层，如图4.64所示。

⑬ 选中【圆角矩形2 拷贝】图层，在画布中将其图形颜色更改为浅红色（R:255，G:137，B:106），如图4.65所示。

图4.64 复制图层

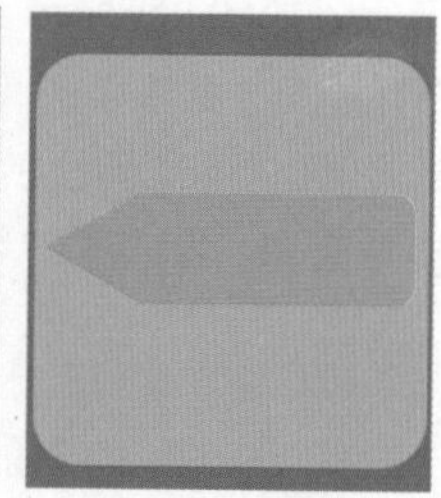

图4.65 更改图形颜色

4.2.3 绘制细节

① 选择工具箱中的【椭圆工具】，在选项栏中将【填充】更改为灰色（R:100，G:100，B:100），【描边】为无，在铅笔笔尖位置按住Alt+Shift组合键绘制一个正圆图形，此时将生成一个【椭圆1】图层，如图4.66所示。

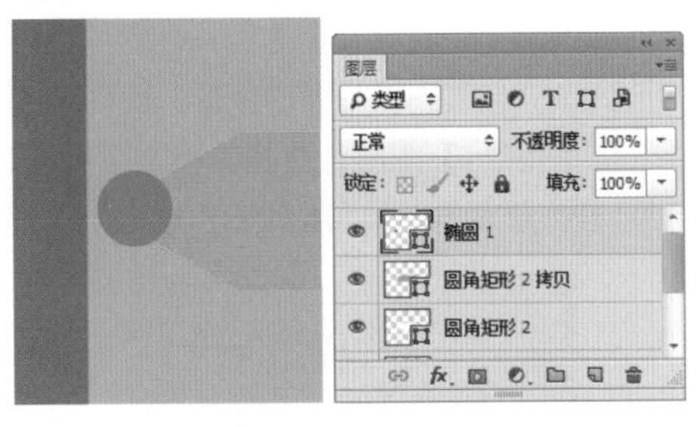

图4.66 绘制图形

② 选中【椭圆1】图层，执行菜单栏中的【图层】|【创建剪切蒙版】命令，为当前图层创建剪切蒙版，如图4.67所示。

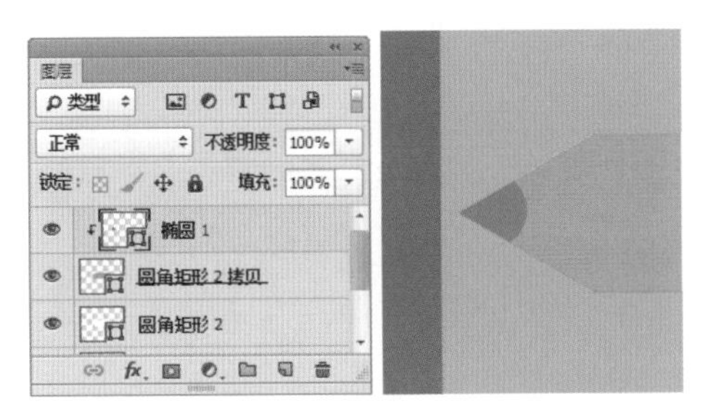

图4.67 创建剪切蒙版

③ 选择工具箱中的【椭圆工具】，在选项栏中将【填充】更改为浅黄色（R:250，G:250，B:210），【描边】为无，在笔尖位置再次按住Shift键绘制一个正圆图形，此时将生成一个【椭圆2】图层，如图4.68所示。

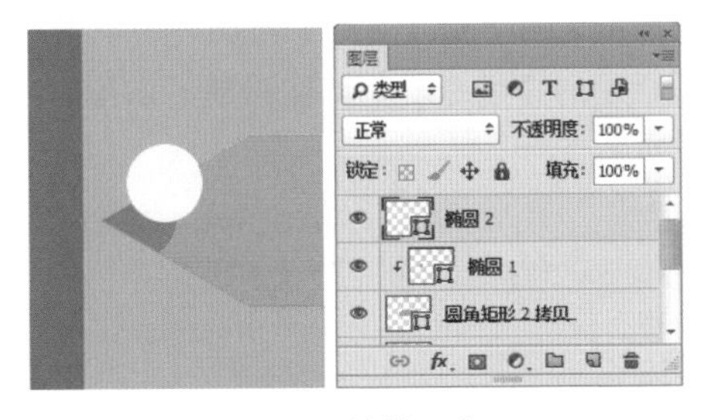

图4.68 绘制图形

④ 选中【椭圆2】图层，在画布中按住Alt+Shift组合键向下拖动将其复制两份，此时将生成【椭圆2 拷贝】及【椭圆2 拷贝2】图层，如图4.69所示。

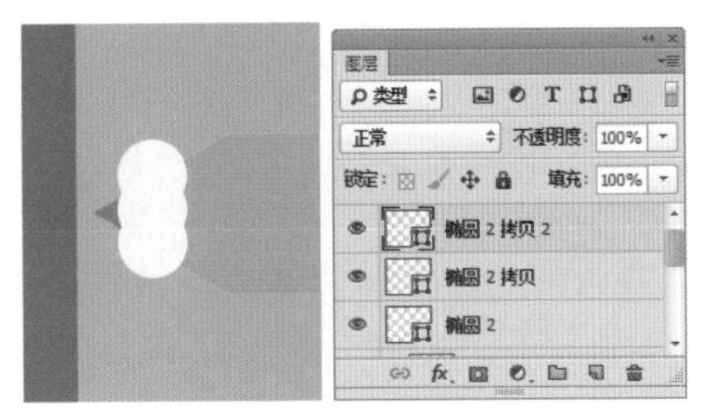

图4.69 复制图形

⑤ 同时选中【椭圆2 拷贝2】及【椭圆2】图层，在画布中按住Shift键向左侧稍微移动，如图4.70所示。

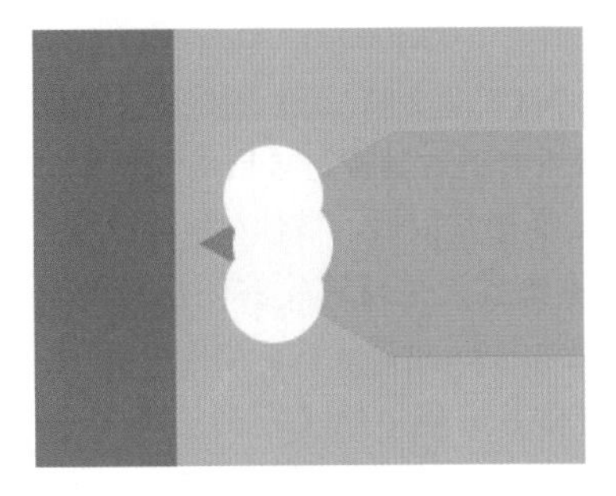

图4.70 移动图形

⑥ 在【图层】面板中同时选中【椭圆2】、【椭圆2 拷贝】及【椭圆2 拷贝2】图层，执行菜单栏中的【图层】|【合并形状】命令，将图层合并，此时将生成一个【椭圆2 拷贝2】图层，如图4.71所示。

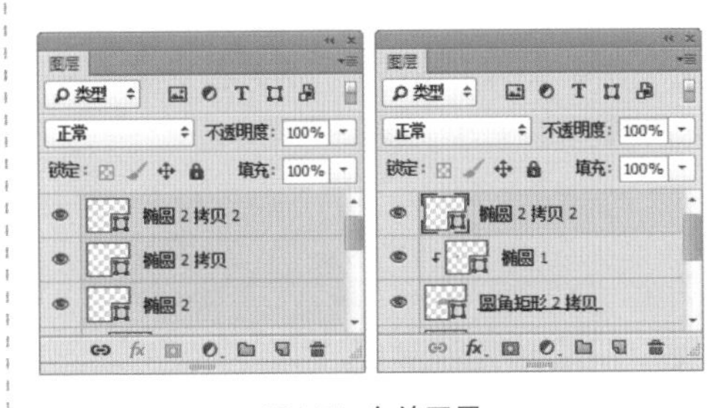

图4.71 合并图层

⑦ 在【图层】面板中选中【椭圆2 拷贝2】图层，将其移至【椭圆1】图层下方，如图4.72所示。

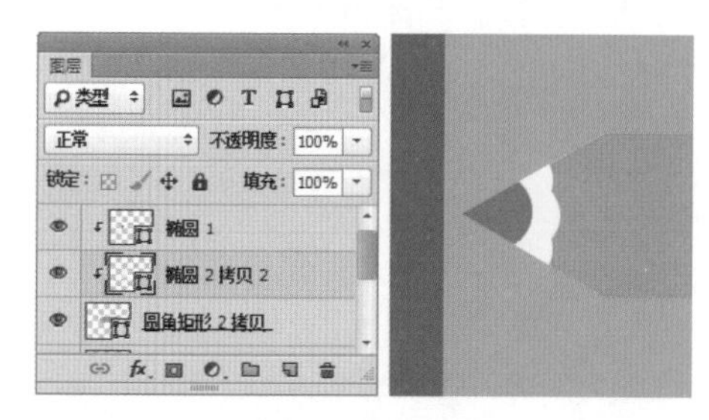
图4.72 更改图层顺序

提示

当更改图层顺序的时候，图层会自动创建剪切蒙版。

⑧ 选中【椭圆2 拷贝2】图层，在画布中按Ctrl+T组合键对其执行【自由变换】命令，当出现变形框以后，按住Alt+Shift组合键将图形等比放大并与笔尖右侧拐角处对齐，完成之后按Enter键确认，如图4.73所示。

⑨ 选择工具箱中的【矩形工具】，在选项栏中将【填充】更改为黄色（R:250，G:175，B:58），【描边】为无，在铅笔笔杆上绘制一个与其高度相同的矩形，此时将生成一个【矩形1】图层，并将其移至【椭圆2拷贝2】图层下方，如图4.74所示。

图4.73 变换图形

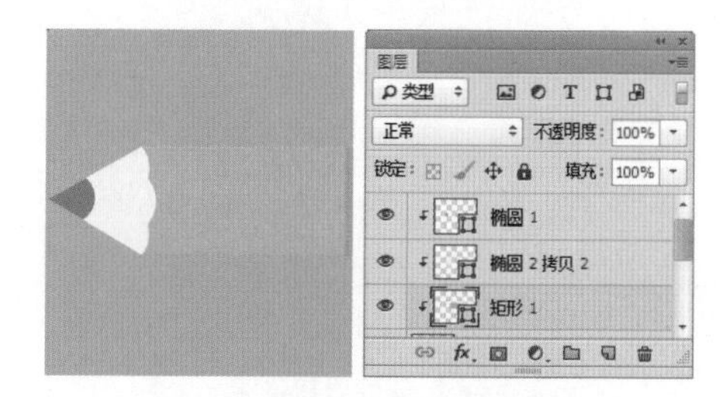
图4.74 绘制图形并更改图层顺序

4.2.4 制作阴影

① 选择工具箱中的【矩形工具】，在选项栏中将【填充】更改为灰色（R:102，G:102，B:102），【描边】为无，在刚才绘制的矩形位置再次绘制一个矩形，此时将生成一个【矩形2】图层，并将其移至【椭圆2拷贝2】图层下方，如图4.75所示。

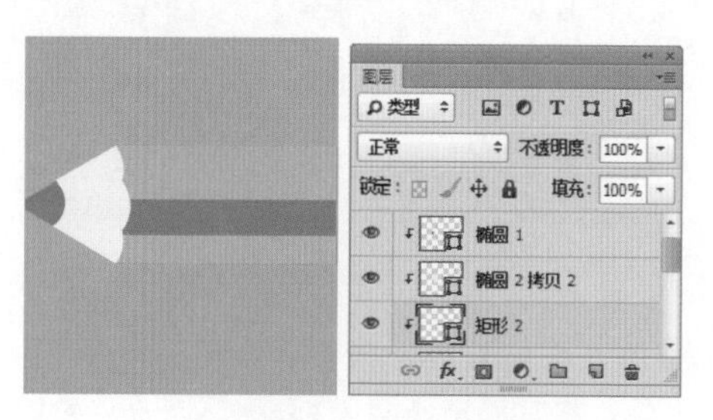
图4.75 绘制图形并更改图层顺序

② 在【图层】面板中选中【矩形2】图层，单击面板底部的【添加图层蒙版】按钮，为其添加图层蒙版，如图4.76所示。

③ 选择工具箱中的【渐变工具】，在选项栏中单击【点按可编辑渐变】按钮，在弹出的对话框中选择【黑白渐变】，设置完成之后单击【确定】按钮，再单击选项栏中的【线性渐变】按钮，如图4.77所示。

图4.76 添加图层蒙版

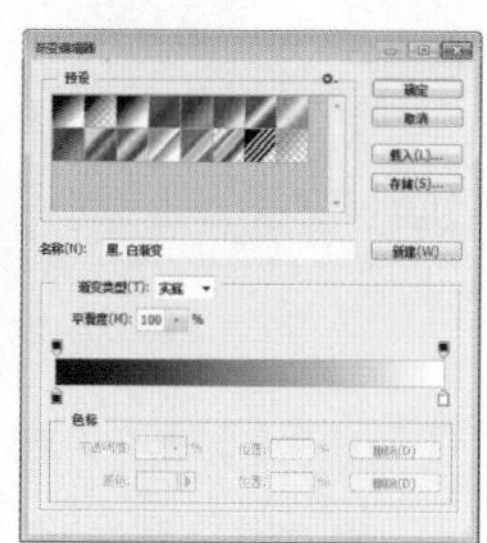
图4.77 设置渐变

④ 单击【矩形2】图层蒙版缩览图，在画布中其图形上按住Shift键拖动，将部分图形隐藏，如图4.78所示。

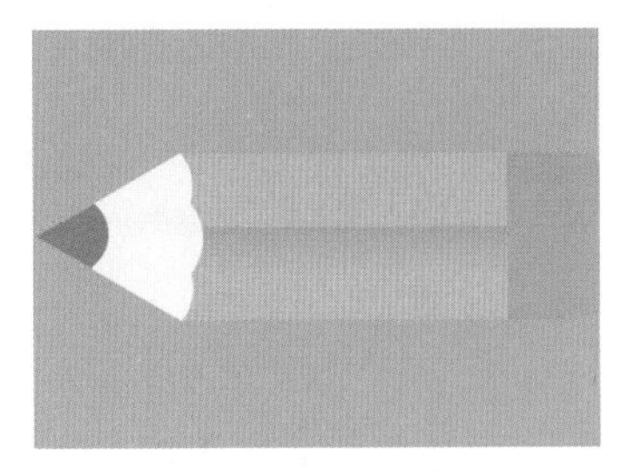

图4.78 隐藏部分图形

⑤ 选中【矩形2】图层，在画布中按住Alt+Shift组合键向下拖动，将图形复制，此时将生成一个【矩形2 拷贝】图层，如图4.79所示。

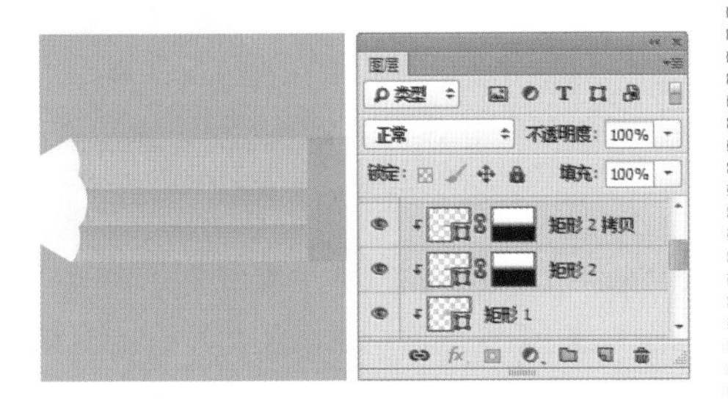

图4.79 复制图形

⑥ 分别选中【矩形2 拷贝】及【矩形2】图层，将其图层【不透明度】更改为50%、30%，如图4.80所示。

图4.80 更改不透明度

⑦ 选择工具箱中的【矩形工具】▭，在选项栏中将【填充】更改为灰色（R:240，G:240，B:240），【描边】为无，在画布中绘制一个矩形，此时将生成一个【矩形3】图层，再将【矩形3】图层移至【矩形2】图层下方，如图4.81所示。

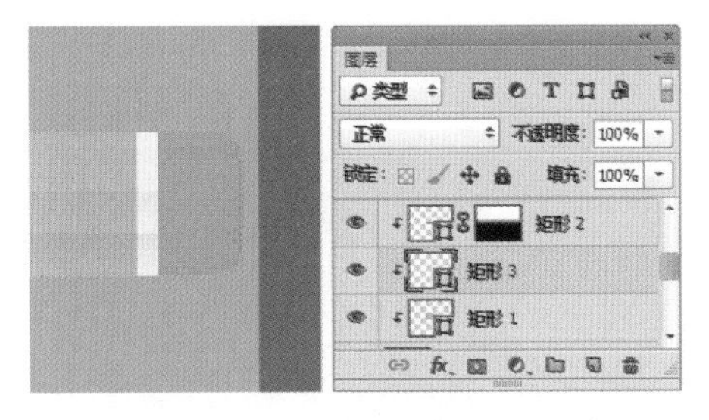

图4.81 绘制图形

⑧ 同时选中除【背景】及【圆角矩形1】图层之外的所有图层，按Ctrl+T组合键对其执行【自由变换】命令，当出现变形框以后，将图形适当旋转，完成之后按Enter键确认，如图4.82所示。

图4.82 旋转图形

⑨ 选择工具箱中的【矩形工具】▭，在选项栏中将【填充】更改为深灰色（R:66，G:66，B:66），【描边】为无，在画布中绘制一个矩形，此时将生成一个【矩形4】图层，如图4.83所示。

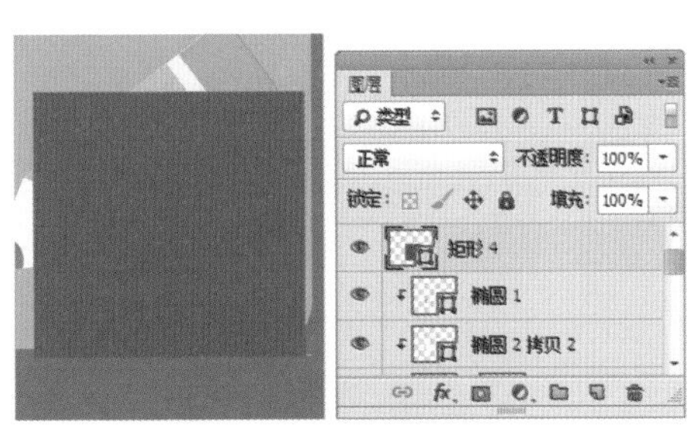

图4.83 绘制图形

⑩ 选中【矩形4】图层，在画布中按Ctrl+T组合键对其执行【自由变换】命令，当出现变形框以后，将图形适当旋转并与铅笔右上角边缘和笔尖对齐，完成之后按Enter键确认，如图4.84所示。

图4.84 变换图形

⑪ 选中【矩形4】图层，将其图层【不透明度】更改为20%，如图4.85所示。

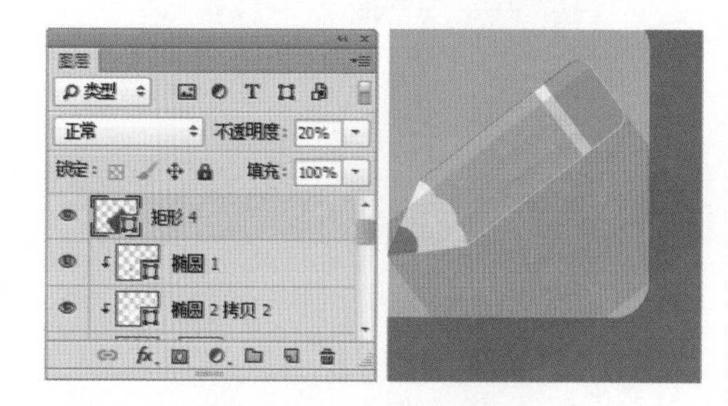

图4.85 更改图层不透明度

⑫ 选择工具箱中的【直接选择工具】，选中刚才绘制的矩形左上角锚点并拖动与铅笔笔尖对齐，如图4.86所示。

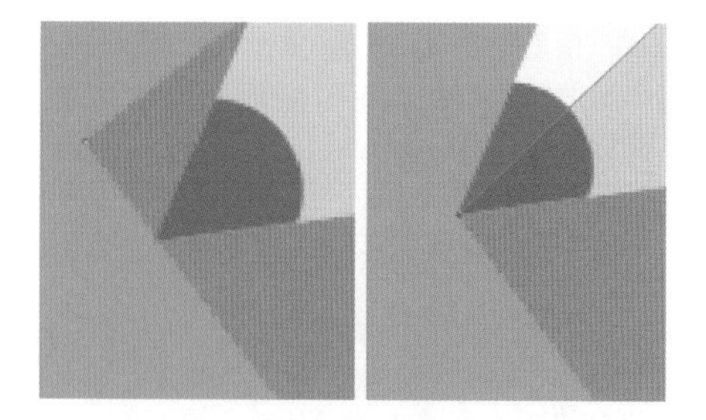

图4.86 拖动锚点

⑬ 在【图层】面板中选中【矩形4】图层，将其移至【圆角矩形2】图层的下方，如图4.87所示。

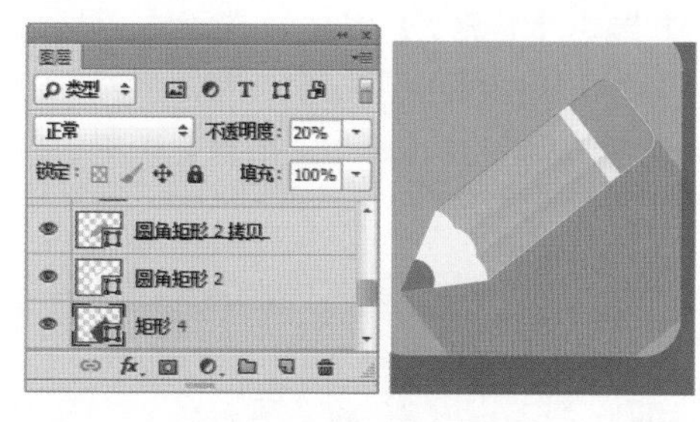

图4.87 更改图层顺序

⑭ 选中【矩形4】图层，执行菜单栏中的【图层】|【创建剪切蒙版】命令，为当前图层创建剪切蒙版，这样就完成了效果制作，最终效果如图4.88所示。

图4.88 创建剪切蒙版及最终效果

4.3 指南针图标

- 新建画布并填充颜色制作背景。
- 绘制图形并添加图层样式制作图标。
- 利用钢笔工具绘制不规则图形，为图标添加装饰效果打造图标轮廓。
- 为图标添加阴影效果完成最终效果制作。

本例主要讲解的是指南针图标，这款图标的色彩及造型与 iOS 风格相同，同时图标本身的配色相对收敛，采用蓝色为图标主色调并配以深红色的指针，使整个图标十分耐看。

难易程度：★★★☆☆
最终文件：配套光盘 \ 素材 \ 源文件 \ 第 4 章 \ 指南针图标 .psd
视频位置：配套光盘 \movie\4.3 指南针图标 .avi

指南针图标效果如图 4.89 所示。

图4.89 指南针图标

4.3.1 绘制图标

① 执行菜单栏中的【文件】|【新建】命令，在弹出的对话框中设置【宽度】为800像素，【高度】为600像素，【分辨率】为72像素/英寸，【颜色模式】为RGB颜色，新建一个空白画布，如图4.90所示。

图4.90 新建画布

② 将画布填充为蓝色（R:0，G:102，B:153），如图4.91所示。

图4.91 填充颜色

③ 选择工具箱中的【圆角矩形工具】，在选项栏中将【填充】更改为蓝色（R:40，G:160，B:225），【描边】为无，【半径】为115像素，在画布中绘制一个圆角矩形，此时将生成一个【圆角矩形1】图层，如图4.92所示。

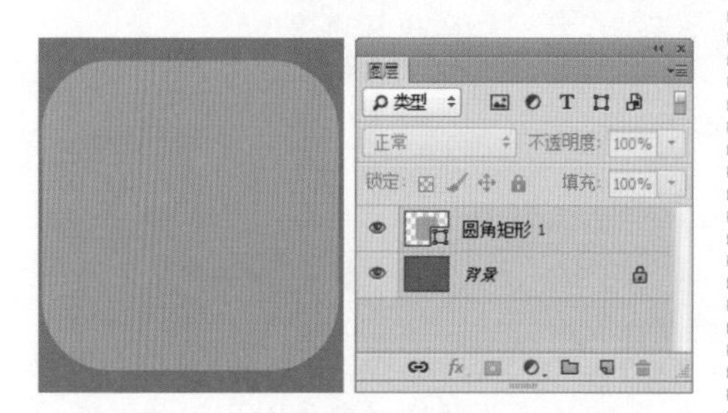

图4.92 绘制图形

④ 在【图层】面板中选中【圆角矩形1】图层，单击面板底部的【添加图层样式】按钮，在菜单中选择【内发光】命令，在弹出的对话框中将【混合模式】更改为【颜色加深】，【不透明度】更改为30%，【颜色】更改为蓝色（R:32，G:128，B:180），【大小】更改为230像素，完成之后单击【确定】按钮，如图4.93所示。

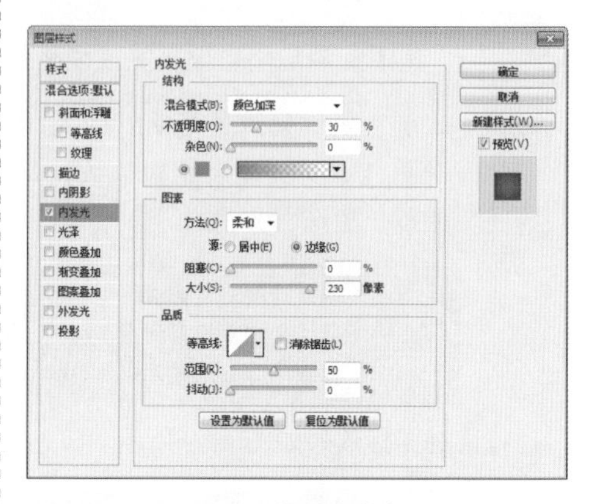

图4.93 设置内发光

⑤ 选择工具箱中的【椭圆工具】，在选项栏中将【填充】更改为白色，【描边】为无，在刚才绘制的圆角矩形位置按住Alt+Shift组合键绘制一个正圆图形，此时将生成一个【椭圆1】图层，如图4.94所示。

图4.94 绘制图形

⑥ 选择工具箱中的【椭圆工具】，在选项栏中单击【路径操作】按钮，在弹出的选项中选择【减去顶层形状】，在刚才绘制的椭圆图形上按住Alt+Shift组合键以中心为起点绘制一个椭圆路径，将部分图形减去，如图4.95所示。

图4.95 绘制路径减去部分图形

⑦ 选择工具箱中的【矩形工具】，在选项栏中将【填充】更改为白色，【描边】为无，在刚才绘制的椭圆中心位置按住Shift键绘制一个矩形，此时将生成一个【矩形1】图层，如图4.96所示。

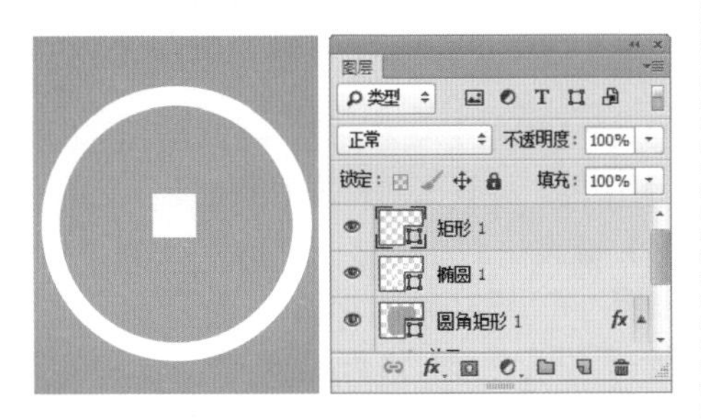

图4.96 绘制图形

⑧ 选中【矩形1】图层，在画布中按Ctrl+T组合键对其执行【自由变换】命令，当出现变形框后，在选项栏中【旋转】后方的文本框中输入45度，完成之后按Enter键确认，如图4.97所示。

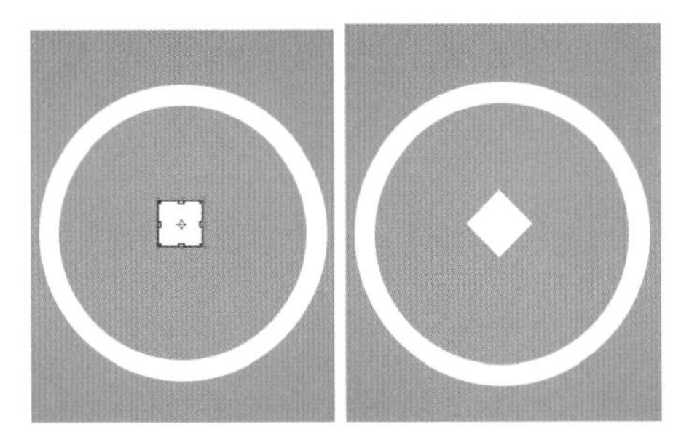

图4.97 变换图形

⑨ 选择工具箱中的【删除锚点工具】，在画布中刚才经过旋转的矩形左侧锚点上单击并将其删除，如图4.98所示。

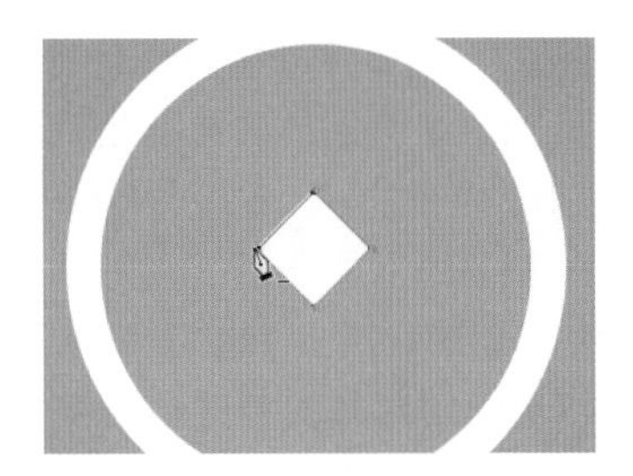

图4.98 删除锚点

⑩ 选中【矩形1】图层，在画布中按Ctrl+T组合键对其执行【自由变换】命令，当出现变形框以后，将光标移至变形框右侧控制点向右拖动，完成之后按Enter键确认，如图4.99所示。

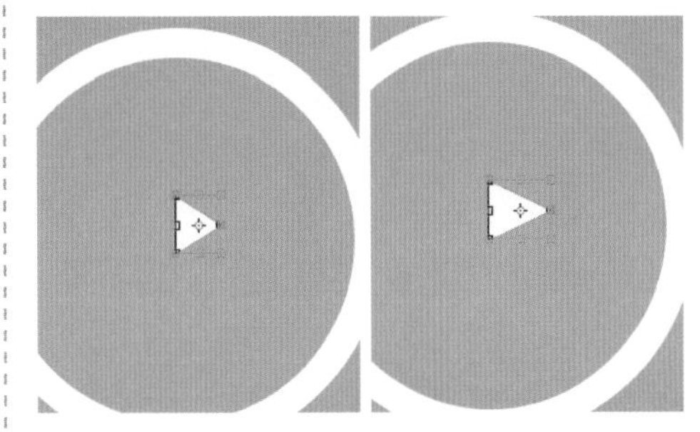

图4.99 变换图形

⑪ 选中【矩形1】图层，在画布中按Ctrl+T组合键对其执行【自由变换】命令，在出现的变形框中单击鼠标右键，从弹出的快捷菜单中选择【旋转90度（逆时针）】命令，完成之后按Enter键确认，再将其移至椭圆顶部位置，如图4.100所示。

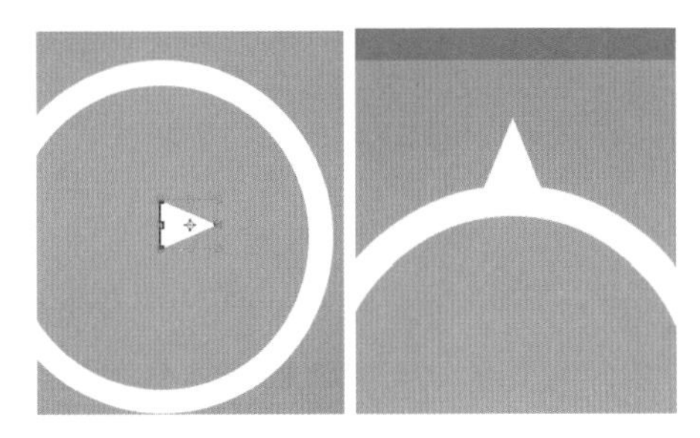

图4.100 变换图形

⑫ 在【图层】面板中选中【矩形1】图层，将其拖至面板底部的【创建新图层】按钮上，复制一个【矩形1 拷贝】图层，如图4.101所示。

⑬ 选中【矩形1 拷贝】图层，在画布中按Ctrl+T组合键对其执行【自由变换】命令，将光标移至出现的变形框上单击鼠标右键，从弹出的快捷菜单中选择【垂直翻转】命令，完成之后按Enter键确认，再按住Shift键将其移至圆环图形底部位置并与之顶部边缘对齐，如图4.102所示。

图4.101 复制图层

图4.102 变换图形

⑭ 在【图层】面板中同时选中【矩形1 拷贝】及【矩形1】图层，执行菜单栏中的【图层】|【合并形状】命令，将图层合并，此时将生成一个【矩形1 拷贝】图层，如图4.103所示。

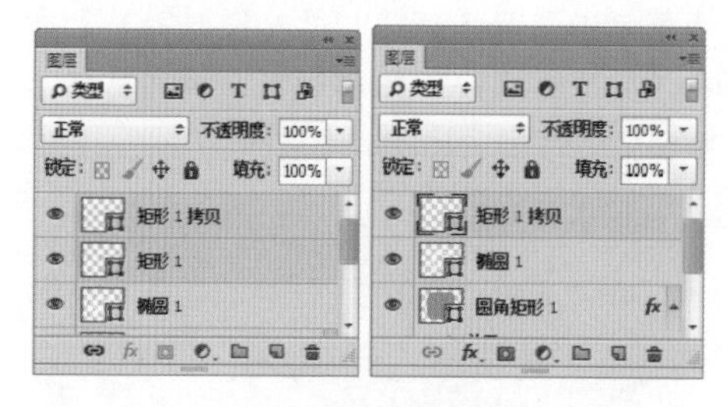

图4.103 合并图层

⑮ 在【图层】面板中选中【矩形1 拷贝】图层，将其拖至面板底部的【创建新图层】按钮上，复制一个【矩形1 拷贝2】图层，如图4.104所示。

⑯ 选中【形状1 拷贝】图层，在画布中按Ctrl+T组合键对其执行【自由变换】命令，在出现的变形框中单击鼠标右键，从弹出的快捷菜单中选择【旋转90度（顺时针）】命令，完成之后按Enter键确认，如图4.105所示。

图4.104 复制图层

图4.105 变换图形

⑰ 在【图层】面板中选中【矩形1 拷贝2】图层，将其拖至面板底部的【创建新图层】按钮上，复制一个【矩形1 拷贝3】图层，如图4.106所示。

⑱ 选中【矩形1 拷贝3】图层，在画布中按Ctrl+T组合键对其执行【自由变换】命令，当出现变形框以后，在选项栏中【旋转】后方的文本框中输入45度，再按住Alt+Shift组合键将图形等比例缩小，完成之后按Enter键确认，如图4.107所示。

图4.106 复制图层

图4.107 变换图形

⑲ 在【图层】面板中选中【矩形1 拷贝3】图层，将其拖至面板底部的【创建新图层】按钮上，复制一个【矩形1 拷贝4】图层，如图4.108所示。

⑳ 选中【矩形1 拷贝4】图层，在画布中按Ctrl+T组合键对其执行【自由变换】命令，将光标移至出现的变形框上单击鼠标右键，从弹出的快捷菜单中选择【水平翻转】命令，完成之后按Enter键确认，如图4.109所示。

图4.108 复制图层

图4.109 变换图形

4.3.2 制作阴影

① 在【图层】面板中选中【椭圆1】图层，将其拖至面板底部的【创建新图层】按钮上，复制一个【椭圆1 拷贝】图层，如图4.110所示。

② 选中【椭圆1 拷贝】图层，在画布中按Ctrl+T组合键对其执行【自由变换】命令，当出现变形框以后，按住Alt+Shift组合键将图形等比例缩小，完成之后按Enter键确认，再将其颜色更改为黑色，如图4.111所示。

图4.110 复制图层　　图4.111 变换图形

③ 选择工具箱中的【直接选择工具】，选中刚才经过变换的椭圆内侧的路径，按Ctrl+T组合键对其执行【自由变换】命令，当出现变形框以后，按住Alt+Shift组合键将图形等比放大，完成之后按Enter键确认，如图4.112所示。

提示

如果使用【直接选择工具】无法直接选中内侧路径，可按住Shift键同时选中内侧椭圆的4个锚点。

图4.112 变换图形

④ 在【图层】面板中选中【椭圆1 拷贝】图层，将其移至图层最上方，如图4.113所示。

图4.113 更改图层顺序

⑤ 选择工具箱中的【钢笔工具】，单击选项栏中的【选择工具模式】路径按钮，在弹出的下拉列表中选择【形状】，将【填充】更改为黑色，【描边】更改为无，在罗盘图形顶部位置绘制一个不规则图形并与部分图形边缘对齐，此时将生成一个【形状1】图层，如图4.114所示。

图4.114 绘制图形

⑥ 在【图层】面板中选中【形状1】图层，将其拖至面板底部的【创建新图层】按钮上，复制一个【形状1 拷贝】图层，如图4.115所示。

⑦ 选中【形状1 拷贝】图层，在画布中按Ctrl+T组合键对其执行【自由变换】命令，将光标移至出现的变形框上单击鼠标右键，从弹出的快捷菜单中选择【垂直翻转】命令，完成之后按Enter键确认，再按住Shift键将图形移至罗盘底部相对应的位置，如图4.116所示。

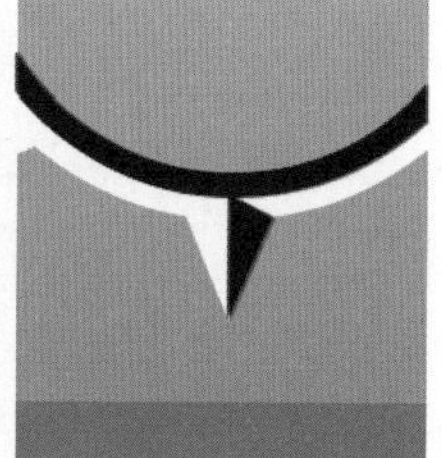

图4.115 复制图层　　图4.116 翻转移动

⑧ 在【图层】面板中同时选中【形状1 拷贝】及【形状1】图层，将其拖至面板底部的【创建新图层】按钮上，复制出【形状1 拷贝2】及【形状1 拷贝3】图层，如图4.117所示。

⑨ 保持【形状1 拷贝2】及【形状1 拷贝3】图层选中状态，在画布中按Ctrl+T组合键对其执行【自由变换】命令，在出现的变形框中单击鼠标右键，从弹出的快捷菜单中选择【旋转90度（顺时针）】命令，再将图形与相对应的罗盘指针对齐，完成之后按Enter键确认，如图4.118所示。

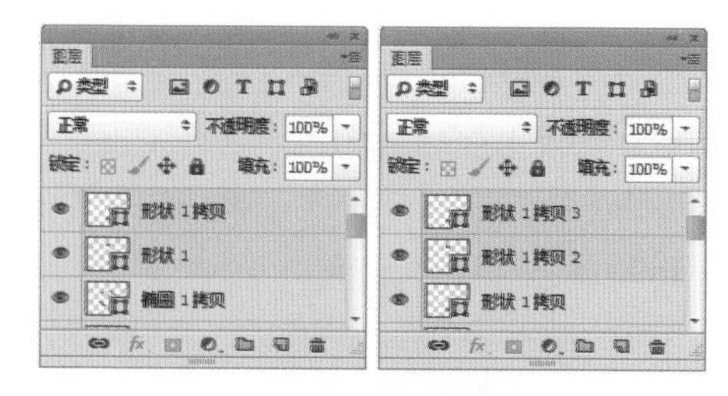

图4.117 复制图层

图4.118 变换图形

⑩ 以刚才同样的方法在罗盘部分指针位置再次绘制一个不规则图形，此时将生成一个【形状2】图层，如图4.119所示。

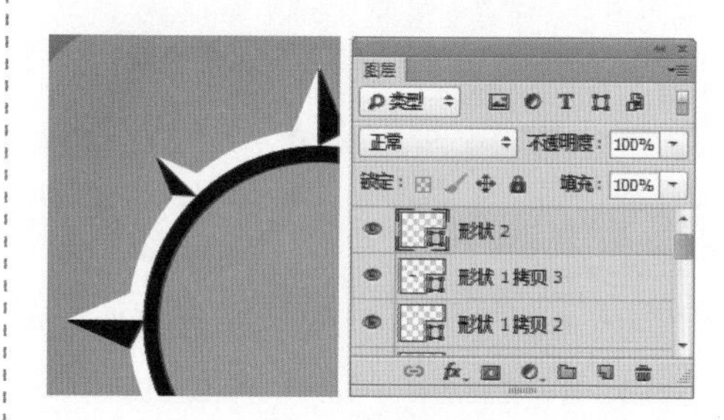

图4.119 绘制图形

⑪ 以刚才同样的方法将图形复制多份并变换放在适当位置，如图4.120所示。

图4.120 复制及变换图形

⑫ 同时选中所有和“形状”图层相关的图层以及【椭圆1 拷贝】图层，执行菜单栏中的【图层】|【新建】|【从图层建立组】，在弹出的对话框中将【名称】更改为【阴影】，完成之后单击【确定】按钮，此时将生成一个【阴影】组，如图4.121所示。

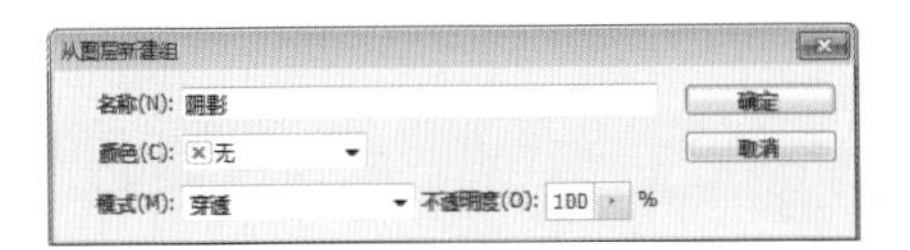

图4.121 从图层新建组

⑬ 选中【阴影】组，将其图层【不透明度】更改为15%，如图4.122所示。

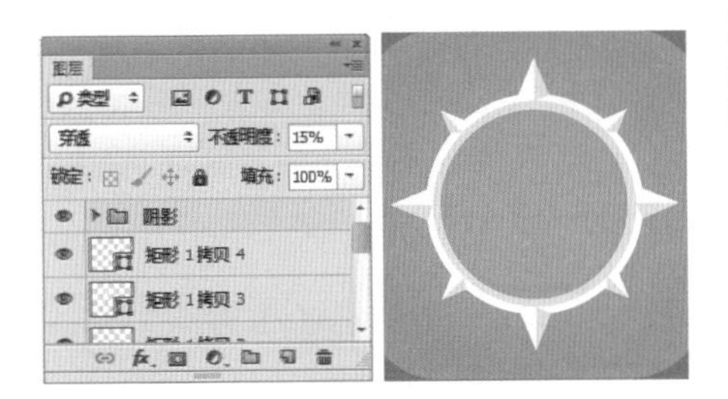

图4.122 更改图层不透明度

⑭ 同时选中除【背景】及【圆角矩形1】图层之外的所有图层及组，执行菜单栏中的【图层】|【新建】|【从图层建立组】，在弹出的对话框中将【名称】更改为【罗盘】，完成之后单击【确定】按钮，此时将生成一个【罗盘】组，如图4.123所示。

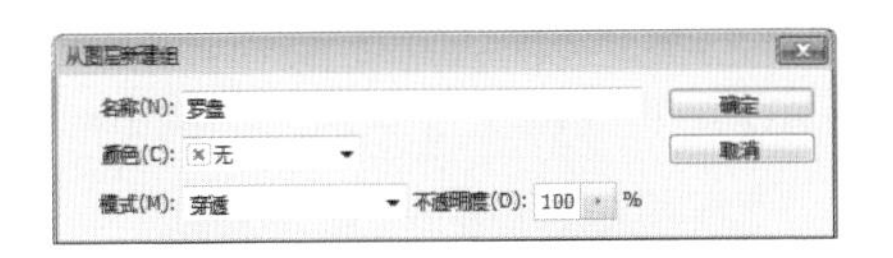

图4.123 从图层新建组

⑮ 在【图层】面板中选中【罗盘】组，单击面板底部的【添加图层样式】fx按钮，在菜单中选择【投影】命令，在弹出的对话框中将【不透明度】更改为30%，【距离】更改为1像素，【大小】更改为5像素，完成之后单击【确定】按钮，如图4.124所示。

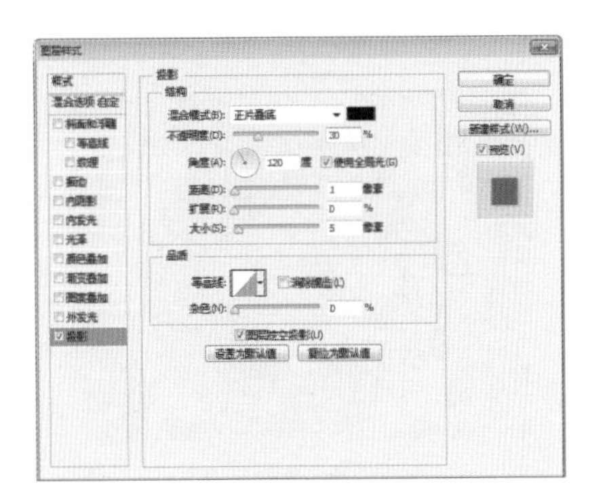

图4.124 设置投影

⑯ 选择工具箱中的【矩形工具】，在选项栏中将【填充】更改为白色，【描边】为无，在刚才绘制的椭圆中心位置按住Shift键绘制一个矩形，此时将生成一个【矩形1】图层，如图4.125所示。

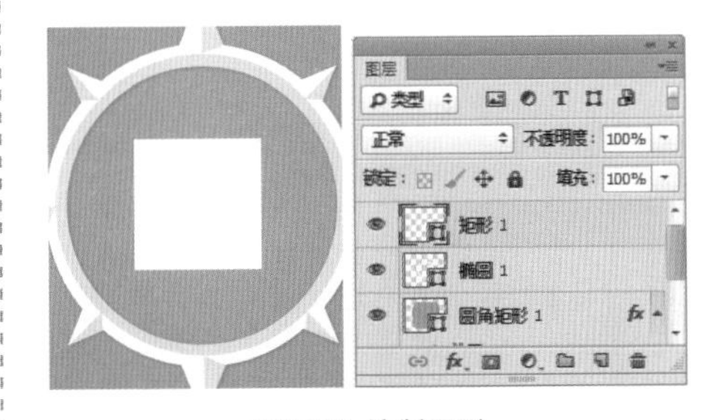

图4.125 绘制图形

⑰ 选中【矩形1】图层，在画布中按Ctrl+T组合键对其执行【自由变换】命令，当出现变形框以后，在选项栏中【旋转】后方的文本框中输入45度，完成之后按Enter键确认，如图4.126所示。

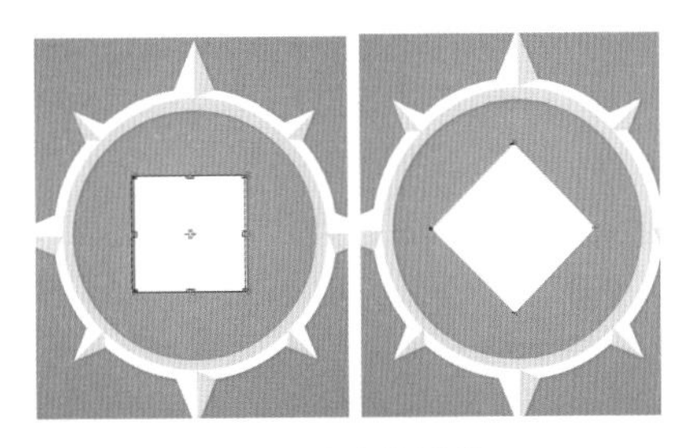

图4.126 变换图形

⑱ 选择工具箱中的【删除锚点工具】，在画布中刚才经过旋转的矩形左侧锚点上单击将其删除，如图4.127所示。

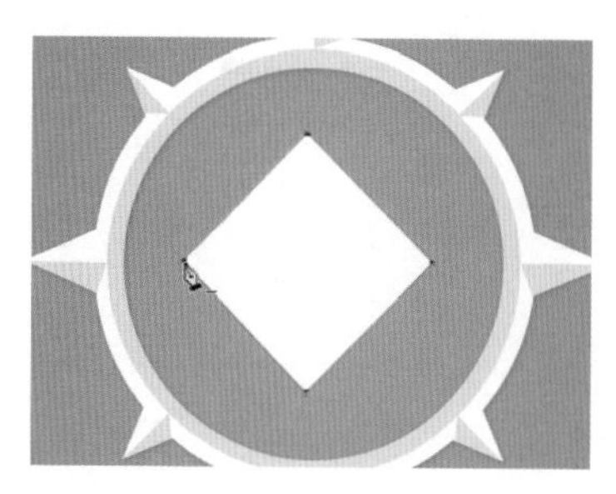

图4.127 删除锚点

⑲ 选中【矩形1】图层，在画布中按Ctrl+T组合键对其执行【自由变换】命令，当出现变形框以后将光标移至变形框右侧控制点向右侧拖动，再按住Alt键将图形高度等比例缩小，完成之后按Enter键确认，如图4.128所示。

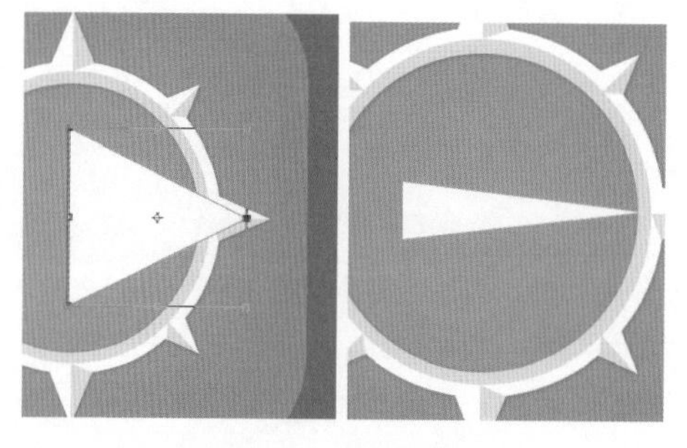

图4.128 变换图形

⑳ 在【图层】面板中选中【矩形1】图层，将其拖至面板底部的【创建新图层】按钮上，复制一个【矩形1 拷贝5】图层，如图4.129所示。

㉑ 选中【矩形1 拷贝5】图层，在画布中按Ctrl+T组合键对其执行【自由变换】命令，将光标移至出现的变形框上单击鼠标右键，从弹出的快捷菜单中选择【水平翻转】命令，完成之后按Enter键确认，再按住Shift键将其向左平移并与原图形左侧边缘对齐，如图4.130所示。

图4.129 复制图层

图4.130 变换图形

提示

复制生成的图层名称以原图层名称为基准递增，比如将【矩形1】复制，则生成【矩形1 拷贝】图层，再复制则生成【矩形1 拷贝2】图层。

㉒ 在【图层】面板中同时选中【矩形1 拷贝5】及【矩形1】图层，执行菜单栏中的【图层】|【合并形状】命令，将图层合并，此时将生成一个【矩形1 拷贝5】图层，如图4.131所示。

图4.131 合并图层

㉓ 选中【矩形1 拷贝5】图层，在画布中按Ctrl+T组合键对其执行【自由变换】命令，当出现变形框以后，将图形适当旋转，完成之后按Enter键确认，如图4.132所示。

图4.132 旋转图形

㉔ 在【图层】面板中选中【矩形1 拷贝5】图层，将其拖至面板底部的【创建新图层】按钮上，复制一个【矩形1 拷贝6】图层，如图4.133所示。

㉕ 在【图层】面板中选中【矩形1 拷贝5】图层，将其图形颜色更改为黑色，执行菜单栏中的【图层】|【栅格化】|【形状】命令，将当前图形栅格化，如图4.134所示。

图4.133 复制图层

图4.134 栅格化形状

4.3.3 制作倒影

① 选中【矩形1 拷贝5】图层，在画布中按Ctrl+T组合键对其执行【自由变换】命令，当出现变形框以后，按住Alt+Shift组合键将图形等比例缩小，完成之后按Enter键确认，在画布中将其向右下角方向稍微移动，如图4.135所示。

图4.135 变换图形

② 选中【矩形1 拷贝5】图层，执行菜单栏中的【滤镜】|【模糊】|【高斯模糊】命令，在弹出的对话框中将【半径】更改为10像素，设置完成之后单击【确定】按钮，如图4.136所示。

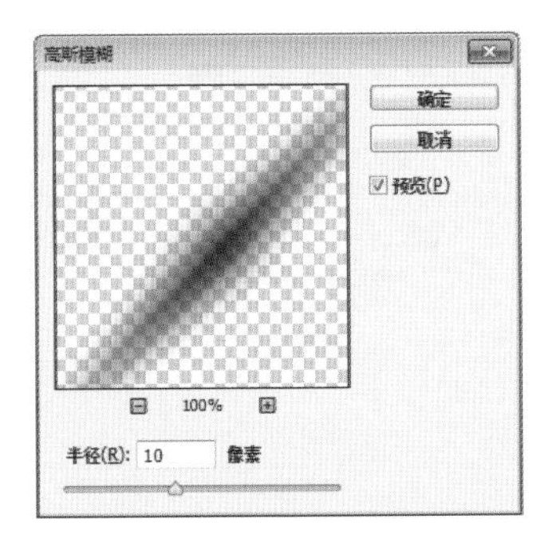

图4.136 设置高斯模糊

③ 选中【矩形1 拷贝5】图层，将其图层【不透明度】更改为60%，如图4.137所示。

图4.137 更改图层不透明度

④ 在【图层】面板中选中【矩形1 拷贝6】图层，将其拖至面板底部的【创建新图层】按钮上，复制一个【矩形1 拷贝7】图层，如图4.138所示。

图4.138 复制图层

⑤ 选中【矩形1 拷贝6】图层，在画布中将图形填充为灰色（R:244，G:244，B:244），选中【矩形1 拷贝7】图层，将其颜色更改为红色（R:228，G:105，B:105），如图4.139所示。

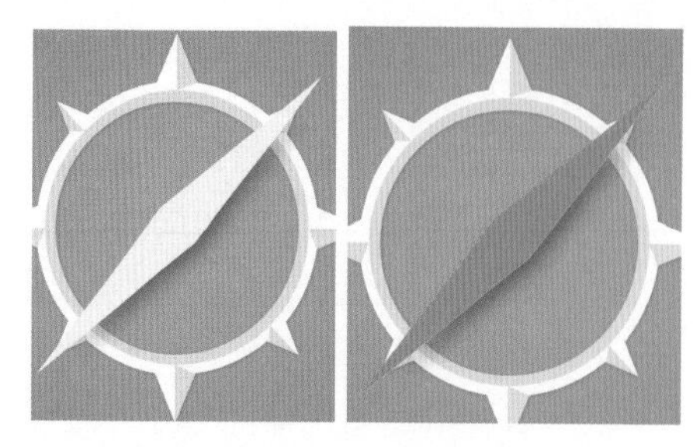

图4.139 更改图形颜色

⑥ 选择工具箱中的【直接选择工具】，选中【矩形1 拷贝7】图层中的图形左下角锚点，按Delete键将其删除，如图4.140所示。

图4.140 删除锚点

⑦ 选择工具箱中的【钢笔工具】，单击选项栏中的【选择工具模式】路径按钮，在弹出的下拉列表中选择【形状】，将【填充】更改为黑色，【描边】更改为无，在绘制的指针上绘制一个不规则图形并将其与下方的指针图形边缘对齐，此时将生成一个【形状3】图层，如图4.141所示。

图4.141 绘制图形

⑧ 选中【形状3】图层，将其图层【不透明度】更改为20%，如图4.142所示。

图4.142 更改图层不透明度

⑨ 选择工具箱中的【椭圆工具】，在选项栏中将【填充】更改为白色，【描边】为无，在指针中间位置按住Shift键绘制一个正圆图形，此时将生成一个【椭圆2】图层，如图4.143所示。

图4.143 绘制图形

⑩ 在【图层】面板中选中【椭圆2】图层，单击面板底部的【添加图层样式】按钮，在菜单中选择【投影】命令，在弹出的对话框中将【不透明度】更改为30%，【大小】更改为5像素，【距离】更改为5像素，完成之后单击【确定】按钮，如图4.144所示。

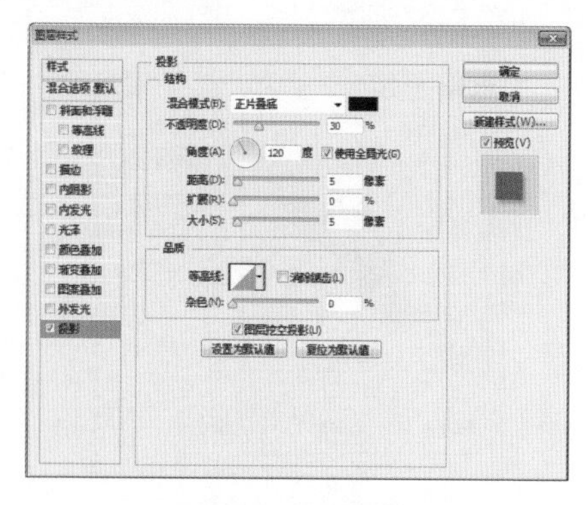

图4.144 设置投影

⑪ 选择工具箱中的【钢笔工具】，单击选项栏中的【选择工具模式】路径 按钮，在弹出的下拉列表中选择【形状】，将【填充】更改为黑色，【描边】更改为无，在画布中沿图标边缘绘制一个不规则图形，此时将生成一个【形状4】图层，将【形状4】图层移至【背景】图层上方，如图4.145所示。

图4.145 绘制图形

⑫ 选中【形状4】图层，将其图层【不透明度】更改为10%，如图4.146所示。

图4.146 更改图层不透明度

⑬ 以刚才同样的方法在画布中沿罗盘图形位置边缘绘制一个右下角大于图标的不规则图形，此时将生成一个【形状5】图层，将【形状5】图层移至【圆角矩形1】图层上方，如图4.147所示。

⑭ 选中【形状 5】图层，执行菜单栏中的【图层】|【创建剪切蒙版】命令，为当前图层创建剪切蒙版，再将其图层【不透明度】更改为10%，如图4.148所示。

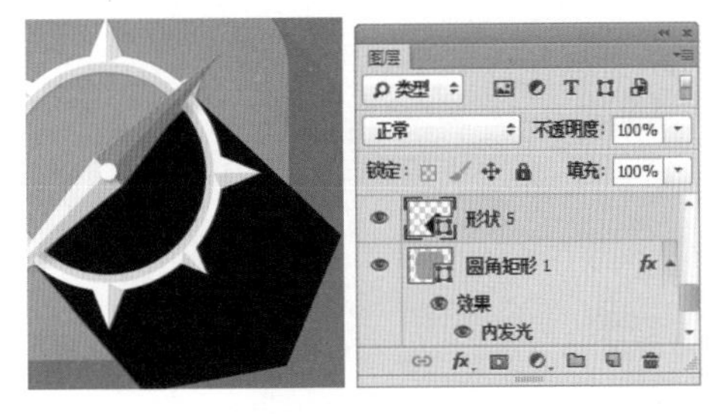

图4.147 绘制图形

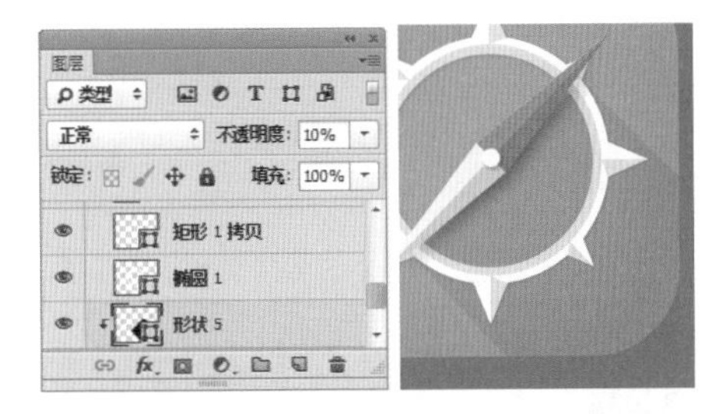

图4.148 创建剪切蒙版并更改图层不透明度

⑮ 在【图层】面板中选中【圆角矩形1】图层，将其拖至面板底部的【创建新图层】按钮上，复制一个【圆角矩形1 拷贝】图层，并将其移至所有图层最上方，如图4.149所示。

图4.149 复制图层

⑯ 在【图层】面板中，双击【圆角矩形1 拷贝】图层样式名称，在弹出的对话框中取消选中【内发光】复选框，选中【渐变叠加】复选框，将【不透明度】更改为50%，【渐变】更改为白色到透明，并将白色不透明度色标的【不透明度】更改为60%，【样式】更改为【径向】，【缩放】更改为150%，如图4.150所示。

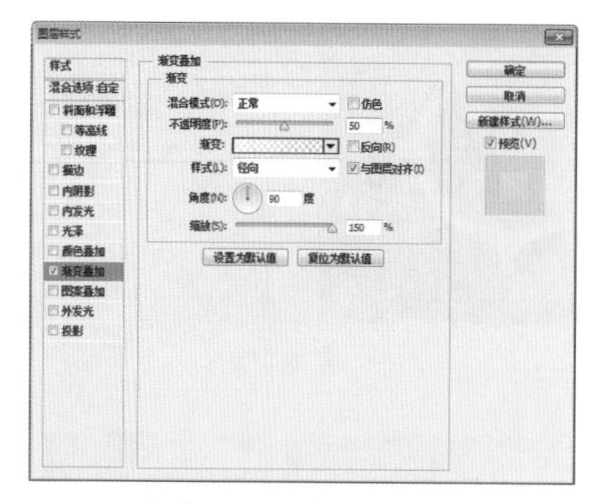

图4.150 设置渐变叠加

⑰ 在【图层】面板中，选中【圆角矩形1 拷贝】图层，将其图层【填充】更改为0%，这样就完成了效果制作，最终效果如图4.151所示。

图4.151 更改填充及最终效果

定位图标

- 新建画布并添加渐变及滤镜效果制作质感背景。
- 绘制图形并将图形变换制作图标。
- 为绘制的图形添加相关图层样式及装饰效果完成最终效果制作。

本例主要讲解的是定位图标制作，在制作过程中只需准确把握图标的整体造型并且添加合适的图层样式，即可制作这样一款简单且美观的定位图标。

难易程度：★★☆☆☆
最终文件：配套光盘 \ 素材 \ 源文件 \ 第 4 章 \ 定位图标 .psd
视频位置：配套光盘 \movie\4.4 定位图标 .avi

定位图标效果如图 4.152 所示。

图4.152 定位图标

4.4.1 制作背景

① 执行菜单栏中的【文件】|【新建】命令，在弹出的对话框中设置【宽度】为800像素，【高度】为600像素，【分辨率】为72像素/英寸，【颜色模式】为RGB颜色，新建一个空白画布，如图4.153所示。

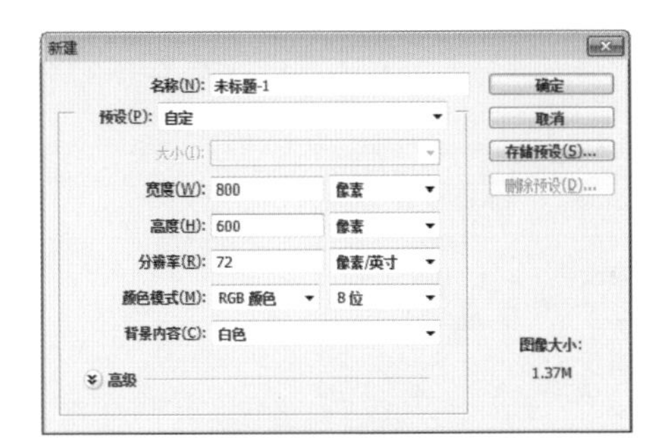

图4.153 新建画布

② 选择工具箱中的【渐变工具】，在选项栏中单击【点按可编辑渐变】按钮，在弹出的对话框中将渐变颜色更改为灰色（R:177，G:177，B:177）到白色，设置完成之后单击【确定】按钮，再单击选项栏中的【线性渐变】按钮，如图4.154所示。

图4.154 设置渐变

③ 在画布中按住Shift键从下至上拖动，为画布填充渐变，如图4.155所示。

图4.155 填充渐变

④ 单击面板底部的【创建新图层】按钮，新建一个【图层1】图层，选中【图层1】图层，在画布中将其填充为白色，如图4.156所示。

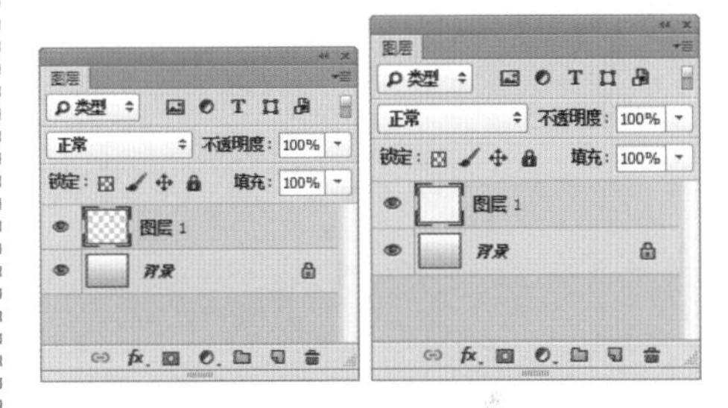

图4.156 新建图层并填充颜色

⑤ 选中【图层1】图层，执行菜单栏中的【滤镜】|【杂色】|【添加杂色】命令，在弹出的对话框中将【数量】更改为25%，分别选中【平均分布】单选按钮和【单色】复选框，完成之后单击【确定】按钮，如图4.157所示。

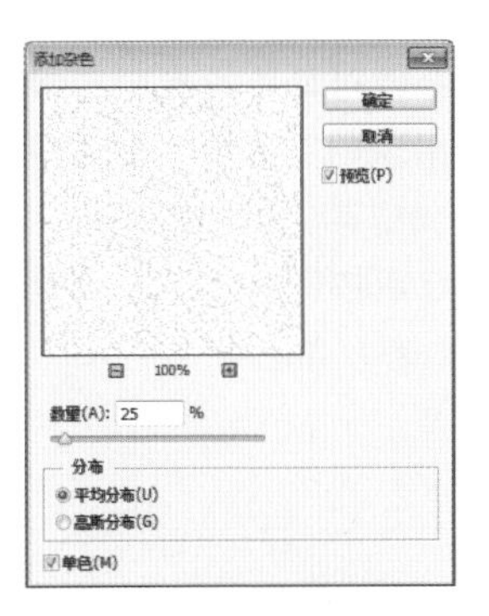

图4.157 添加杂色

⑥ 选中【图层1】图层，将其图层【不透明度】更改为5%，如图4.158所示。

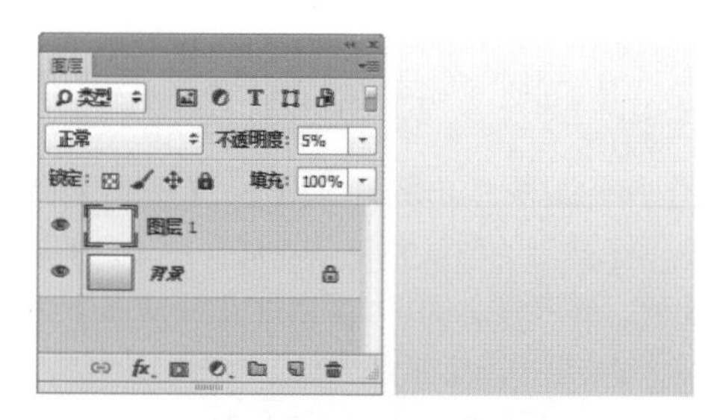

图4.158 更改图层不透明度

4.4.2 绘制图标

① 选择工具箱中的【钢笔工具】，单击选项栏中的【选择工具模式】路径按钮，在弹出的下拉列表中选择【形状】，将【填充】更改为白色，【描边】更改为无，绘制半个水滴形状的图形，此时将生成一个【形状1】图层，如图4.159所示。

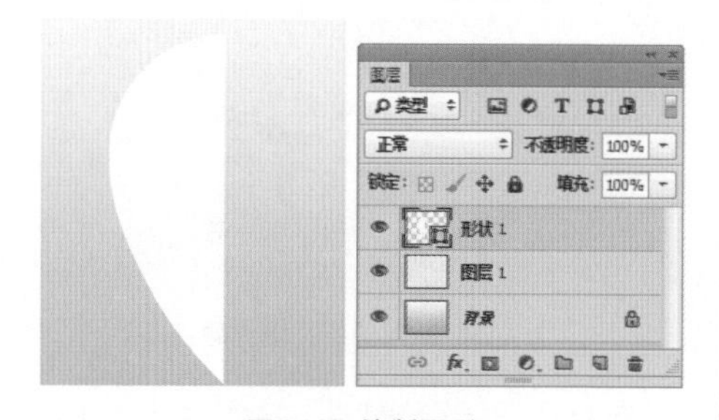

图4.159 绘制图形

② 在【图层】面板中选中【形状1】图层，将其拖至面板底部的【创建新图层】按钮上，复制一个【形状1 拷贝】图层，如图4.160所示。

③ 选中【形状1 拷贝】图层，在画布中按Ctrl+T组合键对其执行自由变换命令，将光标移至出现的变形框上单击鼠标右键，从弹出的快捷菜单中选择【水平翻转】命令，完成之后按Enter键确认，再将其与原图形边缘对齐，如图4.161所示。

图4.160 复制图层

图4.161 变换图形

④ 在【图层】面板中同时选中【形状1 拷贝】及【形状1】图层，执行菜单栏中的【图层】|【合并形状】命令，将图层合并，此时将生成一个【形状1 拷贝】图层，如图4.162所示。

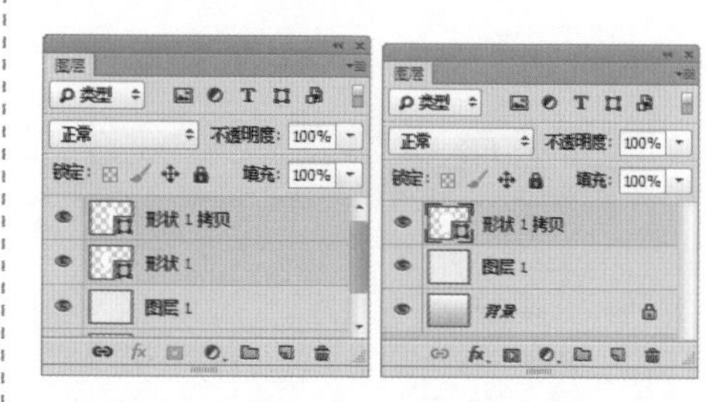

图4.162 合并图层

⑤ 在【图层】面板中选中【形状1 拷贝】图层，单击面板底部的【添加图层样式】按钮，在菜单中选择【渐变叠加】命令，在弹出的对话框中将【渐变】颜色更改为蓝色（R:123，G:130，B:150）到蓝色（R:220，G:227，B:253），如图4.163所示。

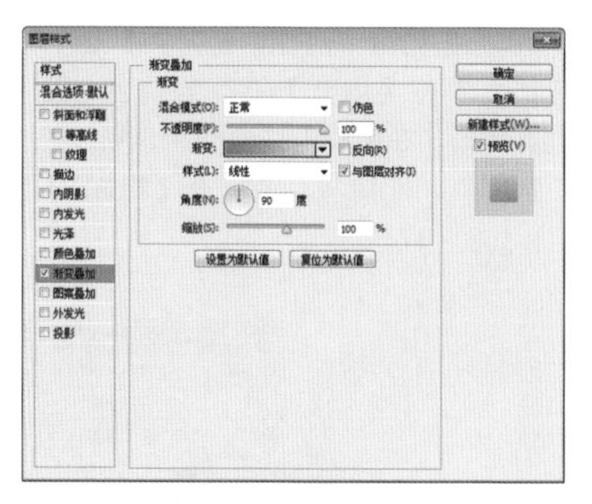

图4.163 设置渐变叠加

⑥ 选中【投影】复选框，将【不透明度】更改为50%，取消【使用全局光】复选框，将【角度】更改为135度，【距离】更改为20像素，【大小】更改为20像素，完成之后单击【确定】按钮，如图4.164所示。

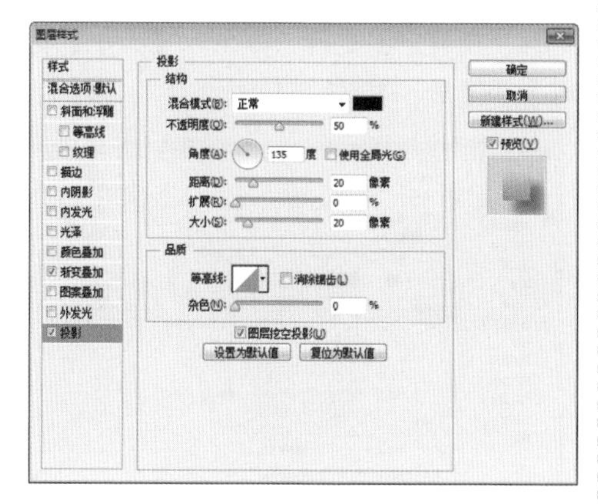

图4.164 设置投影

⑦ 在【图层】面板中选中【形状1 拷贝】图层，将其拖至面板底部的【创建新图层】按钮上，复制一个【形状1 拷贝2】图层，如图4.165所示。

⑧ 选中【形状1 拷贝2】图层，在画布中按Ctrl+T组合键对其执行【自由变换】命令，当出现变形框以后，按住Alt+Shift组合键将图形适当等比例缩小，完成之后按Enter键确认，如图4.166所示。

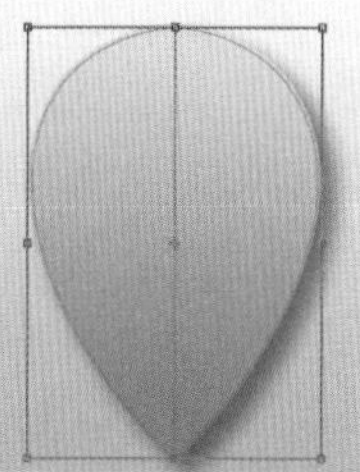

图4.165 复制图层　　图4.166 变换图形

⑨ 在【图层】面板中双击【形状1 拷贝2】图层样式名称，在弹出的对话框中将【渐变】颜色更改为蓝色（R:123，G:130，B:150）到蓝色（R:202，G:210，B:240），完成之后单击【确定】按钮，如图4.167所示。

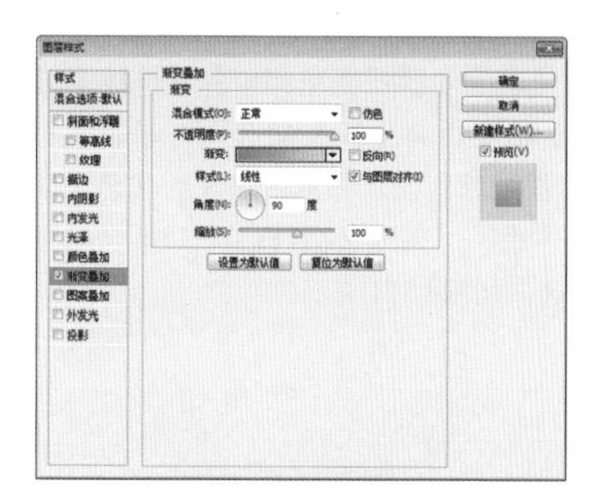

图4.167 设置渐变叠加

⑩ 选择工具箱中的【椭圆工具】，在选项栏中将【填充】更改为白色，【描边】为无，在图标图形上绘制一个椭圆图形，此时将生成一个【椭圆1】图层，如图4.168所示。

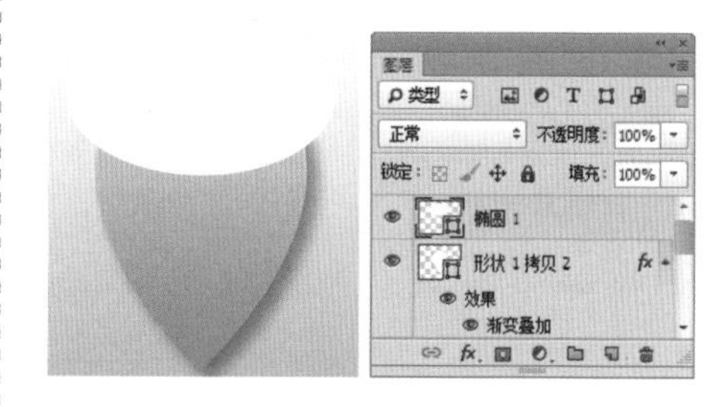

图4.168 绘制图形

⑪ 在【图层】面板中选中【椭圆1】图层，单击面板底部的【添加图层蒙版】按钮，为其添加图层蒙版，如图4.169所示。

⑫ 在【图层】面板中，按住Ctrl键单击【形状1 拷贝2】图层缩览图，将其载入选区，如图4.170所示。

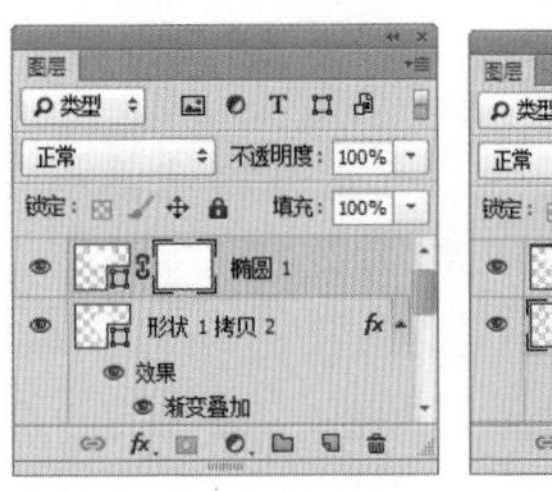

图4.169 添加图层蒙版　　图4.170 载入选区

⑬ 在画布中执行菜单栏中的【选择】|【反向】命令，将选区反向选择，单击【椭圆1】图层缩览图，将选区填充为黑色，隐藏部分图形，完成之后按Ctrl+D组合键取消选区，如图4.171所示。

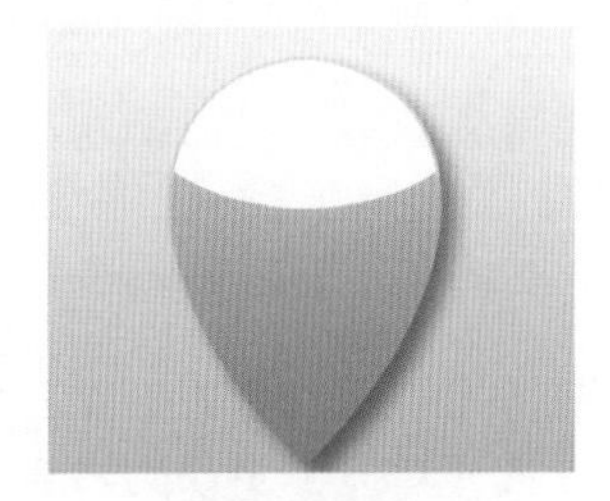

图4.171 隐藏图形

⑭ 选中【椭圆1】图层，将其图层【不透明度】更改为10%，如图4.172所示。

图4.172 更改图层不透明度

⑮ 选择工具箱中的【椭圆工具】，在选项栏中将【填充】更改为白色，【描边】为无，在图标上按住Shift键绘制一个正圆图形，此时将生成一个【椭圆2】图层，如图4.173所示。

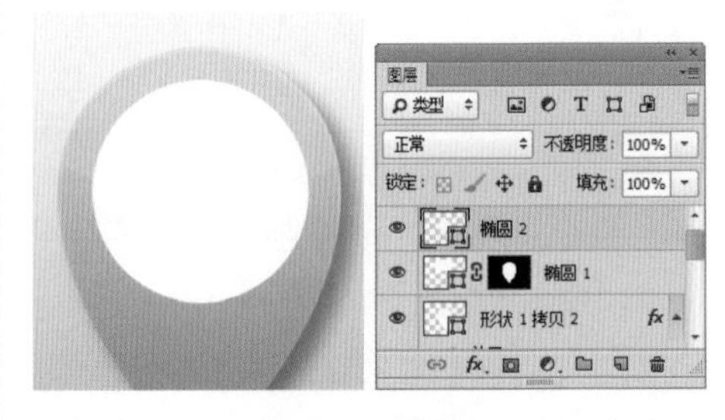

图4.173 绘制图形

⑯ 在【图层】面板中选中【椭圆2】图层，单击面板底部的【添加图层样式】按钮，在菜单中选择【内发光】命令，在弹出的对话框中将【不透明度】更改为20%，【颜色】更改为黑色，【大小】更改为20像素，如图4.174所示。

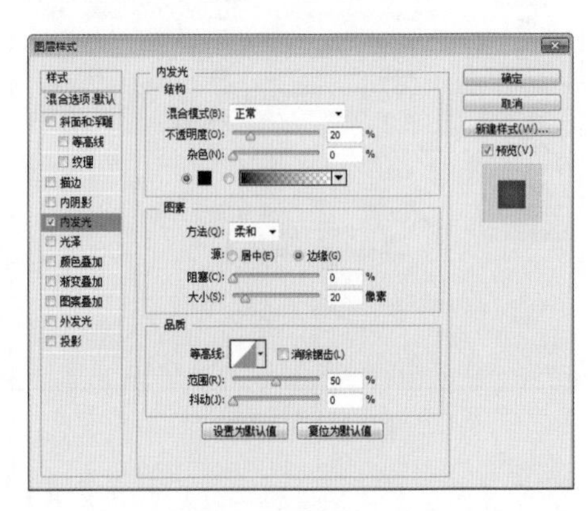

图4.174 设置内发光

⑰ 选中【渐变叠加】复选框，将【渐变】颜色更改为灰色（R:125，G:125，B:125）到深灰色（R:55，G:55，B:55），如图4.175所示。

图4.175 设置渐变叠加

⑱ 选中【投影】复选框，将【混合模式】更改为【正常】，【颜色】更改为灰色（R:129，G:129，B:129），完成之后单击【确定】按钮，如图4.176所示。

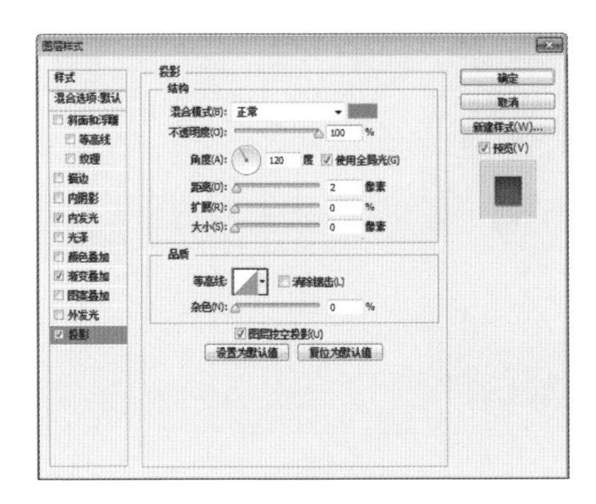

图4.176 设置投影

⑲ 选择工具箱中的【多边形工具】，在选项栏中单击图标，在弹出的面板中选中【星形】复选框，将【缩进边依据】更改为40%，【填充】为白色，如图4.177所示。

图4.177 设置多边形

⑳ 在刚才绘制的正圆图形上按住Alt+Shift组合键绘制一个星形，此时将生成一个【多边形 1】图层，如图4.178所示。

图4.178 绘制图形

㉑ 在【图层】面板中选中【多边形1】图层，单击面板底部的【添加图层样式】*fx*按钮，在菜单中选择【渐变叠加】命令，在弹出的对话框中将【渐变】颜色更改为灰色（R:230，G:230，B:230）到白色，如图4.179所示。

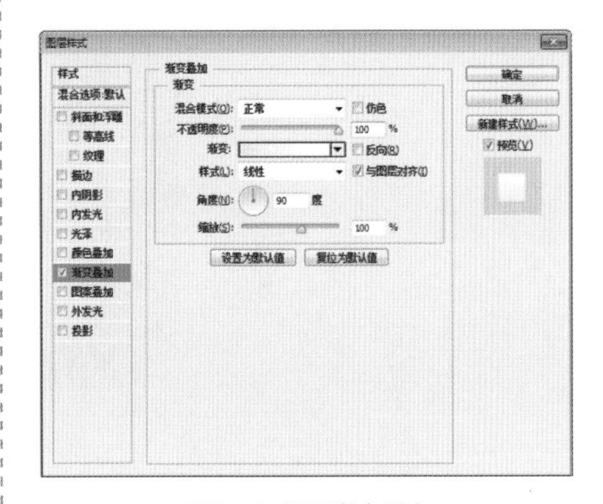

图4.179 设置渐变叠加

㉒ 在【图层】面板中选中【多边形1】图层，将其图层【填充】更改为80%，这样就完成了效果制作，最终效果如图4.180所示。

图4.180 更改填充及最终效果

4.5 微信图标

- 新建画布并填充渐变制作背景。
- 绘制图形制作图标。
- 为图标添加相关图层样式及装饰效果完成最终效果制作。

本例主要讲解的是微信图标制作，重点在于把控好图标的造型即可，同时在制作过程中需要注意图标的色彩搭配及可识别性。

难易程度：★★☆☆☆
最终文件：配套光盘 \ 素材 \ 源文件 \ 第 4 章 \ 微信图标 .psd
视频位置：配套光盘 \movie\4.5 微信图标 .avi

微信图标效果如图 4.181 所示。

图4.181 微信图标

4.5.1 制作背景

① 执行菜单栏中的【文件】|【新建】命令，在弹出的对话框中设置【宽度】为800像素，【高度】为600像素，【分辨率】为72像素/英寸，【颜色模式】为RGB颜色，新建一个空白画布，如图4.182所示。

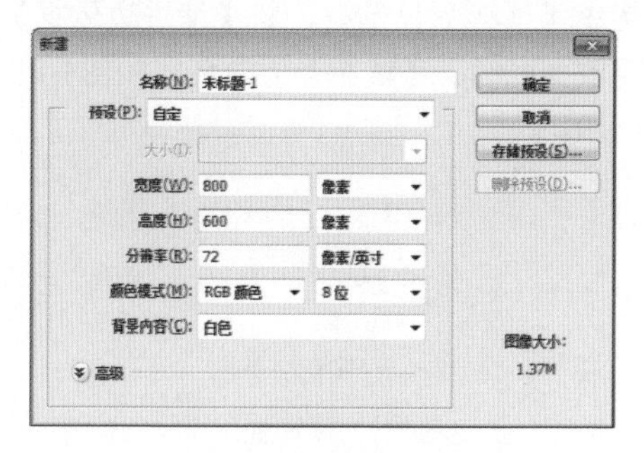

图4.182 新建画布

② 选择工具箱中的【渐变工具】，在选项栏中单击【点按可编辑渐变】按钮，在弹出的对话框中将渐变颜色更改为灰色（R:177，G:177，B:177）到白色，设置完成之后单击【确定】按钮，再单击选项栏中的【线性渐变】按钮，如图4.183所示。

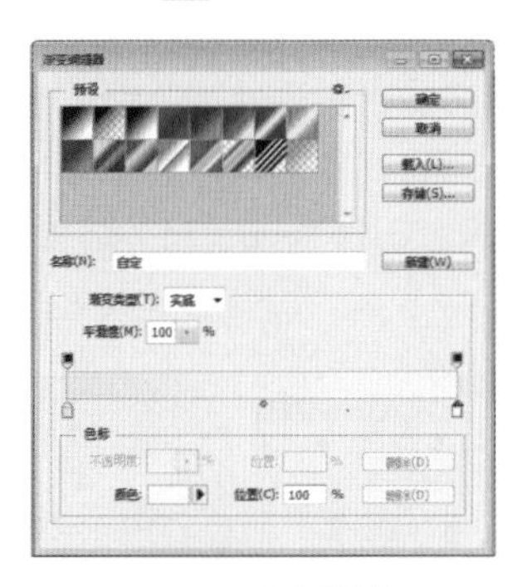

图4.183 设置渐变

③ 在画布中按住Shift键从下至上拖动，为画布填充渐变，如图4.184所示。

图4.184 填充渐变

④ 选择工具箱中的【圆角矩形工具】，在选项栏中将【填充】更改为绿色（R:78，G:183，B:283），【描边】为无，【半径】为80像素，在画布中绘制一个圆角矩形，此时将生成一个【圆角矩形1】图层，如图4.185所示。

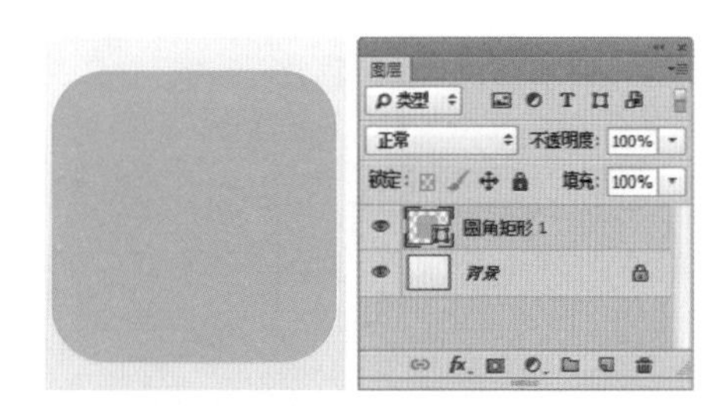

图4.185 绘制图形

⑤ 在【图层】面板中选中【圆角矩形1】图层，单击面板底部的【添加图层样式】*fx*按钮，在菜单中选择【渐变叠加】命令，在弹出的对话框中将【不透明度】更改为10%，【渐变】颜色更改为白色到黑色，【样式】更改为【径向】，完成之后单击【确定】按钮，如图4.186所示。

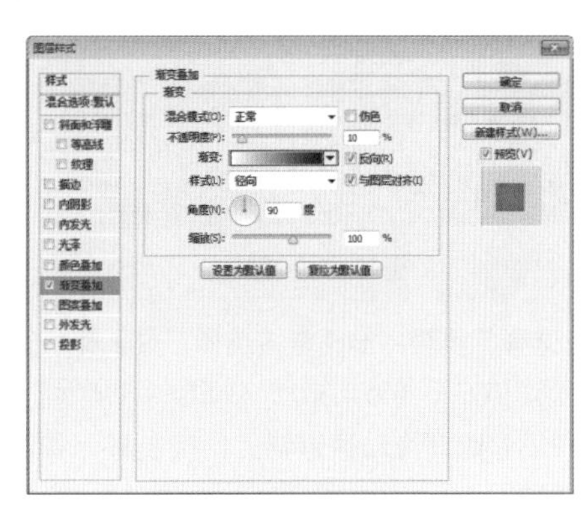

图4.186 设置渐变叠加

4.5.2 绘制图标

① 选择工具箱中的【椭圆工具】，在选项栏中将【填充】更改为蓝色（R:133，G:173，B:233），【描边】为无，在刚才绘制的圆角矩形图形上绘制一个椭圆图形，此时将生成一个【椭圆1】图层，如图4.187所示。

图4.187 绘制图形

②选择工具箱中的【添加锚点工具】，在刚才绘制的椭圆图形左下角位置单击添加3个锚点，如图4.188所示。

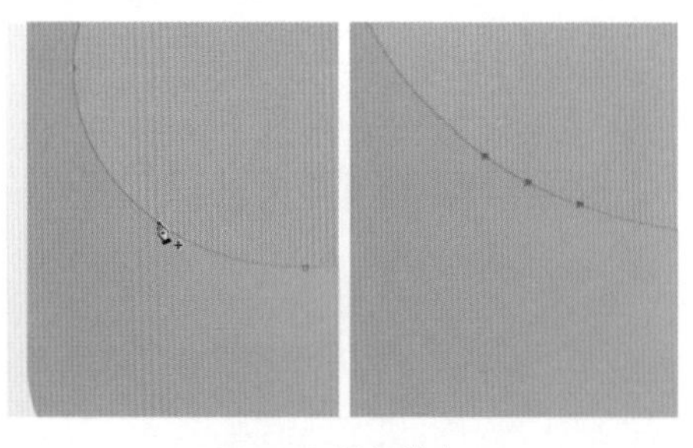

图4.188 添加锚点

③选择工具箱中的【转换点工具】，在刚才添加的3个锚点的中间锚点上单击将其转换成节点，如图4.189所示。

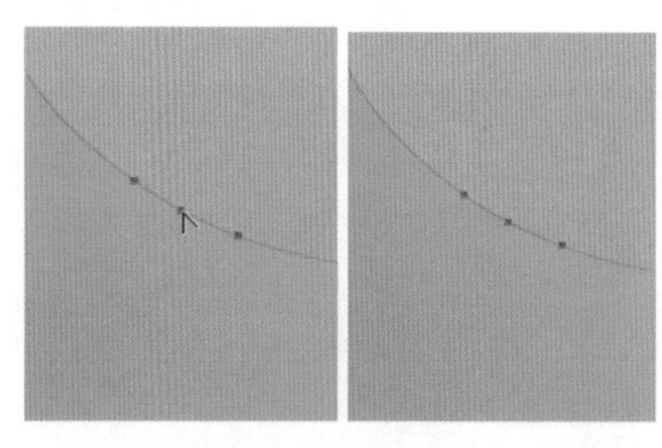

图4.189 转换锚点

④选择工具箱中的【直接选择工具】，选中节点向左下角方向拖动，如图4.190所示。

⑤按住Alt键拖动两边锚点的控制杆，如图4.191所示。

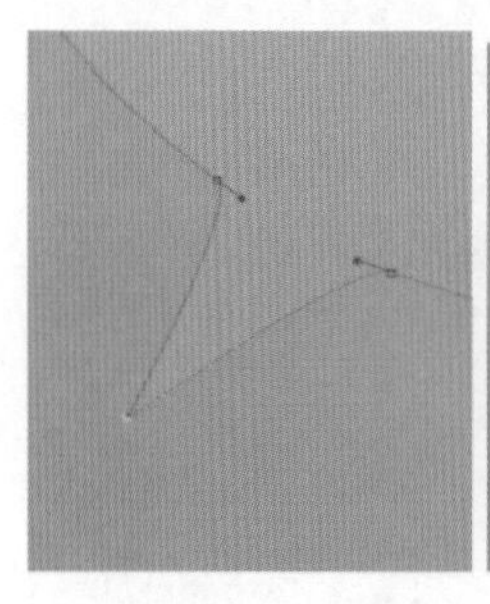

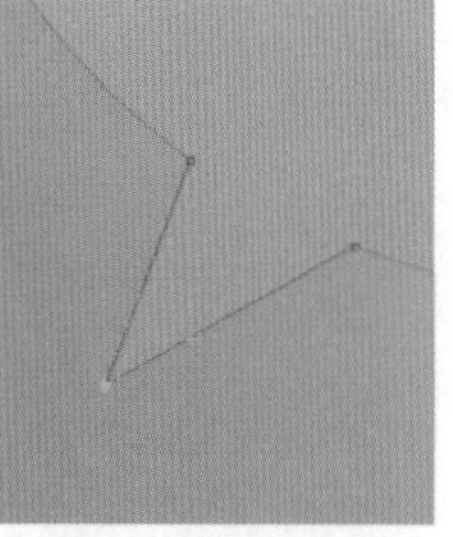

图4.190 拖动锚点　　图4.191 拖动控制杆

⑥在【图层】面板中选中【椭圆1】图层，将其拖至面板底部的【创建新图层】按钮上，复制一个【椭圆1 拷贝】图层，如图4.192所示。

⑦选中【椭圆1 拷贝】图层，在画布中按Ctrl+T组合键对其执行【自由变换】命令，当出现变形框以后，按住Alt+Shift组合键将图形等比例缩小，完成之后按Enter键确认，再将其图形颜色更改为稍深的蓝色（R:130，G:168，B:225），如图4.193所示。

图4.192 复制图层　　图4.193 变换图形

⑧选择工具箱中的【添加锚点工具】，在【椭圆1 拷贝】图层中的图形靠中上角边缘位置单击添加锚点，在靠左下角位置再次单击添加锚点，如图4.194所示。

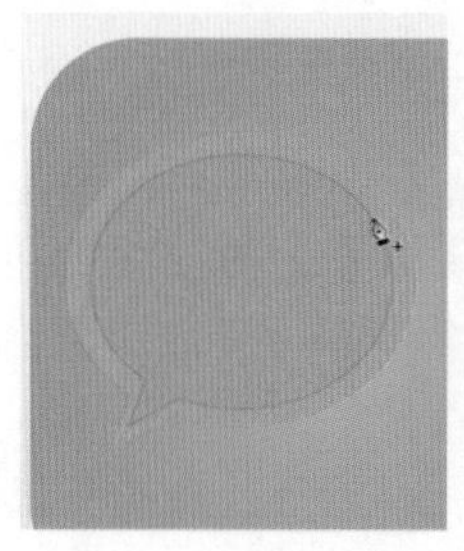

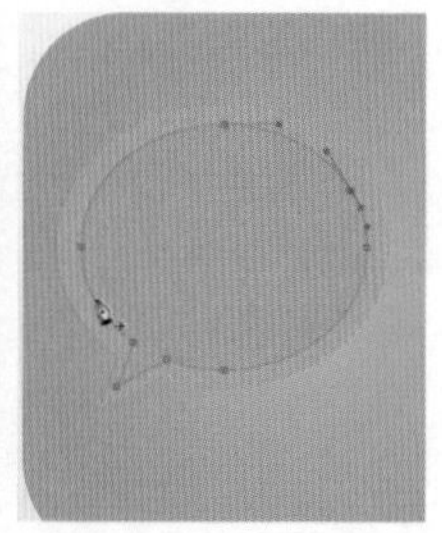

图4.194 添加锚点

⑨选择工具箱中的【直接选择工具】，同时选中刚才添加在左上角的两个锚点，按Delete键将其删除，如图4.195所示。

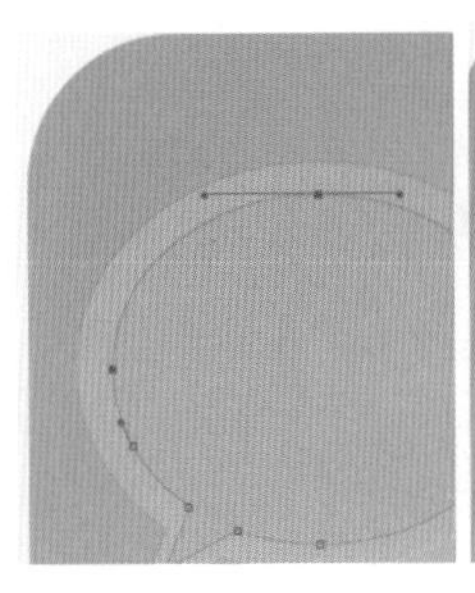

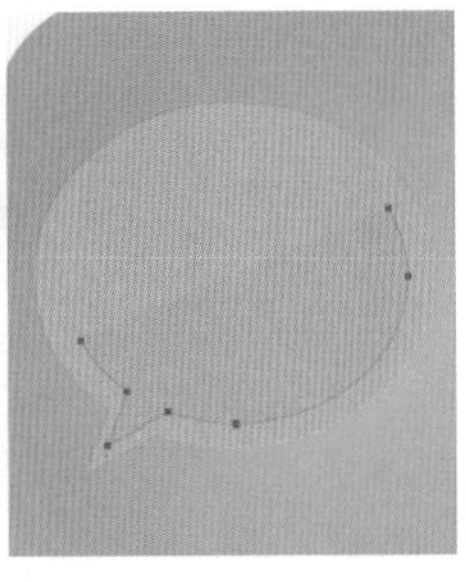

图4.195 删除锚点

⑩ 选择工具箱中的【椭圆工具】，在选项栏中将【填充】更改为深灰色（R:30，G:50，B:50），【描边】为无，在椭圆靠左上角位置按住Shift键绘制一个正圆图形，此时将生成一个【椭圆2】图层，如图4.196所示。

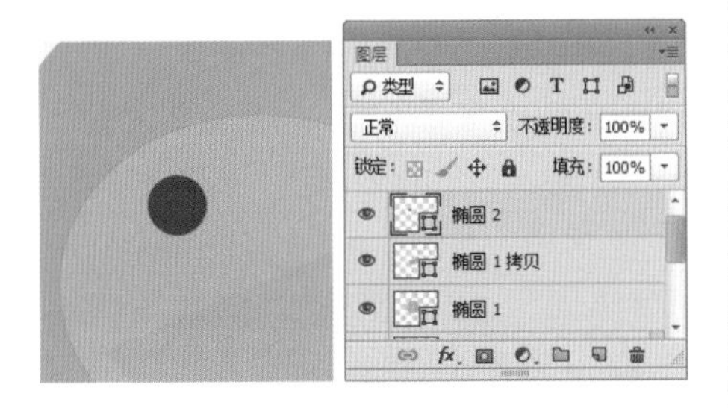

图4.196 绘制图形

⑪ 选中【椭圆2】图层，在画布中按住Alt+Shift组合键向右侧平移，此时将生成一个【椭圆2 拷贝】图层，如图4.197所示。

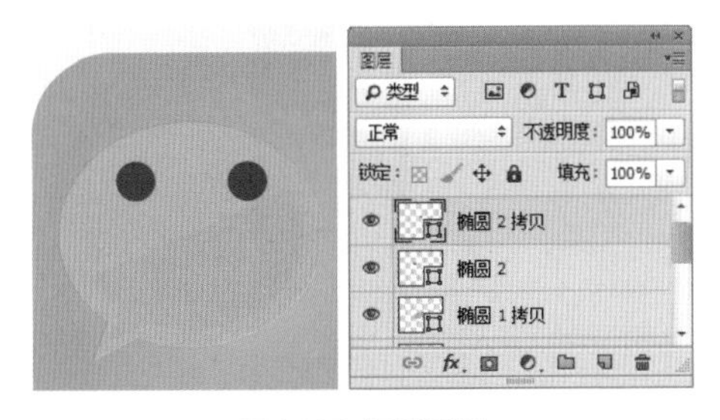

图4.197 复制图层

⑫ 同时选中【椭圆2 拷贝】、【椭圆2】、【椭圆1 拷贝】及【椭圆1】图层，执行菜单栏中的【图层】|【新建】|【从图层建立组】，在弹出的对话框中将【名称】更改为【大脸】，完成之后单击【确定】按钮，此时将生成一个【大脸】组，如图4.198所示。

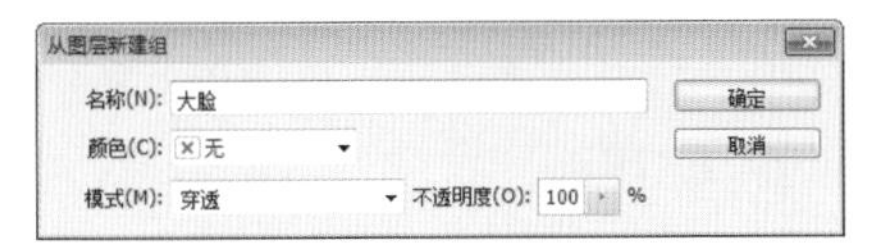

图4.198 从图层新建组

⑬ 在【图层】面板中选中【大脸】组，将其拖至面板底部的【创建新图层】按钮上，复制一个【大脸 拷贝】组，双击其组名称，将其更改为“小脸”，如图4.199所示。

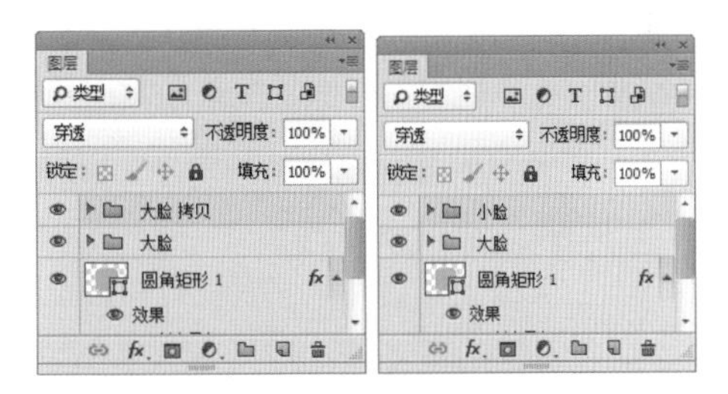

图4.199 复制组并更改组名称

⑭ 选中【小脸】组，在画布中按Ctrl+T组合键对其执行【自由变换】命令，将光标移至出现的变形框上单击鼠标右键，从弹出的快捷菜单中选择【水平翻转】命令，再按Alt+Shift组合键将图形等比例缩小移至靠右下角位置，完成之后按Enter键确认，如图4.200所示。

图4.200 变换图形

⑮ 在【图层】面板中展开【小脸】组，选中【椭圆1 拷贝】图层，在画布中将其图形颜色更改为灰色（R:227，G:230，B:235），再选中【椭圆1】图层，将其图形颜色更改为灰色（R:232，G:237，B:240），这样就完成了效果制作，最终效果如图4.201所示。

图4.201 更改图形颜色及最终效果

4.6 天气Widget

- 新建画布，填充颜色并添加滤镜效果制质感作背景。
- 绘制图形并将部分图形变换制作主界面。
- 添加相关界面元素及高光阴影等效果完成最终效果制作。

本例主要讲解的是天气 Widget 制作，本例的制作看似简单，但是需要着重注意图标的摆放及变换，基础界面的绘制搭配仿真时针造型成就了这样一款完美的天气插件，同时在色彩搭配上也追随了时尚、高端、大气化的风格。

难易程度：★★★☆☆
最终文件：配套光盘 \ 素材 \ 源文件 \ 第 4 章 \ 天气 Widget.psd
视频位置：配套光盘 \movie\4.6 天气 Widget.avi

天气 Widget 效果如图 4.202 所示。

图4.202 天气Widget

4.6.1 制作背景

① 执行菜单栏中的【文件】|【新建】命令，在弹出的对话框中设置【宽度】为800像素，【高度】为600像素，【分辨率】为72像素/英寸，【颜色模式】为RGB颜色，新建一个空白画布，如图4.203所示。

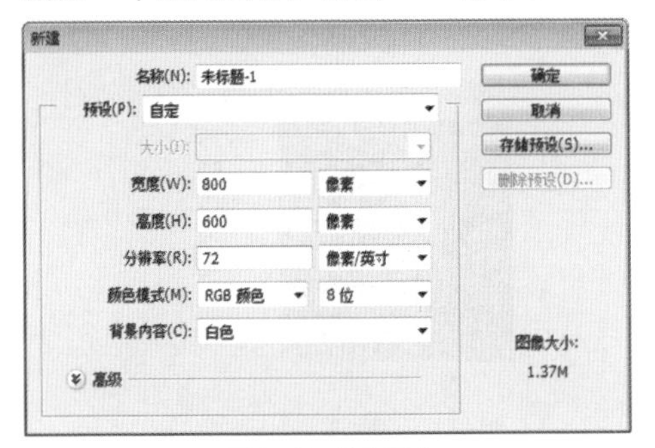

图4.203 新建画布

② 将画布填充为灰色（R:60，G:58，B:56），如图4.204所示。

图4.204 填充颜色

③ 单击面板底部的【创建新图层】按钮，新建一个【图层1】图层，选中【图层1】图层并将其填充为白色，如图4.205所示。

④ 选中【图层1】图层，执行菜单栏中的【滤镜】|【杂色】|【添加杂色】命令，在弹出的对话框中将【数量】更改为3%，分别选中【高斯分布】单选按钮及【单色】复选框，完成之后单击【确定】按钮，如图4.206所示。

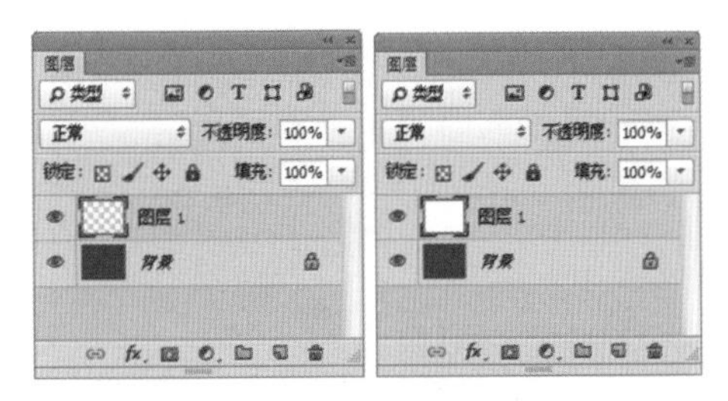

图4.205 新建图层并填充颜色

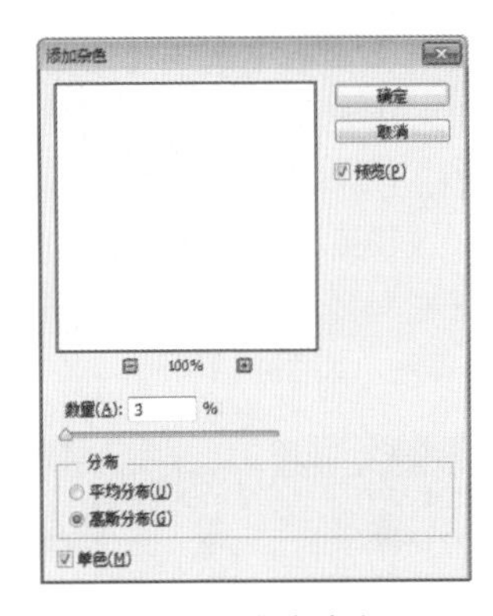

图4.206 添加杂色

⑤ 在【图层】面板中选中【图层 1】图层，将其图层混合模式设置为【正片叠底】，如图4.207所示。

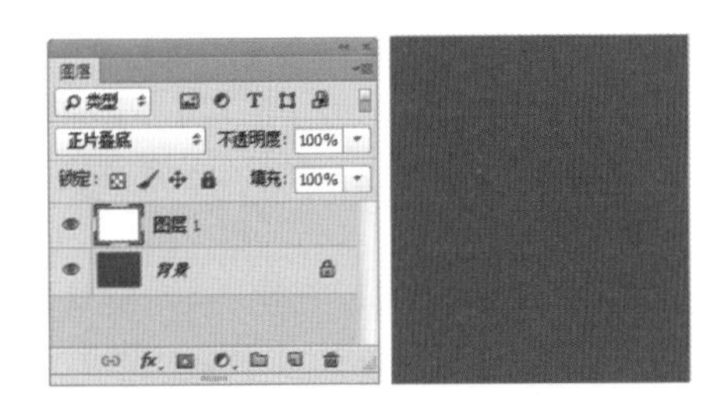

图4.207 设置图层混合模式

4.6.2 绘制界面

① 选择工具箱中的【圆角矩形工具】▢，在选项栏中将【填充】更改为灰色（R:239，G:239，B:239），【描边】为无，【半径】为5像素，在画布中绘制一个圆角矩形，此时将生成一个【圆角矩形1】图层，如图4.208所示。

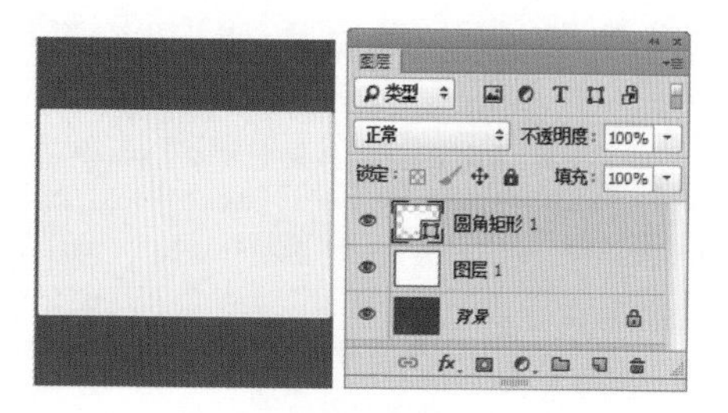

图4.208 绘制图形

② 在【图层】面板中选中【圆角矩形1】图层，将其拖至面板底部的【创建新图层】按钮上，复制一个【圆角矩形1 拷贝】图层，如图4.209所示。

③ 选中【圆角矩形1】图层，将其图形颜色更改为黑色，如图4.210所示。

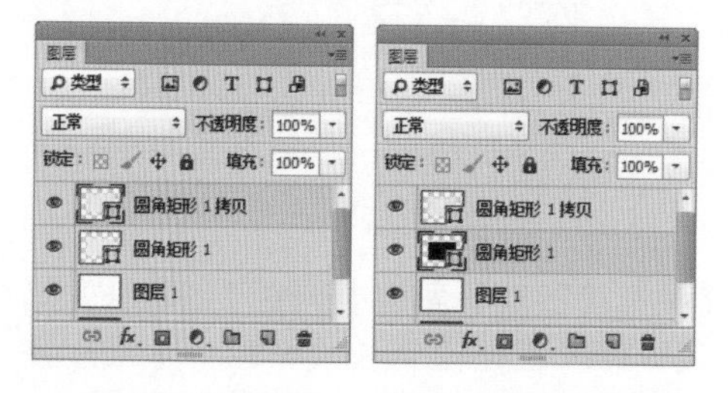

图4.209 复制图层　图4.210 更改图形颜色

④ 在【图层】面板中选中【圆角矩形1】图层，执行菜单栏中的【图层】|【栅格化】|【形状】命令，将当前图形栅格化，如图4.211所示。

⑤ 选中【圆角矩形1】图层，执行菜单栏中的【滤镜】|【模糊】|【动感模糊】命令，在弹出的对话框中将【角度】更改为90度，【距离】更改为200像素，设置完成之后单击【确定】按钮，如图4.212所示。

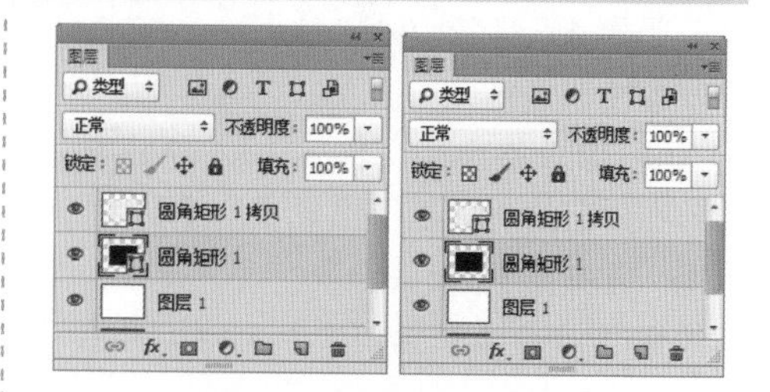

图4.211 栅格化形状

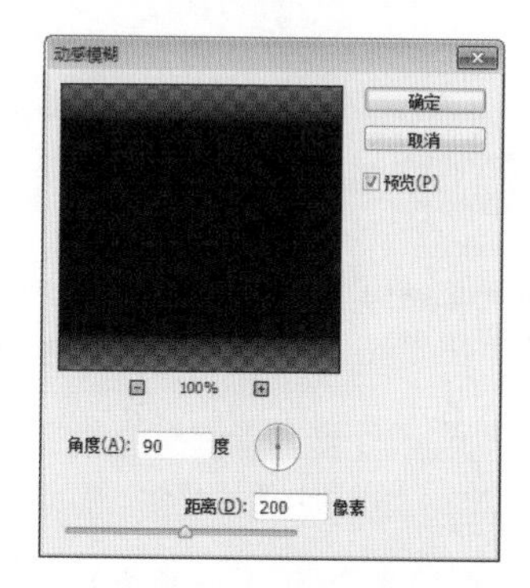

图4.212 设置动感模糊

⑥ 选中【圆角矩形1】图层，在画布中将图形向上稍微移动，如图4.213所示。

⑦ 在【图层】面板中，选中【圆角矩形1】图层，单击面板底部的【添加图层蒙版】按钮，为其添加图层蒙版，如图4.214所示。

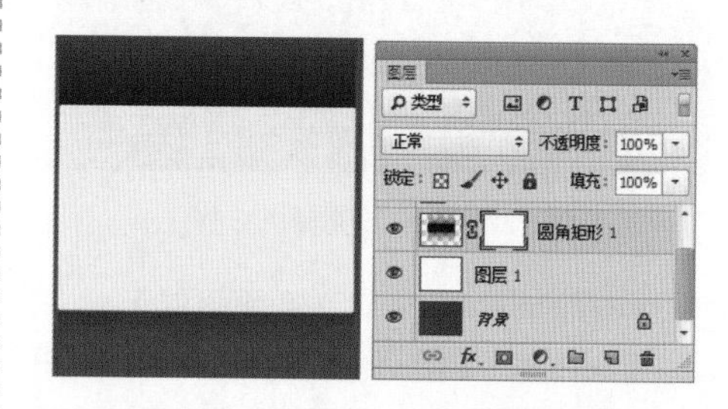

图4.213 移动图形　图4.214 添加图层蒙版

⑧ 选择工具箱中的【矩形选框工具】，在【圆角矩形1】图层中的图形上半部分位置绘制一个矩形选区，如图4.215所示。

⑨ 单击【圆角矩形1】图层蒙版缩览图，在画布中将选区填充为黑色，隐藏部分图

形，完成之后按Ctrl+D组合键取消选区，如图4.216所示。

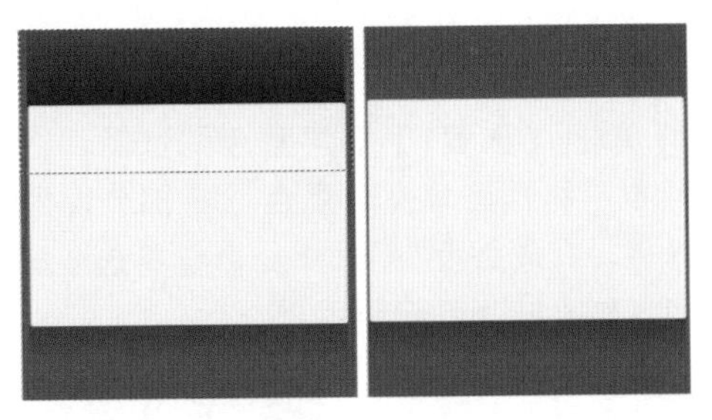

图4.215 绘制选区　　图4.216 隐藏图形

⑩ 选中【圆角矩形1】图层，将其图层【不透明度】更改为80%，如图4.217所示。

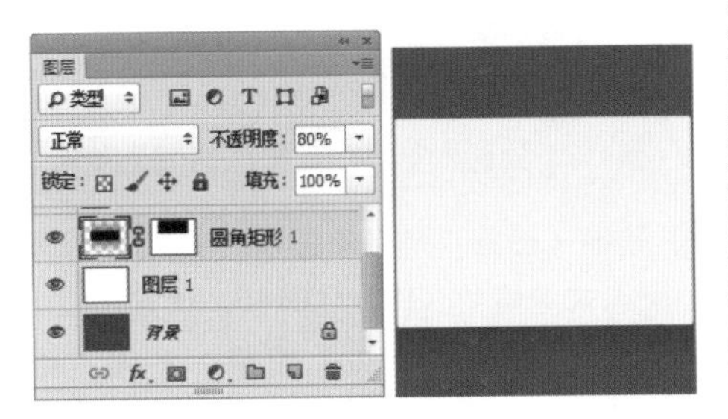

图4.217 更改图层不透明度

⑪ 在【图层】面板中选中【圆角矩形1 拷贝】图层，将其拖至面板底部的【创建新图层】按钮上，复制一个【圆角矩形1 拷贝2】图层，如图4.218所示。

⑫ 选中【圆角矩形1 拷贝2】图层，将其图形颜色更改为深青色（R:0，G:163，B:130），如图4.219所示。

图4.218 复制图层　　图4.219 更改图形颜色

⑬ 选择工具箱中的【直接选择工具】，选中【圆角矩形1 拷贝2】图层中的图形顶部两个锚点并按Delete键将其删除，如图4.220所示。

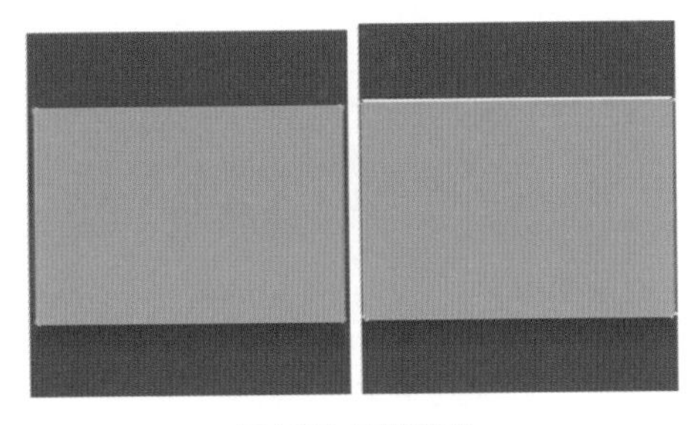

图4.220 删除锚点

⑭ 选择工具箱中的【直接选择工具】，选中【圆角矩形1 拷贝2】图层中的图形顶部两个锚点向下移动缩小图形高度，如图4.221所示。

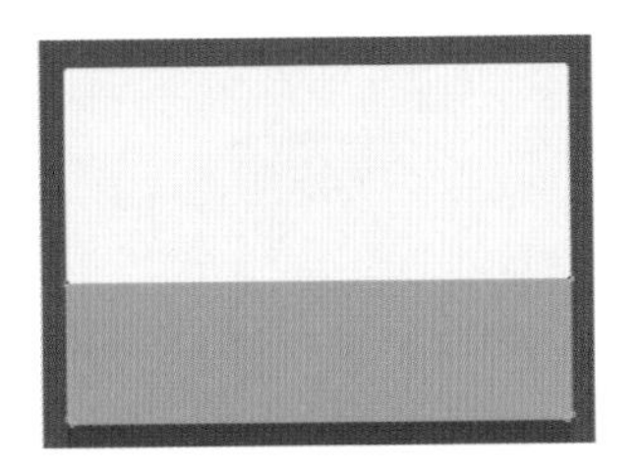

图4.221 移动锚点缩小图形高度

4.6.3 制作界面元素

① 选择工具箱中的【椭圆工具】，在选项栏中将【填充】更改为灰色（R:128，G:128，B:128），【描边】为无，在界面右上角位置按住Shift键绘制一个正圆图形，此时将生成一个【椭圆1】图层，将其复制一份，如图4.222所示。

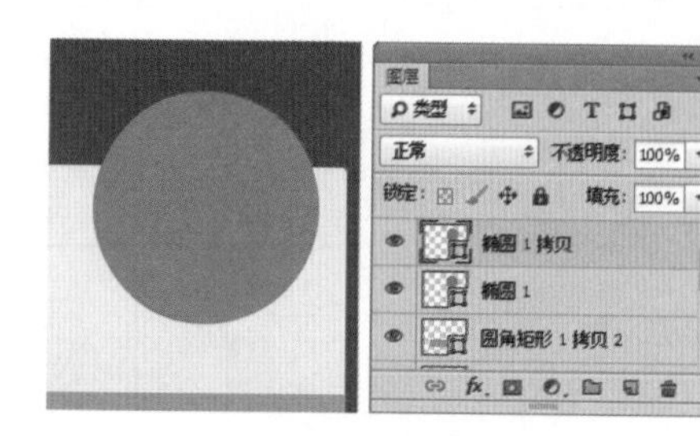

图4.222 绘制图形

② 在【图层】面板中，选中【椭圆1】图层，执行菜单栏中的【图层】|【栅格化】|【形状】命令，将当前图形栅格化，如图4.223所示。

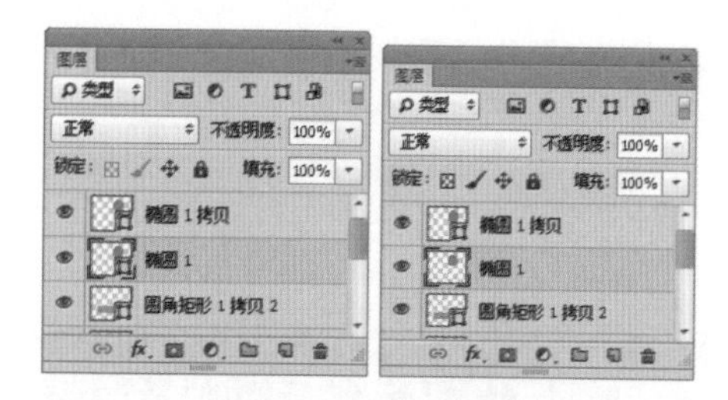

图4.223 栅格化形状

③ 选中【椭圆1】图层，执行菜单栏中的【滤镜】|【模糊】|【高斯模糊】命令，在弹出的对话框中将【角度】更改为90度，【距离】更改为20像素，设置完成之后单击【确定】按钮，如图4.224所示。

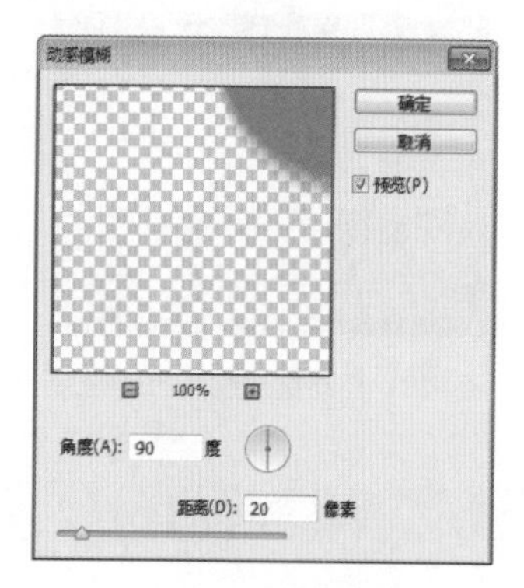

图4.224 设置高斯模糊

④ 为【椭圆1】添加图层蒙版，选择工具箱中的【矩形选框工具】，在界面右上角的椭圆位置绘制一个矩形选区，如图4.225所示。

⑤ 单击【椭圆1】图层蒙版缩览图，在画布中将选区填充为黑色，将部分图形隐藏，完成之后按Ctrl+D组合键将选区取消，如图4.226所示。

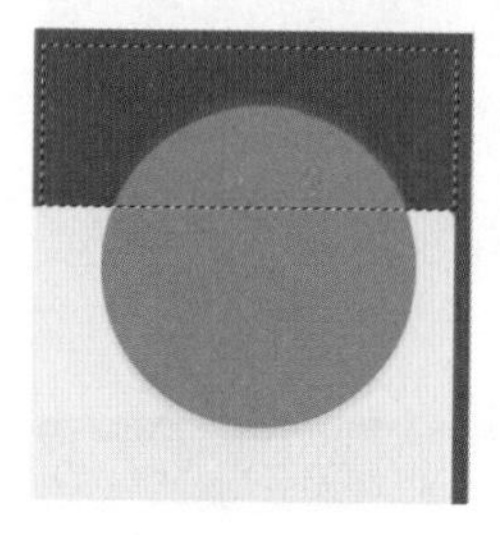

图4.225 绘制选区

图4.226 隐藏图形

⑥ 选中【椭圆1 拷贝】图层，将其图形颜色更改为深青色（R:0，G:146，B:117）。

⑦ 选中【椭圆1 拷贝】图层，在画布中按Ctrl+T组合键对其执行【自由变换】命令，当出现变形框以后按住Alt+Shift组合键将图形等比例缩小，完成之后按Enter键确认，如图4.227所示。

图4.227 变换图形

⑧ 在【图层】面板中，选中【椭圆1 拷贝】图层，将其拖至面板底部的【创建新图层】按钮上，复制一个【椭圆1 拷贝2】图层，如图4.228所示。

图4.228 复制图层

⑨ 在【图层】面板中选中【椭圆1 拷贝】图层，单击面板底部的【添加图层样式】fx按钮，在菜单中选择【描边】命令，在弹出的对话框中将【大小】更改为10像素，【颜色】更改为灰色（R:239，G:239，B:239），完成之后单击【确定】按钮，如图4.229所示。

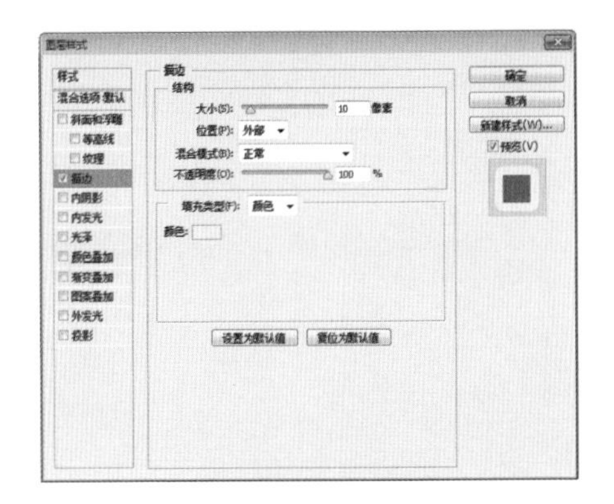

图4.229 设置描边

⑩ 选中【椭圆1 拷贝2】图层，在画布中按Ctrl+T组合键对其执行【自由变换】命令，将光标移至出现的变形框顶部控制点向下拖动，将图形高度缩小，完成之后按Enter键确认，修改其填充颜色为深青色（R:0；G:163；B:131）如图4.230所示。

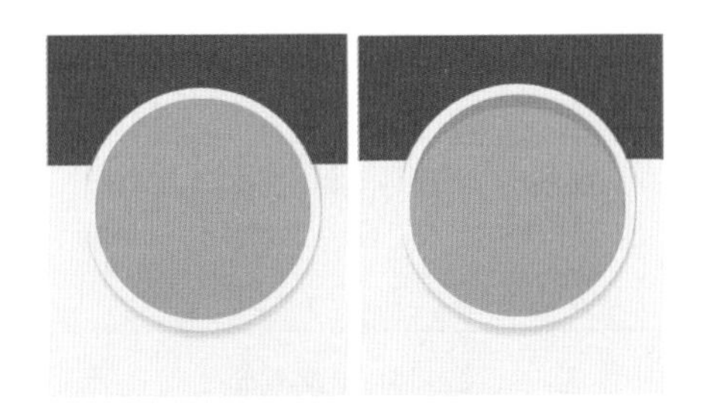

图4.230 缩小图形高度

⑪ 选择工具箱中的【矩形工具】，在画布中绘制钟表指针、刻度及太阳、云朵等图形，如图4.231所示。

图4.231 绘制图形

⑫ 在【图层】面板中，选中刚才绘制的图形所在的图层，单击面板底部的【添加图层样式】fx按钮，在菜单中选择【投影】命令，为刚才绘制的图形添加投影效果，如图4.232所示。

图4.232 添加图层样式

⑬ 选择工具箱中的【横排文字工具】T，在画布中适当位置添加文字，如图4.233所示。

图4.233 添加文字

4.7 对话图标

- 新建画布，填充渐变并绘制图形添加滤镜效果制作背景。
- 绘制图形并将图形变换制作图标。
- 绘制装饰图标并添加高光及细节装饰完成最终效果制作。

本例主要讲解的是对话图标的制作，本例的制作过程需要对图形进行完美地变换以符合对话的主题思想，可识别性是图标设计中需要着重考虑的地方，完美的可识别性可以让用户第一时间发现图标的功能，它可以带领用户快速找到自已所需的应用程序，同时在这款图标的制作过程中需要注意图标的光阴影变化。

难易程度：★★☆☆☆
最终文件：配套光盘 \ 素材 \ 源文件 \ 第 4 章 \ 对话图标 .psd
视频位置：配套光盘 \movie\4.7 对话图标 .avi

对话图标效果如图 4.234 所示。

图4.234 对话图标

4.7.1 制作背景

① 执行菜单栏中的【文件】|【新建】命令，在弹出的对话框中设置【宽度】为800像素，【高度】为600像素，【分辨率】为72像素/英寸，【颜色模式】为RGB颜色，新建一个空白画布，如图4.235所示。

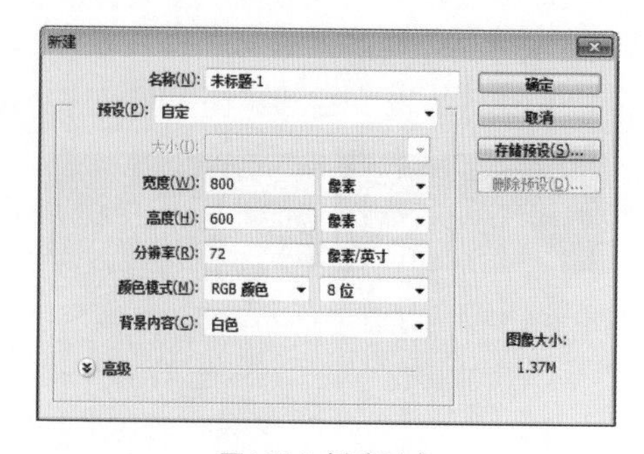

图4.235 新建画布

② 选择工具箱中的【渐变工具】，在选项栏中单击【点按可编辑渐变】按钮，在弹出的对话框中将渐变颜色更改为灰色（R:208，G:218，B:229）到浅灰色（R:237，G:240，B:245），设置完成之后单击【确定】按钮，再单击选项栏中的【线性渐变】按钮，如图4.236所示。

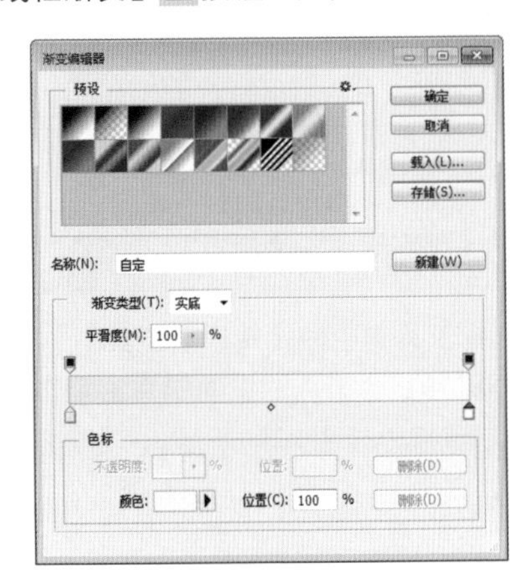

图4.236 设置渐变

③ 在画布中按住Shift键从上至下拖动，为画布填充渐变，如图4.237所示。

图4.237 填充渐变

④ 选择工具箱中的【椭圆工具】，在选项栏中将【填充】更改为白色，【描边】为无，在画布中按住Shift键绘制一个正圆图形，此时将生成一个【椭圆1】图层，如图4.238所示。

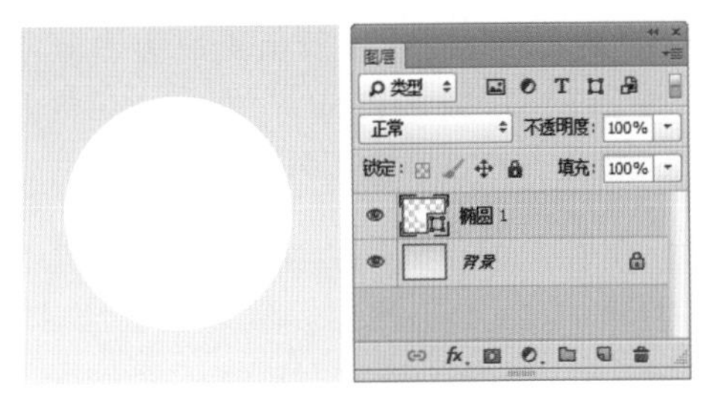

图4.238 绘制图形

⑤ 在【图层】面板中选中【椭圆1】图层，执行菜单栏中的【图层】|【栅格化】|【形状】命令，将当前图形栅格化，如图4.239所示。

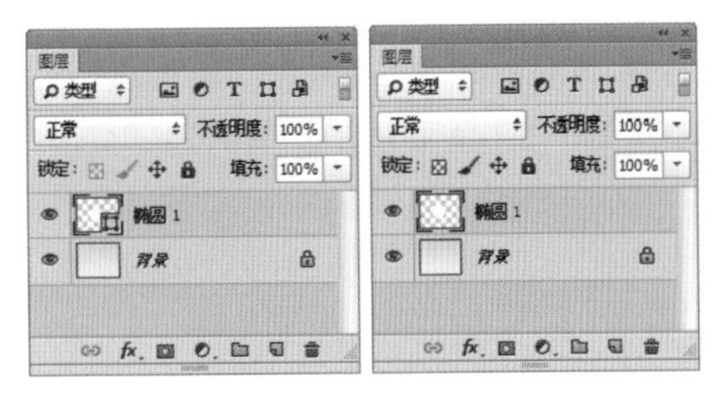

图4.239 栅格化形状

⑥ 选中【椭圆1】图层，执行菜单栏中的【滤镜】|【模糊】|【高斯模糊】命令，在弹出的对话框中将【半径】更改为50像素，设置完成之后单击【确定】按钮，如图4.240所示。

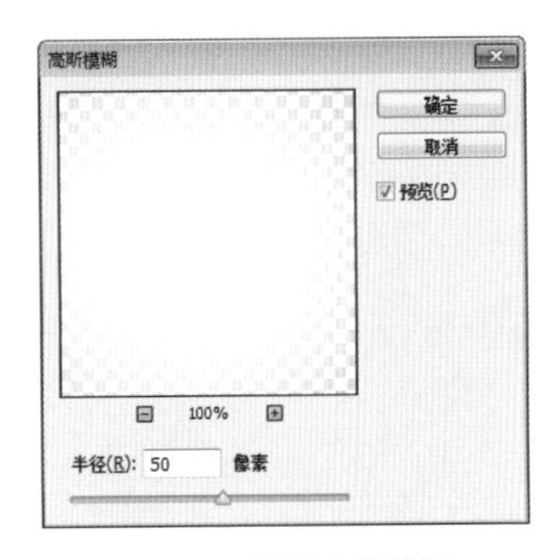

图4.240 设置高斯模糊

⑦ 在【图层】面板中选中【椭圆1】图层，单击面板底部的【添加图层样式】按钮，在菜单中选择【颜色叠加】命令，

在弹出的对话框中将颜色更改为浅蓝色（R:213，G:222，B:230），完成之后单击【确定】按钮，如图4.241所示。

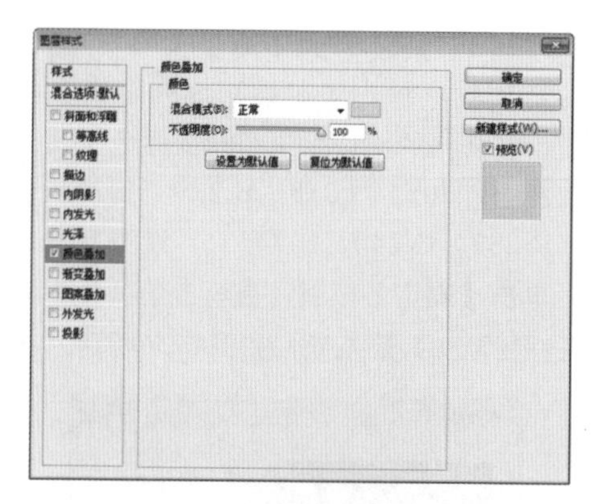

图4.241 设置渐变叠加

4.7.2 绘制图标

① 选择工具箱中的【椭圆工具】，在选项栏中将【填充】更改为蓝色（R:220，G:228，B:235），【描边】为无，在画布中绘制一个椭圆图形，此时将生成一个【椭圆2】图层，如图4.242所示。

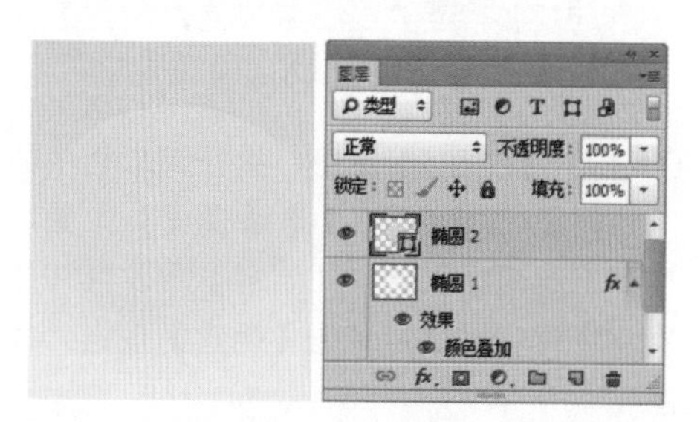

图4.242 绘制图形

② 选择工具箱中的【添加锚点工具】，在刚才绘制的椭圆图形左下角位置单击添加3个锚点，如图4.243所示。

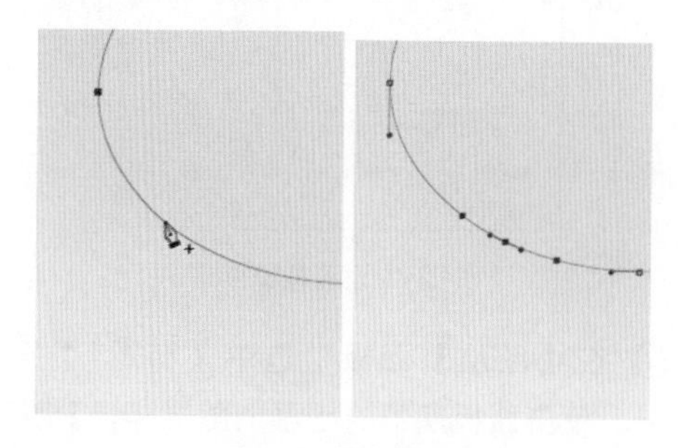

图4.243 添加锚点

③ 选择工具箱中的【转换点工具】，在刚才添加的3个锚点的中间锚点上单击将其转换成节点，如图4.244所示。

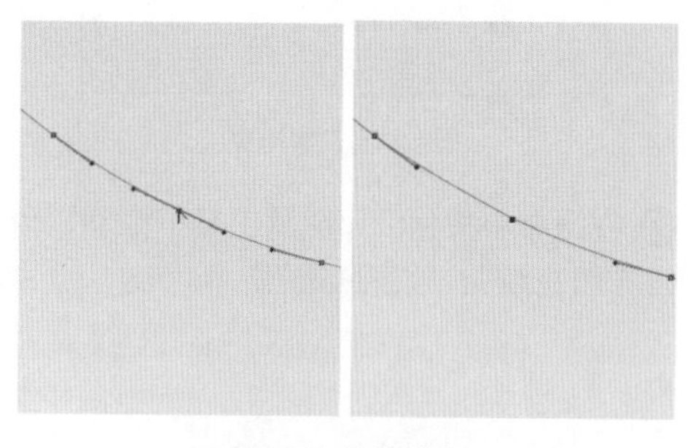

图4.244 转换锚点

④ 选择工具箱中的【直接选择工具】，选中节点向左下角方向拖动，如图4.245所示。

⑤ 再按住Alt键拖动两边锚点的控制杆，如图4.246所示。

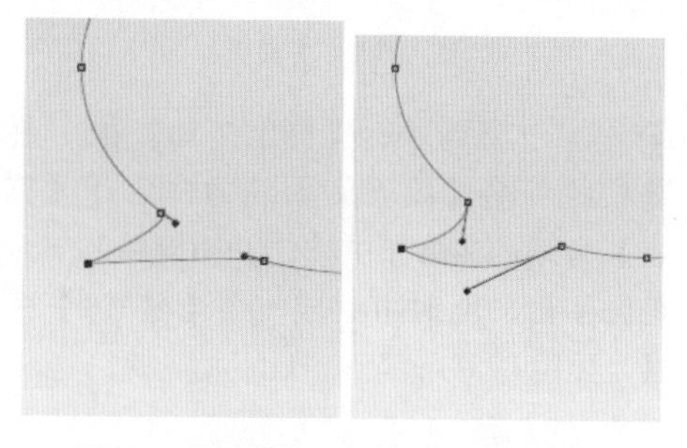

图4.245 拖动锚点　　图4.246 拖动控制杆

⑥ 在【图层】面板中选中【椭圆2】图层，将其拖至面板底部的【创建新图层】按钮上，复制一个【椭圆2 拷贝】图层，如图4.247所示。

图4.247 复制图层

⑦ 在【图层】面板中选中【椭圆2】图层，单击面板底部的【添加图层样式】fx按钮，在菜单中选择【内阴影】命令，在弹出的对话框中将【颜色】更改为蓝色（R:193，G:200，B:210），取消【使用全局光】复选框，将【角度】更改为-115度，【距离】更改为12像素，【大小】更改为18像素，如图4.248所示。

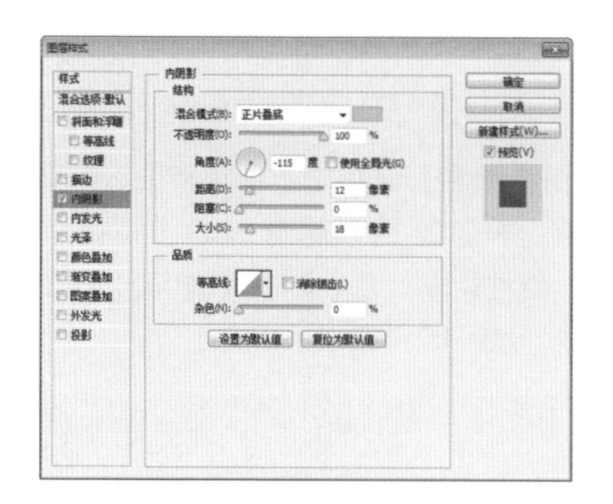

图4.248 设置内阴影

⑧ 选中【内发光】复选框，将【混合模式】更改为【变亮】，【不透明度】更改为15%，【颜色】更改为白色，【大小】更改为40像素，如图4.249所示。

⑨ 选中【光泽】复选框，将【混合模式】更改为【正片叠底】，【颜色】更改为蓝色（R:212，G:222，B:232），【不透明度】更改为30%，【角度】更改为60度，【距离】更改为10像素，【大小】更改为20像素，单击【等高线】后方的按钮，在弹出的面板中选择高斯，如图4.250所示。

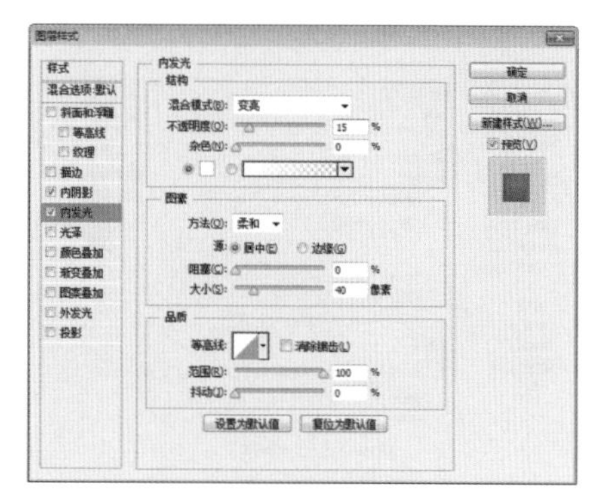

图4.249 设置内发光

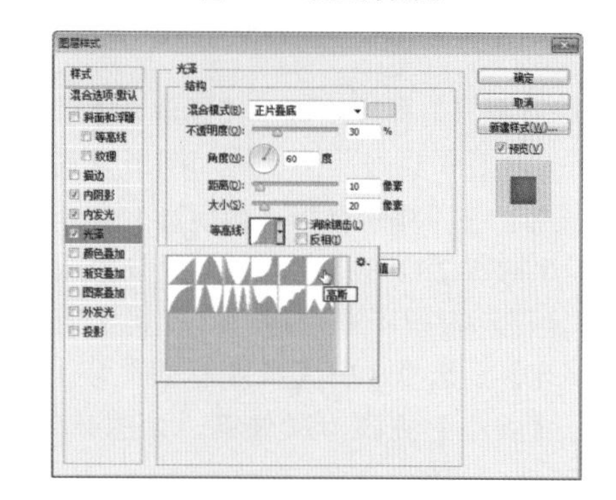

图4.250 设置光泽

⑩ 选中【渐变叠加】复选框，将【混合模式】更改为【叠加】，【渐变】更改为黑白渐变，【角度】更改为95度，如图4.251所示。

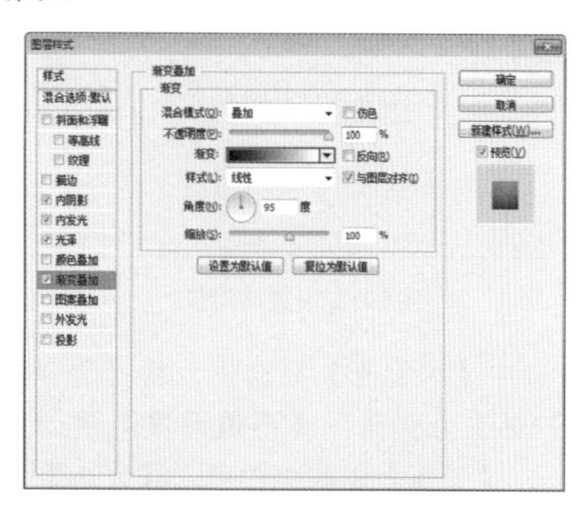

图4.251 设置渐变叠加

⑪ 选中【外发光】复选框，将【混合模式】更改为【正片叠底】，【不透明度】更改为6%，【颜色】更改为黑色，【大小】更改为5像素，完成之后单击【确定】按钮，如图4.252所示。

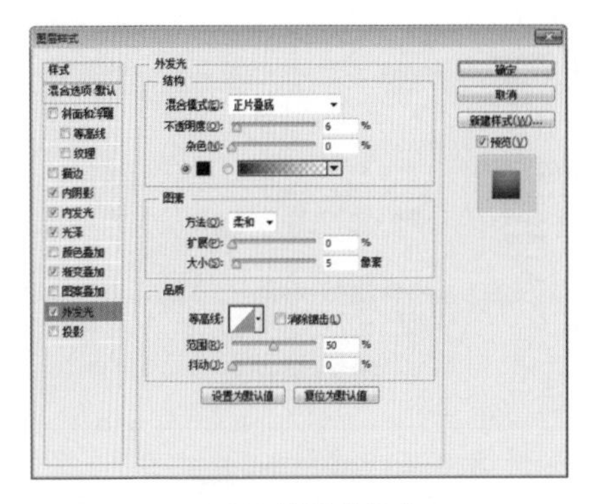

图4.252 设置外发光

⑫ 在【图层】面板中选中【椭圆2 拷贝】图层，单击面板底部的【添加图层样式】fx按钮，在菜单中选择【内阴影】命令，在弹出的对话框中将【颜色】更改为蓝色（R:177，G:193，B:210），取消【使用全局光】复选框，将【角度】更改为-120度，【大小】更改为20像素，如图4.253所示。

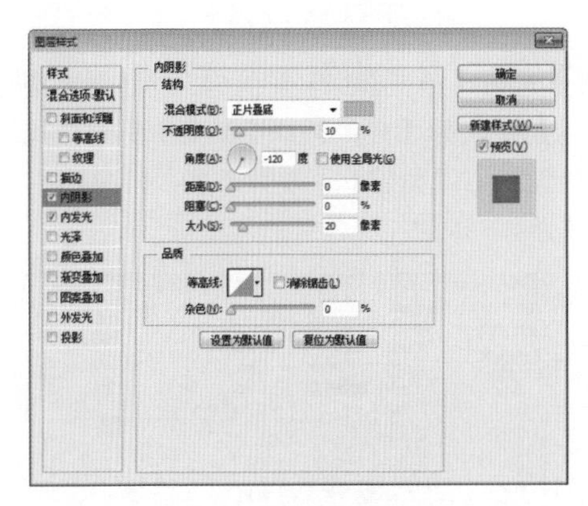

图4.253 设置内阴影

⑬ 选中【内发光】复选框，将【混合模式】更改为变亮，【不透明度】更改为15%，【颜色】更改为白色，【大小】更改为40像素，完成之后单击【确定】按钮，如图4.254所示。

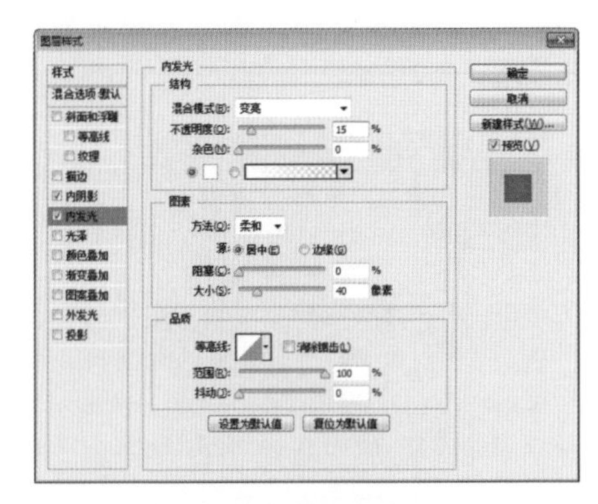

图4.254 设置内发光

⑭ 选中【椭圆2 拷贝】图层，将其图层【填充】更改为0%，如图4.255所示。

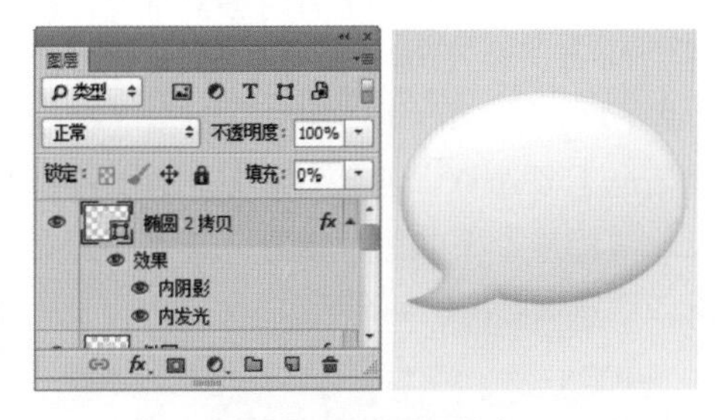

图4.255 更改图层填充

⑮ 在【图层】面板中选中【椭圆2 拷贝】图层，将其拖至面板底部的【创建新图层】按钮上，复制一个【椭圆2 拷贝2】图层，如图4.256所示。

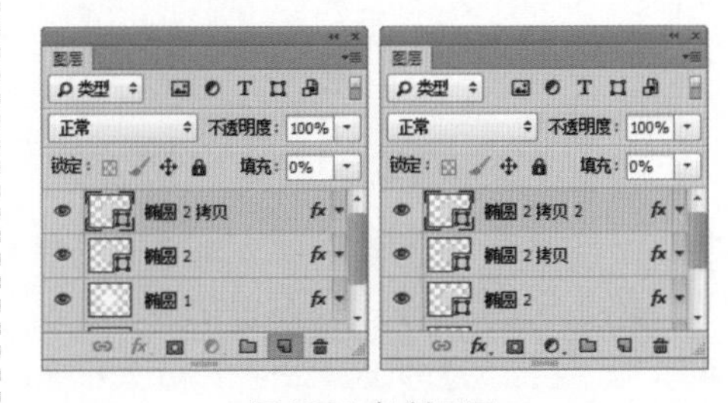

图4.256 复制图层

⑯ 在【图层】面板中双击【椭圆2 拷贝2】图层样式名称，在弹出的对话框中将【混

合模式】更改为正常，【颜色】更改为蓝色（R:244，G:246，B:249），将【角度】更改为100度，【距离】更改为1像素，【大小】为2像素，完成之后单击【确定】按钮，取消【内发光】样式，如图4.257所示。

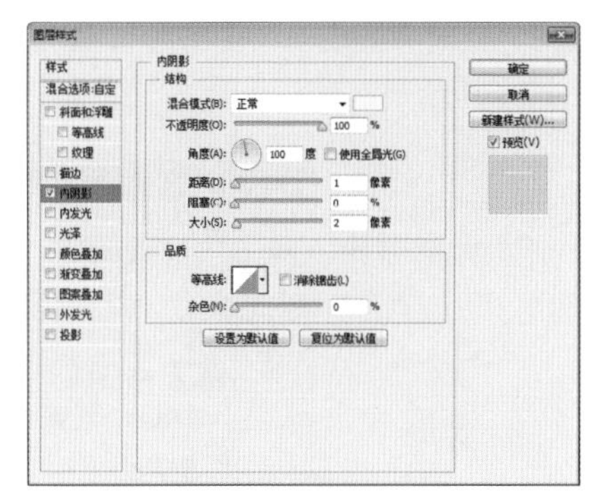

图4.257 设置内阴影

4.7.3 制作高光

① 选择工具箱中的【椭圆工具】，在选项栏中将【填充】更改为白色，【描边】为无，在图标上绘制一个椭圆图形，此时将生成一个【椭圆3】图层，如图4.258所示。

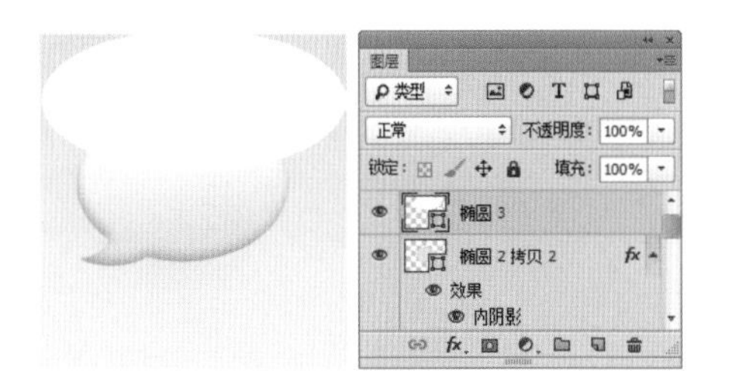

图4.258 绘制图形

② 在【图层】面板中选中【椭圆3】图层，单击面板底部的【添加图层蒙版】按钮，为其添加图层蒙版，如图4.259所示。

③ 在【图层】面板中，按住Ctrl键单击【椭圆2 拷贝2】图层缩览图，将其载入选区，如图4.260所示。

图4.259 添加图层蒙版

图4.260 载入选区

④ 在画布中执行菜单栏中的【选择】|【反向】命令，将选区反向，再单击【椭圆3】图层蒙版缩览图，将选区填充为黑色，隐藏部分图形，完成之后按Ctrl+D组合键取消选区，如图4.261所示。

图4.261 隐藏图形

⑤ 选中【椭圆3】图层，将其图层【不透明度】更改为20%，如图4.262所示。

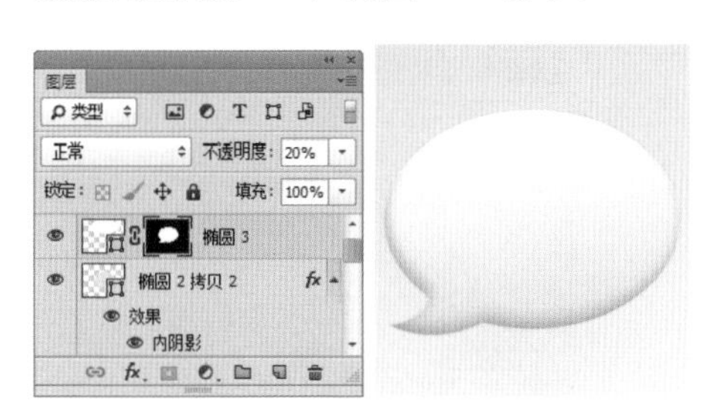

图4.262 更改图层不透明度

⑥ 选择工具箱中的【椭圆工具】，在选项栏中将【填充】更改为白色，【描边】为无，在图标右上角位置绘制一个椭

圆图形，此时将生成一个【椭圆4】图层，如图4.263所示。

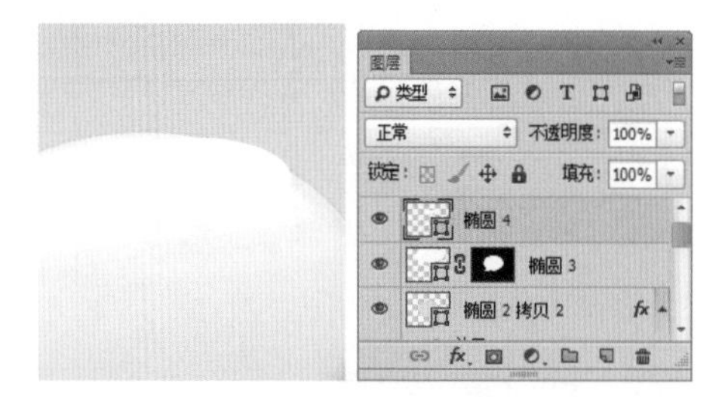

图4.263 绘制图形

⑦ 在【图层】面板中选中【椭圆4】图层，执行菜单栏中的【图层】|【栅格化】|【形状】命令，将当前图形栅格化，如图4.264所示。

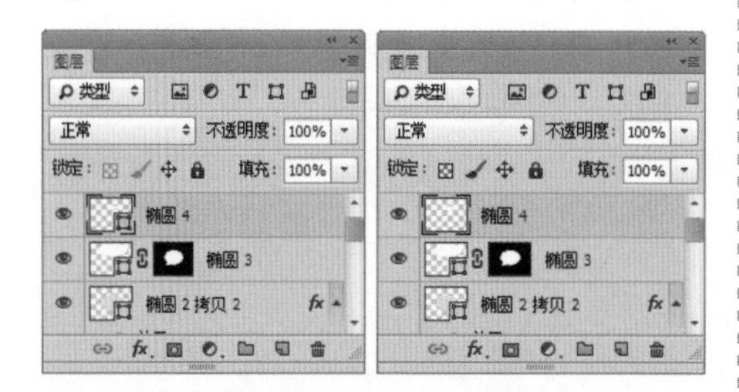

图4.264 栅格化形状

⑧ 选中【椭圆4】图层，执行菜单栏中的【滤镜】|【模糊】|【高斯模糊】命令，在弹出的对话框中将【半径】更改为20像素，设置完成之后单击【确定】按钮，如图4.265所示。

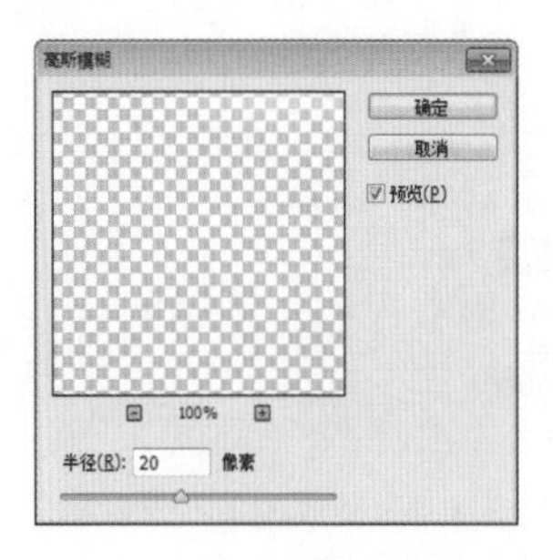

图4.265 设置高斯模糊

⑨ 在【图层】面板中选中【椭圆4】图层，单击面板底部的【添加图层蒙版】按钮，为其添加图层蒙版，如图4.266所示。

⑩ 在【图层】面板中，按住Ctrl键单击【椭圆2 拷贝2】图层缩览图，将其载入选区，如图4.267所示。

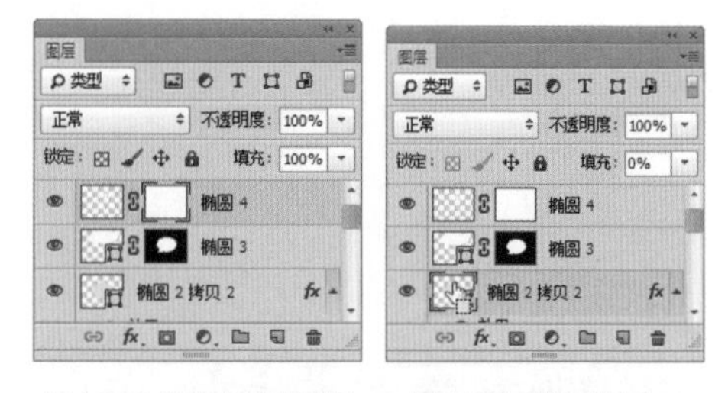

图4.266 添加图层蒙版　　图4.267 载入选区

⑪ 在画布中执行菜单栏中的【选择】|【反向】命令，将选区反向，再单击【椭圆3】图层蒙版缩览图，将选区填充为黑色，隐藏部分图形，完成之后按Ctrl+D组合键取消选区，如图4.268所示。

图4.268 隐藏图形

⑫ 选择工具箱中的【椭圆工具】，在选项栏中将【填充】更改为白色，【描边】为无，在图标左下角位置绘制一个椭圆图形，此时将生成一个【椭圆5】图层，如图4.269所示。

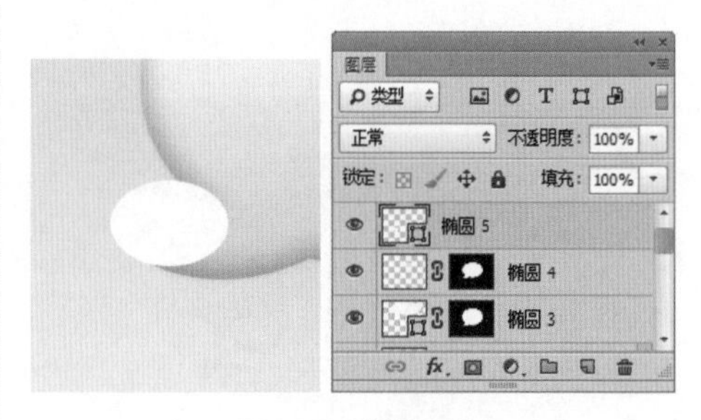

图4.269 绘制图形

⑬ 以刚才同样的方法将【椭圆5】图层中的椭圆栅格化后添加高斯模糊效果，然后将部分图形隐藏以制作高光效果，如图4.270所示。

提示

在制作高光效果的时候，可根据图形位置适当降低其图层不透明度。

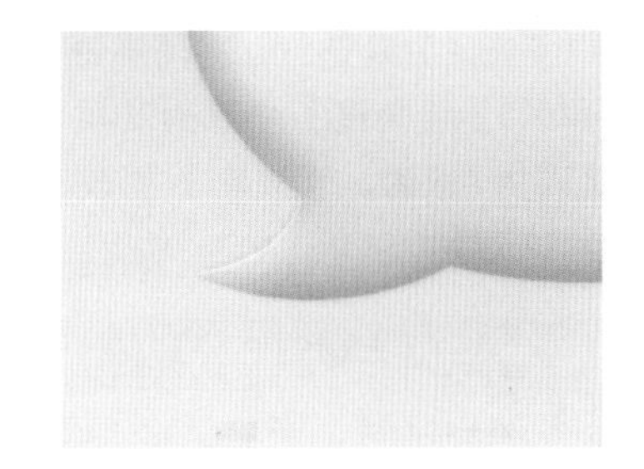

图4.270 制作高光效果

4.7.4 制作细节

① 选择工具箱中的【椭圆工具】，在选项栏中将【填充】更改为白色，【描边】为无，在图标上按住Shift键绘制一个正圆图形，此时将生成一个【椭圆6】图层，如图4.271所示。

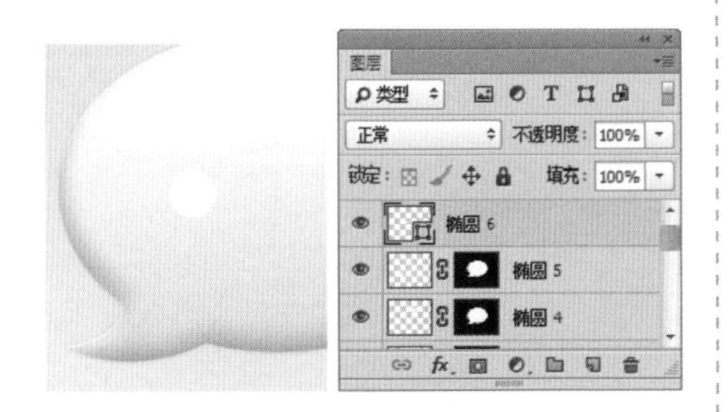

图4.271 绘制图形

② 在【图层】面板中选中【椭圆6】图层，单击面板底部的【添加图层样式】fx按钮，在菜单中选择【内阴影】命令，在弹出的对话框中将【不透明度】更改为45%，取消【使用全局光】复选框，【角度】更改为100度，【距离】更改为1像素，【大小】更改为9像素，如图4.272所示。

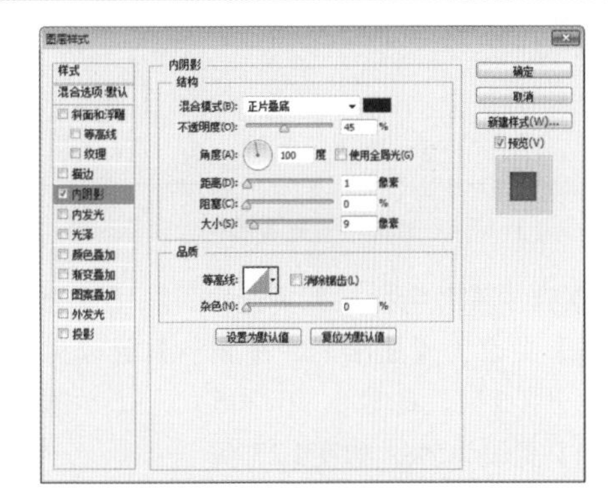

图4.272 设置内阴影

③ 选中【内发光】复选框，将【混合模式】更改为【正片叠底】，【不透明度】更改为15%，【颜色】更改为蓝色（R:125，G:142，B:165），【大小】更改为5像素，如图4.273所示。

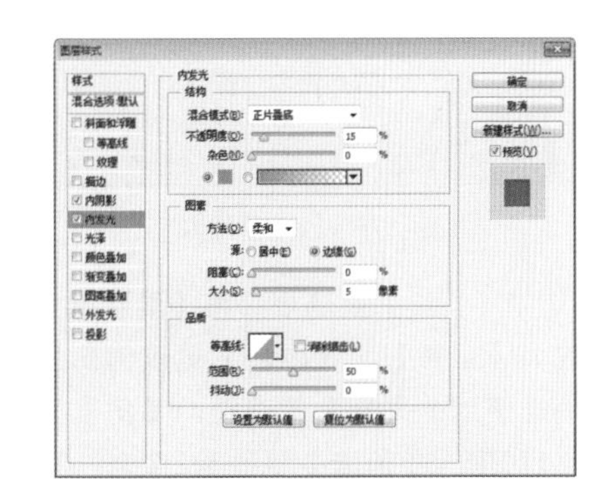

图4.273 设置内发光

④ 选中【光泽】复选框，将【不透明度】更改为20%，【角度】更改为20度，【距离】更改为1像素，【大小】更改为10像素，如图4.274所示。

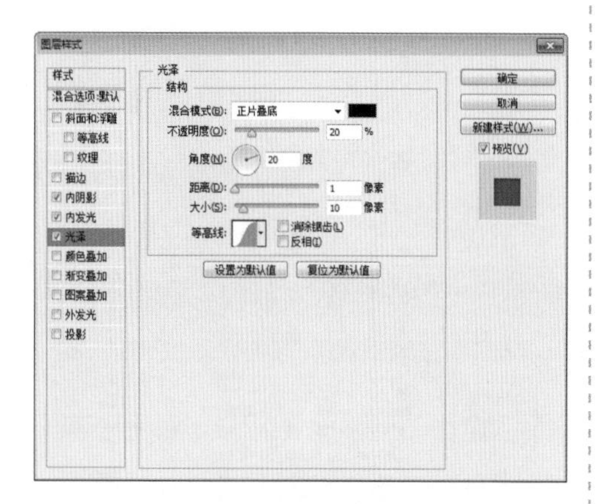

图4.274 设置光泽

⑤ 选中【颜色叠加】复选框，将【混合模式】更改为【正常】，【颜色】更改为蓝色（R:174，G:188，B:205），【不透明度】更改为5%，如图4.275所示。

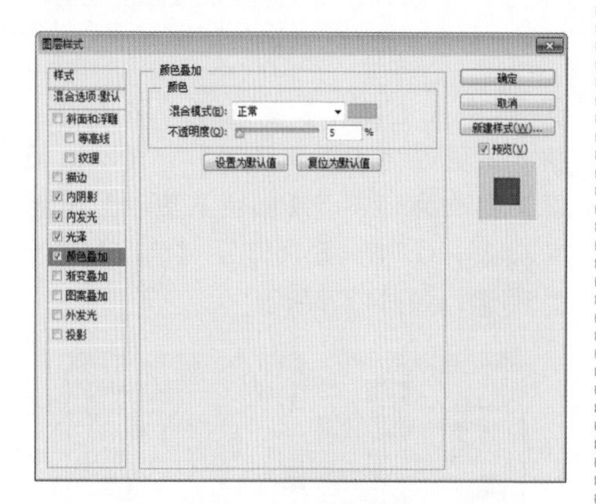

图4.275 设置颜色叠加

⑥ 选中【投影】复选框，将【混合模式】更改为【正常】，【颜色】更改为白色，取消【使用全局光】复选框，【角度】更改为110度，【距离】更改为1像素，完成之后单击【确定】按钮，如图4.276所示。

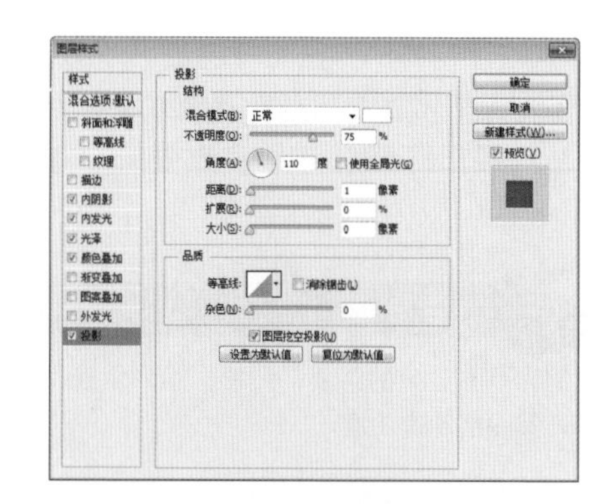

图4.276 设置投影

⑦ 选中【椭圆6】图层，在画布中按住Alt+Shift组合键向右侧拖动，将图形复制两份，此时将生成【椭圆6 拷贝】和【椭圆6 拷贝2】图层，如图4.277所示。

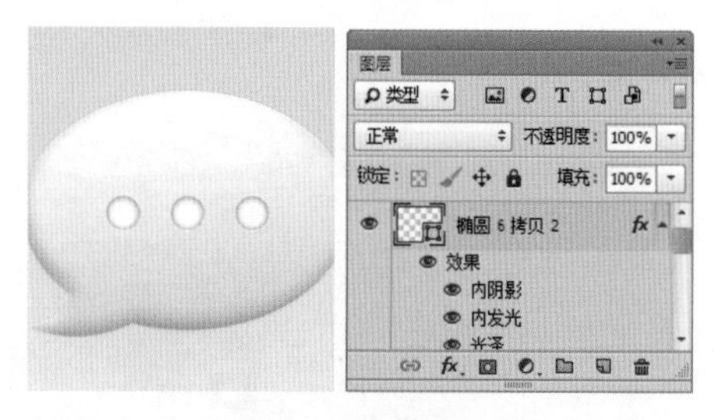

图4.277 复制图形

⑧ 在【图层】面板中同时选中除【背景】图层以外的所有图层，在画布中按Ctrl+T组合键对其执行【自由变换】命令，当出现变形框以后，将图形适当旋转，完成之后按Enter键确认，如图4.278所示。

图4.278 旋转图形

⑨ 选择工具箱中的【椭圆工具】，在选项栏中将【填充】更改为蓝色（R:212，G:222，B:232），【描边】为无，在画布

中绘制一个椭圆，此时将生成一个【椭圆7】图层，如图4.279所示。

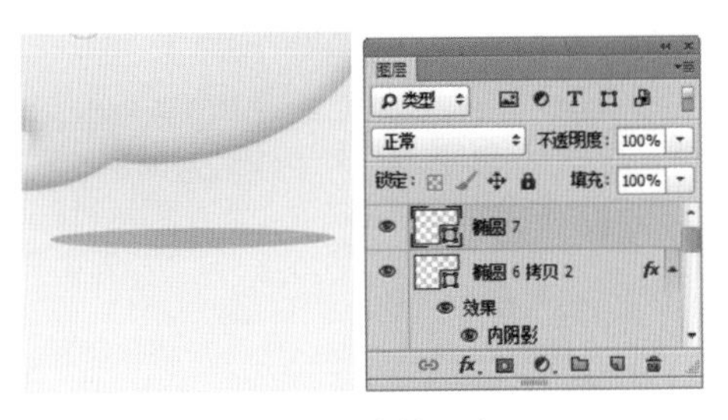

图4.279 绘制图形

⑩ 在【图层】面板中，选中【椭圆7】图层，执行菜单栏中的【图层】|【栅格化】|【形状】命令，将当前图形栅格化，如图4.280所示。

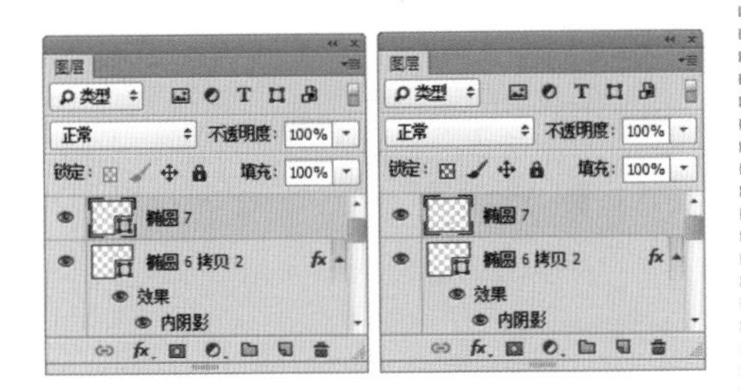

图4.280 栅格化形状

⑪ 选中【椭圆7】图层，执行菜单栏中的【滤镜】|【模糊】|【高斯模糊】命令，在弹出的对话框中将【半径】更改为8像素，设置完成之后单击【确定】按钮，如图4.281所示。

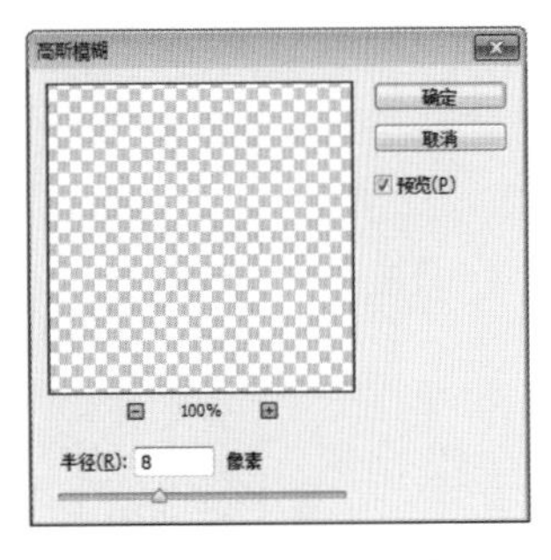

图4.281 设置高斯模糊

⑫ 选中【椭圆7】图层，将其图层【不透明度】更改为50%，这样就完成了效果制作，最终效果如图4.282所示。

图4.282 更改不透明度及最终效果

4.8 盘子图标

- 新建画布并填充颜色制作背景。
- 绘制图形并为图形添加阴影效果制作写实风格图形。
- 为图标添加阴影等细节效果完成最终效果制作。

本例主要讲解的是写实盘子效果制作，本例的制作比较简单，只需要准确地把握好图形的光影变化即可，而在配色方面采用了淡雅舒适的配色风格，给人一种柔和的视觉效果。

难易程度：★★☆☆☆
最终文件：配套光盘 \ 素材 \ 源文件 \ 第 4 章 \ 盘子图标 .psd
视频位置：配套光盘 \movie\4.8 盘子图标 .avi

盘子图标效果如图 4.283 所示。

图4.283 盘子图标

4.8.1 制作背景

① 执行菜单栏中的【文件】|【新建】命令，在弹出的对话框中设置【宽度】为800像素，【高度】为600像素，【分辨率】为72像素/英寸，【颜色模式】为RGB颜色，新建一个空白画布，如图4.284所示。

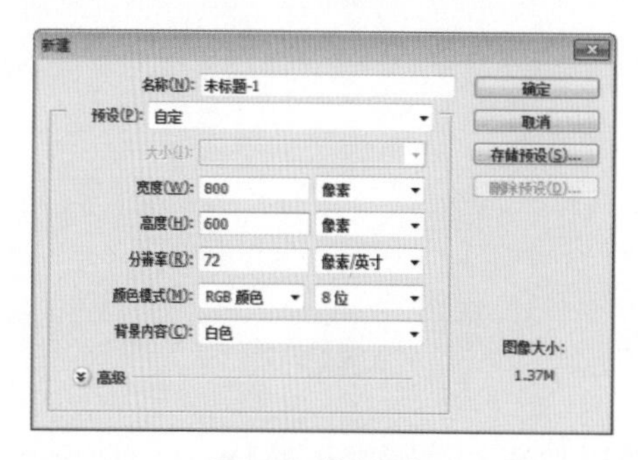

图4.284 新建画布

② 选择工具箱中的【渐变工具】，在选项栏中单击【点按可编辑渐变】按钮，在弹出的对话框中将渐变颜色更改为绿色（R:200，G:220，B:48）到绿色（R:177，G:195，B:22），设置完成之后单击【确定】按钮，再单击选项栏中的【径向渐变】按钮，如图4.285所示。

图4.285 设置渐变

③ 在画布中从中心向边缘方向拖动，为画布填充渐变，如图4.286所示。

图4.286 填充渐变

4.8.2 绘制盘子

① 选择工具箱中的【椭圆工具】，在选项栏中将【填充】更改为白色，【描边】为无，在画布中按住Shift键绘制一个正圆图形，此时将生成一个【椭圆1】图层。

② 在【图层】面板中选中【椭圆1】图层，将其拖至面板底部的【创建新图层】按钮上，复制出【椭圆1 拷贝】和【椭圆1 拷贝2】2个图层，如图4.287所示。

图4.287 复制图层

③ 选中【椭圆1】图层，将其【填充】更改为黑色，按Ctrl+T组合键对其执行【自由变换】命令，当出现变形框以后，按住Alt+Shift组合键将图形等比例缩小，完成之后按Enter键确认，再将图形向右下角方向稍微移动，如图4.288所示。

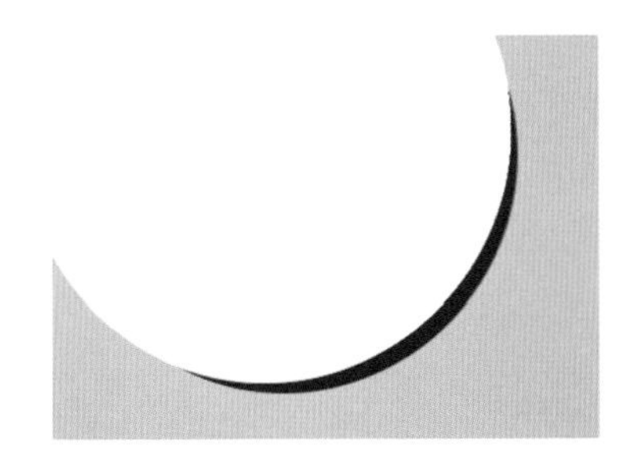

图4.288 变换图形

④ 在【图层】面板中选中【椭圆1】图层，执行菜单栏中的【图层】|【栅格化】|【形状】命令，将当前图形栅格化，如图4.289所示。

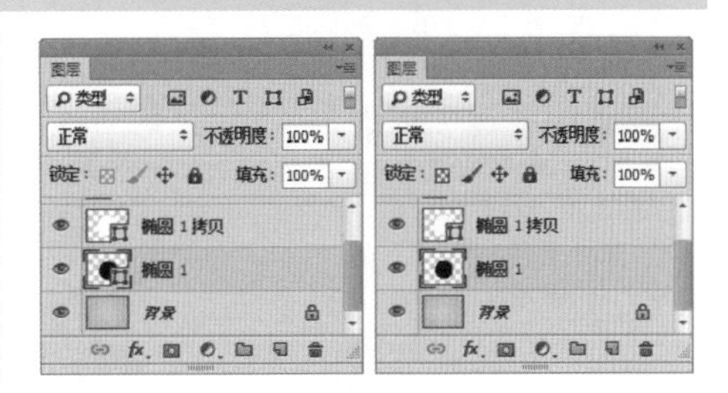

图4.289 栅格化形状

⑤ 选中【椭圆1】图层，执行菜单栏中的【滤镜】|【模糊】|【高斯模糊】命令，在弹出的对话框中将【半径】更改为10像素，设置完成之后单击【确定】按钮，如图4.290所示。

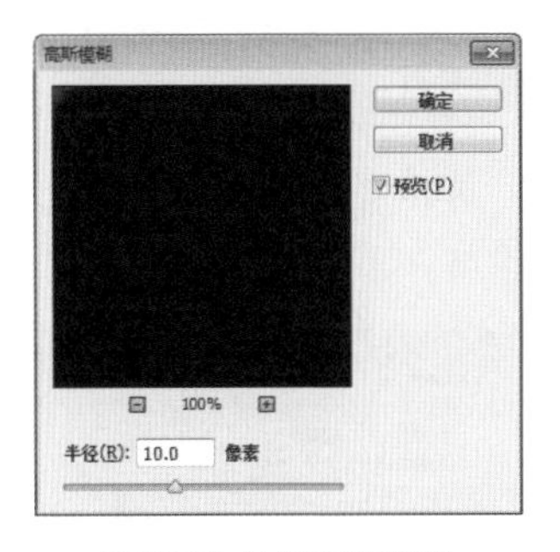

图4.290 设置高斯模糊

⑥ 选中【椭圆1】图层，执行菜单栏中的【滤镜】|【模糊】|【动感模糊】命令，在弹出的对话框中将【角度】更改为-35度，【距离】更改为80像素，设置完成之后单击【确定】按钮，如图4.291所示。

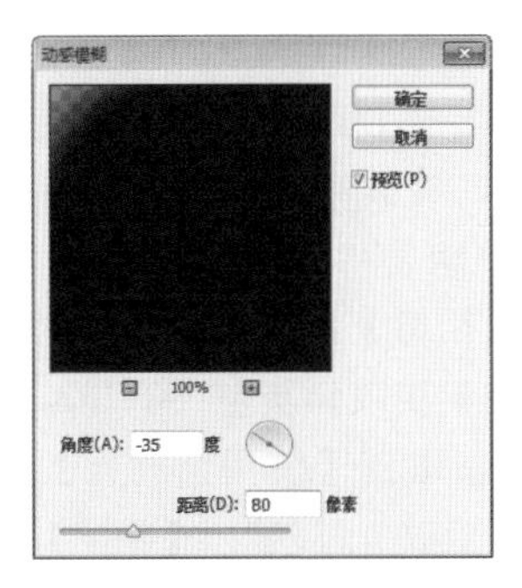

图4.291 设置动感模糊

⑦ 选中【椭圆1】图层，将其图层【不透明度】更改为40%，如图4.292所示。

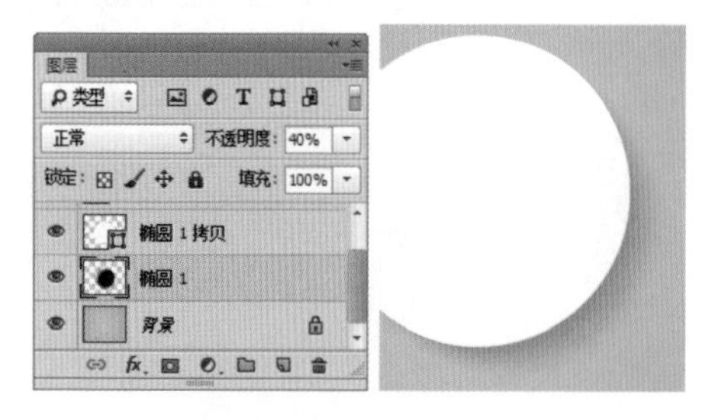

图4.292 更改图层不透明度

⑧ 在【图层】面板中选中【椭圆1 拷贝】图层，单击面板底部的【添加图层样式】fx按钮，在菜单中选择【渐变叠加】命令，在弹出的对话框中将渐变颜色更改为灰色（R:242，G:242，B:242）到灰白色（R:247，G:247，B:247），【角度】更改为-35度，完成之后单击【确定】按钮，如图4.293所示。

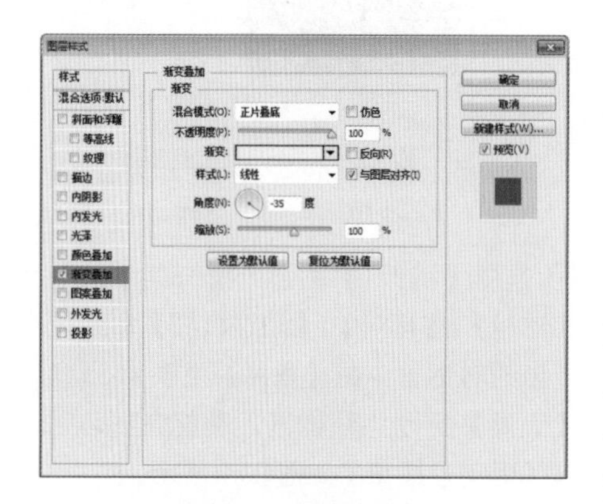

图4.293 设置渐变叠加

⑨ 在【图层】面板中选中【椭圆1 拷贝2】图层，将其等比例缩小单击面板底部的【添加图层样式】fx按钮，在菜单中选择【内阴影】命令，在弹出的对话框中将【颜色】更改为灰色（R:232，G:234，B:235），取消【使用全局光】复选框，【角度】更改为135度，【距离】更改为30像素，【大小】更改为40像素，如图4.294所示。

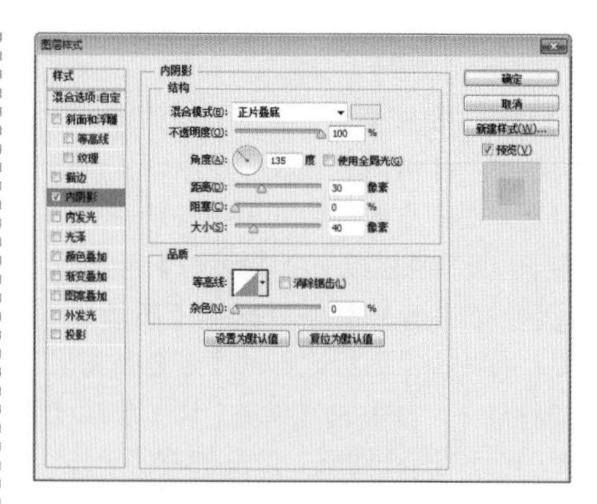

图4.294 设置内阴影

⑩ 选中【内发光】复选框，将【颜色】更改为白色，【大小】更改为5像素，完成之后单击【确定】按钮，如图4.295所示。

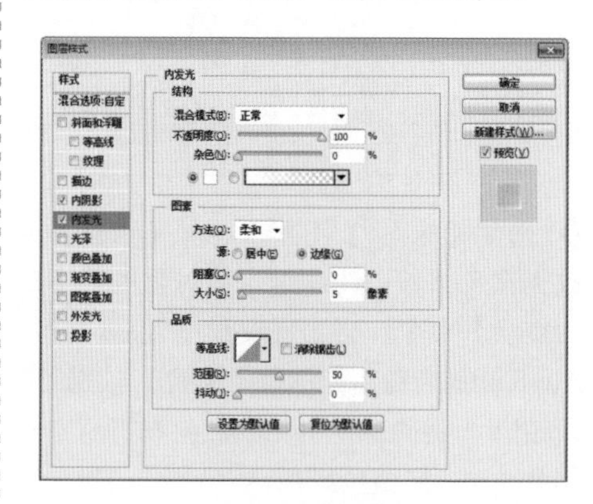

图4.295 设置内发光

⑪ 在【图层】面板中选中【椭圆1 拷贝2】图层，将其图层【填充】更改为0，这样就完成了效果制作，最终效果如图4.296所示。

图4.296 更改填充及最终效果

课后练习

课后练习4-1 淡雅应用图标控件

本例主要讲解淡雅应用图标控件的制作，在所有的控件类图形设计中，淡雅色系类型控件的特点是采用比较符合用户审美观的配色方案，它没有华丽的造型，并且在颜色方面多采用单一色调，在整个制作中将控件上的信息完整地表达出即可。淡雅应用图标控件最终效果如图 4.297 所示。

难易程度：★☆☆☆☆
调用素材：配套光盘 \ 素材 \ 调用素材 \ 第 4 章 \ 淡雅应用图标控件
最终文件：配套光盘 \ 素材 \ 源文件 \ 第 4 章 \ 淡雅应用图标控件 .psd
视频位置：配套光盘 \movie\ 课后练习 4-1 淡雅应用图标控件 .avi

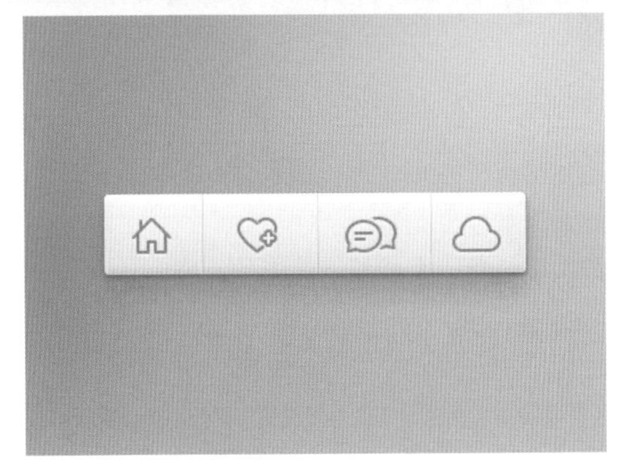

图4.297 淡雅应用图标控件

操作提示

（1）新建画布并填充渐变制作背景。
（2）绘制图形并利用滤镜命令，为背景添加装饰效果。
（3）绘制图形制作控件，添加素材信息，完成最终效果的制作。

关键步骤提示（如图4.298所示）

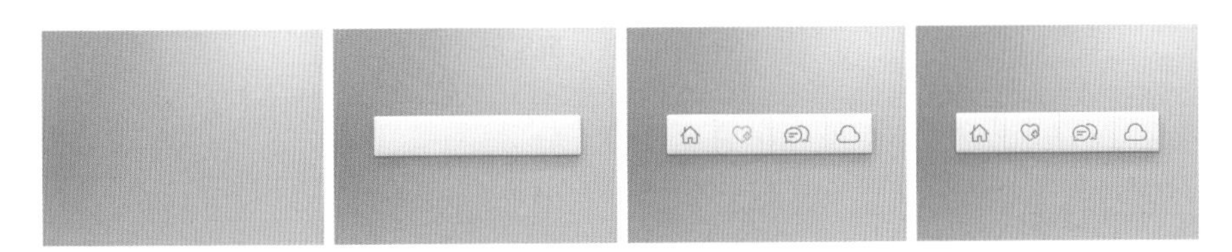

图4.298 关键步骤提示

课后练习4-2 扁平化邮箱界面

本例主要讲解扁平化邮箱界面的制作，现代界面设计行业中扁平化已经成为了一种趋势，人们越来越注重应用的实用性，由于以往的界面设计风格追求华丽、惊艳，而这种情况下极易产生视觉疲劳感，也正因为如此，扁平化的视觉效果变得越来越受欢迎。扁平化邮箱界面最终效果如图 4.299 所示。

难易程度：★★★☆☆
调用素材：配套光盘\素材\调用素材\第4章\扁平化邮箱界面
最终文件：配套光盘\素材\源文件\第4章\扁平化邮箱界面 .psd
视频位置：配套光盘\movie\课后练习 4-2 扁平化邮箱界面 .avi

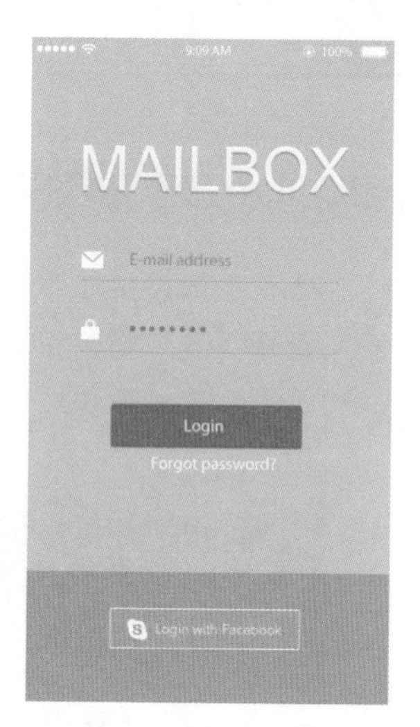

图4.299 扁平化邮箱界

操作提示

（1）新建画布并填充颜色，添加状态栏图标。
（2）绘制图形为界面添加控件元素。
（3）在界面中添加文字信息，完成最终效果的制作。

关键步骤提示（如图4.300所示）

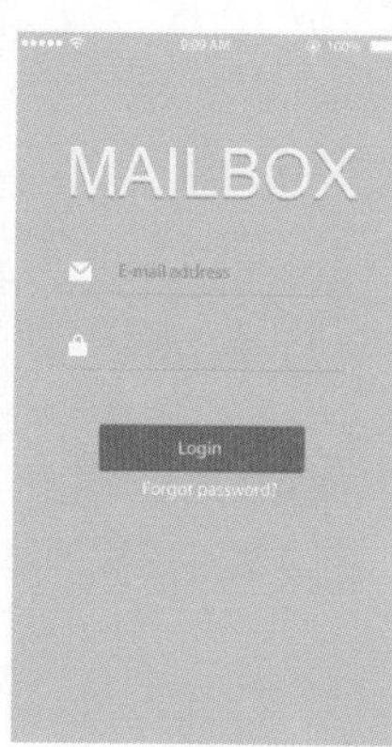

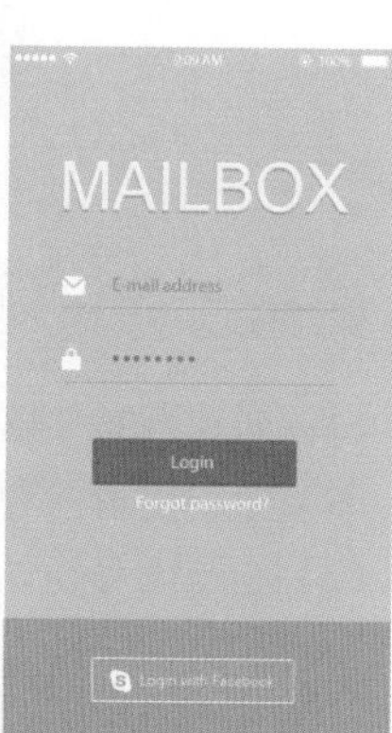

图4.300 关键步骤提示

本章精彩效果展示

第5章

APP纯美传奇质感表现

内容摘要

本章主要详解APP纯美传奇质感表现图标的制作，质感表现一直是UI设计的亮点所在，它的传奇质感表现令整个图标熠熠生辉，应用在图标中可以令拟物化的图形品质感增强并且可识别性更进一步。由于质感的超强表现力，所以更多的质感表现应用在品质感拟物图形上。

教学目标

学习塑胶质感U盘的制作方法
学习金属质感的制作
掌握拉丝质感纹理的表现方法
掌握鎏金质感纹理的制作

5.1 塑胶质感U盘

- 新建画布并填充颜色制作背景。
- 绘制图形并添加图层样式制作图标。
- 在图标上绘制细节及功能图形完成图标轮廓制作。
- 为图形添加相应的图层样式及背景装饰完成最终效果制作。

本例主要讲解的是U盘图标制作，由于是写实类的图标制作，所以在制作过程上需要着重注意图标的质感及色彩表现，在拟物化的造型过程中结合实物U盘给图标划出相应的功能分配，明确图标上图形的功能所在并且配以恰当的颜色搭配打造出这样一款十分成功的图标。

难易程度：★★☆☆☆
最终文件：配套光盘\素材\源文件\第5章\塑胶质感U盘.psd
视频位置：配套光盘\movie\5.1 塑胶质感U盘.avi

塑胶质感U盘效果如图5.1所示。

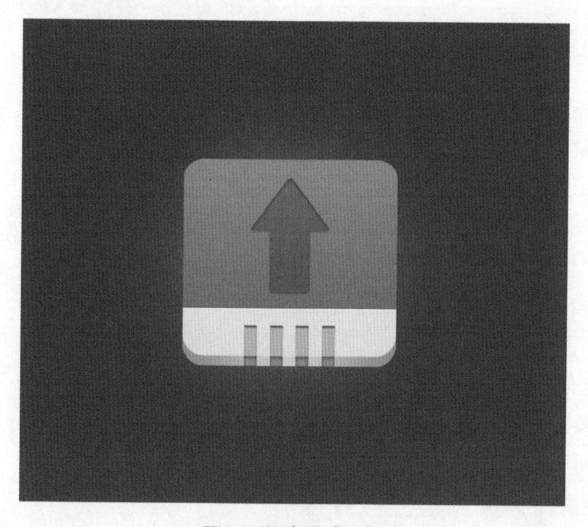

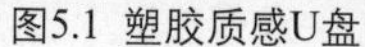
图5.1 塑胶质感U盘

5.1.1 绘制图标

① 执行菜单栏中的【文件】|【新建】命令，在弹出的对话框中设置【宽度】为800像素，【高度】为750像素，【分辨率】为72像素/英寸，【颜色模式】为RGB颜色，新建一个空白画布，如图5.2所示。

图5.2 新建画布

② 将画布填充为深灰色（R:52，G:60，B:68），如图5.3所示。

图5.3 填充颜色

③ 选择工具箱中的【圆角矩形工具】▢，在选项栏中将【填充】更改为白色，【描边】为无，【半径】为30像素，在画布中绘制一个圆角矩形，此时将生成一个【圆角矩形1】图层，选中【圆角矩形1】图层，将其拖至面板底部的【创建新图层】▣按钮上，复制一个【圆角矩形1 拷贝】及【圆角矩形1 拷贝2】图层，如图5.4所示。

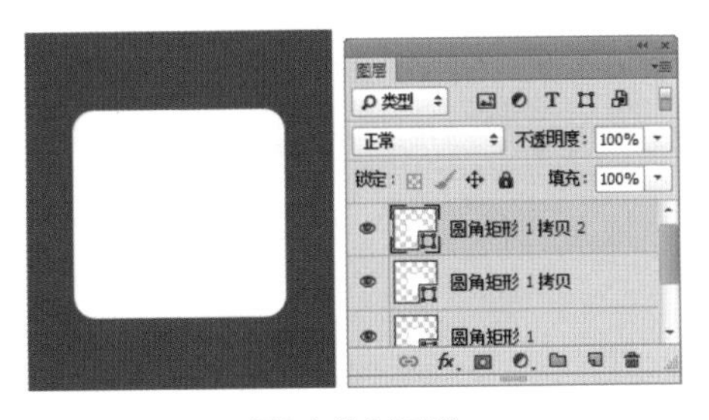

图5.4 绘制图形

④ 在【图层】面板中选中【圆角矩形1】图层，单击面板底部的【添加图层样式】*fx*按钮，在菜单中选择【渐变叠加】命令，在弹出的对话框中将【渐变】颜色更改为浅红色（R:245，G:237，B:233）到浅蓝色（R:232，G:237，B:245），完成之后单击【确定】按钮，如图5.5所示。

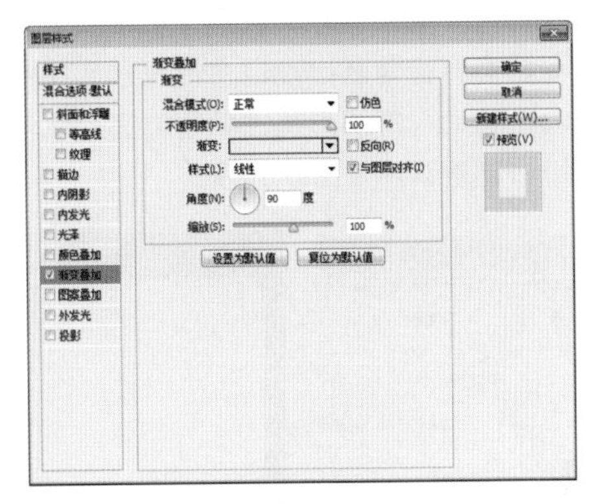

图5.5 设置渐变叠加

⑤ 在【图层】面板中选中【圆角矩形1 拷贝】图层，单击面板底部的【添加图层样式】*fx*按钮，在菜单中选择【渐变叠加】命令，在弹出的对话框中将【渐变】颜色更改为灰色（R:150，G:150，B:150）到灰色（R:219，G:219，B:219）再到灰色（R:150，G:150，B:150），【角度】更改为0度，完成之后单击【确定】按钮，如图5.6所示。

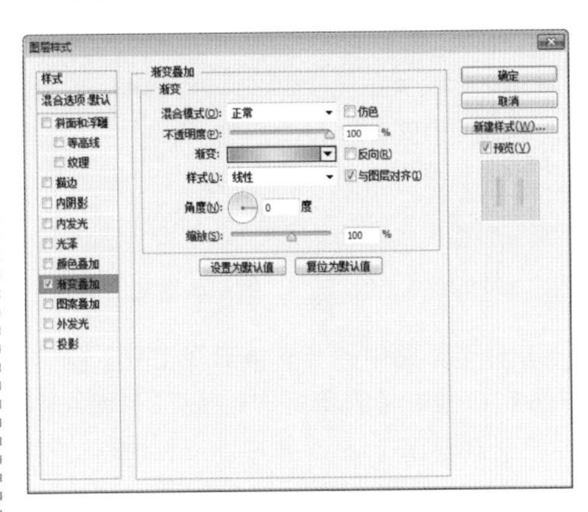

图5.6 设置渐变叠加

⑥ 在【图层】面板中选中【圆角矩形1 拷贝】图层，单击面板底部的【添加图层蒙版】按钮，为其添加图层蒙版，如图5.7所示。

⑦ 选中【圆角矩形1 拷贝2】图层，在画布中按Ctrl+T组合键对其执行【自由变换】命令，将光标移至出现的变形框顶部控制点向上拖动，将图形高度缩小，完成之后按Enter键确认，如图5.8所示。

图5.7 添加图层蒙版

图5.8 变换图形

⑧ 在【图层】面板中，按住Ctrl键单击【圆角矩形1 拷贝2】图层缩览图，将其载入选区，如图5.9所示。

⑨ 单击【圆角矩形1 拷贝】图层蒙版缩览图，在画布中将选区填充为黑色，隐藏部分图形，完成之后按Ctrl+D组合键取消选区，如图5.10所示。

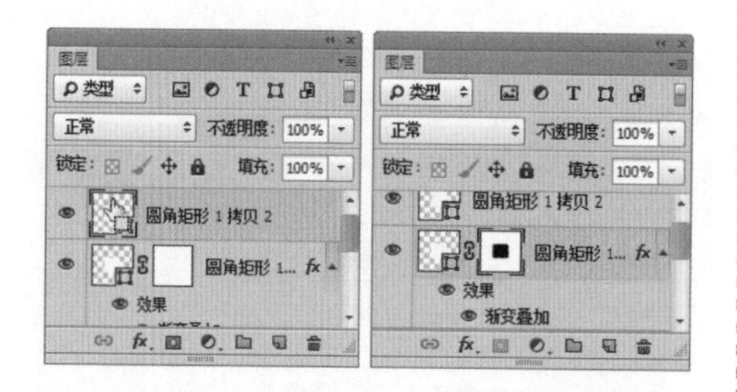

图5.9 载入选区　　图5.10 隐藏图形

⑩ 选择工具箱中的【直接选择工具】，在画布中选中【圆角矩形1 拷贝2】图层中的图形底部两个锚点并按Delete键将其删除，如图5.11所示。

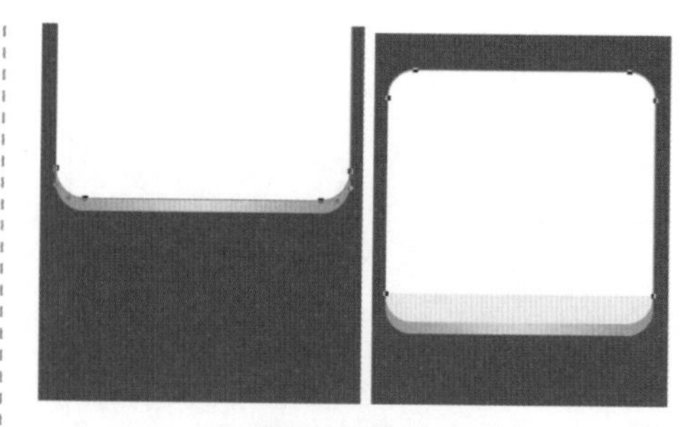

图5.11 删除锚点

⑪ 选择工具箱中的【直接选择工具】，在画布中选中【圆角矩形1 拷贝2】图层中的图形底部两个锚点向上移动，如图5.12所示。

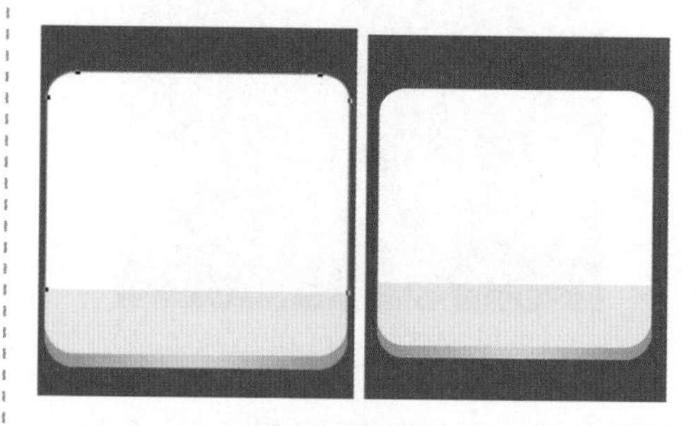

图5.12 移动锚点

⑫ 在【图层】面板中选中【圆角矩形1 拷贝2】图层，单击面板底部的【添加图层样式】按钮，在菜单中选择【内阴影】命令，在弹出的对话框中将【不透明度】更改为15%，取消【使用全局光】复选框，【角度】更改为-90度，【距离】更改为2像素，如图5.13所示。

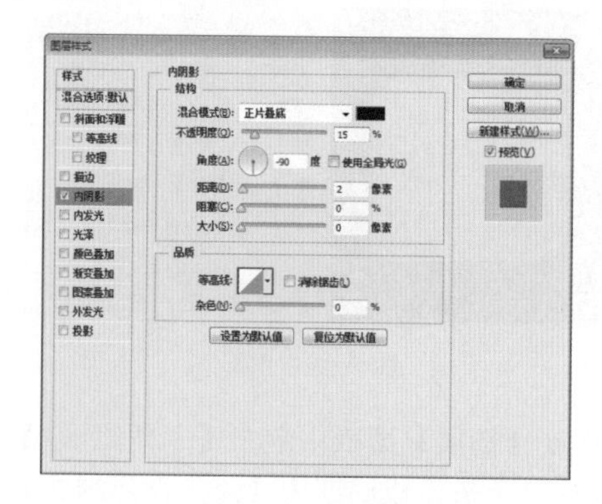

图5.13 设置内阴影

⑬ 勾选【渐变叠加】复选框，将【渐变】更改为蓝色（R:0，G:126，B:218）到蓝色（R:0，G:165，B:255），如图5.14所示。

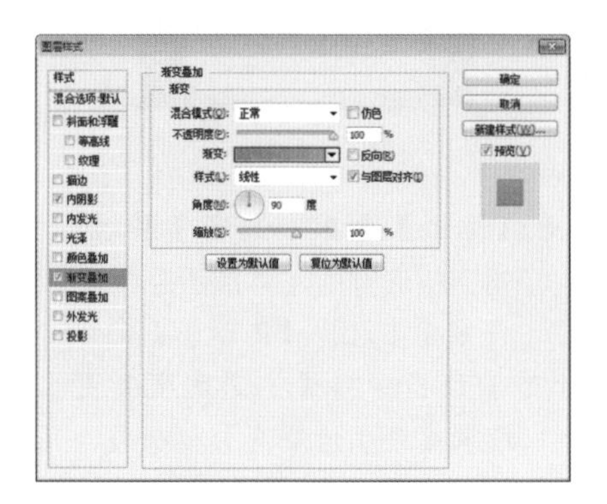

图5.14 设置渐变叠加

⑭ 勾选【投影】复选框，将【颜色】更改为白色，取消【使用全局光】复选框，【角度】更改为90度，【距离】更改为2像素，完成之后单击【确定】按钮，如图5.15所示。

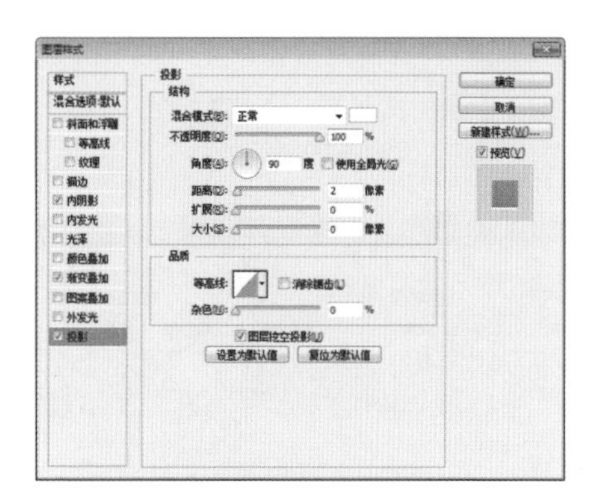

图5.15 设置投影

⑮ 选择工具箱中的【自定形状工具】，在画布中单击鼠标右键，在弹出的面板中选择【箭头9】，如图5.16所示。

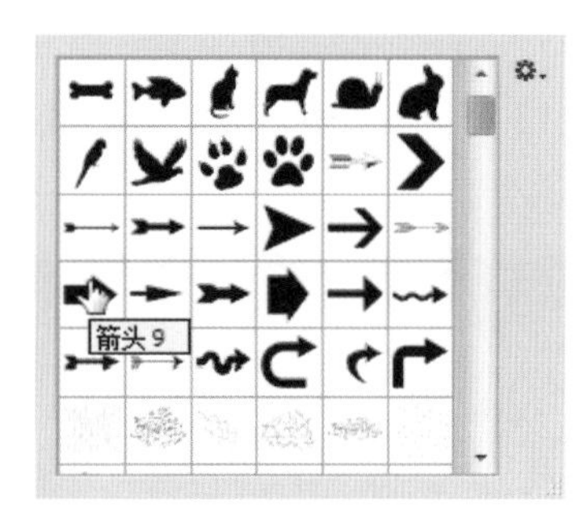

图5.16 设置形状

5.1.2 制作图标细节

① 在选项栏中将【填充】更改为白色，【描边】更改为无，在图标上按住Shift键绘制一个图形，此时将生成一个【形状1】图层，如图5.17所示。

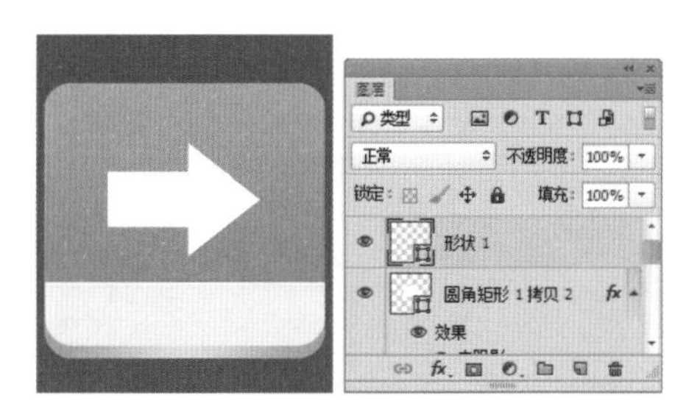

图5.17 绘制图形

② 选中【形状1】图层，在画布中按Ctrl+T组合键对其执行【自由变换】命令，在出现的变形框中单击鼠标右键，从弹出的快捷菜单中选择【旋转90度（逆时针）】，完成之后按Enter键确认，再将图形稍微移动，如图5.18所示。

图5.18 变换图形

③ 在【图层】面板中选中【形状1】图层，执行菜单栏中的【图层】|【栅格化】|【形

状】命令，将当前图形栅格化，再单击面板底部的【添加图层蒙版】按钮，为其添加图层蒙版，如图5.19所示。

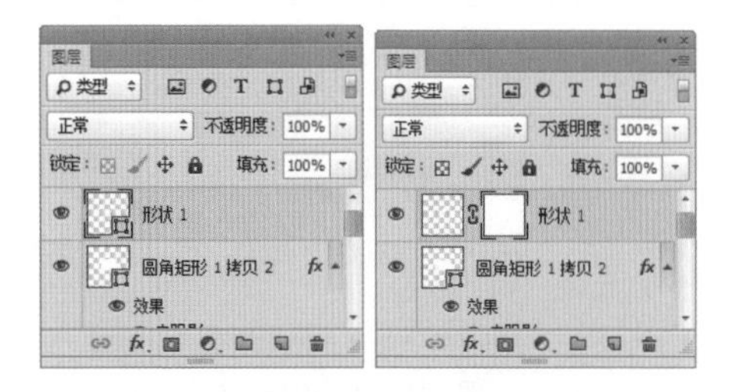

图5.19 栅格化形状并添加图层蒙版

④ 在【图层】面板中，按住Ctrl键单击【形状1】图层缩览图，将其载入选区，如图5.20所示。

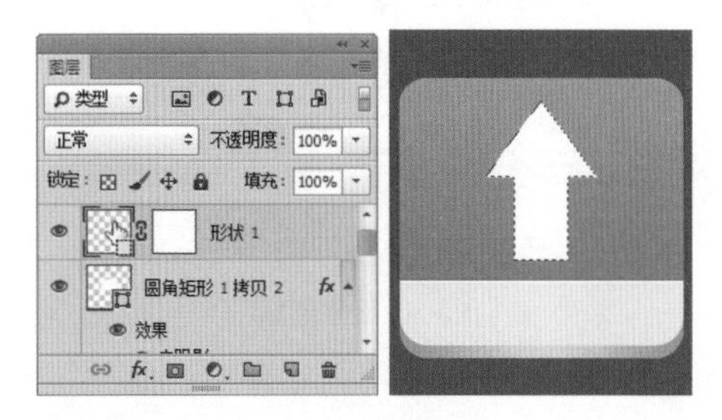

图5.20 载入选区

⑤ 执行菜单栏中的【选择】|【修改】|【平滑】命令，在弹出的对话框中将【取样半径】更改为5像素，完成之后单击【确定】按钮，如图5.21所示。

图5.21 设置平滑选区

⑥ 单击【形状1】图层蒙版缩览图，执行菜单栏中的【选择】|【反向】命令，将选区反向，再将选区填充为黑色，隐藏部分图形，完成之后按Ctrl+D组合键取消选区，如图5.22所示。

图5.22 隐藏图形

⑦ 在【图层】面板中选中【形状1】图层，单击面板底部的【添加图层样式】按钮，在菜单中选择【内阴影】命令，在弹出的对话框中将【不透明度】更改为30%，取消【使用全局光】复选框，【角度】更改为90度，【距离】更改为4像素，【大小】更改为4像素，如图5.23所示。

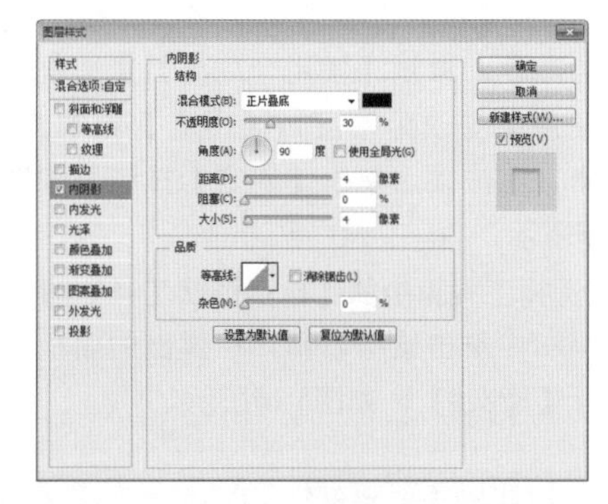

图5.23 设置内阴影

⑧ 勾选【颜色叠加】复选框，将【颜色】更改为黑色，【不透明度】更改为25%，完成之后单击【确定】按钮，如图5.24所示。在【图层】面板中，修改【形状1】层的【填充】为0%。

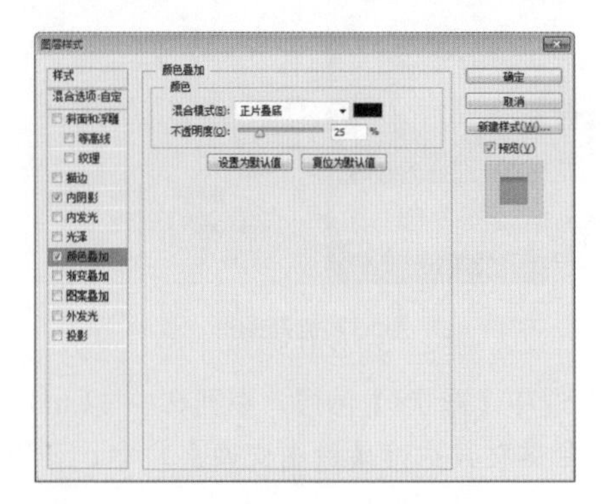

图5.24 设置颜色叠加

⑨ 选择工具箱中的【矩形工具】，在选项栏中将【填充】更改为白色，【描边】为无，在图标靠底部位置绘制一个矩形，此时将生成一个【矩形1】图层，如图5.25所示。

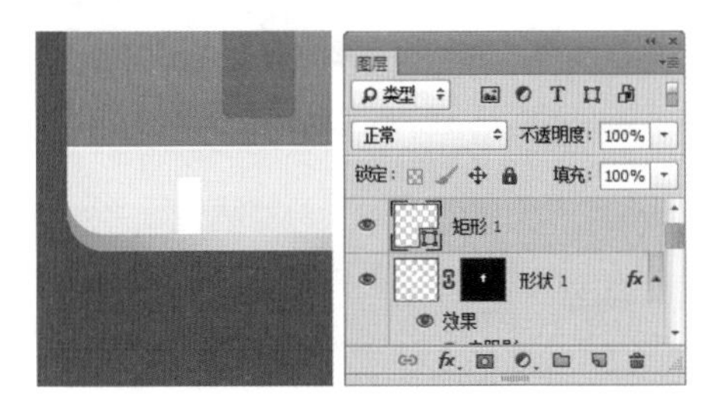

图5.25 绘制图形

⑩ 选中【矩形1】图层，在画布中按住Alt+Shift组合键向右侧平移将图形复制3份，此时将生成【矩形1 拷贝】、【矩形1 拷贝2】及【矩形1 拷贝3】图层，如图5.26所示。

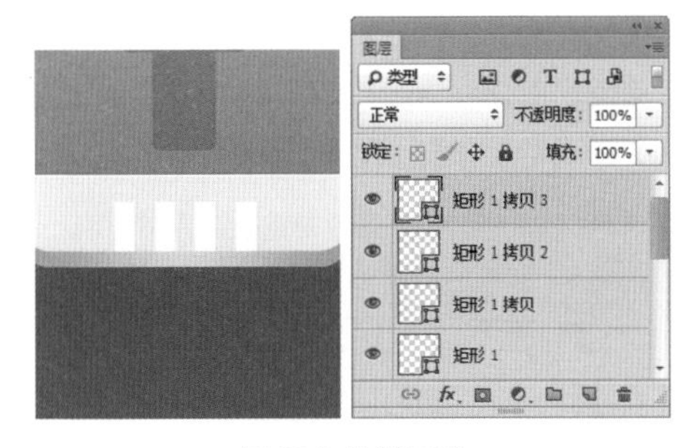

图5.26 绘制图形

⑪ 在【图层】面板中同时选中【矩形1】、【矩形1 拷贝】、【矩形1 拷贝2】及【矩形1 拷贝3】图层，执行菜单栏中的【图层】|【合并形状】命令，将图层合并，此时将生成一个【矩形1 拷贝3】图层，如图5.27所示。

⑫ 在【图层】面板中选中【矩形1 拷贝3】图层，将其拖至面板底部的【创建新图层】按钮上，复制一个【矩形1 拷贝4】图层，如图5.28所示。

⑬ 选中【矩形1 拷贝4】图层，在画布中将图形向下垂直移动一定距离，如图5.29所示。

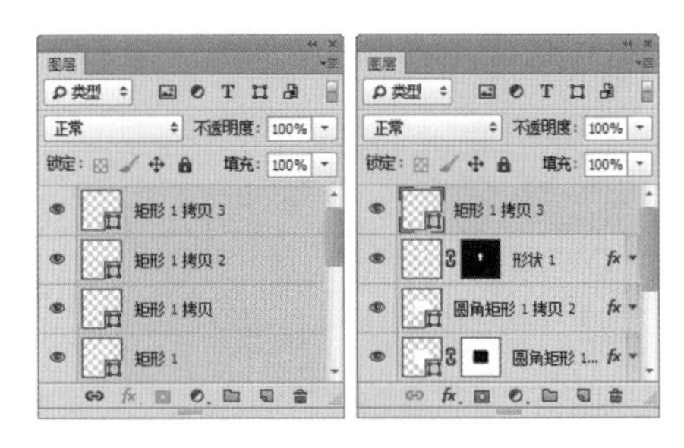

图5.27 合并图层

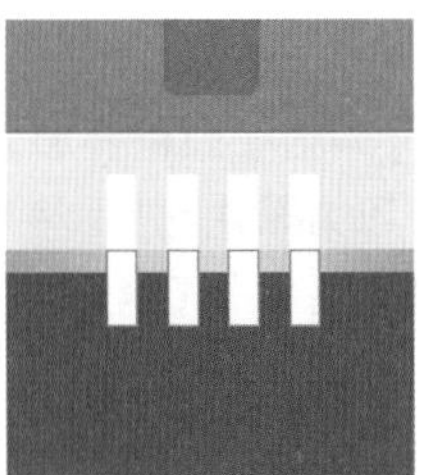

图5.28 复制图层　　图5.29 移动图形

⑭ 选中【矩形1 拷贝4】图层，在画布中按Ctrl+T组合键对其执行【自由变换】命令，将光标移至出现的变形框顶部向上拖动，将图形高度缩小，完成之后按Enter键确认，如图5.30所示。

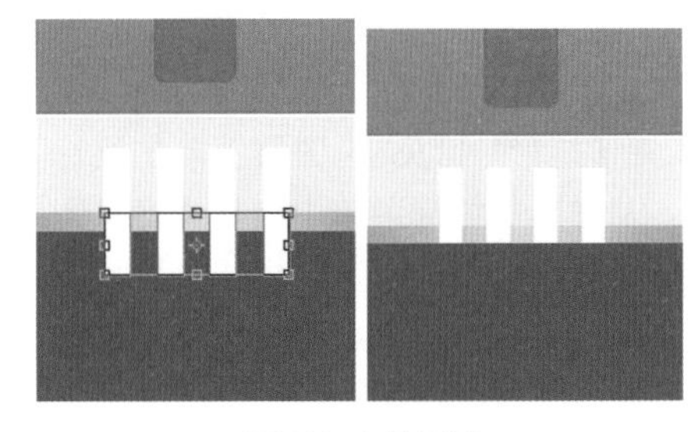

图5.30 变换图形

⑮ 在【图层】面板中选中【矩形1 拷贝3】图层，单击面板底部的【添加图层样式】fx按钮，在菜单中选择【内阴影】命令，在弹出的对话框中将【不透明度】更改为

55%，取消【使用全局光】复选框，【角度】更改为90度，【距离】更改为3像素，【大小】更改为2像素，如图5.31所示。

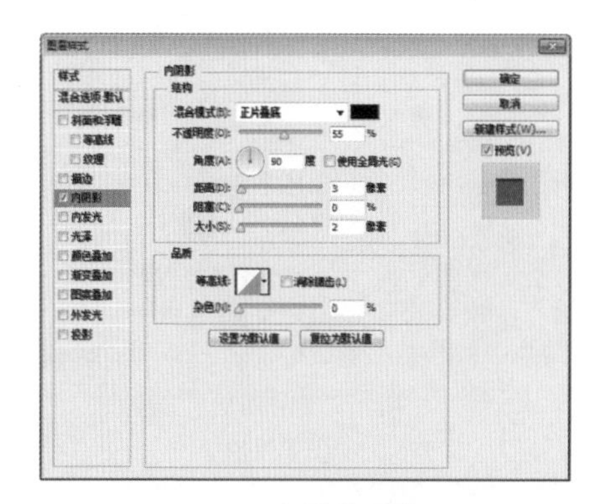

图5.31 设置内阴影

⑯ 勾选【颜色叠加】复选框，将【颜色】更改为深黄色（R:240，G:194，B:100），完成之后单击【确定】按钮，如图5.32所示。

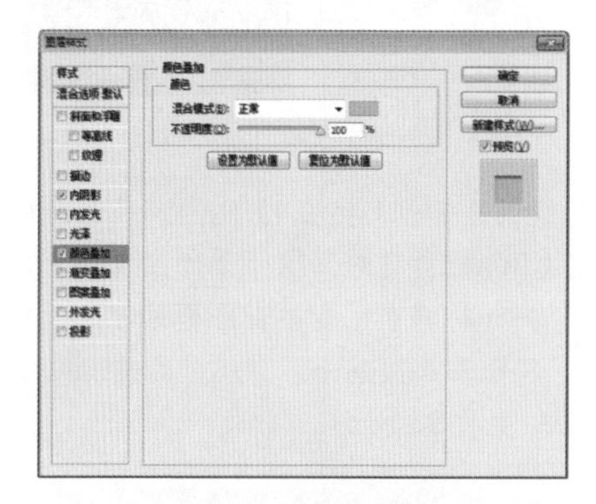

图5.32 设置颜色叠加

⑰ 在【矩形1 拷贝3】图层上单击鼠标右键，从弹出的快捷菜单中选择【拷贝图层样式】命令，在【矩形1 拷贝4】图层上单击鼠标右键，从弹出的快捷菜单中选择【粘贴图层样式】命令，如图5.33所示。

⑱ 在【图层】面板中双击【矩形1 拷贝4】图层样式名称，在弹出的对话框中选中【内阴影】，将【不透明度】更改为45，【距离】更改为2像素，【大小】更改为6像素，如图5.34所示。

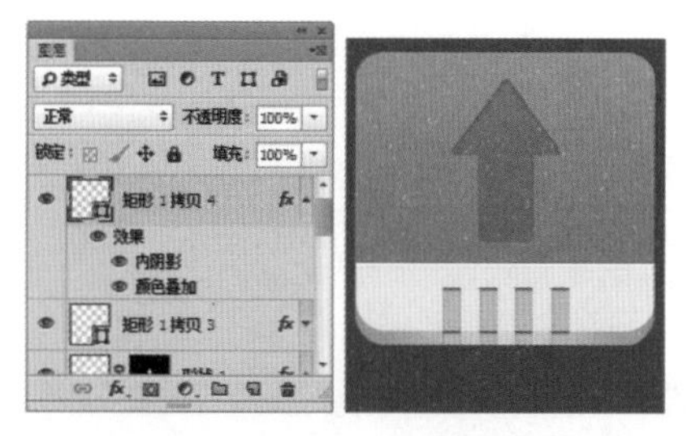

图5.33 拷贝并粘贴图层样式

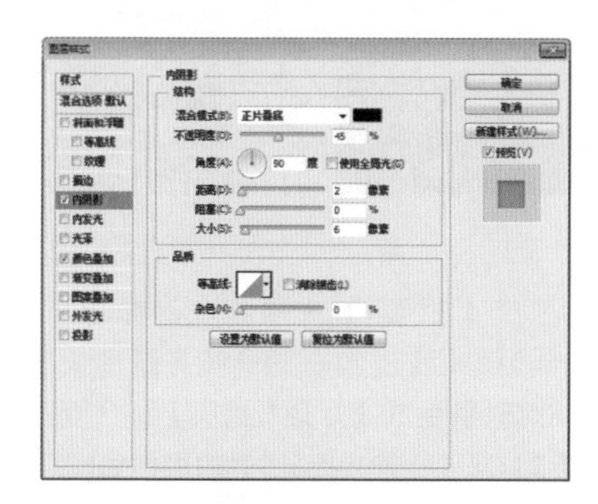

图5.34 设置内阴影

⑲ 选中【颜色叠加】，将【颜色】更改为深黄色（R:188，G:152，B:80），完成之后单击【确定】按钮，如图5.35所示。

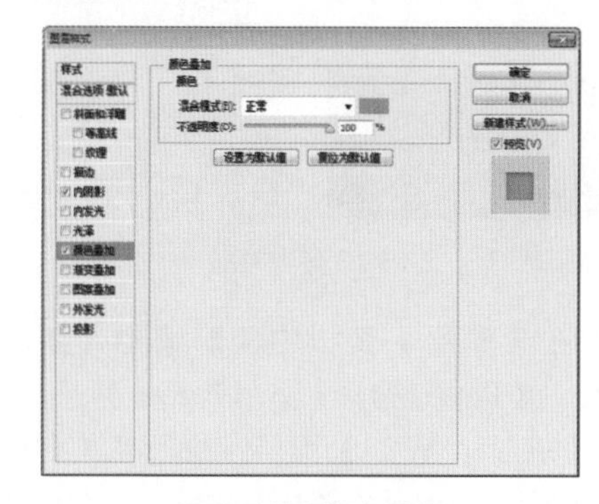

图5.35 设置颜色叠加

⑳ 选择工具箱中的【椭圆工具】，在选项栏中将【填充】更改为蓝色（R:0，G:111，B:180），【描边】为无，在图标位置按住Shift键绘制一个正圆图形，此时将生成一个【椭圆1】图层，并将其向下移至【背景】图层上方，如图5.36所示。

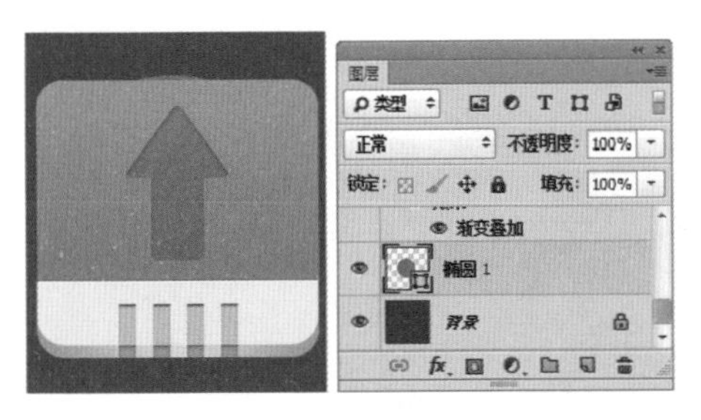

图5.36 绘制图形

㉑ 在【图层】面板中选中【椭圆1】图层，执行菜单栏中的【图层】|【栅格化】|【形状】命令，将当前图形栅格化，如图5.37所示。

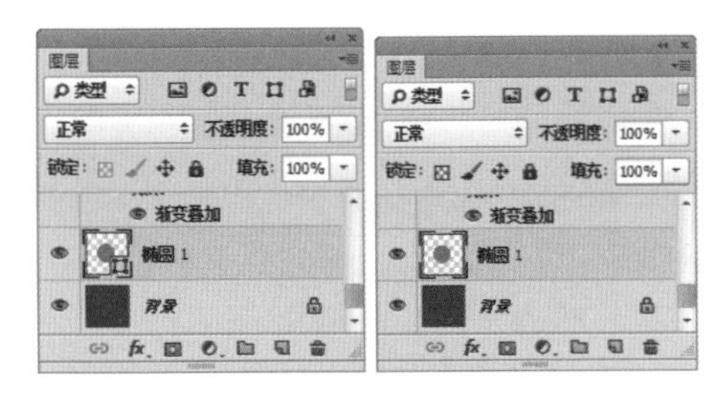

图5.37 栅格化形状

㉒ 选中【椭圆1】图层，执行菜单栏中的【滤镜】|【模糊】|【高斯模糊】命令，在弹出的对话框中将【半径】更改为55像素，设置完成之后单击【确定】按钮，如图5.38所示。

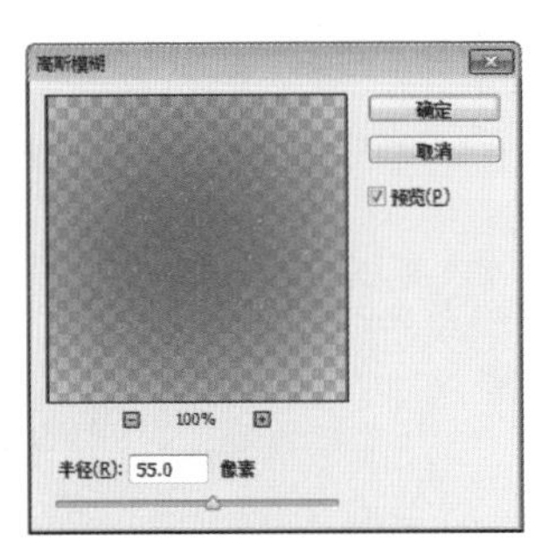

图5.38 设置高斯模糊

㉓ 在【图层】面板中选中【椭圆1】图层，将其图层混合模式设置为【变亮】，这样就完成了效果制作，最终效果如图5.39所示。

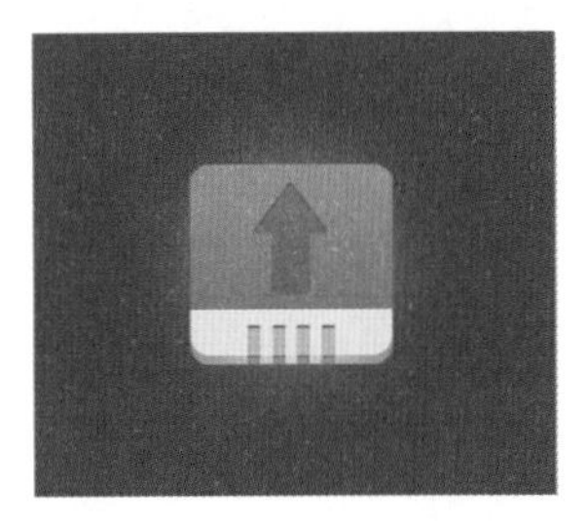

图5.39 设置图层混合模式及最终效果

5.2 金属质感系统

- 新建画布，填充渐变及绘制图形并添加滤镜效果制作背景。
- 绘制图形并为其添加图层样式制作图标大体质感轮廓。
- 定义图案并添加图层样式为图标添加装饰元素，进一步增强图标质感。
- 为图标添加相应的装饰图标及阴影效果完成最终效果制作。

本例主要讲解的是金属质感系统图标的制作，此款图标的质感十分强烈，功能定位也比较准确，橙色的图形装饰元素搭配金属质感的图标造型使这款图标的视觉效果十分出色。

难易程度：★★★☆☆
最终文件：配套光盘 \ 素材 \ 源文件 \ 第 5 章 \ 金属质感系统 .psd
视频位置：配套光盘 \movie\5.2 金属质感系统 .avi

金属质感系统效果如图 5.40 所示。

图5.40 金属质感系统

5.2.1 制作背景

① 执行菜单栏中的【文件】|【新建】命令，在弹出的对话框中设置【宽度】为800像素，【高度】为600像素，【分辨率】为72像素/英寸，【颜色模式】为RGB颜色，新建一个空白画布，如图5.41所示。

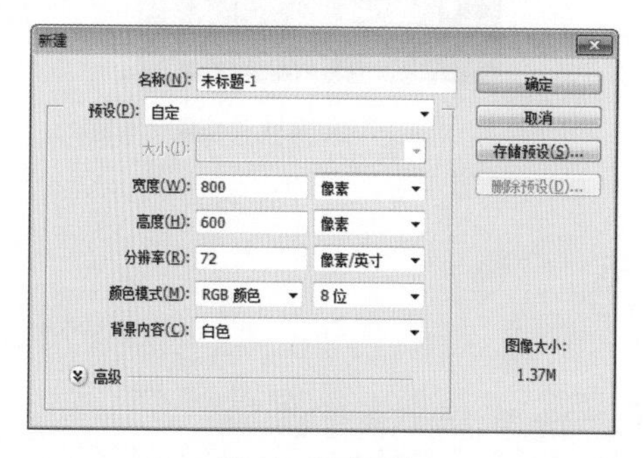

图5.41 新建画布

② 选择工具箱中的【渐变工具】，在选项栏中单击【点按可编辑渐变】按钮，在弹出的对话框中将渐变颜色更改为蓝色（R:166，G:193，B:207）到蓝色（R:115，G:128，B:140），设置完成之后单击【确定】按钮，再单击选项栏中的【线性渐变】按钮，如图5.42所示。

图5.42 设置渐变

③ 在画布中从左下向右下拖动，为背景填充渐变，如图5.43所示。

图5.43 填充渐变

④ 选择工具箱中的【椭圆工具】，在选项栏中将【填充】更改为蓝色（R:166，G:193，B:207），【描边】为无，在画布靠左上角位置按住Alt+Shift组合键绘制一个正圆图形，此时将生成一个【椭圆1】图层，如图5.44所示。

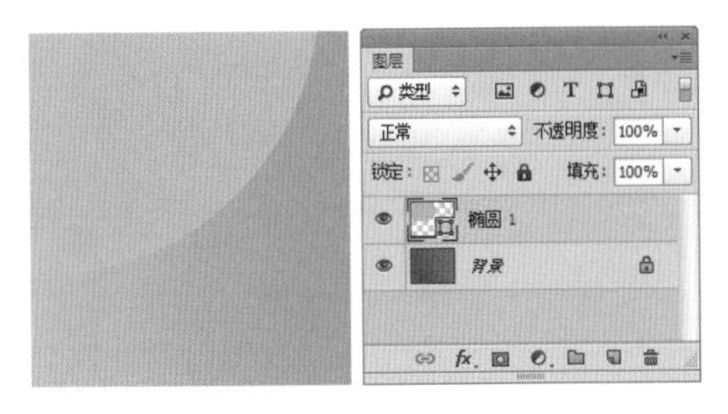

图5.44 绘制图形

⑤ 在【图层】面板中选中【椭圆1】图层，执行菜单栏中的【图层】|【栅格化】|【形状】命令，将当前图形栅格化，如图5.45所示。

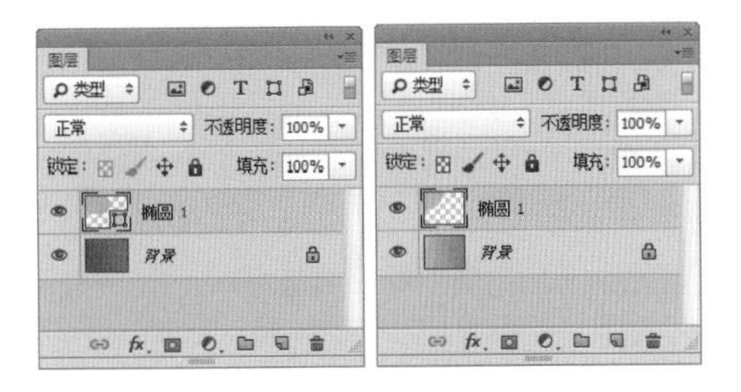

图5.45 栅格化形状

⑥ 选中【椭圆1】图层，执行菜单栏中的【滤镜】|【模糊】|【高斯模糊】命令，在弹出的对话框中将【半径】更改为150像素，设置完成之后单击【确定】按钮，如图5.46所示。

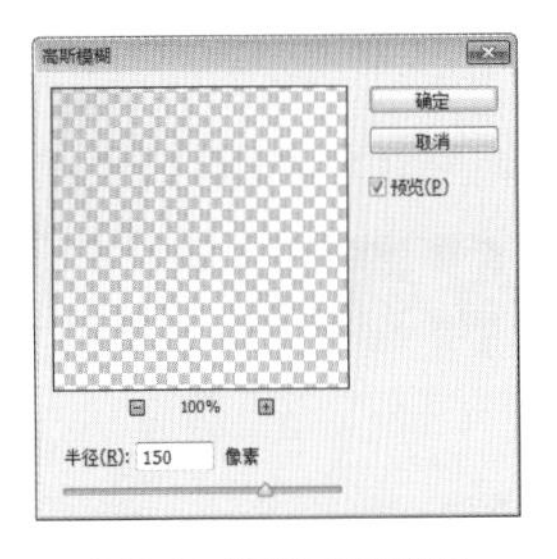

图5.46 设置高斯模糊

5.2.2 绘制图标

① 选择工具箱中的【圆角矩形工具】，在选项栏中将【填充】更改为白色，【描边】为无，【半径】为80像素，在画布中绘制一个圆角矩形，此时将生成一个【圆角矩形1】图层。

② 选中【圆角矩形1】图层，将其拖至面板底部的【创建新图层】按钮上，分别复制一个【圆角矩形1 拷贝】及【圆角矩形1 拷贝2】图层，如图5.47所示。

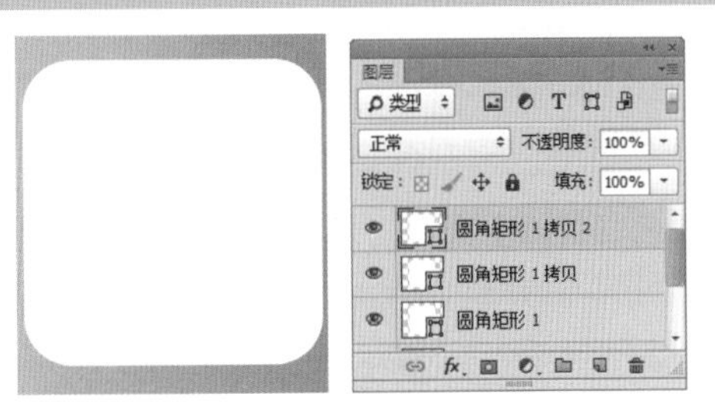

图5.47 绘制图形并复制图形

5.2.3 制作质感

① 在【图层】面板中，选中【圆角矩形1】图层，单击面板底部的【添加图层样式】按钮，在菜单中选择【描边】命令，在弹出的对话框中将【大小】更改为1像素，【填充类型】更改为渐变，将【渐变】更改为灰色（R:56，G:56，B:56）到灰色（R:112，G:112，B:112）到灰色（R:130，G:130，B:130）再到白色，如图5.48所示。

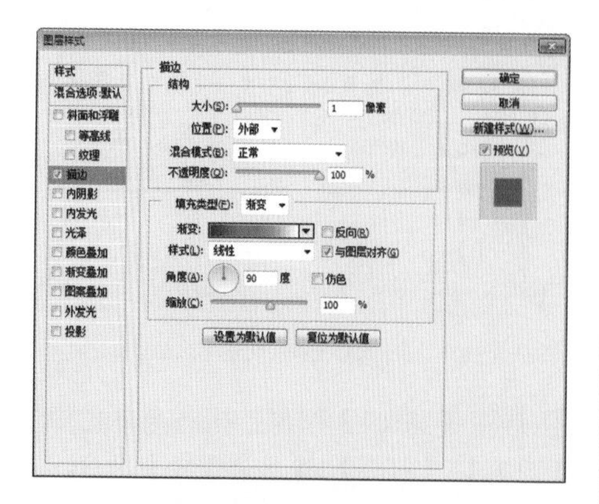

图5.48 设置描边

② 勾选【渐变叠加】复选框，将【渐变】更改为灰、白、黑3色渐变，并分别调整色标位置，如图5.49所示。

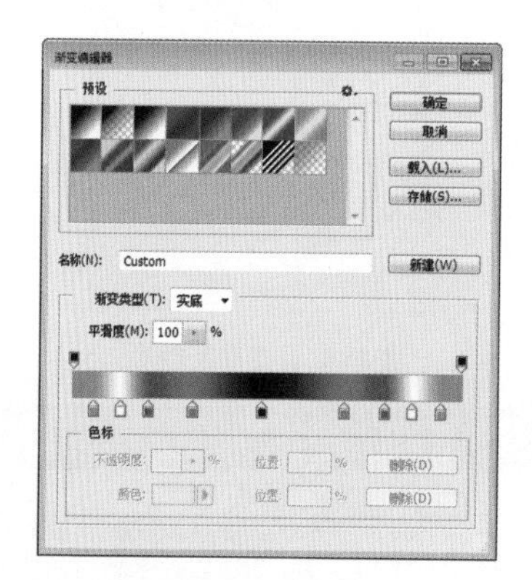

图5.49 设置渐变颜色

③ 将【样式】更改为角度，【缩放】更改为150%，如图5.50所示。

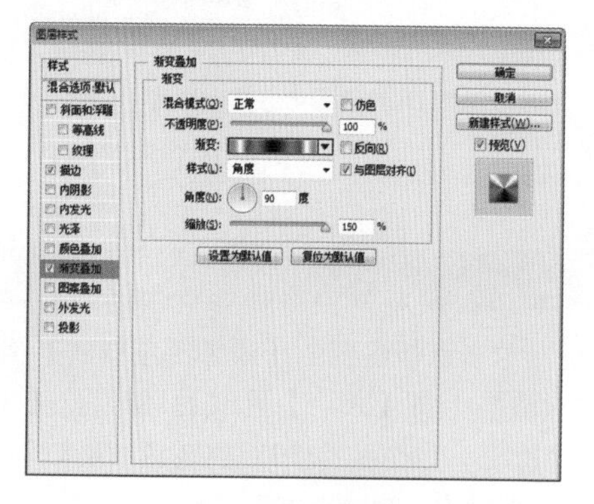

图5.50 设置渐变叠加

④ 勾选【投影】复选框，将【不透明度】更改为50%，【距离】更改为10像素，【大小】更改为20像素，完成之后单击【确定】按钮，如图5.51所示。

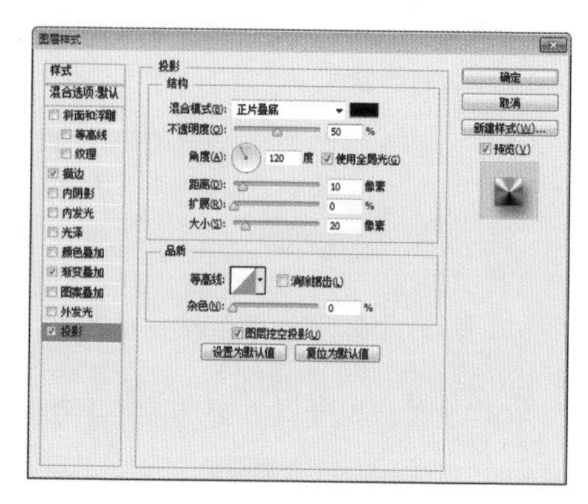

图5.51 设置投影

⑤ 选择工具箱中的【矩形工具】，在选项栏中将【填充】更改为白色，【描边】为无，在画布中靠顶部绘制一个宽度与画布相同的矩形，此时将生成一个【矩形1】图层，如图5.52所示。

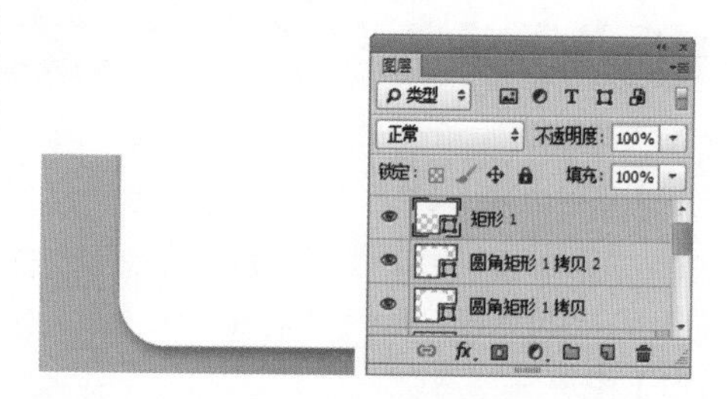

图5.52 绘制图形

⑥ 在【图层】面板中选中【矩形1】图层，单击面板底部的【添加图层蒙版】按钮，为其图层添加图层蒙版，如图5.53所示。

⑦ 选择工具箱中的【渐变工具】，在选项栏中单击【点按可编辑渐变】按钮，在弹出的对话框中选择【黑白渐变】，设置完成之后单击【确定】按钮，再单击选项栏中的【线性渐变】按钮，如图5.54所示。

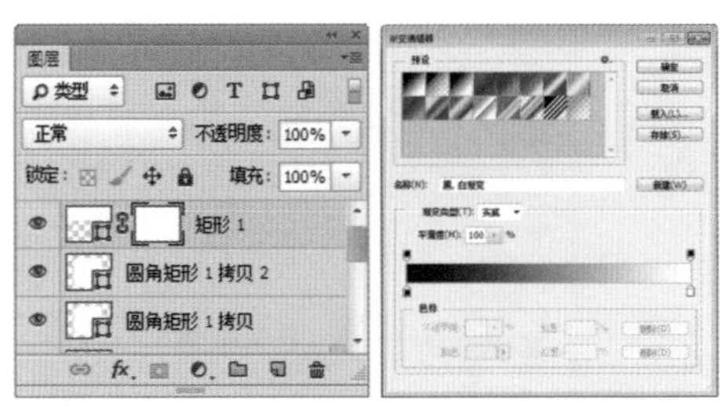

图5.53 添加图层蒙版　　图5.54 设置渐变

⑧ 单击【矩形1】图层蒙版缩览图，在画布中其图形上按住Shift键从下至上拖动，将部分图形隐藏，如图5.55所示。

图5.55 隐藏图形

⑨ 在【图层】面板中选中【圆角矩形1 拷贝】图层，执行菜单栏中的【图层】|【栅格化】|【形状】命令，将当前图形栅格化，如图5.56所示。

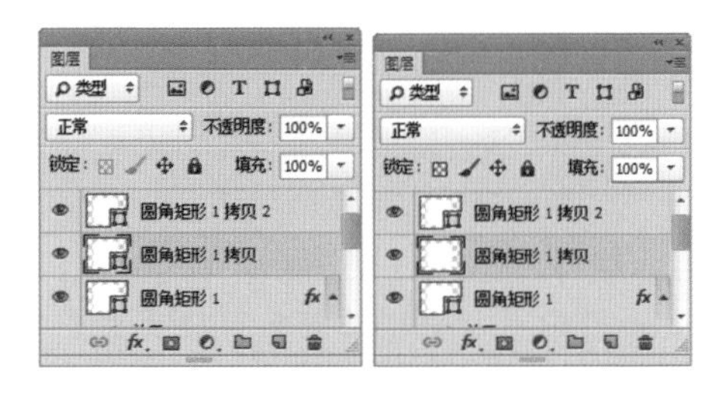

图5.56 栅格化形状

⑩ 选中【圆角矩形1 拷贝】图层，执行菜单栏中的【滤镜】|【杂色】|【添加杂色】命令，在弹出的对话框中将【数量】更改为30%，选中【平均分布】单选按钮，完成之后单击【确定】按钮，如图5.57所示。

图5.57 设置添加杂色

⑪ 在【图层】面板中同时选中【矩形1】及【圆角矩形1 拷贝】图层，执行菜单栏中的【图层】|【合并图层】命令，将图层合并，此时将生成一个【矩形1】图层，如图5.58所示。

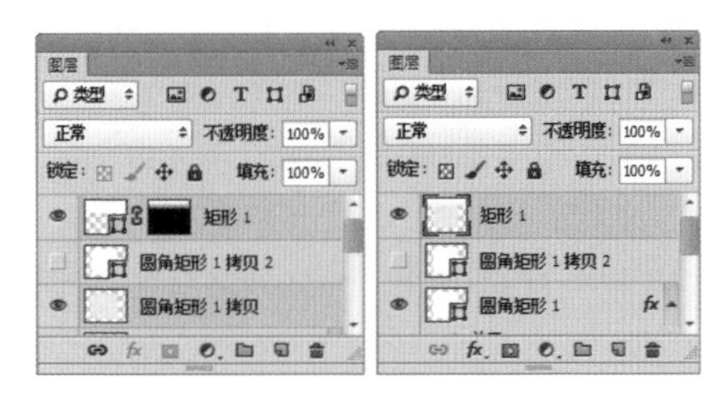

图5.58 合并图层

⑫ 在【图层】面板中选中【矩形1】图层，将其图层混合模式设置为【正片叠底】，【不透明度】更改为20%，如图5.59所示。

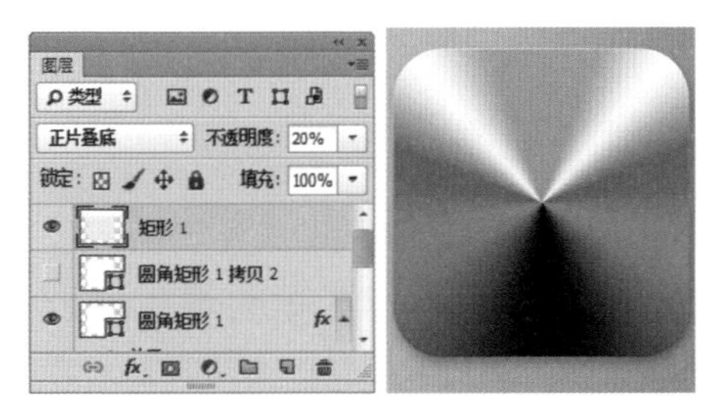

图5.59 设置图层混合模式

⑬ 在【图层】面板中选中【圆角矩形1】图层，将其拖至面板底部的【创建新图层】按钮上，复制一个【圆角矩形1 拷贝】图

层，如图5.60所示。

⑭ 选中【圆角矩形1 拷贝】图层，在画布中按Ctrl+T组合键对其执行【自由变换】命令，当出现变形框以后，按住Alt+Shift组合键将图形等比例缩小，完成之后按Enter键确认，如图5.61所示。

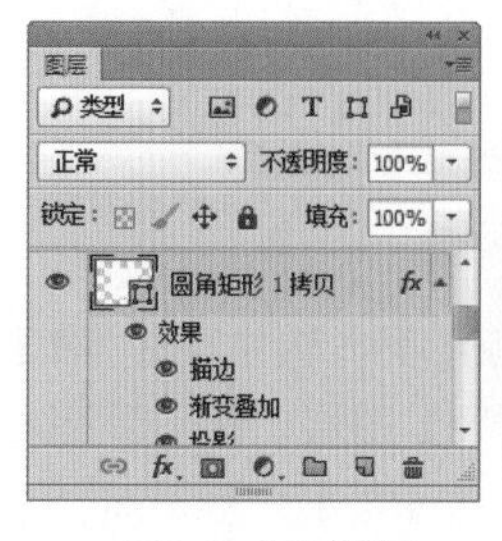

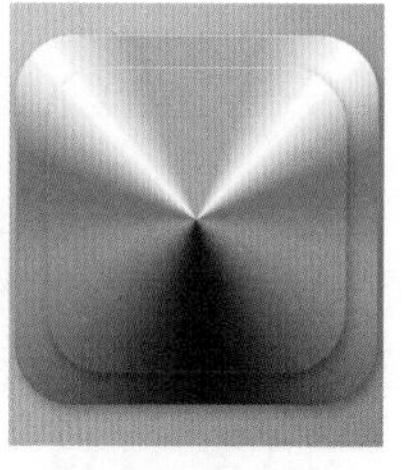

图5.60 复制图层　　图5.61 变换图形

⑮ 在【图层】面板中双击【圆角矩形1拷贝】图层样式名称，在弹出的对话框中将【描边】更改为1像素，将【渐变】更改为白色到灰色（R:180，G:180，B:180）到灰色（R:126，G:126，B:126）到白色到灰色（R:180，G:180，B:180）再到白色，如图5.62所示。

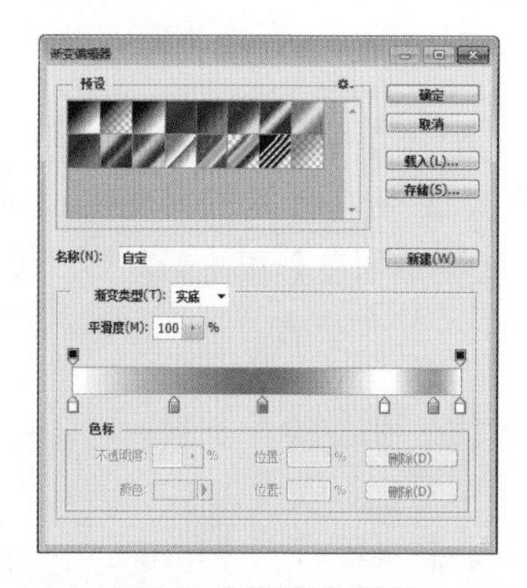

图5.62 设置渐变颜色

⑯ 勾选【渐变叠加】复选框，将【渐变】更改为灰色系渐变，【缩放】更改为150%，如图5.63所示。

提示

在设置渐变颜色的时候可根据实际图形效果适当添加或者减少灰色色标及颜色深浅。

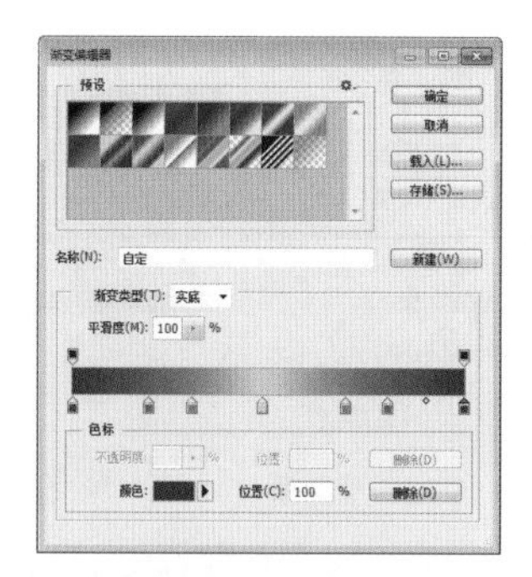

图5.63 设置渐变叠加

⑰ 勾选【投影】复选框，将【颜色】更改为灰色（R:197，G:197，B:197），【距离】更改为2像素，完成之后单击【确定】按钮，如图5.64所示。

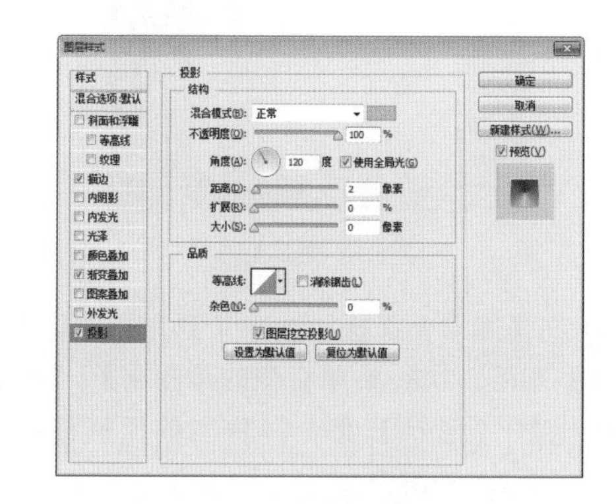

图5.64 设置渐变叠加

⑱ 选中【圆角矩形1 拷贝2】图层，在画布中按Ctrl+T组合键对其执行【自由变换】命令，当出现变形框以后按住Alt+Shift组合键将图形等比例缩小，完成之后按Enter键确认，再将其颜色更改为深灰色（R:42，G:42，B:42），如图5.65所示。

图5.65 变换图形

5.2.4 定义图案

① 执行菜单栏中的【文件】|【新建】命令，在弹出的对话框中设置【宽度】为4像素，【高度】为4像素，【分辨率】为72像素/英寸，【颜色模式】为RGB颜色，【背景内容】为透明，新建一个空白画布，如图5.66所示。

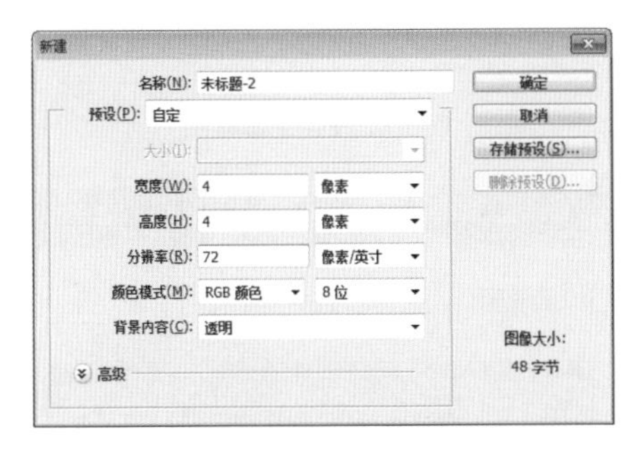

图5.66 新建画布

② 在新建的画布中单击鼠标右键，从弹出的快捷菜单中选择【按屏幕大小缩小】命令，将当前画布放大，如图5.67所示。

图5.67 放大画布

③ 选择工具箱中的【矩形工具】，在选项栏中将【填充】更改为黑色，【描边】为无，在画布中靠顶部位置按住Shift键绘制一个矩形，此时将生成一个【矩形1】图层，如图5.68所示。

④ 选中【矩形1】图层，在画布中按住Alt键拖动，将图形复制5份，同时选中复制生成的图形及【矩形1】图层，执行菜单栏中的【图层】|【合并形状】命令，此时将生成一个【矩形1 拷贝5】图层，如图5.69所示。

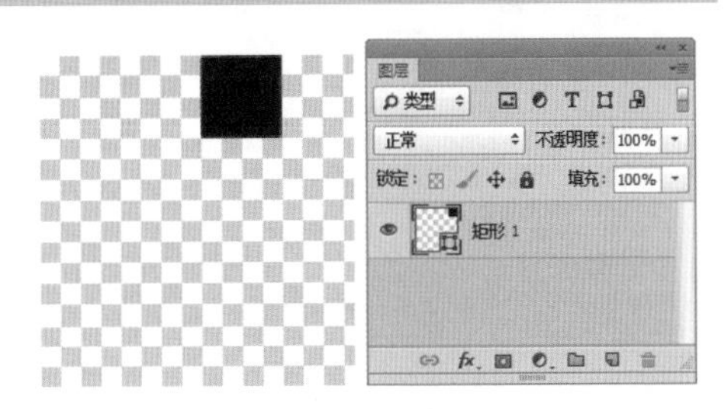

图5.68 绘制图形

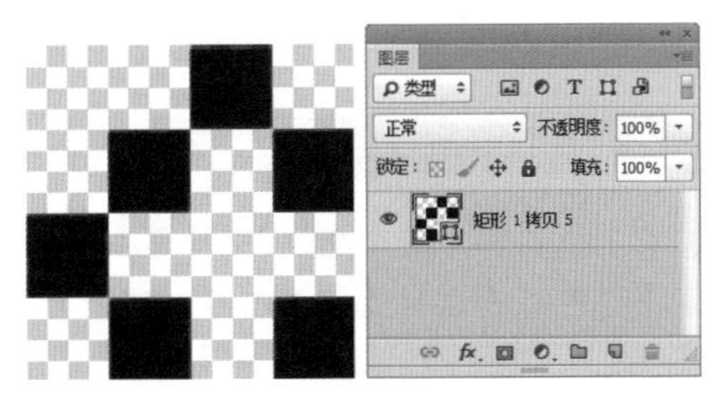

图5.69 复制并合并图层

⑤ 执行菜单栏中的【编辑】|【定义图案】命令，在弹出的对话框中将【名称】更改为纹理，完成之后单击【确定】按钮，如图5.70所示。

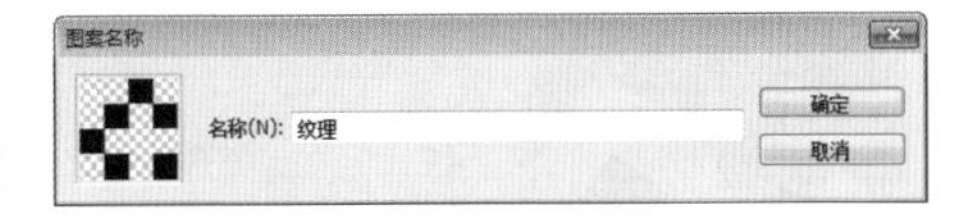

图5.70 定义图案

⑥ 在【图层】面板中选中【圆角矩形1 拷贝2】图层，单击面板底部的【添加图层样式】fx按钮，在菜单中选择【描边】命令，在弹出的对话框中将【大小】更改为3像素，【颜色】更改为深灰色（R:48，G:48，B:48），如图5.71所示。

⑦ 勾选【图案叠加】复选框，单击【图案】后方的按钮，在弹出的面板中选择“纹理”，完成之后单击【确定】按钮，如图5.72所示。

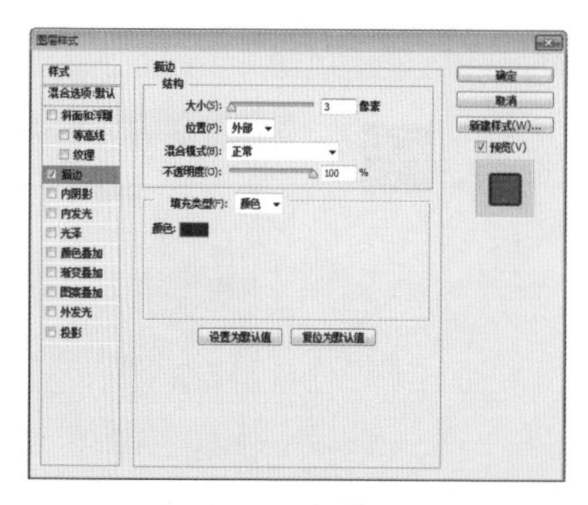

图5.71 设置描边

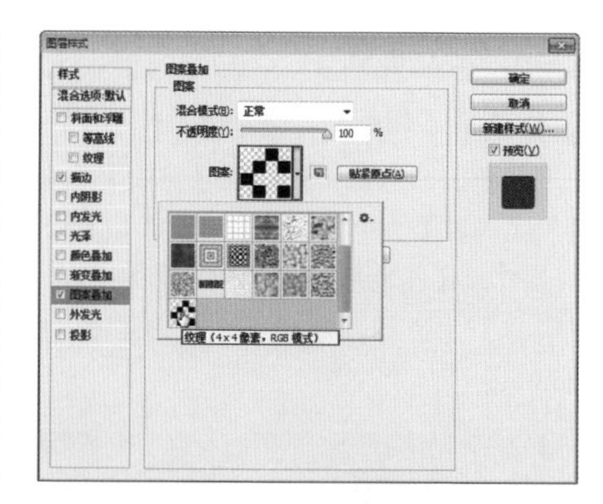

图5.72 设置图案叠加

5.2.5 制作图标元素

① 选择工具箱中的【钢笔工具】，单击选项栏中的【选择工具模式】路径按钮，在弹出的下拉列表中选择【形状】，将【填充】更改为白色，【描边】更改为无，在图标中绘制一个不规则图形并将图形与下方的圆角矩形左右边缘对齐，此时将生成一个【形状1】图层，将其复制一份，如图5.73所示。

图5.73 绘制图形

② 在【图层】面板中选中【形状1】图层，单击面板底部的【添加图层样式】按钮，在菜单中选择【颜色叠加】命令，在弹出的对话框中将【颜色】更改为橙色（R:255，G:109，B:6），如图5.74所示。

③ 勾选【外发光】复选框，将【不透明度】更改为55%，【颜色】改为橙色（R:255，G:105，B:0），【大小】更改为20像素，完成之后单击【确定】按钮，如图5.75所示。

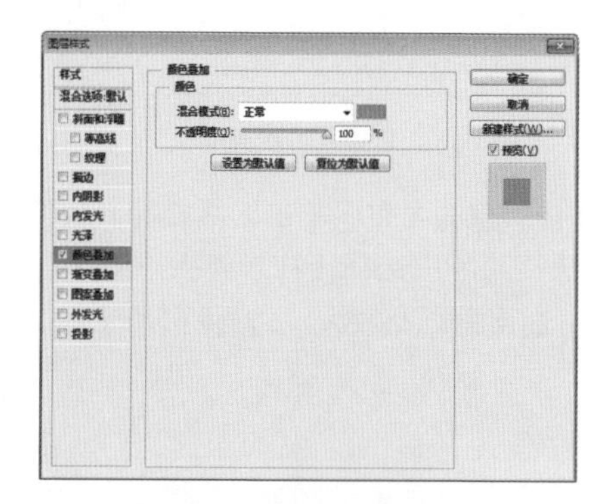

图5.74 设置颜色叠加

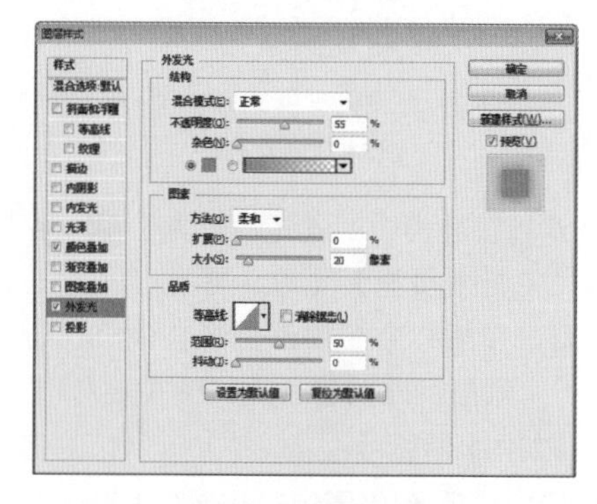

图5.75 设置外发光

④ 选择工具箱中的【直接选择工具】，选中【形状1 拷贝】图层中的图形底部锚点并向上移动，将图形变换，如图5.76所示。

图5.76 调整锚点缩小图形

⑤ 选中【形状1 拷贝】图层，将其图层【不透明度】更改为20%，如图5.77所示。

图5.77 更改图层不透明度

⑥ 在【图层】面板中，选中【圆角矩形1 拷贝2】图层，将其拖至面板底部的【创建新图层】按钮上，复制一个【圆角矩形1 拷贝3】图层，如图5.78所示。

⑦ 选中【圆角矩形1 拷贝3】图层，将其图层样式删除，如图5.79所示。

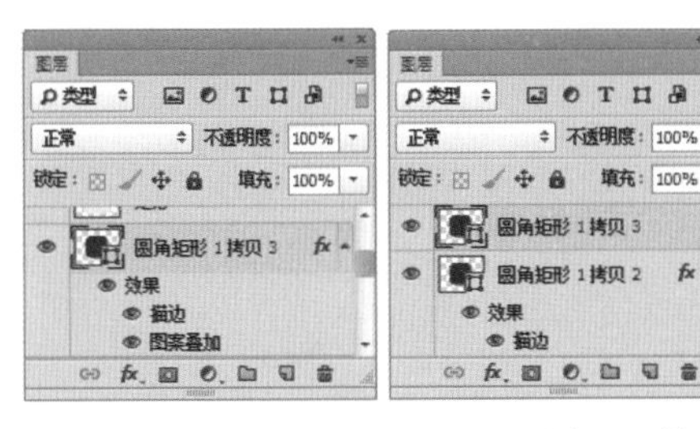

图5.78 复制图层　　图5.79 删除图层样式

⑧ 选中【圆角矩形1 拷贝3】图层，将其图形颜色更改为黑色，如图5.80所示。

⑨ 在【图层】面板中，选中【圆角矩形1 拷贝3】图层，单击面板底部的【添加图层样式】按钮，在菜单中选择【内发光】命令，在弹出的对话框中将【混合模式】更改为【正常】，【颜色】更改为黑色，【大小】更改为60像素，完成之后单击【确定】按钮，如图5.81所示。

图5.80 更改图形颜色

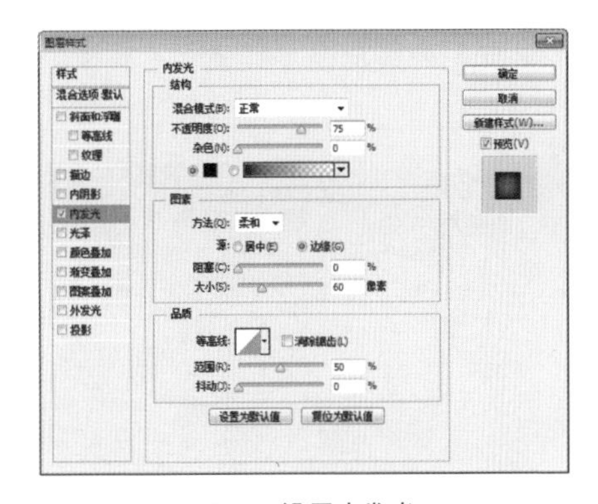

图5.81 设置内发光

⑩ 在【图层】面板中，选中【圆角矩形1 拷贝3】图层，将其【填充】更改为0%，如图5.82所示。

图5.82 更改填充

⑪ 选择工具箱中的【椭圆工具】，在选项栏中将【填充】更改为灰色（R:39，G:39，B:39），【描边】为无，在图标下方绘制一个椭圆图形，此时将生成一个

【椭圆2】图层，并将其移至【椭圆1】图层下方，如图5.83所示。

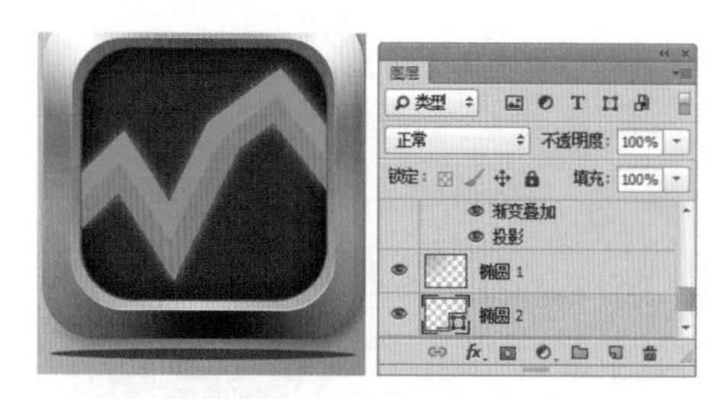

图5.83 绘制图形

⑫ 在【图层】面板中选中【椭圆2】图层，执行菜单栏中的【图层】|【栅格化】|【形状】命令，将当前图形栅格化，如图5.84所示。

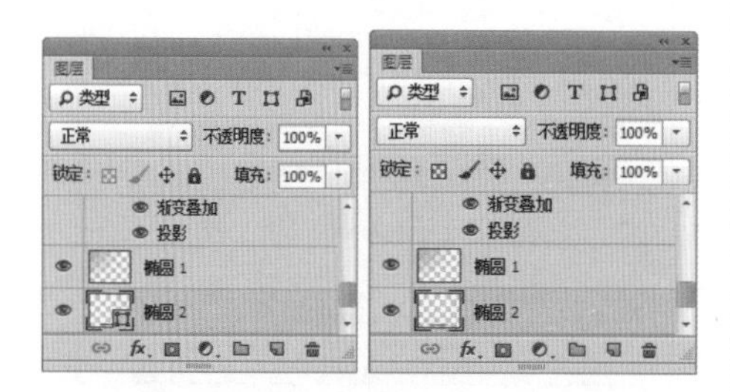

图5.84 栅格化形状

⑬ 选中【椭圆2】图层，执行菜单栏中的【滤镜】|【模糊】|【高斯模糊】命令，在弹出的对话框中将【半径】更改为12像素，设置完成之后单击【确定】按钮，如图5.85所示。

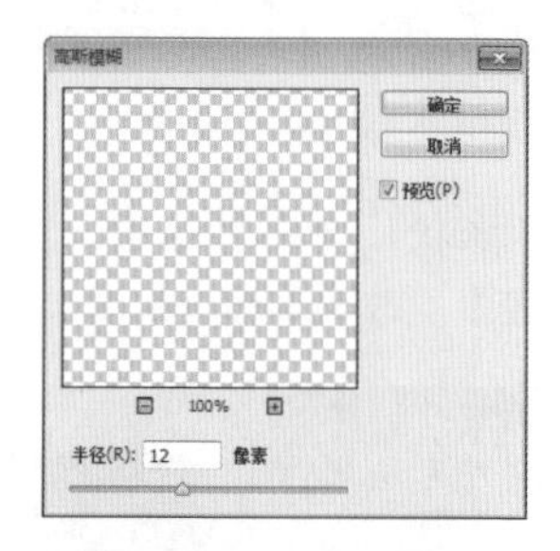

图5.85 设置高斯模糊

⑭ 选中【椭圆2】图层，将其图层【不透明度】更改为80%，这样就完成了效果制作，最终效果如图5.86所示。

图5.86 降低不透明度及最终效果

白金质感开关按钮

- 新建画布再新建图层后填充颜色并添加图层样式制作背景。
- 绘制图形，制作图标并添加图层样式制作轮廓。
- 在图标上添加装饰元素并添加图层样式增强图标质感。
- 定义图案为绘制的装饰元素图标添加质感。
- 绘制相关的图标控件完成最终效果制作。

本例主要讲解的是白金质感开关按钮制作，此款图标的质感同样十分出色，金属质感的图标搭配科技蓝的控件令整体的视觉效果惊艳。

难易程度：★★★★☆
调用素材：配套光盘 \ 素材 \ 调用素材 \ 第 5 章 \ 白金质感开关按钮
最终文件：配套光盘 \ 素材 \ 源文件 \ 第 5 章 \ 白金质感开关按钮 .psd
视频位置：配套光盘 \movie\5.3 白金质感开关按钮 .avi

白金质感开关按钮效果如图 5.87 所示。

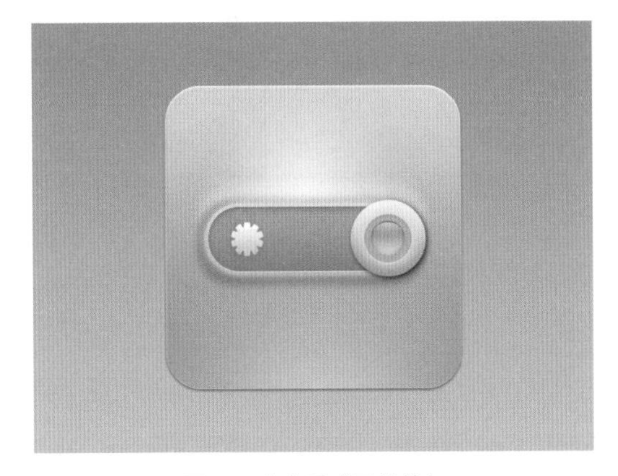

图5.87 白金质感开关按钮

5.3.1 制作背景

① 执行菜单栏中的【文件】|【新建】命令，在弹出的对话框中设置【宽度】为800像素，【高度】为600像素，【分辨率】为72像素/英寸，【颜色模式】为RGB颜色，新建一个空白画布，如图5.88所示。

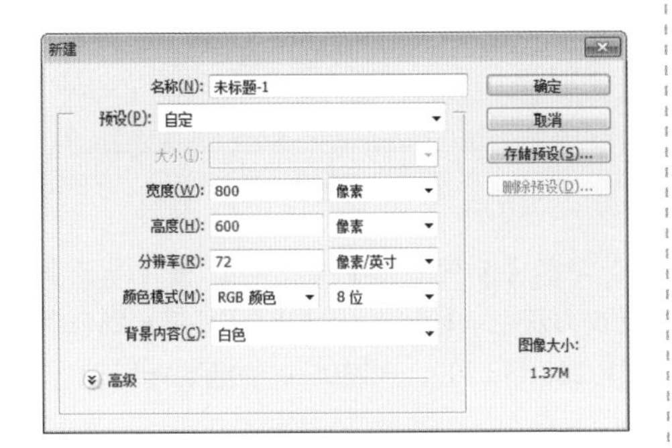

图5.88 新建画布

② 单击面板底部的【创建新图层】按钮，新建一个【图层1】图层，如图5.89所示。

③ 选中【图层1】图层填充为白色，如图5.90所示。

图5.89 新建图层　　图5.90 填充颜色

④ 在【图层】面板中选中【图层1】图层，单击面板底部的【添加图层样式】fx按钮，在菜单中选择【内阴影】命令，在弹出的对话框中将【不透明度】更改为20%，【距离】更改为2像素，【大小】更改为3像素，如图5.91所示。

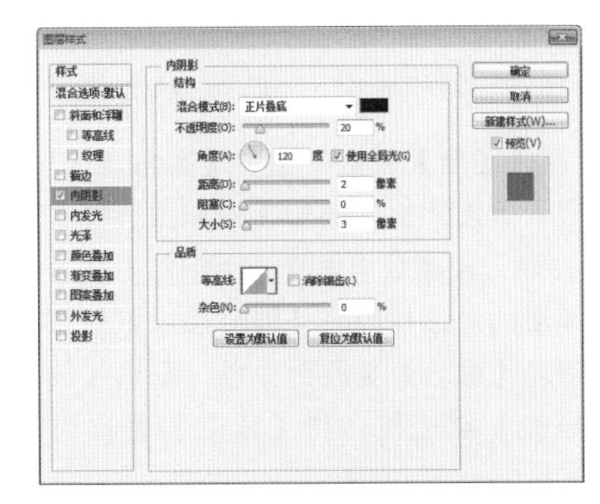

图5.91 添加内阴影

⑤ 勾选【渐变叠加】复选框，将【不透明度】更改为50%，【渐变】更改为灰色（R:129，G:134，B:149）到深灰色（R:35，G:40，B:57），完成之后单击【确定】按钮，如图5.92所示。

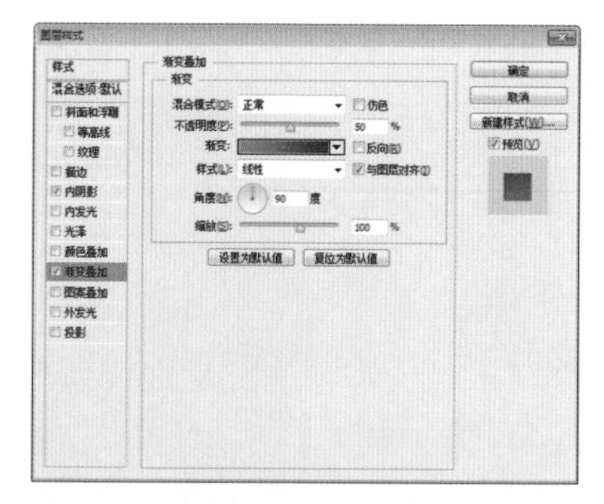

图5.92 设置渐变叠加

5.3.2 绘制图标

① 选择工具箱中的【圆角矩形工具】，在选项栏中将【填充】更改为灰色（R:213，G:213，B:213），【描边】为无，【半径】为50像素，在画布中绘制一个圆角矩形，此时将生成一个【圆角矩形1】图层，如图5.93所示。

② 在【图层】面板中选中【圆角矩形1】图层，将其拖至面板底部的【创建新图层】按钮上，复制出【圆角矩形1 拷贝】及【圆角矩形1 拷贝2】图层，如图5.94所示。

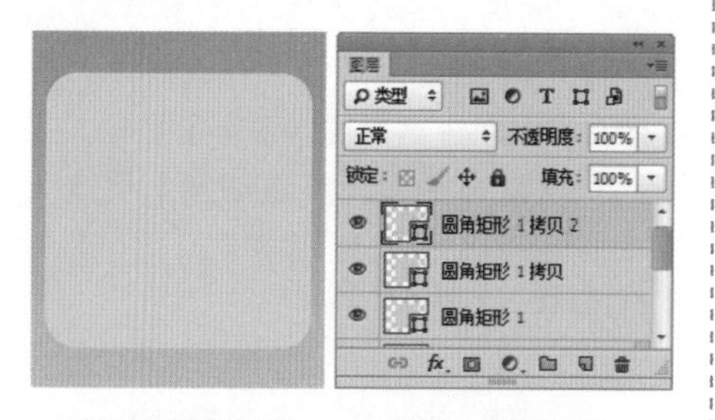

图5.93 绘制图形　　图5.94 复制图层

③ 在【图层】面板中选中【圆角矩形1】图层，单击面板底部的【添加图层样式】按钮，在菜单中选择【内阴影】命令，在弹出的对话框中将【混合模式】更改为正常，【颜色】更改为白色，取消【使用全局光】复选框，将【角度】更改为90度，【距离】更改为3像素，【大小】更改为1像素，如图5.95所示。

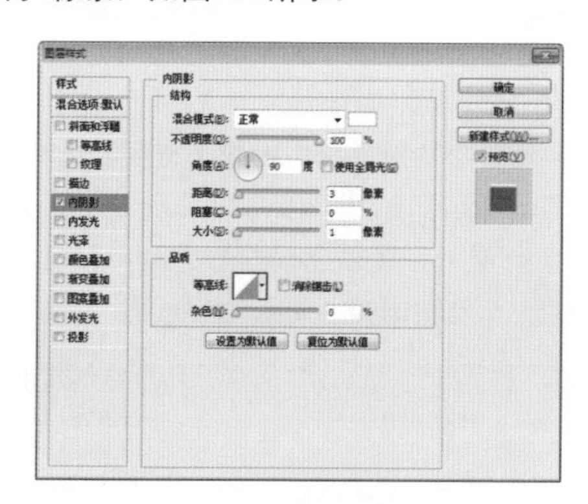

图5.95 设置内阴影

④ 勾选【渐变叠加】复选框，将【渐变】更改为灰色（R:148，G:148，B:148）到灰色（R:230，G:230，B:230），如图5.96所示。

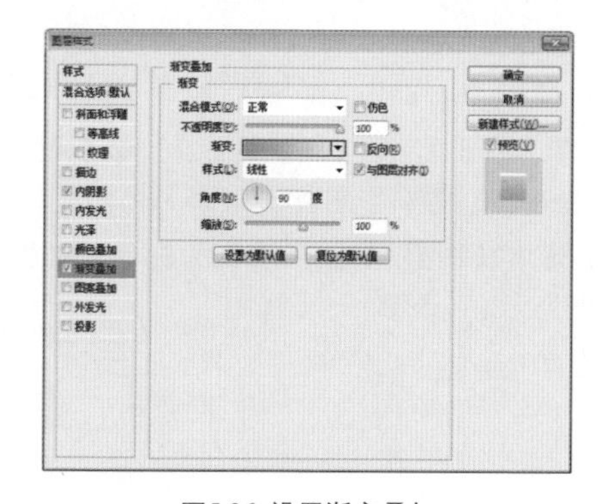

图5.96 设置渐变叠加

⑤ 勾选【投影】复选框，将【不透明度】更改为65%，取消【使用全局光】复选框，【角度】更改为90度，【距离】更改为2像素，【大小】更改为4像素，完成之后单击【确定】按钮，如图5.97所示。

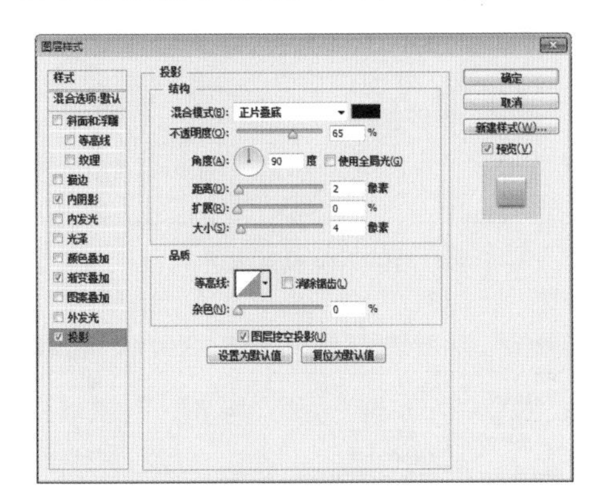

图5.97 设置投影

⑥ 在【图层】面板中选中【圆角矩形1 拷贝】图层，单击面板底部的【添加图层样式】按钮，在菜单中选择【渐变叠加】命令，在弹出的对话框中将【渐变】更改为白色到透明，【样式】更改为径向，【缩放】更改为70%，完成之后单击【确定】按钮，如图5.98所示。

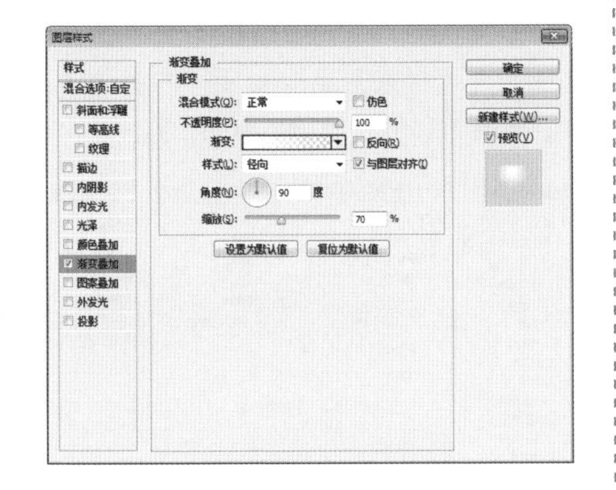

图5.98 设置渐变叠加

⑦ 在【图层】面板中，选中【圆角矩形1 拷贝】图层，将其【填充】更改为0%，如图5.99所示。

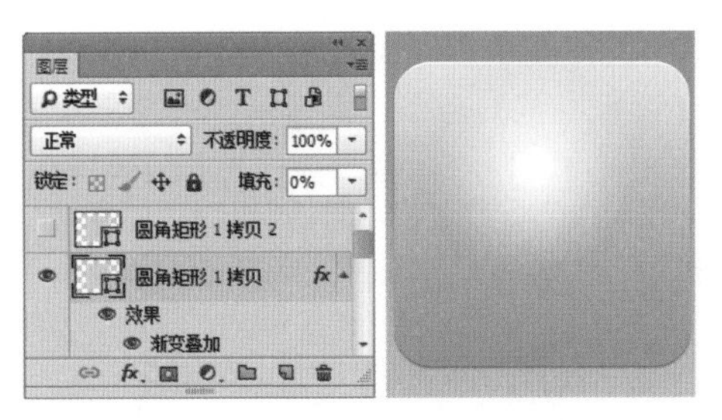

图5.99 更改填充

提示

由于【圆角矩形1 拷贝】图层上方还有一个【圆角矩形1 拷贝2】图层，如果想要观察更改填充后的效果需要将【圆角矩形1 拷贝2】图层暂时隐藏。

⑧ 执行菜单栏中的【文件】|【新建】命令，在弹出的对话框中设置【宽度】为230像素，【高度】为230像素，【分辨率】为72像素/英寸，【颜色模式】为RGB颜色，新建一个空白画布，如图5.100所示。

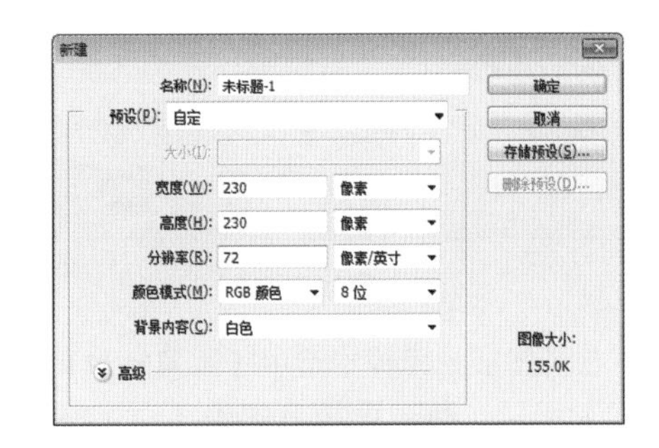

图5.100 新建画布

⑨ 将画布填充为灰色（R:237，G:237，B:237），如图5.101所示。

图5.101 填充颜色

⑩ 执行菜单栏中的【滤镜】|【杂色】|【添加杂色】命令，在弹出的对话框中将【数量】更改为2%，分别选中【平均分布】单选按钮和【单色】复选框，完成之后单击【确定】按钮，如图5.102所示。

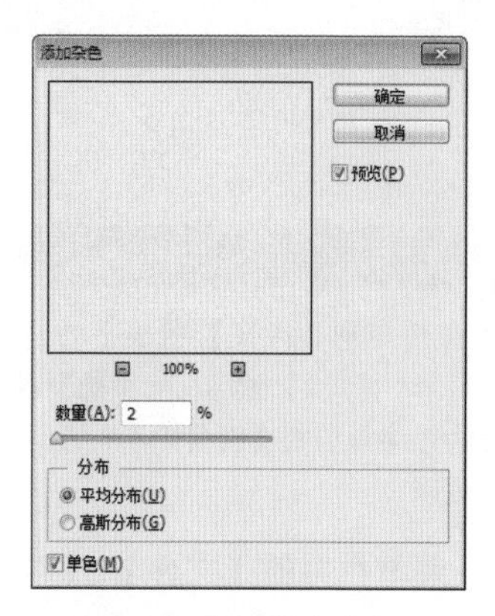

图5.102 设置添加杂色

⑪ 执行菜单栏中的【编辑】|【定义图案】命令，在弹出的对话框中将【名称】更改为质感，完成之后单击【确定】按钮，如图5.103所示。

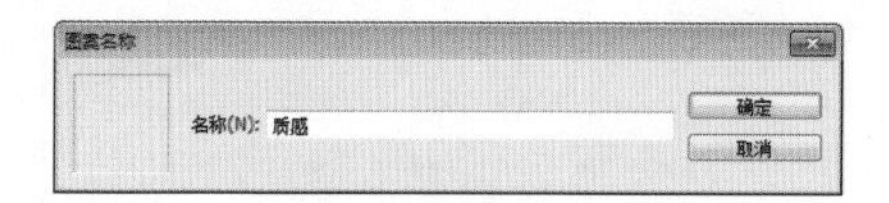

图5.103 定义图案

⑫ 在【图层】面板中选中【圆角矩形1 拷贝2】图层，单击面板底部的【添加图层样式】fx按钮，在菜单中选择【描边】命令，将【填充类型】更改为渐变，【渐变】更改为白色到白色再到透明，将第1个白色色标【不透明度】更改为60%，第2个白色色标【不透明度】更改为20%位置更改为8%，如图5.104所示。

⑬ 将【大小】更改为1像素，【位置】更改为【内部】，如图5.105所示。

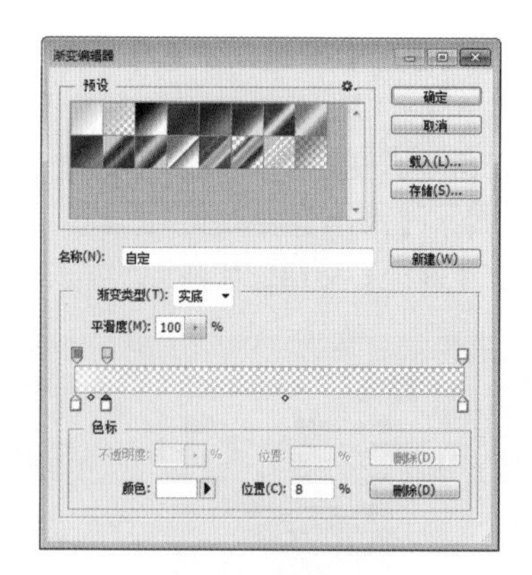

图5.104 设置描边

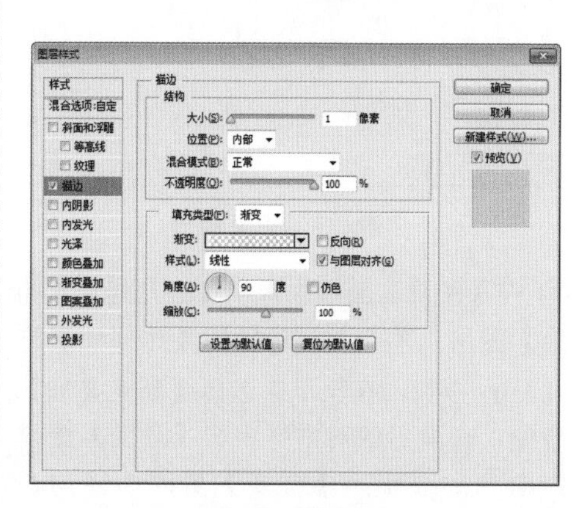

图5.105 设置描边

⑭ 勾选【渐变叠加】复选框，将【不透明度】更改为70%，【渐变】更改为白色到透明，【样式】更改为【径向】，【缩放】更改为150%，如图5.106所示。

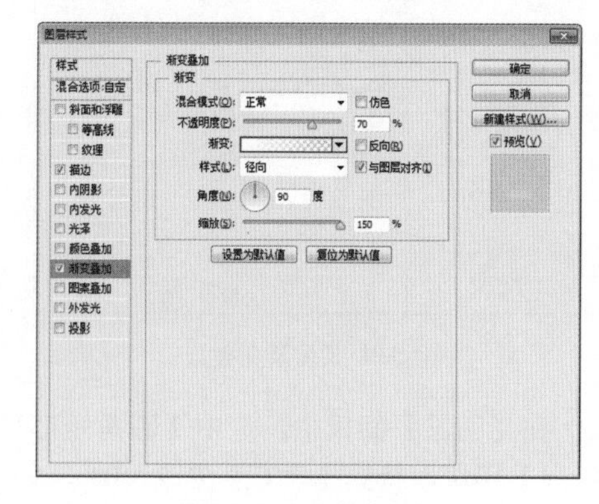

图5.106 设置渐变叠加

⑮ 勾选【图案叠加】复选框，将【不透明度】更改为80%，单击【图案】后方的按钮，在弹出的面板中选择“质感”，完成之后单击【确定】按钮，如图5.107所示。最后，在【图层】面板中修改【圆角矩形1 拷贝2】的【填充】为0%。

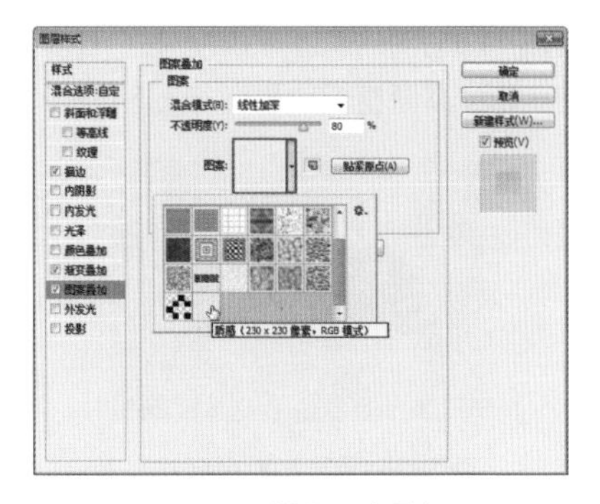

图5.107 设置图案叠加

5.3.3 制作图标元素

① 选择工具箱中的【圆角矩形工具】，在选项栏中将【填充】更改为白色，【描边】为无，【半径】为50像素，在图标上绘制一个圆角矩形，此时将生成一个【圆角矩形2】图层，如图5.108所示。

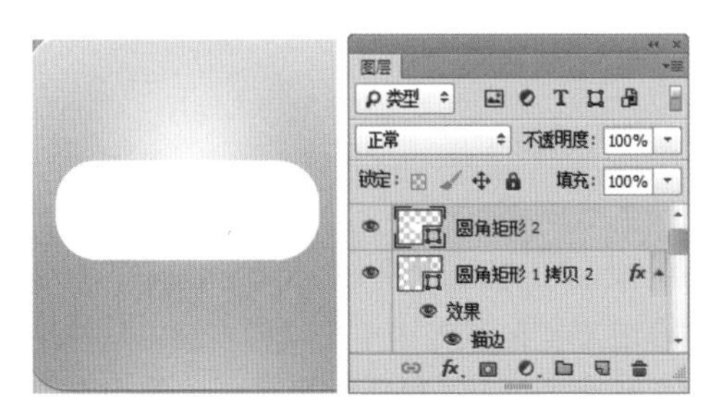

图5.108 绘制图形

② 在【图层】面板中选中【圆角矩形2】图层，将其拖至面板底部的【创建新图层】按钮上，复制一个【圆角矩形2 拷贝】图层，如图5.109所示。

③ 选中【圆角矩形2 拷贝】图层，在画布中将其图形颜色更改为黑色，并将其稍向下移动，如图5.110所示。

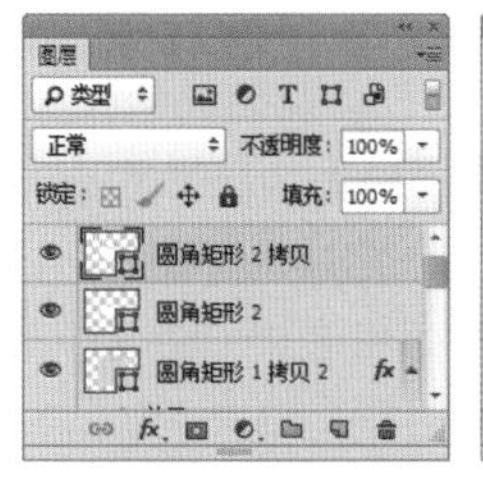

图5.109 复制图层　图5.110 更改图形颜色

④ 在【图层】面板中选中【圆角矩形2 拷贝】图层，执行菜单栏中的【图层】|【栅格化】|【形状】命令，将当前图形栅格化，以同样的方法选中【圆角矩形2】图层并将其栅格化，如图5.111所示。

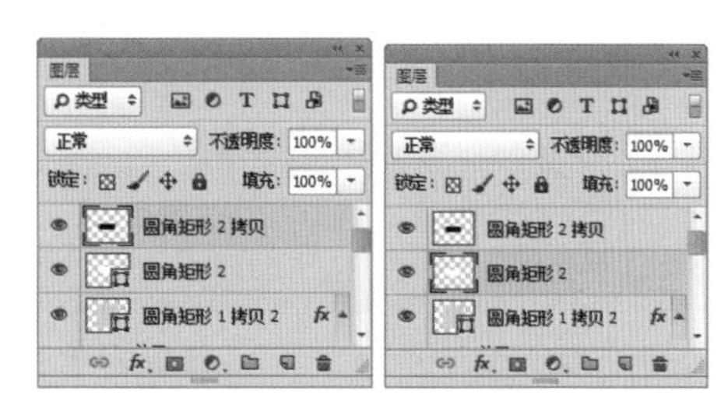

图5.111 栅格化形状

⑤ 选中【圆角矩形2 拷贝】图层，执行菜单栏中的【滤镜】|【模糊】|【高斯模糊】命令，在弹出的对话框中将【半径】更改为5像素，设置完成之后单击【确定】按钮，如图5.112所示。

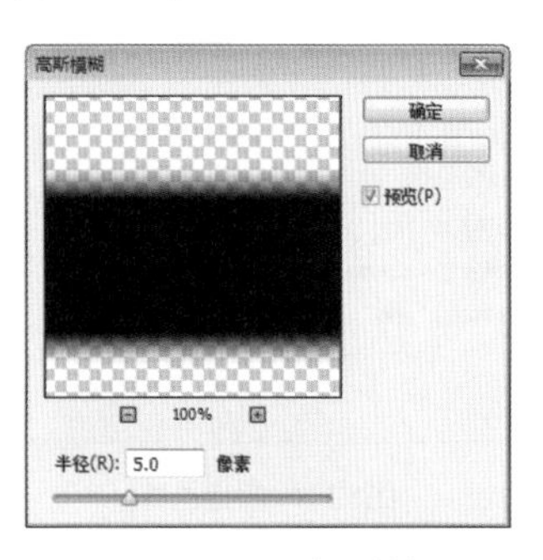

图5.112 设置高斯模糊

⑥ 选中【圆角矩形2】图层，按Ctrl+F组合键为其添加高斯模糊效果，如图5.113所示。

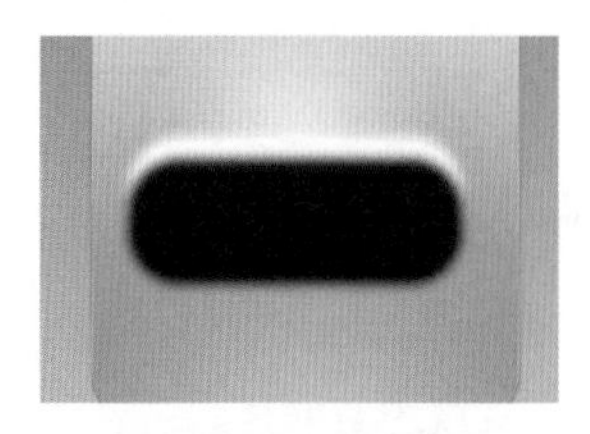

图5.113 添加高斯模糊效果

⑦ 同时选中【圆角矩形2 拷贝】及【圆角矩形2】图层，将其图层【不透明度】更改为30%，如图5.114所示。

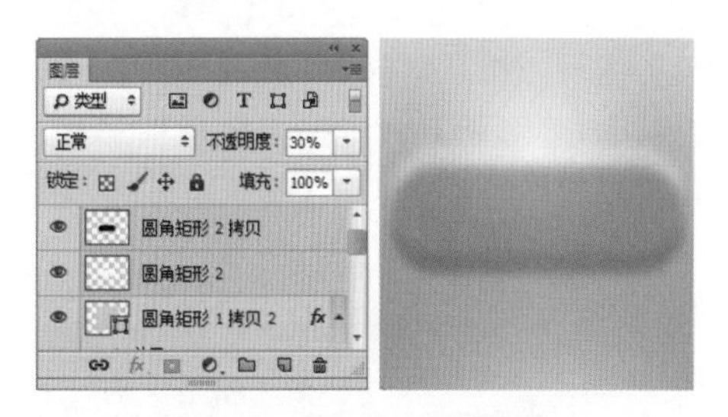

图5.114 更改图层不透明度

⑧ 选择工具箱中的【圆角矩形工具】，在选项栏中将【填充】更改为蓝色（R:57，G:155，B:236），【描边】为无，【半径】为50像素，在圆角矩形凸起的位置上再次绘制一个圆角矩形，此时将生成一个【圆角矩形3】图层。选中【圆角矩形3】图层，将其拖至面板底部的【创建新图层】按钮上，复制一个【圆角矩形3 拷贝】图层，如图5.115所示。

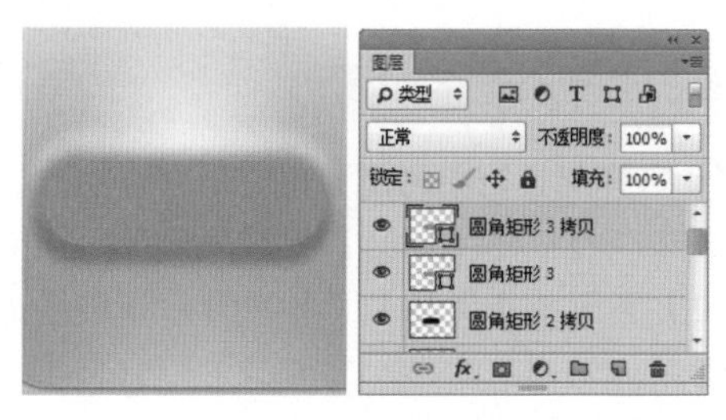

图5.115 绘制图形

5.3.4 定义图案

① 执行菜单栏中的【文件】|【新建】命令，在弹出的对话框中设置【宽度】为1像素，【高度】为4像素，【分辨率】为72像素/英寸，【颜色模式】为RGB颜色，【背景内容】为透明，新建一个透明画布，如图5.116所示。

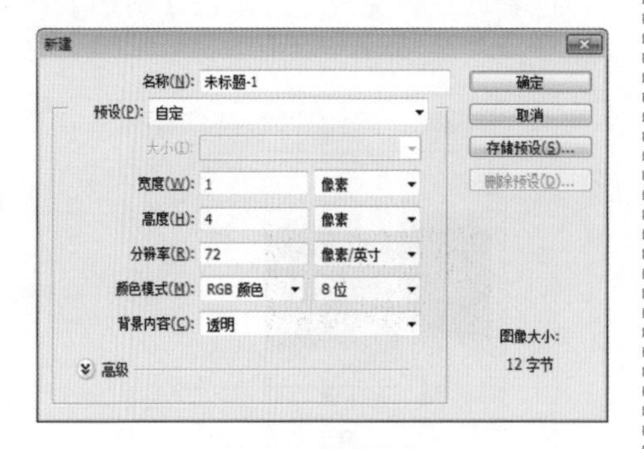

图5.116 新建画布

② 在新建的画布中单击鼠标右键，从弹出的快捷菜单中选择【按屏幕大小缩小】命令，将当前画布放大，如图5.117所示。

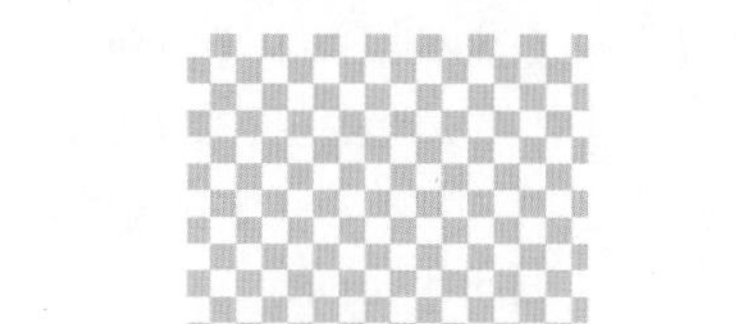

图5.117 放大画布

③ 选择工具箱中的【矩形工具】，在选项栏中将【填充】更改为灰色（R:207，G:207，B:207），【描边】为无，在画布中靠顶部位置绘制一个宽度为1像素，高度为2像素的矩形，此时将生成一个【矩形1】图层，如图5.118所示。

图5.118 绘制图形

④ 执行菜单栏中的【编辑】|【定义图案】命令，在弹出的对话框中将【名称】更改为纹理，完成之后单击【确定】按钮，如图5.119所示。

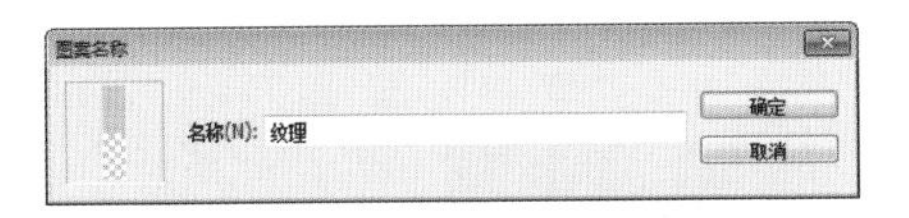

图5.119 定义图案

⑤ 在【图层】面板中选中【圆角矩形3】图层，单击面板底部的【添加图层样式】fx按钮，在菜单中选择【描边】命令，在弹出的对话框中将【大小】更改为5像素，【填充类型】为【渐变】，【渐变】为灰色（R:187，G:187，B:187）到灰色（R:221，G:221，B:221），如图5.120所示。

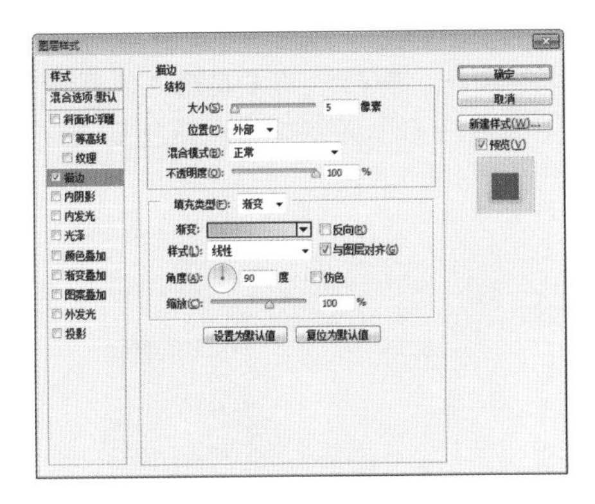

图5.120 设置描边

⑥ 勾选【内阴影】复选框，将【不透明度】更改为40%，取消【使用全局光】复选框，将【角度】更改为90度，【距离】更改为3像素，【大小】更改为10像素，如图5.121所示。

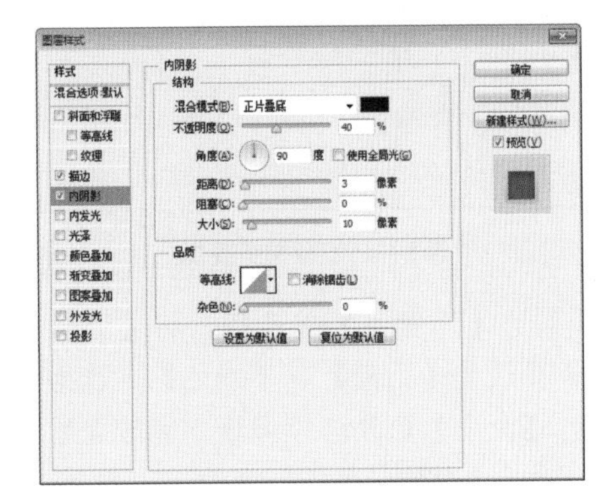

图5.121 设置内阴影

⑦ 勾选【渐变叠加】复选框，将【混合模式】更改为变暗，【不透明度】更改为70%，【渐变】更改为蓝色（R:20，G:109，B:224）到蓝色（R:68，G:176，B:239），如图5.122所示。

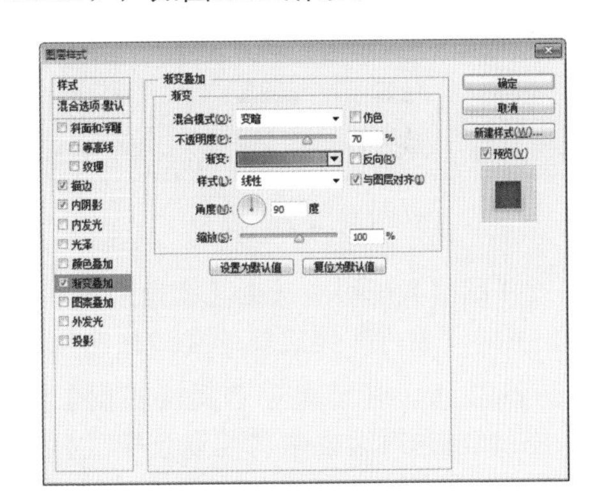

图5.122 设置渐变叠加

⑧ 勾选【图案叠加】复选框，将【不透明度】更改为30%，单击【图案】后方的按钮，在弹出的面板中选择“纹理”，如图5.123所示。

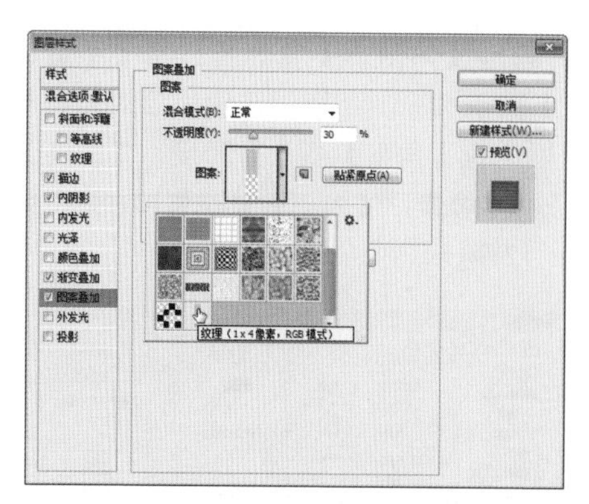

图5.123 设置图案叠加

⑨ 勾选【外发光】复选框，将【混合模式】更改为【正常】，【颜色】更改为白色，【大小】更改为15像素，完成之后单击【确定】按钮，如图5.124所示。

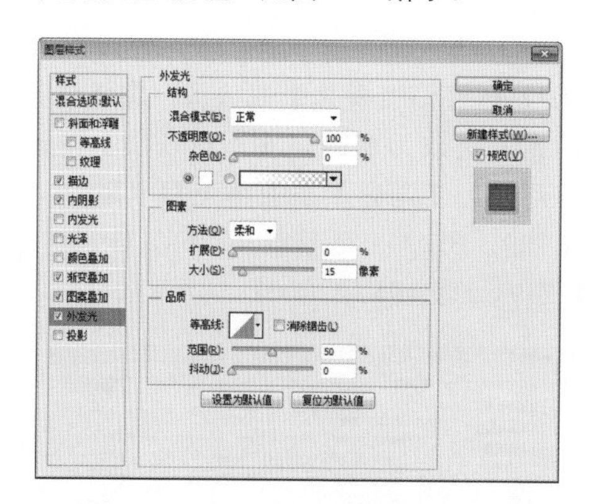

图5.124 设置外发光

⑩ 在【图层】面板中选中【圆角矩形3 拷贝】图层，单击面板底部的【添加图层样式】fx按钮，在菜单中选择【投影】命令，在弹出的对话框中将【混合模式】更改为【正常】，【颜色】更改为白色，取消【使用全局光】复选框，将【角度】更改为90度，【距离】更改为1像素，【大小】更改为1像素，完成之后单击【确定】按钮，如图5.125所示。

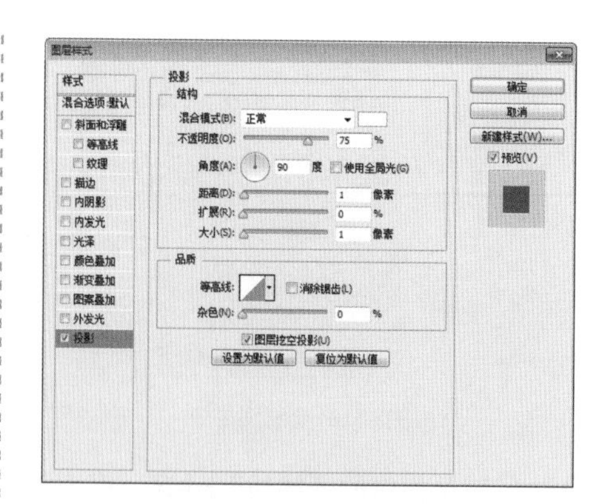

图5.125 设置投影

⑪ 在【图层】面板中选中【圆角矩形3 拷贝】图层，将其【填充】更改为0%，如图5.126所示。

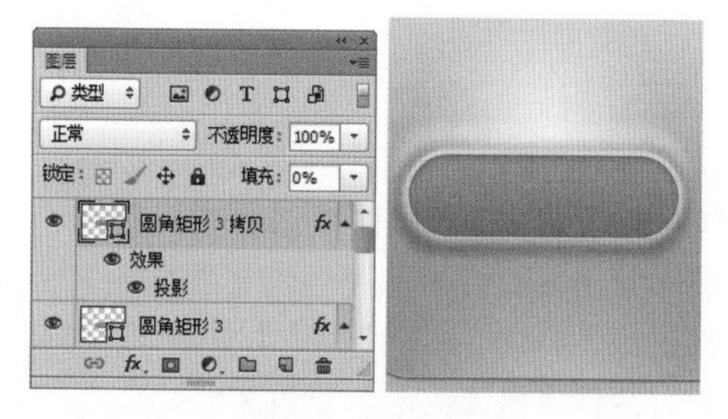

图5.126 更改填充

⑫ 执行菜单栏中的【文件】|【打开】命令，在弹出的对话框中选择配套光盘中的“调用素材\第5章\白金质感开关按钮\图标.psd”文件，将打开的素材拖入画布中图标上并适当缩小并将其图形颜色更改为白色，如图5.127所示。

图5.127 添加素材

⑬ 在【图层】面板中，选中【图标】图层，单击面板底部的【添加图层样式】fx按钮，在菜单中选择【描边】命令，在弹出的对话框中将【大小】更改为2像素，【不透明度】更改为20%，【颜色】更改为蓝色（R:10，G:94，B:200），如图5.128所示。

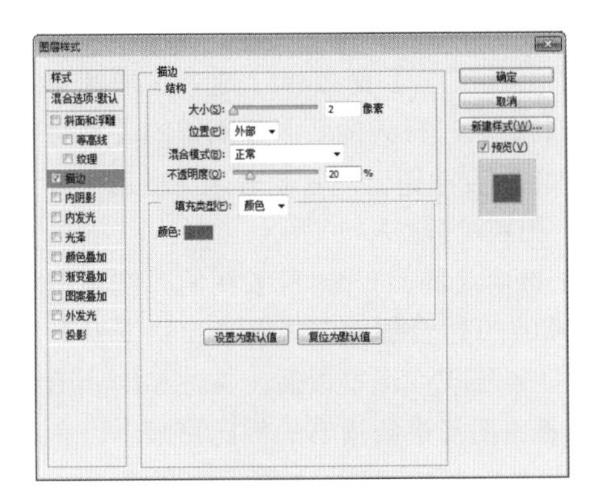

图5.128 设置描边

⑭ 勾选【渐变叠加】复选框，【渐变】更改为灰色（R:198，G:198，B:198）到白色，如图5.129所示。

⑮ 勾选【投影】复选框，将【不透明度】更改为30%，取消【使用全局光】复选框，【距离】更改为2像素，【大小】更改为12像素，完成之后单击【确定】按钮，如图5.130所示。

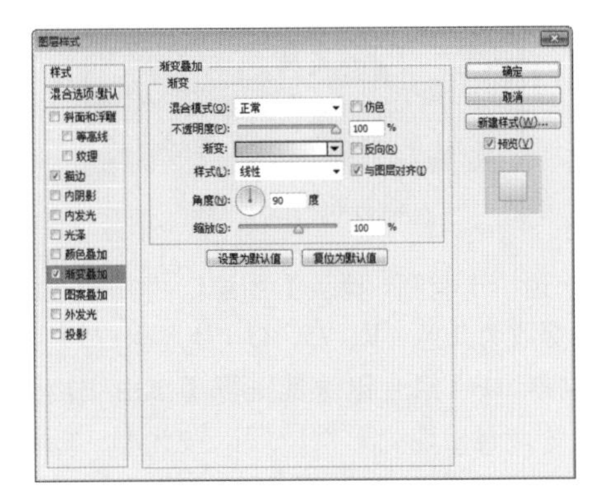

图5.129 设置渐变叠加

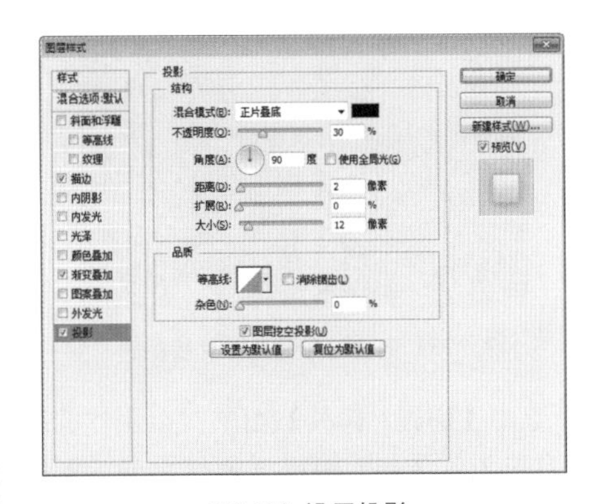

图5.130 设置投影

5.3.5 制作控件

① 选择工具箱中的【椭圆工具】，在选项栏中将【填充】更改为白色，【描边】为无，在绘制的凹槽右侧位置按住Shift键绘制一个正圆图形，此时将生成一个【椭圆1】图层。选中【椭圆1】图层，将其拖至面板底部的【创建新图层】按钮上，复制一个【椭圆1 拷贝】图层，如图5.131所示。

② 选中【椭圆1】图层，单击面板底部的【添加图层样式】fx按钮，在菜单中选择相应的命令，为其添加图层样式完成控制钮的效果制作，如图5.132所示。

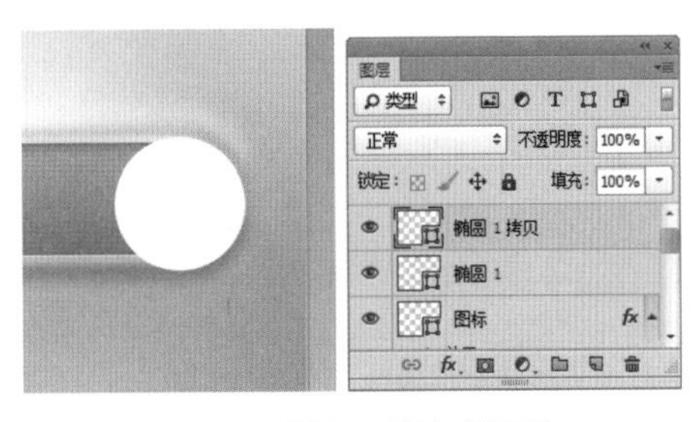

图5.131 绘制图形并复制图层

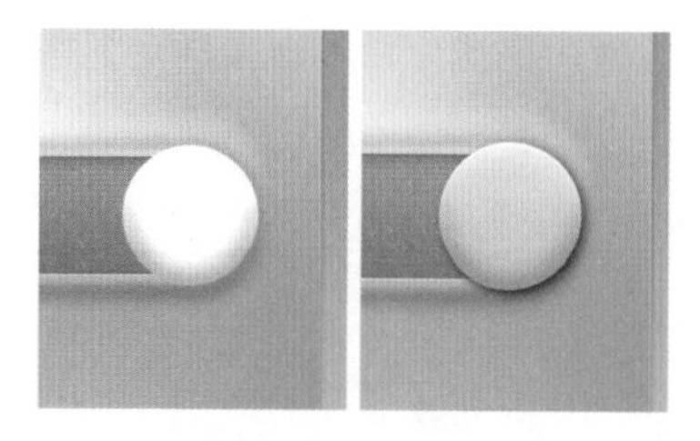

图5.132 添加图层样式

③ 选中【椭圆1 拷贝】图层，将其图形颜色更改为灰色（R:175，G:175，B:175），再按Ctrl+T组合键对其执行【自由变换】命令，当出现变形框以后，按住Alt+Shift组合键将图形等比例缩小，完成之后按Enter键确认，如图5.133所示。

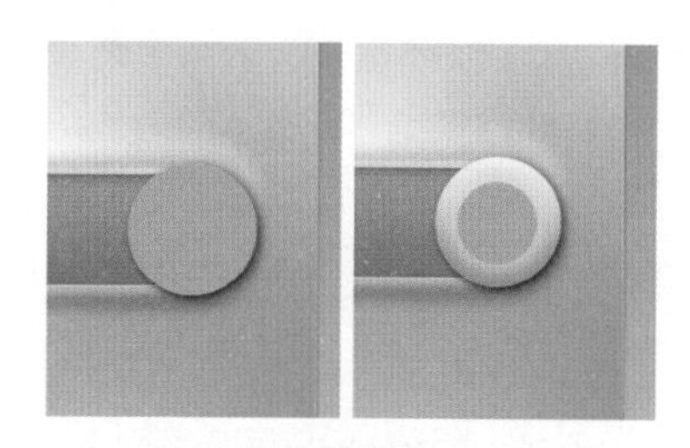

图5.133 更改图形颜色并变换图形

④ 选中【椭圆1 拷贝】图层，以刚才同样的方法为其添加图层样式制作出向内凹陷的效果，如图5.134所示。

图5.134 添加图层样式

提示

在制作凹陷效果的时候，需要注意图层样式中的数值大小的灵活调节。

⑤ 在【图层】中，选中【椭圆1 拷贝】图层，将其【填充】更改为80%，如图5.135所示。

图5.135 更改填充

⑥ 在【图层】面板中，选中【椭圆1 拷贝】图层，将其拖至面板底部的【创建新图层】按钮上，复制一个【椭圆1 拷贝2】图层，如图5.136所示。

⑦ 选中【椭圆1 拷贝2】图层，在画布中按Ctrl+T组合键对其执行【自由变换】命令，当出现变形框以后，按住Alt+Shift组合键将图形进行适当的等比例缩小，完成之后按Enter键确认，如图5.137所示。

图5.136 复制图层　　图5.137 变换图形

⑧ 在【图层】面板中，双击【椭圆1 拷贝2】图层样式名称，在弹出的对话框中调整图层样式制作出外发光样式的图形效果，如图5.138所示。

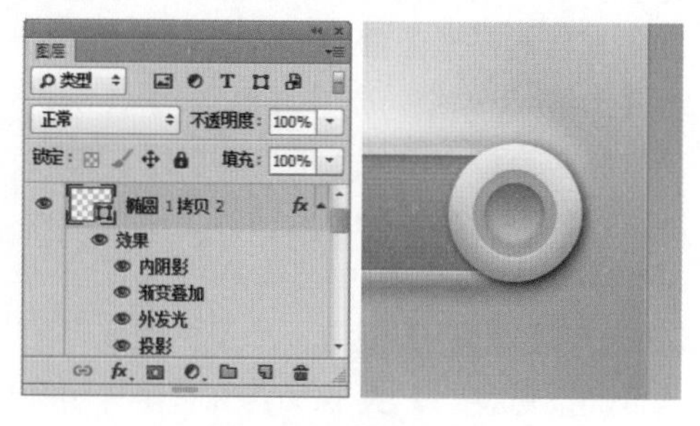

图5.138 调整图层样式

⑨ 选择工具箱中的【椭圆工具】，在选项栏中将【填充】更改为白色，【描边】为无，在刚才绘制的椭圆图形上再绘制一个椭圆图形，此时将生成一个【椭圆2】图层，如图5.139所示。

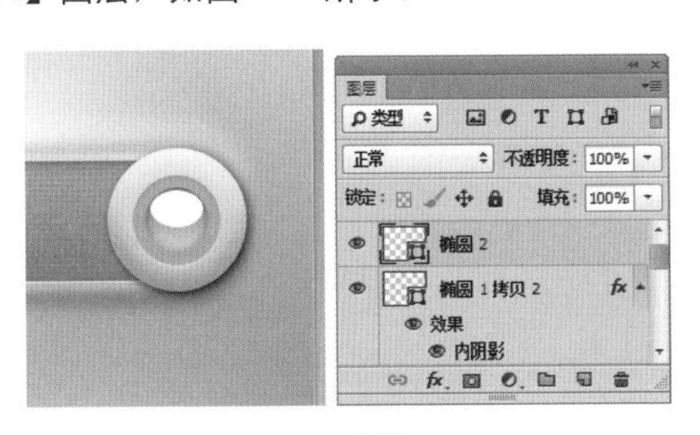

图5.139 绘制图形

⑩ 在【图层】面板中，选中【椭圆2】图层，单击面板底部的【添加图层蒙版】按钮，为其添加图层蒙版，如图5.140所示。

⑪ 选择工具箱中的【渐变工具】，在选项栏中单击【点按可编辑渐变】按钮，在弹出的对话框中选择【黑白渐变】，设置完成之后单击【确定】按钮，再单击选项栏中的【线性渐变】按钮，如图5.141所示。

图5.140 添加图层蒙版　　图5.141 设置渐变

⑫ 单击【椭圆2】图层蒙版缩览图，在画布中其图形上向上拖动，将部分图形隐藏制作高光效果，这样就完成了效果制作，最终效果如图5.142所示。

图5.142 隐藏图形及最终效果

5.4 塑料质感插座

- 新建画布，填充颜色并利用图层样式制作背景。
- 绘制图形并添加高光、阴影细节制作图标轮廓。
- 绘制图形并添加光影特效为图标添加装饰元素。
- 制作图标细节完成最终效果制作。

本例主要讲解的是塑料质感插座图标制作，质感及科技风格的色彩搭配是此款图标的最大亮点，同时准确的图形元素摆放使整个图标立体感十分强烈，而科技蓝的色彩搭配效果也为整个图标增色不少。

难易程度：★★★☆☆
最终文件：配套光盘 \ 素材 \ 源文件 \ 第 5 章 \ 塑料质感插座 .psd
视频位置：配套光盘 \movie\5.4 塑料质感插座 .avi

塑料质感插座效果如图 5.143 所示。

图5.143 塑料质感插座

5.4.1 制作背景

① 执行菜单栏中的【文件】|【新建】命令，在弹出的对话框中设置【宽度】为400像素，【高度】为300像素，【分辨率】为72像素/英寸，【颜色模式】为RGB颜色，新建一个空白画布，如图5.144所示。

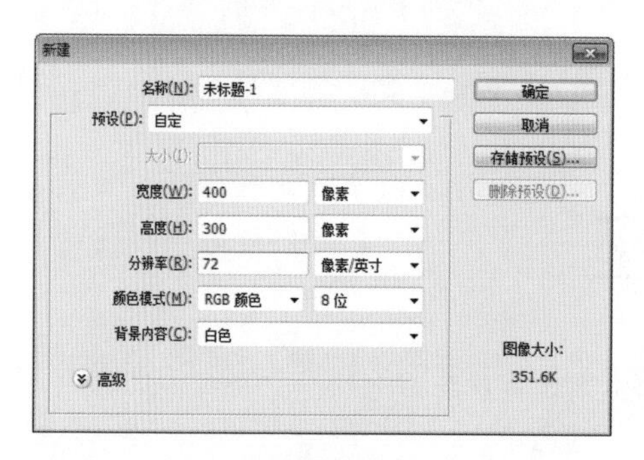

图5.144 新建画布

② 将画布填充为灰色（R:83，G:89，B:103），如图5.145所示。

③ 在【图层】面板中选中【背景】图层，将其拖至面板底部的【创建新图层】按钮上，复制一个【背景 拷贝】图层，如图5.146所示。

④ 在【图层】面板中，选中【背景 拷贝】图层，单击面板底部的【添加图层样式】fx按钮，在菜单中选择【渐变叠加】命令，在弹出的对话框中将【渐变】更改为蓝色（R:173，G:180，B:194）到蓝色（R:83，G:89，B:103），【样式】更改为径向，【缩放】更改为150%，完成之后单击【确定】按钮，如图5.147所示。

图5.145 填充颜色

图5.146 复制图层

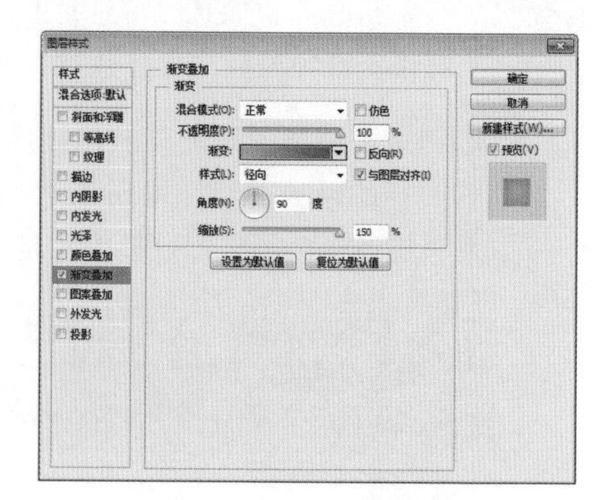

图5.147 设置渐变叠加

5.4.2 制作阴影

① 选择工具箱中的【椭圆工具】，在选项栏中将【填充】更改为白色，【描边】为无，在画布中按住Shift键绘制一个正圆图形，此时将生成一个【椭圆1】图层，如图5.148所示。

② 选中【椭圆1】图层，将其拖至面板底部的【创建新图层】按钮上，复制一个【椭圆1 拷贝】图层，如图5.149所示。

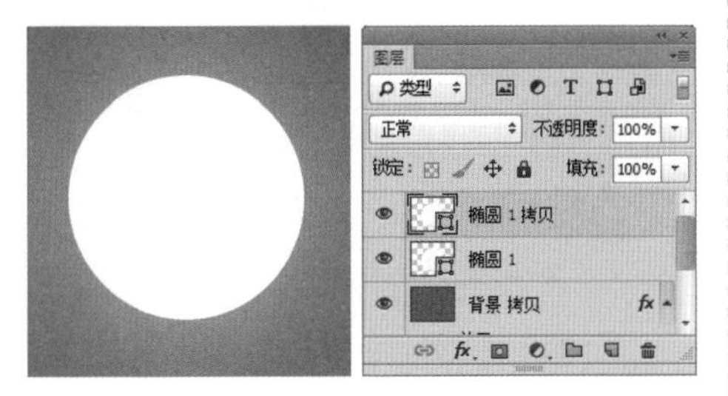

图5.148 绘制图形　　图5.149 复制图层

③ 在【图层】面板中选中【椭圆1 拷贝】图层，单击面板底部的【添加图层样式】按钮，在菜单中选择【渐变叠加】命令，在弹出的对话框中将【混合模式】更改为正常，【渐变】更改为蓝色（R:92，G:97，B:110）到蓝色（R:216，G:220，B:229），完成之后单击【确定】按钮，如图5.150所示。

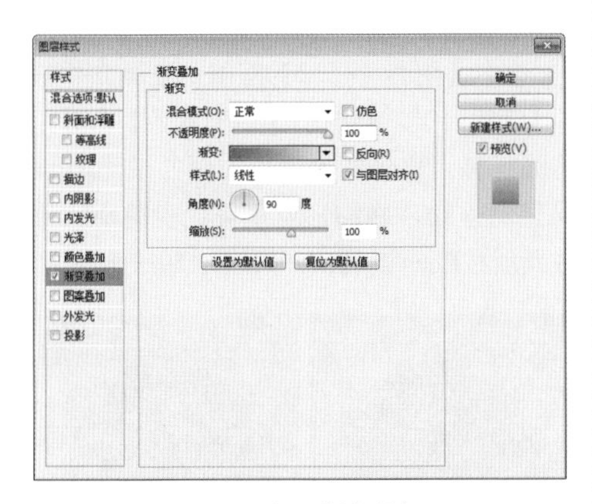

图5.150 设置渐变叠加

提示

在这里可以看到【渐变】后方的【反向】复选框，它存在的意义在于方便后期对图层样式的灵活编辑，在某些特定的图层样式中要灵活运用【反向】功能。

④ 选中【椭圆1】图层，将其图层名称更改为阴影，再将其图形颜色更改为黑色，如图5.151所示。

⑤ 选中【阴影】图层，将其拖至面板底部的【创建新图层】按钮上，复制出【阴影 拷贝】和【阴影 拷贝2】图层，如图5.152所示。

图5.151 更改图形颜色　　图5.152 复制图层

⑥ 在【图层】面板中选中【阴影 拷贝】图层，执行菜单栏中的【图层】|【栅格化】|【形状】命令，将当前图形栅格化，以同样的方法选中【阴影】和【阴影 拷贝2】图层，将其栅格化，如图5.153所示。

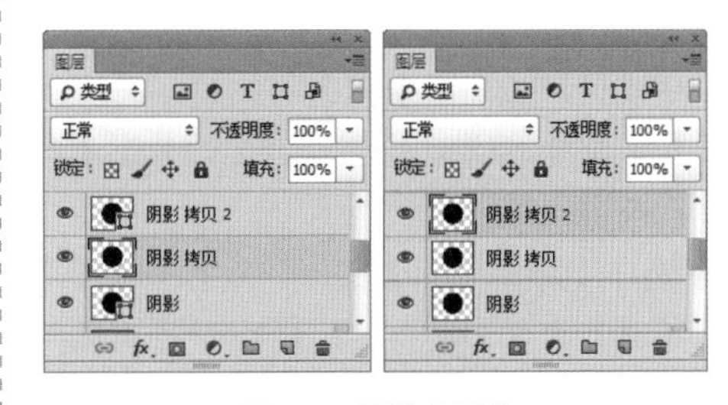

图5.153 栅格化形状

⑦ 选中【阴影】图层，执行菜单栏中的【滤镜】|【模糊】|【高斯模糊】命令，在弹出的对话框中将【半径】更改为6像素，

设置完成之后单击【确定】按钮，如图5.154所示。

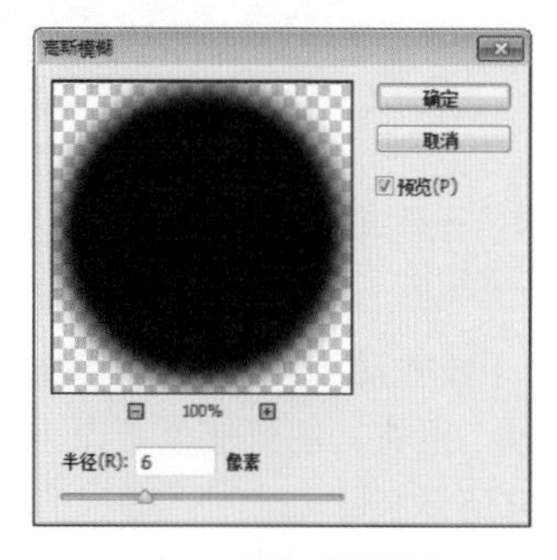

图5.154 设置高斯模糊

⑧ 选中【阴影】图层，将其图层【不透明度】更改为50%，如图5.155所示。

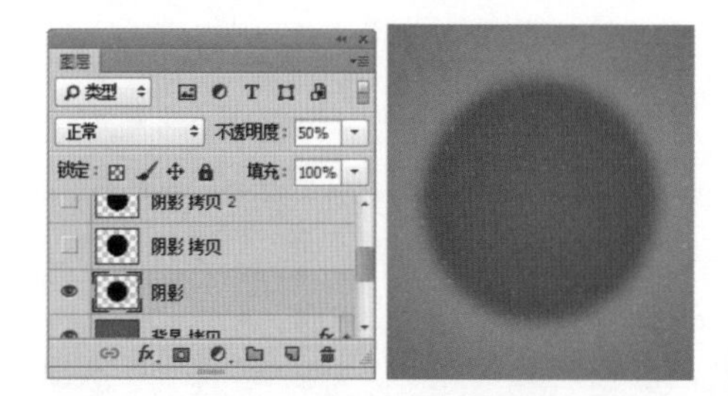

图5.155 更改图层不透明度

提示

在降低【阴影】图层不透明度的时候，可先将【阴影 拷贝2】及【阴影 拷贝】图层隐藏，以方便观察降低不透明度后的效果。

⑨ 选中【阴影 拷贝】图层，按Ctrl+Alt+F组合键打开【高斯模糊】对话框，将【半径】更改为3像素，设置完成之后单击【确定】按钮，如图5.156所示。

⑩ 选中【阴影 拷贝】图层，将其图层【不透明度】更改为40%，在画布中将图形向下稍微移动，如图5.157所示。

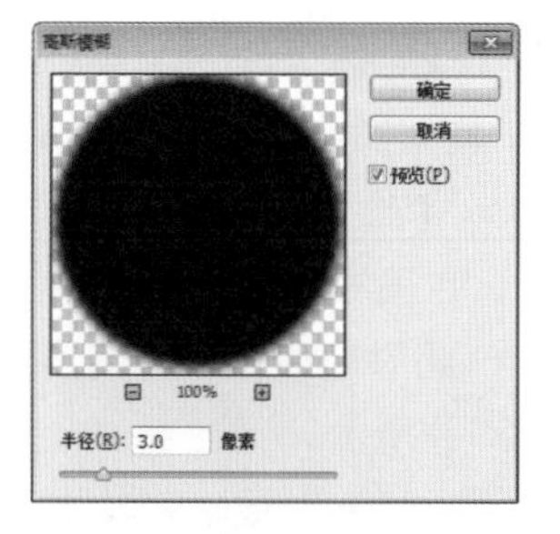

图5.156 设置高斯模糊

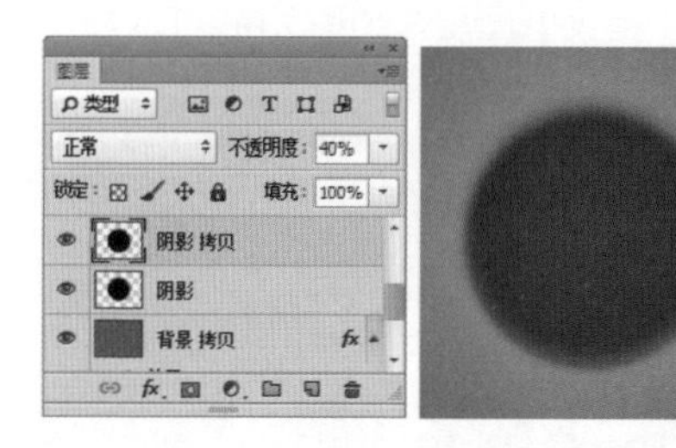

图5.157 更改图层不透明度并移动图形

⑪ 选中【阴影 拷贝2】图层，按Ctrl+F组合键为其添加高斯模糊效果，如图5.158所示。

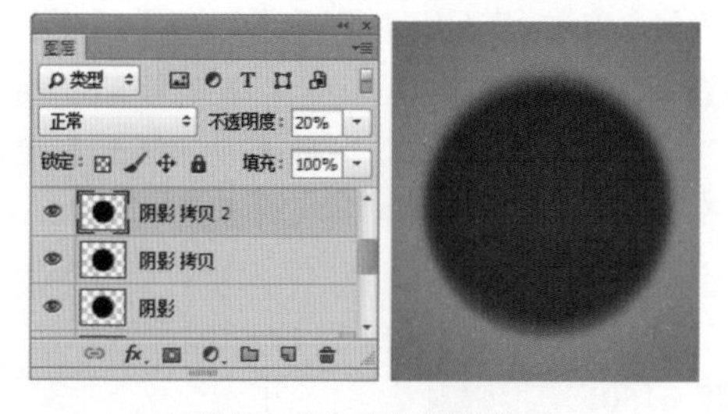

图5.158 添加高斯模糊效果

⑫ 选中【阴影 拷贝2】图层，在画布中按Ctrl+T组合键对其执行【自由变换】命令，将光标移至出现的变形框右侧并按住Alt键向里侧拖动，将图形宽度等比例缩小，完成之后按Enter键确认，如图5.159所示。

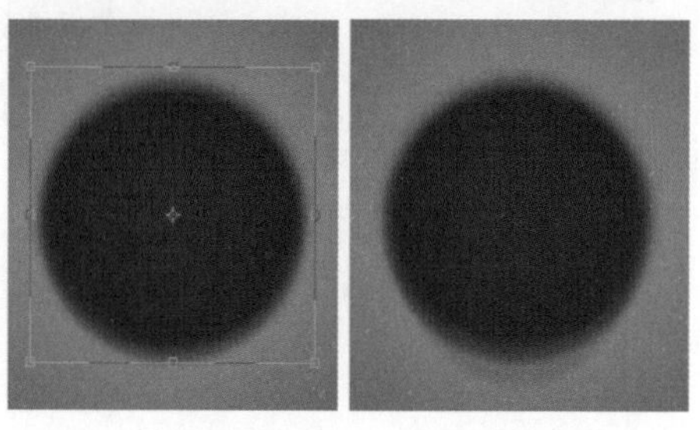

图5.159 变换图形

⑬ 在【图层】面板中选中【椭圆1】图层，将其拖至面板底部的【创建新图层】按钮上，复制一个【椭圆1 拷贝】图层，如图5.160所示。

⑭ 双击【椭圆1 拷贝】图层名称，将其更改为【外壳】，如图5.161所示。

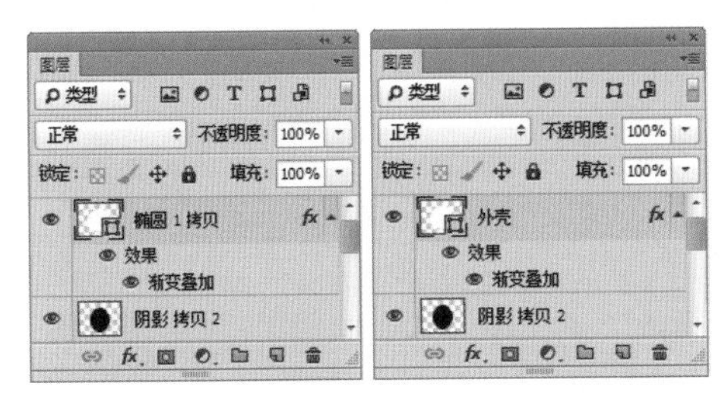

图5.160 复制图层　图5.161 更改图层名称

⑮ 在【图层】面板中选中【外壳】图层，将其拖至面板底部的【创建新图层】按钮上，复制一个【外壳 拷贝】图层。双击【外壳 拷贝】图层名称，将其更改为【光】，如图5.162所示。

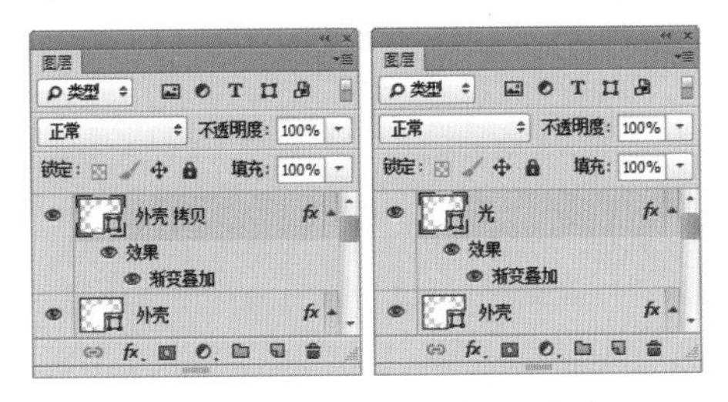

图5.162 复制图层并更改图层名称

5.4.3 制作图标

① 在【图层】面板中选中【光】图层，执行菜单栏中的【图层】|【栅格化】|【形状】命令，将当前图形栅格化，如图5.163所示。

② 选中【光】图层，在画布中按Ctrl+T组合键对其执行【自由变换】命令，当出现变形框以后，按住Alt+Shift组合键将图形适当等比例缩小，完成之后按Enter键确认，如图5.164所示。

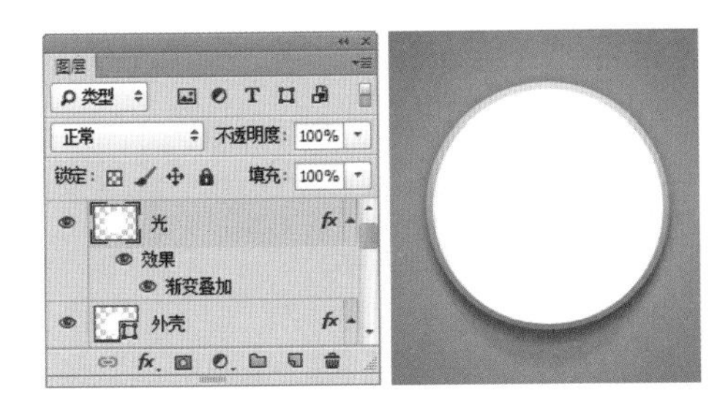

图5.163 栅格化形状　图5.164 变换图形

提示

在对【光】图层中的图形进行变换的时候，可先将其图层样式隐藏。

③ 选中【光】图层，执行菜单栏中的【滤镜】|【模糊】|【高斯模糊】命令，在弹出的对话框中将【半径】更改为2像素，设置完成之后单击【确定】按钮，如图5.165所示。

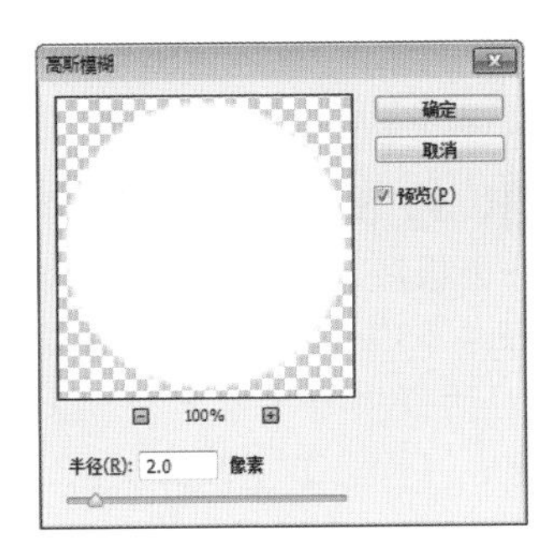

图5.165 设置高斯模糊

④ 在【图层】面板中双击【光】图层样式名称，在弹出的对话框中将【混合模式】更改为【正常】，【渐变】更改为蓝色（R:145，G:152，B:170）到蓝色（R:220，G:225，B:235），完成之后单击【确定】按钮，如图5.166所示。

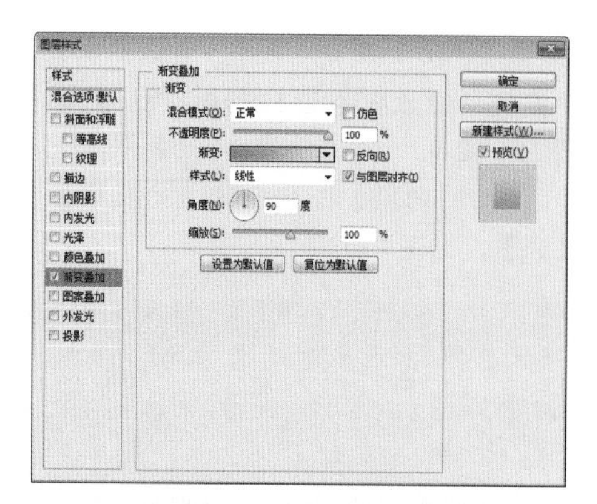

图5.166 设置渐变叠加

⑤ 在【图层】面板中选中【光】图层，将其拖至面板底部的【创建新图层】按钮上，复制一个【光 拷贝】图层，将【光 拷贝】图层样式删除，如图5.167所示。

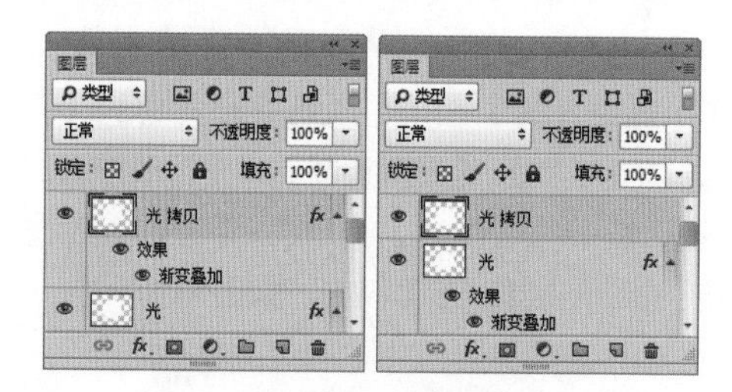

图5.167 复制图层并删除图层样式

⑥ 在【图层】面板中选中【光 拷贝】图层，单击面板底部的【添加图层样式】按钮，在菜单中选择【内阴影】命令，在弹出的对话框中将【混合模式】更改为【正常】，【颜色】更改为灰色（R:90，G:96，B:107），取消【使用全局光】复选框，【角度】更改为-90度，【距离】更改为1像素，【大小】更改为1像素，完成之后单击【确定】按钮，如图5.168所示。

⑦ 在【图层】面板中选中【光 拷贝】图层，将其图层【填充】更改为0%，如图5.169所示。

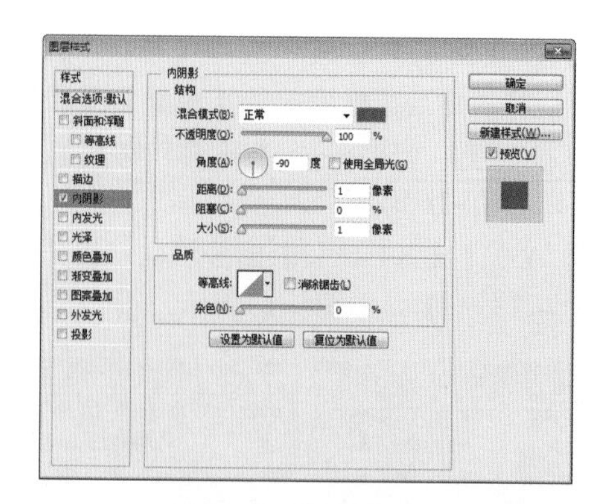

图5.168 设置内阴影

图5.169 更改填充

⑧ 在【图层】面板中选中【光 拷贝】图层，将其拖至面板底部的【创建新图层】按钮上，复制一个【光 拷贝2】图层，如图5.170所示。

⑨ 选中【光 拷贝2】图层，在画布中按Ctrl+T组合键对其执行【自由变换】命令，当出现变形框以后，按住Alt+Shift组合键将图形等比例缩小，完成之后按Enter键确认，如图5.171所示。

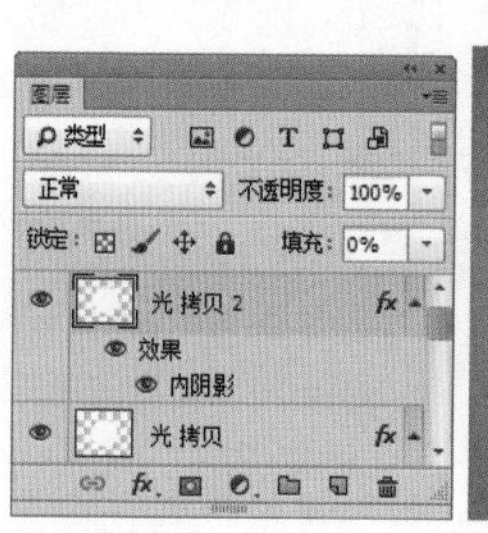

图5.170 复制图层　　图5.171 变换图形

⑩ 在【图层】面板中双击【光 拷贝2】图层样式名称，在弹出的对话框中将【混合模式】更改为【正常】，【颜色】更改为白色，【距离】更改为4像素，完成之后单击【确定】按钮，如图5.172所示。

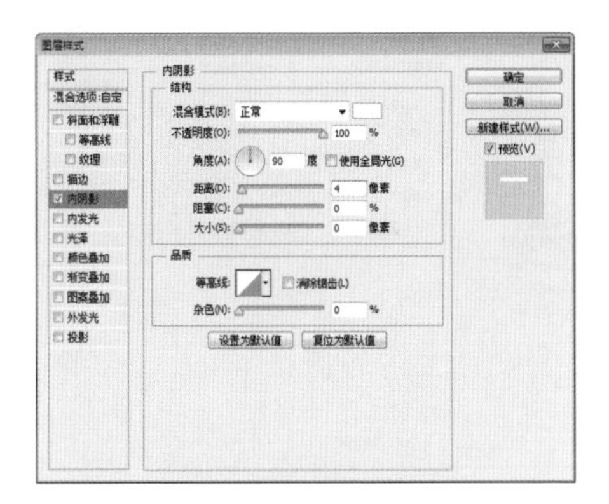

图5.172 设置内阴影

⑪ 选择工具箱中的【椭圆工具】，在选项栏中将【填充】更改为青色（R:45，G:180，B:250），【描边】为无，在画布中按住Shift键绘制一个正圆图形，此时将生成一个【椭圆1】图层，双击此图层名称，将其更改为【凹槽】，如图5.173所示。

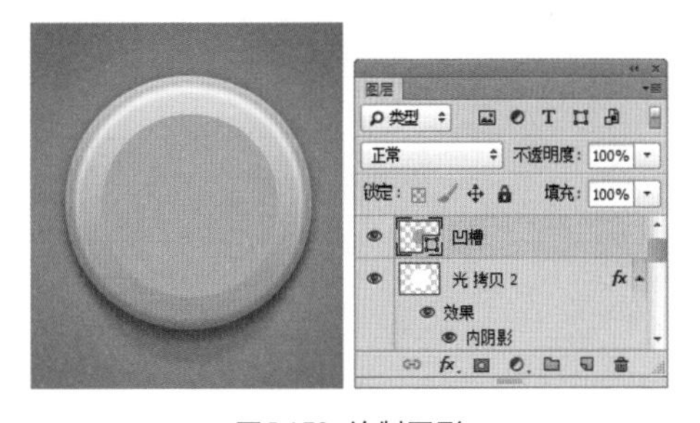

图5.173 绘制图形

⑫ 在【图层】面板中选中【凹槽】图层，单击面板底部的【添加图层样式】fx按钮，在菜单中选择【内阴影】命令，在弹出的对话框中将【混合模式】更改为【正常】，【颜色】更改为蓝色（R:3，G:43，B:117），取消【使用全局光】复选框，【角度】更改为90度，【距离】更改为2像素，【大小】更改为5像素，如图5.174所示。

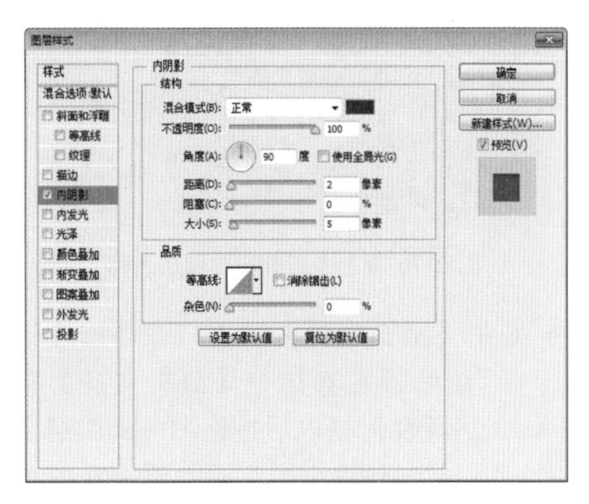

图5.174 设置内阴影

⑬ 勾选【投影】复选框，将【混合模式】更改为【滤色】，颜色为蓝色（R:0；G:126；B:255）取消【使用全局光】复选框，【角度】更改为90度，【距离】更改为3像素，【大小】更改为3像素，完成之后单击【确定】按钮，如图5.175所示。

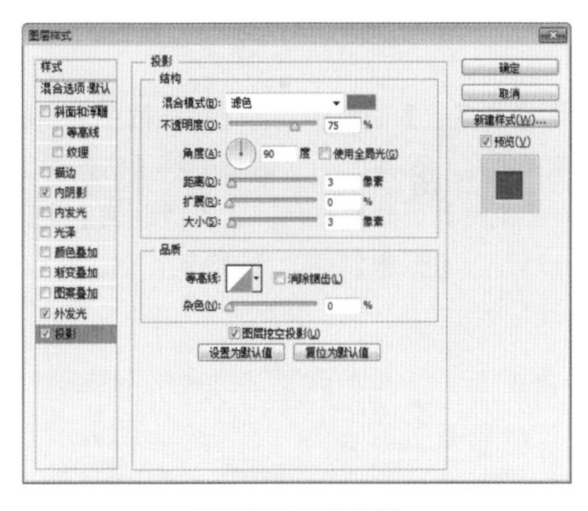

图5.175 设置投影

⑭ 在【图层】面板中选中【凹槽】图层，将其拖至面板底部的【创建新图层】按钮上，复制一个【凹槽 拷贝】图层，双击【凹槽 拷贝】图层名称，将其更改为【插孔位置】，如图5.176所示。

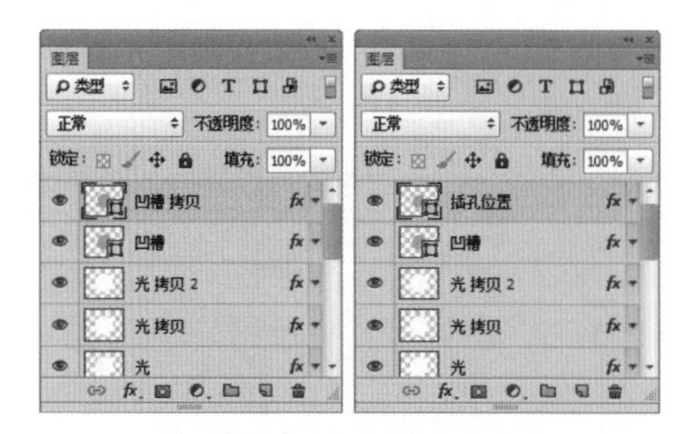

图5.176 复制图层并更改图层名称

⑮ 选中【插孔位置】图层，在画布中按Ctrl+T组合键对其执行【自由变换】命令，当出现变形框以后按住Alt+Shift组合键将图形等比例缩小，完成之后按Enter键确认，如图5.177所示。

图5.177 变换图形

⑯ 在【图层】面板中双击【插孔位置】图层样式名称，在弹出的对话框中将【内阴影】的【颜色】更改为白色，【不透明度】更改为75%，【距离】更改为2像素，如图5.178所示。

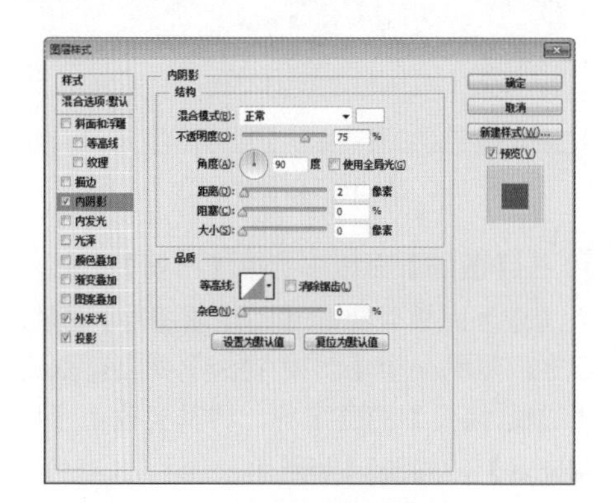

图5.178 设置内阴影

⑰ 勾选【渐变叠加】复选框，将【渐变】更改为灰色（R:188，G:196，B:209）到灰色（R:229，G:233，B:240），如图5.179所示。

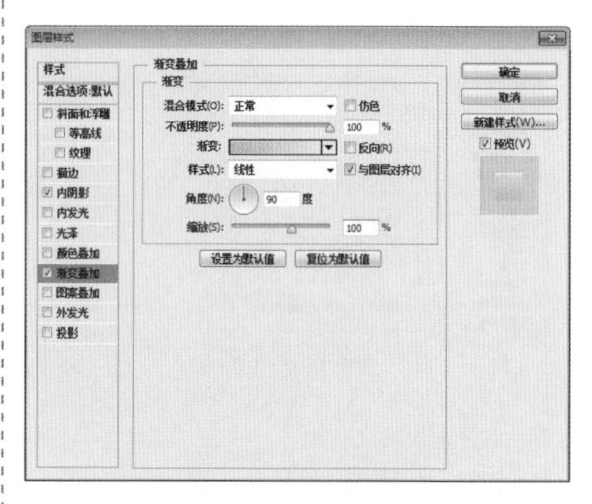

图5.179 设置渐变叠加

⑱ 勾选【投影】复选框，将【不透明度】更改为30%，取消【使用全局光】复选框，【角度】更改为90度，【距离】更改为2像素，【大小】更改为2像素，完成之后单击【确定】按钮，如图5.180所示。

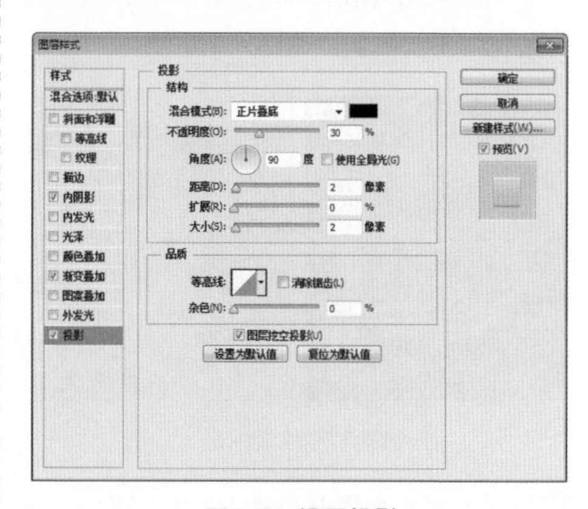

图5.180 设置投影

5.4.4 制作插孔

① 选择工具箱中的【椭圆工具】，在选项栏中将【填充】更改为白色，【描边】为无，在图标上按住Shift键绘制一个正圆图形，此时将生成一个【椭圆1】图层，将其复制一份，如图5.181所示。

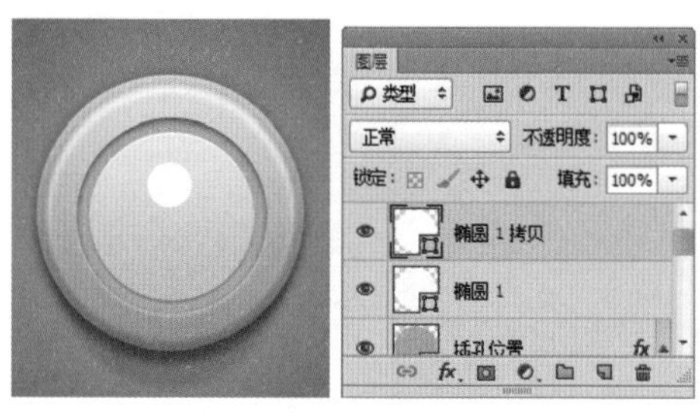

图5.181 绘制图形

② 在【图层】面板中选中【椭圆1】图层，单击面板底部的【添加图层样式】按钮，在菜单中选择【内阴影】命令，在弹出的对话框中将【颜色】更改为蓝色（R:56，G:70，B:94），【不透明度】更改为20%，取消【使用全局光】复选框，【角度】更改为90度，【距离】更改为1像素，如图5.182所示。

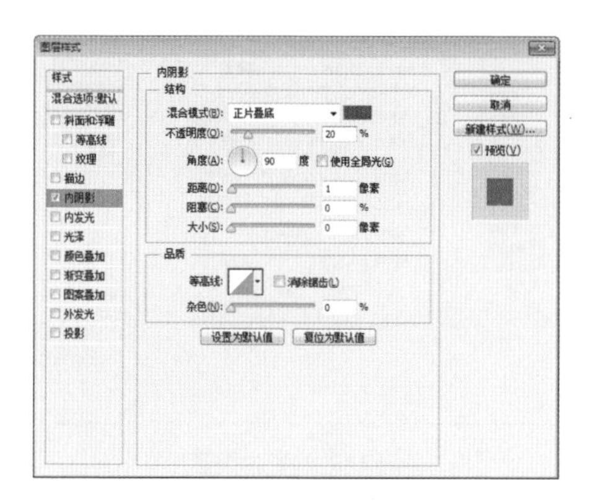

图5.182 设置内阴影

③ 勾选【渐变叠加】复选框，将【颜色】更改为灰色（R:230，G:234，B:240）到灰色（R:200，G:206，B:217），完成之后单击【确定】按钮，如图5.183所示。

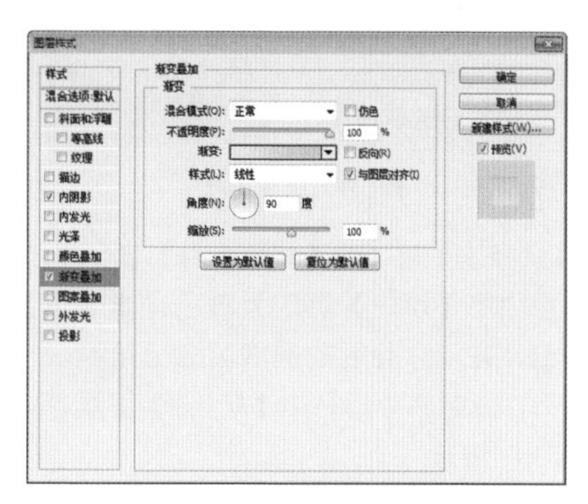

图5.183 设置渐变叠加

④ 在【图层】面板中选中【椭圆1 拷贝】图层，单击面板底部的【添加图层样式】按钮，在菜单中选择【投影】命令，在弹出的对话框中将【颜色】更改为白色，取消【使用全局光】复选框，【角度】更改为90度，【距离】更改为1像素，完成之后单击【确定】按钮，如图5.184所示。

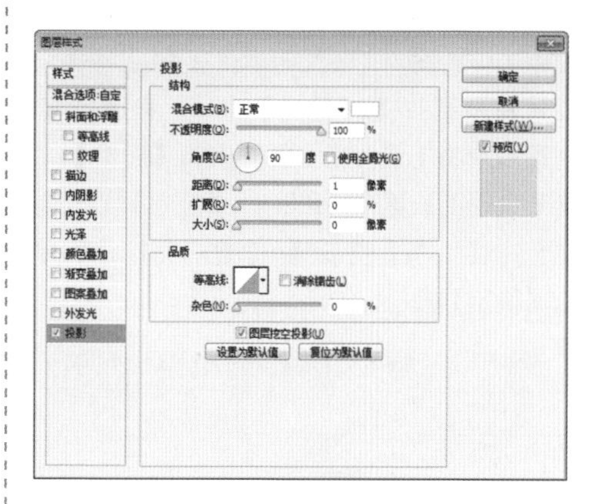

图5.184 设置投影

⑤ 在【图层】面板中选中【椭圆1 拷贝】图层，将其图层【填充】更改为0%，如图5.185所示。

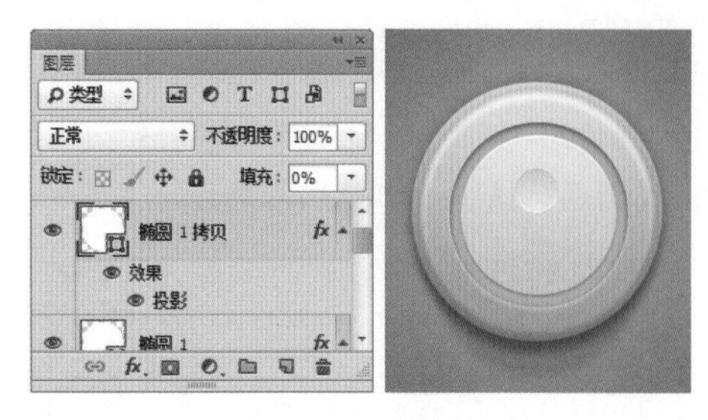

图5.185 更改填充

⑥ 选择工具箱中的【矩形工具】，在选项栏中将【填充】更改为白色，【描边】为无，在刚才绘制的椭圆图形上绘制一个矩形，此时将生成一个【矩形1】图层，如图5.186所示。

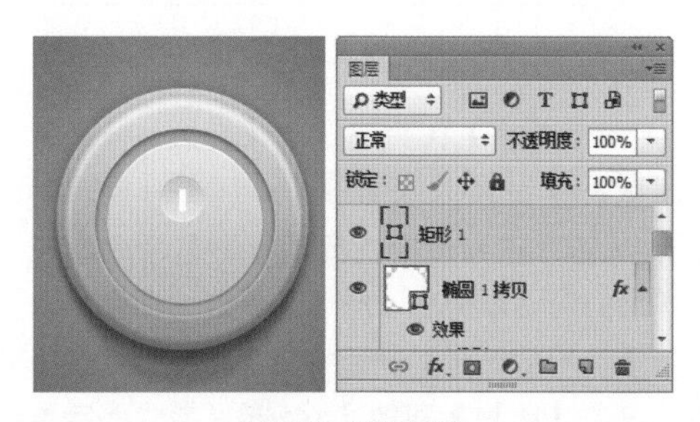

图5.186 绘制图形

⑦ 在【图层】面板中选中【矩形1】图层，单击面板底部的【添加图层样式】按钮，在菜单中选择【内发光】命令，在弹出的对话框中将【混合模式】更改为【正常】，【不透明度】更改为100%，【颜色】更改为黑色，【大小】更改为6像素，完成之后单击【确定】按钮，如图5.187所示。

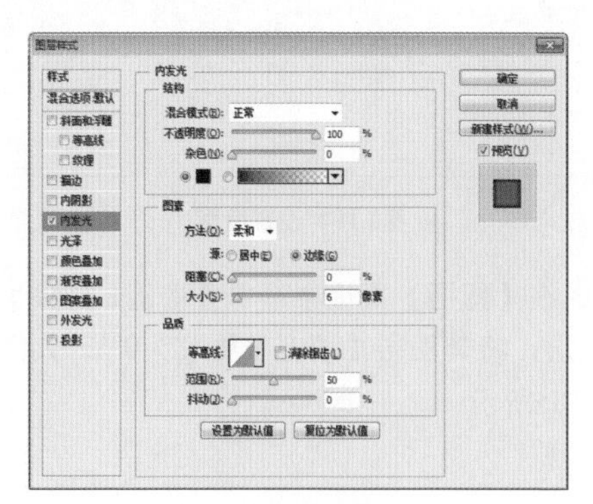

图5.187 设置内发光

⑧ 选择工具箱中的【矩形工具】，在选项栏中将【填充】更改为灰色（R:77，G:84，B:96），【描边】为无，在再次绘制一个矩形，此时将生成一个【矩形2】图层。选中【矩形2】图层，将其拖至面板底部的【创建新图层】按钮上，复制一个【矩形2 拷贝】图层，如图5.188所示。

图5.188 绘制图形并复制图层

⑨ 在【图层】面板中选中【矩形2】图层，单击面板底部的【添加图层样式】按钮，在菜单中选择【内阴影】命令，在弹出的对话框中将【不透明度】更改为50%，取消【使用全局光】复选框，【角度】更改为90度，【距离】更改为1像素，如图5.189所示。

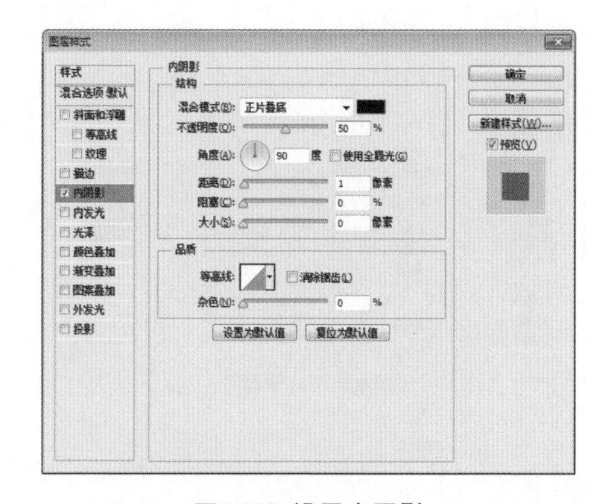

图5.189 设置内阴影

⑩ 勾选【渐变叠加】复选框，将【混合模式】更改为【正常】，【渐变】更改为灰色（R:232，G:232，B:232）到灰色（R:214，G:214，B:214），如图5.190所示。

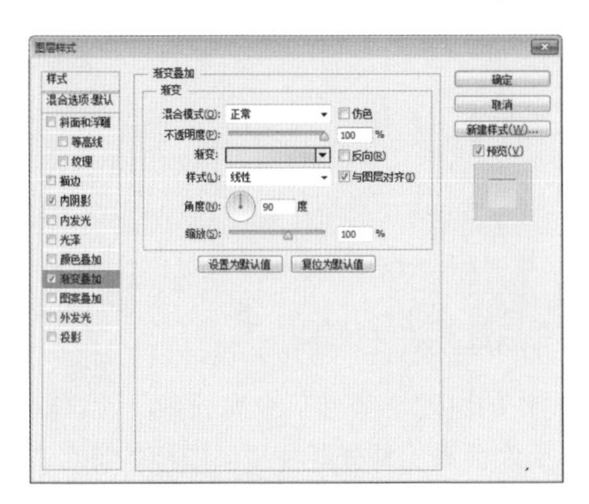

图5.190 设置渐变叠加

⑪ 勾选【投影】复选框，将【混合模式】更改为【正常】，【颜色】更改为白色，取消【使用全局光】复选框，【角度】更改为90度，【距离】更改为1像素，完成之后单击【确定】按钮，如图5.191所示。

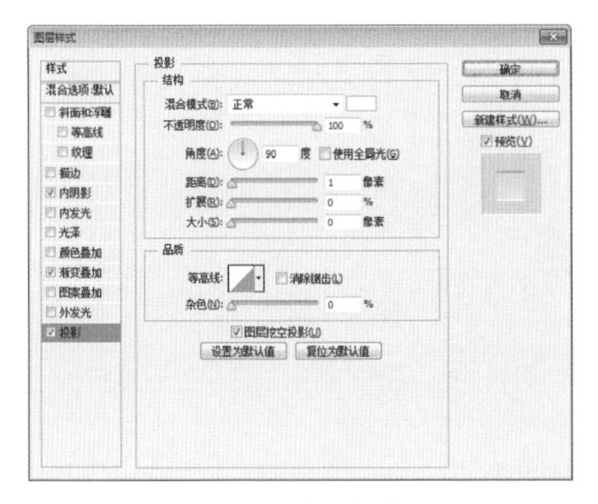

图5.191 设置投影

⑫ 选中【矩形2 拷贝】图层，将其图形颜色更改为黑色，再将图形适当等比例缩小，如图5.192所示。

图5.192 更改图形颜色并缩小图形

⑬ 同时选中【矩形2 拷贝】及【矩形2】图层，在画布中按Ctrl+T组合键对其执行【自由变换】命令，当出现变形框以后，将图形适当旋转，完成之后按Enter键确认，如图5.193所示。

图5.193 旋转图形

⑭ 同时选中【矩形2 拷贝】及【矩形2】图层，在画布中按住Alt+Shift组合键向右侧拖动，将图形复制，此时将生成两个图层，如图5.194所示。

图5.194 复制图形

⑮ 保持两个图层选中状态，在画布中按Ctrl+T组合键对其执行【自由变换】命令，将光标移至出现的变形框上单击鼠标右键，从弹出的快捷菜单中选择【水平翻转】，完成之后按Enter键确认，这样就完成了效果制作，最终效果如图5.195所示。

图5.195 变换图形及最终效果

5.5 拉丝质感开关

- 新建画布并填充颜色制作背景。
- 绘制图形制作开关图标轮廓效果。
- 为图标添加图层样式并制作细节效果完成最终效果制作。

本例主要讲解的是开关图标制作，在制作的过程中添加了金属质感，使这款图标的可识别性及视觉效果十分完美，而淡色系的背景更突显了图标的特点。

难易程度：★★☆☆☆
最终文件：配套光盘 \ 素材 \ 源文件 \ 第 5 章 \ 拉丝质感开关 .psd
视频位置：配套光盘 \movie\5.5 拉丝质感开关 .avi

拉丝质感开关效果如图 5.196 所示。

图5.196 拉丝质感开关

5.5.1 制作背景并绘制图标

① 执行菜单栏中的【文件】|【新建】命令，在弹出的对话框中设置【宽度】为400像素，【高度】为300像素，【分辨率】为72像素/英寸，【颜色模式】为RGB颜色，新建一个空白画布，如图5.197所示。

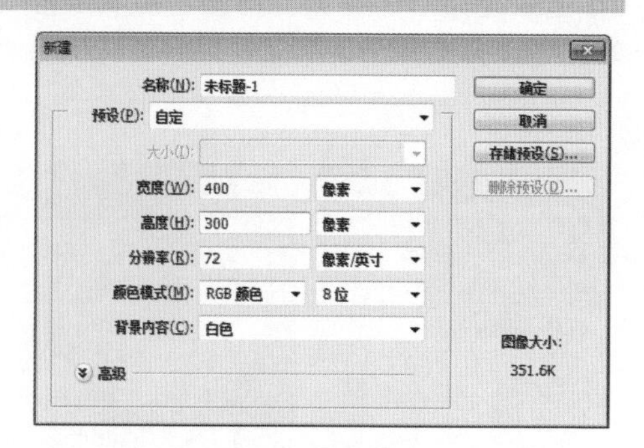

图5.197 新建画布

② 将画布填充为灰色（R:230，G:230，B:230），如图5.198所示。

图5.198 填充颜色

③ 选择工具箱中的【圆角矩形工具】，在选项栏中将【填充】更改为灰色（R:230，G:230，B:230），【描边】为无，【半径】为50像素，绘制一个圆角矩形，此时将生成一个【圆角矩形1】图层，将其复制一份，如图5.199所示。

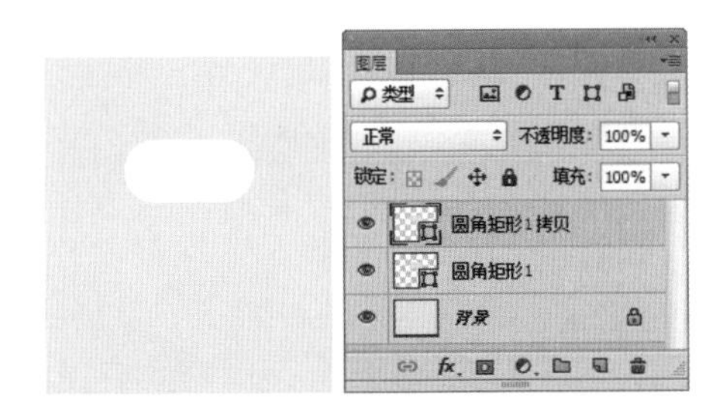

图5.199 绘制图形

④ 在【图层】面板中选中【圆角矩形1】图层，单击面板底部的【添加图层样式】fx按钮，在菜单中选择【内阴影】命令，在弹出的对话框中将【不透明度】更改为20%，取消【使用全局光】复选框，将【角度】更改为90度，【距离】更改为1像素，【大小】更改为1像素，如图5.200所示。

⑤ 勾选【渐变叠加】复选框，将【混合模式】更改为【叠加】，【不透明度】更改为30%，【渐变】为白黑渐变，如图5.201所示。

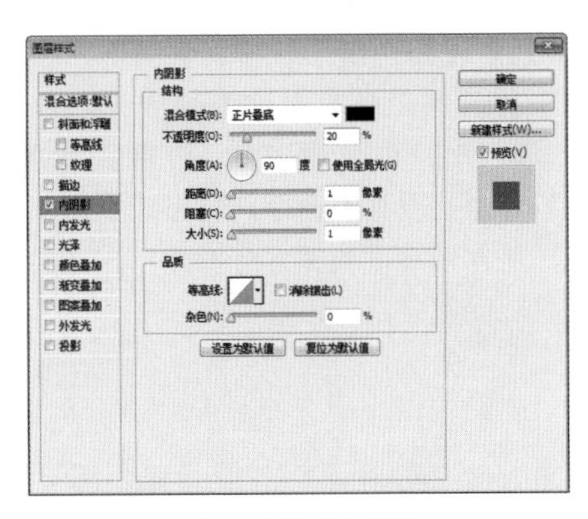

图5.200 设置内阴影

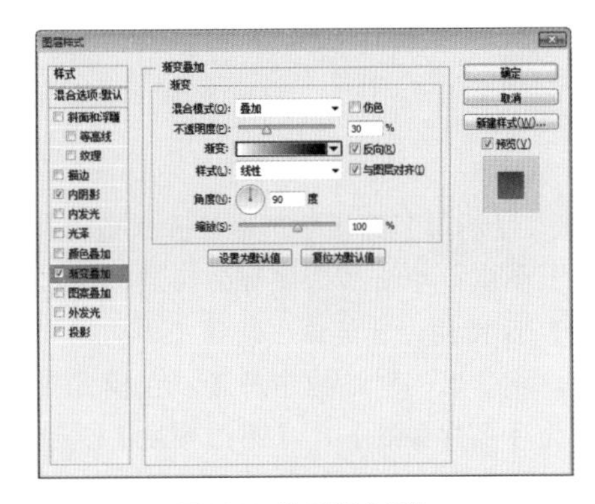

图5.201 设置渐变叠加

⑥ 勾选【投影】复选框，将【混合模式】更改为【正常】，【颜色】更改为白色，【不透明度】更改为100%，取消【使用全局光】复选框，【角度】更改为90度，【距离】更改为1像素，【扩展】更改为100%，完成之后单击【确定】按钮，如图5.202所示。

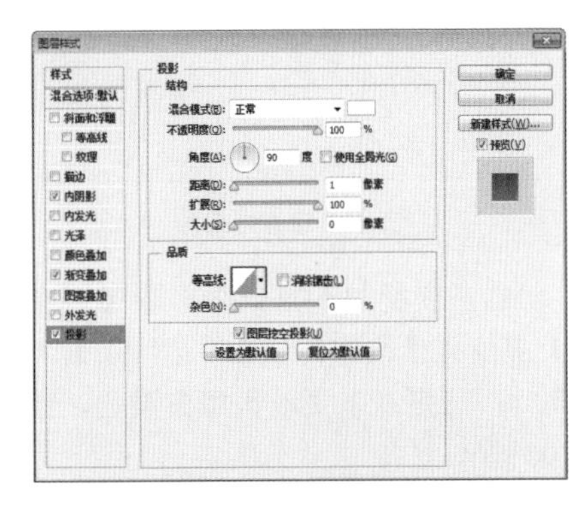

图5.202 设置投影

⑦ 选中【圆角矩形1 拷贝】图层，在画布中将其图形颜色更改为蓝色（R:78，G:200，B:218）。再按Ctrl+T组合键对其执行【自由变换】命令，当出现变形框以后，将图形高度和宽度分别缩小，完成之后按Enter键确认，如图5.203所示。

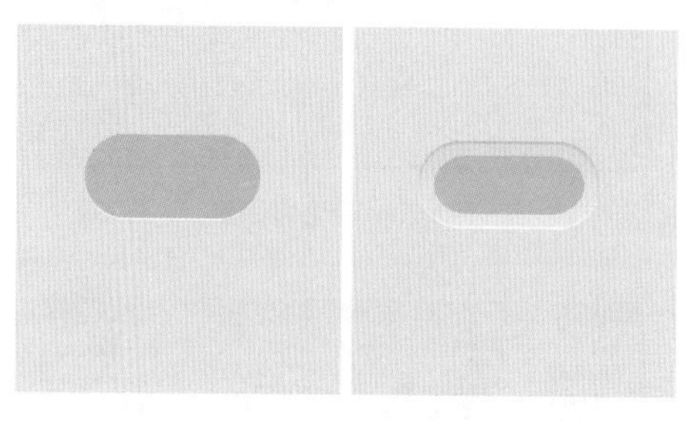

图5.203 变换图形

⑧ 在【图层】面板中选中【圆角矩形1 拷贝】图层，单击面板底部的【添加图层样式】fx按钮，在菜单中选择【内阴影】命令，在弹出的对话框中将【混合模式】更改为【正片叠底】，【不透明度】更改为20%，取消【使用全局光】复选框，【角度】更改为90度，【距离】更改为1像素，【大小】更改为1像素，如图5.204所示。

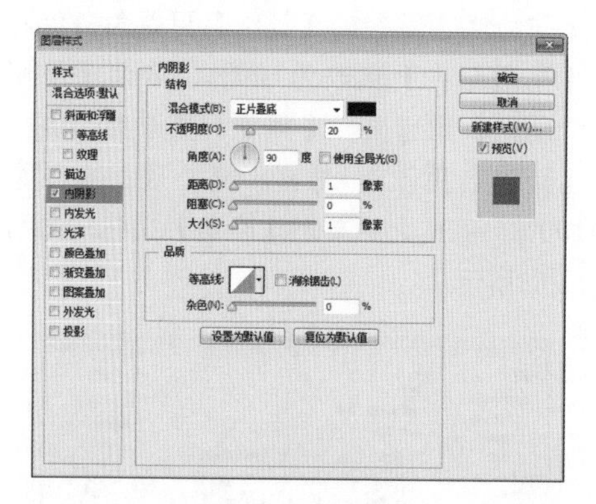

图5.204 设置内阴影

⑨ 勾选渐变叠加】复选框，将【混合模式】更改为【叠加】，【不透明度】更改为30%，【渐变】更改为黑白渐变，如图5.205所示。

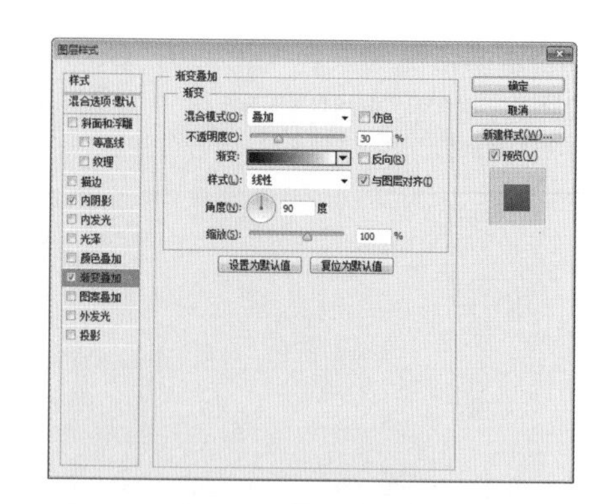

图5.205 设置渐变叠加

⑩ 勾选【投影】复选框，将【混合模式】更改为【正常】，【颜色】更改为白色，【不透明度】更改为60%，取消【使用全局光】复选框，【角度】更改为90度，【距离】更改为1像素，完成之后单击【确定】按钮，如图5.206所示。

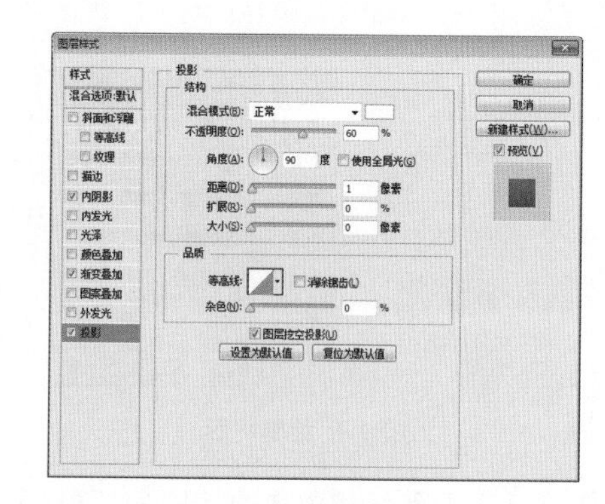

图5.206 设置投影

⑪ 选择工具箱中的【横排文字工具】T，在绘制的图标位置添加文字，如图5.207所示。

图5.207 添加文字

⑫ 在【图层】面板中选中【ON】图层，单击面板底部的【添加图层样式】fx按钮，在菜单中选择【内阴影】命令，在弹出的对话框中将【不透明度】更改为20%，【距离】更改为2像素，【大小】更改为2像素，如图5.208所示。

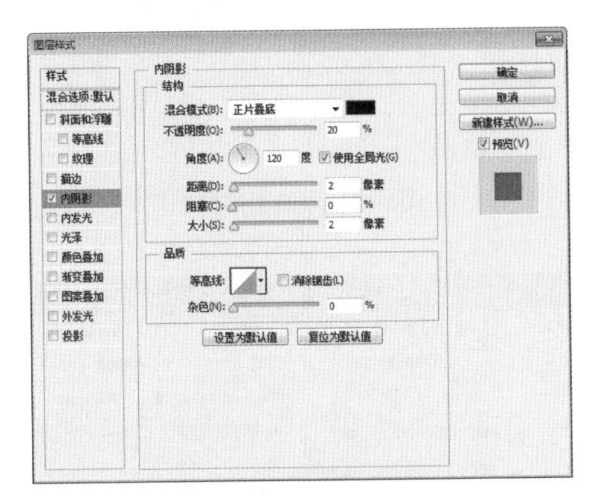

图5.208 设置内阴影

⑬ 勾选【投影】复选框，将【混合模式】更改为【正常】，【颜色】更改为白色，【不透明度】更改为50%，取消【使用全局光】复选框，【角度】更改为90度，【距离】更改为1像素，完成之后单击【确定】按钮，如图5.209所示。

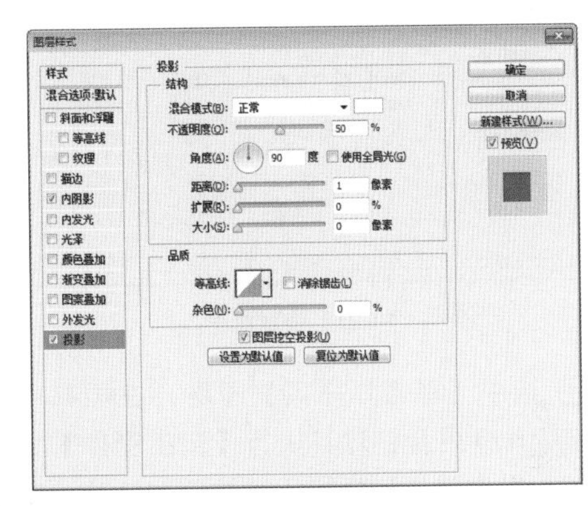

图5.209 设置投影

5.5.2 制作细节

① 选择工具箱中的【椭圆工具】，在选项栏中将【填充】更改为灰色（R:230，G:230，B:230），【描边】为无，在刚才添加的文字左侧位置按住Shift键绘制一个正圆图形，此时将生成一个【椭圆1】图层。选中【椭圆1】图层，将其拖至面板底部的【创建新图层】按钮上，复制一个【椭圆1 拷贝】图层，如图5.210所示。

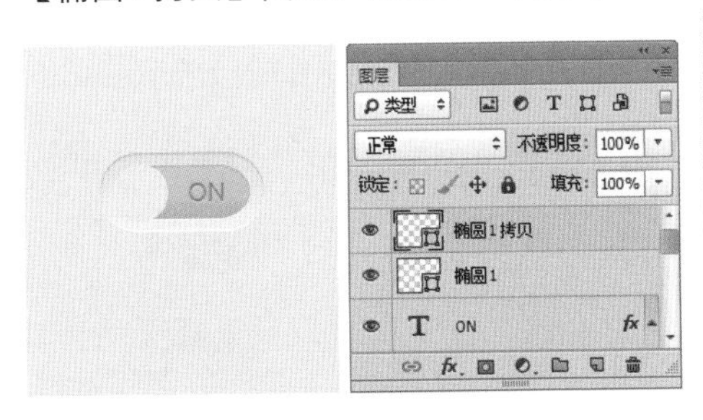

图5.210 绘制图形并复制图层

② 在【图层】面板中选中【椭圆1】图层，单击面板底部的【添加图层样式】fx按钮，在菜单中选择【渐变叠加】命令，在弹出的对话框中将【混合模式】更改为【叠加】，【不透明度】更改为50%，【渐变】更改为黑白渐变，如图5.211所示。

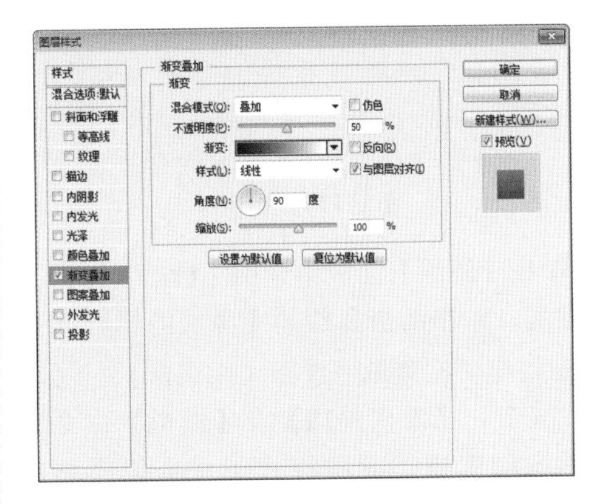

图5.211 设置渐变叠加

③ 勾选【投影】复选框，将【不透明度】更改为60%，取消【使用全局光】复选框，【角度】更改为90度，【距离】更改

为5像素，【大小】更改为5像素，完成之后单击【确定】按钮，如图5.212所示。

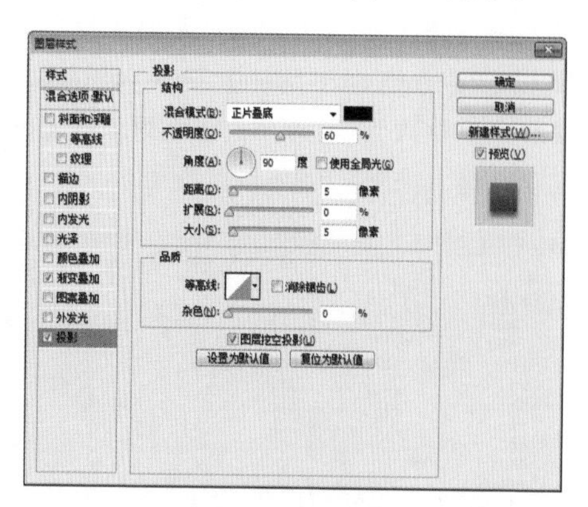

图5.212 设置投影

④ 选中【椭圆1 拷贝】图层，在画布中按Ctrl+T组合键对其执行【自由变换】命令，当出现变形框以后，按住Alt+Shift组合键将图形等比例缩小，完成之后按Enter键确认，如图5.213所示。

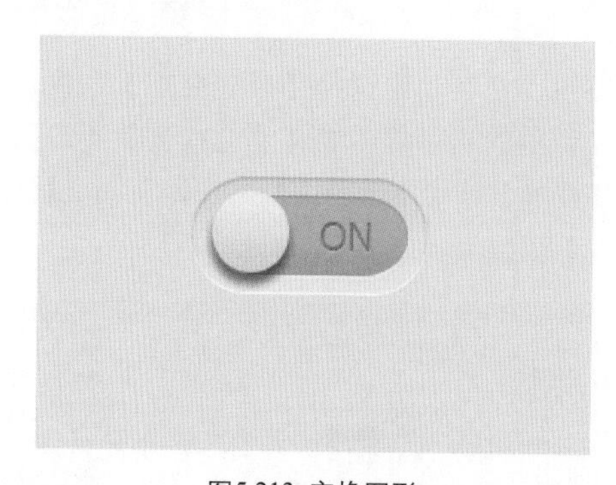

图5.213 变换图形

⑤ 在【图层】面板中选中【椭圆1 拷贝】图层，单击面板底部的【添加图层样式】fx按钮，在菜单中选择【内阴影】、【内发光】、【渐变叠加】及【投影】命令为椭圆图形添加图层样式制作金属质感图形，完成打开状态图标制作，如图5.214所示。

⑥ 在【图层】面板中同时选中除【背景】图层以外的所有图层，按Ctrl+G组合键将图层快速编组，此时将生成一个【组1】组，双击其名称，更改为打开，如图5.215所示。

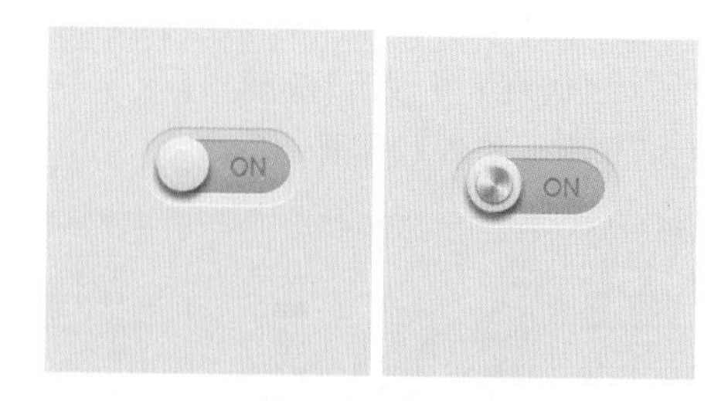

图5.214 添加图层样式

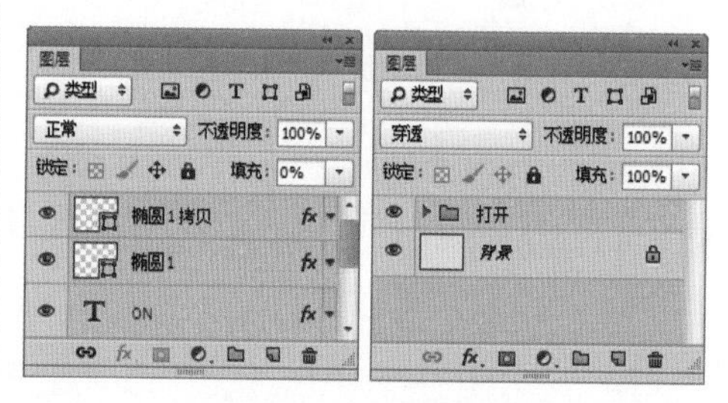

图5.215 快速编组

⑦ 在【图层】面板中选中【打开】组，将其拖至面板底部的【创建新图层】按钮上，复制一个组，并将其名称更改为【关闭】如图5.216所示。

⑧ 选中【关闭】组，在画布中按住Shift键将图形向下平移，按Ctrl+T组合键对其执行【自由变换】命令，将光标移至出现的变形框上单击鼠标右键，从弹出的快捷菜单中选择【水平翻转】，完成之后按Enter键确认，如图所示。如图5.217所示。

图5.216 复制组　图5.217 变换图形

⑨ 选中【圆角矩形1 拷贝】图层，将其图形颜色颜色更改为灰色（R:202，G:202，B:202）。选择工具箱中的【横排文字工具】T，将文字信息更改，这样就完成了效果制作，最终效果如图5.218所示。

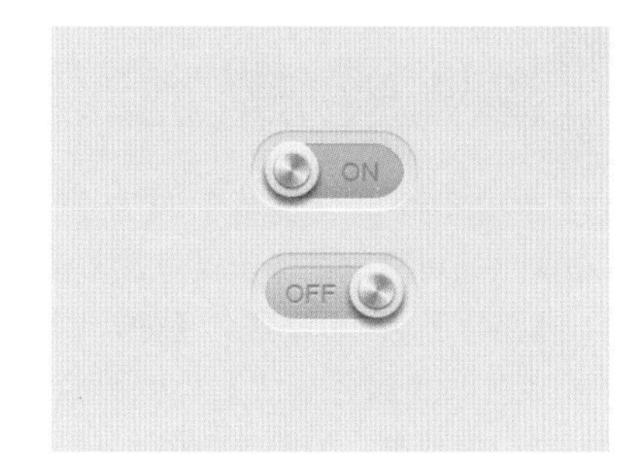

图5.218 更改文字

5.6 糖果质感闪电图标

- 新建画布，填充颜色并添加滤镜效果制作质感背景。
- 绘制图形并制作闪电效果。
- 为图标添加光影等装饰效果完成最终效果制作。

本例主要讲解的是糖果质感闪电图标效果制作，在制作过程中着重追求图形的写实，强调图标的质感及光影变化，使图标呈现完美的视觉效果。

难易程度：★★★☆☆
最终文件：配套光盘 \ 素材 \ 源文件 \ 第 5 章 \ 糖果质感闪电图标 .psd
视频位置：配套光盘 \movie\5.6 糖果质感闪电图标 .avi

糖果质感闪电图标效果如图 5.219 所示。

图5.219 糖果质感闪电图标

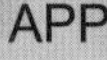

5.6.1 制作背景

① 执行菜单栏中的【文件】|【新建】命令，在弹出的对话框中设置【宽度】为800像素，【高度】为600像素，【分辨率】为72像素/英寸，【颜色模式】为RGB颜色，新建一个空白画布，如图5.220所示。

图5.220 新建画布

② 将画布填充为深灰色（R:60，G:63，B:68），如图5.221所示。

图5.221 填充颜色

③ 执行菜单栏中的【滤镜】|【杂色】|【添加杂色】命令，在弹出的对话框中将【数量】更改为1%，分别选中【高斯分布】单选按钮和【单色】复选框，完成之后单击【确定】按钮，如图5.222所示。

④ 选择工具箱中的【矩形工具】，在选项栏中将【填充】更改为深灰色（R:26，G:27，B:30），【描边】为无，在画布中绘制一个与画布大小相同的矩形，此时将生成一个【矩形1】图层，如图5.223所示。

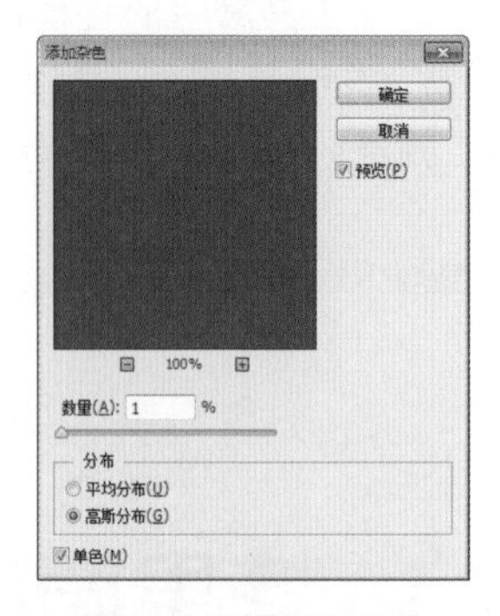

图5.222 设置添加杂色

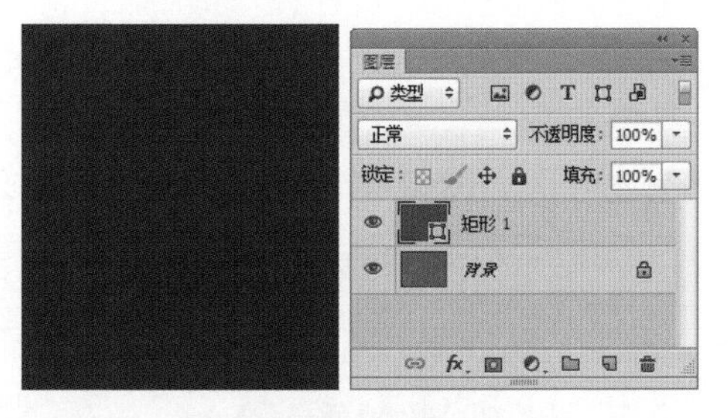

图5.223 绘制图形

⑤ 在【图层】面板中选中【矩形1】图层，单击面板底部的【添加图层蒙版】按钮，为其添加图层蒙版，如图5.224所示。

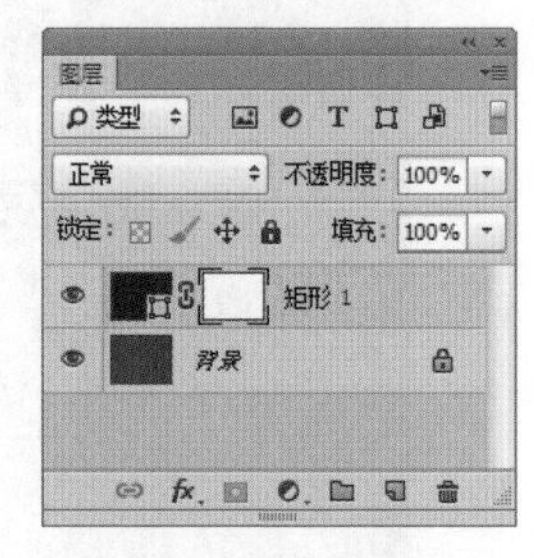

图5.224 添加图层蒙版

⑥ 选择工具箱中的【渐变工具】，在选项栏中单击【点按可编辑渐变】按钮，在弹出的对话框中选择【黑白渐变】，设置完成之后单击【确定】按钮，再单击选项栏中的【径向渐变】按钮，如图5.225所示。

图5.225 设置渐变

⑦ 单击【矩形1】图层蒙版缩览图，在画布中其图形中间位置向右上角方向拖动，将部分图形隐藏，如图5.226所示。

提示

如果对隐藏后的图形效果不满意可以使用【画笔工具】，将前景色更改为黑色，在画布中心位置单击，将部分图形隐藏。

图5.226 隐藏图形

⑧ 在【图层】面板中选中【矩形1】图层，将其图层混合模式设置为【叠加】，【不透明度】更改为80%，如图5.227所示。

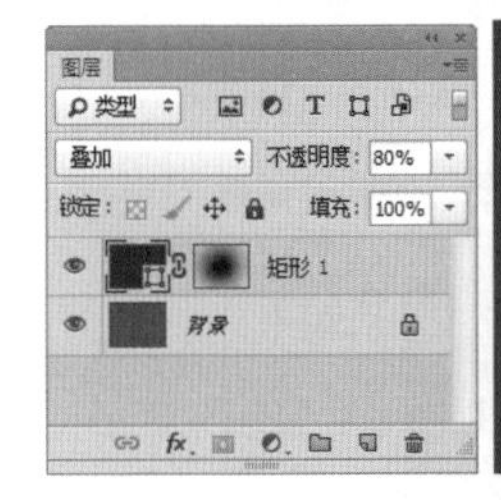

图5.227 设置图层混合模式

5.6.2 绘制图形

① 选择工具箱中的【钢笔工具】，在画布中绘制一个闪电形状的不规则图形，此时将生成一个【形状1】图层，将【填充】设置为黑色，如图5.228所示。

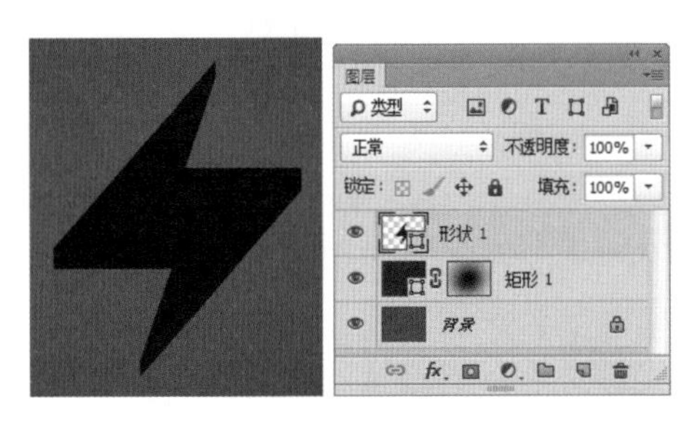

图5.228 绘制图形

② 在【图层】面板中选中【形状1】图层，将其拖至面板底部的【创建新图层】按钮上，复制一个【形状1 拷贝】图层，如图5.229所示。

③ 选中【形状1 拷贝】图层，在画布中将图形填充为深黄色（R:204，G:144，B:0），如图5.230所示。

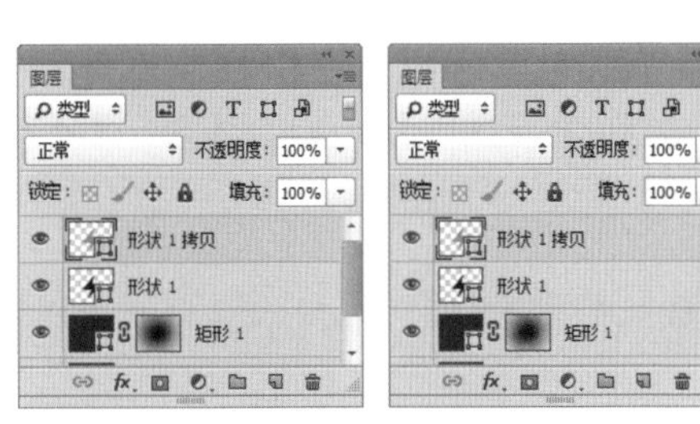

图5.229 复制图层　图5.230 更改图形颜色

④ 在【图层】面板中选中【形状1 拷贝】图层，执行菜单栏中的【图层】|【栅格化】|【形状】命令，将当前图形栅格化，如图5.231所示。

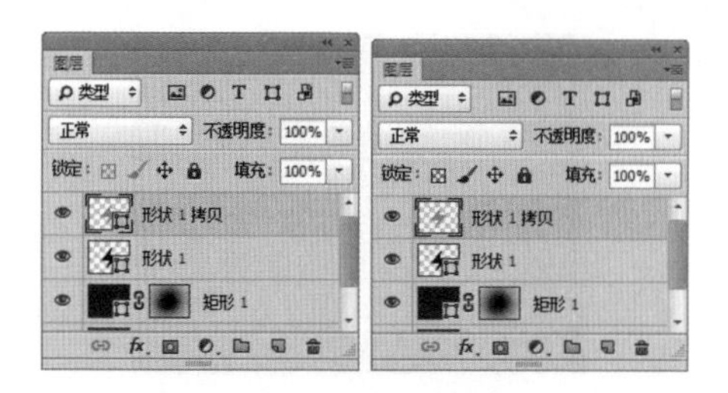

图5.231 栅格化图层

⑤ 选中【形状1 拷贝】图层，按Ctrl+Alt+F组合键打开【添加杂色】对话框，在对话框中将【数量】更改为1%，分别选中【高斯分布】单选按钮和【单色】复选框，完成之后单击【确定】按钮，如图5.232所示。

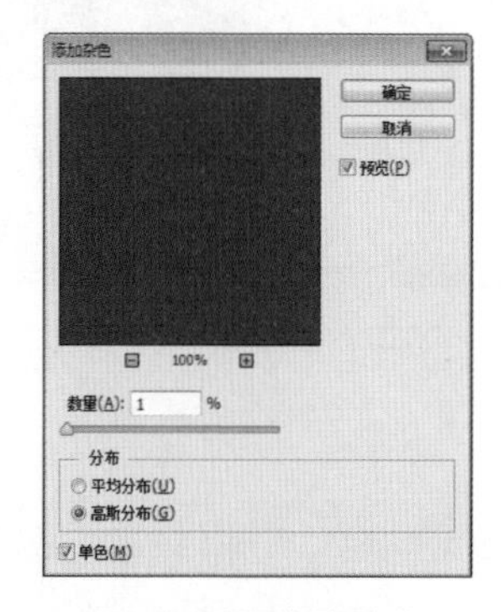

图5.232 设置添加杂色

⑥ 在【图层】面板中选中【形状1】图层，单击面板底部的【添加图层样式】fx按钮，在菜单中选择【描边】命令，在弹出的对话框中将【大小】更改为1像素，【不透明度】更改为40%，如图5.233所示。

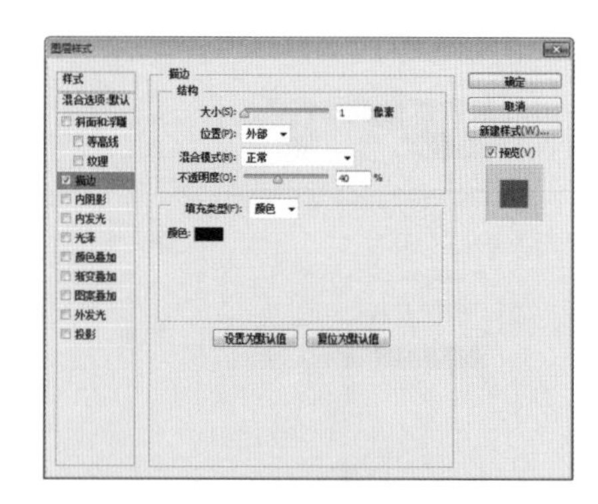

图5.233 设置描边

⑦ 勾选【投影】复选框，将【混合模式】更改为【正常】，【颜色】更改为黑色，【不透明度】更改为40%，【距离】更改为5像素，【大小】更改为15像素，完成之后单击【确定】按钮，如图5.234所示。

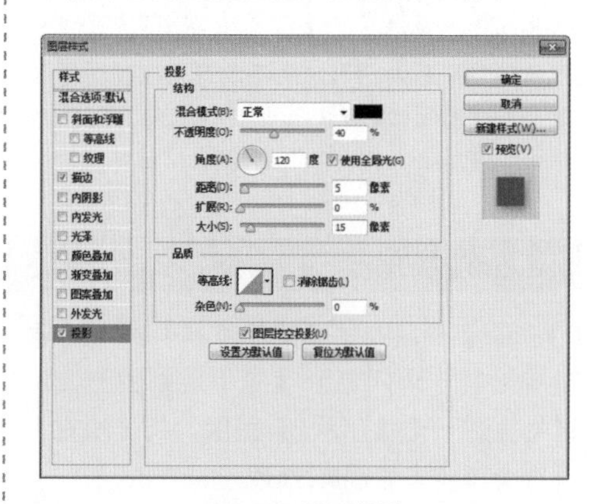

图5.234 设置投影

5.6.3 制作阴影

① 选择工具箱中的【矩形工具】，在选项栏中将【填充】更改为白色，【描边】为无，在闪电图形部分位置绘制一个矩形，此时将生成一个【矩形2】图层，如图5.235所示。

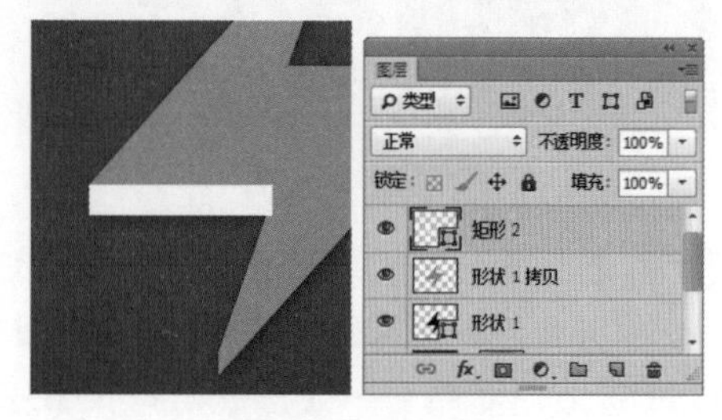

图5.235 绘制图形

② 在【图层】面板中，选中【矩形2】图层，单击面板底部的【添加图层样式】fx按钮，在菜单中选择【渐变叠加】命令，在弹出的对话框中将【不透明度】更改为20%，【渐变】更改为黑色到透明，完成之后单击【确定】按钮，如图5.236所示。

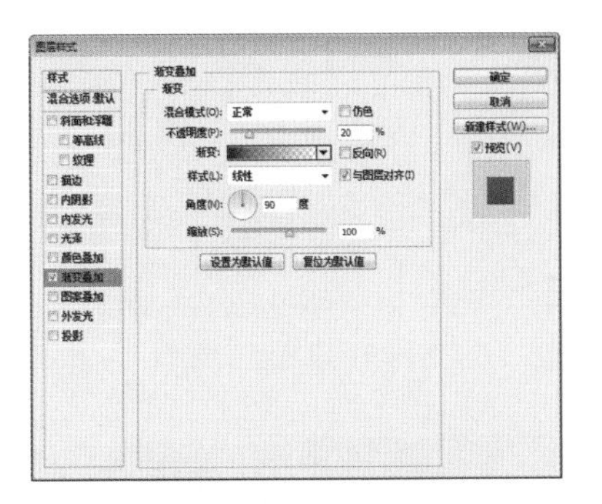

图5.236 设置渐变叠加

③ 选中【矩形2】图层，将其【填充】更改为0%，如图5.237所示。

图5.237 更改填充

④ 选择工具箱中的【钢笔工具】，在画布中沿闪电图形边缘再次绘制一个闪电形状的不规则图形，【填充】为黄色（R:255；G:183；B:3）使其形成一种立体效果，此时将生成一个【形状2】图层，如图5.238所示。

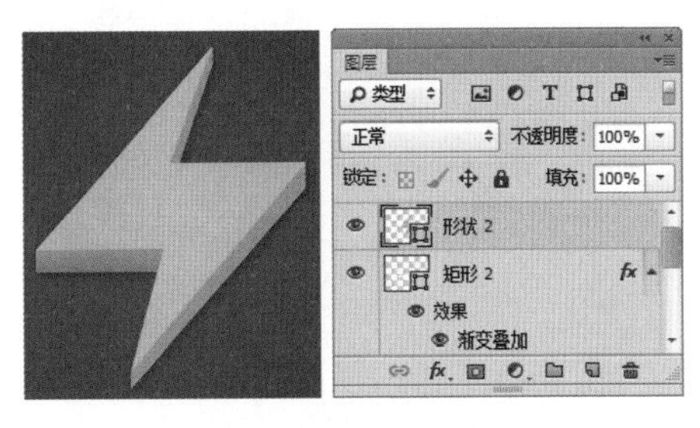

图5.238 绘制图形

⑤ 在【图层】面板中选中【形状2】图层，将其拖至面板底部的【创建新图层】按钮上，复制一个【形状2 拷贝】图层，如图5.239所示。

⑥ 在【图层】面板中选中【形状2 拷贝】图层，将其图形颜色更改为白色。再执行菜单栏中的【图层】|【栅格化】|【形状】命令，将当前图形栅格化，以同样的方法将【形状2】图层栅格化，如图5.240所示。

图5.239 复制图形

图5.240 栅格化形状

5.6.4 添加质感

① 选中【形状2】图层，按Ctrl+F组合键为其添加杂色，如图5.241所示。

图5.241 添加杂色

提示

由于【形状2】图层被【形状2 拷贝】覆盖，在为其添加杂色效果后需要将【形状2 拷贝】图层暂时隐藏才可以看到添加杂色的效果。

② 在【图层】面板中，选中【形状2】图层，单击面板底部的【添加图层样式】fx按钮，在菜单中选择【内阴影】命令，在

弹出的对话框中将【混合模式】更改为【叠加】，【颜色】更改为白色，【不透明度】更改为20%，取消【使用全局光】复选框，【角度】更改为90度，【距离】更改为2像素，如图5.242所示。

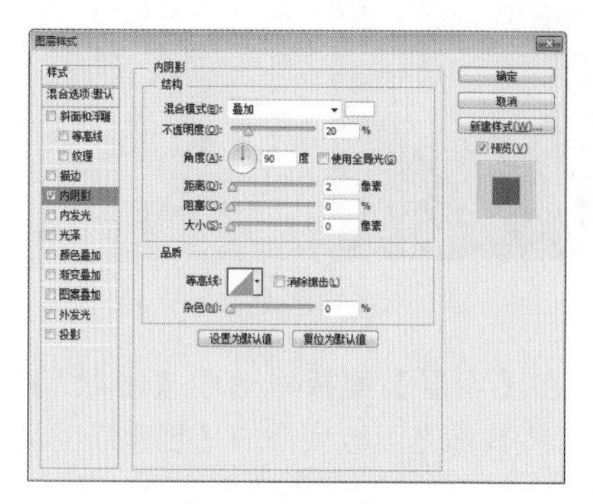

图5.242 设置内阴影

③ 勾选【光泽】复选框，将【混合模式】更改为【叠加】，【颜色】更改为白色，【不透明度】更改为50%，【角度】更改为145度，【距离】更改为100像素，【大小】更改为90像素，如图5.243所示。

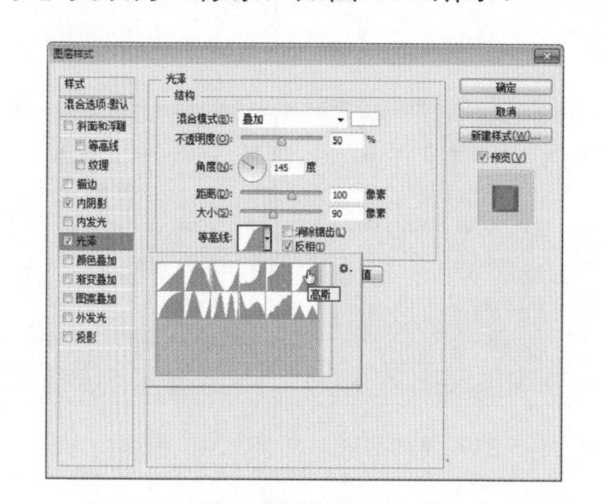

图5.243 设置光泽

④ 勾选【渐变叠加】复选框，将【混合模式】更改为【叠加】，【不透明度】更改为20%，【渐变】更改为透明到白色，完成之后单击【确定】按钮，如图5.244所示。

⑤ 在【形状2】图层上单击鼠标右键，从弹出的快捷菜单中选择【拷贝图层样式】命令，在【形状2 拷贝】图层上单击鼠标右键，从弹出的快捷菜单中选择【粘贴图层样式】命令，如图5.245所示。

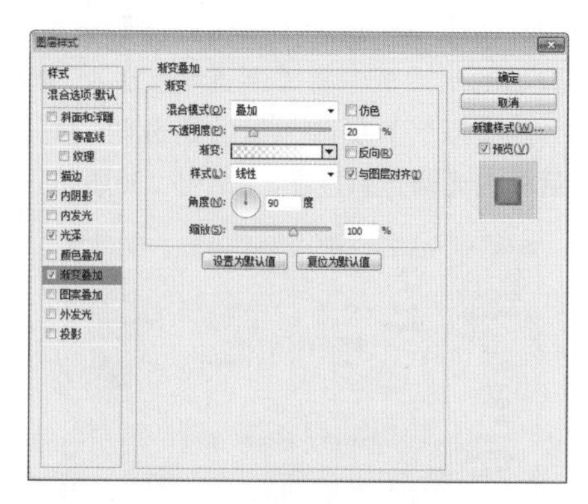

图5.244 设置渐变叠加

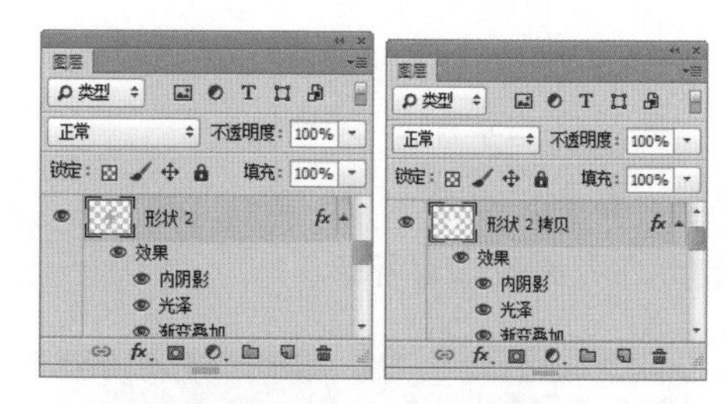

图5.245 拷贝并粘贴图层样式

⑥ 在【图层】面板中选中【形状2 拷贝】图层，将其图层【填充】更改为0%，如图5.246所示。

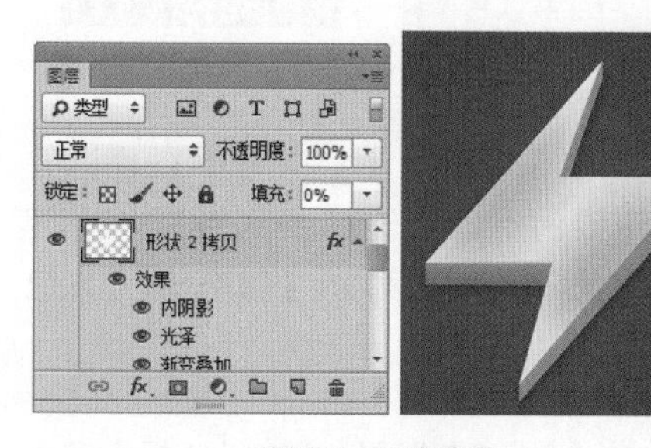

图5.246 更改填充

⑦ 选择工具箱中的【椭圆工具】，在选项栏中将【填充】更改为黄色（R:255，G:180，B:0），【描边】为无，在闪电图形位置按住Shift键绘制一个正圆图形，此时将生成一个【椭圆1】图层，再将其移至【背景】图层上方，如图5.247所示。

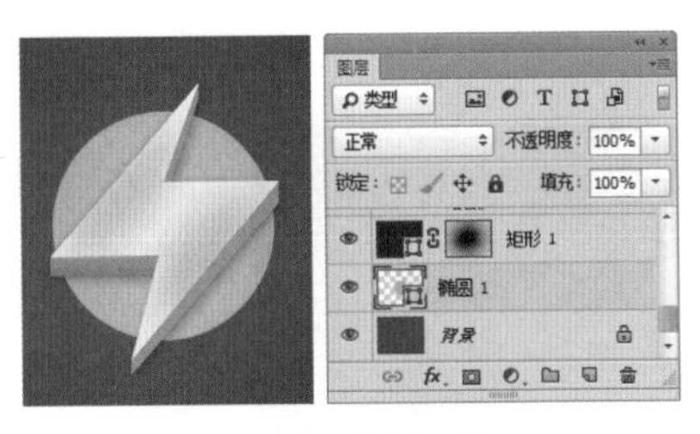

图5.247 绘制图形

⑧ 在【图层】面板中选中【椭圆1】图层，执行菜单栏中的【图层】|【栅格化】|【形状】命令，将当前图形栅格化，如图5.248所示。

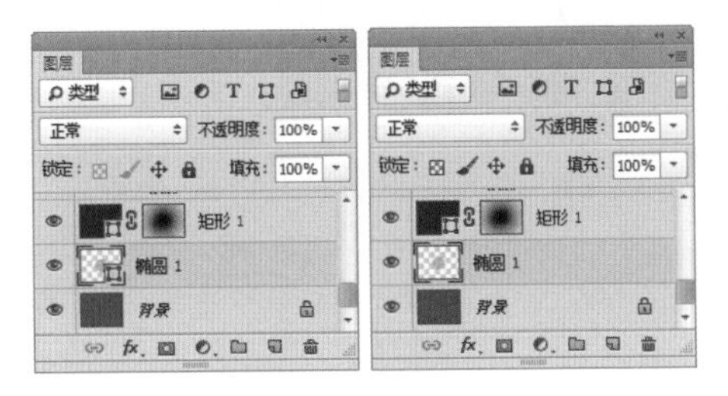

图5.248 栅格化形状

⑨ 选中【椭圆1】图层，执行菜单栏中的【滤镜】|【模糊】|【高斯模糊】命令，在弹出的对话框中将【半径】更改为100像素，设置完成之后单击【确定】按钮，如图5.249所示。

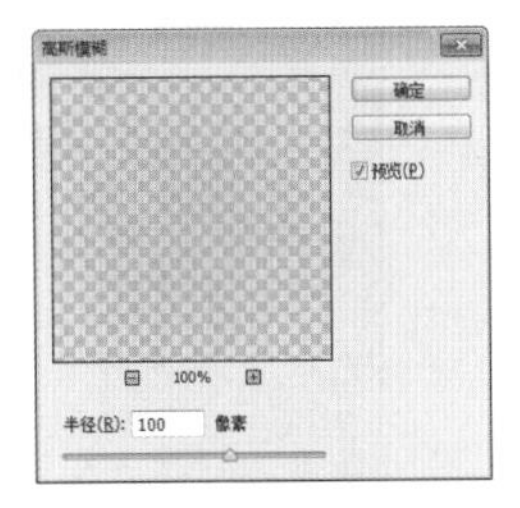

图5.249 设置高斯模糊

⑩ 选中【椭圆1】图层，将其图层混合模式设置为【叠加】，这样就完成了效果制作，最终效果如图5.250所示。

图5.250 设置图层混合模式及最终效果

5.7 鎏金质感指南针

- 新建画布，添加素材图像并利用调色工具及滤镜命令制作背景。
- 绘制图形并添加图层样式制作图标。
- 为绘制的图标添加图形装饰元素。
- 添加光影完成最终效果制作。

本例主要讲解的是鎏金质感指南针制作，此款图标在制作的过程中主要利用图层样式制作质感效果，同时对应的航海地图素材的添加很好地衬托了这款图标，而整体的配色也显得十分上档次。需要注意图层样式中参数数值的变化及样式的灵活运用。

难易程度：★★★★☆
调用素材：配套光盘\素材\调用素材\第 5 章\鎏金质感指南针
最终文件：配套光盘\素材\源文件\第 5 章\鎏金质感指南针 .psd
视频位置：配套光盘\movie\5.7 鎏金质感指南针 .avi

鎏金质感指南针效果如图 5.251 所示。

图5.251 鎏金质感指南针

5.7.1 制作背景

① 执行菜单栏中的【文件】|【新建】命令，在弹出的对话框中设置【宽度】为800像素，【高度】为600像素，【分辨率】为72像素/英寸，【颜色模式】为RGB颜色，新建一个空白画布，如图5.252所示。

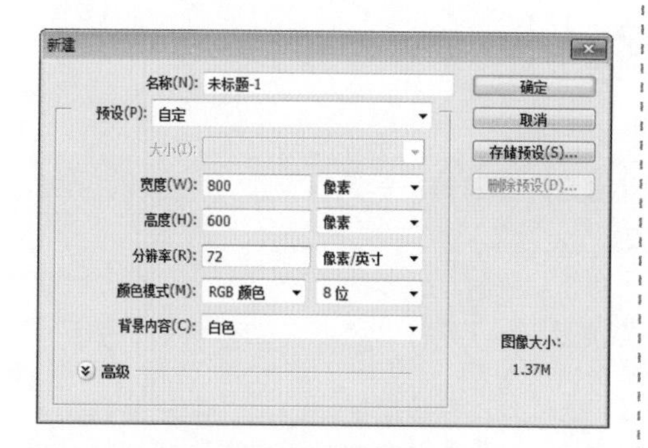

图5.252 新建画布

② 执行菜单栏中的【文件】|【打开】命令，在弹出的对话框中选择配套光盘中的“调用素材\第5章\鎏金质感指南针\地图.psd”文件，将打开的素材拖入画布中，如图5.253所示。

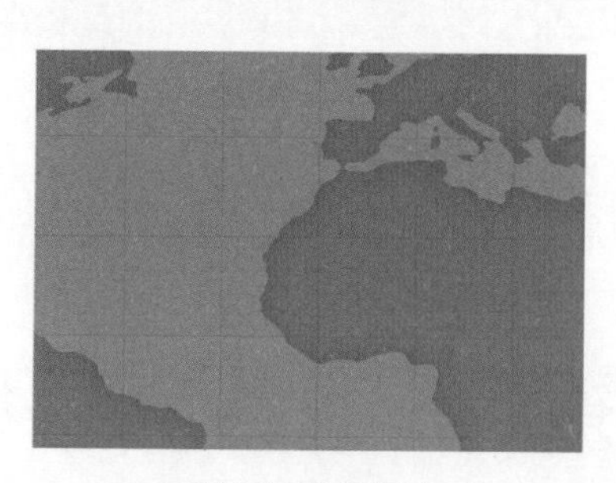

图5.253 添加素材

③ 选择工具箱中的【矩形工具】，在选项栏中将【填充】更改为深黄色（R:58，G:36，B:6），【描边】为无，在画布中绘制一个与画布大小相同的矩形，此时将生成一个【矩形1】图层，如图5.254所示。

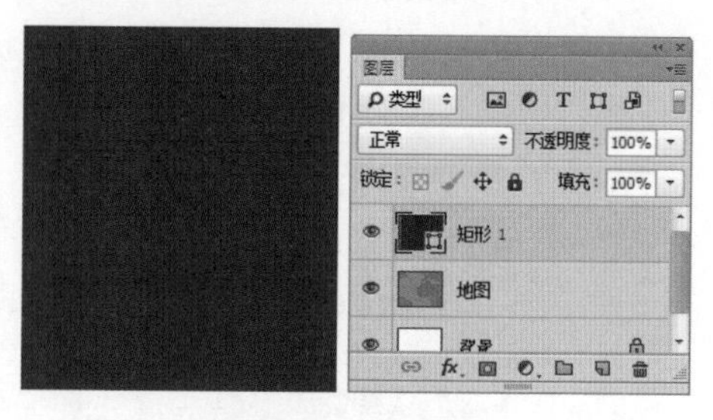

图5.254 绘制图形

④ 在【图层】面板中选中【矩形1】图层，单击面板底部的【添加图层蒙版】按钮，为其添加图层蒙版。选择工具箱中的【画笔工具】设置画笔【大小】为300像素，【硬度】为0%，如图5.255所示。

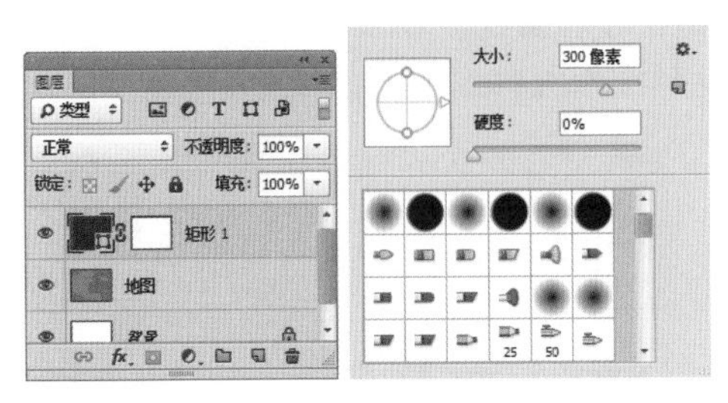

图5.255 添加图层蒙版

⑤ 单击【矩形1】图层蒙版缩览图，将前景色设置为黑色，在画布中拖动绘制，将画布中将部分图形隐藏，如图5.256所示。

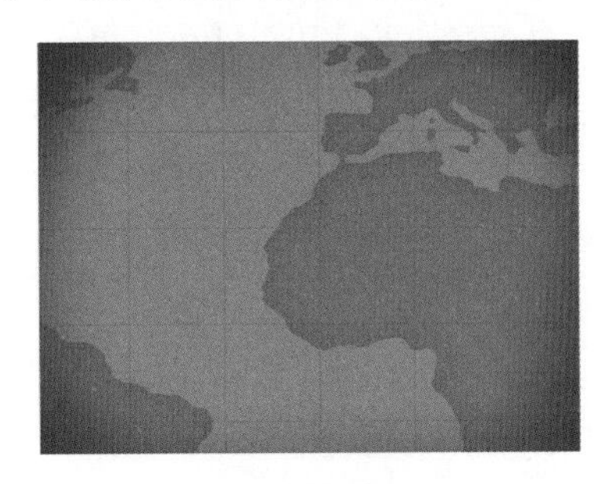

图5.256 隐藏图形

5.7.2 绘制图形

① 选择工具箱中的【椭圆工具】，在选项栏中将【填充】更改为红色（R:150，G:0，B:18），【描边】为无，在画布中按住Shift键绘制一个正圆图形，此时将生成一个【椭圆1】图层，如图5.257所示。

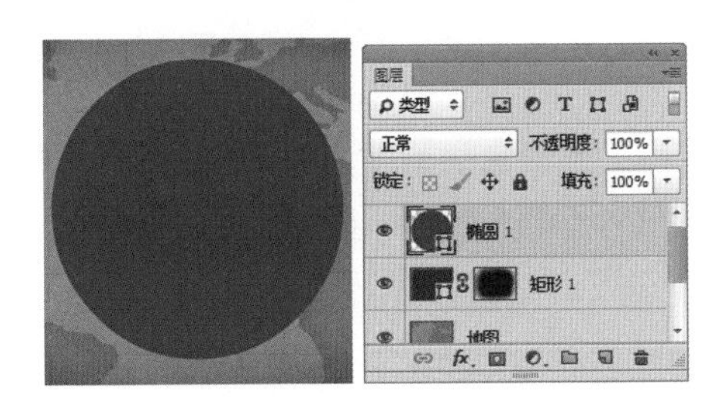

图5.257 绘制图形

② 在【图层】面板中选中【椭圆1】图层，单击面板底部的【添加图层样式】*fx*按钮，在菜单中选择【斜面和浮雕】命令，在弹出的对话框中将【深度】更改为100%，【大小】更改为30像素，【软化】更改为8像素，取消【使用全局光】复选框，单击【光泽等高线】后方的按钮，在弹出的面板中选择【环形-双】，将【高光模式】更改为线性减淡（添加），【颜色】更改为浅黄色（R:255，G:250，B:205），【阴影模式】中的颜色更改为咖啡色（R:164，G:70，B:0），如图5.258所示。

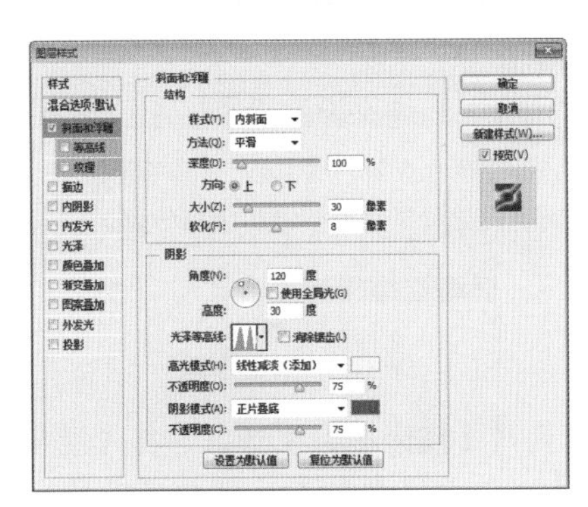

图5.258 设置斜面和浮雕

③ 勾选【等高线】复选框，单击【等高线】后方的按钮，在弹出的对话框中选择锥形，【范围】更改为30%，如图5.259所示。

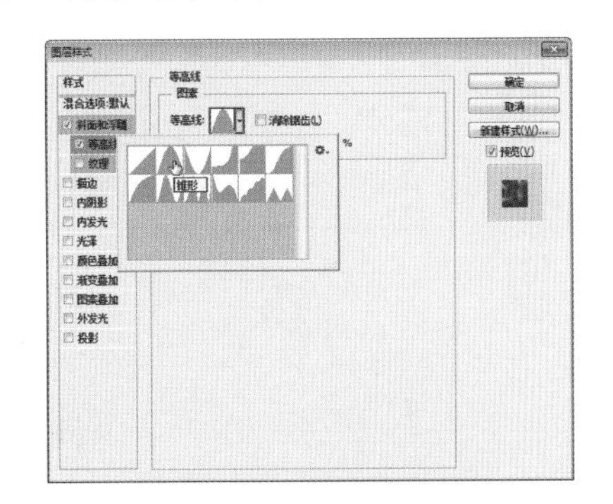

图5.259 设置等高线

④ 勾选【描边】复选框，将【大小】更改为2像素，【填充类型】更改为渐变，将【渐变】更改为咖啡色（R:64，G:10，B:0）到棕色（R:130，G:66，B:16）到黄色（R:255，G:255，B:124）再到黄色（R:224，G:176，B:40），如图5.260所示。

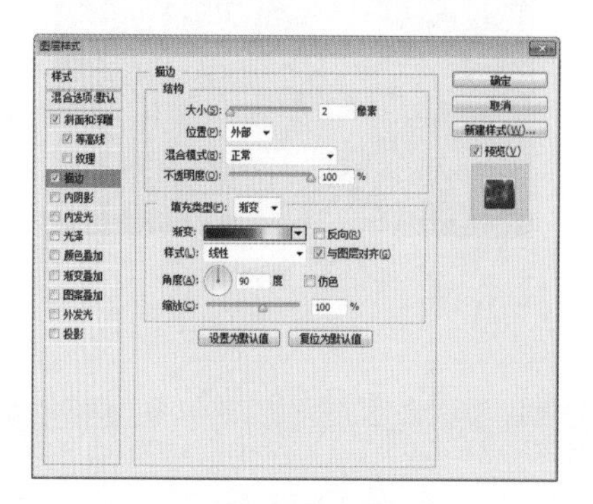

图5.260 设置描边

提示

此处渐变色标大致位置如图5.261所示，可以根据当前视觉效果来稍微调整色标位置。

图5.261 渐变效果

⑤ 勾选【内阴影】复选框，将【混合模式】更改为【叠加】，取消【使用全局光】复选框，【阻塞】更改为65%，【大小】更改为15像素，单击【等高线】后方的按钮，在弹出的面板中选择【环形-双】，如图5.262所示。

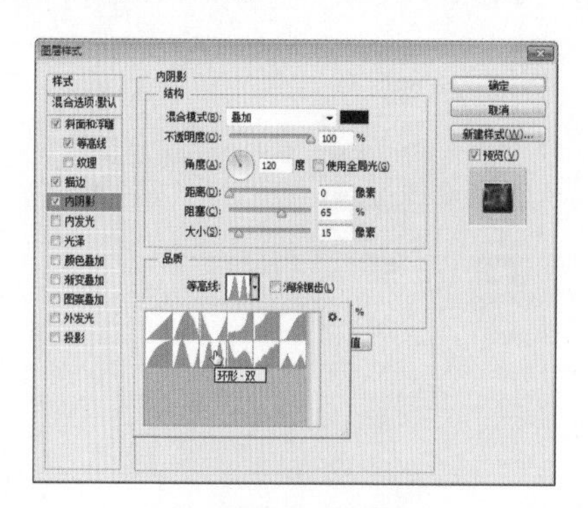

图5.262 设置内阴影

⑥ 勾选【光泽】复选框，将【混合模式】更改为【点光】，【颜色】更改为黄色（R:255，G:216，B:0），【不透明度】更改为25%，【角度】更改为20度，【距离】更改为18像素，【大小】更改为32像素，单击【等高线】后方的按钮，在弹出的面板中选择【环形-双】，如图5.263所示。

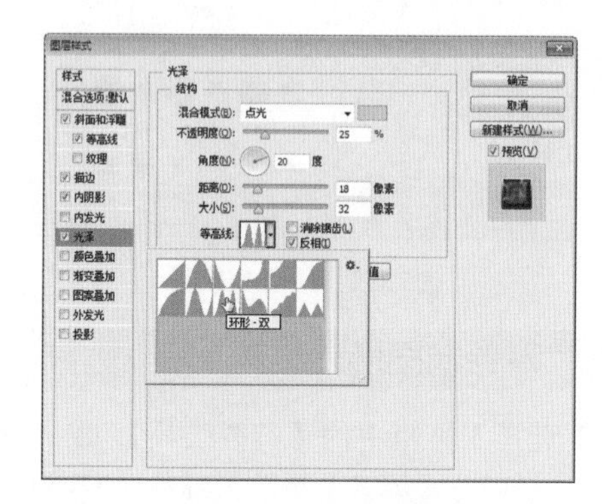

图5.263 设置光泽

⑦ 勾选【渐变叠加】复选框，将【混合模式】更改为正常，将【渐变】更改为棕色（R:137，G:60，B:9）到棕色（R:255，G:216，B:98）到黄色（R:148，G:70，B:32）到黄色（R:255，G:232，B:78）到黄色（R:255，G:240，B:134）再到黄色（R:197，G:150，B:10），如图5.264所示。

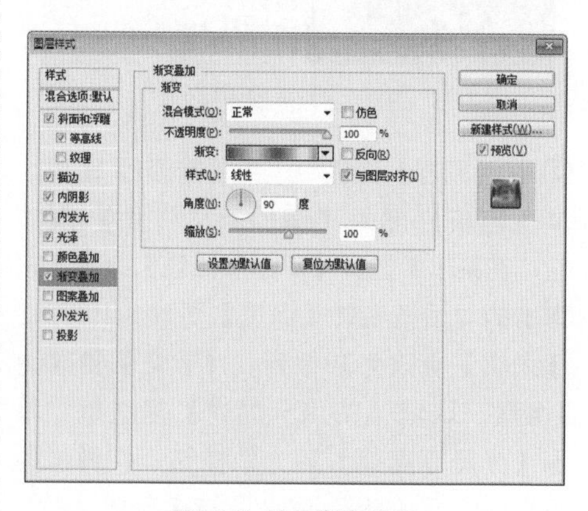

图5.264 设置渐变叠加

此处渐变色标大致位置如图5.265所示。

图5.265

⑧ 勾选【投影】复选框，将【不透明度】更改为65%，取消【使用全局光】复选框，【距离】更改为8像素，【扩展】更改为20%，【大小】更改为20像素，完成之后单击【确定】按钮，如图5.266所示。

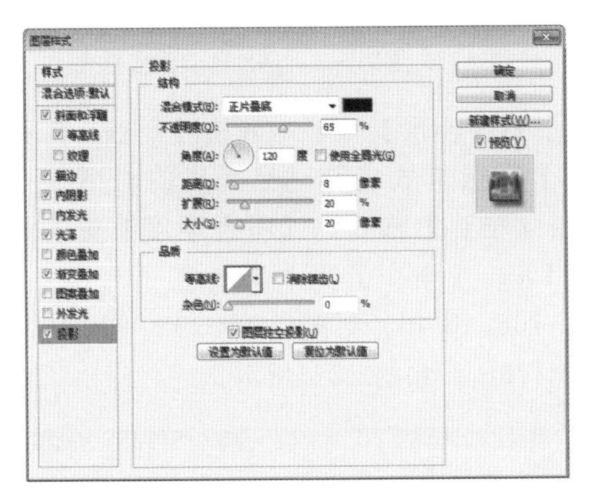

图5.266 设置渐变叠加

⑨ 在【图层】面板中选中【椭圆1】图层，将其拖至面板底部的【创建新图层】按钮上，复制一个【椭圆1 拷贝】图层，将【椭圆1 拷贝】图层中的【斜面和浮雕】、【光泽】、【投影】图层样式删除，如图5.267所示。

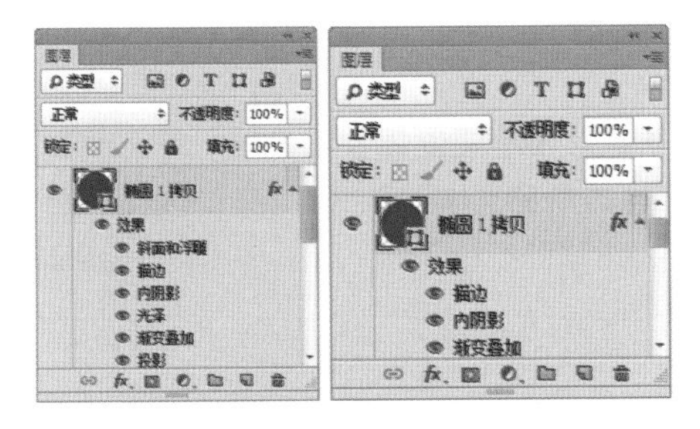

图5.267 复制图层并删除部分图层样式

⑩ 在【图层】面板中双击【椭圆1 拷贝】图层的【描边】图层样式名称，在弹出的对话框中将【位置】更改为【内部】，【混合模式】更改为【深色】，【不透明度】更改为50%，【渐变】更改为黑色到灰色（R:105，G:105，B:105），如图5.268所示。

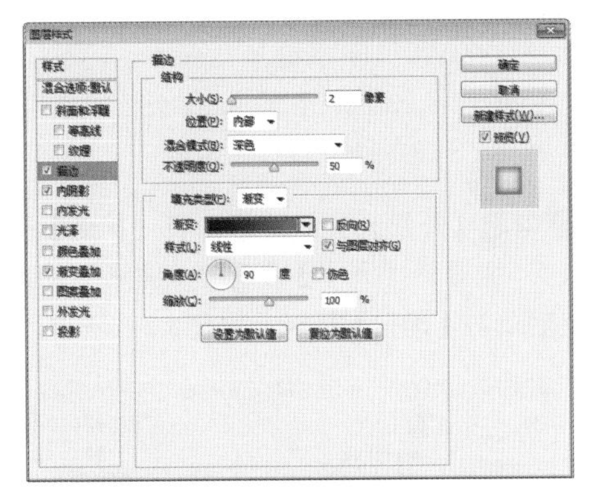

图5.268 设置描边

⑪ 选中【内阴影】复选框，将【混合模式】更改为【正片叠底】，【阻塞】更改为10%，【大小】更改为15像素，如图5.269所示。

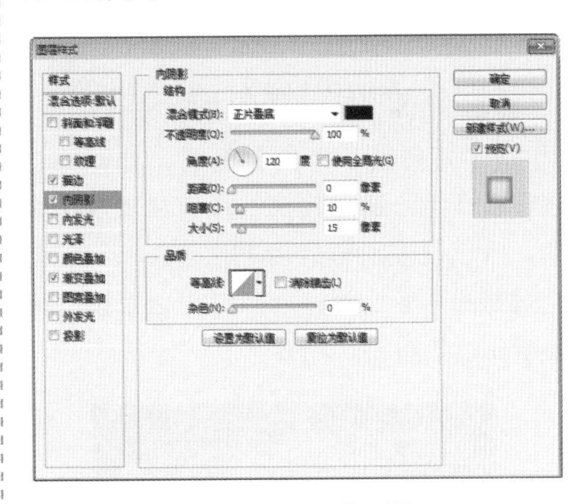

图5.269 设置内阴影

⑫ 选中【渐变叠加】复选框，将【渐变】更改为黄色（R:237，G:227，B:196）到黄色（R:239，G:224，B:186）再到黄色（R:250，G:245，B:232），如图5.270所示。

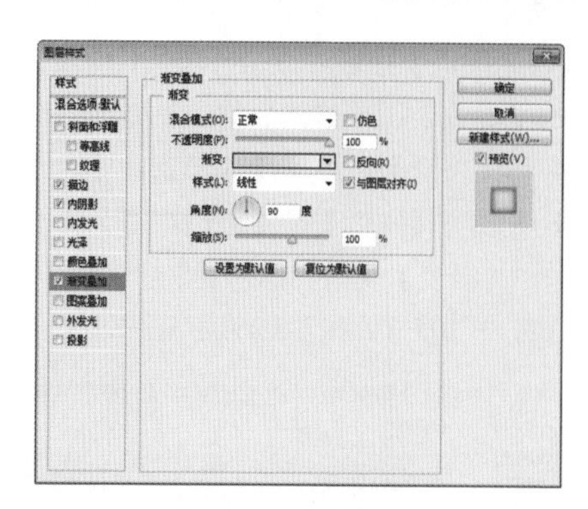

图5.270 设置渐变叠加

⑬ 勾选【外发光】复选框，将【扩展】更改为5像素，【大小】更改为5像素，完成之后单击【确定】按钮，如图5.271所示。

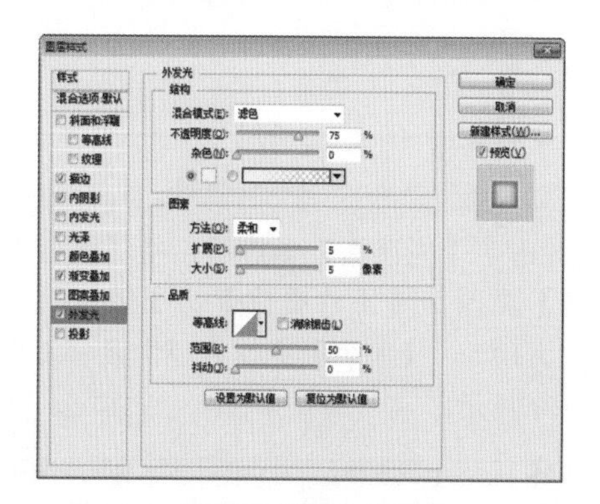

图5.271 设置外发光

⑭ 选中【椭圆1 拷贝】图层，在画布中按Ctrl+T组合键对其执行【自由变换】命令，当出现变形框以后，按住Alt+Shift组合键将图形等比例缩小，完成之后按Enter键确认，如图5.272所示。

图5.272 变换图形

⑮ 在【图层】面板中选中【椭圆1 拷贝】图层，将其拖至面板底部的【创建新图层】按钮上，复制一个【椭圆1 拷贝2】图层，将【椭圆1 拷贝2】图层中的【内阴影】图层样式删除，如图5.273所示。

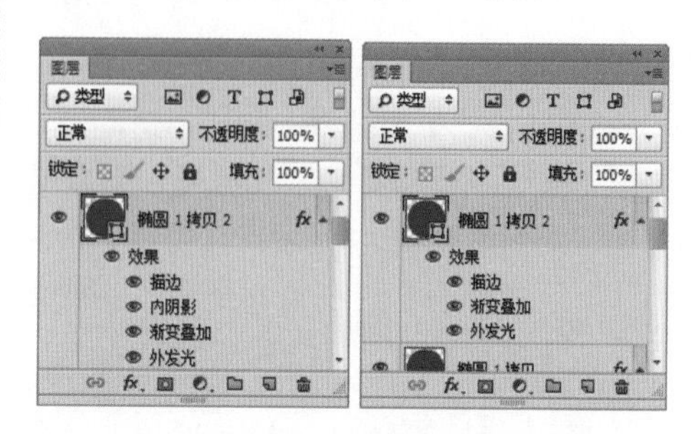

图5.273 复制图层并删除部分图层样式

⑯ 在【图层】面板中双击【椭圆1 拷贝2】图层样式名称，在弹出的对话框中将【描边】样式的【不透明度】更改为85%，【渐变】更改为黄色（R:154，G:106，B:40）到黄色（R:235，G:218，B:178），如图5.274所示。

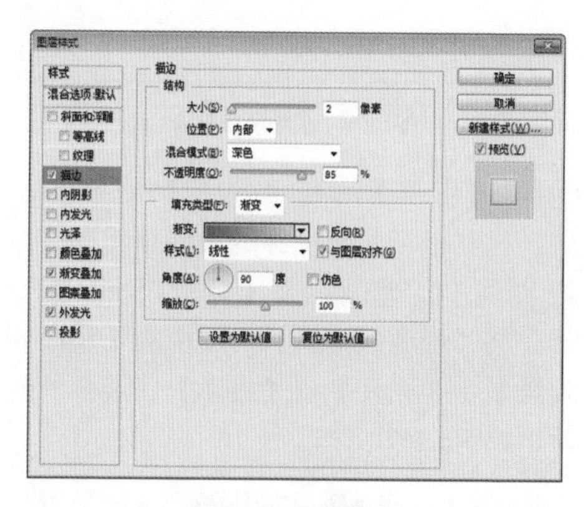

图5.274 设置描边

⑰ 勾选【渐变叠加】复选框，将【渐变】更改为黄色（R:232，G:214，B:172）到黄色（R:255，G:245，B:216），如图5.275所示。

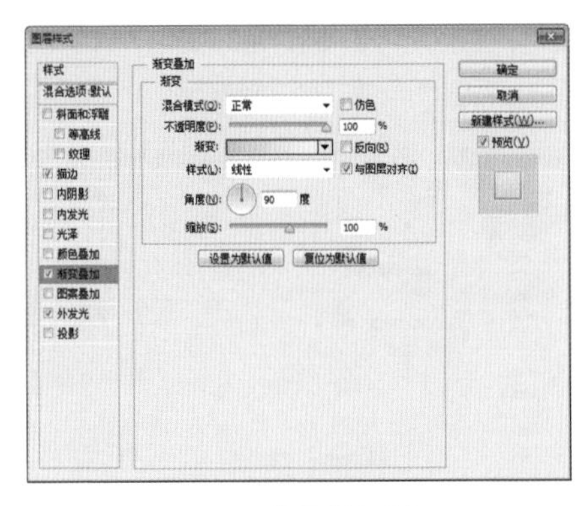

图5.275 设置渐变叠加

⑱ 勾选【外发光】复选框，将【颜色】更改为白色，【扩展】更改为5像素，完成之后单击【确定】按钮，如图5.276所示。

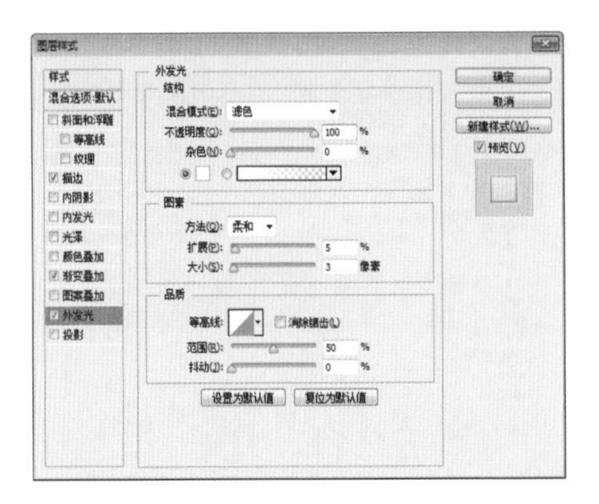

图5.276 设置外发光

⑲ 选中【椭圆1 拷贝2】图层，在画布中按Ctrl+T组合键对其执行【自由变换】命令，当出现变形框以后，按住Alt+Shift组合键将图形等比例缩小，完成之后按Enter键确认，如图5.277所示。

图5.277 变换图形

⑳ 在【图层】面板中选中【椭圆1 拷贝2】图层，将其拖至面板底部的【创建新图层】按钮上，复制一个【椭圆1 拷贝3】图层，如图5.278所示。

㉑ 选中【椭圆1 拷贝3】图层，在画布中按Ctrl+T组合键对其执行【自由变换】命令，当出现变形框以后，按住Alt+Shift组合键将图形适当等比例缩小，完成之后按Enter键确认，如图5.279所示。

图5.278 复制图层　　图5.279 变换图形

㉒ 以刚才同样的方法复制一个【椭圆1 拷贝4】图层，在画布中将图形适当等比例缩小，如图5.280所示。

图5.280 复制图层并变换图形

㉓ 以刚才同样的方法复制一个再次【椭圆1 拷贝5】图层，在画布中将图形适当等比例缩小，如图5.281所示。

图5.281 复制图层并变换图形

㉔ 以刚才同样的方法再次复制一个【椭圆1 拷贝6】图层，在画布中将图形适当等比例缩小，如图5.282所示。

图5.282 复制图层并变换图形

㉕ 在【图层】面板中选中【椭圆1 拷贝6】图层，将其图层中的【渐变叠加】图层样式删除，如图5.283所示。

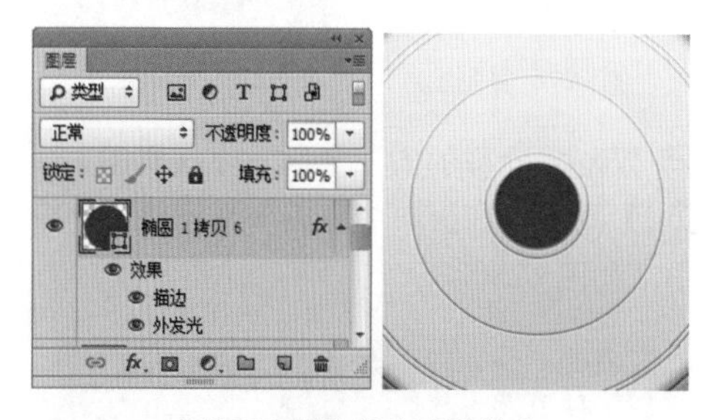

图5.283 删除部分图形样式

㉖ 在【图层】面板中双击【椭圆1 拷贝6】图层样式名称，在弹出的对话框中勾选【描边】复选框，将【填充类型】更改为【颜色】，将【颜色】更改为深黄色（R:130，G:113，B:80），如图5.284所示。

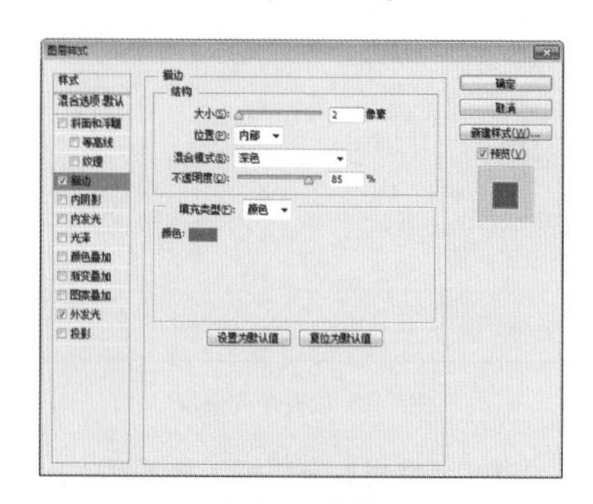

图5.284 设置描边

㉗ 勾选【颜色叠加】复选框，将【颜色】更改为深黄色（R:170，G:148，B:106），完成之后单击【确定】按钮，如图5.285所示。

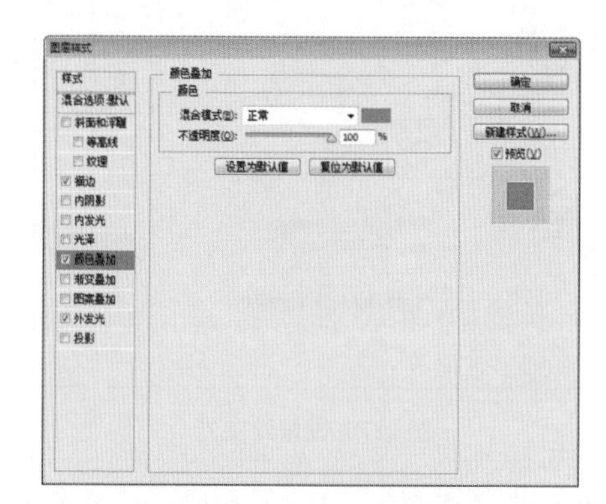

图5.285 设置颜色叠加

5.7.3 添加图形元素

① 选择工具箱中的【横排文字工具】T，在图标上适当位置添加文字，如图5.286所示。

图5.286 添加文字

② 在【图层】面板中选中【W】图层，单击面板底部的【添加图层样式】fx按钮，在菜单中选择【斜面和浮雕】命令，在弹出的对话框中将【深度】更改为1%，【大小】更改为5像素，如图5.287所示。

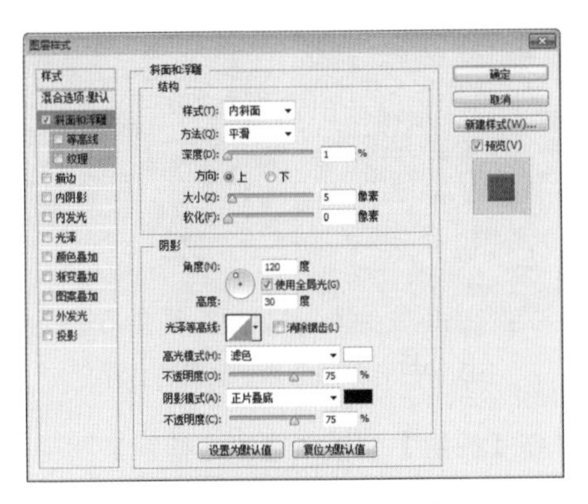

图5.287 设置斜面和浮雕

③ 勾选【渐变叠加】复选框，将【渐变】更改为黑色到灰色（R:125，G:125，B:125），如图5.288所示。

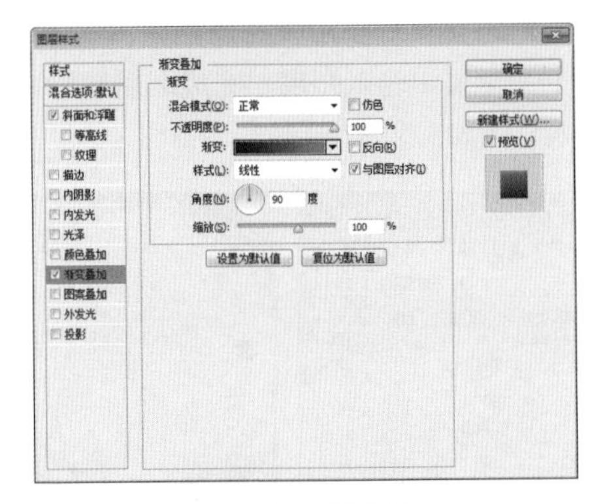

图5.288 设置渐变叠加

④ 勾选【投影】复选框，将【距离】更改为1像素，【大小】更改为1像素，完成之后单击【确定】按钮，如图5.289所示。

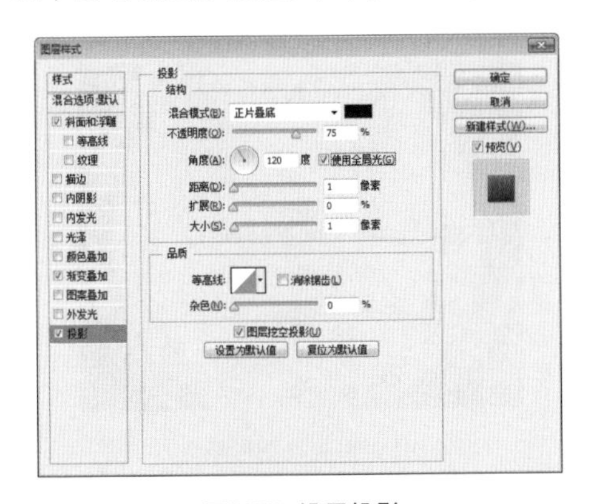

图5.289 设置投影

⑤ 在【W】图层上单击鼠标右键，从弹出的快捷菜单中选择【拷贝图层样式】命令，分别在【N】、【E】、【S】图层上单击鼠标右键，从弹出的快捷菜单中选择【粘贴图层样式】命令，如图5.290所示。

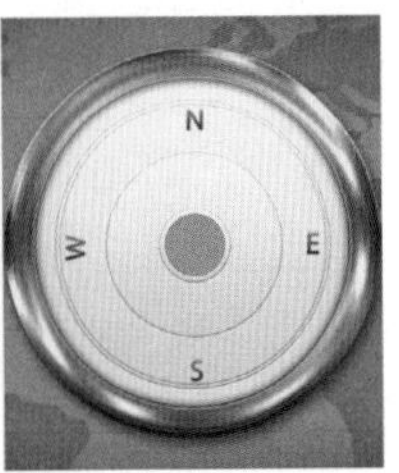

图5.290 拷贝并粘贴图层样式

⑥ 选择工具箱中的【钢笔工具】，在选项栏中单击【选择工具模式】按钮，在弹出的选项中选择【形状】，将【填充】更改为黄色（R:234，G:210，B:160），在画布中指南针图形上绘制一个不规则图形，此时将生成一个【形状1】图层，如图5.291所示。

图5.291 绘制图形

⑦ 在【图层】面板中选中【形状1】图层，单击面板底部的【添加图层样式】按钮，在菜单中选择【描边】命令，在弹出的对话框中将【大小】更改为1像素，【位置】更改为【内部】，【颜色】更改为深黄色（R:170，G:148，B:106），完成之后单击【确定】按钮，如图5.292所示。

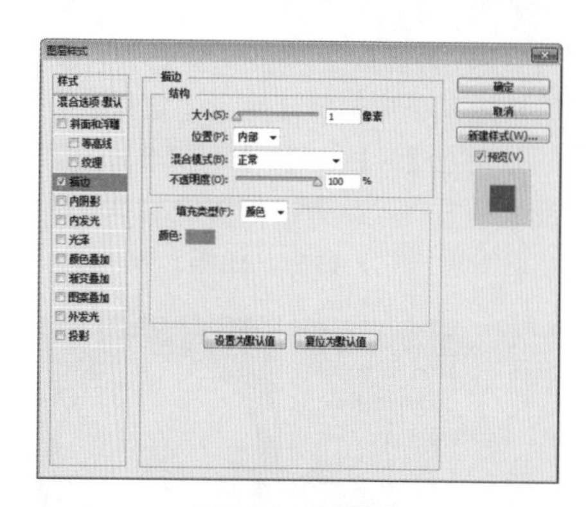

图5.292 设置描边

⑧ 在【图层】面板中选中【形状1】图层，将其拖至面板底部的【创建新图层】按钮上，复制一个【形状1 拷贝】图层，如图5.293所示。

⑨ 选中【形状1 拷贝】图层，在画布中按Ctrl+T组合键对其执行【自由变换】命令，将光标移至出现的变形框上单击鼠标右键，从弹出的快捷菜单中选择【水平翻转】命令，完成之后按Enter键确认，如图5.294所示。

图5.293 复制图层　　图5.294 变换图形

⑩ 在【图层】面板中，同时选中【形状1 拷贝】及【形状1】图层，执行菜单栏中的【图层】|【合并形状】命令，将图层合并，此时将生成一个【形状1 拷贝】图层，将其图层名称更改为【指针】，如图5.295所示。

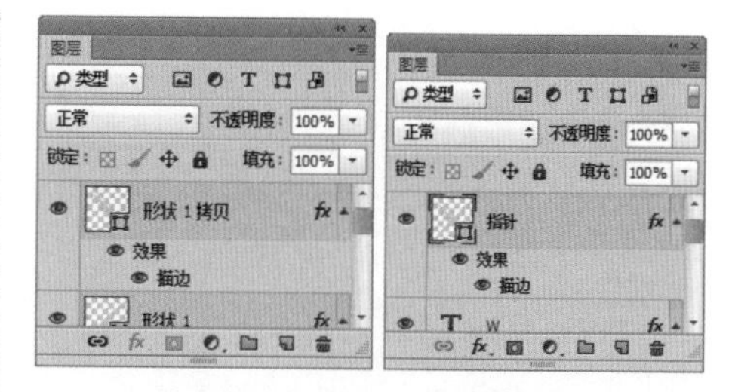

图5.295 合并图层并更改图层名称

⑪ 在【图层】面板中选中【指针】图层，将其拖至面板底部的【创建新图层】按钮上，复制一个【指针 拷贝】图层，如图5.296所示。

⑫ 选中【指针 拷贝】图层，在画布中按Ctrl+T组合键对其执行【自由变换】命令，当出现变形框后，在选项栏中的【旋转】文本框中输入45度，完成之后按Enter键确认，如图5.297所示。

图5.296 复制图层　　图5.297 变换图形

⑬ 选中【指针 拷贝】图层，在画布中将其图形颜色更改为深黄色（R:170，G:148，B:106），如图5.298所示。

图5.298 更改图形颜色

⑭ 在【图层】面板中双击【指针 拷贝】图层样式名称，在弹出的对话框中将【描边】样式的【颜色】更改为深黄色（R:130，G:113，B:80），完成之后单击【确定】按钮，如图5.299所示。

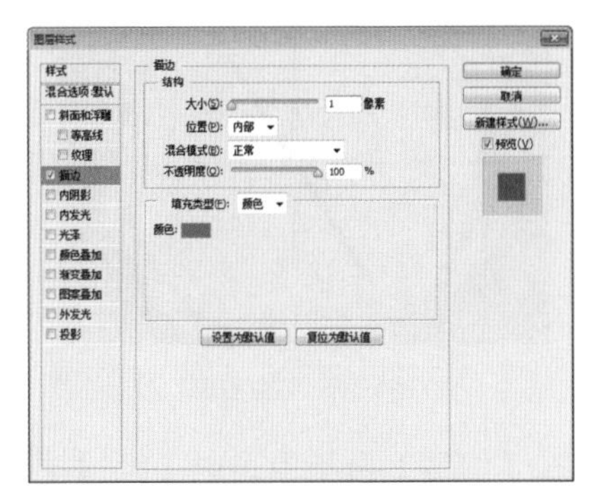

图5.299 设置描边

⑮ 选择工具箱中的【矩形工具】，在选项栏中将【填充】更改为白色，【描边】为无，在图标位置绘制一个细长的矩形，此时将生成一个【矩形2】图层，如图5.300所示。

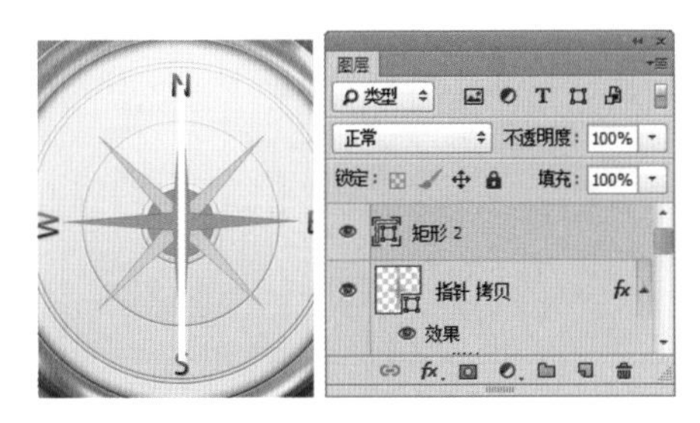

图5.300 绘制图形

⑯ 选择工具箱中的【钢笔工具】，在选项栏中单击【选择工具模式】按钮，在弹出的选项中选择【形状】，将【填充】更改为白色，在刚才绘制的矩形顶部位置绘制一个不规则图形，此时将生成一个【形状1】图层，如图5.301所示。

⑰ 在【图层】面板中选中【矩形2】图层，单击面板底部的【添加图层样式】fx按钮，在菜单中选择【内阴影】命令，在弹出的对话框中将【混合模式】更改为【叠加】，【不透明度】更改为70%，取消【使用全局光】复选框，【阻塞】更改为30%，【大小】更改为15像素，单击【等高线】后方的按钮，在弹出的面板中选择【环形-双】，如图5.302所示。

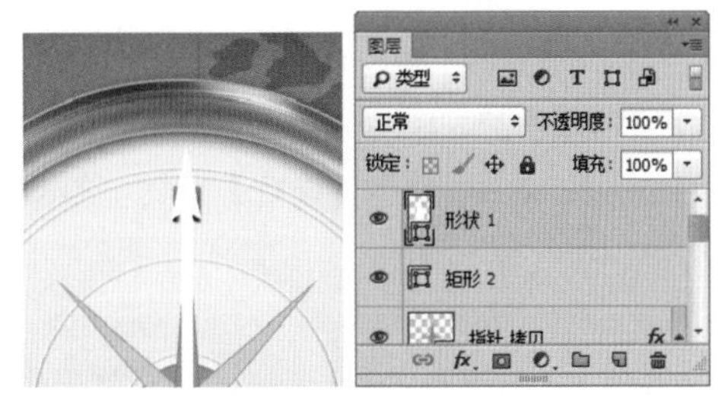

图5.301 绘制图形

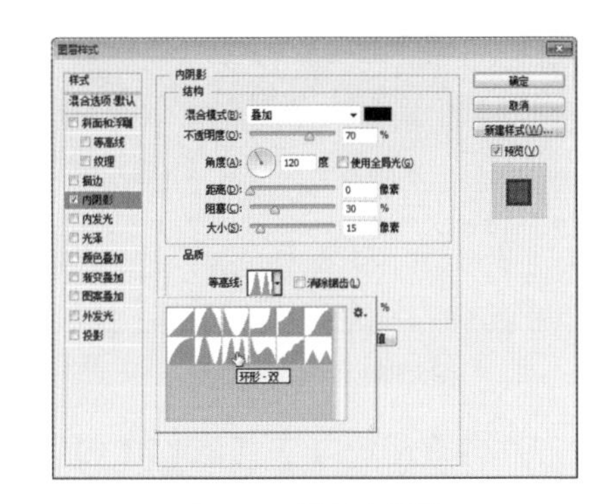

图5.302 设置内阴影

⑱ 勾选【渐变叠加】复选框，将【渐变】更改为黑色到灰色（R:90，G:94，B:98），完成之后单击【确定】按钮，如图5.303所示。

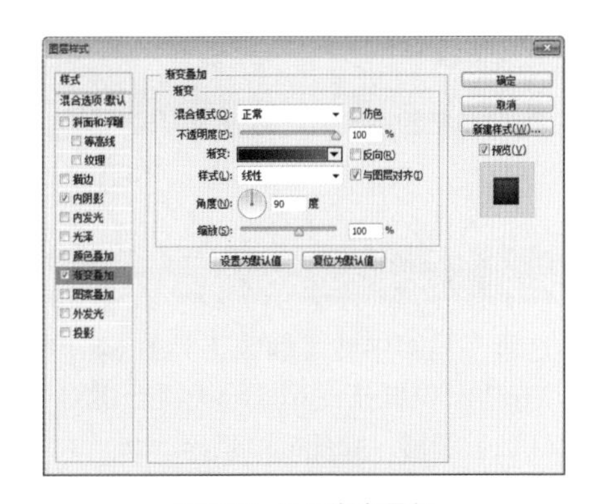

图5.303 设置渐变叠加

⑲ 在【图层】面板中选中【形状1】图层，单击面板底部的【添加图层样式】fx按钮，在菜单中选择【渐变叠加】命令，在弹出的对话框中将【混合模式】更改为【正常】，【渐变】更改为红色（R:112，G:0，B:0）到红色（R:203，G:0，B:0）到红色（R:255，G:80，B:80）再到红色（R:198，G:27，B:27），【角度】更改为-10度，完成之后单击【确定】按钮，如图5.304所示。

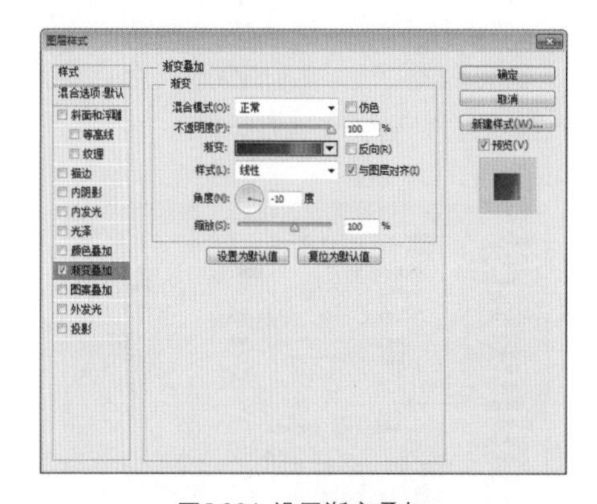

图5.304 设置渐变叠加

⑳ 同时选中【形状1】及【矩形2】图层，按Ctrl+G组合键将图形快速编组，此时将生成一个【组1】组，如图5.305所示。

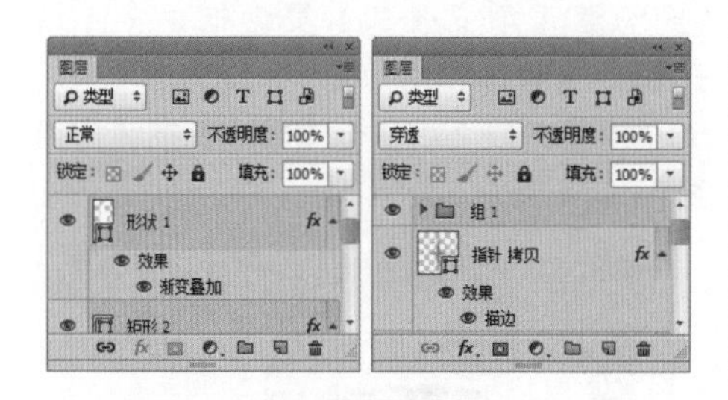

图5.305 快速编组

㉑ 选中【组1】，在画布中按Ctrl+T组合键对其执行【自由变换】命令，当出现变形框以后，将图形适当旋转，完成之后按Enter键确认，如图5.306所示。

图5.306 变换图形

㉒ 在【图层】面板中选中【组1】组，单击面板底部的【添加图层样式】fx按钮，在菜单中选择【投影】命令，在弹出的对话框中将【不透明度】更改为30%，【距离】更改为6像素，【大小】更改为3像素，完成之后单击【确定】按钮，如图5.307所示。

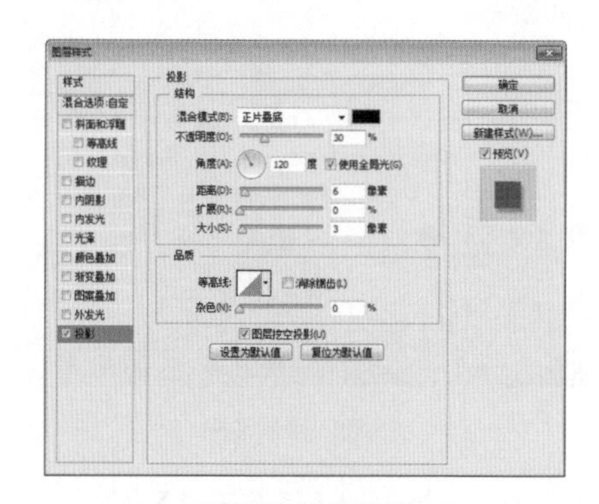

图5.307 设置投影

5.7.4 制作光影

① 选择工具箱中的【椭圆工具】，在选项栏中将【填充】更改为白色，【描边】为无，在中心位置按住Alt+Shift组合键以中心为起点绘制一个正圆图形，此时将生成一个【椭圆2】图层，如图5.308所示。

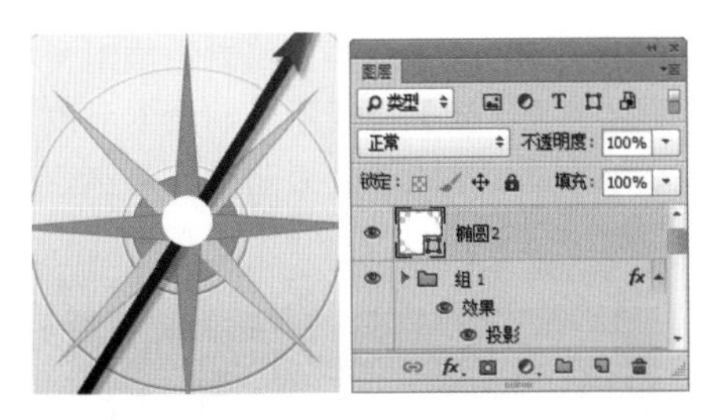

图5.308 绘制图形

② 在【图层】面板中选中【椭圆2】图层，单击面板底部的【添加图层样式】fx按钮，在菜单中选择【描边】命令，在弹出的对话框中将【大小】更改为5像素，【填充类型】更改为【渐变】，渐变】更改为灰色（R:190，G:190，B:190）到深灰色（R:60，G:60，B:60）到白色到灰色（R:176，G:176，B:176）再到白色，如图5.309所示。

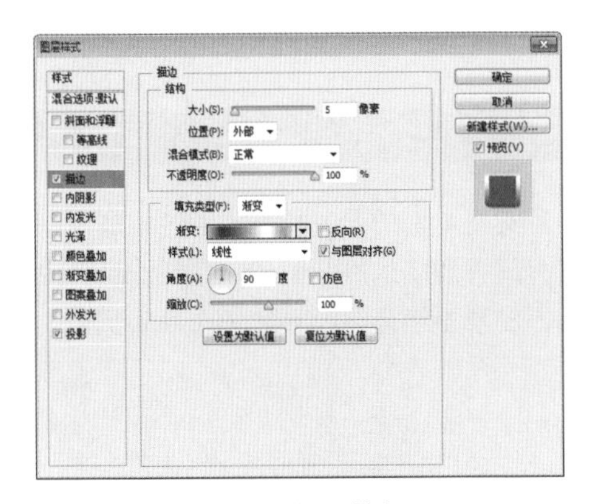

图5.309 设置描边

③ 勾选【内发光】复选框，将【混合模式】更改为【正常】，【颜色】更改为黑色，【阻塞】更改为1%，【大小】更改为3像素，如图5.310所示。

④ 勾选【渐变叠加】复选框，将【渐变】更改为深红色（R:108，G:38，B:0）到深红色（R:77，G:0，B:0）再到深红色（R:108，G:38，B:0），【缩放】更改为80%，如图5.311所示。

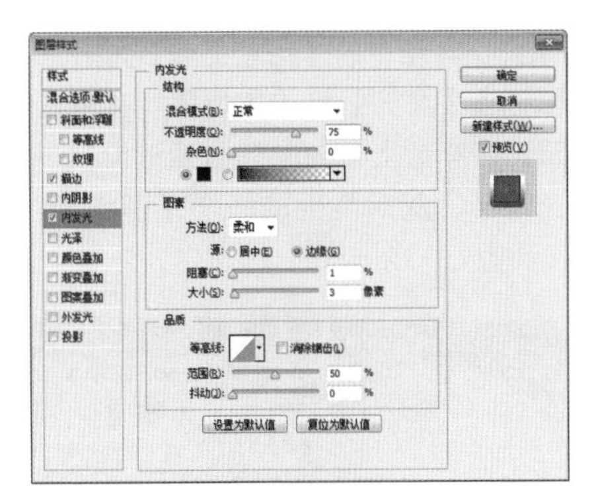

图5.310 设置内发光

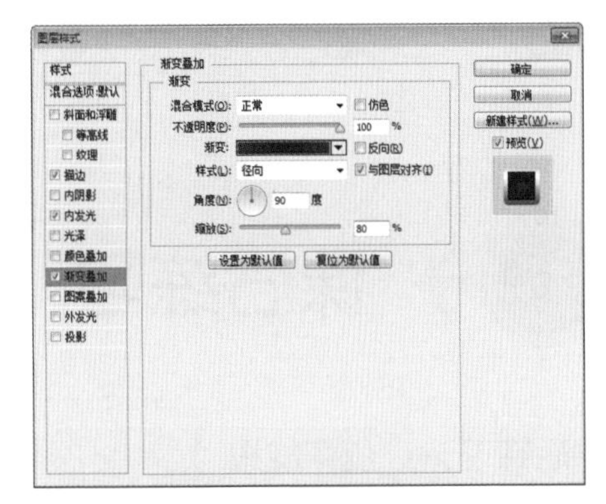

图5.311 设置渐变叠加

⑤ 勾选【投影】复选框，取消【使用全局光】复选框，将【距离】更改为3像素，【扩展】更改为30%，【大小】更改为20像素，完成之后单击【确定】按钮，如图5.312所示。

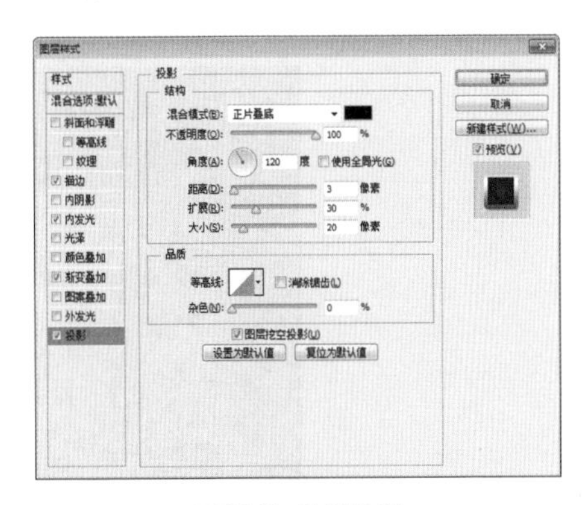

图5.312 设置投影

⑥ 选择工具箱中的【钢笔工具】，在选项栏中将【填充】更改为白色，【描边】为无，在罗盘上沿内部椭圆图形绘制一个弧形图形，此时将生成一个【形状2】图层，如图5.313所示。

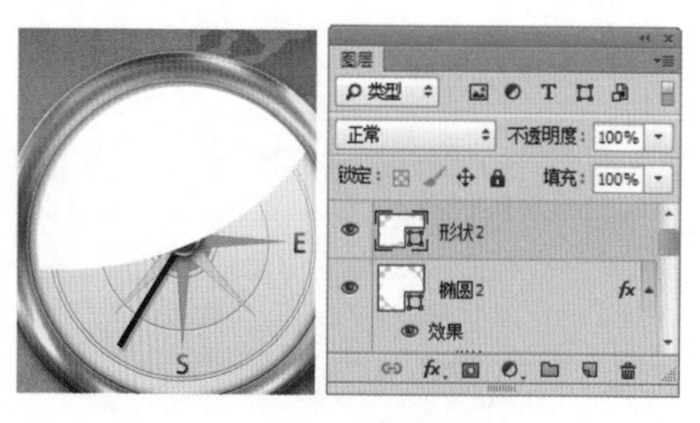

图5.313 绘制图形

⑦ 选中【形状2】图层，将其图层混合模式设置为【柔光】，【不透明度】更改为50%，这样就完成了效果制作，最终效果如图5.314所示。

图5.314 最终效果

课后练习

课后练习5-1 皮革旋纽

本例主要讲解皮革旋纽的制作，超强的写实是本例的最大特点，通过添加素材图像并配合图层样式的方法，打造出富有超强质感的旋纽图形，在制作过程中应该注意添加的图层样式数值大小控制。皮革旋纽最终效果如图 5.315 所示。

难易程度：★★☆☆☆
调用素材：配套光盘 \ 素材 \ 调用素材 \ 第 5 章 \ 皮革旋纽
最终文件：配套光盘 \ 素材 \ 源文件 \ 第 5 章 \ 皮革旋纽 P.psd
视频位置：配套光盘 \movie\ 课后练习 5-1 皮革旋纽 .avi

图5.315 皮革旋纽

操作提示

（1）新建画布并填充颜色，添加素材制作背景。
（2）绘制图形制作旋纽底座图形。
（3）在绘制的旋纽底座图形上，绘制旋纽以及控件图形，完成最终效果的制作。

关键步骤提示（如图5.316所示）

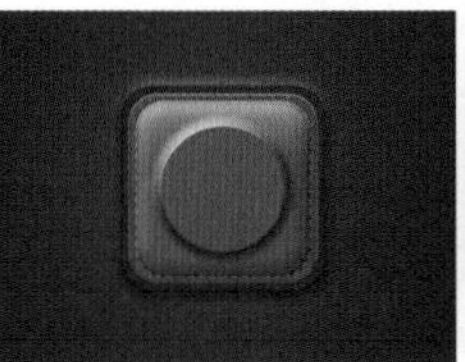

图5.316 关键步骤提示

课后练习5-2 唱片机图标

本例讲解唱片机图标的制作，此款图标的造型时尚大气，以银白色为主色调，提升了整个图标的品质感，同时特效纹理图像的添加更是模拟出唱片机的实物感。唱片机图标最终效果如图 5.317 所示。

难易程度：★★★☆☆
最终文件：配套光盘 \ 素材 \ 源文件 \ 第 5 章 \ 唱片机图标 .psd
视频位置：配套光盘 \movie\ 课后练习 5-2 唱片机图标 .avi

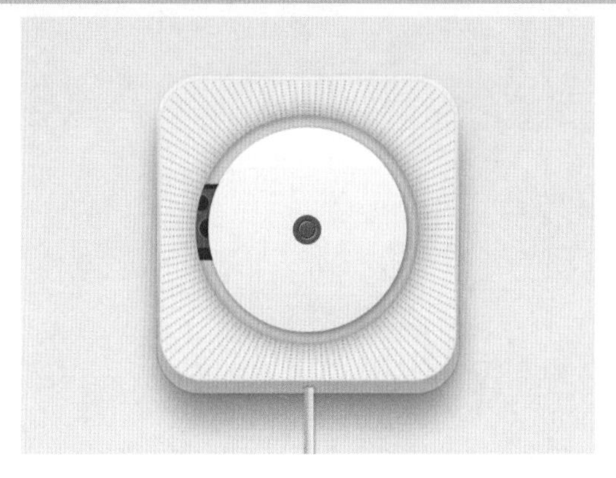

图5.317 唱片机图标

操作提示

（1）新建画布并填充颜色，制作背景。
（2）绘制图形制作图标轮廓并添加纹理图像。
（3）绘制托盘、卡座及线缆图像，完成最终效果的制作。

关键步骤提示（如图5.318所示）

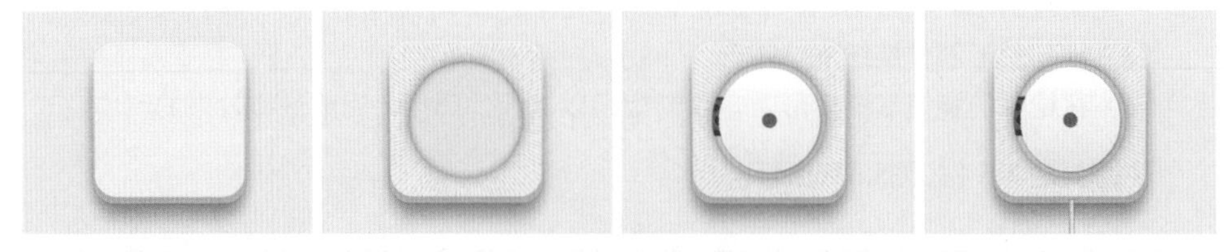

图5.318 关键步骤提示

课后练习5-3 品质音量控件

本例主要讲解品质音量控件的制作，本例在设计中遵循了传统的控件制作方法，以质感、实用以及贴近用户实际操作体验为基本出发点，控件看似简单，但是需要重点注意质感的表现力以及各类真实效果的实现。品质音量控件最终效果如图 5.319 所示。

难易程度：★★★☆☆
最终文件：配套光盘\素材\源文件\第 5 章\品质音量控件 .psd
视频位置：配套光盘\movie\课后练习 5-3 品质音量控件 .avi

图5.319 品质音量控件

操作提示

（1）新建画布并填充颜色，添加滤镜效果制作背景。
（2）绘制控件图形，为控件制作高光、阴影以及发光等效果。
（3）为控件制作细节并添加文字信息，完成最终效果的制作。

关键步骤提示（如图5.320所示）

图5.320 关键步骤提示

第 6 章

本章精彩效果展示

简约流行风图标

内容摘要

本章主要详解简约流行风图标的制作，本章中的例子虽然不多，但是每个例子都堪称经典，因为这些图标都是常用的经典图标，从PC端到移动端随处都可看到它的身影，由于它的流行特点，可能带给人愉悦、轻松的浏览体验，所以在整个UI设计的领域中占有不少的比重，同时也是UI图标设计的流行风格鼻祖。

教学目标

学习脚丫图标的制作方法
掌握电话图标的制作
学会相机和计算器图标的制作方法

6.1 脚丫图标

- 新建画布，填充颜色并利用图层样式制作背景。
- 绘制图形并添加图层样式制作图标。
- 在图标上绘制装饰图形完成最终图标终效果制作。

本例主要讲解的是脚丫图标的效果制作，此款图标的设计十分富有创意，通过卡通化的图形添加使整个图标的视觉效果相当不错，并且在配色方面更是符合整个图标的创新与创意思维。

难易程度：★★☆☆☆
最终文件：配套光盘 \ 素材 \ 源文件 \ 第 6 章 \ 脚丫图标 .psd
视频位置：配套光盘 \movie\6.1 脚丫图标 .avi

脚丫图标效果如图 6.1 所示。

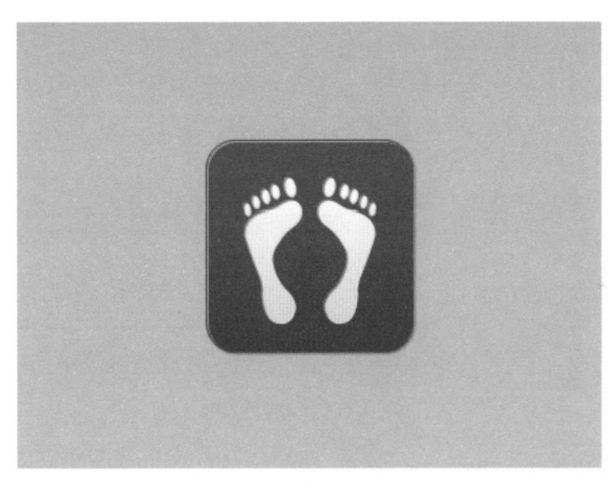

图6.1 脚丫图标

6.1.1 制作背景

① 执行菜单栏中的【文件】|【新建】命令，在弹出的对话框中设置【宽度】为400像素，【高度】为300像素，【分辨率】为72像素/英寸，【颜色模式】为RGB颜色，新建一个空白画布，如图6.2所示。

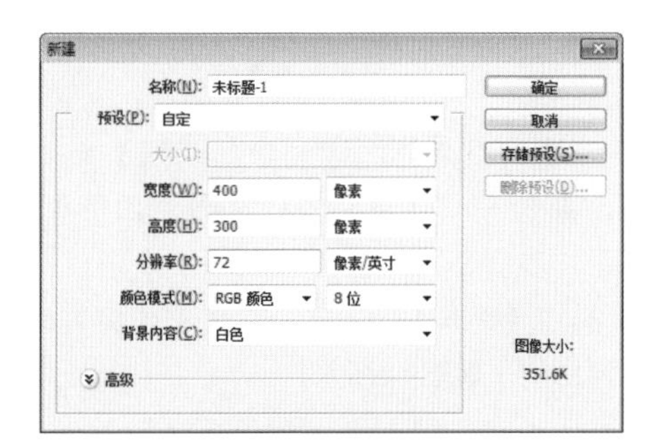

图6.2 新建画布

②将画布填充为青色（R:46，G:184，B:230），如图6.3所示。

③在【图层】面板中选中【背景】图层，将其拖至面板底部的【创建新图层】按钮上，复制一个【背景 拷贝】图层，如图6.4所示。

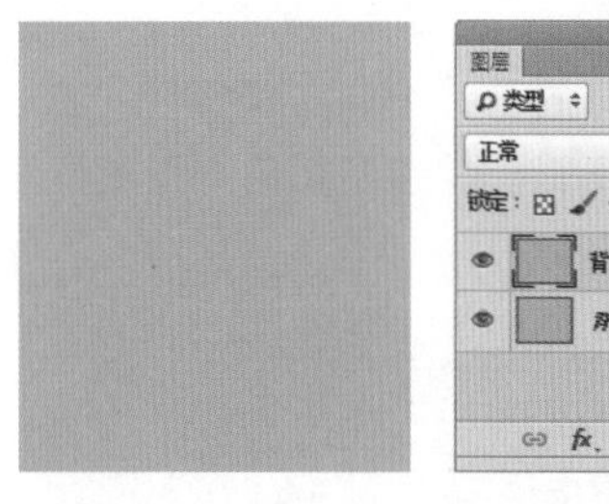

图6.3 填充颜色

图6.4 复制图层

④在【图层】面板中选中【背景 拷贝】图层，单击面板底部的【添加图层样式】 fx 按钮，在菜单中选择【渐变叠加】命令，在弹出的对话框中将【混合模式】更改为【叠加】，【不透明度】更改为30%，【渐变】为黑白渐变，完成之后单击【确定】按钮，如图6.5所示。

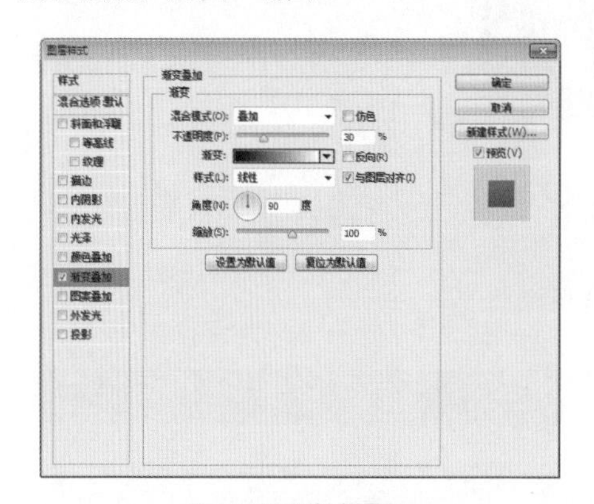

图6.5 设置渐变叠加

⑤单击面板底部的【创建新图层】按钮，新建一个【图层1】图层，如图6.6所示。

⑥选中【图层1】图层，在画布中将其填充为白色，如图6.7所示。

图6.6 新建图层

图6.7 填充颜色

⑦选中【图层1】图层，执行菜单栏中的【滤镜】|【杂色】|【添加杂色】命令，在弹出的对话框中将【数量】更改为3%，分别选中【高斯分布】单选按钮和【单色】复选框，完成之后单击【确定】按钮，如图6.8所示。

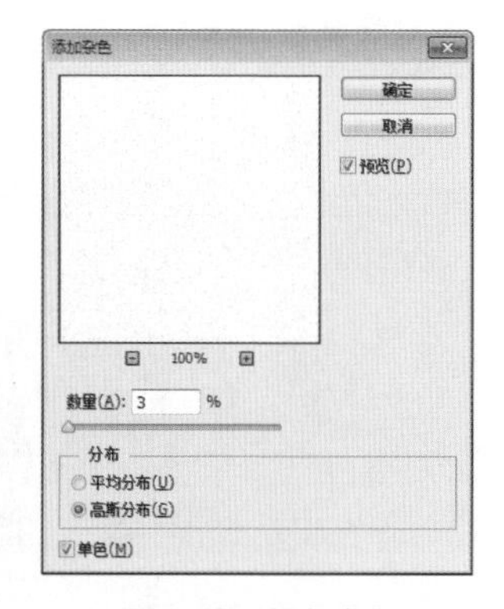

图6.8 设置添加杂色

⑧在【图层】面板中选中【图层1】图层，将其图层混合模式设置为【叠加】，【不透明度】更改为30%，如图6.9所示。

图6.9 设置图层混合模式

6.1.2 制作图标

① 选择工具箱中的【圆角矩形工具】，在选项栏中将【填充】更改为红色（R:170，G:0，B:48），【描边】为无，【半径】为20像素，在画布中绘制一个圆角矩形，此时将生成一个【圆角矩形1】图层，如图6.10所示。

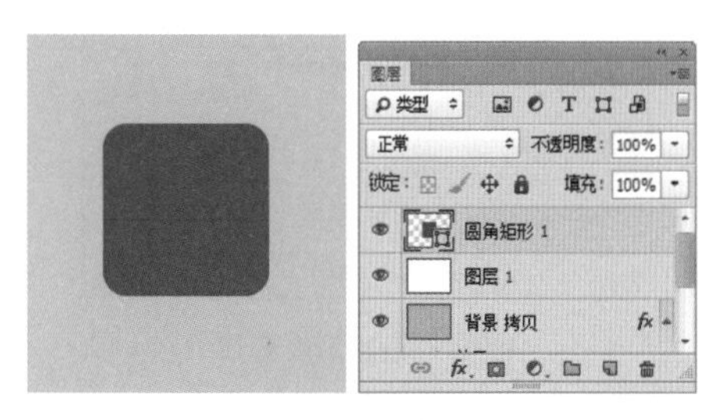

图6.10 绘制图形

② 在【图层】面板中选中【圆角矩形1】图层，单击面板底部的【添加图层样式】fx按钮，在菜单中选择【描边】命令，在弹出的对话框中将【大小】更改为1像素，【位置】更改为【内部】，【颜色】更改为红色（R:170，G:0，B:48），如图6.11所示。

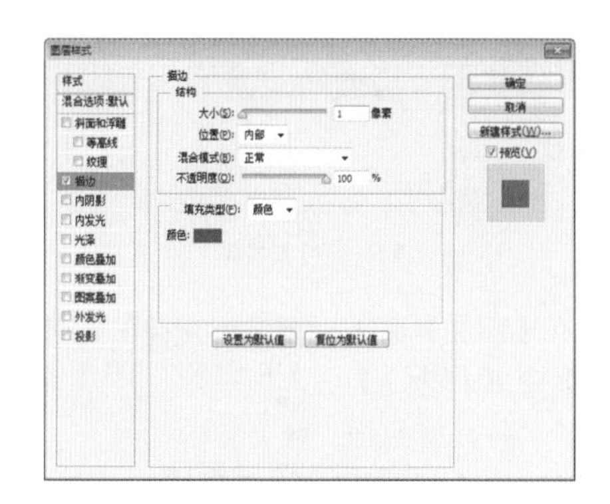

图6.11 设置描边

③ 勾选【内阴影】复选框，将【混合模式】更改为【正常】，【颜色】更改为白色，【不透明度】更改为60%，【距离】更改为1像素，【阻塞】更改为100%，【大小】更改为1像素，如图6.12所示。

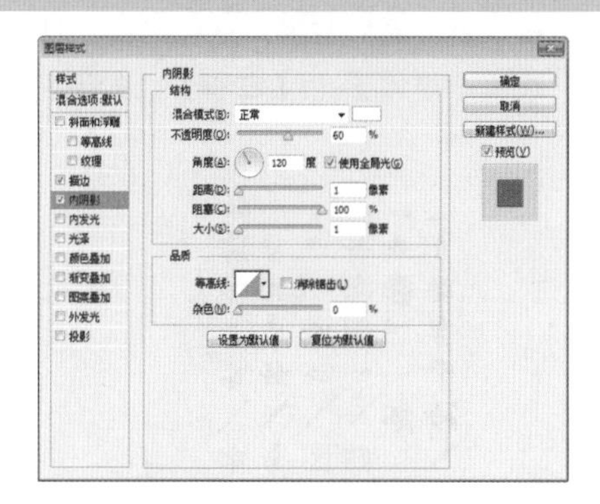

图6.12 设置内阴影

④ 勾选【渐变叠加】复选框，【不透明度】更改为30%，【渐变】更改为黑白渐变，如图6.13所示。

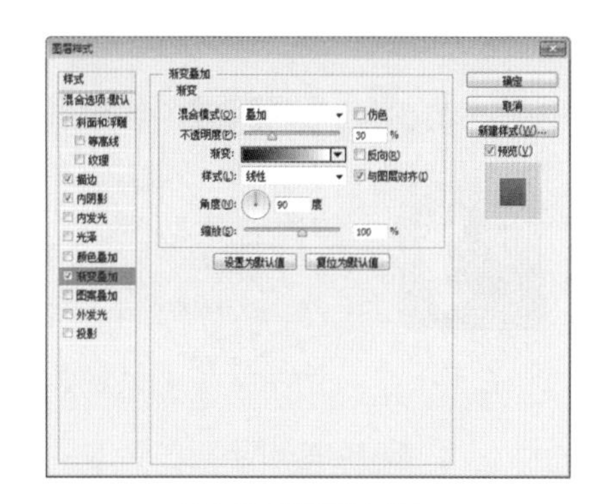

图6.13 设置渐变叠加

⑤ 勾选【投影】复选框，将【不透明度】更改为50%，【距离】更改为1像素，【大小】更改为2像素，完成之后单击【确定】按钮，如图6.14所示。

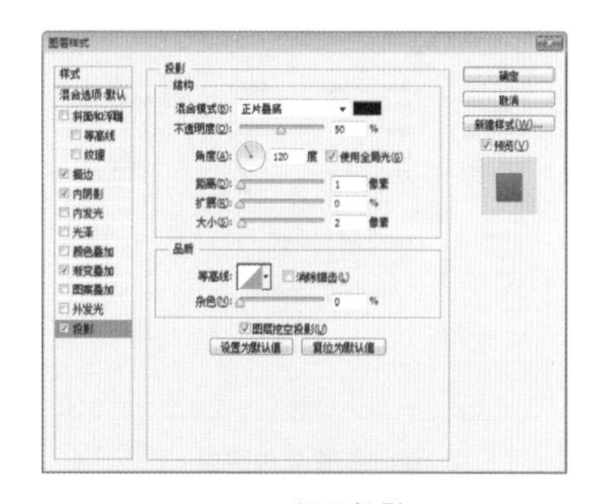

图6.14 设置投影

⑥ 选择工具箱中的【自定形状工具】，在画布中单击鼠标右键，从弹出的快捷菜单中选择【物体】|【右脚】，如图6.15所示。

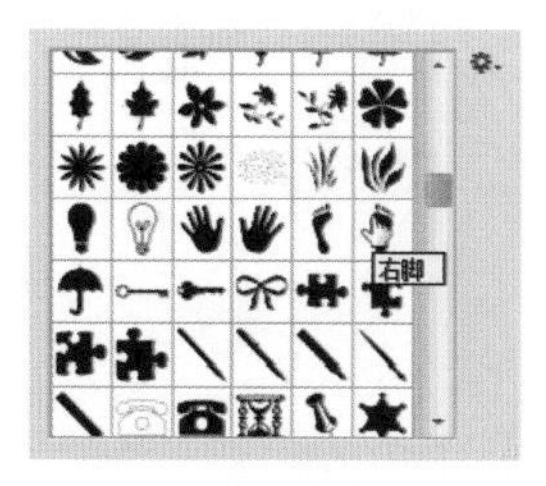

图6.15 设置形状

⑦ 在选项栏中将【填充】更改为白色，【描边】为无，在图标上按住Shift键绘制一个图形，此时将生成一个【形状1】图层，如图6.16所示。

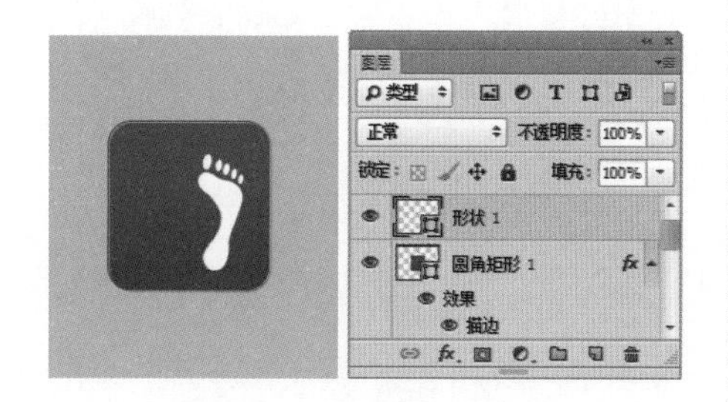

图6.16 绘制图形

⑧ 在【图层】面板中选中【形状1】图层，单击面板底部的【添加图层样式】按钮，在菜单中选择【内阴影】命令，在弹出的对话框中将【不透明度】更改为50%，【距离】更改为1像素，如图6.17所示。

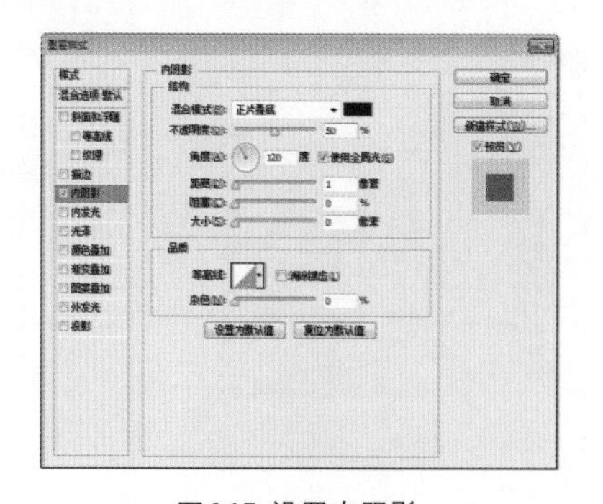

图6.17 设置内阴影

⑨ 勾选【渐变叠加】复选框，将【混合模式】更改为【正常】，【不透明度】更改为15%，【渐变】更改为黑白渐变，如图6.18所示。

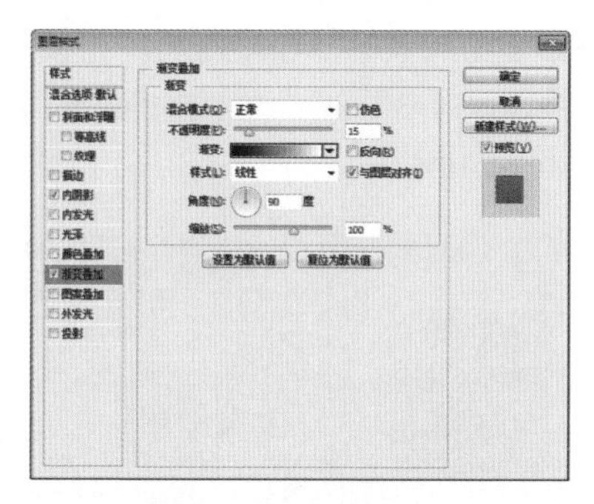

图6.18 设置渐变叠加

⑩ 勾选【投影】复选框，将【混合模式】更改为【正常】，【颜色】更改为白色，【距离】更改为1像素，完成之后单击【确定】按钮，如图6.19所示。

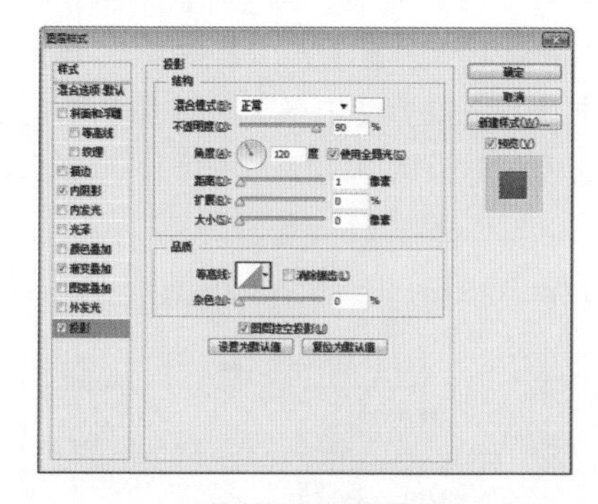

图6.19 设置投影

⑪ 在【图层】面板中选中【形状1】图层，将其拖至面板底部的【创建新图层】按钮上，复制一个【形状1拷贝】图层，如图6.20所示。

图6.20 复制图层

⑫ 选中【形状1 拷贝】图层，在画布中按Ctrl+T组合键对其执行【自由变换】命令，将光标移至出现的变形框上单击鼠标右键，从弹出的快捷菜单中选择【水平翻转】命令，完成之后按Enter键确认，再将其适当移动，这样就完成了效果制作，最终效果如图6.21所示。

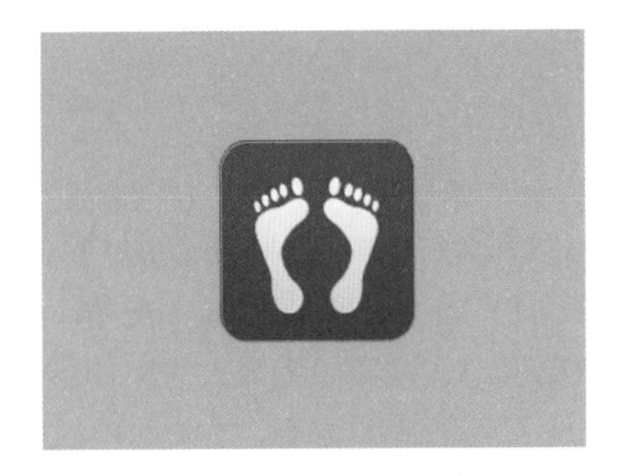

图6.21 变换图形及最终效果

6.2 电话图标

- 新建画布并添加素材图像制作背景。
- 绘制图标并添加图层样式制作图标。
- 添加图标元素并将图形变形完成最终效果制作。

本例主要讲解的是电话图标制作，这款图标的整体造型简约，而图形的构造十分清晰明了，从图标样式的添加到整个图形的配色及背景的搭配都与整体效果十分协调，同时多彩的背景素材添加也为图标增添了展示亮点。

难易程度：★★☆☆☆
调用素材：配套光盘 \ 素材 \ 调用素材 \ 第 6 章 \ 电话图标
最终文件：配套光盘 \ 素材 \ 源文件 \ 第 6 章 \ 电话图标 .psd
视频位置：配套光盘 \movie\6.2 电话图标 .avi

电话图标效果如图 6.22 所示。

图6.22 电话图标

6.2.1 制作背景

① 执行菜单栏中的【文件】|【新建】命令，在弹出的对话框中设置【宽度】为800像素，【高度】为600像素，【分辨率】为72像素/英寸，【颜色模式】为RGB颜色，新建一个空白画布，如图6.23所示。

图6.23 新建画布

② 将背景填充为深灰色（R:26，G:26，B:26），如图6.24所示。

图6.24 填充颜色

③ 执行菜单栏中的【文件】|【打开】命令，在弹出的对话框中选择配套光盘中的"调用素材\第6章\电话图标\背景.psd"文件，将打开的素材拖入画布中，如图6.25所示。

④ 在【图层】面板中选中【背景】图层，将其拖至面板底部的【创建新图层】按钮上，复制一个【背景 拷贝】图层，如图6.26所示。

图6.25 添加素材

图6.26 复制图层

⑤ 选中【背景 拷贝】图层，在画布中按Ctrl+T组合键对其执行【自由变换】命令，将光标移至出现的变形框上单击鼠标右键，从弹出的快捷菜单中选择【垂直翻转】，完成之后按Enter键确认，再将其向下移动并与原图像对齐，如图6.27所示。

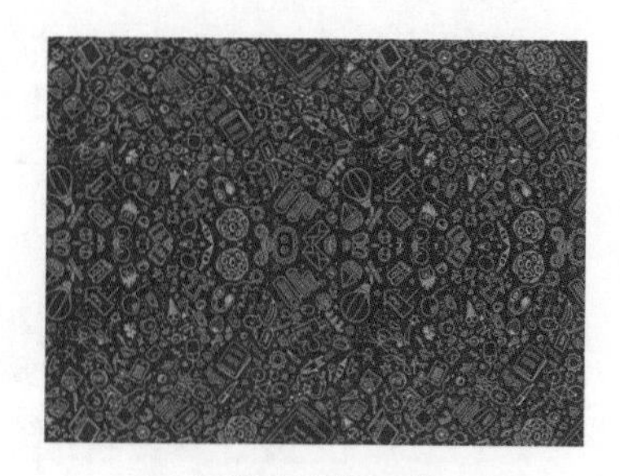

图6.27 变换图像

⑥ 在【图层】面板中，同时选中【背景 拷贝】及【背景】图层，执行菜单栏中的【图层】|【合并图层】命令，将图层合并，此时将生成一个【背景 拷贝】图层，如图6.28所示。

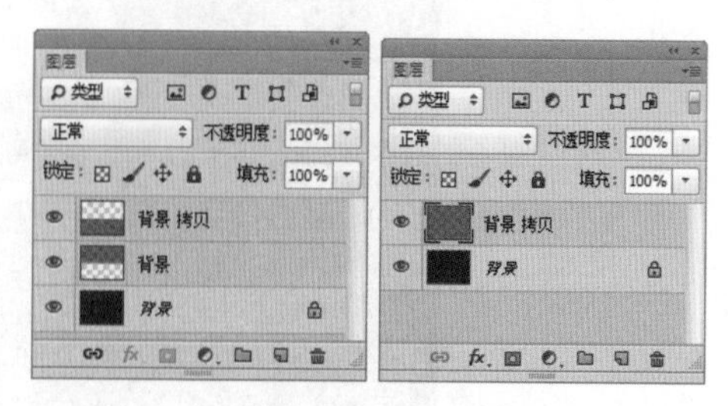

图6.28 合并图层

⑦ 在【图层】面板中选中【背景 拷贝】图层，将其图层混合模式设置为【滤色】，【不透明度】更改为10%，如图6.29所示。

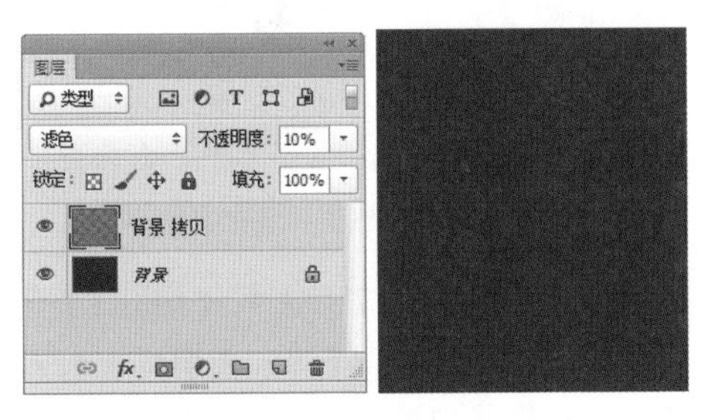

图6.29 设置图层混合模式

⑧ 在【图层】面板中选中【背景 拷贝】图层，单击面板底部的【创建新的填充或调整图层】按钮，选择【色相/饱合度】命令，在弹出的面板中勾选【着色】复选框，将【色相】更改为185，【饱和度】更改为60，【明度】更改为-15，完成之后单击【确定】按钮，如图6.30所示。

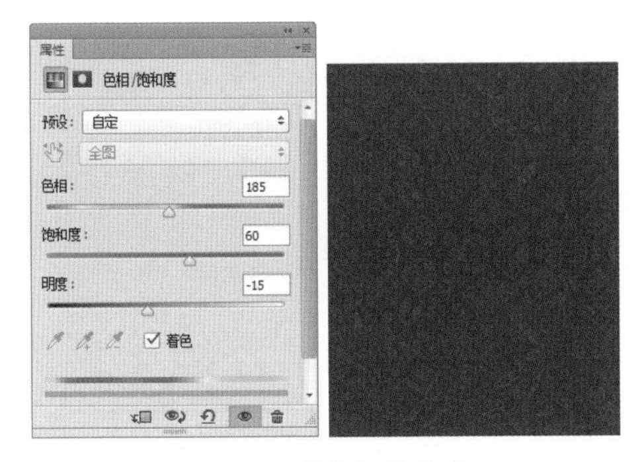

图6.30 调整色相/饱和度

⑨ 选择工具箱中的【椭圆工具】，在选项栏中将【填充】更改为深青色（R:62，G:115，B:114），【描边】为无，在画布中按住Shift键绘制一个正圆图形，此时将生成一个【椭圆1】图层，如图6.31所示。

⑩ 在【图层】面板中，选中【椭圆1】图层，在其图层名称上单击鼠标右键，从弹出的快捷菜单中选择【栅格化图层】命令，如图6.32所示。

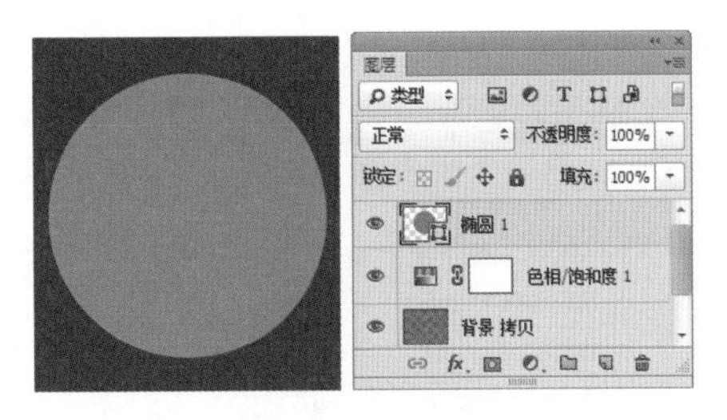

图6.31 绘制图形

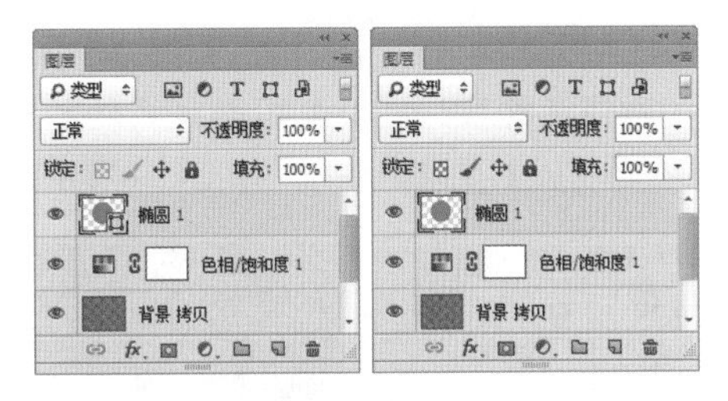

图6.32 栅格化图层

⑪ 选中【椭圆1】图层，执行菜单栏中的【滤镜】|【模糊】|【高斯模糊】命令，在弹出的对话框中将【半径】更改为180像素，设置完成之后单击【确定】按钮，如图6.33所示。

⑫ 在【图层】面板中选中【椭圆1】图层，将其拖至面板底部的【创建新图层】按钮上，复制一个【椭圆1 拷贝】图层，如图6.34所示。

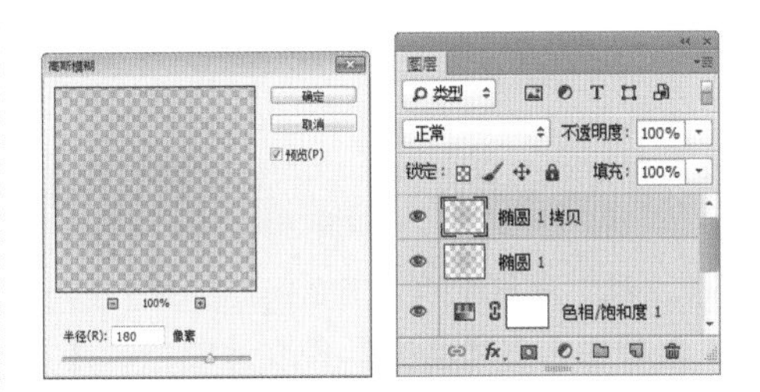

图6.33 设置高斯模糊　　图6.34 复制图层

⑬ 在【图层】面板中选中【椭圆1 拷贝】图层，单击面板上方的【锁定透明像素】按钮，将当前图层中的透明像素锁定，在画布中将图层填充为白色，填充完成之

后再次单击此按钮将其解除锁定，如图6.35所示。

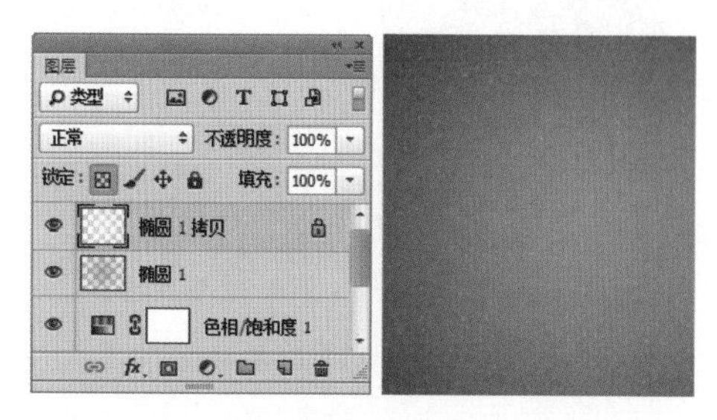

图6.35 锁定透明像素并填充颜色

⑭ 选中【椭圆1 拷贝】图层，将其图层【不透明度】更改为10%，如图6.36所示。

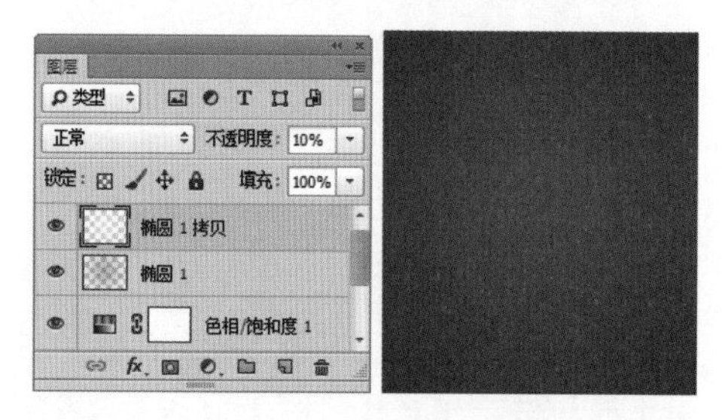

图6.36 更改图层不透明度

⑮ 单击面板底部的【创建新图层】按钮，新建一个【图层1】图层，选中此图层将其填充为黑色，如图6.37所示。

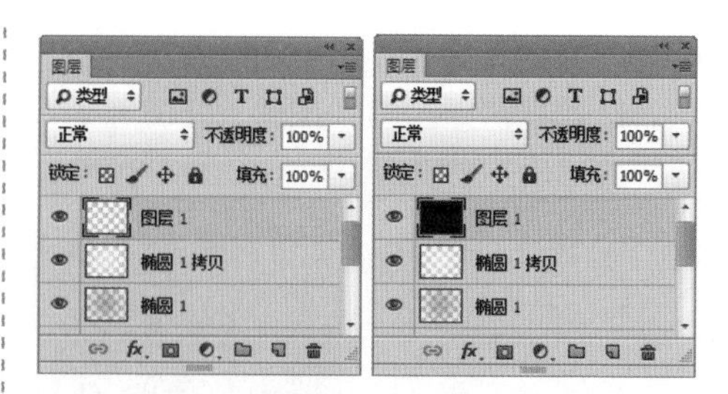

图6.37 新建图层并填充颜色

⑯ 在【图层】面板中选中【图层1】图层，单击面板底部的【添加图层样式】按钮，在菜单中选择【渐变叠加】命令，在弹出的对话框中将【混合模式】更改为【柔光】，【不透明度】更改为50%，【渐变】更改为透明到黑色，【样式】更改为径向，【缩放】更改为150%，完成之后单击【确定】按钮，如图6.38所示。在【图层】面板中将【图层1】的【填充】更改为0%。

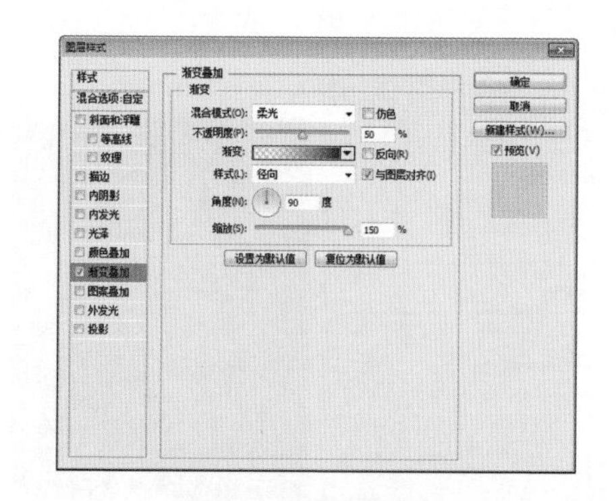

图6.38 设置渐变叠加

6.2.2 绘制图标

① 选择工具箱中的【圆角矩形工具】，在选项栏中将【填充】更改为白色，【描边】为无，【半径】为60像素，在画布中绘制一个圆角矩形，此时将生成一个【圆角矩形1】图层，如图6.39所示。

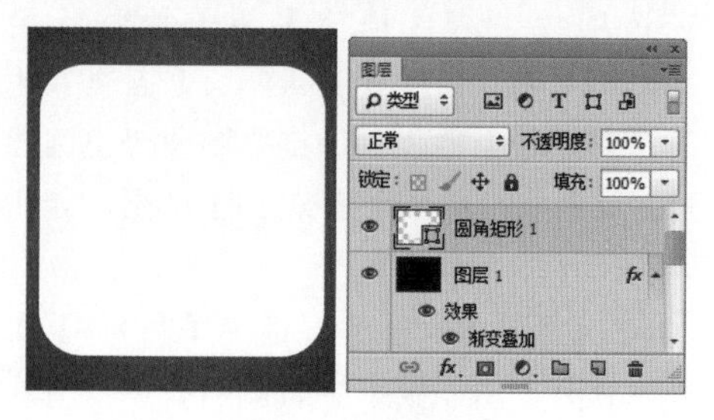

图6.39 绘制图形

② 在【图层】面板中选中【圆角矩形1】图层，单击面板底部的【添加图层样式】fx按钮，在菜单中选择【斜面和浮雕】命令，在弹出的对话框中将【大小】更改为6像素，将【阴影模式】中的【颜色】更改为深绿色（R:6，G:48，B:0），【不透明度】更改为32%，如图6.40所示。

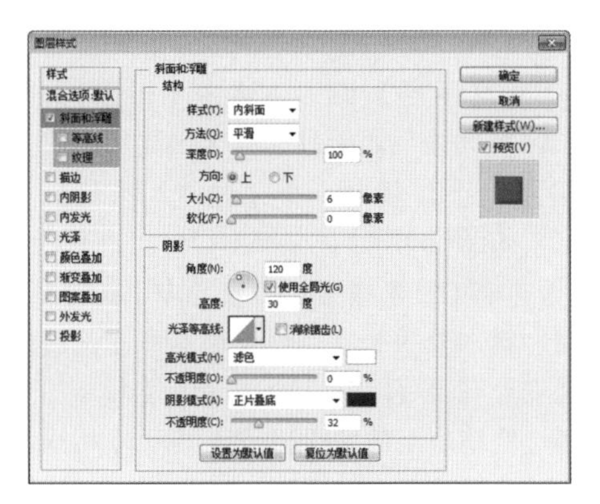

图6.40 设置斜面和浮雕

③ 勾选【描边】复选框，将【大小】更改为3像素，【颜色】更改为深绿色（R:7，G:40，B:0），如图6.41所示。

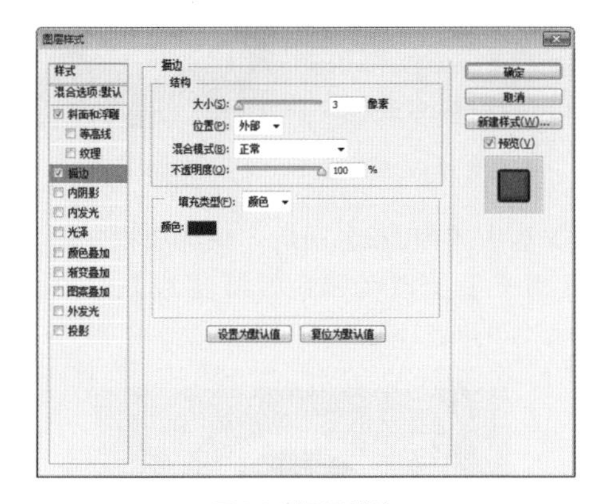

图6.41 设置描边

④ 勾选【内阴影】复选框，将【混合模式】更改为【柔光】，【颜色】更改为白色，【不透明度】更改为50%，【距离】更改为4像素，【大小】更改为8像素，如图6.42所示。

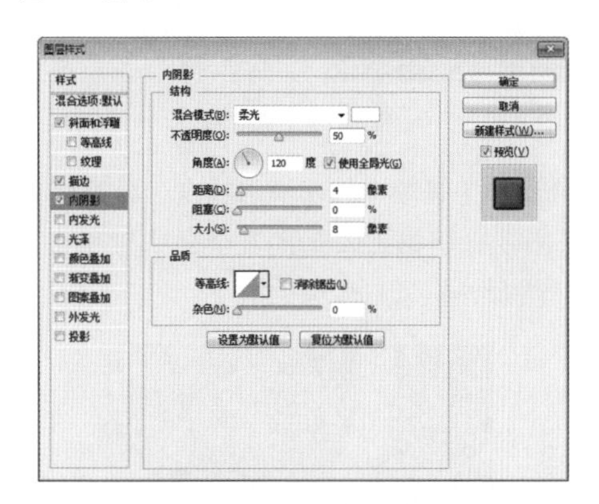

图6.42 设置内阴影

⑤ 勾选【渐变叠加】复选框，将【渐变】更改为绿色（R:109，G:166，B:96）到深绿色（R:6，G:83，B:4），【样式】更改为【径向】，【缩放】更改为150%，完成之后单击【确定】按钮，如图6.43所示。

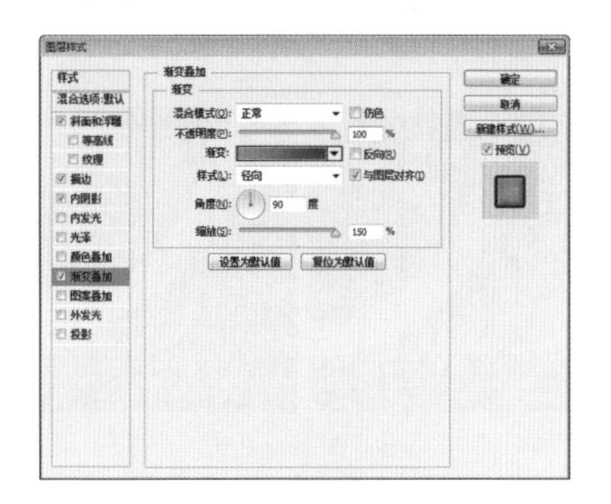

图6.43 设置渐变叠加

6.2.3 制作图标元素

① 选择工具箱中的【椭圆工具】，在选项栏中将【填充】更改为无，【描边】为白色，【大小】为18点，在图标位置按住Shift键绘制一个正圆图形，此时将生成一个【椭圆2】图层，如图6.44所示。

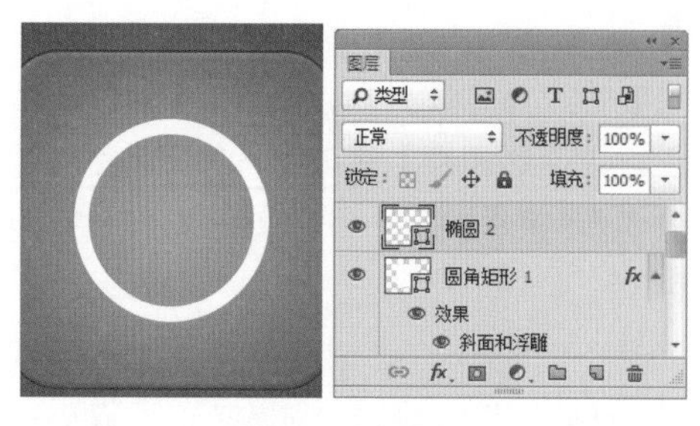

图6.44 绘制图形

② 选择工具箱中的【添加锚点工具】，在刚才绘制的正圆图形左下角位置单击添加3个锚点，如图6.45所示。

图6.45 添加锚点

③ 选择工具箱中的【转换点工具】，在画布中单击刚才添加的3个锚点中的中间锚点将其转换成节点，如图6.46所示。

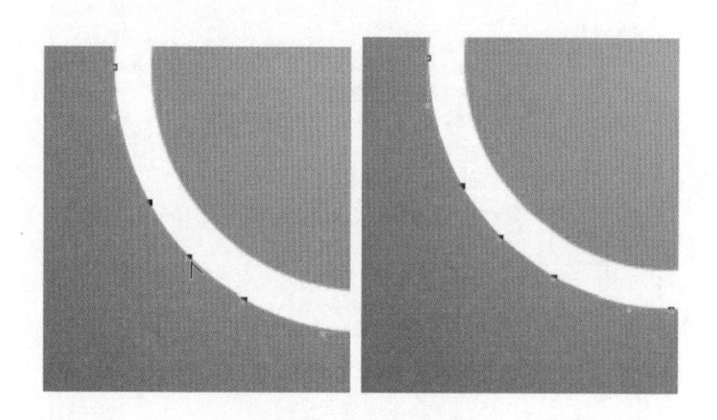

图6.46 转换锚点

④ 选择工具箱中的【直接选择工具】，选中刚才经过转换的锚点向左下角方向拖动，如图6.47所示。

⑤ 选择工具箱中的【直接选择工具】，选中刚才添加的两边的锚点并按住Alt键拖动控制杆将图形变换，如图6.48所示。

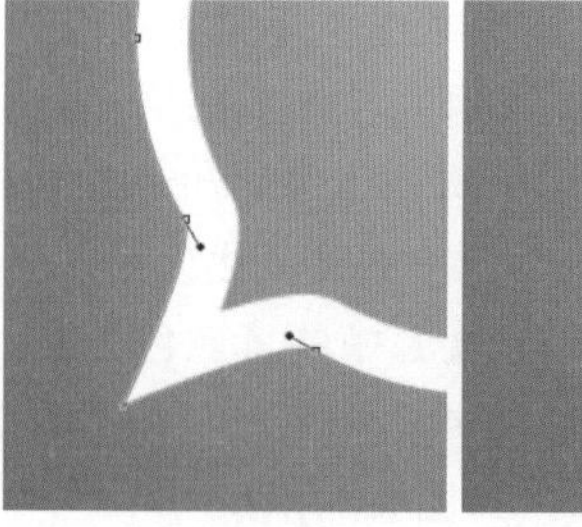

图6.47 移动锚点　　图6.48 拖动控制杆

⑥ 在【图层】面板中选中【椭圆2】图层，将其拖至面板底部的【创建新图层】按钮上，复制一个【椭圆2 拷贝】图层，如图6.49所示。

⑦ 选中【椭圆2】图层，在画布中按Ctrl+T组合键对其执行【自由变换】命令，当出现变形框以后，按住Alt+Shift组合键将图形等比例缩小至与椭圆2图形内部大小相同，完成之后按Enter键确认，如图6.50所示。

图6.49 复制图层　　图6.50 变换图形

⑧ 选中【椭圆2】图层，在选项栏中将其【填充】更改为黑色，【描边】更改为无，如图6.51所示。

图6.51 调整图形

⑨ 在【图层】面板中选中【椭圆2】图层，单击面板底部的【添加图层样式】fx按钮，在菜单中选择【内阴影】命令，在弹出的对话框中将【距离】更改为8像素，【大小】更改为15像素，如图6.52所示。

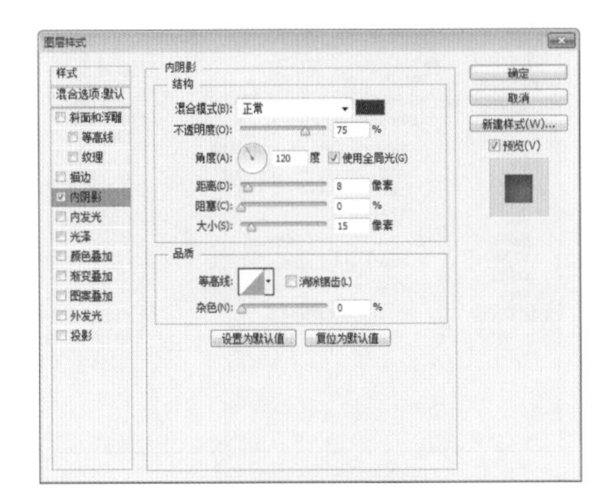

图6.52 设置内阴影

⑩ 勾选【渐变叠加】复选框，将渐变颜色更改为绿色（R:70，G:140，B:60）到绿色（R:22，G:88，B:16）再到绿色（R:12，G:63，B:8），【样式】更改为径向，【缩放】更改为150%，完成之后单击【确定】按钮，如图6.53所示。

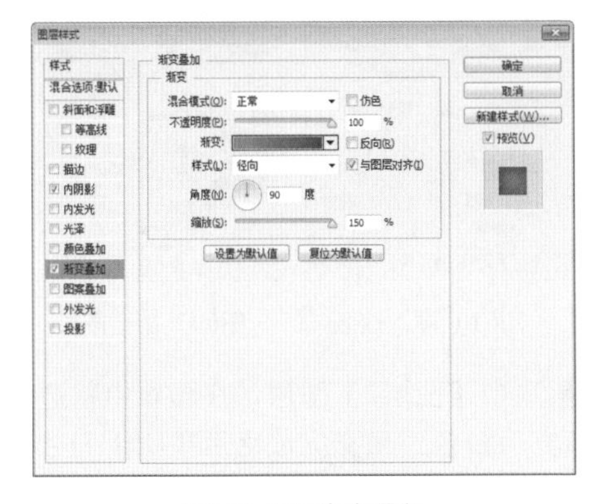

图6.53 设置渐变叠加

⑪ 执行菜单栏中的【文件】|【打开】命令，在弹出的对话框中选择配套光盘中的“调用素材\第6章\电话图标\听筒.psd”文件，将打开的素材拖入画布中椭圆图形位置并适当放大及旋转，如图6.54所示。

图6.54 添加素材

⑫ 在【图层】面板中同时选中【听筒】及【椭圆2 拷贝】图层，按Ctrl+G组合键将图层快速编组，此时将生成一个【组1】组，如图6.55所示。

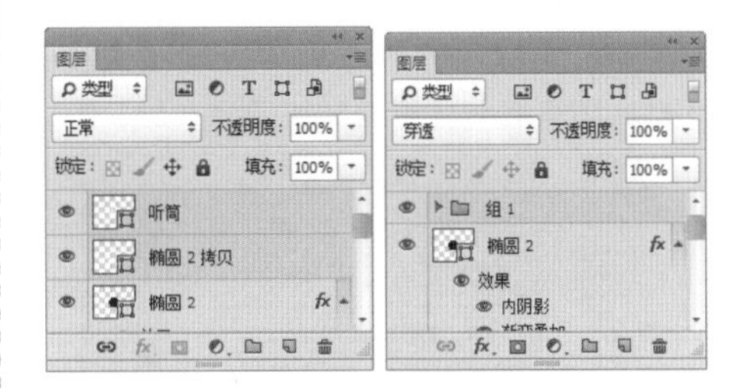

图6.55 快速编组

⑬ 在【椭圆2】图层上单击鼠标右键，从弹出的快捷菜单中选择【拷贝图层样式】命令，在【组1】组上单击鼠标右键，从弹出的快捷菜单中选择【粘贴图层样式】命令，如图6.56所示。

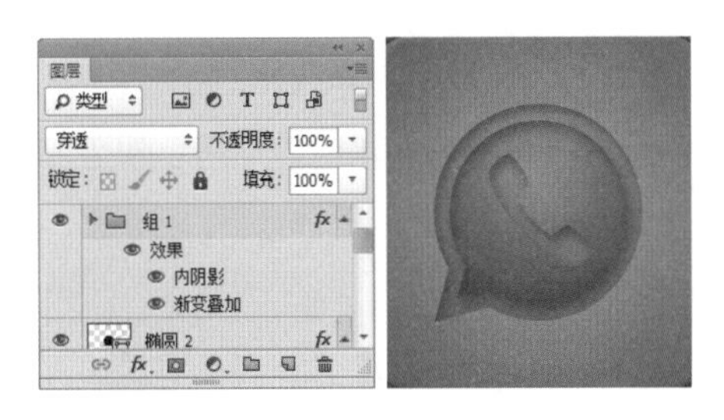

图6.56 拷贝并粘贴图层样式

⑭ 在【图层】面板中双击【组1】图层样式名称，在弹出的对话框中选中【内阴影】复选框，将【混合模式】更改为【正常】，【颜色】更改为白色，【不透明度】更改为70%，【距离】更改为2像素，【大小】更改为2像素，如图6.57所示。

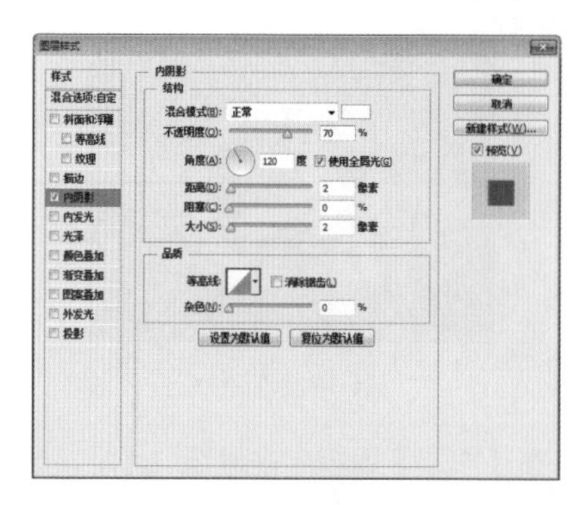
图6.57 设置内阴影

⑮ 勾选【内发光】复选框，将【混合模式】更改为【正常】，【不透明度】更改为10%，【颜色】更改为黑色，【大小】更改为10像素，如图6.58所示。

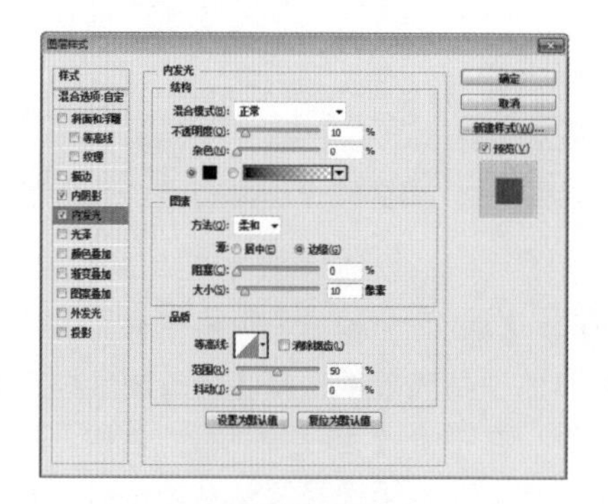
图6.58 设置内发光

⑯ 勾选【渐变叠加】复选框，将【渐变】更改为白色到灰色（R:195，G:198，B:184），【样式】更改为径向，如图6.59所示。

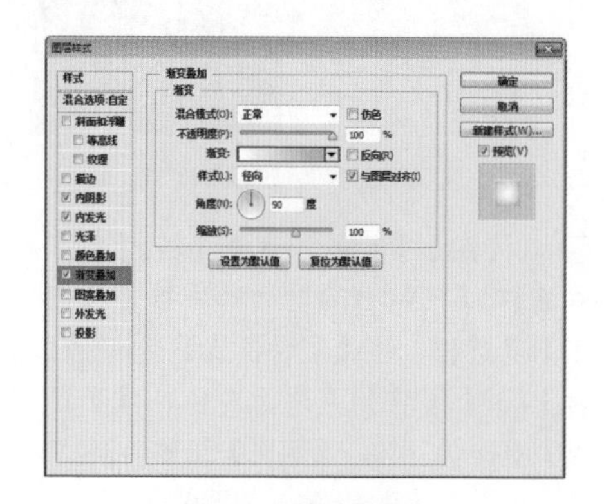
图6.59 设置渐变叠加

⑰ 勾选【投影】复选框，将【混合模式】更改为【正常】，【不透明度】更改为65%，【距离】更改为1像素，【大小】更改为2像素，完成之后单击【确定】按钮，如图6.60所示。

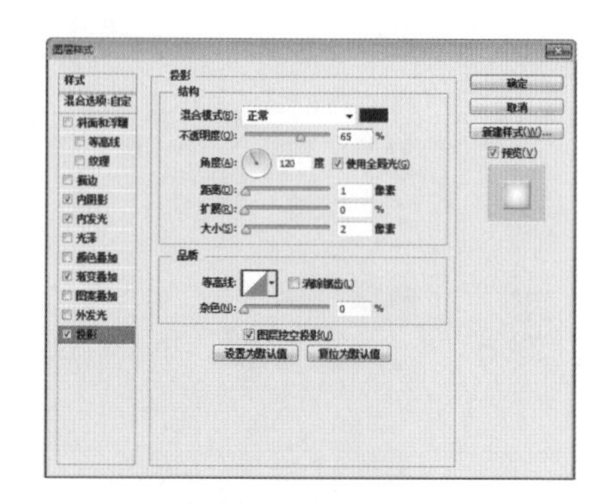
图6.60 设置投影

⑱ 在【图层】面板中选中【组1】组，将其展开，按住Ctrl键单击【椭圆2 拷贝】图层缩览图，将其载入选区，如图6.61所示。

⑲ 单击面板底部的【创建新图层】按钮，新建一个【图层2】图层，将【图层2】移至所有图层上方，如图6.62所示。

图6.61 载入选区

图6.62 新建图层

⑳ 选中【图层2】图层，在画布中将选区填充为白色，填充完成之后按Ctrl+D组合键将选区取消，如图6.63所示。

㉑ 在【图层】面板中，选中【图层2】图层，将其图层混合模式设置为【柔光】，这样就完成了效果制作，最终效果如图6.64所示。

图6.63 填充颜色

图6.64 设置图层混合模式及最终效果

6.3 相机和计算器图标

- 新建画布并填充颜色制作背景。
- 绘制图形并将图形变换后添加相关图层样式制作图标。
- 在绘制的图标上添加图形细节元素。
- 将绘制的图标复制并修改拷贝的图标上的图形。
- 为第二个图标制作细节完成最终效果制作。

本例主要讲解的是相机和计算器图标复制，这两个图标的制作方法看似简单，但是需要注意很多细节，从圆弧的角到深色的图层样式添加再到柔和的配色都决定了图标的最终视觉效果。

难易程度：★★★☆☆
最终文件：配套光盘 \ 素材 \ 源文件 \ 第 6 章 \.psd
视频位置：配套光盘 \movie\6.3 相机和计算器图标 .avi

相机和计算器图标效果如图 6.65 所示。

图6.65 相机和计算器图标

6.3.1 制作背景并绘制图标

① 执行菜单栏中的【文件】|【新建】命令，在弹出的对话框中设置【宽度】为800像素，【高度】为600像素，【分辨率】为72像素/英寸，【颜色模式】为RGB颜色，新建一个空白画布，如图6.66所示。

图6.66 新建画布

② 将画布填充为红色（R:206，G:62，B:58），如图6.67所示。

图6.67 填充颜色

③ 选择工具箱中的【圆角矩形工具】，在选项栏中将【填充】更改为深红色（R:104，G:23，B:23），【描边】为无，【半径】为40像素，在画布中绘制一个圆角矩形，此时将生成一个【圆角矩形1】图层，将其复制一份，如图6.68所示。

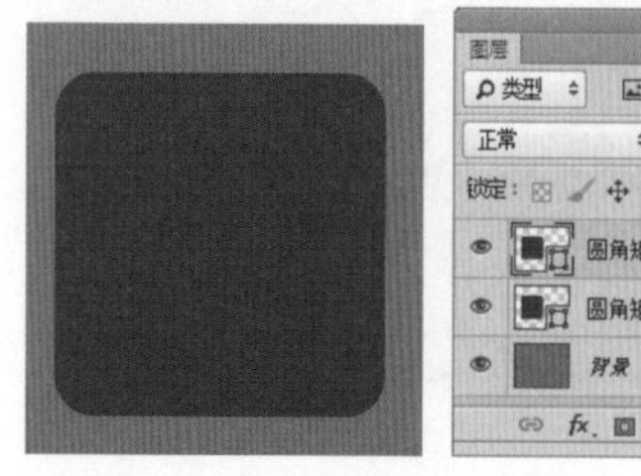

图6.68 绘制图形

④ 在【图层】面板中选中【圆角矩形1】图层，单击面板底部的【添加图层样式】fx按钮，在菜单中选择【投影】命令，在弹出的对话框中将【不透明度】更改为50%，取消【使用全局光】复选框，【角度】更改为90度，【距离】更改为6像素，【大小】更改为20像素，完成之后单击【确定】按钮，如图6.69所示。

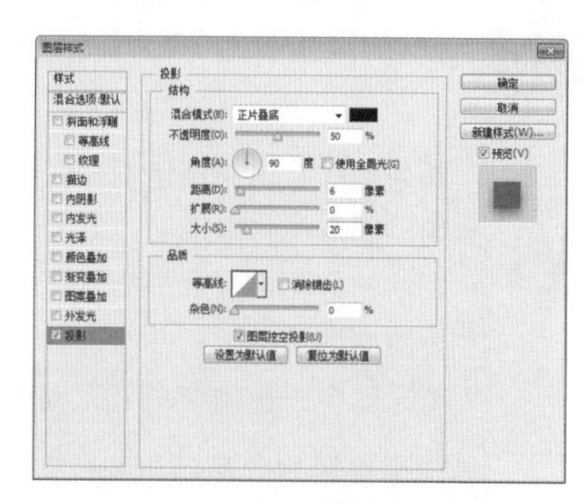

图6.69 设置投影

⑤ 选中【圆角矩形1 拷贝】图层，在画布中将其图形颜色更改为稍浅的红色（R:226，G:75，B:74），如图6.70所示。

⑥ 选择工具箱中的【矩形工具】，在选项栏中单击【路径操作】按钮，在弹出的下拉菜单中选择【减去顶层形状】，在刚才绘制的圆角矩形上绘制一条水平的细长矩形，将部分图形减去，如图6.71所示。

图6.70 更改图形颜色　图6.71 减去顶层形状

⑦ 选择工具箱中的【椭圆工具】，以同样的方法在画布中圆角矩形中心位置按

住Alt+Shift组合键以中心为起点绘制一个正圆图形，如图6.72所示。

图6.72 绘制图形

提示

选中图形并按Ctrl+T组合键，可以看到图形的中心点。

⑧ 选中【圆角矩形1 拷贝】图层，在画布中选择工具箱中的【直接选择工具】，再按Ctrl+T组合键对刚才绘制的椭圆图形执行【自由变换】命令，当出现变形框以后按住Alt+Shift组合键将其等比例缩小，完成之后按Enter键确认，如图6.73所示。

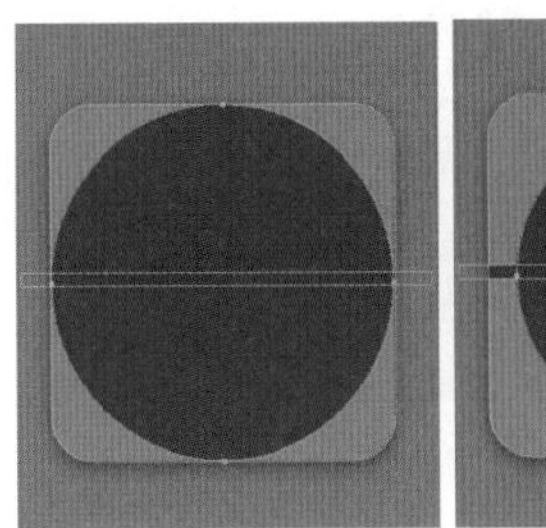

图6.73 变换图形

提示

绘制一个直径与圆角矩形相同的正圆，然后再按等比例缩小可以使椭圆更加准确地与圆角矩形匹配。

⑨ 在【图层】面板中选中【圆角矩形1 拷贝】图层，单击面板底部的【添加图层样式】fx按钮，在菜单中选择【内阴影】命令，在弹出的对话框中将【混合模式】更改为【强光】，【颜色】更改为白色，取消【使用全局光】复选框，【角度】更改为90度，【距离】更改为1像素，如图6.74所示。

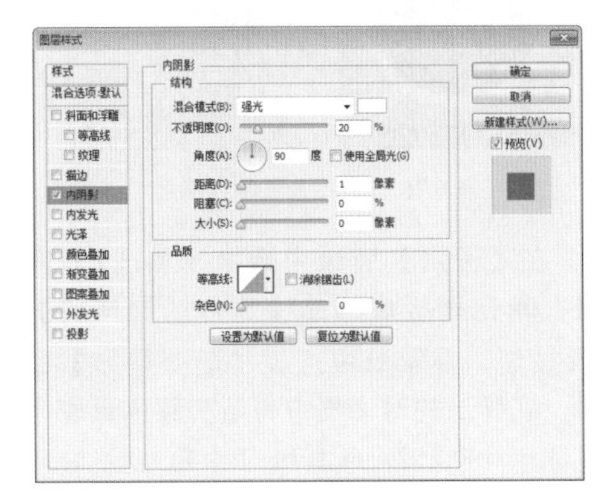

图6.74 设置内阴影

⑩ 勾选【渐变叠加】复选框，将【渐变】更改为浅红色（R:223，G:72，B:72）到浅红色（R:252，G:100，B:94），完成之后单击【确定】按钮，如图6.75所示。

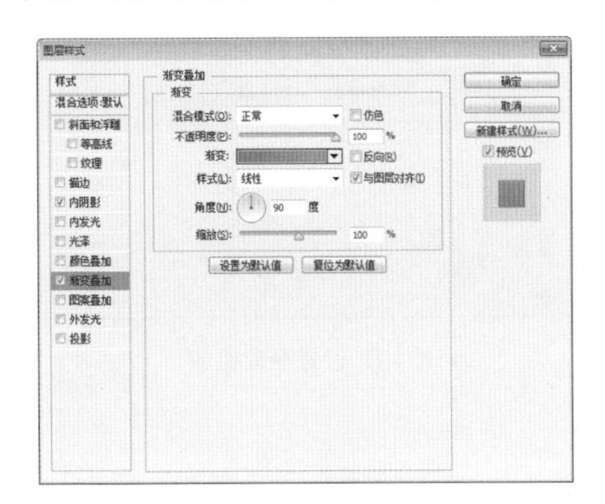

图6.75 设置渐变叠加

⑪ 选择工具箱中的【椭圆工具】，在选项栏中将【填充】更改为无，【描边】为白色，【大小】为15点，以图标中心点为起点按住Alt+Shift键绘制一个正圆图形，此时将生成一个【椭圆1】图层，选中【椭圆1】图层，将其拖至面板底部的【创建新图层】按钮上，复制一个【椭圆1 拷贝】图层，如图6.76所示。

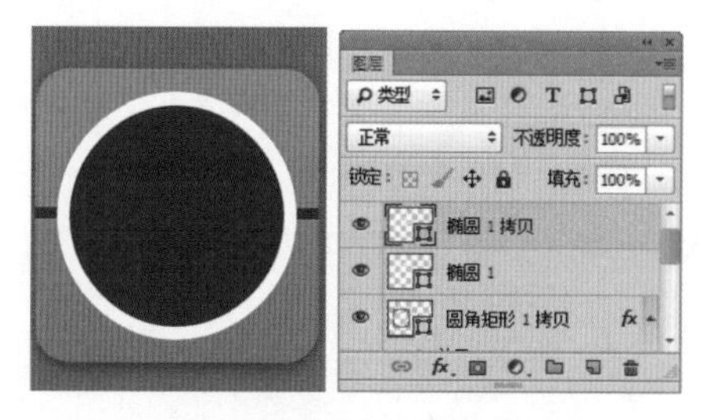

图6.76 绘制图形并复制图层

⑫ 在【图层】面板中选中【椭圆1】图层，单击面板底部的【添加图层样式】fx按钮，在菜单中选择【渐变叠加】命令，在弹出的对话框中将渐变颜色更改为浅红色（R:252，G:100，B:94）到浅红色（R:223，G:72，B:72），完成之后单击【确定】按钮，如图6.77所示。

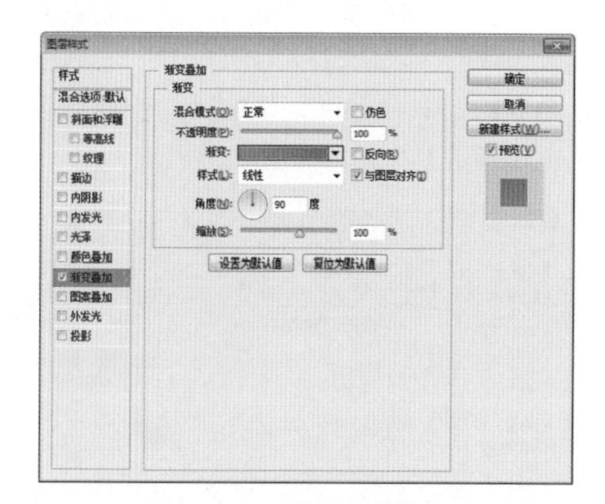

图6.77 设置渐变叠加

⑬ 在【图层】面板中选中【椭圆1】图层，单击面板底部的【添加图层蒙版】按钮，为其图层添加图层蒙版，如图6.78所示。

⑭ 选择工具箱中的【矩形选框工具】，在图标上绘制一个与刚才绘制的细长矩形大小相同的选区，如图6.79所示。

图6.78 添加图层蒙版

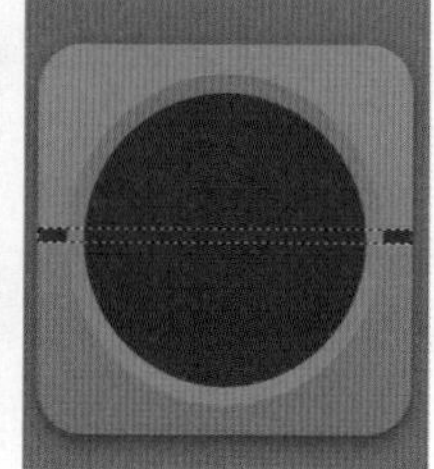

图6.79 绘制选区

⑮ 单击【椭圆1】图层蒙版缩览图，在画布中将选区填充为黑色，隐藏部分图形，完成之后按Ctrl+D组合键取消选区，如图6.80所示。

图6.80 隐藏图形

6.3.2 制作细节

① 选择工具箱中的【钢笔工具】，在画布中沿着刚才所绘制的矩形上半部分附近位置绘制一个封闭路径，如图6.81所示。

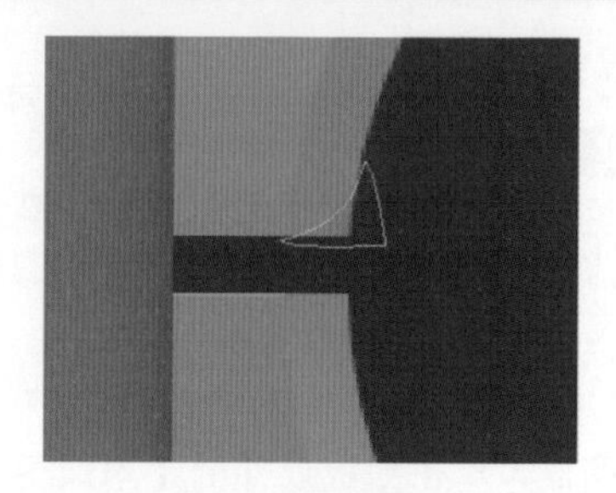

图6.81 绘制路径

② 在画布中按Ctrl+Enter组合键将刚才所绘制的封闭路径转换成选区，如图6.82所示。

③ 单击【椭圆1】图层蒙版缩览图，在画布中将选区填充为黑色，隐藏部分图形，完成之后按Ctrl+D组合键取消选区，如图6.83所示。

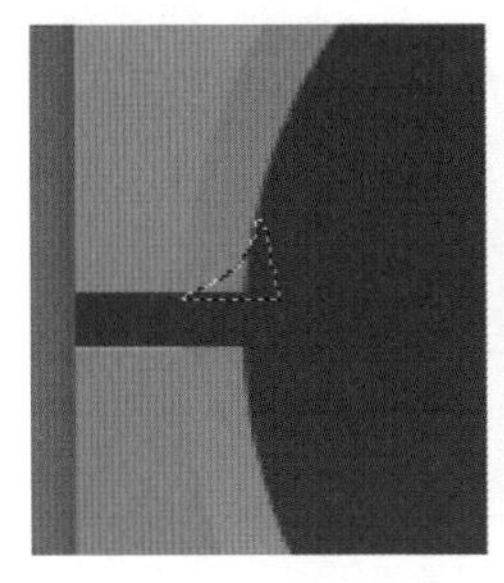

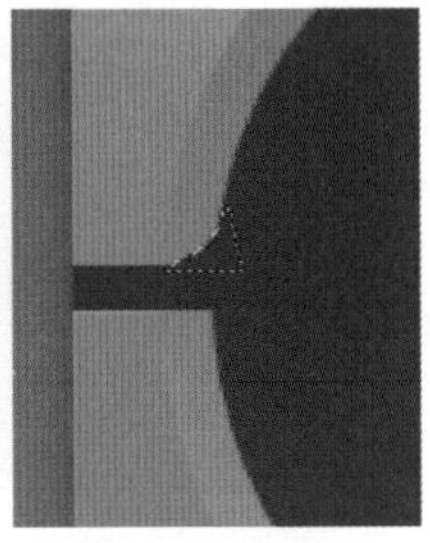

图6.82 转换选区　　图6.83 隐藏图形

④ 选择工具箱中的任意一个选区工具，在画布中的选区中单击鼠标右键，从弹出的快捷菜单中选择【变换选区】命令，再单击鼠标右键，从弹出的快捷菜单中选择【垂直翻转】命令，按住Shift键向下垂直移动，完成之后按Enter键确认，如图6.84所示。

⑤ 单击【椭圆1】图层蒙版缩览图，在画布中将选区填充为黑色，将部分图形隐藏，如图6.85所示。

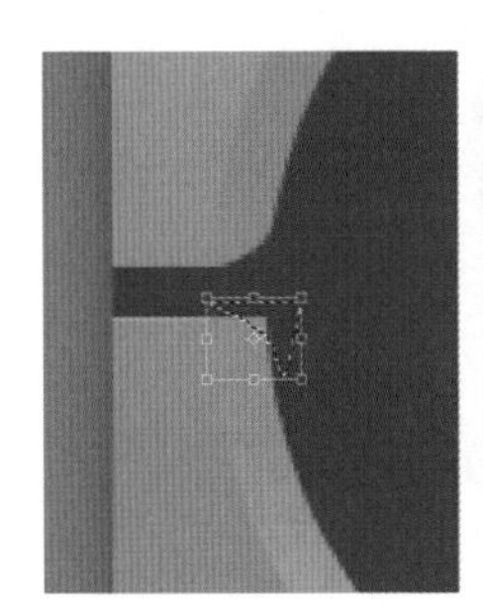

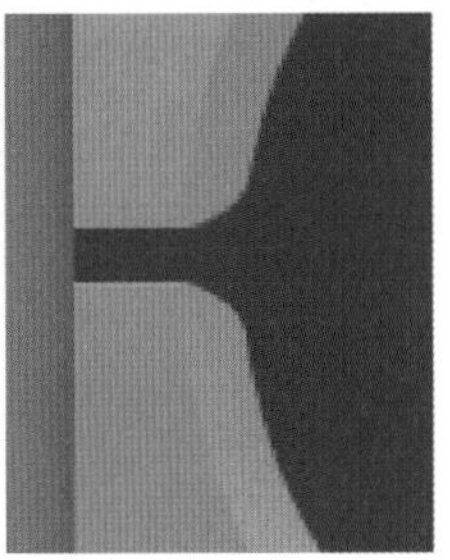

图6.84 变换选区　　图6.85 隐藏图形

⑥ 以同样的方法将选区变换，并将右侧相同位置的图形隐藏，完成之后按Ctrl+D组合键将选区取消，如图6.86所示。

⑦ 选中【椭圆1 拷贝】图层，将其图形颜色更改为白色，将其适当缩小，如图6.87所示。

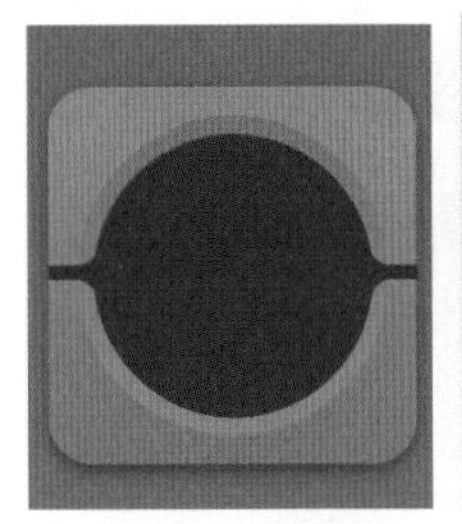

图6.86 隐藏图形　　图6.87 更改颜色

⑧ 在【图层】面板中选中【椭圆1 拷贝】图层，单击面板底部的【添加图层样式】*fx*按钮，在菜单中选择【斜面和浮雕】命令，在弹出的对话框中将【大小】更改为2像素，【软化】更改为4像素，取消【使用全局光】复选框，将【角度】更改为90度，【阴景模式】更改为【线性加深】，【颜色】更改为深黄色（R:203，G:117，B:53），如图6.88所示。

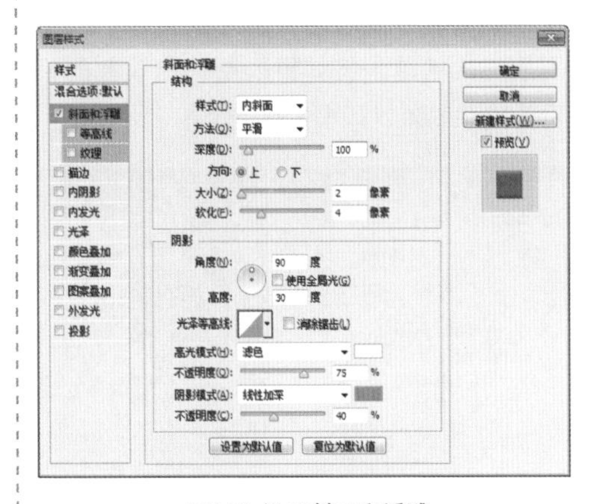

图6.88 设置斜面和浮雕

⑨ 勾选【渐变叠加】复选框，将【渐变】更改为黄色（R:214，G:169，B:80）到黄色（R:253，G:228，B:178），如图6.89所示。

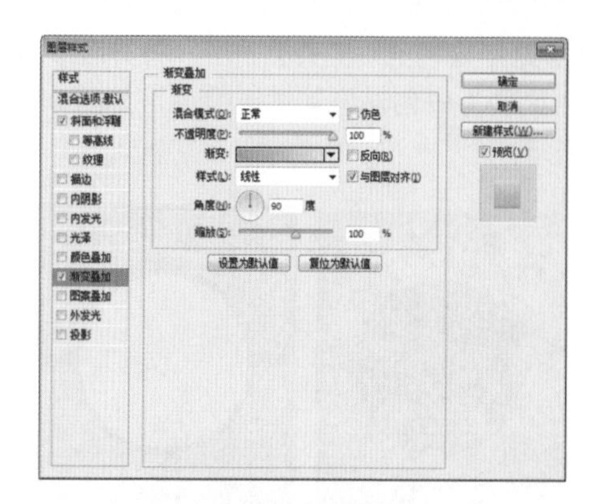

图6.89 设置渐变叠加

⑩ 勾选【投影】复选框，取消【使用全局光】复选框，将【角度】更改为90度，【距离】更改为2像素，【大小】更改为3像素，完成之后单击【确定】按钮，如图6.90所示。

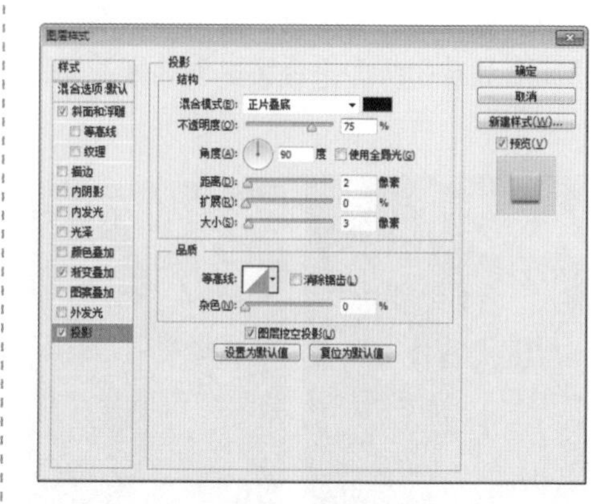

图6.90 设置投影

6.3.3 绘制镜头

① 在【图层】面板中选中【椭圆1 拷贝】图层，将其拖至面板底部的【创建新图层】按钮上，复制一个【椭圆1 拷贝2】图层，如图6.91所示。

② 在【图层】面板中双击【椭圆1 拷贝2】图层样式名称，将其更改制作出深色的相机内镜头效果，如图6.92所示。

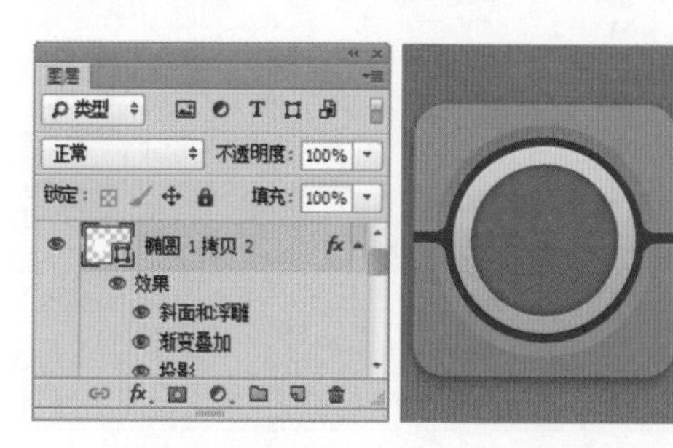

图6.91 复制图层　图6.92 更改图层样式

③ 以同样的方法再将椭圆图形复制并更改不同的图层样式制作出相机镜头效果，如图6.93所示。

图6.93 制作相机镜头效果

④ 选择工具箱中的【椭圆工具】，在选项栏中将【填充】更改为白色，【描边】为无，在镜头图形位置绘制一个椭圆图形，此时将生成一个【椭圆2】图层，如图6.94所示。

图6.94 绘制图形

⑤ 在【图层】面板中选中【椭圆2】图层，单击面板底部的【添加图层蒙版】 按钮，为其添加图层蒙版，如图6.95所示。

⑥ 在【图层】面板中，按住Ctrl键单击【椭圆1 拷贝】图层缩览图，将其载入选区，如图6.96所示。

图6.95 添加图层蒙版　　图6.96 载入选区

⑦ 在画布中执行菜单栏中的【选择】|【反向】命令，将选区反向，再单击【椭圆2】图层蒙版缩览图，将选区填充为黑色，隐藏部分图形，完成之后按Ctrl+D组合键取消选区，如图6.97所示。

⑧ 选中【椭圆2】图层，适当降低其图层不透明度，完成相机图标制作，如图6.98所示。

图6.97 隐藏图形　　图6.98 降低不透明度

⑨ 在【图层】面板中，同时选中除【背景】图层以外的所有图层，按Ctrl+G组合键将图层快速编组，此时将生成一个【组1】组，并将其名称更改为【镜头图标】，如图6.99所示。

图6.99 快速编组

6.3.4 绘制计算器图标

① 选中【镜头图标】组中的【圆角矩形1】图层，在画布中按住Alt+Shift组合键向右侧拖动，将图形复制，此时将生成一个【圆角矩形1 拷贝2】图层，如图6.100所示。

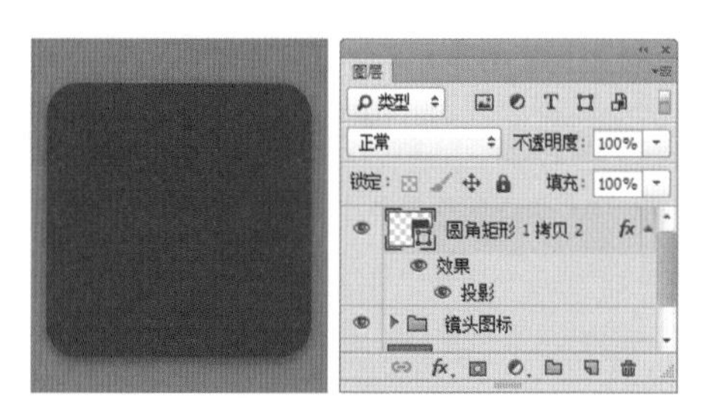

图6.100 复制图形

② 在【图层】面板中选中【圆角矩形1 拷贝2】图层，单击面板底部的【添加图层样式】 按钮，在菜单中选择【斜面和浮雕】命令，在弹出的对话框中将【方法】更改为【雕刻清晰】，【深度】更改为165%，【大小】更改为1像素，取消【使用全局光】复选框，【角度】更改为90度，【高度】更改为5度，再将【阴影模式】中的【不透明度】更改为0%，如图6.101所示。

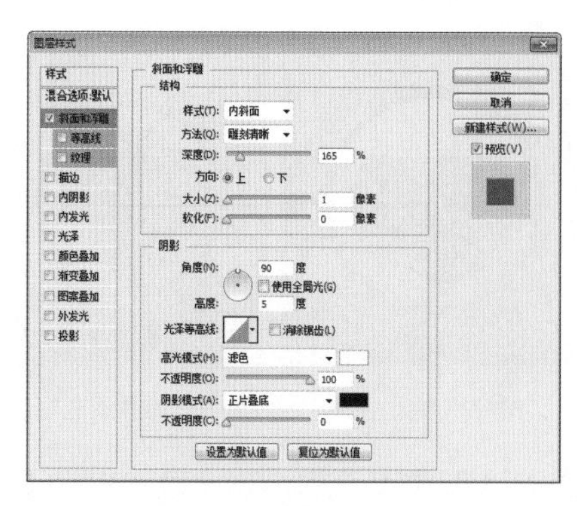

图6.101 设置斜面和浮雕

③ 勾选【渐变叠加】复选框，将【渐变】更改为黄色（R:227，G:164，B:57）到黄色（R:255，G:205，B:99），如图6.102所示。

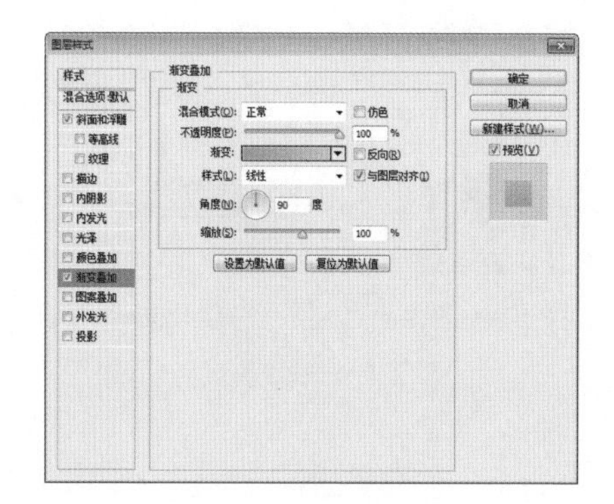

图6.102 设置渐变叠加

④ 勾选【投影】复选框，将【不透明度】更改为50%，取消【使用全局光】复选框，将【角度】更改为90度，【距离】更改为6像素，【大小】更改为20像素，完成之后单击【确定】按钮，如图6.103所示。

⑤ 在【图层】面板中选中【圆角矩形1 拷贝2】图层，将其拖至面板底部的【创建新图层】按钮上，复制一个【圆角矩形1 拷贝3】图层，将【圆角矩形1 拷贝3】图层样式删除，如图6.104所示。

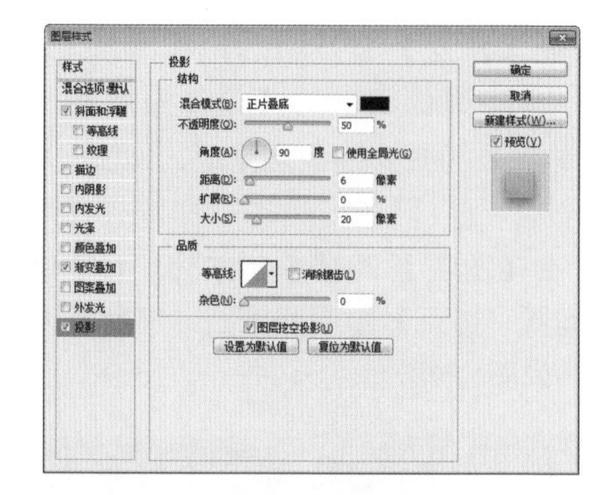

图6.103 设置投影

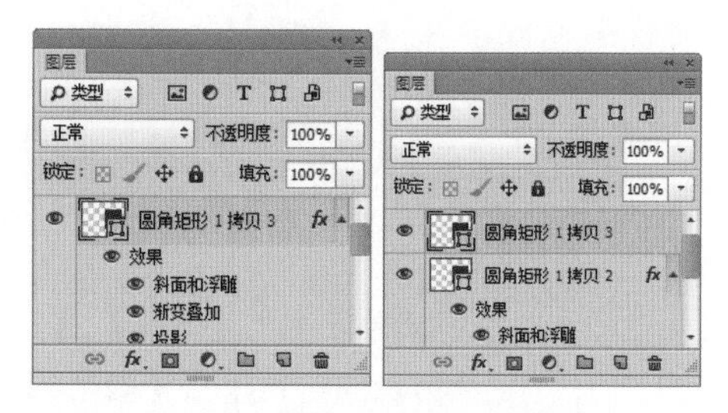

图6.104 复制图层并删除图层样式

⑥ 选中【圆角矩形1 拷贝3】图层，将其图形颜色更改为粉色（R:234，G:217，B:203），如图6.105所示。

⑦ 选中【圆角矩形1 拷贝3】图层，在画布中按Ctrl+T组合键对其执行【自由变换】命令，当出现变形框以后，按住Alt+Shift组合键将图形等比例缩小，完成之后按Enter键确认，如图6.106所示。

图6.105 更改图形颜色

图6.106 变换图形

6.3.5 制作图标元素

① 选择工具箱中的【矩形工具】，在选项栏中单击【路径操作】按钮，在弹出的下拉菜单中选择【减去顶层形状】，在图标左下角位置绘制一个矩形将部分图形减去，以同样的方法在图标右侧再次绘制图形将部分图形减去，如图6.107所示。

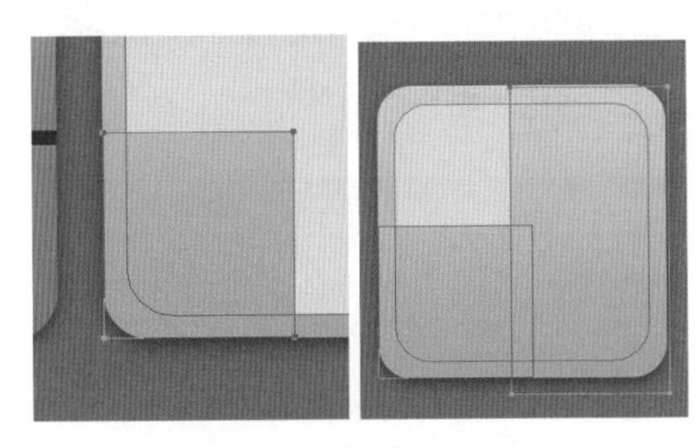

图6.107 减去部分图形

② 选择工具箱中的【直接选择工具】，在画布中选中部分路径，按Ctrl+T组合键将图形适当缩放，如图6.108所示。

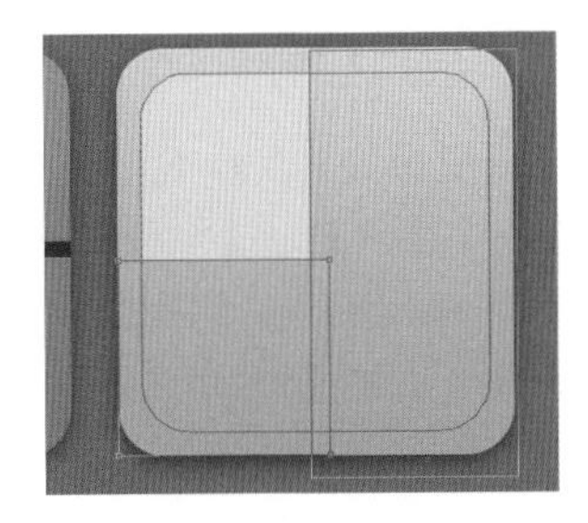

图6.108 变换图形

③ 在【图层】面板中选中【圆角矩形1 拷贝3】图层，将其拖至面板底部的【创建新图层】按钮上，复制一个【圆角矩形1 拷贝4】图层，如图6.109所示。

④ 选中【圆角矩形1 拷贝4】图层，在画布中按Ctrl+T组合键对其执行【自由变换】命令，将光标移至出现的变形框上单击鼠标右键，从弹出的快捷菜单中选择【水平翻转】，完成之后按Enter键确认，如图6.110所示。

图6.109 复制图层

图6.110 变换图形

⑤ 在【图层】面板中选中【圆角矩形1 拷贝3】图层，单击面板底部的【添加图层样式】按钮，在菜单中选择【斜面和浮雕】命令，在弹出的对话框中将【方法】更改为【平滑】，【大小】更改为5像素，【软化】更改为10像素，取消【使用全局光】复选框，【角度】更改为120度，【高度】更改为30度，再将【阴影模式】中的【不透明度】更改为30%，颜色为咖啡色（R:99；G:69；B:43）如图6.111所示。

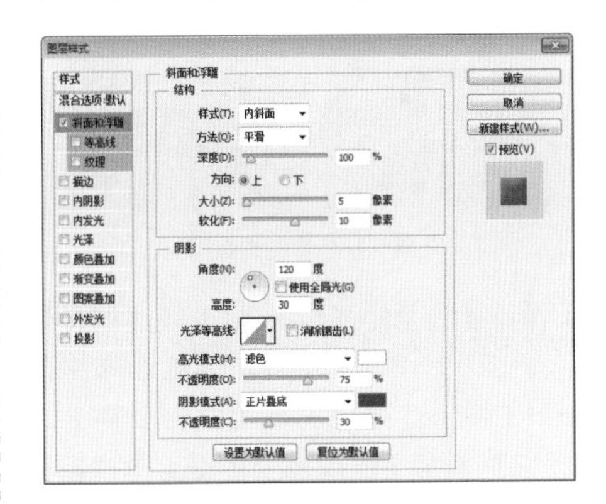

图6.111 设置斜面和浮雕

⑥ 勾选【描边】复选框，将【大小】更改为2像素，【颜色】更改为深黄色（R:215，G:146，B:75），完成之后单击【确定】按钮，如图6.112所示。同样将流样式粘贴给【圆角矩形1 拷贝4】。

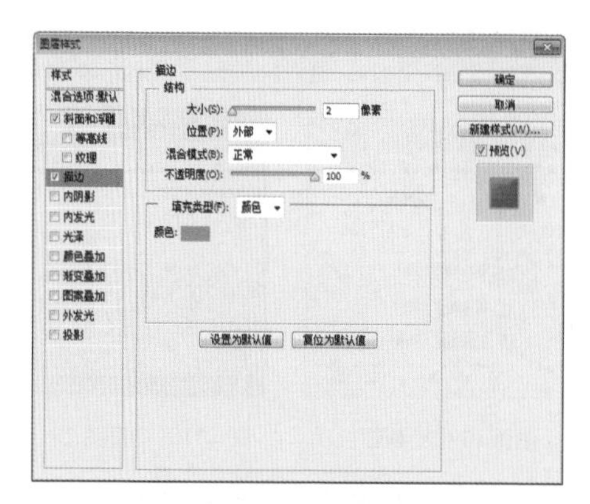

图6.112 设置描边

⑦ 在【图层】面板中同时选中【圆角矩形1 拷贝3】及【圆角矩形1 拷贝4】图层，将其拖至面板底部的【创建新图层】按钮上，复制1个【圆角矩形1 拷贝5】及【圆角矩形1 拷贝6】图层，如图6.113所示。

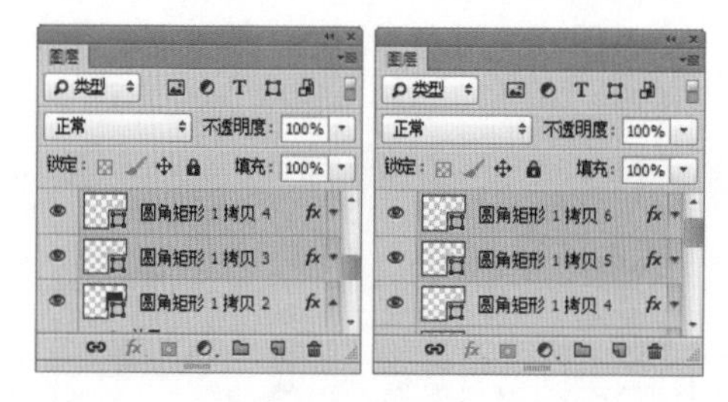

图6.113 复制图层

⑧ 保持【圆角矩形1 拷贝5】及【圆角矩形1 拷贝6】图层选中状态，在画布中按Ctrl+T组合键对其执行【自由变换】命令，将光标移至出现的变形框上单击鼠标右键，从弹出的快捷菜单中选择【垂直翻转】命令，完成之后按Enter键确认，再将图形向上稍微移动，如图6.114所示。

⑨ 在【图层】面板中双击【圆角矩形1 拷贝6】图层样式名称，在弹出的对话框中勾选【内阴影】复选框，将【混合模式】更改为【叠加】，【颜色】更改为白色，取消【使用全局光】复选框，【角度】更改为90度，【距离】更改为1像素，如图6.115所示。

图6.114 变换图形

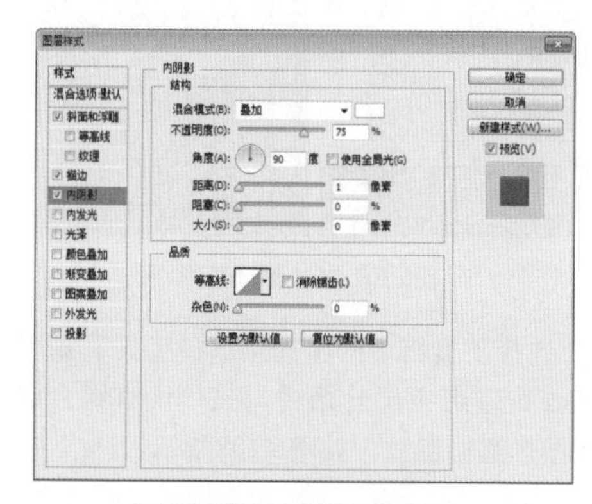

图6.115 设置内阴影

⑩ 勾选【渐变叠加】复选框，将【混合模式】更改为【正常】，【渐变更改为红色（R:220，G:60，B:30）到橙色（R:250，G:109，B:68），如图6.116所示。

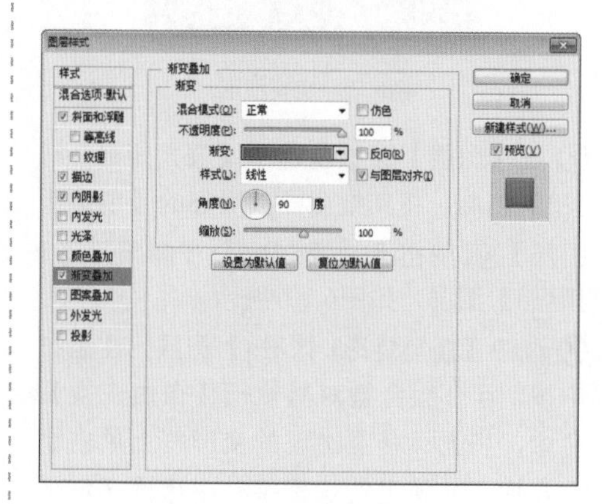

图6.116 设置渐变叠加

⑪ 勾选【投影】复选框，将【不透明度】更改为65%，取消【使用全局光】复选框，【角度】更改为110度，【距离】更改为2像素，【大小】更改为5像素，完成之后单击【确定】按钮，如图6.117所示。

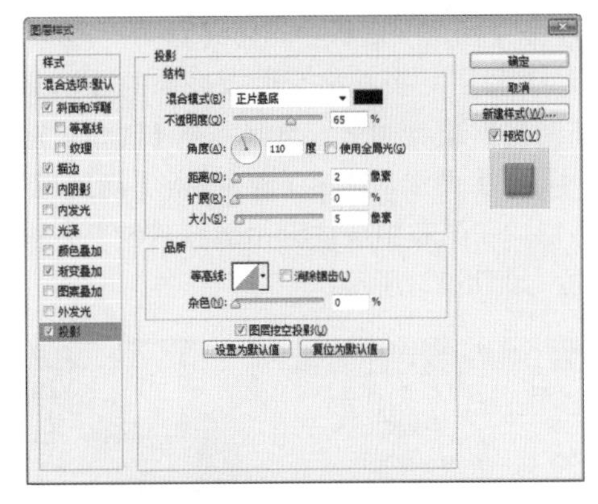

图6.117 设置投影

6.3.6 制作细节

① 选择工具箱中的【圆角矩形工具】，在选项栏中将【填充】更改为深黄色（R:114，G:75，B:40），【描边】为无，【半径】为10像素，在刚才绘制的图形左上角位置绘制一个圆角矩形，此时将生成一个【圆角矩形2】图层，如图6.118所示。

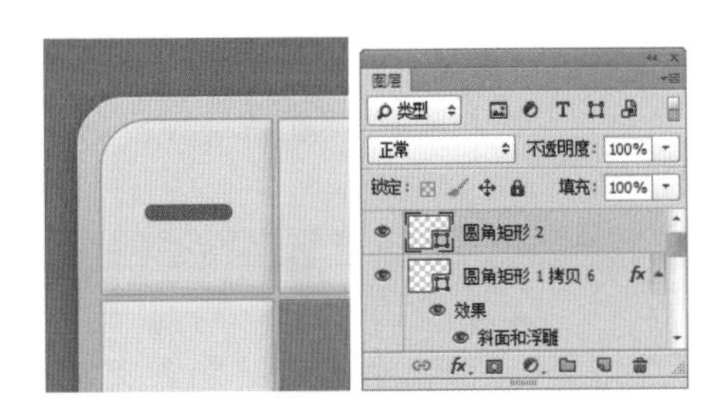

图6.118 绘制图形

② 在【图层】面板中选中【圆角矩形2】图层，将其拖至面板底部的【创建新图层】按钮上，复制一个【圆角矩形2 拷贝】图层，如图6.119所示。

③ 选中【圆角矩形2 拷贝】图层，在画布中按Ctrl+T组合键对其执行【自由变换】命令，在出现的变形框中单击鼠标右键，从弹出的快捷菜单中选择【旋转90度（顺时针）】，完成之后按Enter键确认，如图6.120所示。

图6.119 复制图层　　图6.120 变换图形

④ 在【图层】面板中选中【圆角矩形2拷贝】图层，将其拖至面板底部的【创建新图层】按钮上，复制一个【圆角矩形2拷贝2】图层，并将其移至所有图层上方，选中【圆角矩形2 拷贝2】图层，在画布中按住Shift键将其向右侧平移，如图6.121所示。

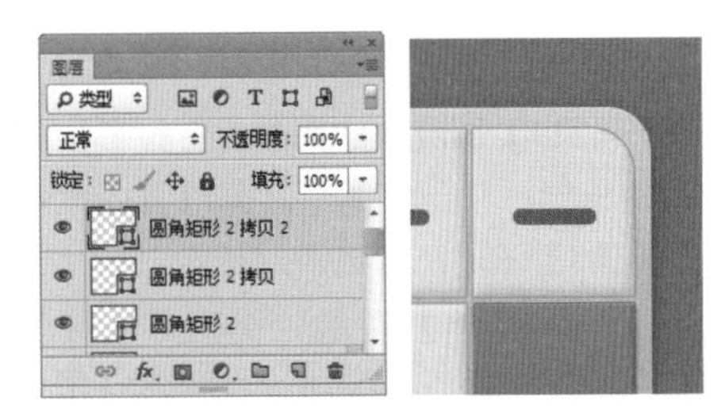

图6.121 复制图层并移动图形

⑤ 在【图层】面板中选中【圆角矩形2拷贝2】图层，将其拖至面板底部的【创建新图层】按钮上，复制一个【圆角矩形2 拷贝3】图层，选中【圆角矩形2 拷贝3】图层，在画布中按住Shift键将其向下方移动，如图6.122所示。

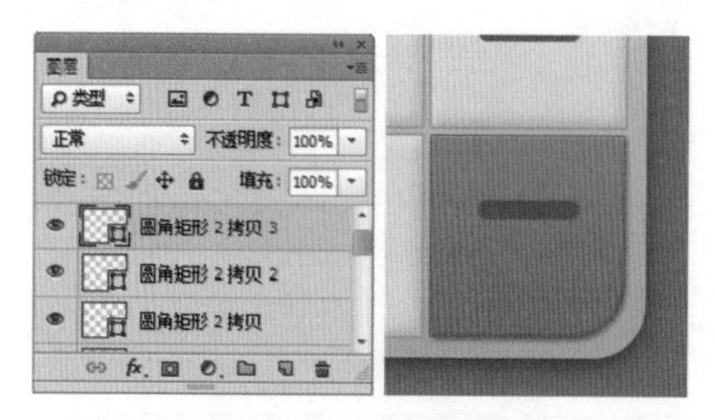

图6.122 复制图层并移动图形

⑥ 选中【圆角矩形2 拷贝3】图层，在画布中按住Alt+Shift组合键向下方拖动，将图形复制，此时将生成一个【圆角矩形2 拷贝4】图层，如图6.123所示。

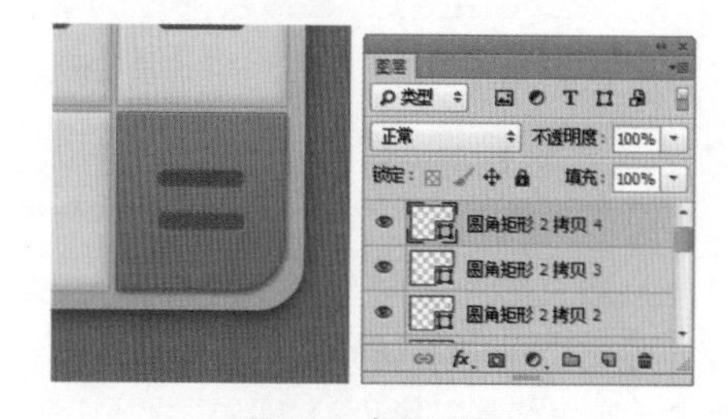

图6.123 复制图层

⑦ 选择工具箱中的【椭圆工具】，在选项栏中将【填充】更改为深黄色（R:114，G:75，B:40），【描边】为无，在【圆角矩形2 拷贝4】图层中的图形上方位置按住Shift键绘制一个正圆图形，此时将生成一个【椭圆3】图层，如图6.124所示。

⑧ 选中【椭圆3】图层，在画布中按住Alt+Shift组合键向下拖动，将图形复制，此时将生成一个【椭圆3 拷贝】图层，如图6.125所示。

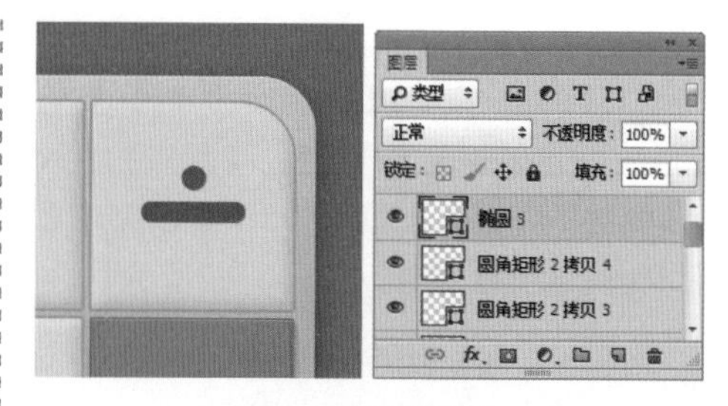

图6.124 绘制图形

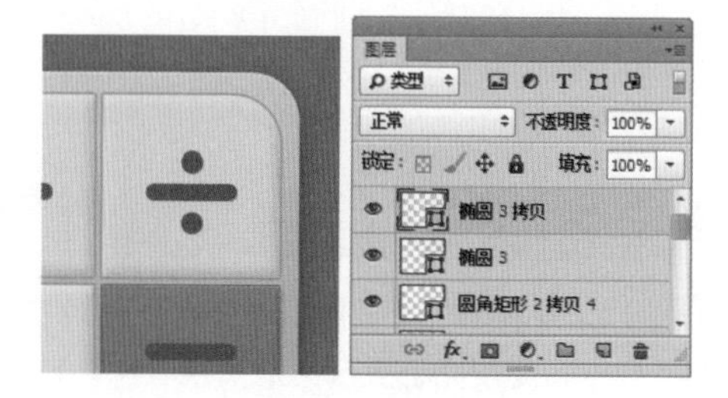

图6.125 复制图形

⑨ 在【图层】面板中，同时选中【圆角矩形2拷贝】及【圆角矩形2】图层，执行菜单栏中的【图层】|【合并图层】命令，将图层合并，此时将生成一个图层，双击此图层名称将其更改为【加号】，如图6.126所示。

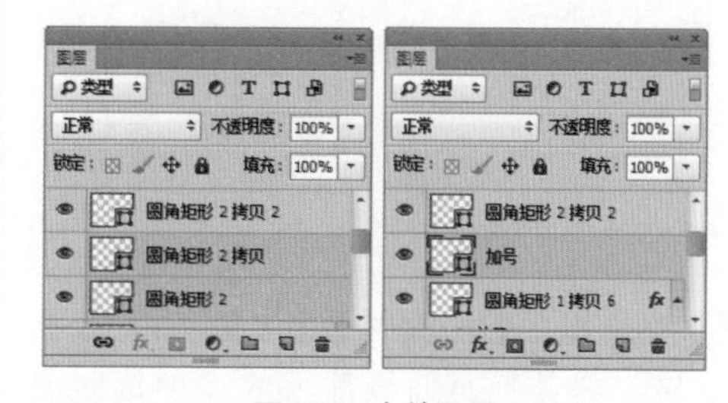

图6.126 合并图层

⑩ 同时选中【圆角矩形2拷贝4】及【圆角矩形2 拷贝3】图层，执行菜单栏中的【图层】|【合并图层】命令，将图层合并，此时将生成一个图层，双击此图层名称将其更改为【等号】，如图6.127所示。

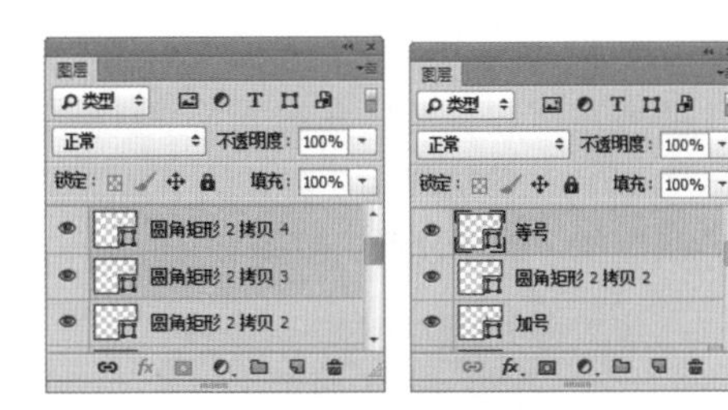

图6.127 合并图层

⑪ 同时选中【椭圆3 拷贝】、【椭圆3】及【圆角矩形2 拷贝2】图层，执行菜单栏中的【图层】|【合并图层】命令，将图层合并，此时将生成一个图层，双击此图层名称将其更改为【除号】，如图6.128所示。

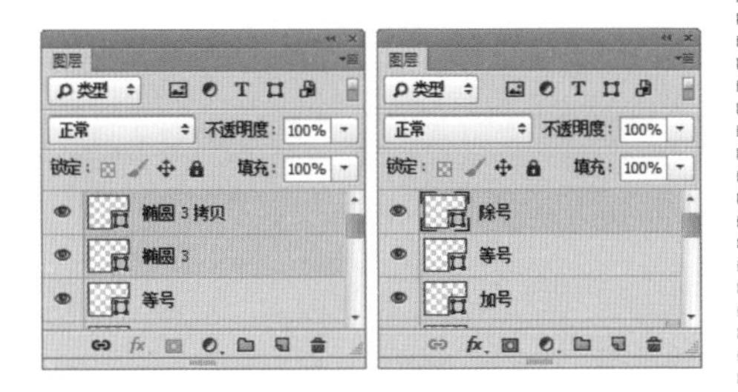

图6.128 合并图层

⑫ 选中【加号】图层，在画布中按住Alt+Shift组合键向下拖动，将图形复制，此时将生成一个【加号 拷贝】图层，双击其图层名称，更改为【乘号】，如图6.129所示。

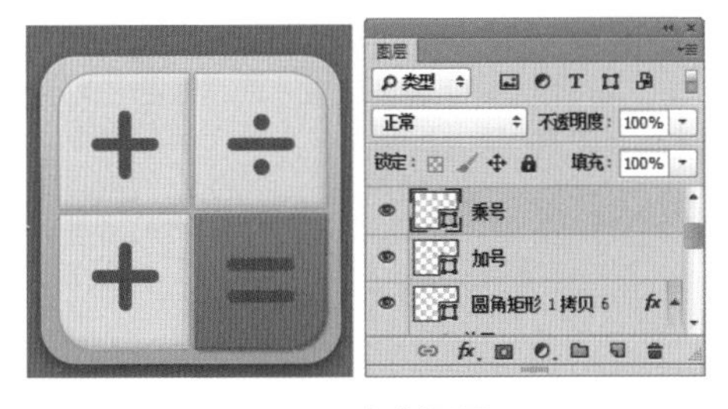

图6.129 复制图层

⑬ 选中【加号 拷贝】图层，按Ctrl+T组合键对其执行【自由变换】命令，当出现变形框以后，在选项栏中【旋转】后方的文本框中输入45度，完成之后按Enter键确认，如图6.130所示。

图6.130 旋转图形

⑭ 在【图层】面板中，选中【加号】图层，单击面板底部的【添加图层样式】 fx 按钮，在菜单中选择【内阴影】命令，在弹出的对话框中将【不透明度】更改为60%，取消【使用全局光】复选框，【距离】更改为5像素，【大小】更改为6像素，如图6.131所示。

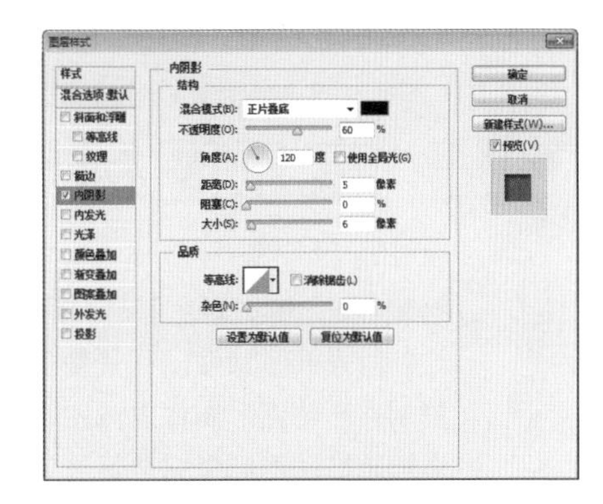

图6.131 设置内阴影

⑮ 勾选【投影】复选框，将【混合模式】更改为【叠加】，【颜色】更改为白色，【不透明度】更改为50%，取消【使用全局光】复选框，【距离】更改为1像素，完成之后单击【确定】按钮，如图6.132所示。

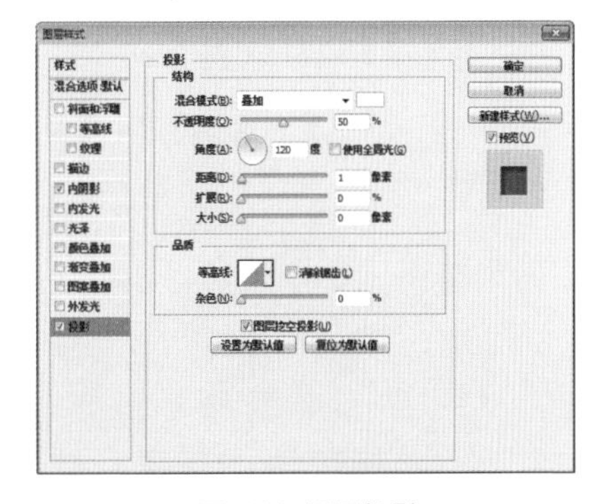

图6.132 设置投影

⑯ 在【加号】图层上单击鼠标右键，从弹出的快捷菜单中选择【拷贝图层样式】命令，在【除号】图层上单击鼠标右键，从弹出的快捷菜单中选择【粘贴图层样式】命令，如图6.133所示。

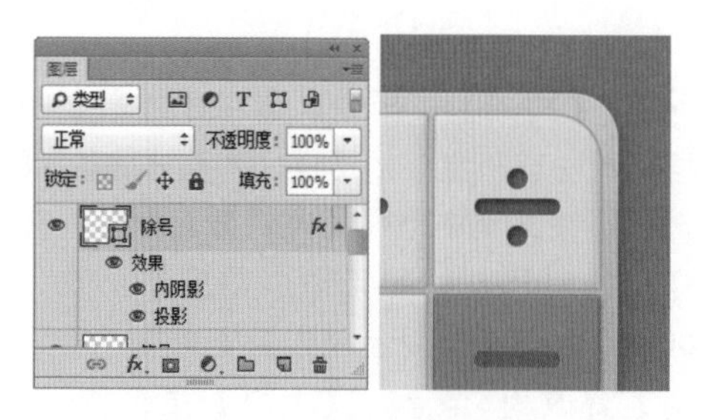

图6.133 拷贝并粘贴图层样式

⑰ 以同样的方法分别选中【乘号】及【等号】等图层，在其图层名称上单击鼠标右键，为其粘贴图层样式名称，这样就完成了效果制作，最终效果如图6.134所示。

图6.134 粘贴图层样式及最终效果

6.4 音乐图标

- 新建画布，填充渐变并添加画笔笔触效果制作背景。
- 绘制图形并添加图层样式制作图标。
- 复制并移动图形制作立体图标效果。
- 添加装饰图形元素完成最终效果制作。

本例主要讲解的是音乐图标制作，整个图标的可识别性极佳，从视觉体验角度也有不错的效果，而立体化的设计更是为这个质感图标增色不少，同时神秘蓝紫色系的搭配手法也令图标上升至一个较高的档次。

难易程度：★★★☆☆
最终文件：配套光盘 \ 素材 \ 源文件 \ 第 6 章 \.psd
视频位置：配套光盘 \movie\6.4 音乐图标 .avi

音乐图标效果如图 6.135 所示。

图6.135 音乐图标

6.4.1 制作背景

① 执行菜单栏中的【文件】|【新建】命令，在弹出的对话框中设置【宽度】为800像素，【高度】为600像素，【分辨率】为72像素/英寸，【颜色模式】为RGB颜色，新建一个空白画布，如图6.136所示。

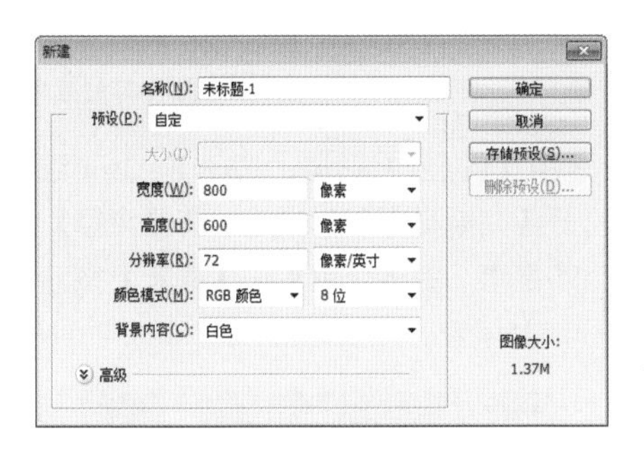

图6.136 新建画布

② 选择工具箱中的【渐变工具】，在选项栏中单击【点按可编辑渐变】按钮，在弹出的对话框中将渐变颜色更改为蓝色（R:86，G:106，B:170）到深蓝色（R:30，G:36，B:80），设置完成之后单击【确定】按钮，再单击选项栏中的【径向渐变】按钮，如图6.137所示。

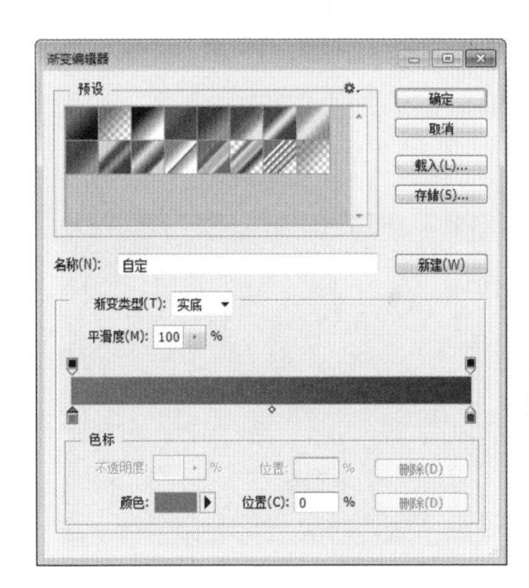

图6.137 设置渐变

③ 在画布中从中间向边缘方向拖动，为画布填充渐变，如图6.138所示。

图6.138 填充渐变

④ 单击面板底部的【创建新图层】按钮，新建一个【图层1】图层，如图6.139所示。

⑤ 选择工具箱中的【画笔工具】，在画布中单击鼠标右键，在弹出的面板中选择一种圆角笔触，将【大小】更改为300像素，【硬度】更改为0%，如图6.140所示。

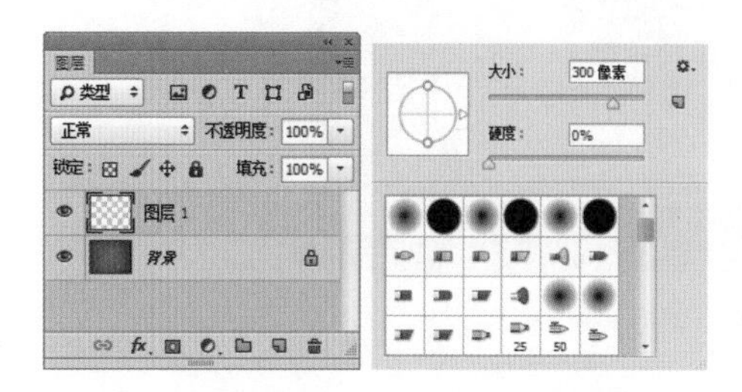

图6.139 新建图层　　图6.140 设置笔触

⑥ 选中【图层1】图层，将前景色更改为紫色（R:116，G:26，B:70），在画布中适当位置单击添加画笔笔触效果，如图6.141所示。

图6.141 添加笔触效果

在添加笔触效果的时候，可适当将画笔笔触大小增加或者减小使效果更加无规律。

⑦ 选中【图层1】图层，执行菜单栏中的【滤镜】|【模糊】|【高斯模糊】命令，在弹出的对话框中将【半径】更改为70像素，设置完成之后单击【确定】按钮，如图6.142所示。

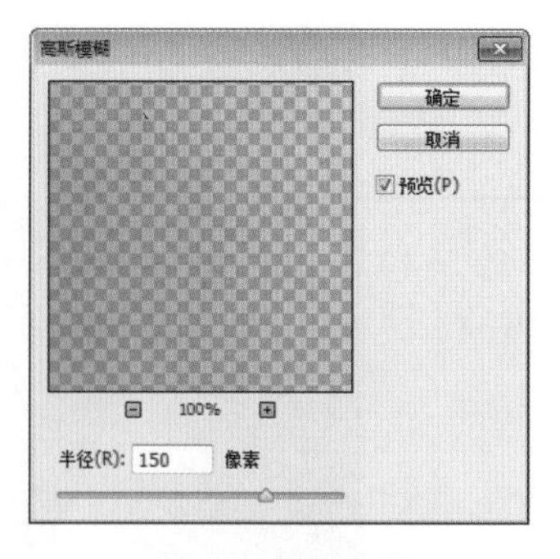

图6.142 设置高斯模糊

⑧ 单击面板底部的【创建新图层】按钮，新建一个【图层2】图层，如图6.143所示。

⑨ 选中【图层2】图层，将前景色更改为蓝色（R:77，G:103，B:172），在画布中靠右侧位置添加笔触效果，如图6.144所示。

图6.143 新建图层　　图6.144 添加笔触效果

⑩ 选中【图层2】图层，按Ctrl+Alt+F组合键打开【高斯模糊】对话框，将【半径】更改为90像素，完成之后单击【确定】按钮，如图6.145所示。

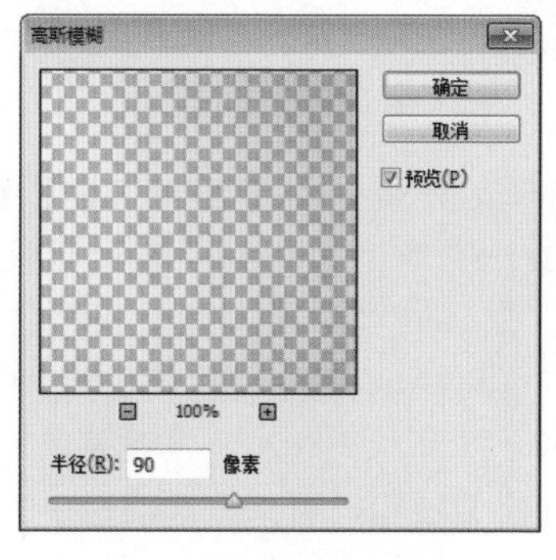

图6.145 设置高斯模糊

6.4.2 制作图标

① 选择工具箱中的【圆角矩形工具】，在选项栏中将【填充】更改为深蓝色（R:144，G:41，B:115），【描边】为无，【半径】为50像素，在画布中按住Shift键绘制一个圆角矩形，此时将生成一个【圆角矩形1】图层，如图6.146所示。

② 在【图层】面板中选中【圆角矩形1】图层，将其拖至面板底部的【创建新图层】按钮上，复制一个【圆角矩形1 拷贝】及【圆角矩形1 拷贝2】图层，如图6.147所示。

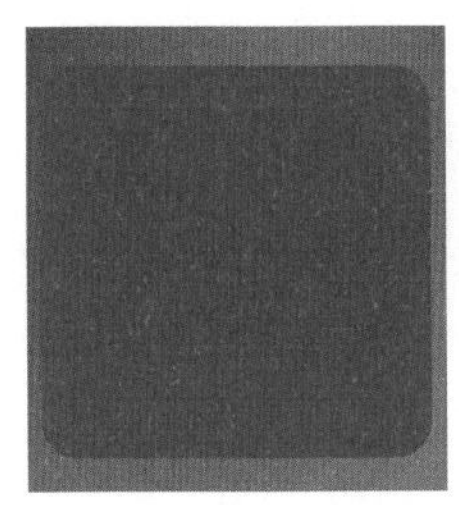

图6.146 绘制图形

图6.147 复制图层

③ 选中【圆角矩形1】图层，在画布中将图形颜色更改为黑色，如图6.148所示。

④ 选中【圆角矩形1】图层，执行菜单栏中的【图层】|【栅格化】|【形状】命令，将当前图形栅格化，如图6.149所示。

图6.148 更改图形颜色

图6.149 栅格化形状

提示

只有将【圆角矩形1】图层上方的所有图层隐藏的情况下，才能看到更改图形颜色的效果。

⑤ 选中【圆角矩形1】图层，按Ctrl+T组合键对其执行【自由变换】命令，在出现的变形框中单击鼠标右键，从弹出的快捷菜单中选择【透视】命令，将光标移至变形框右上角位置向里侧拖动，完成之后按Enter键确认，如图6.150所示。

图6.150 变换图形

⑥ 选中【圆角矩形1】图层，执行菜单栏中的【滤镜】|【模糊】|【高斯模糊】命令，在弹出的对话框中将【半径】更改为5像素，设置完成之后单击【确定】按钮，如图6.151所示。

⑦ 选中【圆角矩形1】图层，在画布中将图形向下稍微移动，如图6.152所示。

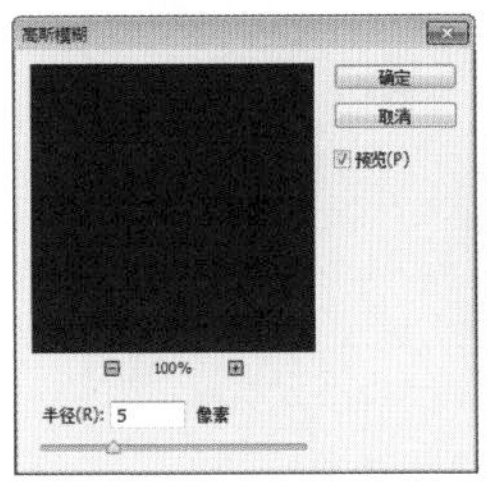

图6.151 设置高斯模糊

图6.152 移动图形

⑧ 选中【圆角矩形1 拷贝2】图层，在画布中将其图形颜色更改为蓝色（R:84，G:90，B:220）。

⑨ 选中【圆角矩形1 拷贝2】图层，在画布中按Ctrl+T组合键对其执行【自由变换】，将光标移至出现的变形框底部并向上拖动，将图形高度缩小，使其与下方的

图形形成一种立体效果，完成之后按Enter键确认，如图6.153所示。

图6.153 变换图形

⑩ 在【图层】面板中选中【圆角矩形1 拷贝2】图层，单击面板底部的【添加图层样式】fx按钮，在菜单中选择【渐变叠加】命令，在弹出的对话框中将【混合模式】更改为【正片叠底】，【不透明度】更改为80%，【渐变】更改为灰色（R:160，G:160，B:160）到白色到灰色（R:145，G:145，B:145）到白色再到灰色（R:160，G:160，B:160），【角度】更改为0度，如图6.154所示。

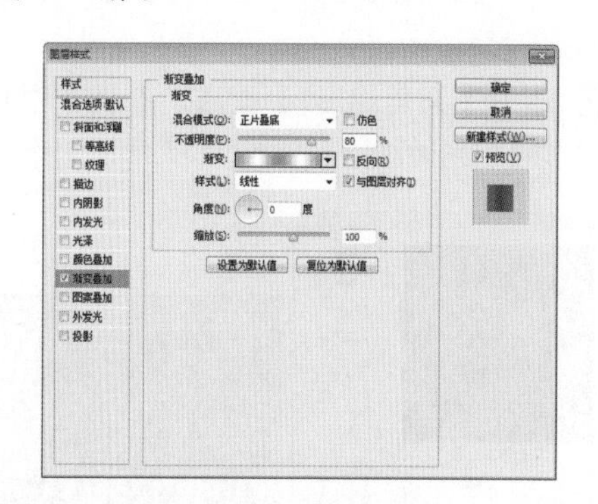

图6.154 设置渐变叠加

⑪ 勾选【投影】复选框，将【混合模式】更改为【叠加】，【颜色】更改为白色，取消【使用全局光】复选框，【角度】更改为90度，【距离】更改为2像素，完成之后单击【确定】按钮，如图6.155所示。

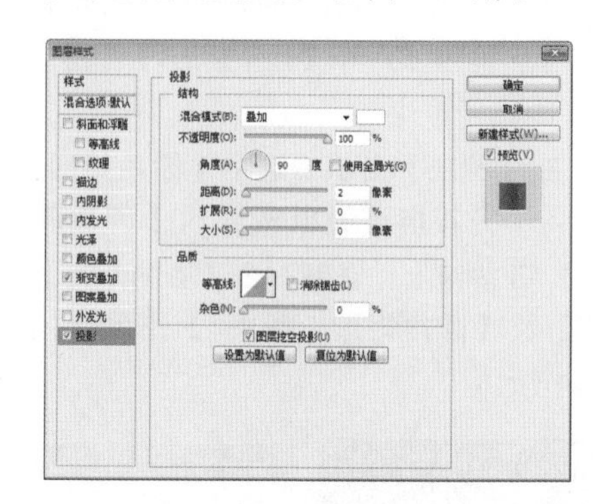

图6.155 设置投影

⑫ 同时选中【圆角矩形1 拷贝2】、【圆角矩形1 拷贝】及【圆角矩形1】图层，按Ctrl+G组合键将图层快速编组，将生成的组名称更改为【底座】，如图6.156所示。

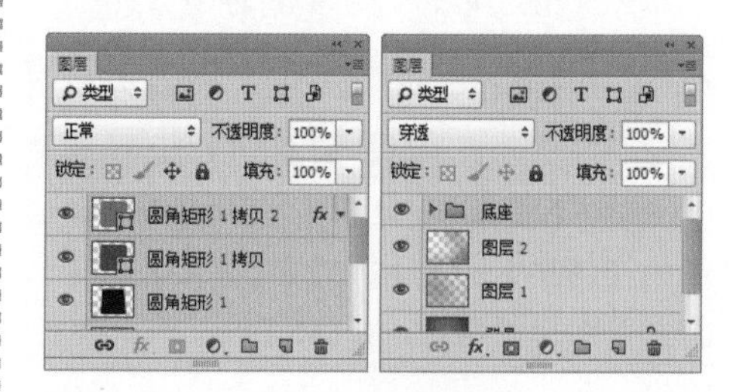

图6.156 快速编组

6.4.3 制作立体效果

① 在【图层】面板中选中【底座】组，将其拖至面板底部的【创建新图层】按钮上，复制一个【底座 拷贝】组，如图6.157所示。

② 选中【底座 拷贝】组，在画布中将图形向上稍微移动，如图6.158所示。

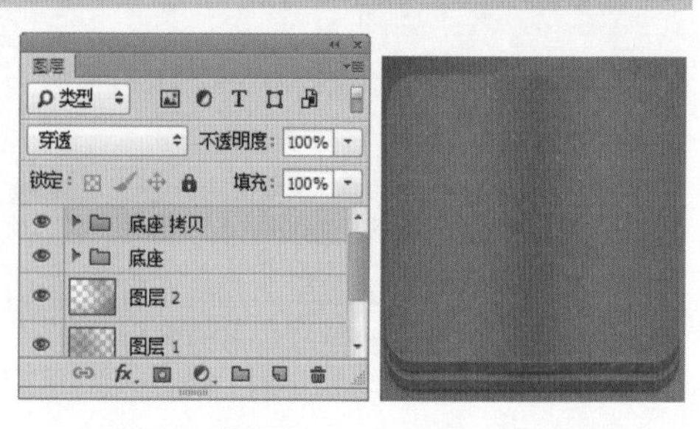

图6.157 复制组　　图6.158 移动图形

③ 选中【圆角矩形1 拷贝】图层，在画布中将图形颜色更改为灰色（R:170，G:176，B:185），如图6.159所示。

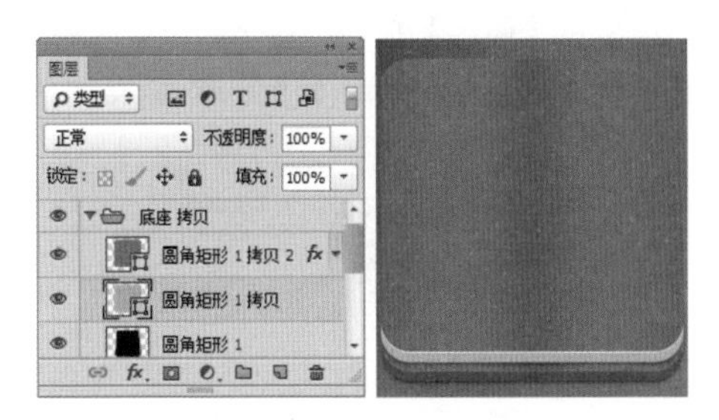

图6.159 更改图形颜色

④ 在【图层】面板中双击【圆角矩形1 拷贝2】图层样式名称，在弹出的对话框中选中【渐变叠加】复选框，将其【渐变】更改为灰色系（R:185，G:190，B:199）到白色系的渐变，【角度】更改为0度，如图6.160所示。

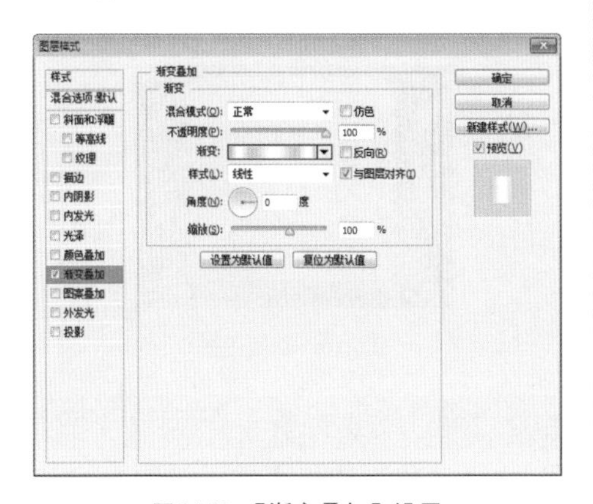

图6.160 【渐变叠加】设置

提示

在设置渐变颜色的时候，可按照如图6.161所示的渐变色标及位置进行更改。

图6.161

⑤ 选中【投影】复选框，将【混合模式】更改为【正常】，【颜色】更改为白色，取消【使用全局光】复选框，【角度】更改为90度，【距离】更改为2像素，完成之后单击【确定】按钮，如图6.162所示。

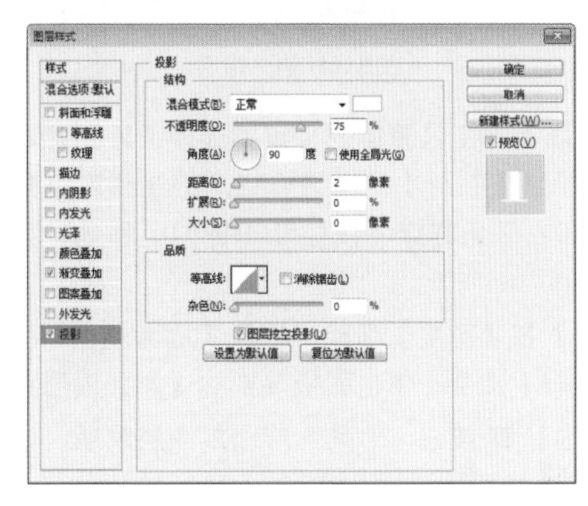

图6.162 设置投影

⑥ 在【图层】面板中选中【圆角矩形1 拷贝2】图层，将其拖至面板底部的【创建新图层】按钮上，复制一个【圆角矩形1 拷贝3】图层，将其样式全部删除，如图6.163所示。

⑦ 选中【圆角矩形1 拷贝3】图层，在画布中将图形颜色更改为白色，再将其移至【圆角矩形1 拷贝2】图层上方，如图6.164所示。

图6.163 复制图层 图6.164 更改图层颜色及顺序

⑧ 选择工具箱中的【直接选择工具】，在画布中选中【圆角矩形1 拷贝3】图层中的图形底部两个锚点并按Delete键将其删除，如图6.165所示。

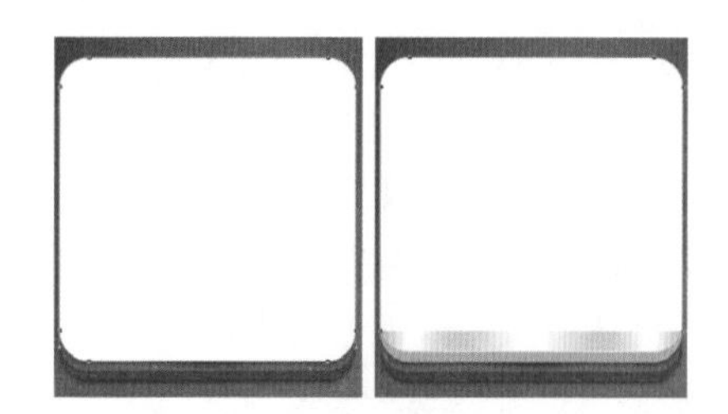

图6.165 删除锚点

⑨ 选择工具箱中的【直接选择工具】，同时选中刚才经过删除锚点的矩形左下角和右下角锚点并按住Shift键向上移动，如图6.166所示。

⑩ 在【图层】面板中选中【圆角矩形1 拷贝3】图层，单击面板底部的【添加图层蒙版】按钮，为其图层添加图层蒙版，如图6.167所示。

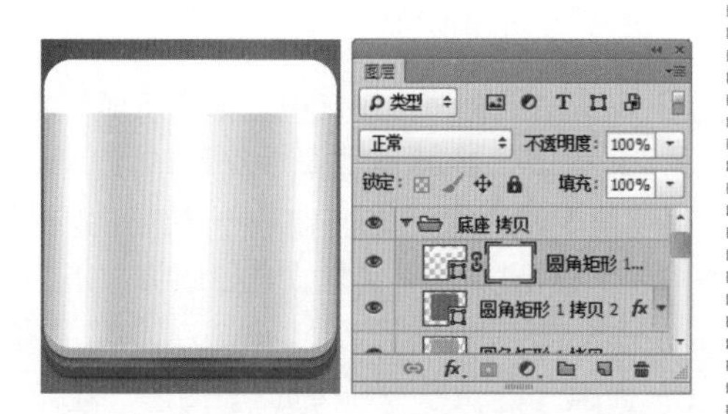

图6.166 变换图形　　图6.167 添加图层蒙版

⑪ 选择工具箱中的【渐变工具】，在选项栏中单击【点按可编辑渐变】按钮，在弹出的对话框中选择【黑白渐变】，设置完成之后单击【确定】按钮，再单击选项栏中的【线性渐变】按钮，如图6.168所示。

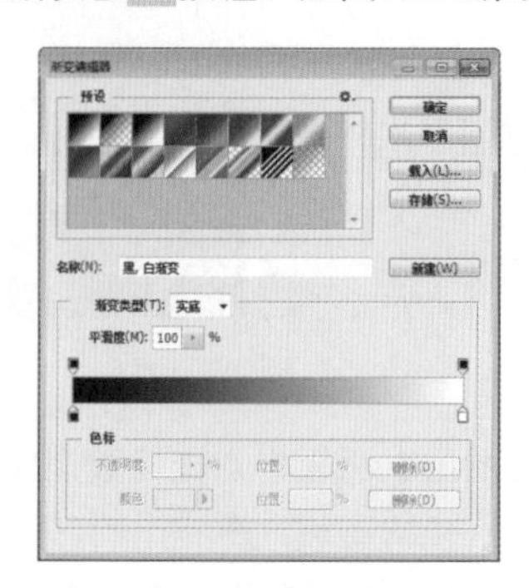

图6.168 设置渐变

⑫ 单击【圆角矩形1 拷贝3】图层蒙版缩览图，在画布中其图形上按住Shift键从下至上拖动，将部分图形隐藏，如图6.169所示。

图6.169 隐藏图形

6.4.4 添加装饰图形元素

① 选择工具箱中的【椭圆工具】，在选项栏中将【填充】更改为蓝色（R:92，G:60，B:218），【描边】为无，在界面中按住Shift键绘制一个正圆图形，此时将生成一个【椭圆1】图层，如图6.170所示。

图6.170 绘制图形

② 在【图层】面板中选中【椭圆1】图层，单击面板底部的【添加图层样式】按钮，在菜单中选择【斜面和浮雕】命令，在弹出的对话框中将【深度】更改为1000%，【大小】更改为10像素，取消【使用全局光】复选框，【角度】更改为90度，【高光模式】更改为【正常】，【颜色】更改为白色，【不透明度】更改为100%，【阴影模式】更改为【正常】，【颜色】更改为白色，【不透明度】更改为100%，如图6.171所示。

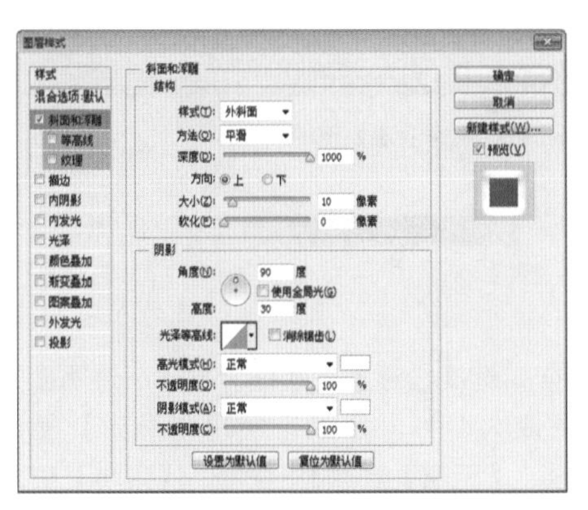

图6.171 设置斜面和浮雕

③ 勾选【内发光】复选框，将【混合模式】更改为【正常】，【不透明度】更改为40%，【颜色】更改为黑色，【大小】更改为5像素，如图6.172所示。

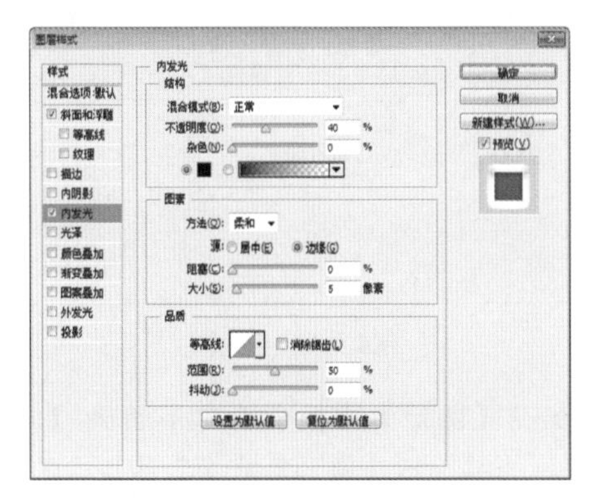

图6.172 设置内发光

④ 勾选【光泽】复选框，将【混合模式】更改为【叠加】，【颜色】更改为黑色，【不透明度】更改为30%，【角度】更改为20度，【距离】更改为10像素，【大小】更改为15像素，单击【等高线】后方的按钮，在弹出的面板中选择【高斯】，如图6.173所示。

⑤ 勾选【渐变叠加】复选框，将【混合模式】更改为【柔光】，【不透明度】更改为60%，【渐变】更改为白色到黑色，完成之后单击【确定】按钮，如图6.174所示。

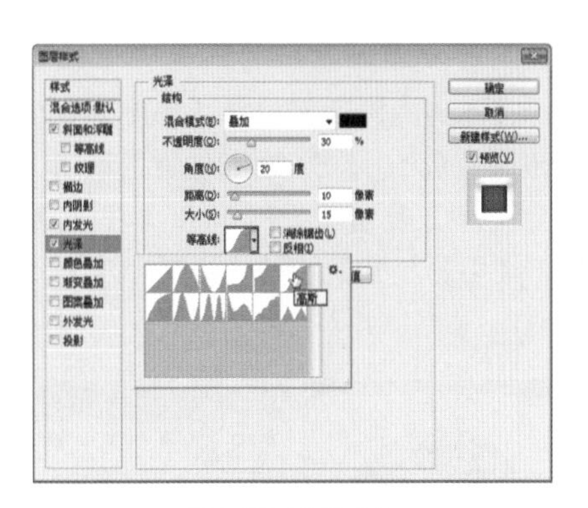

图6.173 设置光泽

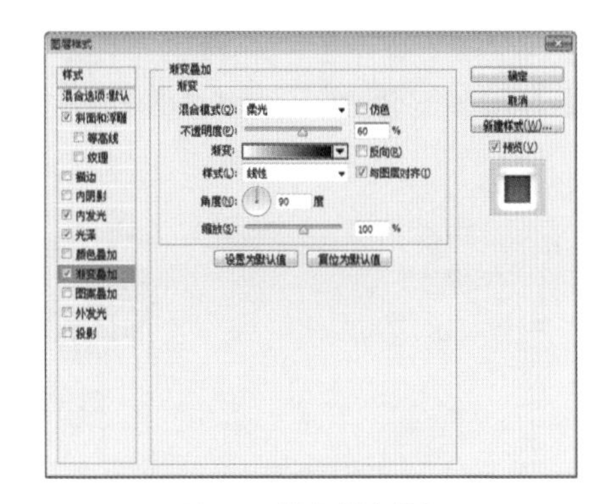

图6.174 设置渐变叠加

⑥ 选择工具箱中的【自定形状工具】，在画布中单击鼠标右键，从弹出的快捷菜单中选择【音乐】|【八分音符】，如图6.175所示。

图6.175 设置形状

⑦ 在选项栏中将【填充】更改为白色，【描边】为无，在绘制的图标上按住Shift键绘制图形，此时将生成一个【形状1】图层，如图6.176所示。

⑧ 在【图层】面板中选中【形状1】图层，单击面板底部的【添加图层样式】fx

按钮，在菜单中选择【斜面和浮雕】命令，在弹出的对话框中将【深度】更改为1000%，【大小】更改为2像素，取消【使用全局光】复选框，【角度】更改为90度，【阴影模式】中的【不透明度】更改为65%，如图6.177所示。

图6.176 绘制图形

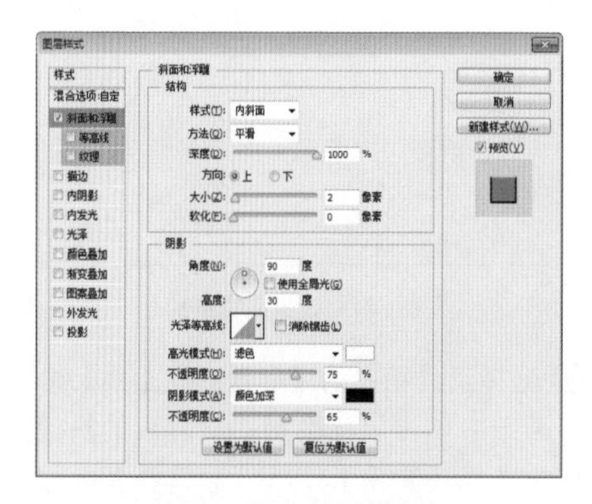

图6.177 设置斜面和浮雕

⑨ 勾选【渐变叠加】复选框，将【混合模式】更改为【叠加】，【不透明度】更改为50%，【渐变】更改为灰色（R:119，G:119，B:119）到黑色到白色，如图6.178所示。

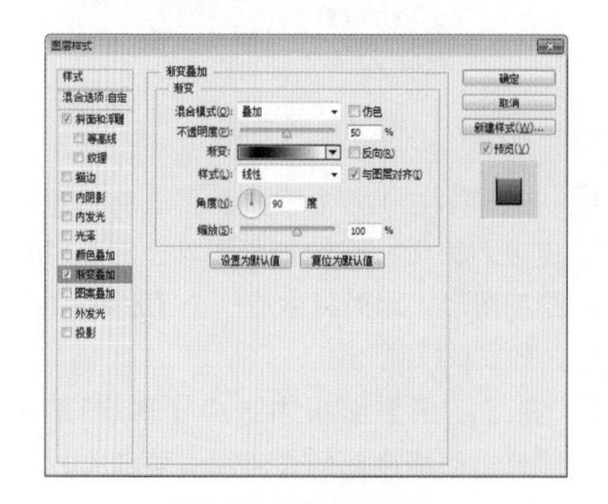

图6.178 设置渐变叠加

提示

渐变颜色的设置如图6.179所示。

图6.179

⑩ 勾选【投影】复选框，将【不透明度】更改为35%，取消【使用全局光】复选框，【距离】更改为3像素，【大小】更改为5像素，完成之后单击【确定】按钮，如图6.180所示。

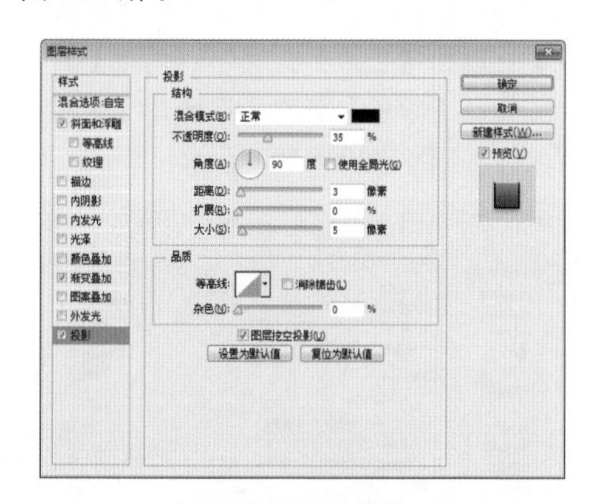

图6.180 设置投影

⑪ 在【图层】面板中选中【形状1】图层，将其图层【填充】更改为70%，这样就完成了效果制作，最终效果如图6.181所示。

图6.181 更改填充及最终效果

课后练习

课后练习6-1 简约风天气APP

本例主要讲解的是简约风天气 APP 界面制作，本例的制作过程比较简单，需要注意图形与文字搭配的协调性，同时文字位置的摆放也决定了界面的整体美观性。简约风天气 APP 最终效果如图 6.182 所示。

难易程度：★★☆☆☆

调用素材：配套光盘\素材\调用素材\第 6 章\简约风天气 APP

最终文件：配套光盘\素材\源文件\第 6 章\简约风天气 APP.psd

视频位置：配套光盘\movie\课后练习 6-1 简约风天气 APP.avi

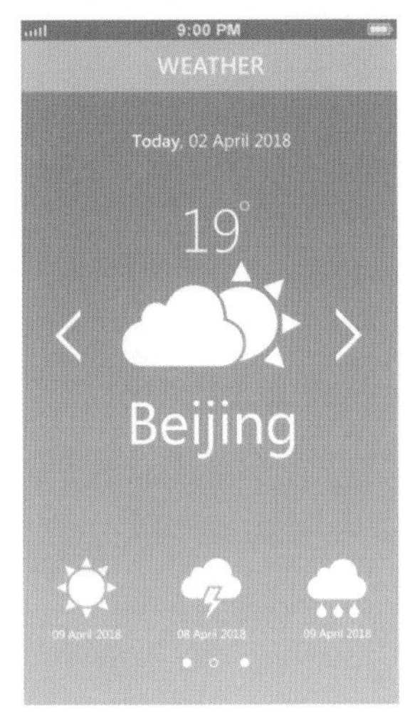

图6.182 简约风天气APP最终效果

操作提示

（1）新建画布并新建图层，为图层添加渐变叠加效果制作背景。

（2）在界面中绘制图形，制作状态栏并添加信息。

（3）添加素材图形及文字信息，完成最终效果的制作。

关键步骤提示（如图6.183所示）

图6.183 关键步骤提示

课后练习6-2 个人应用APP界面

本例主要讲解个人应用 APP 界面的制作，本例在制作过程中采用蓝天大海的背景图并配合滤镜效果，制作动感背景，而深蓝色系的界面与背景也十分协调，同时相应的功能布局及元素的添加很好地体现了这款扁平 APP 界面的风格。个人应用 APP 界面最终效果如图 6.184 所示。

难易程度：★★★☆☆
调用素材：配套光盘 \ 素材 \ 调用素材 \ 第 6 章 \ 简个人应用 APP 界面
最终文件：配套光盘 \ 素材 \ 源文件 \ 第 6 章 \ 个人应用 APP 界面 .psd
视频位置：配套光盘 \movie\ 课后练习 6-2 个人应用 APP 界面 .avi

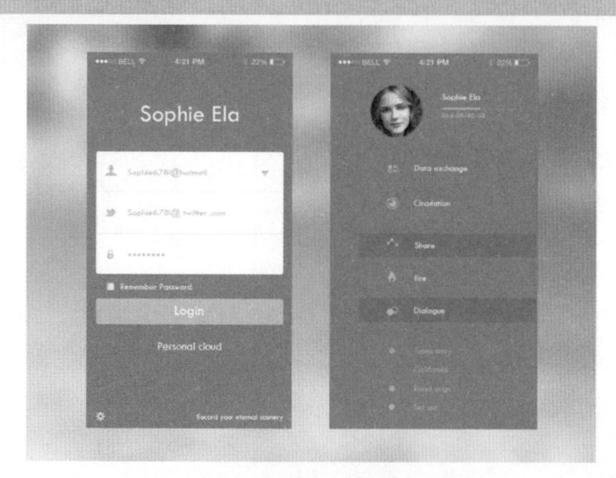

图6.184 个人应用APP界面

操作提示

（1）新建画布并填充颜色，添加素材并配合滤镜命令制作背景。

（2）绘制图形制作主界面，在主界面上添加文字以及制作细节，完成一级功能页面制作。

（3）将功能页面复制后并更改颜色，添加界面元素完成二级功能页面，完成最终效果的制作。

关键步骤提示（如图6.185所示）

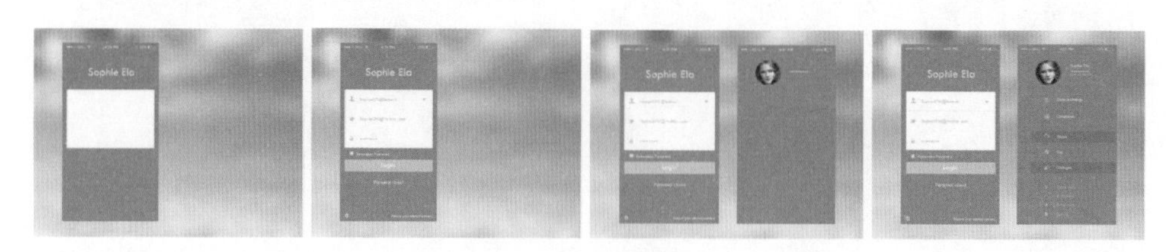

图6.185 关键步骤提示

本章精彩效果展示

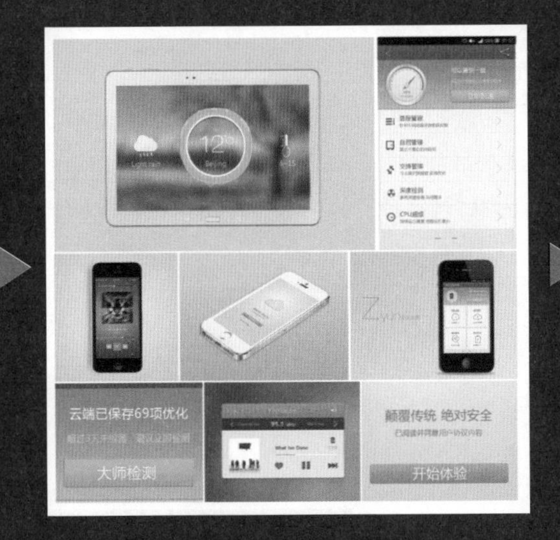

第7章

商业案例实战

内容摘要

本章主要详解APP商业案例实战，在本章中讲解了几个最为经典的商业案例，从安全应用界面的设计制作到怡人天气背景的制作，可以称得上一整套流程，这其中包括质感、扁平、流行的风格的运用，只有通过真正的商业实战案例才可以掌握UI设计的精髓，同时通过本章的学习与深层次的吸收可以达到独立设计常用流行应用界面的目的。

教学目标

学习安全应用界面的制作方法
学会iOS风格音乐播放器界面设计
掌握天气主题界面的设计方法

卓云安全大师界面

- 新建画布，新建图层并添加图层样式制作背景。
- 绘制图形并利用图层样式制作欢迎页面。
- 再次绘制图形并按一定规范区分功能区域制作两个功能页面。
- 添加素材图像为应用软件制作展示页面完成最终效果制作。

本例主要讲解的是安全类应用软件的界面制作，本例在制作的过程中将应用分为 5 个部分，从欢迎页面到功能页面再到最后的展示页面都有相应的制作，同时对每个功能的分布作出了明确的规划。

难易程度：★★★★☆

调用素材：配套光盘 \ 素材 \ 调用素材 \ 第 7 章 \ 卓云安全大师界面

最终文件：配套光盘 \ 素材 \ 源文件 \ 第 7 章 \ 卓云安全大师界面

视频位置：配套光盘 \movie\7.1　卓云安全大师界面 .avi

卓云安全大师界面效果如图 7.1 所示。

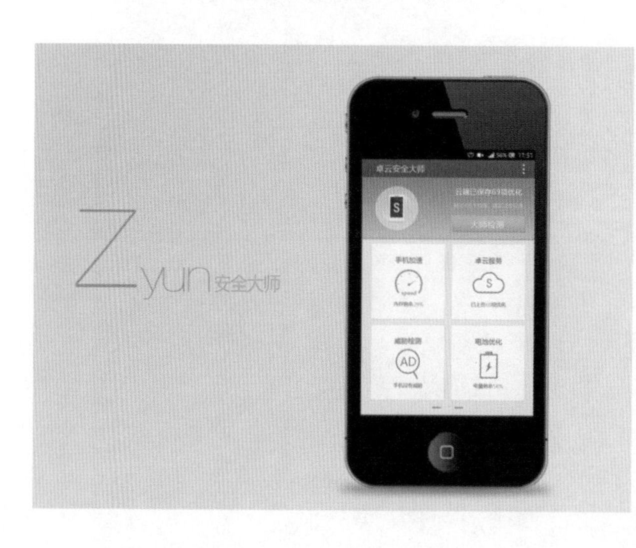

图7.1 卓云安全大师界面

7.1.1 欢迎页面

① 执行菜单栏中的【文件】|【新建】命令，在弹出的对话框中设置【宽度】为640像素，【高度】为960像素，【分辨率】为72像素/英寸，【颜色模式】为RGB颜色，新建一个空白画布，如图7.2所示。

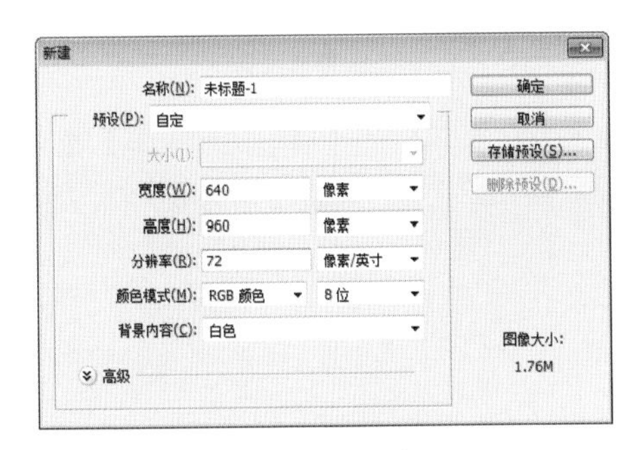

图7.2 新建画布

② 单击面板底部的【创建新图层】按钮，新建一个【图层1】图层，选中【图层1】图层，将其填充为白色，如图7.3所示。

③ 在【图层】面板中选中【图层1】图层，单击面板底部的【添加图层样式】fx按钮，在菜单中选择【渐变叠加】命令，在弹出的对话框中将【渐变】更改为浅蓝色（R:240，G:245，B:247）到蓝色（R:190，G:220，B:230），【样式】更改为【径向】，【缩放】更改为105%，完成之后单击【确定】按钮，如图7.4所示。

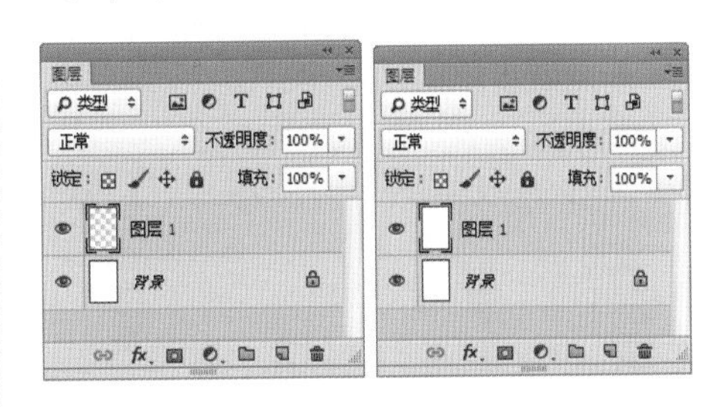

图7.3 新建图层并填充颜色

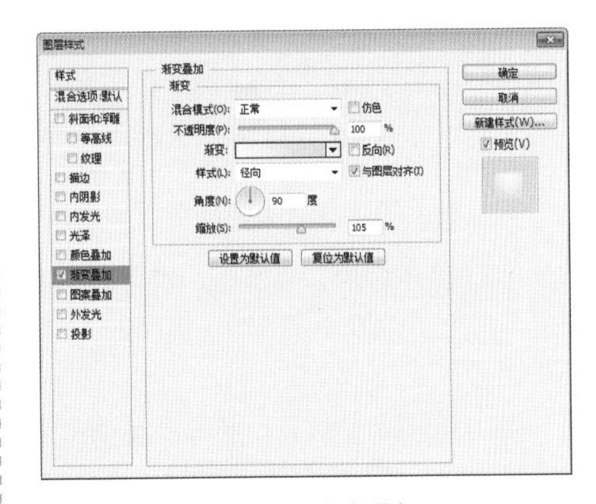

图7.4 设置渐变叠加

④ 选择工具箱中的【钢笔工具】，在选项栏中单击【选择工具模式】路径按钮，在弹出的选项中选择【形状】，在画

布中绘制一个云形状图形，此时将生成一个【形状1】图层，如图7.5所示。

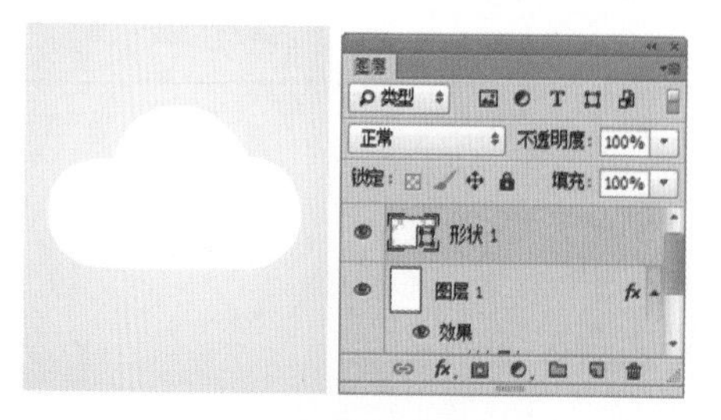

图7.5 绘制形状

⑤ 在【图层】面板中选中【形状1】图层，单击面板底部的【添加图层样式】fx按钮，在菜单中选择【斜面和浮雕】命令，在弹出的对话框中将【深度】更改为10%，【大小】更改为15像素，【软化】更改为10像素，取消【使用全局光】复选框，【角度】更改为90度，【高度】更改为26度，如图7.6所示。

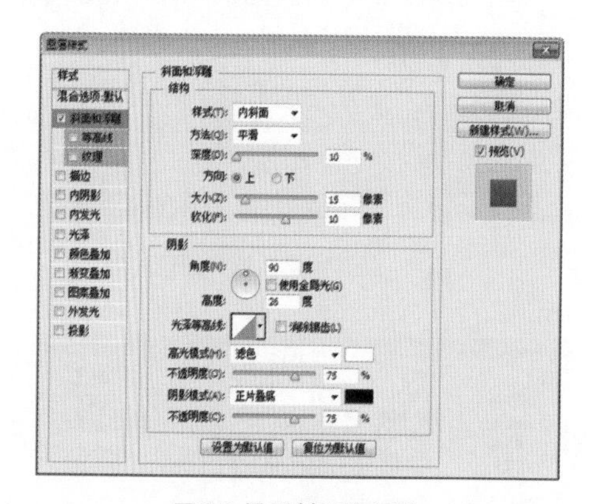

图7.6 设置斜面和浮雕

⑥ 勾选【颜色叠加】复选框，将【颜色】更改为蓝色（R:202，G:229，B:250），如图7.7所示。

⑦ 勾选【投影】复选框，将【不透明度】更改为20%，取消【使用全局光】复选框，【角度】更改为90度，【距离】更改为1像素，完成之后单击【确定】按钮，如图7.8所示。

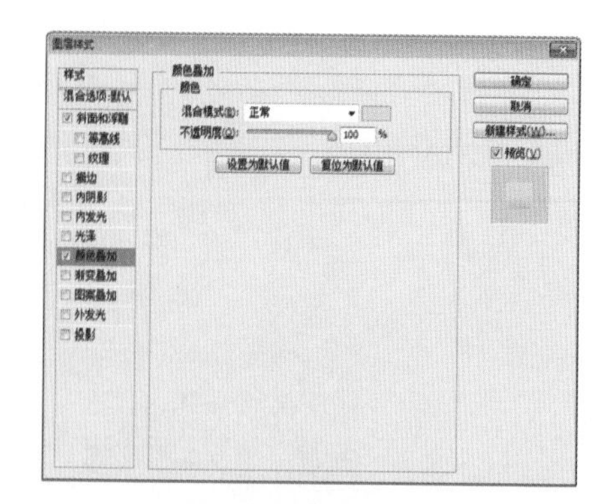

图7.7 设置颜色叠加

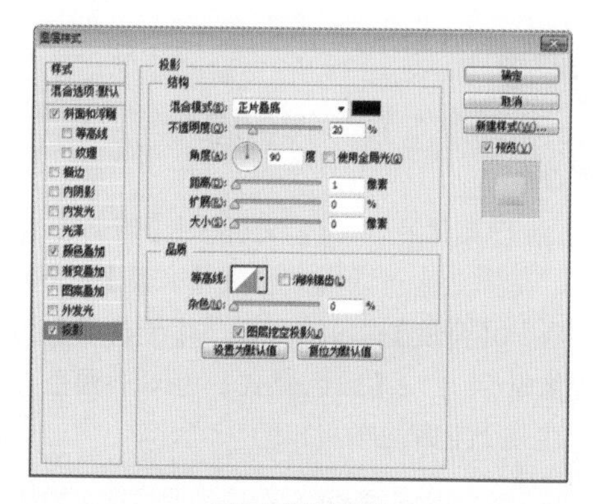

图7.8 设置投影

⑧ 选择工具箱中的【横排文字工具】T，在画布中适当位置添加文字，如图7.9所示。

图7.9 添加文字

⑨ 在【形状1】图层上单击鼠标右键，从弹出的快捷菜单中选择【拷贝图层样式】命令，在【S】图层上单击鼠标右键，从弹出的快捷菜单中选择【粘贴图层样式】命令，如图7.10所示。

图7.10 拷贝并粘贴图层样式

⑩ 在【图层】面板中，将【S】图层中的【颜色叠加】图层样式删除，如图7.11所示。

图7.11 删除图层样式

⑪ 选择工具箱中的【圆角矩形工具】，在选项栏中将【填充】更改为白色，【描边】为无，【半径】为5像素，在画布中靠下方位置绘制一个圆角矩形，此时将生成一个【圆角矩形1】图层，如图7.12所示。

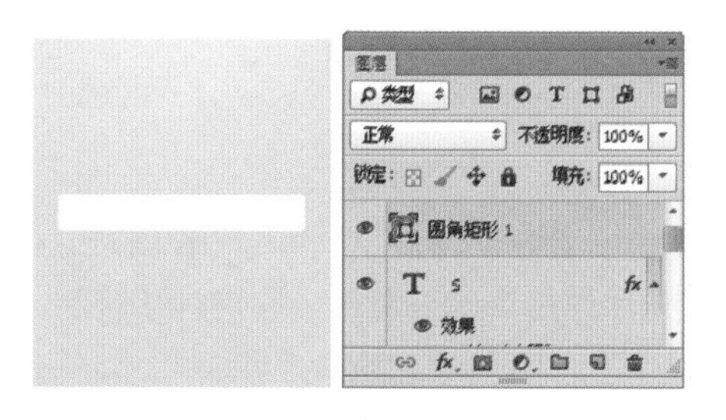

图7.12 绘制图形

⑫ 在【图层】面板中选中【圆角矩形1】图层，单击面板底部的【添加图层样式】fx按钮，在菜单中选择【渐变叠加】命令，在弹出的对话框中将【混合模式】更改为正常，【渐变】更改为蓝色（R:110，G:185，B:238）到蓝色（R:50，G:146，B:226），【角度】更改为-90度，完成之后单击【确定】按钮，如图7.13所示。

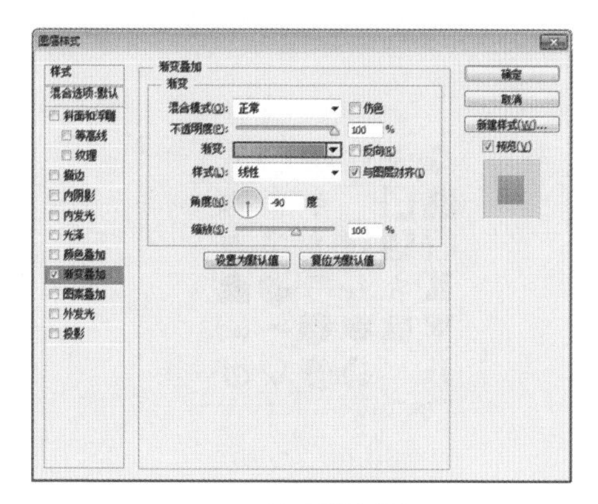

图7.13 设置渐变叠加

⑬ 选择工具箱中的【横排文字工具】T，在画布中适当位置添加文字，如图7.14所示。

图7.14 添加文字

⑭ 选择工具箱中的【矩形工具】，在选项栏中将【填充】更改为无色，【描边】为黑色，【大小】为0.2点，在刚才绘制的圆角矩形下方位置按住Shift键绘制一个矩形，此时将生成一个【矩形1】图层，如图7.15所示。

图7.15 绘制图形

⑮ 选择工具箱中的【自定形状工具】，在画布中单击鼠标右键，从弹出的快捷菜单中选择【符号】|【复选标记】复选框，如图7.16所示。

图7.16 设置形状

⑯ 在选项栏中将【填充】更改为灰色（R:115，G:124，B:129），【描边】为无，在刚才绘制的矩形中按住Shift键绘制一个对号形状，此时将生成一个【形状2】图层，如图7.17所示。

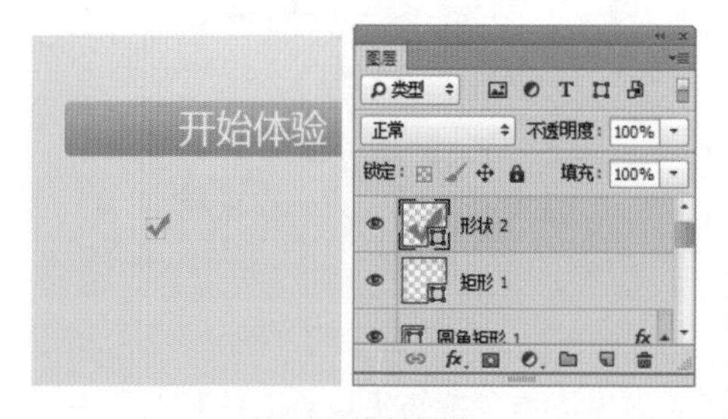

图7.17 绘制图形

⑰ 选择工具箱中的【横排文字工具】T，在刚才绘制的图形下方位置再次添加文字，如图7.18所示。

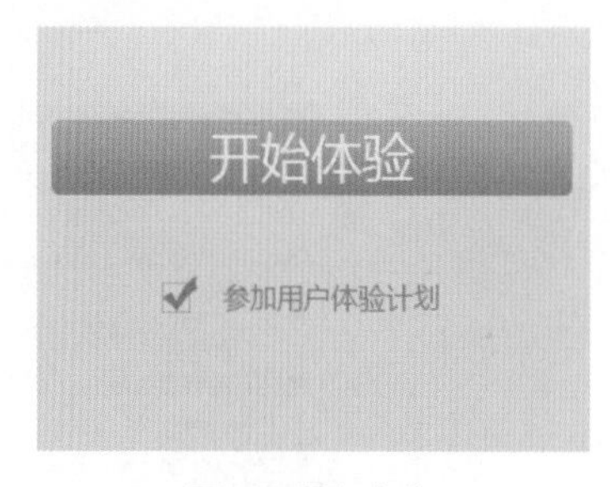

图7.18 添加文字

⑱ 选择工具箱中的【椭圆工具】，在选项栏中将【填充】更改为浅蓝色（R:178，G:190，B:199），【描边】为无，在画布靠底部位置按住Shift键绘制一个正圆图形，此时将生成一个【椭圆1】图层，如图7.19所示。

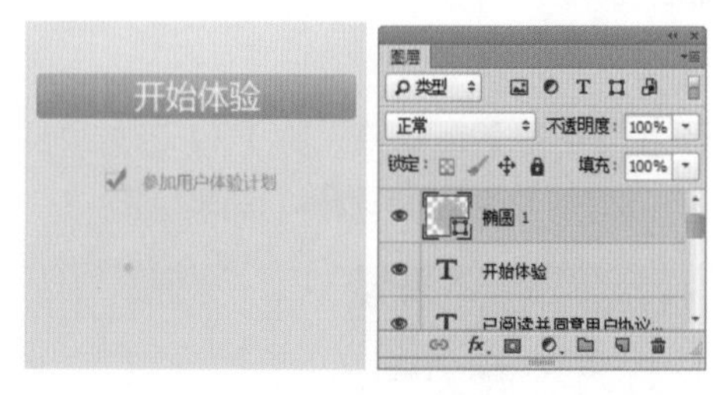

图7.19 绘制图形

⑲ 选中【椭圆1】图层，在画布中按住Alt+Shift组合键向右侧拖动，将图形复制3份，此时将生成【椭圆1 拷贝】、【椭圆1 拷贝2】及【椭圆1 拷贝3】图层，如图7.20所示。

图7.20 复制图形

⑳ 选中【椭圆1 拷贝3】图层，在画布中将其图形颜色更改为灰色（R:115，G:124，B:129），如图7.21所示。

图7.21 更改图形颜色

7.1.2 功能页面

① 执行菜单栏中的【文件】|【新建】命令，在弹出的对话框中设置【宽度】为640像素，【高度】为960像素，【分辨率】为72像素/英寸，【颜色模式】为RGB颜色，新建一个空白画布，如图7.22所示。

图7.22 新建画布

② 将画布填充为浅蓝色（R:219，G:234，B:240），如图7.23所示。

③ 执行菜单栏中的【文件】|【打开】命令，在弹出的对话框中选择配套光盘中的“调用素材\第7章\卓云安全大师界面\状态栏.psd”文件，将打开的素材拖入画布中靠顶部位置并与画布对齐，如图7.24所示。

图7.23 填充颜色　　图7.24 添加素材

④ 选择工具箱中的【矩形工具】，在选项栏中将【填充】更改为白色，【描边】为无，在状态栏下方位置绘制一个与画布宽度相同的矩形，此时将生成一个【矩形1】图层，选中【矩形1】图层，将其拖至面板底部的【创建新图层】按钮上，复制一个【矩形1 拷贝】图层，如图7.25所示。

图7.25 绘制图形并复制图层

⑤ 在【图层】面板中选中【矩形1】图层，单击面板底部的【添加图层样式】fx按钮，在菜单中选择【渐变叠加】命令，在弹出的对话框中将【渐变】更改为蓝色（R:7，G:80，B:118）到蓝色（R:15，G:95，B:138），完成之后单击【确定】按钮，如图7.26所示。

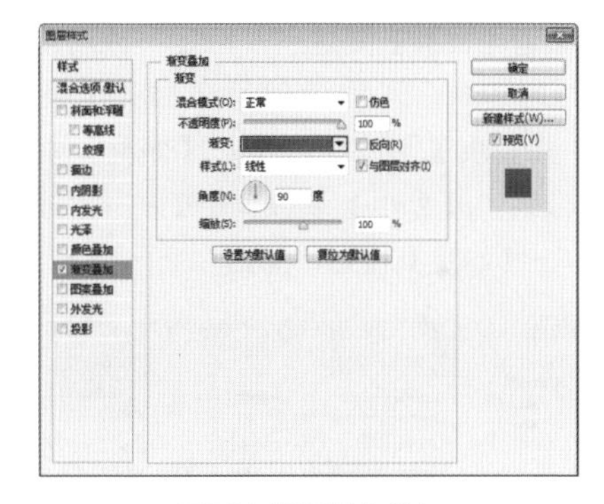

图7.26 设置渐变叠加

⑥ 选中【矩形1 拷贝】图层，在画布中按Ctrl+T组合键对其执行【自由变换】命令，当出现变形框以后，将图形高度增加，并向下移动，如图7.27所示。

图7.27 变换图形

⑦ 在【图层】面板中选中【矩形1 拷贝】图层，单击面板底部的【添加图层样式】fx按钮，在菜单中选择【渐变叠加】命令，在弹出的对话框中将【渐变】更改为蓝色（R:135，G:200，B:237）到蓝色（R:42，G:144，B:204），如图7.28所示。

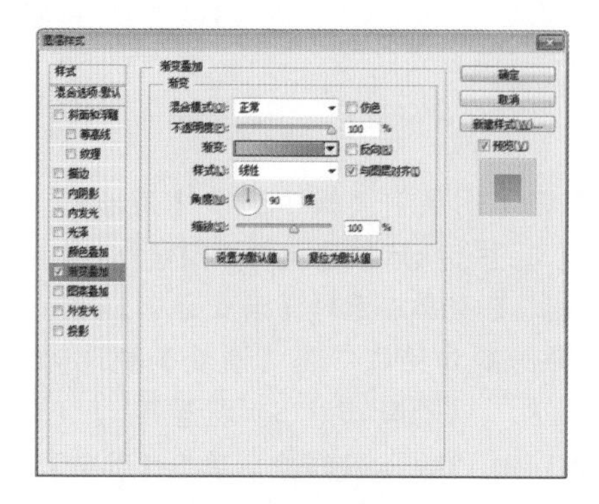

图7.28 设置渐变叠加

⑧ 勾选【投影】复选框，将【不透明度】更改为50%，取消【使用全局光】复选框，【角度】更改为90度，【距离】更改为2像素，【大小】更改为6像素，完成之后单击【确定】按钮，如图7.29所示。

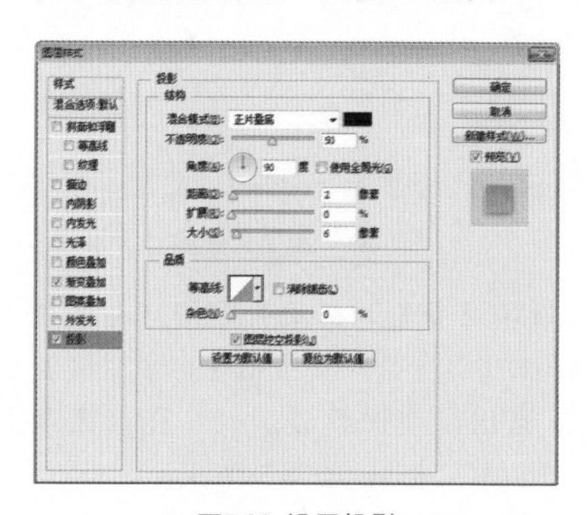

图7.29 设置投影

⑨ 选择工具箱中的【直线工具】╱，在选项栏中将【填充】更改为蓝色（R:20，G:105，B:154），【描边】为无，【粗细】更改为1像素，在【矩形1】和【矩形1 拷贝】图层之接触的边缘位置，按住Shift键绘制一条宽度与画布相同的水平线段，此时将生成一个【形状1】图层，如图7.30所示。

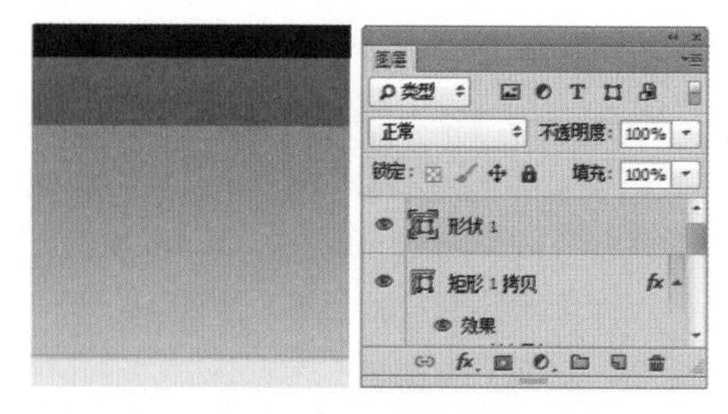

图7.30 绘制图形

⑩ 选择工具箱中的【直线工具】╱，在选项栏中将【填充】更改为深蓝色（R:0，G:42，B:65），【描边】为无，【粗细】更改为1像素，在【矩形1】图形靠右侧位置绘制一条垂直线段，此时将生成一个【形状2】图层，如图7.31所示。

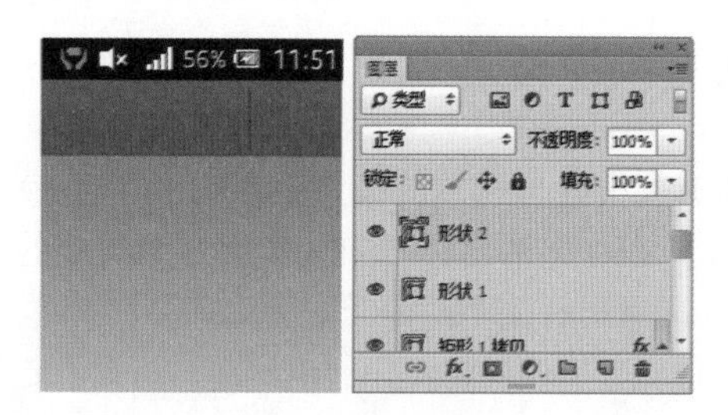

图7.31 绘制图形

⑪ 在【图层】面板中选中【形状2】图层，将其拖至面板底部的【创建新图层】按钮上，复制一个【形状2 拷贝】图层，如图7.32所示。

⑫ 选中【形状2 拷贝】图层，在选项栏中将【填充】更改为蓝色（R:37，G:103，B:138），再将其向右侧移动1个像素，如图7.33所示。

图7.32 复制图层　　图7.33 移动图形

⑬ 选择工具箱中的【矩形工具】▢，在选项栏中将【填充】更改为浅蓝色（R:200，G:216，B:224），【描边】为无，在刚才绘制的线段右侧位置按住Shift键绘制一个矩形，此时将生成一个【矩形2】图层，如图7.34所示。

图7.34 绘制图形

⑭ 在【图层】面板中选中【矩形2】图层，单击面板底部的【添加图层样式】fx按钮，在菜单中选择【投影】命令，在弹出的对话框中将【不透明度】更改为50%，取消【使用全局光】复选框，【角度】更改为90度，【距离】更改为1像素，【大小】更改为1像素，完成之后单击【确定】按钮，如图7.35所示。

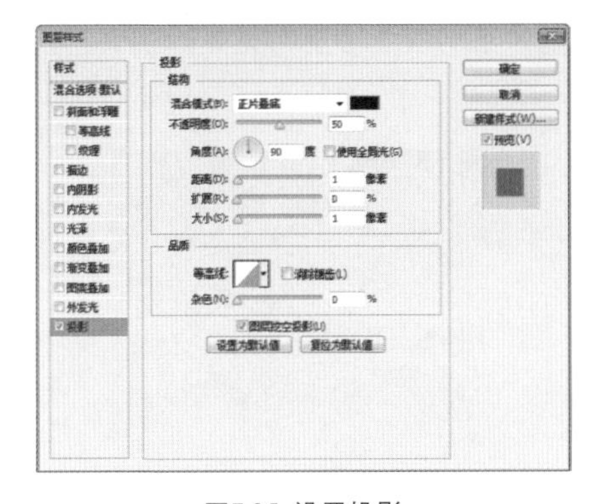

图7.35 设置投影

⑮ 选中【矩形2】图层，在画布中按住Alt+Shift组合键向下拖动，将图形复制2份，此时将生成【矩形2 拷贝】及【矩形2 拷贝2】图层，如图7.36所示。

图7.36 复制图形

⑯ 选择工具箱中的【横排文字工具】T，在【矩形1】图层中的图形左侧位置添加文字，如图7.37所示。

图7.37 添加文字

⑰ 利用工具箱中的【矩形工具】▢、【椭圆工具】◯等工具在刚才添加的文字下方位置绘制一个手机实时状态图形，如图7.38所示。

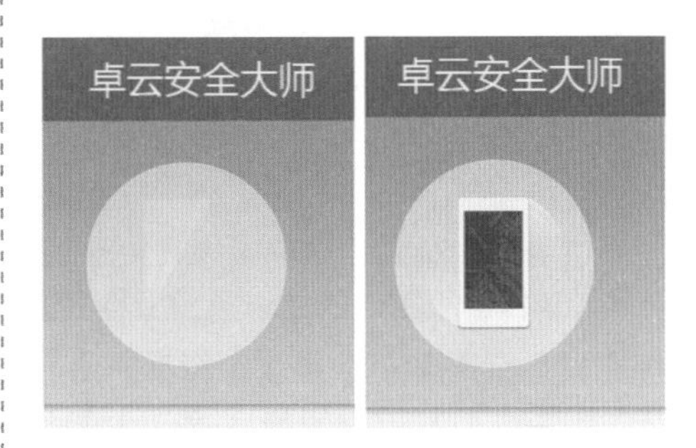

图7.38 制作手机实时状态图形

⑱ 为了更好地配合动画效果，在绘制好的实时状态图形上添加一个英文字母并为其添加图层样式，完成整个实时状态图形的制作，如图7.39所示。

图7.39 添加装饰效果

提示

考虑到本章中整个知识点的安排，对本软件的具体细节部分的图形绘制就不再详细讲解，读者可以结合本书中其他知识点举一反三、融会贯通尝试绘制某些图形。

⑲ 选择工具箱中的【圆角矩形工具】，在选项栏中将【填充】更改为白色，【描边】为无，【半径】为5像素，在画布中靠右上角位置绘制一个圆角矩形，此时将生成一个【圆角矩形1】图层，如图7.40所示。

图7.40 绘制图形

⑳ 在【图层】面板中选中【圆角矩形1】图层，单击面板底部的【添加图层样式】fx按钮，在菜单中选择【渐变叠加】命令，在弹出的对话框中将【渐变】更改为绿色（R:111，G:180，B:13）到绿色（R:140，G:218，B:17），如图7.41所示。

㉑ 勾选【投影】复选框，将【不透明度】更改为45%，取消【使用全局光】复选框，【角度】更改为90度，【距离】更改为1像素，【大小】更改为1像素，完成之后单击【确定】按钮，如图7.42所示。

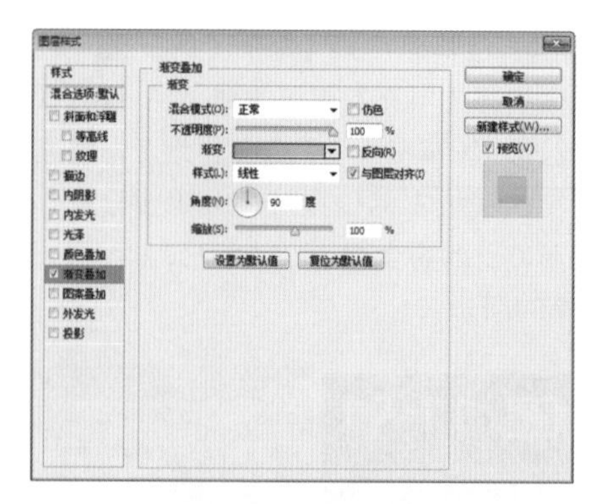

图7.41 设置渐变叠加

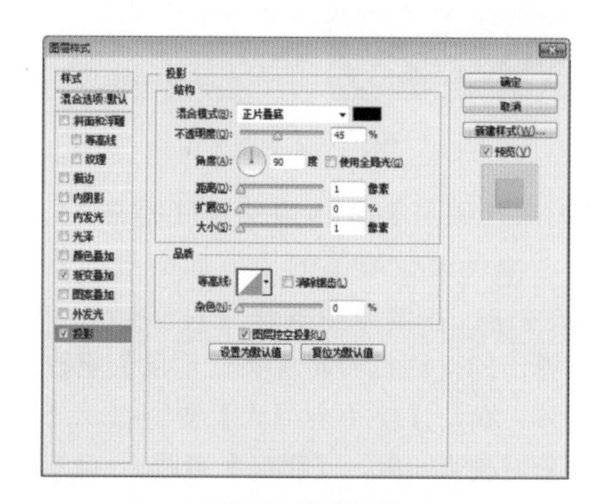

图7.42 设置投影

㉒ 选择工具箱中的【横排文字工具】T，在刚才绘制的图形上方位置添加文字，如图7.43所示。

图7.43 添加文字

㉓ 选择工具箱中的【圆角矩形工具】，在选项栏中将【填充】更改为深蓝色（R:243，G:248，B:252），【描边】为无，【半径】为2像素，在画布中绘制一个圆角矩形，此时将生成一个【圆角矩形2】图层，如图7.44所示。

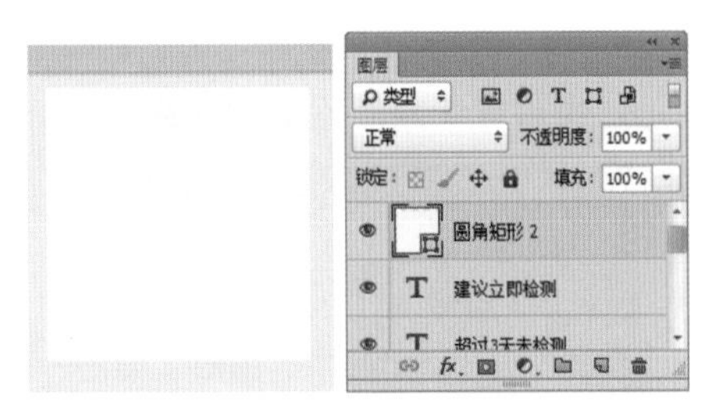

图7.44 绘制图形

㉔ 在【图层】面板中选中【圆角矩形2】图层，单击面板底部的【添加图层样式】fx按钮，在菜单中选择【斜面和浮雕】命令，在弹出的对话框中将【大小】更改为1像素，【角度】更改为90度，【高度】更改为30度，【高光模式】中的【不透明度】更改为40%，【阴影模式】中的【不透明度】更改为15%，如图7.45所示。

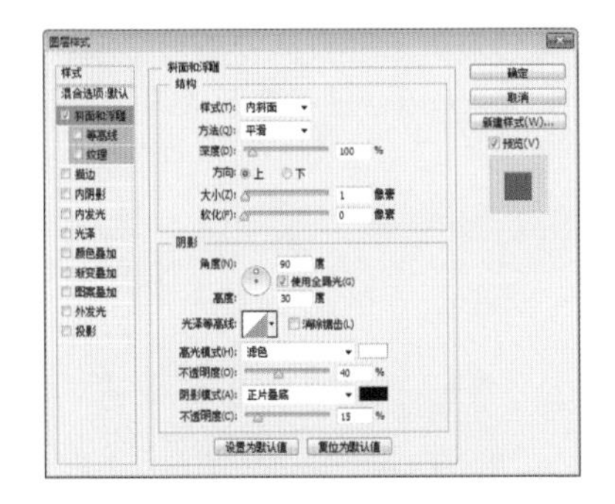

图7.45 设置斜面和浮雕

㉕ 勾选【描边】复选框，将【大小】更改为1像素，【位置】更改为【内部】，【不透明度】更改为2%，完成之后单击【确定】按钮，如图7.46所示。

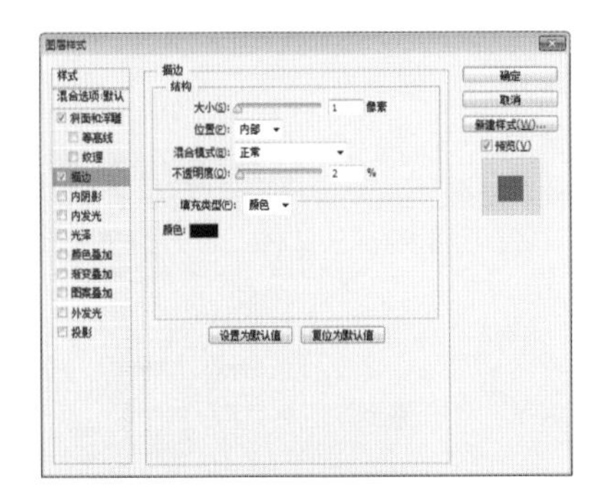

图7.46 设置描边

㉖ 选中【圆角矩形2】图层，在画布中按住Alt+Shift组合键向右侧拖动，将图形复制，此时将生成一个【圆角矩形2 拷贝】图层，如图7.47所示。

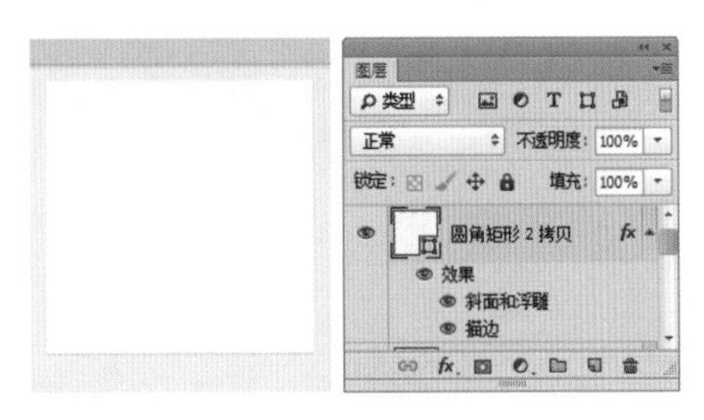

图7.47 复制图形

㉗ 同时选中【圆角矩形2】及【圆角矩形3 拷贝】图层，在画布中按住Alt+Shift组合键向下方拖动，将图形复制，如图7.48所示。

图7.48 复制图形

㉘ 选择工具箱中的【椭圆工具】，在刚才绘制的圆角矩形上绘制指示图形，如图7.49所示。

㉙ 选择工具箱中的【横排文字工具】T，在刚才绘制的图形周围添加文字，如图7.50所示。

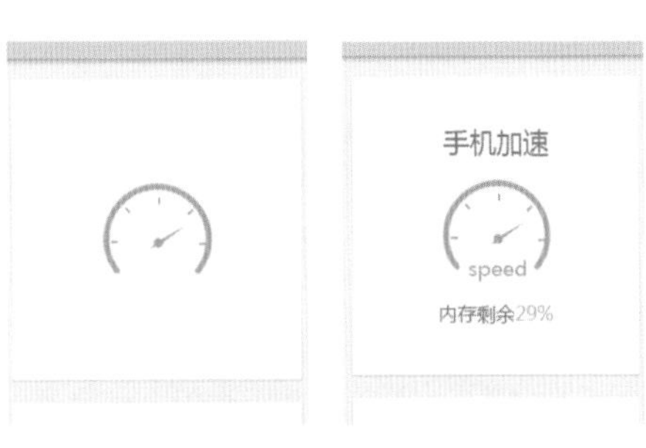

图7.49 绘制指示图形　　图7.50 添加文字

㉚ 以同样的方法在刚才复制的其他图形上绘制指示图形并添加文字，如图7.51所示。

图7.51 绘制指示图形

㉛ 选择工具箱中的【圆角矩形工具】，在选项栏中将【填充】更改为浅蓝色（R:54，G:150，B:227），【描边】为无，【半径】为5像素，在画布中靠底部绘制一个圆角矩形，此时将生成一个【圆角矩形3】图层，如图7.52所示。

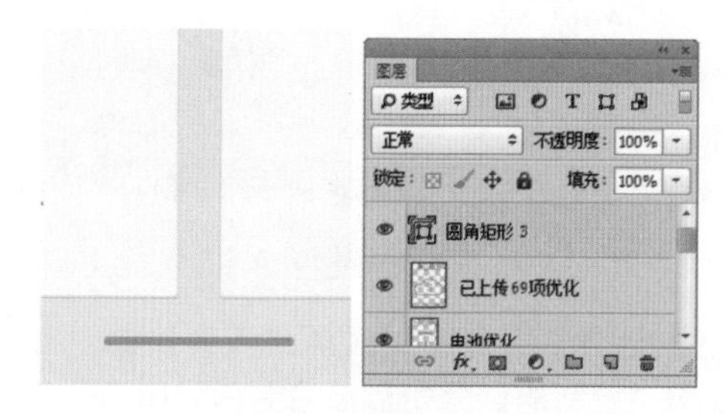

图7.52 绘制图形

㉜ 在【图层】面板中选中【圆角矩形3】图层，执行菜单栏中的【图层】|【栅格化】|【形状】命令，将当前图形栅格化，如图7.53所示。

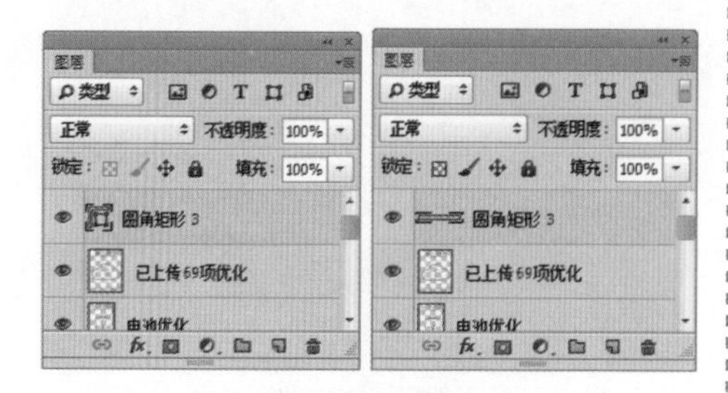

图7.53 栅格化形状

㉝ 在【图层】面板中选中【圆角矩形3】图层，单击面板底部的【添加图层蒙版】按钮，为其图层添加图层蒙版，如图7.54所示。

㉞ 选择工具箱中的【矩形选框工具】，在【圆角矩形3】图层中的图形上绘制一个矩形选区，如图7.55所示。

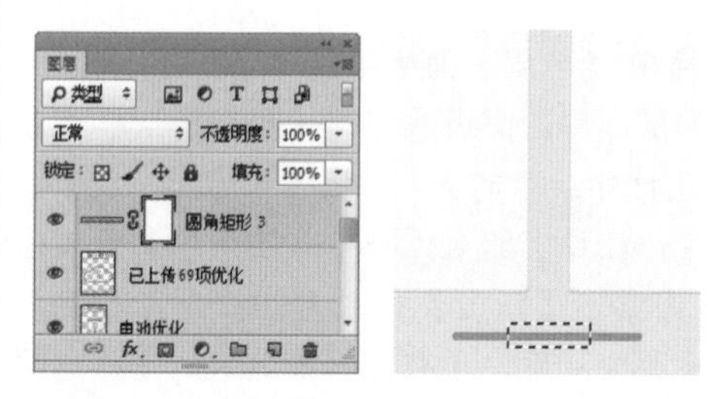

图7.54 添加图层蒙版　　图7.55 绘制选区

㉟ 单击【圆角矩形3】图层，在画布中将选区填充为黑色，将部分图形隐藏，完成之后按Ctrl+D组合键将选区取消，如图7.56所示。

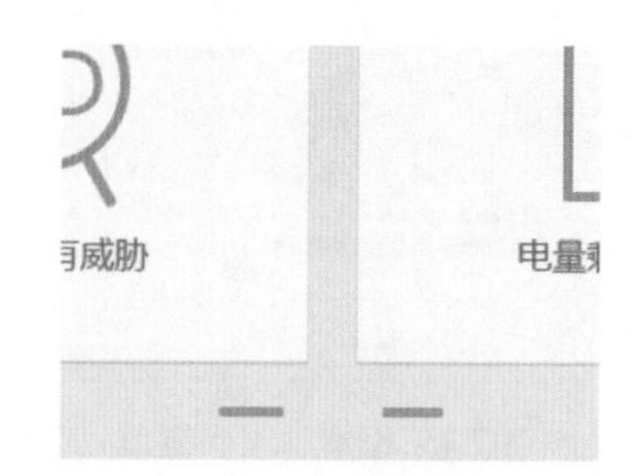

图7.56 隐藏图形

㊱ 选择工具箱中的【矩形工具】，在选项栏中将【填充】更改为白色，【描边】为无，在刚才隐藏的图形位置绘制一个矩形，此时将生成一个【矩形3】图层，如图7.57所示。

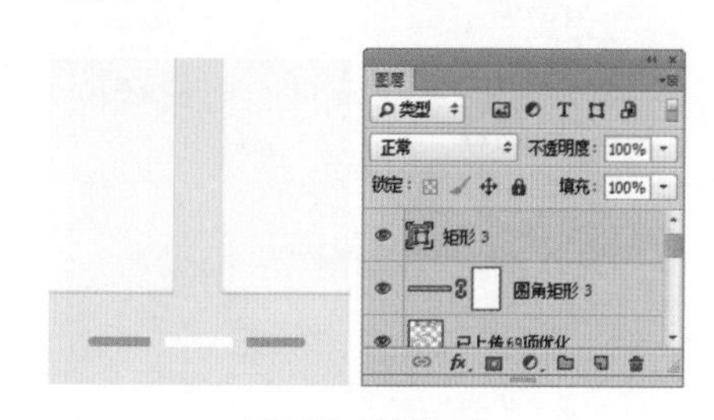

图7.57 绘制图形

㊲ 在【图层】面板中选中【矩形3】图层，单击面板底部的【添加图层样式】*fx*按钮，在菜单中选择【内阴影】命令，在弹出的对话框中将【不透明度】更改为20%，取消【使用全局光】复选框，【角度】更改为90度，【距离】更改为2像素，【大小】更改为4像素，完成之后单击【确定】按钮，如图7.58所示。

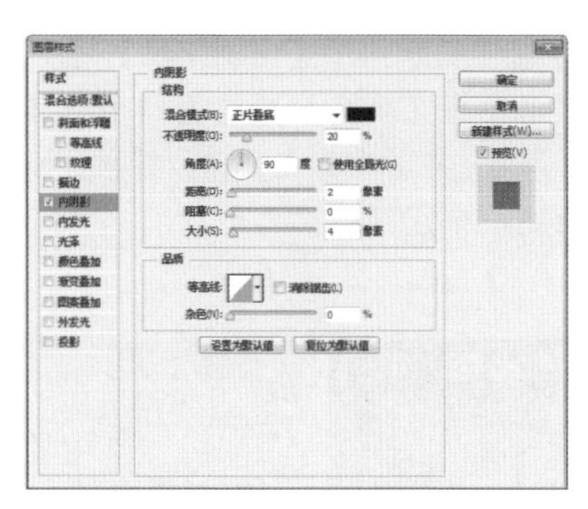

图7.58 设置内阴影

7.1.3 功能页面2

① 执行菜单栏中的【文件】|【新建】命令，在弹出的对话框中设置【宽度】为640像素，【高度】为960像素，【分辨率】为72像素/英寸，【颜色模式】为RGB颜色，新建一个空白画布，如图7.59所示。

图7.59 新建画布

② 将画布填充为浅蓝色（R:219，G:234，B:240）。

③ 以刚才同样的方法绘制部分相似的图形，如图7.60所示。

图7.60 填充颜色并绘制图形

④ 同时选中【形状2】及【形状2 拷贝】图层，在画布中按住Alt+Shift组合键将图形拖至靠左侧位置，此时将生成两个【形状2 拷贝2】图层，如图7.61所示。

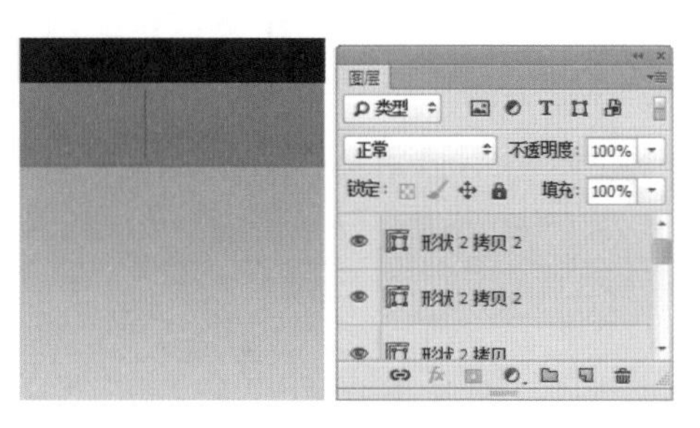

图7.61 复制图形

⑤ 保持两个【形状2 拷贝2】图层选中状态，在画布中按Ctrl+T组合键对其执行【自由变换】命令，将光标移至出现的变形框上单击鼠标右键，从弹出的快捷菜单中选择【水平翻转】，完成之后按Enter键确认，如图7.62所示。

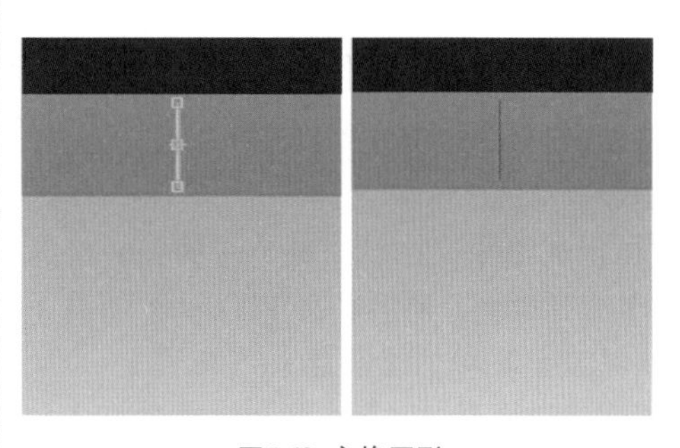

图7.62 变换图形

⑥ 选择工具箱中的【椭圆工具】，在选项栏中将【填充】更改为白色，【描边】为无，在画布靠左上角位置按住Shift键绘制一个正圆图形，此时将生成一个【椭圆1】图层，如图7.63所示。

图7.63 绘制图形

⑦ 选中【椭圆1】图层，在画布中按住Alt+Shift组合键向右侧拖动，将图形复制两份，此时将生成【椭圆1 拷贝】及【椭圆1 拷贝2】图层，如图7.64所示。

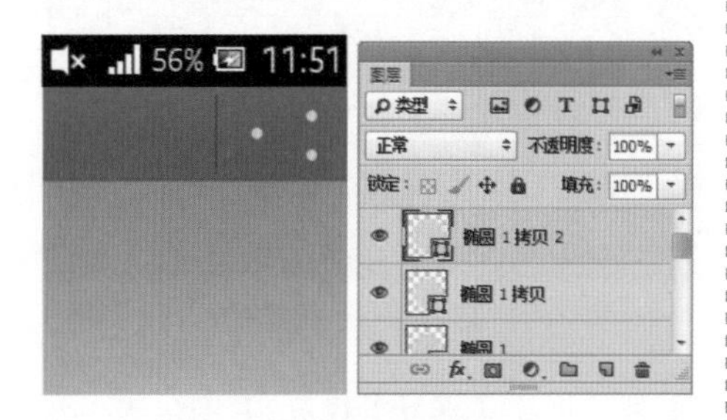

图7.64 复制图形

⑧ 选择工具箱中的【钢笔工具】，在选项栏中将单击【选择工具模式】路径按钮，在弹出的菜单中选择【形状】，将【填充】更改为无，【描边】更改为蓝色（R:220，G:234，B:240），【大小】为2点，在两个椭圆图形之间绘制一条不规则路径，此时将生成一个【形状3】图层，如图7.65所示。

⑨ 同时选中【形状 3】、【椭圆1 拷贝2】、【椭圆1 拷贝】及【椭圆1】图层，执行菜单栏中的【图层】|【新建】|【从图层建立组】，在弹出的对话框中将【名称】更改为【分享】，完成之后单击【确定】按钮，此时将生成一个【分享】组，如图7.66所示。

图7.65 绘制图形

图7.66 从图层新建组

⑩ 在【图层】面板中选中【分享】组，单击面板底部的【添加图层样式】fx按钮，在菜单中选择【投影】命令，在弹出的对话框中将【角度】更改为90度，【距离】更改为1像素，【大小】更改为1像素，完成之后单击【确定】按钮，如图7.67所示。

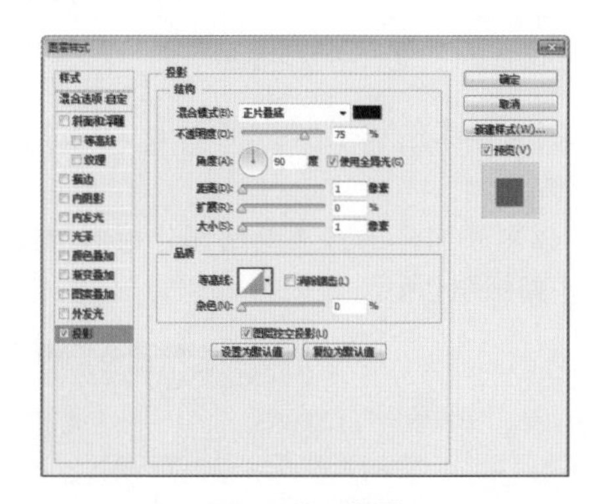

图7.67 设置投影

⑪ 选择工具箱中的【矩形工具】，在选项栏中将【填充】更改为无，【描边】为蓝色（R:220，G:234，B:240），在画布靠左上角位置按住Shift键绘制一个矩形，此时将

生成一个【矩形2】图层，如图7.68所示。

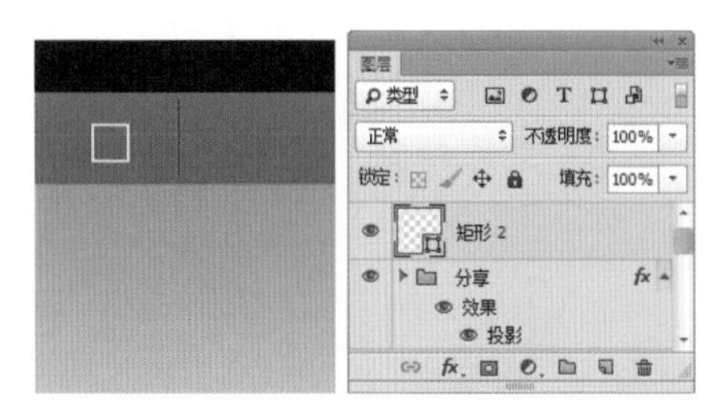

图7.68 绘制图形

⑫ 选中【矩形2】图层，在画布中按Ctrl+T组合键对其执行【自由变换】命令，当出现变形框以后，在选项栏中【旋转】后方的文本框中输入45度，再将光标移至变形框顶部按住Alt键向下拖动，将图形高度缩小完成之后按Enter键确认，如图7.69所示。

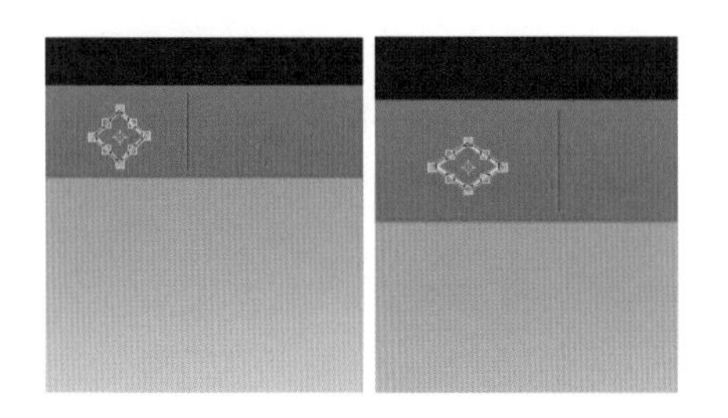

图7.69 变换图形

⑬ 选择工具箱中的【直接选择工具】，在画布中选中【矩形2】图层中的图形右侧锚点并按Delete键将其删除，如图7.70所示。

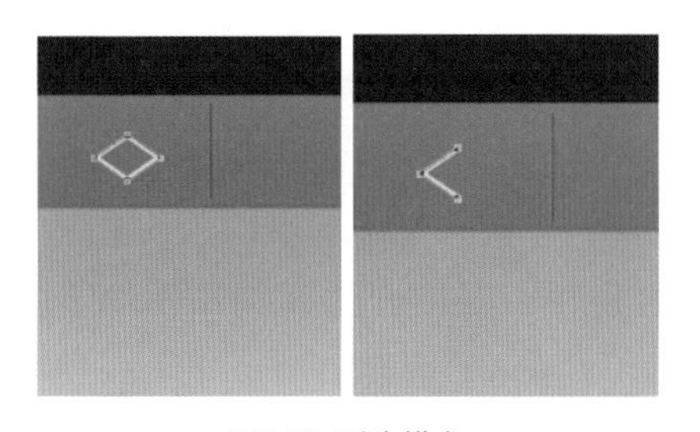

图7.70 删除锚点

⑭ 在【分享】组上单击鼠标右键，从弹出的快捷菜单中选择【拷贝图层样式】命令，在【矩形2】图层上单击鼠标右键，从弹出的快捷菜单中选择【粘贴图层样式】命令，如图7.71所示。

图7.71 拷贝并粘贴图层样式

⑮ 选择工具箱中的【圆角矩形工具】，以刚才同样的方法在画布中绘制一个圆角矩形，在绘制的图形上添加文字制作按钮效果，如图7.72所示。

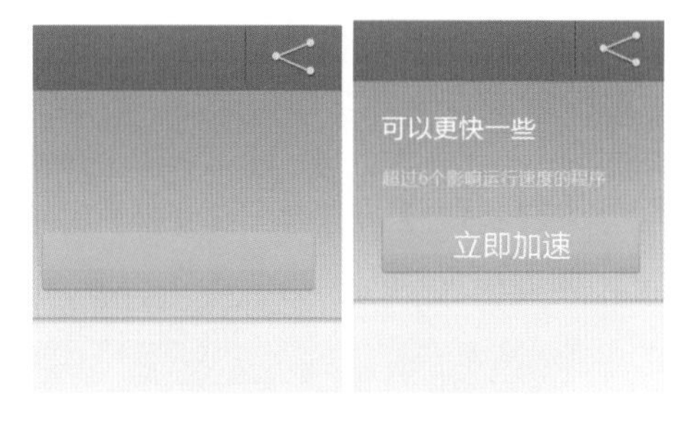

图7.72 绘制图形并添加文字

⑯ 利用工具箱中的【椭圆工具】，在适当位置绘制仪表，如图7.73所示。

图7.73 绘制仪表效果

⑰ 在【图层】面板中选中【仪表盘】组，单击面板底部的【添加图层样式】fx按钮，在菜单中选择【投影】命令，在弹出的对话框中将【不透明度】更改为50%，【角度】更改为90度，【距离】更改为1像素，【大小】更改为3像素，完成之后单击【确定】按钮，如图7.74所示。

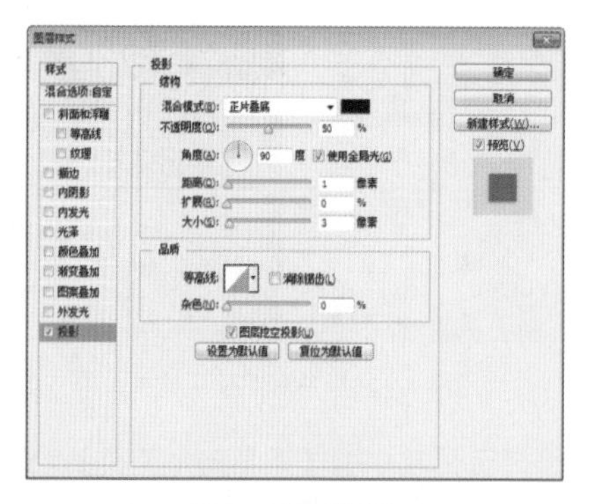

图7.74 设置投影

⑱ 选择工具箱中的【矩形工具】，在选项栏中将【填充】更改为浅蓝色（R:242，G:246，B:248），【描边】为无，在画布中【矩形1 拷贝】图层中的图形下方绘制一个矩形，此时将生成一个【矩形2】图层，并将【矩形2】图层移至【背景】图层上方，如图7.75所示。

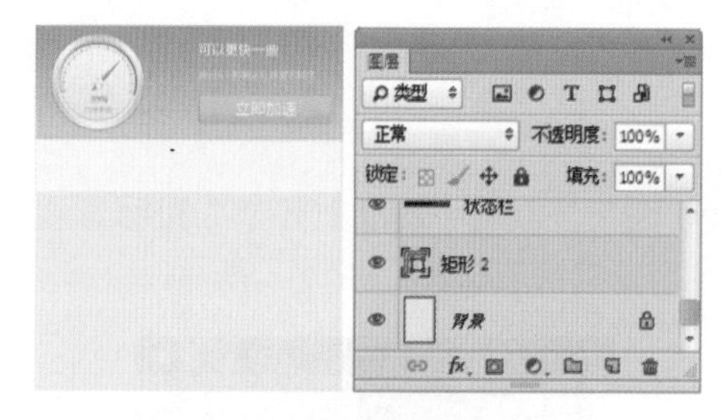

图7.75 绘制图形

⑲ 选择工具箱中的【矩形工具】，在选项栏中将【填充】更改为无，【描边】为蓝色（R:200，G:216，B:224），在刚才绘制的矩形右侧位置按住Shift键绘制一个矩形，此时将生成一个【矩形3】图层，如图7.76所示。

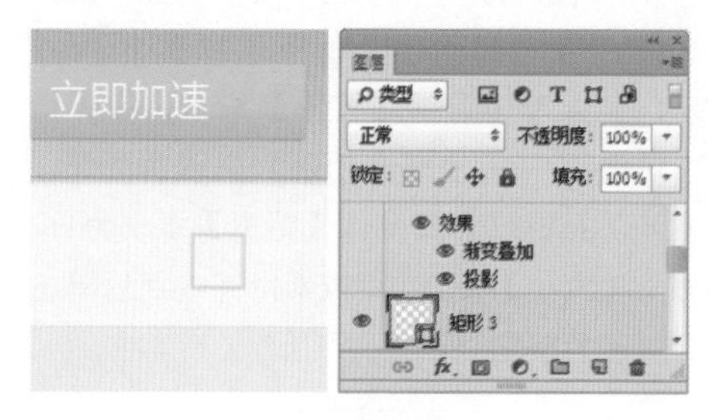

图7.76 绘制图形

⑳ 选中【矩形3】图层，在画布中按Ctrl+T组合键对其执行【自由变换】命令，当出现变形框以后，在选项栏中【旋转】后方的文本框中输入45度，完成之后按Enter键确认，如图7.77所示。

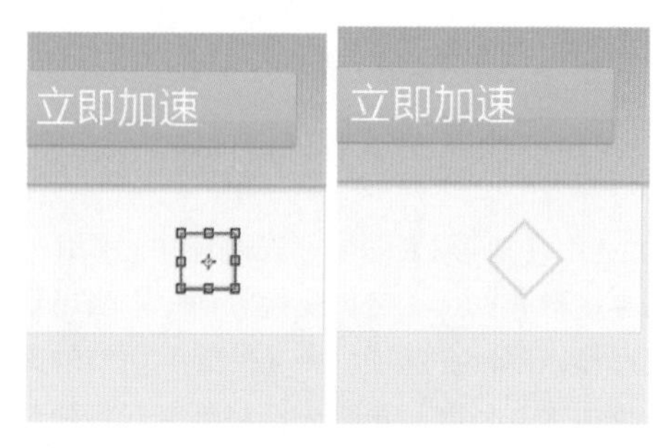

图7.77 变换图形

㉑ 选择工具箱中的【直接选择工具】，在画布中选中【矩形2】图层中的图形左侧锚点并按Delete键将其删除，如图7.78所示。

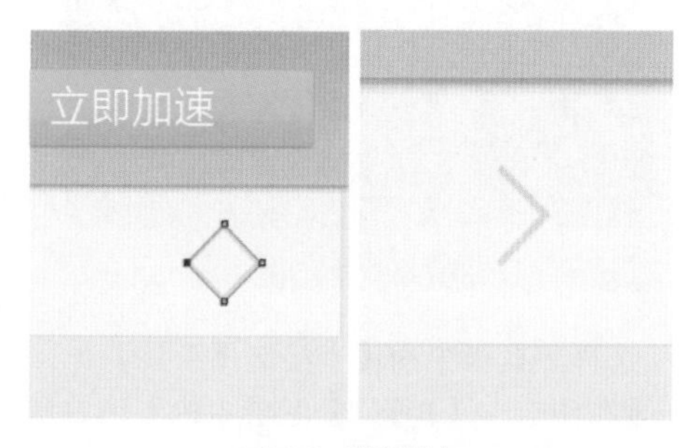

图7.78 删除锚点

删除锚点后可根据当前矩形所在的条目图形大小，将其适当等比例缩小或放大，使整个功能条大小协调。

㉒ 在【图层】面板中选中【矩形3】图层，向下移至【矩形2】图层上方。再同时选中这两个图层，按Ctrl+G组合键快速将图层编组，并将编组的名称更改为【功能条目】，如图7.79所示。

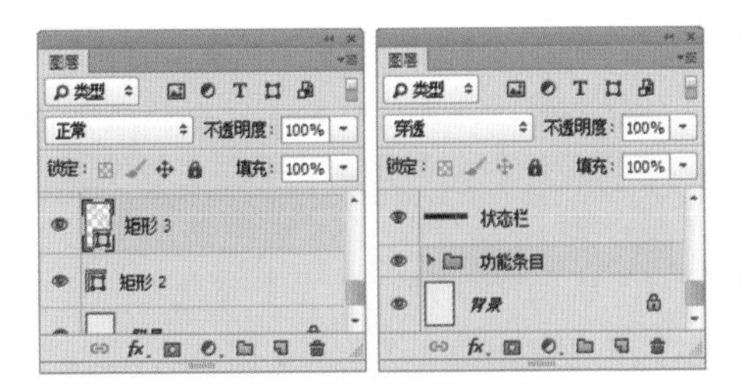

图7.79 更改图层顺序并快速编组

㉓ 选中【功能条目】组，按住Alt+Shift组合键向下拖动，将图形复制4份，如图7.80所示。

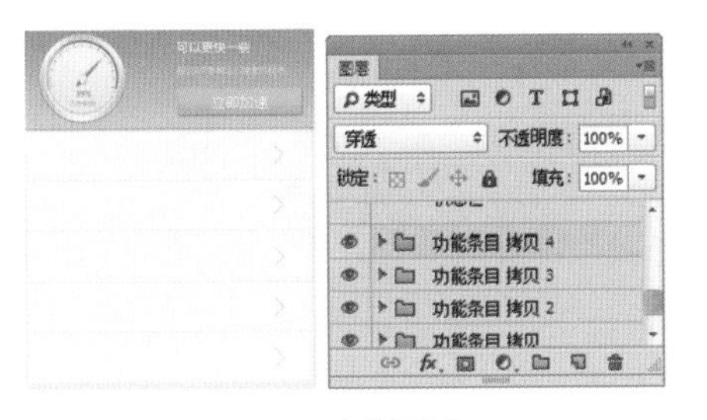

图7.80 复制图形

提示

由于【功能条目】组中的【矩形2】图层中的图形带有描边，所以在复制功能条目组的时候需要注意与原图形叠加1像素，如果对齐的话，边缘位置描边过粗导致整个视觉不协调。

将功能条目图形复制的时候，需要注意为底部留出一定空间以便后面绘制翻页标记，留出的空间不需要过大，大小以比功能条目图形的高度稍小为准。

㉔ 在刚才绘制的功能条目上绘制一个功能图标，如图7.81所示。

图7.81 绘制图标

㉕ 在界面中的功能条目中绘制相应的功能图标，如图7.82所示。

图7.82 绘制图形并添加文字

㉖ 选择工具箱中的【圆角矩形工具】▢，在选项栏中将【填充】更改为蓝色（R:54，G:150，B:227），【描边】为无，【半径】为5像素，在画布中靠底部位置绘制一个圆角矩形，此时将生成一个【圆角矩形5】图层，如图7.83所示。

图7.83 绘制图形

㉗ 在【图层】面板中选中【圆角矩形5】图层，执行菜单栏中的【图层】|【栅格化】|【形状】命令，将当前图形栅格化，如图7.84所示。

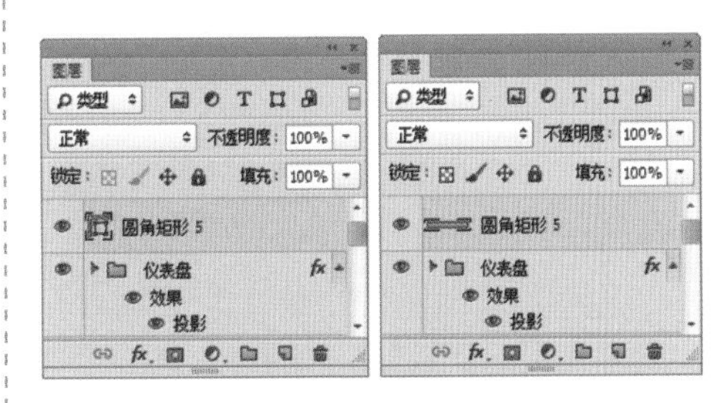

图7.84 栅格化形状

㉘ 在【图层】面板中选中【圆角矩形5】图层，单击面板底部的【添加图层蒙版】按钮，为其添加图层蒙版，如图7.85所示。

㉙ 选择工具箱中的【矩形选框工具】，在【圆角矩形5】图层中的图形上绘制一个矩形选区，如图7.86所示。

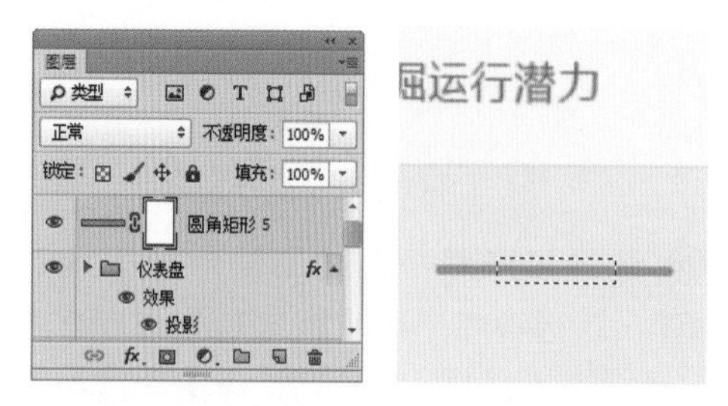

图7.85 添加图层蒙版　图7.86 绘制选区

㉚ 单击【圆角矩形5】图层，在画布中将选区填充为黑色，隐藏部分图形，完成之后按Ctrl+D组合键取消选区，如图7.87所示。

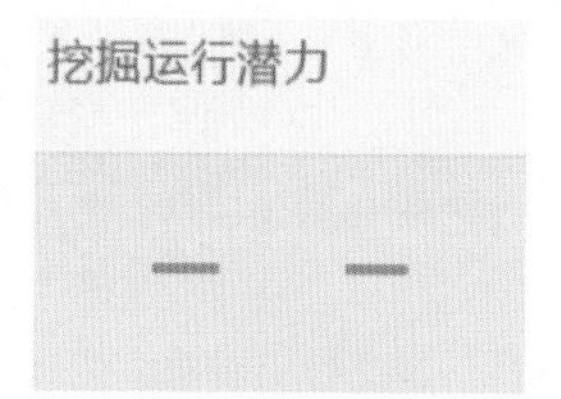

图7.87 隐藏图形

㉛ 选择工具箱中的【矩形工具】，在选项栏中将【填充】更改为白色，【描边】为无，在刚才隐藏的图形位置绘制一个矩形，此时将生成一个【矩形4】图层，如图7.88所示。

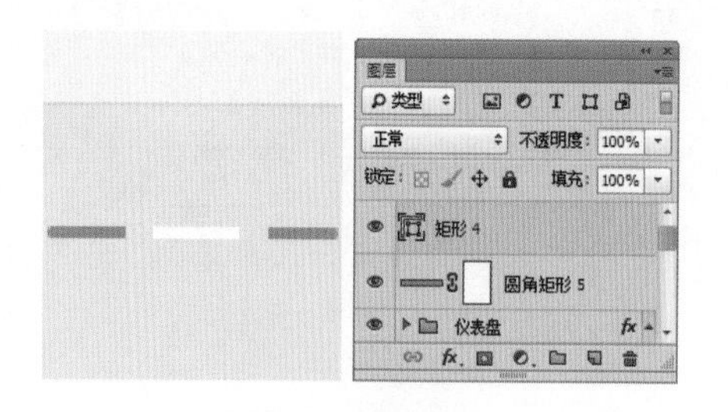

图7.88 绘制图形

㉜ 在【图层】面板中选中【矩形4】图层，单击面板底部的【添加图层样式】按钮，在菜单中选择【内阴影】命令，在弹出的对话框中将【不透明度】更改为20%，取消【使用全局光】复选框，【角度】更改为90度，【距离】更改为2像素，【大小】更改为4像素，完成之后单击【确定】按钮，如图7.89所示。

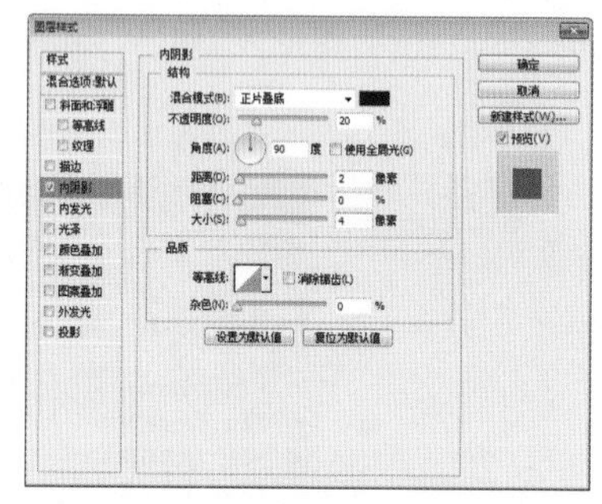

图7.89 设置内阴影

㉝ 选中【矩形4】图层，将其图层【填充】更改为80%，这样就完成了功能页面2效果制作，如图7.90所示。

图7.90 更改填充及功能页面2效果

7.1.4 展示页面

① 执行菜单栏中的【文件】|【新建】命令，在弹出的对话框中设置【宽度】为800像素，【高度】为600像素，【分辨率】为72像素/英寸，【颜色模式】为RGB颜色，新建一个空白画布，如图7.91所示。

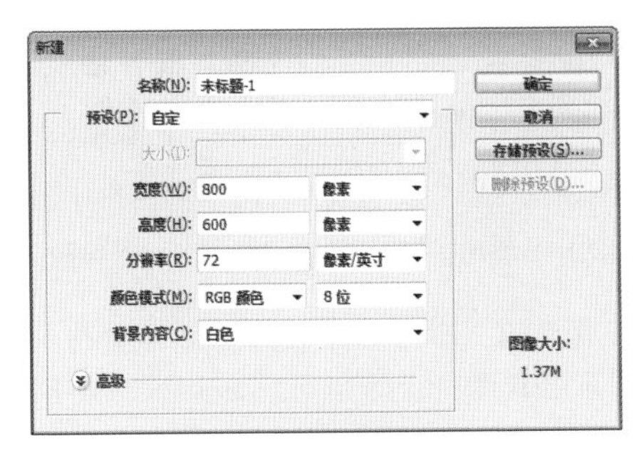

图7.91 新建画布

② 单击面板底部的【创建新图层】按钮，新建一个【图层1】图层，如图7.92所示。

③ 选中【图层1】图层，将其填充为深黄色（R:233，G:220，B:203），如图7.93所示。

图7.92 新建图层　　图7.93 填充颜色

④ 在【图层】面板中选中【图层1】图层，单击面板底部的【添加图层样式】按钮，在菜单中选择【渐变叠加】命令，在弹出的对话框中将【渐变】更改为黑色（R:240，G:240，B:240）到透明，将黑色色标【不透明度】更改为15%，其他数值保持默认，完成之后单击【确定】按钮，如图7.94所示。

图7.94 设置渐变叠加

⑤ 执行菜单栏中的【文件】|【打开】命令，在弹出的对话框中选择配套光盘中的“调用素材\第7章\卓云安全大师界面\手机模型.psd”文件，将打开的素材拖入画布中并适当缩小，如图7.95所示。

图7.95 添加素材

⑥ 在【图层】面板中，选中【手机模型】图层，将其拖至面板底部的【创建新图层】按钮上，复制一个【手机模型 拷贝】图层，如图7.96所示。

⑦ 在【图层】面板中选中【手机模型】图层，单击面板上方的【锁定透明像素】按钮，将当前图层中的透明像素锁定，在画布中将图层填充为黑色，如图7.97所示，填充完成之后再次单击此按钮将其解除锁定。

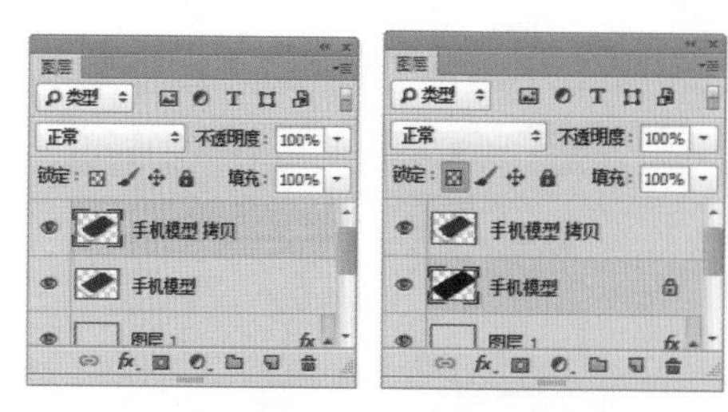

图7.96 复制图层 图7.97 锁定透明像素并填充颜色

⑧ 选中【手机模型】图层，执行菜单栏中的【滤镜】|【模糊】|【高斯模糊】命令，在弹出的对话框中将【半径】更改为5像素，设置完成之后单击【确定】按钮，如图7.98所示。

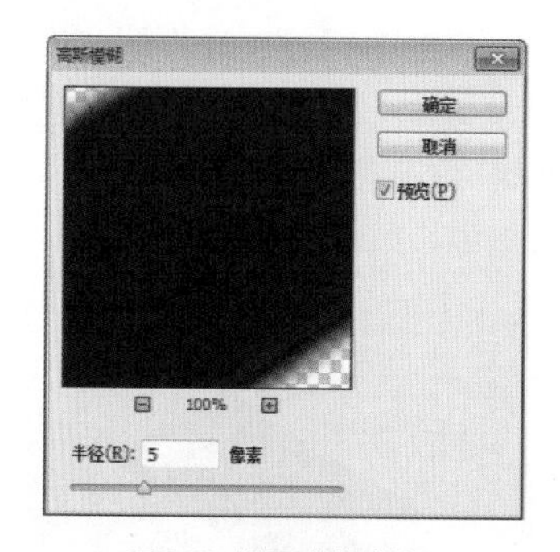

图7.98 设置高斯模糊

⑨ 选中【手机模型】图层，将其图层【不透明度】更改为60%，如图7.99所示。

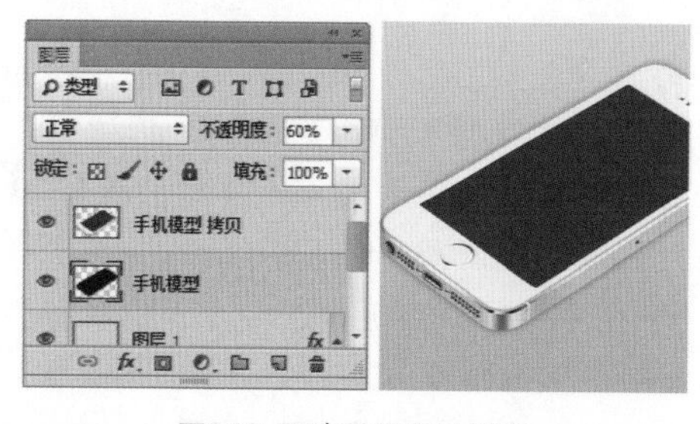

图7.99 更改图层不透明度

⑩ 在【图层】面板中选中【手机模型】图层，单击面板底部的【添加图层蒙版】按钮，为其添加图层蒙版，如图7.100所示。

⑪ 选择工具箱中的【画笔工具】，在画布中单击鼠标右键，在弹出的面板中选择一种圆角笔触，将【大小】更改为150像素，【硬度】更改为0%，如图7.101所示。

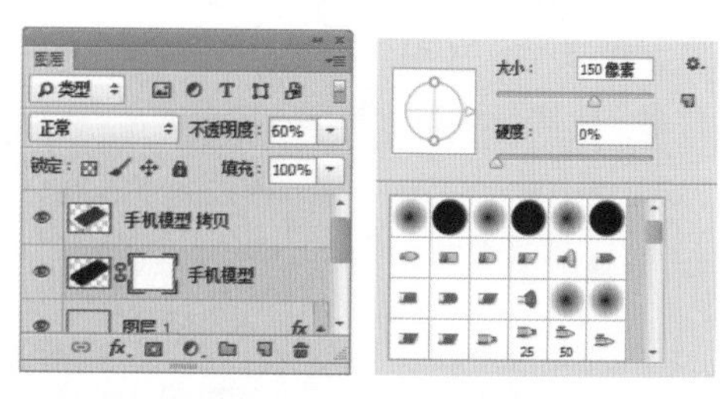

图7.100 添加图层蒙版 图7.101 设置笔触

⑫ 单击【手机模型】图层蒙版缩览图，在画面中其图形上半部分区域涂抹，将部分图形隐藏制作阴影效果，如图7.102所示。

图7.102 隐藏图形制作阴影

提示

在涂抹的过程中适当更改笔触的大小及硬度，可以使擦除效果更加自然，阴影效果也更加真实。

⑬ 打开之前创建的欢迎页面文档，在【图层】面板中选中最上方的图层，按Ctrl+Alt+Shift+E组合键执行【盖印可见图层】命令，将生成一个【图层2】图层，如图7.103所示。

⑭ 将【图层2】图层中的图形拖至展示页面画布中并适当缩小，如图7.104所示。

图7.103 盖印可见图层　图7.104 添加图像

⑮ 选中【图层2】图层，按Ctrl+T组合键对其执行【自由变换】命令，在出现的变形框中单击鼠标右键，从弹出的快捷菜单中选择【扭曲】命令，并将其扭曲，完成之后按Enter键确认，这样就完成了展示效果制作，最终效果如图7.105所示。

图7.105 变换图形及最终展示效果

7.1.5 展示页面2

① 执行菜单栏中的【文件】|【新建】命令，在弹出的对话框中设置【宽度】为800像素，【高度】为600像素，【分辨率】为72像素/英寸，【颜色模式】为RGB颜色，新建一个空白画布，如图7.106所示。

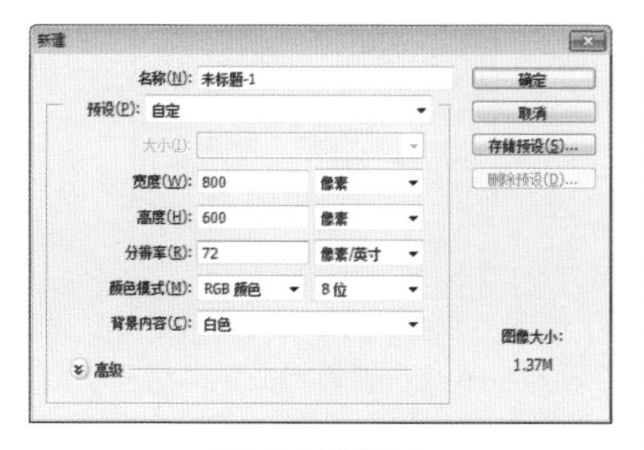

图7.106 新建画布

② 选择工具箱中的【渐变工具】，在选项栏中单击【点按可编辑渐变】按钮，在弹出的对话框中将渐变颜色更改为蓝色，设置完成之后单击【确定】按钮，再单击选项栏中的【径向渐变】按钮，如图7.107所示。

图7.107 设置渐变

③ 在画布中从左上角向右下角方向拖动，为画布填充渐变，如图7.108所示。

图7.108 填充渐变

④ 执行菜单栏中的【文件】|【打开】命令，在弹出的对话框中选择配套光盘中的“调用素材\第7章\卓云安全大师界面\手机模型2.psd”文件，将打开的素材拖入画布中靠右侧位置并适当缩小，如图7.109所示。

⑤ 打开之前创建的功能页面文档，在【图层】面板中选中最上方的图层，按Ctrl+Alt+Shift+E组合键执行【盖印可见图层】命令，将生成一个【图层2】图层，将【图层2】图层中的图形拖至展示页面画布中手机屏幕上并适当缩小与屏幕边缘对齐，如图7.110所示。

图7.109 添加素材

图7.110 添加素材

⑥ 选择工具箱中的【椭圆工具】，在选项栏中将【填充】更改为黑色，【描边】为无，在手机底部位置绘制一个椭圆图形，此时将生成一个【椭圆1】图层，如图7.111所示。

图7.111 绘制图形

⑦ 在【图层】面板中选中【椭圆1】图层，执行菜单栏中的【图层】|【栅格化】|【形状】命令，将当前图形栅格化，如图7.112所示。

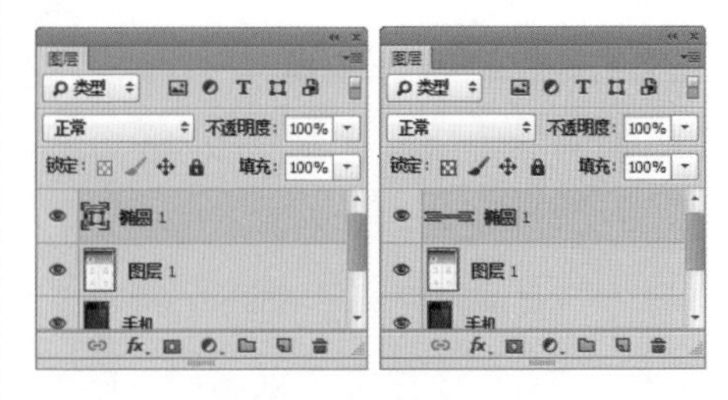

图7.112 栅格化形状

⑧ 选中【椭圆1】图层，执行菜单栏中的【滤镜】|【模糊】|【高斯模糊】命令，在弹出的对话框中将【半径】更改为5像素，设置完成之后单击【确定】按钮，如图7.113所示。

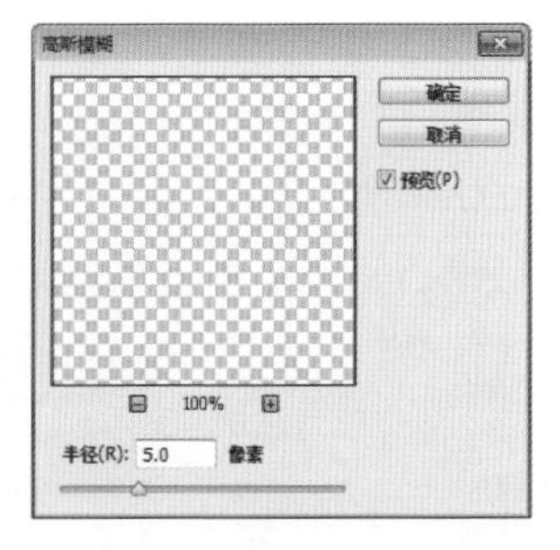

图7.113 设置高斯模糊

⑨ 选择工具箱中的【横排文字工具】T，在画布中适当位置添加文字，这样就完成了展示效果制作，如图7.114所示。

图7.114 添加文字及展示效果

7.2 iOS风格音乐播放器界面

- 新建画布并利用画笔及滤镜命令制作背景。
- 绘制图形并添加素材图像制作应用主界面。
- 添加为应用的最终效果制作展示效果完成最终效果制作。

本例主要讲解的是一款播放器应用的界面制作，由于是 iOS 平台的软件，所以在制作的过程中一切从简，并且从实际的功能点着手，从按钮功能的划分到整体的色彩搭配都能很好地与 iOS 风格相融合。

难易程度：★★★☆☆
调用素材：配套光盘 \ 素材 \ 调用素材 \ 第 7 章 \iOS7 音乐播放器
最终文件：配套光盘 \ 素材 \ 源文件 \ 第 7 章 \iOS7 音乐播放器
视频位置：配套光盘 \movie\7.2 iOS 风格音乐播放器界面 .avi

iOS 风格音乐播放器界面效果如图 7.115 所示。

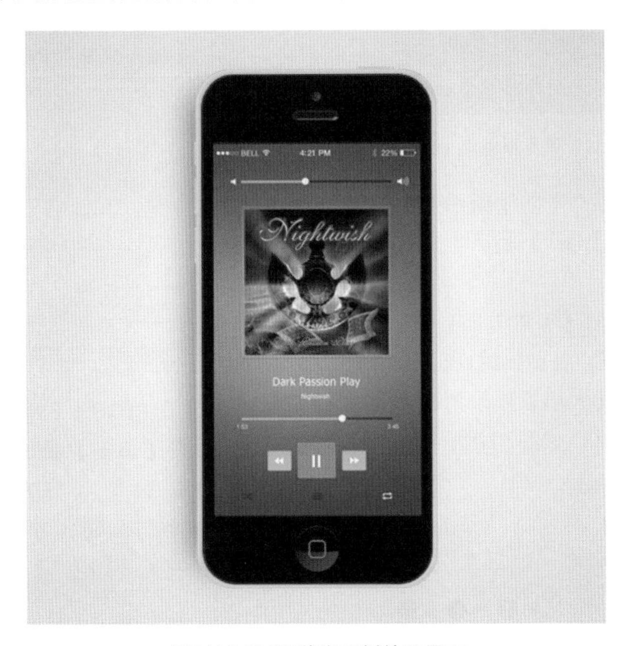

图7.115 iOS风格音乐播放器界面

7.2.1 制作应用界面

① 执行菜单栏中的【文件】|【新建】命令，在弹出的对话框中设置【宽度】为640像素，【高度】为1136像素，【分辨率】为72像素/英寸，【颜色模式】为RGB颜色，新建一个空白画布，如图7.116所示。

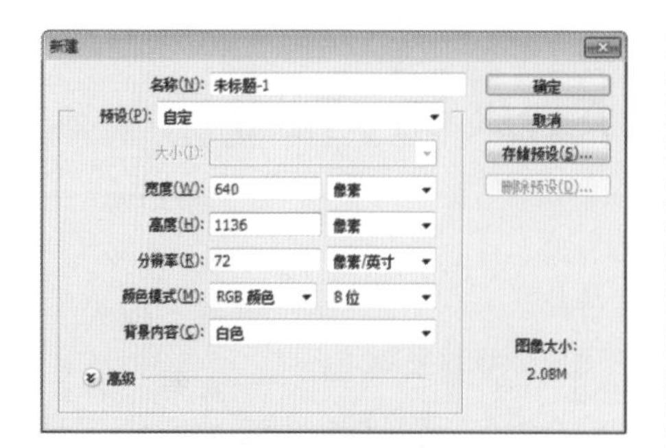

图7.116 新建画布

② 将画布填充为蓝色（R:56，G:82，B:98），如图7.117所示。

图7.117 填充颜色

③ 单击面板底部的【创建新图层】按钮，新建一个【图层1】图层，如图7.118所示。

④ 选择工具箱中的【画笔工具】，在画布中单击鼠标右键，在弹出的面板中选择一种圆角笔触，将【大小】更改为300像素，【硬度】更改为0%，如图7.119所示。

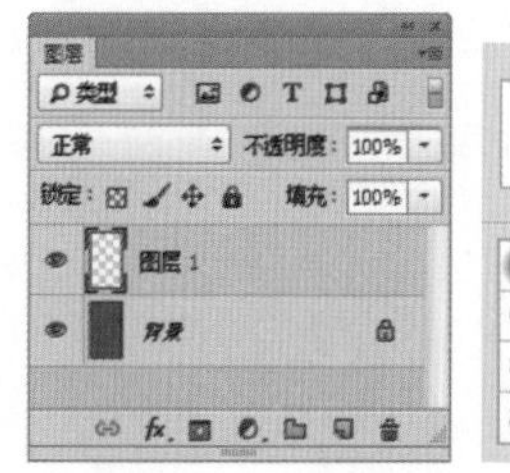

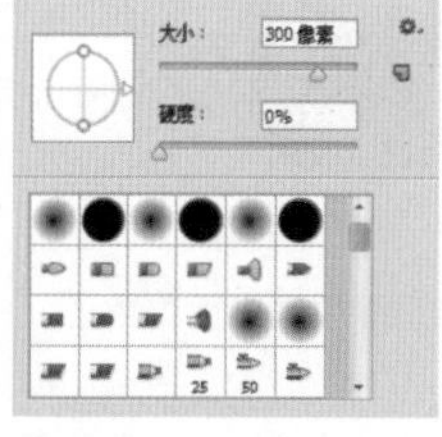

图7.118 新建图层　　图7.119 设置笔触

⑤ 将前景色更改为青色（R:118，G:238，B:255），选中【图层1】图层，在画布中单击添加画笔笔触效果。

⑥ 将前景色更改为紫色（R:158，G:105，B:201），继续在画布中添加笔触效果，如图7.120所示。

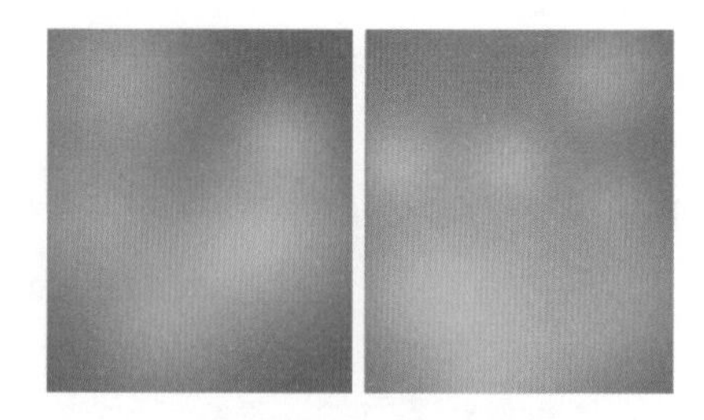

图7.120 添加笔触效果

⑦ 选中【图层1】图层，执行菜单栏中的【滤镜】|【模糊】|【高斯模糊】命令，在弹出的对话框中将【半径】更改为118像素，设置完成之后单击【确定】按钮，如图7.121所示。

图7.121 设置高斯模糊

⑧ 选择工具箱中的【矩形工具】，在选项栏中将【填充】更改为蓝色（R:35；G:85；B:122），【描边】为无，在画布中绘制一个与画布大小相同的矩形，此时将生成一个【矩形1】图层，如图7.122所示。

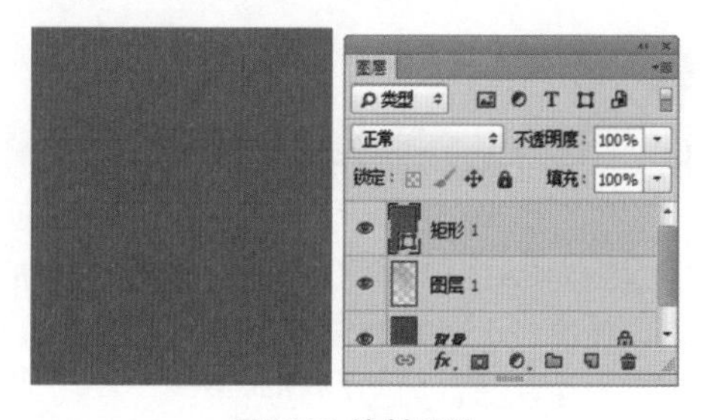

图7.122 绘制图形

⑨ 在【图层】面板中选中【矩形1】图层，将其图层混合模式设置为【正片叠底】，【不透明度】为50%，如图7.123所示。

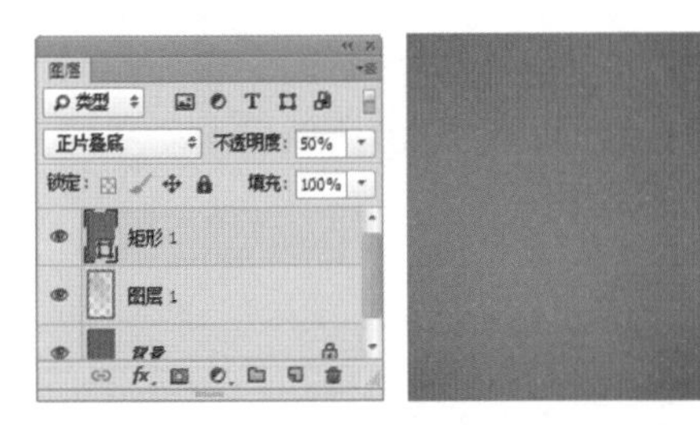

图7.123 设置图层混合模式

⑩ 在【图层】面板中选中【矩形1】图层，单击面板底部的【添加图层蒙版】按钮，为其添加图层蒙版，如图7.124所示。

⑪ 选择工具箱中的【渐变工具】，在选项栏中单击【点按可编辑渐变】按钮，在弹出的对话框中将渐变颜色更改为白色到黑色再到白色，设置完成之后单击【确定】按钮，再单击选项栏中的【线性渐变】按钮，如图7.125所示。

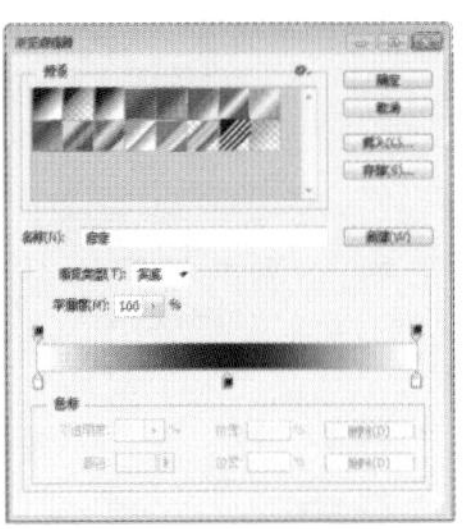

图7.124 添加图层蒙版　　图7.125 设置渐变

⑫ 单击【矩形1】图层蒙版缩览图，在画布中其图形上按住Shift键从上至下拖动，隐藏部分图形将界面上下边缘部分亮度压暗，使整个色彩对比更加强烈，如图7.126所示。

⑬ 在界面顶部位置绘制手机状态栏以装饰界面，如图7.127所示。

图7.126 隐藏图形　　图7.127 绘制状态栏

⑭ 选择工具箱中的【矩形工具】，在选项栏中将【填充】更改为白色，【描边】为无，在画布中靠上方位置按住Shift键绘制一个矩形，此时将生成一个【矩形1】图层，如图7.128所示。

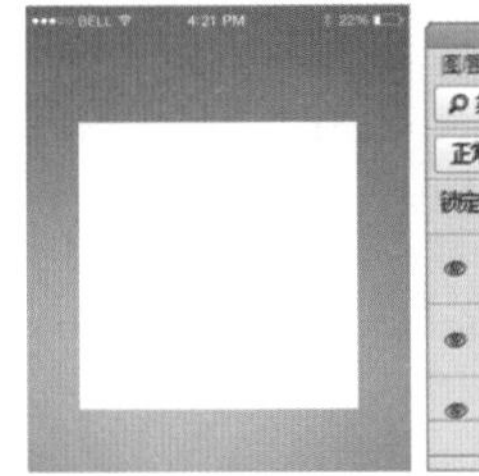

图7.128 绘制图形

⑮ 在【图层】面板中选中【矩形1】图层，单击面板底部的【添加图层样式】按钮，在菜单中选择【内阴影】命令，在弹出的对话框中将【混合模式】更改为【正常】，【颜色】更改为白色，【不透明度】更改为20%，取消【使用全局光】复选框，【角度】更改为90度，【距离】更改为1像素，如图7.129所示。

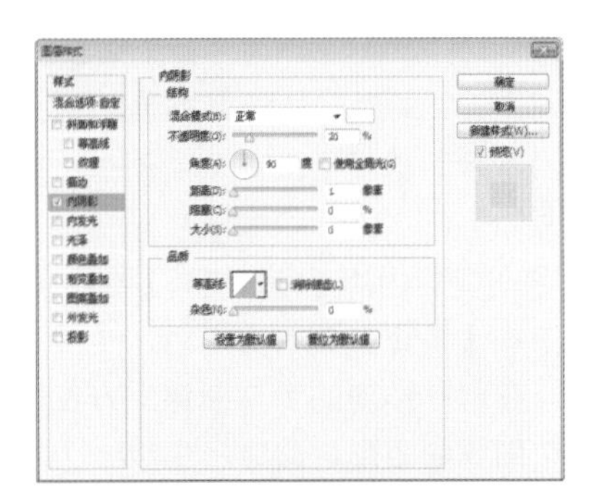

图7.129 设置内阴影

⑯ 勾选【投影】复选框，将【不透明度】更改为30%，取消【使用全局光】复选框，【角度】更改为90度，【距离】更改为2像素，【大小】更改为2像素，完成之后单击【确定】按钮，如图7.130所示。

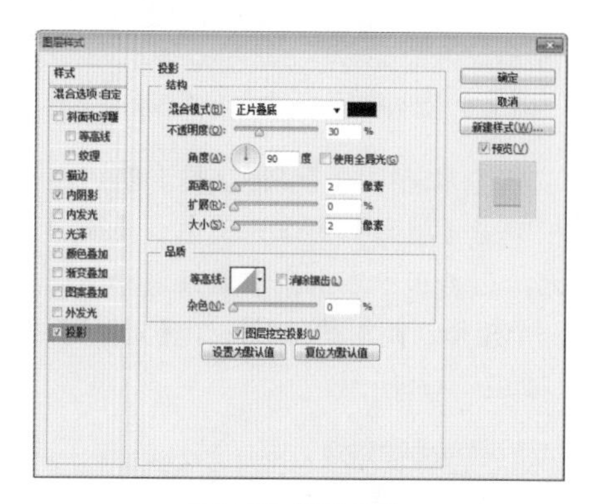

图7.130 设置投影

⑰ 在【图层】面板中，选中【矩形1】图层，将其图层【填充】更改为10%，如图7.131所示。

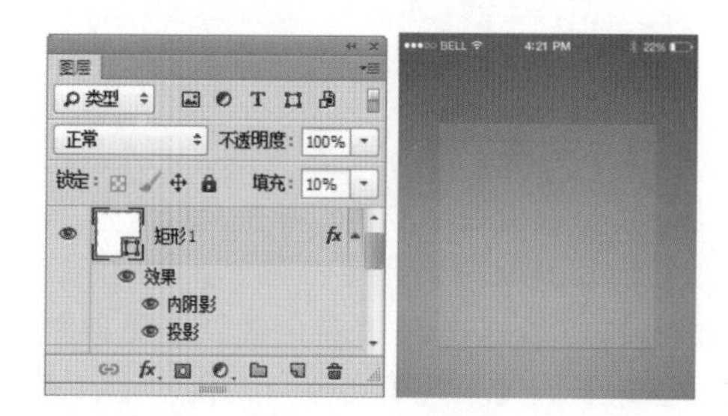

图7.131 更改填充

⑱ 执行菜单栏中的【文件】|【打开】命令，在弹出的对话框中选择配套光盘中的“调用素材\第7章\ iOS风格音乐播放器\专辑封面.jpg”文件，将打开的素材拖入画布中刚才绘制的矩形上并适当缩小，如图7.132所示。

⑲ 选择工具箱中的【矩形工具】▭，在选项栏中将【填充】更改为黑色，【描边】为无，在刚才添加的专辑图像上方位置绘制一个细长的矩形，此时将生成一个【矩形2】图层，如图7.133所示。

图7.132 添加素材

图7.133 绘制图形

⑳ 在【图层】面板中选中【矩形2】图层，将其拖至面板底部的【创建新图层】◻按钮上，复制一个【矩形2 拷贝】图层，如图7.134所示。

㉑ 选中【矩形2 拷贝】图层，在画布中将图形填充为青色（R:98，G:198，B:199），如图7.135所示。

图7.134 复制图形　　图7.135 更改图形颜色

㉒ 选中【矩形2 拷贝】图层，在画布中按Ctrl+T组合键对其执行【自由变换】命令，将光标移至出现的变形框右侧向左侧拖动，将图形宽度缩小，完成之后按Enter键确认，如图7.136所示。

图7.136 缩短图形宽度

㉓ 选中【矩形2】图层，将其图层【不透明度】更改为50%，如图7.137所示。

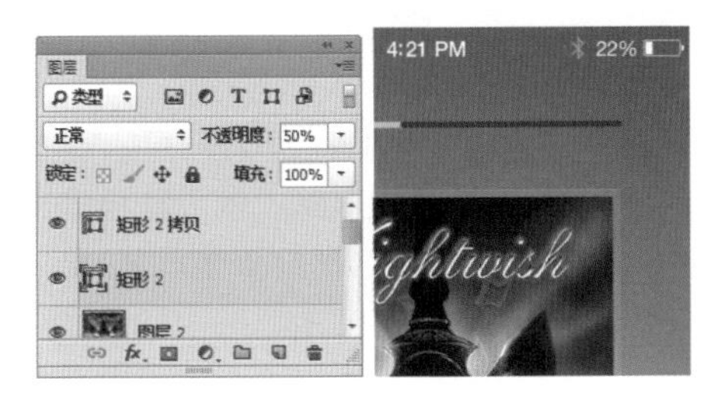

图7.137 更改图层不透明度

㉔ 选择工具箱中的【椭圆工具】，在选项栏中将【填充】更改为白色，【描边】为无，在【矩形2】和【矩形2 拷贝】图形接触的位置按住Shift键绘制一个正圆图形，此时将生成一个【椭圆1】图层，如图7.138所示。

图7.138 绘制图形

㉕ 在【图层】面板中选中【椭圆1】图层，单击面板底部的【添加图层样式】fx按钮，在菜单中选择【投影】命令，在弹出的对话框中将【混合模式】更改为【正常】，【不透明度】更改为20%，取消【使用全局光】复选框，【角度】更改为90度，【距离】更改为1像素，完成之后单击【确定】按钮，如图7.139所示。

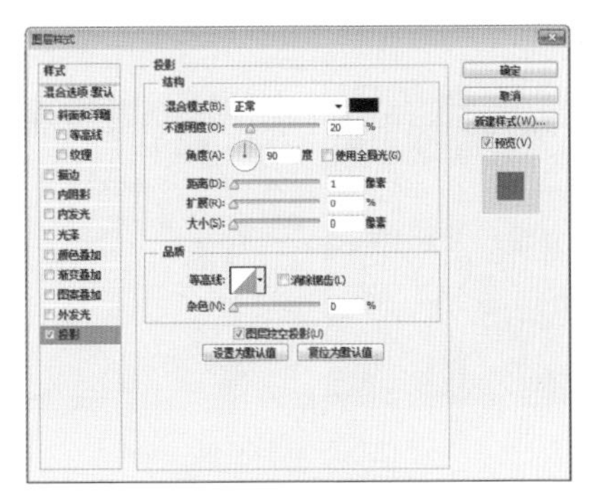

图7.139 设置投影

㉖ 在【图层】面板中选中【椭圆1】图层，将其图层【填充】更改为90%，如图7.140所示。

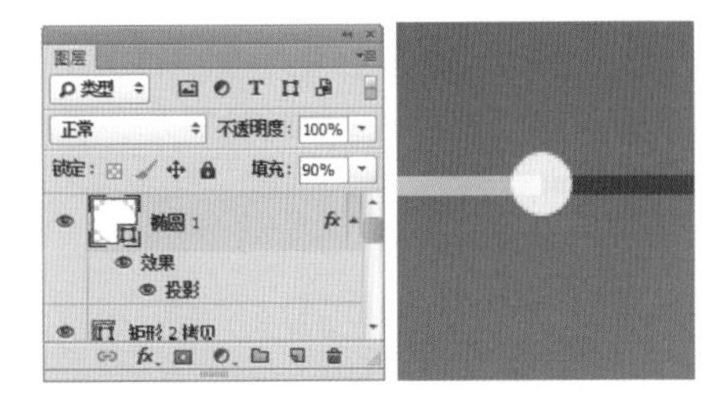

图7.140 更改填充

㉗ 选择工具箱中的【钢笔工具】，在选项栏中单击【选择工具模式】路径按钮，在弹出的选项栏中选择【形状】，将【填充】更改为白色，【描边】为无，在刚才绘制的音量进度条左右两侧绘制音量图形，如图7.141所示。

图7.141 绘制音量图形

㉘ 同时选中【椭圆1】、【矩形2 拷贝】及【矩形2】图层，在画布中按住Alt+Shift组合键向下拖动，将图形复制，如图7.142所示。

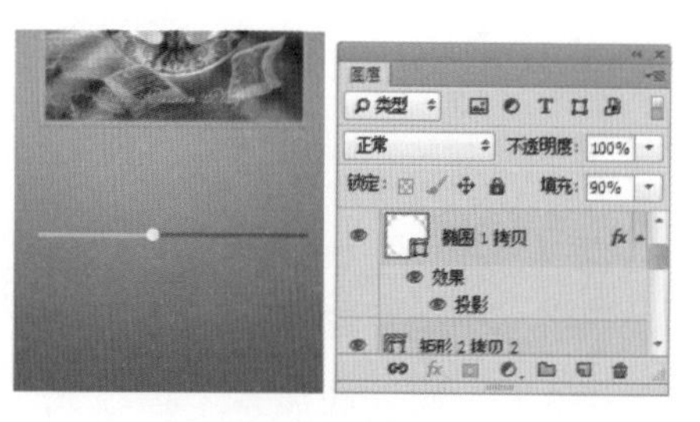

图7.142 复制图形

㉙ 选中【椭圆1 拷贝】图层，在画布中按住Shift键向右侧平移，如图7.143所示。

㉚ 选中【矩形2 拷贝2】图层，在画布中按Ctrl+T组合键对其执行【自由变换】命令，将光标移至出现的变形框右侧向左侧拖动并与刚才移动的椭圆图形重叠，将图形宽度缩小，完成之后按Enter键确认，如图7.144所示。

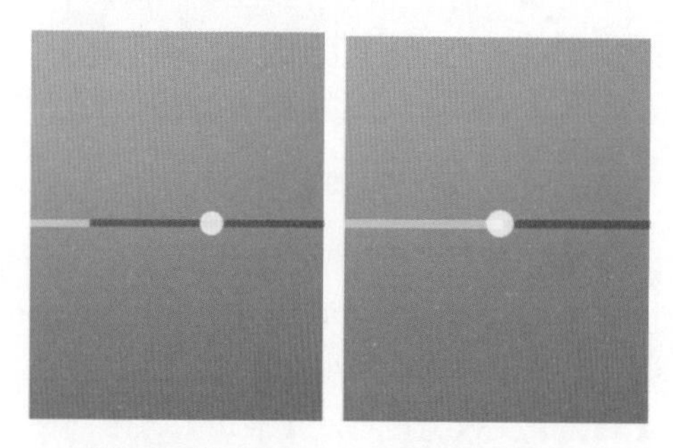

图7.143 移动图形　　图7.144 变换图形

㉛ 选择工具箱中的【圆角矩形工具】▢，在选项栏中将【填充】更改为红色（R:213，G:124，B:142），【描边】为无，【半径】为5像素，在进度条下方位置绘制一个圆角矩形，此时将生成一个【圆角矩形1】图层，如图7.145所示。

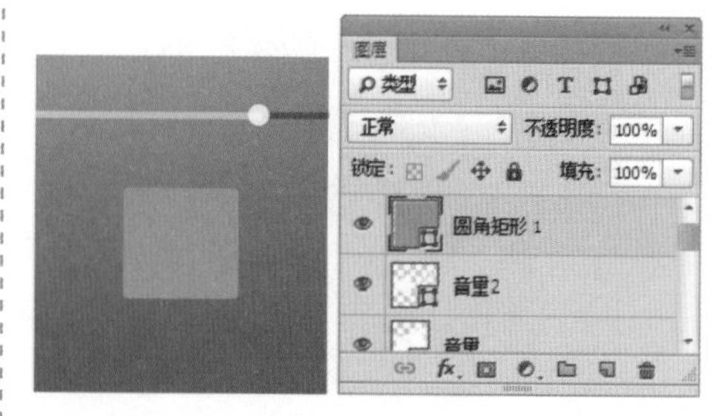

图7.145 绘制图形

㉜ 在【图层】面板中选中【圆角矩形1】图层，将其拖至面板底部的【创建新图层】按钮上，复制一个【圆角矩形1 拷贝】图层，如图7.146所示。

㉝ 选中【圆角矩形1 拷贝】图层，在画布中按住Shift键将图形向左侧平移再适当缩小，并将其颜色更改为青色（R:98，G:198，B:199），如图7.147所示。

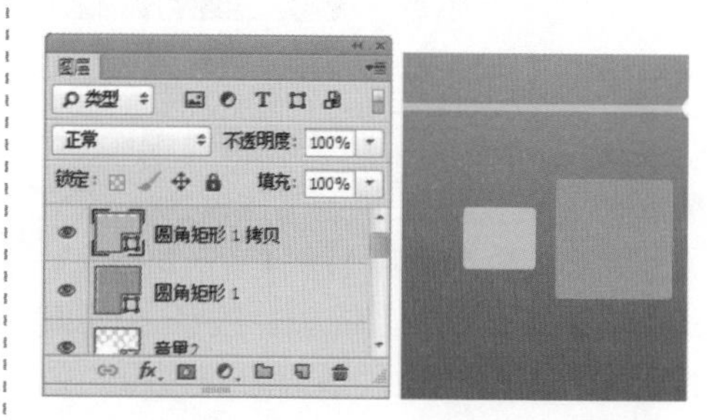

图7.146 复制图层　　图7.147 变换图形

㉞ 选中【圆角矩形1 拷贝】图层，按住Alt+Shift组合键向右侧拖动，将图形复制，此时将生成一个【圆角矩形1 拷贝2】图层，如图7.148所示。

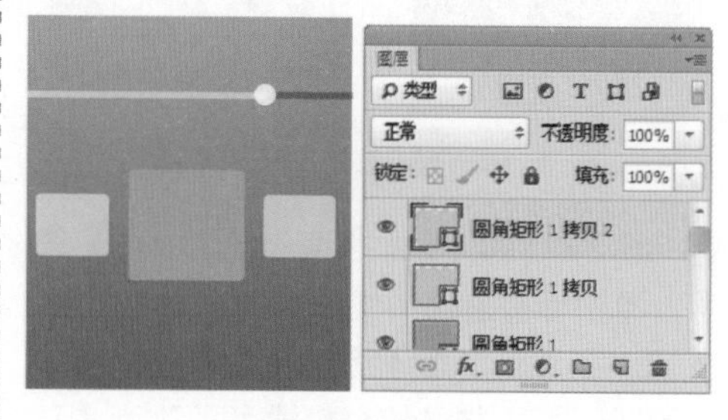

图7.148 复制图形

㉟ 在【图层】面板中选中【圆角矩形1 】图层，单击面板底部的【添加图层样式】 fx 按钮，在菜单中选择【投影】命令，在弹出的对话框中将【不透明度】更改为30%，取消【使用全局光】复选框，【角度】更改为90度，【距离】更改为2像素，【大小】更改为2像素，完成之后单击【确定】按钮，如图7.149所示。

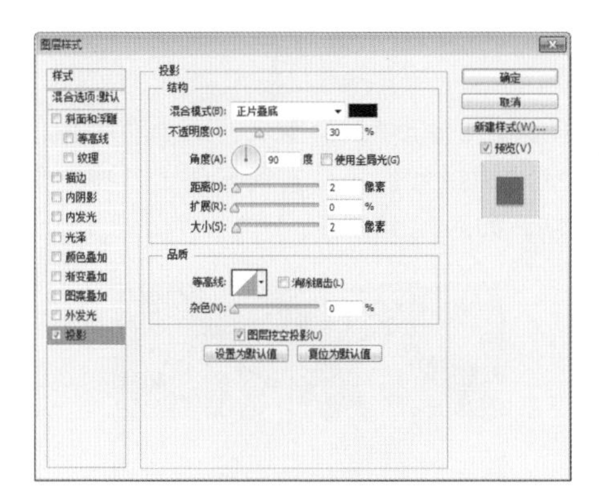

图7.149 设置投影

㊱ 在【圆角矩形1】图层上单击鼠标右键，从弹出的快捷菜单中选择【拷贝图层样式】命令，分别在【圆角矩形1 拷贝】及【圆角矩形1 拷贝2】图层上单击鼠标右键，从弹出的快捷菜单中选择【粘贴图层样式】命令，如图7.150所示。

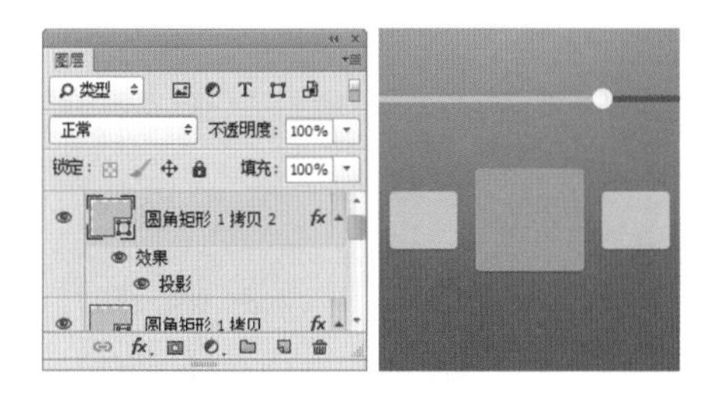

图7.150 拷贝并粘贴图层样式

㊲ 选择工具箱中的【矩形工具】 ，在选项栏中将【填充】更改为白色，【描边】为无，在刚才绘制的按钮左侧图形上绘制一个矩形，此时将生成一个【矩形3】图层，如图7.151所示。

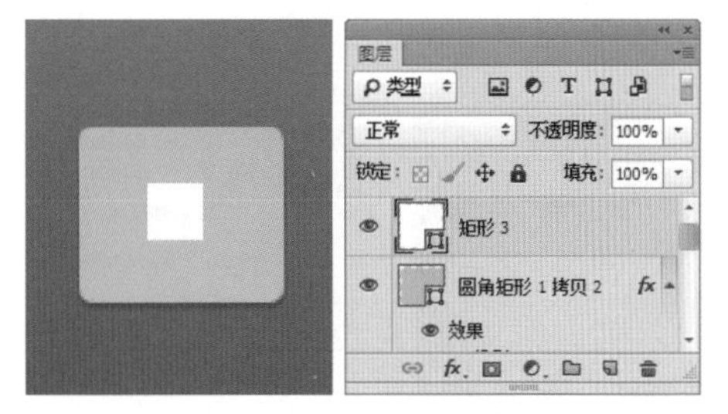

图7.151 绘制图形

㊳ 选中【矩形3】图层，在画布中按Ctrl+T组合键对其执行【自由变换】命令，当出现变形框以后，在选项栏中【旋转】后方的文本框中输入45度，再按住Alt键将图形高度适当等比例缩小，完成之后按Enter键确认，如图7.152所示。

图7.152 变换图形

㊴ 选择工具箱中的【直接选择工具】 ，选中刚才旋转的图形右侧锚点并按Delete键将其删除，如图7.153所示。

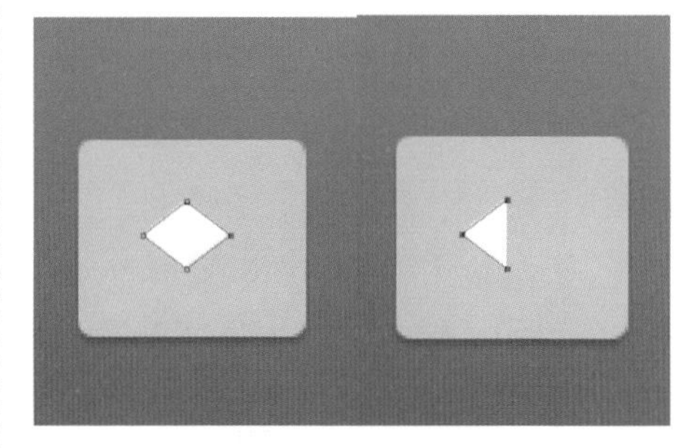

图7.153 删除锚点

㊵ 选中【矩形3】图层，在画布中按住Alt+Shift组合键向右侧拖动，将图形复制，此时将生成一个【矩形3 拷贝】图

层，如图7.154所示。

图7.154 复制图形

41 同时选中【矩形3】及【矩形3拷贝】图层，在画布中按住Alt+Shift组合键移至右侧按钮上，将图形复制，此时将生成两个【矩形3 拷贝2】图层，如图7.155所示。

图7.155 复制图形

42 保持复制所生成的图层选中状态，在画布中按Ctrl+T组合键对其执行【自由变换】命令，将光标移至出现的变形框上单击鼠标右键，从弹出的快捷菜单中选择【水平翻转】，完成之后按Enter键确认，如图7.156所示。

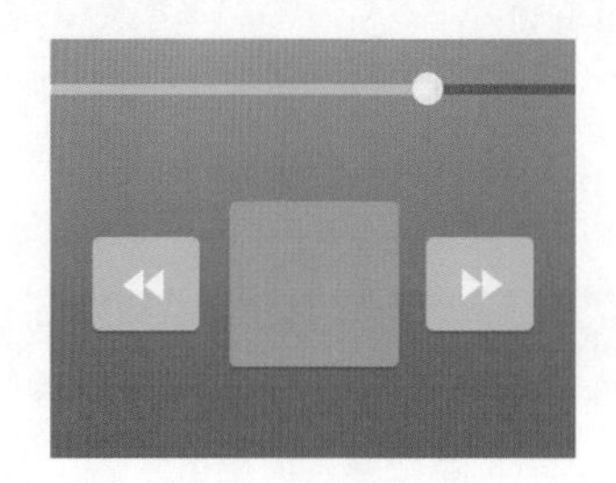

图7.156 变换图形

43 选择工具箱中的【矩形工具】，在选项栏中将【填充】更改为白色，【描边】为无，在中间按钮上绘制一个矩形，此时将生成一个【矩形4】图层，如图7.157所示。

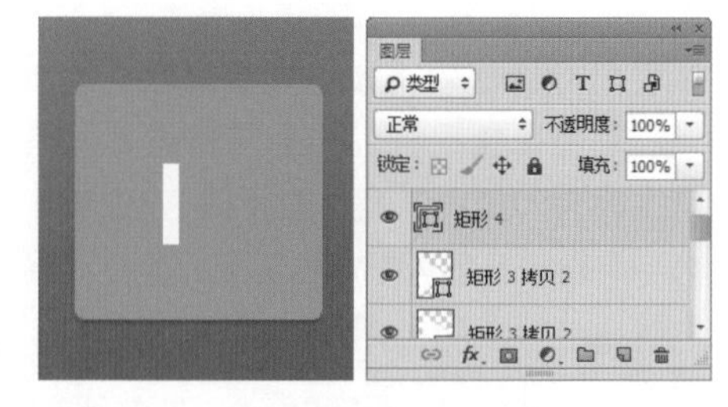

图7.157 绘制图形

44 选中【矩形4】】图层，在画布中按住Alt+Shift组合键移至右侧按钮上，将图形复制，如图7.158所示。

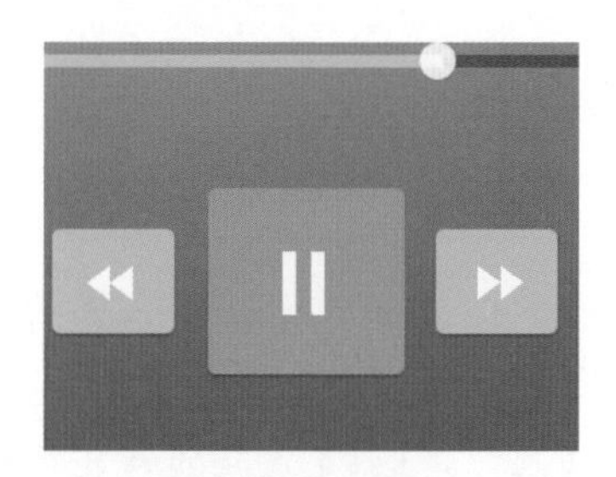

图7.158 复制图形

45 在画布底部位置绘制3个播放模式图形，如图7.159所示。

46 选择工具箱中的【横排文字工具】T，在界面中适当位置添加文字，这样就完成了效果制作，最终效果如图7.160所示。

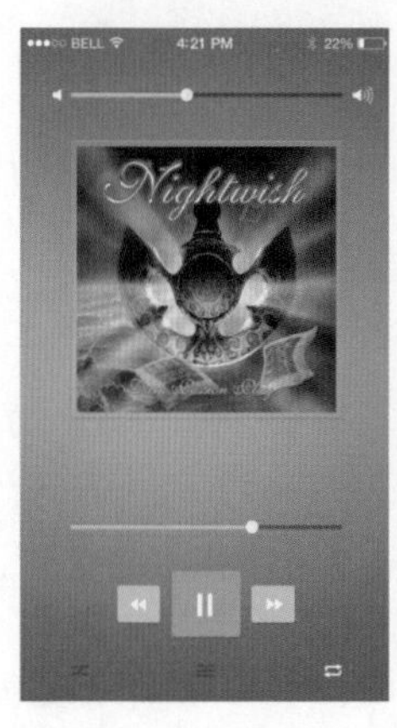

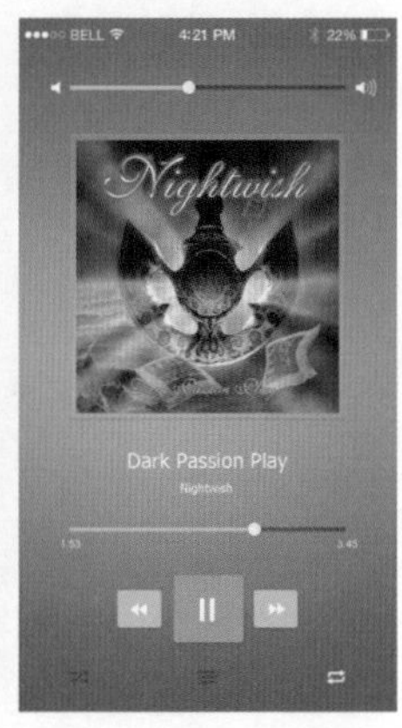

图7.159 绘制图形　图7.160 添加文字及最终效果

7.2.2 展示页面

① 执行菜单栏中的【文件】|【新建】命令，在弹出的对话框中设置【宽度】为600像素，【高度】为600像素，【分辨率】为72像素/英寸，【颜色模式】为RGB颜色，新建一个空白画布，如图7.161所示。

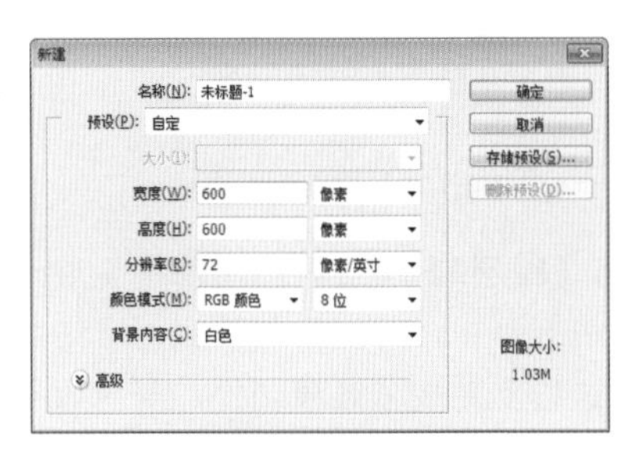

图7.161 新建画布

② 选择工具箱中的【渐变工具】，在选项栏中单击【点按可编辑渐变】按钮，在弹出的对话框中将渐变颜色更改为灰色（R:240，G:240，B:240）到灰色（R:212，G:212，B:212），设置完成之后单击【确定】按钮，再单击选项栏中的【径向渐变】按钮，如图7.162所示。

图7.162 设置渐变

③ 在画布中从中间向边缘方向拖动，为画布填充渐变，如图7.163所示。

④ 执行菜单栏中的【文件】|【打开】命令，在弹出的对话框中选择配套光盘中的“调用素材\第7章iOS风格音乐播放器\手机.psd”文件，将打开的素材拖入画布中并适当缩小，如图7.164所示。

图7.163 填充渐变　　图7.164 添加素材

⑤ 选择工具箱中的【矩形工具】，在选项栏中将【填充】更改为黑色，【描边】为无，在手机图像左侧位置绘制一个矩形，此时将生成一个【矩形1】图层，将【矩形1】移至【手机】图层下方，如图7.165所示。

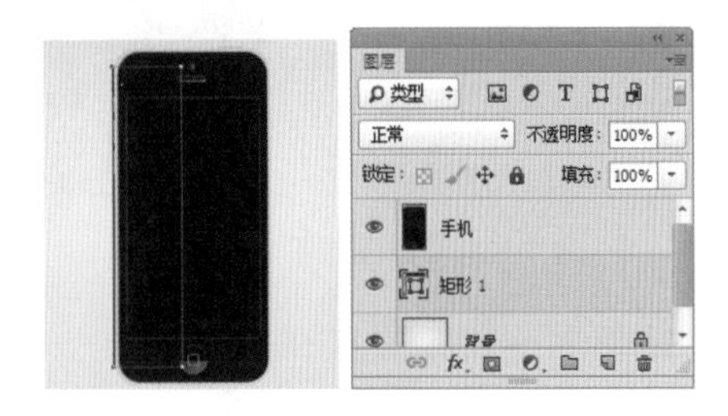

图7.165 绘制图形

⑥ 在【图层】面板中，选中【矩形1】图层，执行菜单栏中的【图层】|【栅格化】|【形状】命令，将当前图形栅格化，如图7.166所示。

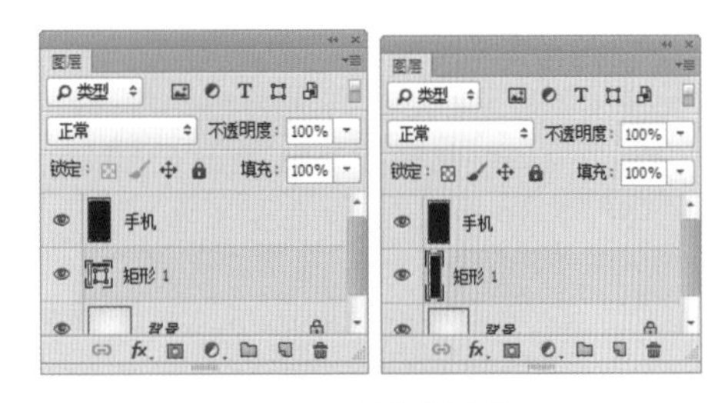

图7.166 栅格化形状

⑦ 选中【矩形1】图层，执行菜单栏中的【滤镜】|【模糊】|【高斯模糊】命令，在弹出的对话框中将【半径】更改为15像素，设置完成之后单击【确定】按钮，如图7.167所示。

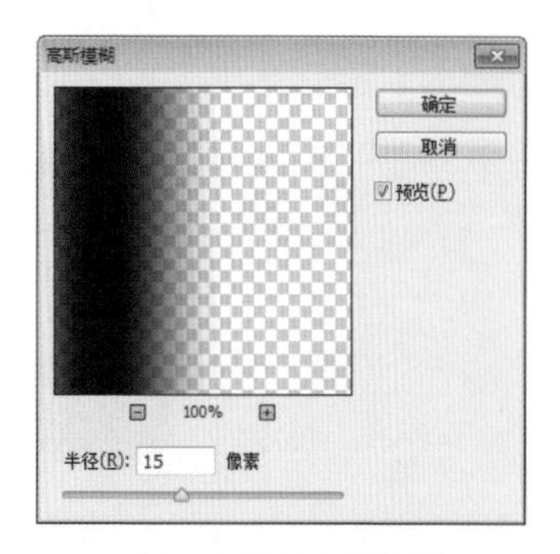

图7.167 设置高斯模糊

⑧ 选中【矩形1】图层，将其图层【不透明度】更改为60%，如图7.168所示。

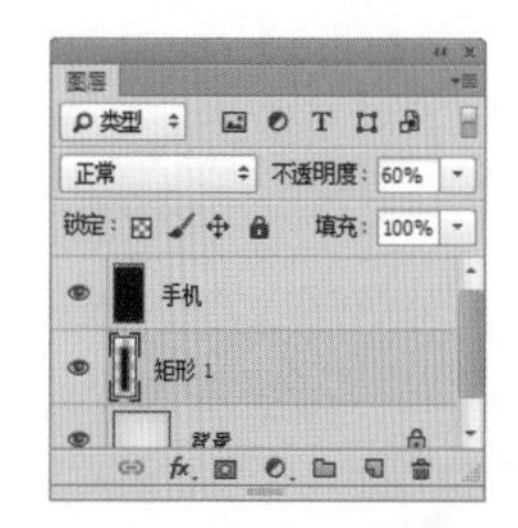

图7.168 更改图层不透明度

⑨ 打开之前创建的欢迎页面文档，在【图层】面板中，选中最上方的图层，按Ctrl+Alt+Shift+E组合键执行【盖印可见图层】命令，将生成一个【图层3】图层，如图7.169所示。

图7.169 盖印可见图层

⑩ 将【图层3】图层中的图形拖至展示页面手机屏幕中，并缩小与手机屏幕边缘对齐，这样就完成了效果制作，展示效果如图7.170所示。

图7.170 展示效果

7.3 怡人秋景主题天气界面

- 新建画布，添加素材图像并利用调色工具及滤镜命令制作背景。
- 绘制图形及路径等并添加图层样式制作主界面。
- 添加相关文字并为其添加图层样式完成最终效果制作。

本例主要讲解的是天气图标的制作，在制作之初从定位点出发选用了一幅与主题相符合的背景图像，并添加滤镜效果虚化背景以衬托图标，利用简单的图形为主要元素，突出图标的简洁、大方、美观等特点。

难易程度：★★★★☆
调用素材：配套光盘\素材\调用素材\第 7 章\怡人秋景主题天气界面
最终文件：配套光盘\素材\源文件\第 7 章\怡人秋景主题天气界面 .psd
视频位置：配套光盘\movie\7.3 怡人秋景主题天气界面 .avi

怡人秋景主题天气界面效果如图 7.171 所示。

图7.171 怡人秋景主题天气界面

7.3.1 制作背景

① 执行菜单栏中的【文件】|【新建】命令，在弹出的对话框中设置【宽度】为900像素，【高度】为550像素，【分辨率】为72像素/英寸，【颜色模式】为RGB颜色，新建一个空白画布，如图7.172所示。

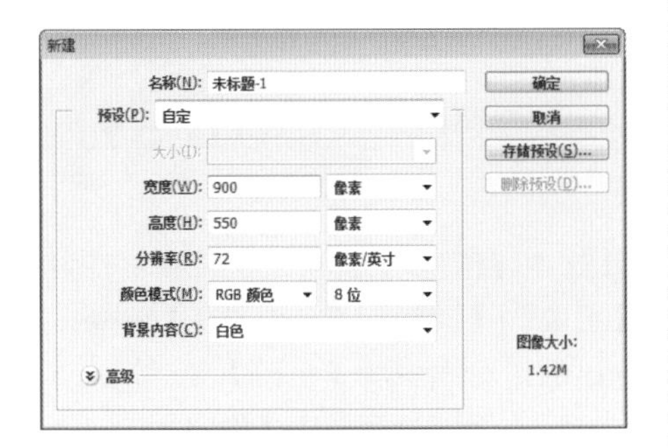

图7.172 新建画布

② 菜单栏中的【文件】|【打开】命令，在弹出的对话框中选择配套光盘中的“调用素材\第7章\怡人秋景主题天气界面\秋景.jpg”文件，将打开的素材图像拖入画布中，此时其图层名称将自动更改为【图层1】，如图7.173所示。

图7.173 打开素材

③ 选中【图层1】图层，执行菜单栏中的【图像】|【调整】|【可选颜色】命令，在弹出的对话框中选择【颜色】为【青色】，将【青色】更改为100%，【黑色】更改为100%，如图7.174所示。

图7.174 调整青色

④ 选择【颜色】为蓝色，将【青色】更改为100%，【洋红】更改为100%，【黑色】更改为100%，如图7.175所示。

图7.175 调整蓝色

⑤ 选择【颜色】更改为【白色】，将【黄色】更改为100%，【黑色】更改为30%，如图7.176所示。

图7.176 调整白色

⑥ 选择【颜色】为【黑色】，将【青色】更改为-20%，【黄色】更改为20%，【黑色】更改为-20%，完成之后单击【确定】按钮，如图7.177所示。

图7.177 调整黑色

⑦ 选中【图层1】图层，执行菜单栏中的【图像】|【调整】|【色相/饱和度】命令，在弹出的对话框中将【饱和度】更改为10，如图7.178所示。

图7.178 调整全图

⑧ 单击左上角【全图】后方的按钮，在弹出的下拉列表中选择【蓝色】，将【色相】更改为-15，完成之后单击【确定】按钮，如图7.179所示。

图7.179 调整蓝色

⑨ 选中【图层1】图层，执行菜单栏中的【图像】|【调整】|【色彩平衡】命令，在弹出的对话框中将【色阶】更改为（5，4，35），完成之后单击【确定】按钮，如图7.180所示。

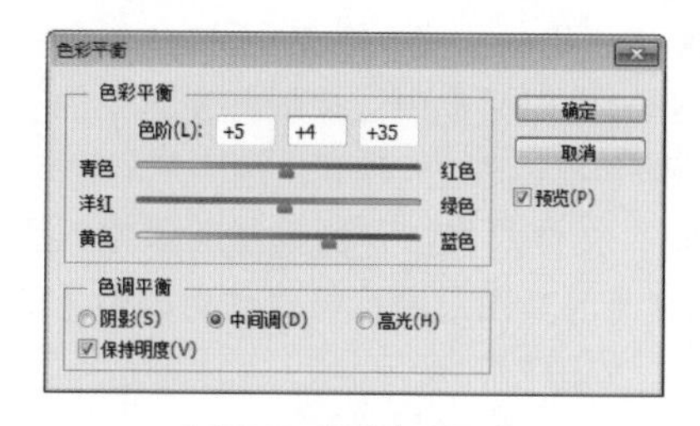

图7.180 调整色彩平衡

⑩ 选中【图层1】图层，执行菜单栏中的【图像】|【调整】|【曲线】命令，在弹出的对话框中将其曲线向右下角方向拖动，降低图像亮度，完成之后单击【确定】按钮，如图7.181所示。

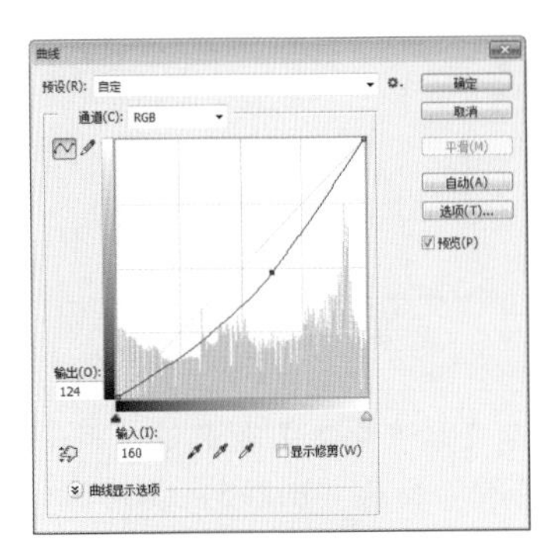

图7.181 调整曲线

⑪ 选中【图层1】图层，执行菜单栏中的【图像】|【调整】|【亮度/对比度】命令，在弹出的对话框中将【亮度】更改为-10，【对比度】更改为-13，完成之后单击【确定】按钮，如图7.182所示。

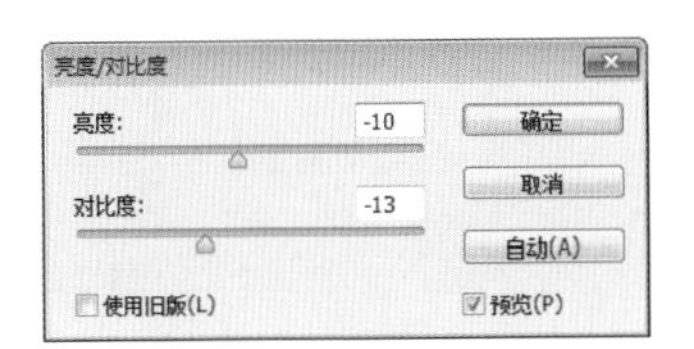

图7.182 调整亮度/对比度

⑫ 选择工具箱中的【仿制图章工具】，在画布中单击鼠标右键，在弹出的面板中选择一种圆角笔触，将【大小】更改为80像素，【硬度】更改为0%，如图7.183所示。

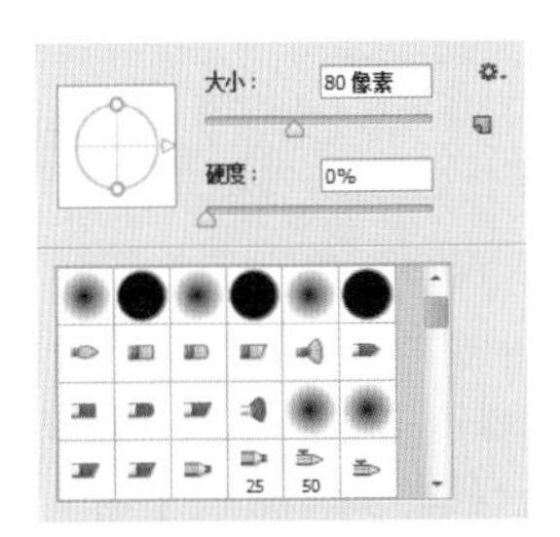

图7.183 设置笔触

⑬ 选中【图层1】图层，在画布中靠左下角的小树图像旁边的油菜花位置按住Alt键单击以取样，然后在小树图像上单击将其隐藏，如图7.184所示。

图7.184 取样并隐藏部分图像

⑭ 以同样的方法将小树旁边其他部分图像隐藏，使小树附近的图像整体视觉更加整洁，如图7.185所示。

图7.185 隐藏图像

⑮ 选中【图层1】图层，执行菜单栏中的【滤镜】|【模糊】|【高斯模糊】命令，在弹出的对话框中将【半径】更改为15像素，设置完成之后单击【确定】按钮，如图7.186所示。

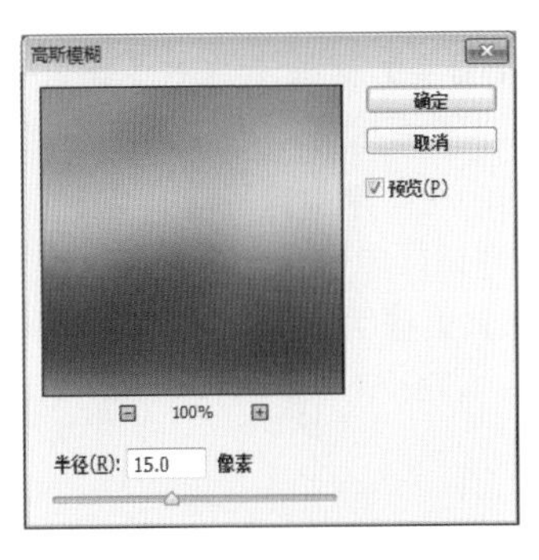

图7.186 设置高斯模糊

7.3.2 绘制界面

① 选择工具箱中的【圆角矩形工具】，在选项栏中将【填充】更改为无，【描边】为白色，【大小】为30点，【半径】为145像素，在画布中按住Shift键绘制一个圆角矩形，此时将生成一个【圆角矩形1】图层，如图7.187所示。

图7.187 绘制图形

② 在【图层】面板中选中【圆角矩形1】图层，将其拖至面板底部的【创建新图层】按钮上，复制出【圆角矩形1拷贝】及【圆角矩形1拷贝2】图层，如图7.188所示。

图7.188 复制图层

③ 在【图层】面板中选中【圆角矩形1】图层，单击面板底部的【添加图层样式】fx按钮，在菜单中选择【描边】命令，在弹出的对话框中将【大小】更改为2像素，【颜色】更改为黄色（R:255，G:220，B:42），如图7.189所示。

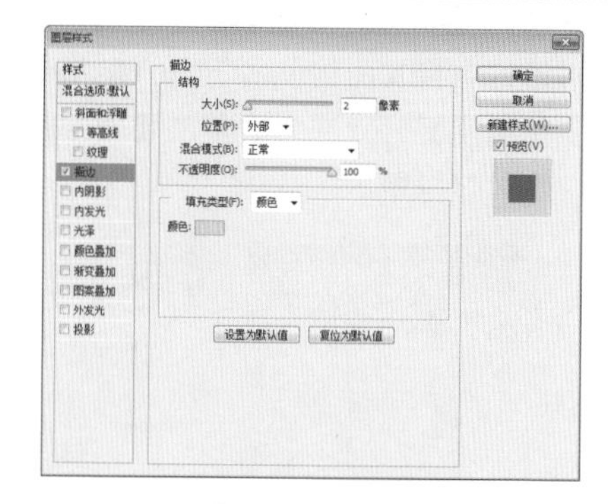

图7.189 设置描边

④ 勾选【渐变叠加】复选框，将【渐变】颜色更改为黄色（R:245，G:192，B:38）到浅黄色（R:255，G:232，B:160）再到黄色（R:245，G:192，B:38），【样式】为径向，【角度】更改为90度，完成之后单击【确定】按钮，如图7.190所示。

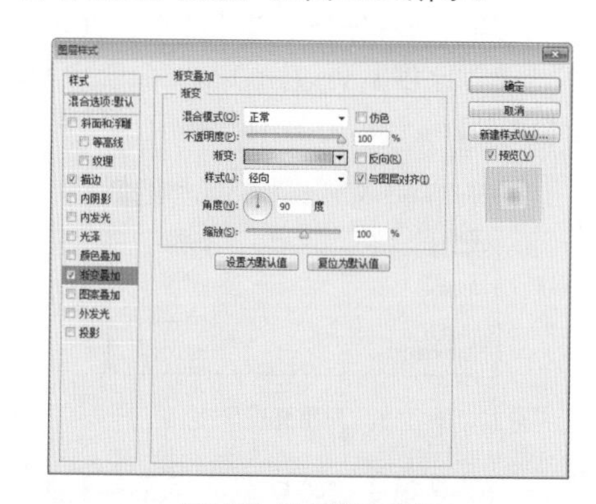

图7.190 设置渐变叠加

提示

在为【圆角矩形1】添加图层样式的时候，可以先将【圆角矩形1 拷贝】及【圆角矩形1 拷贝2】图层暂时隐藏，以方便观察添加的图层样式效果。

⑤ 在【图层】面板中选中【圆角矩形1】图层，在其图层名称上单击鼠标右键，从弹出的快捷菜单中选择【栅格化图层样式】名称，如图7.191所示。

⑥ 在【图层】面板中选中【圆角矩形1】图层，将其拖至面板底部的【创建新图层】按钮上，复制一个【圆角矩形1 拷贝3】图层，如图7.192所示。

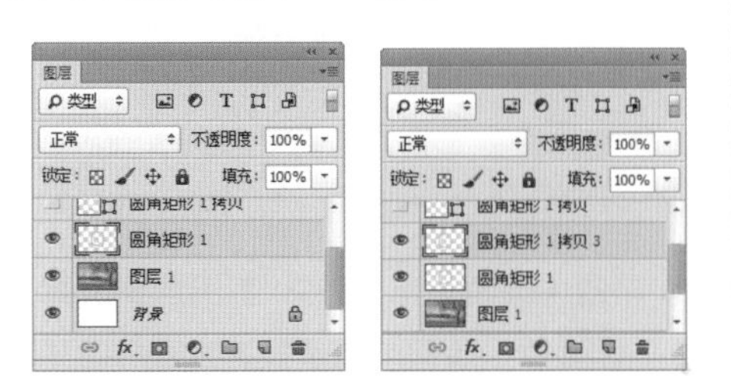

图7.191 栅格化图层样式　　图7.192 复制图层

⑦ 在【图层】面板中选中【圆角矩形1】图层，单击面板上方的【锁定透明像素】按钮，将当前图层中的透明像素锁定，在画布中将图层填充为黑色，填充完成之后再次单击此按钮将其解除锁定，如图7.193所示。

图7.193 锁定透明像素并填充颜色

⑧ 选中【圆角矩形1】图层，执行菜单栏中的【滤镜】|【模糊】|【高斯模糊】命令，在弹出的对话框中将【半径】更改为1像素，设置完成之后单击【确定】按钮，如图7.194所示。

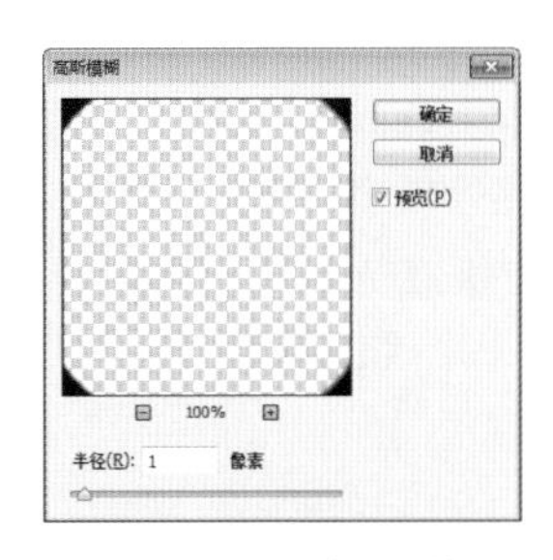

图7.194 设置高斯模糊

⑨ 选中【圆角矩形1】图层，将其图层【不透明度】更改为20%，如图7.195所示。

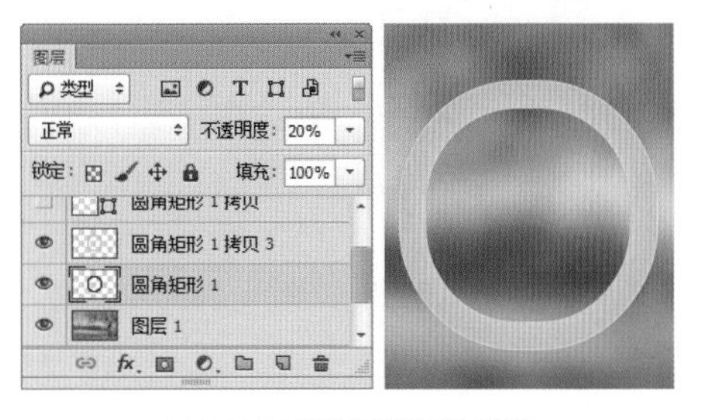

图7.195 更改图层不透明度

⑩ 选中【圆角矩形1 拷贝】图层，在选项栏中将其【描边】大小更改为7点，然后在画布中按Ctrl+T组合键对其执行【自由变换】命令，当出现变形框以后按住Alt+Shift组合键将图形等比例缩小，完成之后按Enter键确认，如图7.196所示。

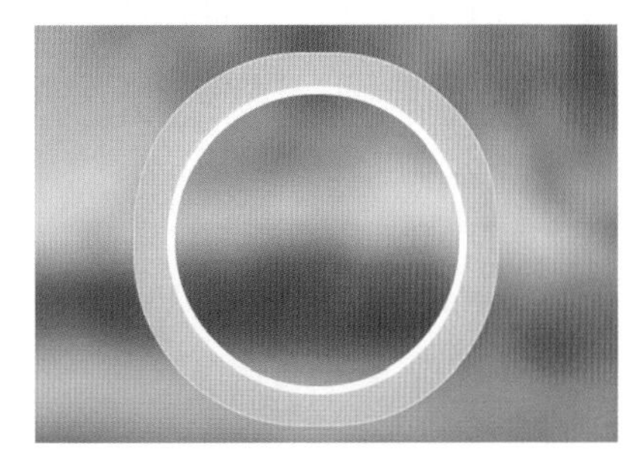

图7.196 变换图形

⑪ 在【图层】面板中选中【圆角矩形1 拷贝】图层，单击面板底部的【添加图层样式】fx按钮，在菜单中选择【外发光】命令，在弹出的对话框中将【混合模式】更改为【正常】，【不透明度】更改为60%，【颜色】更改为深黄色（R:210，G:162，B:0），【大小】更改为3像素，完成之后单击【确定】按钮，如图7.197所示。

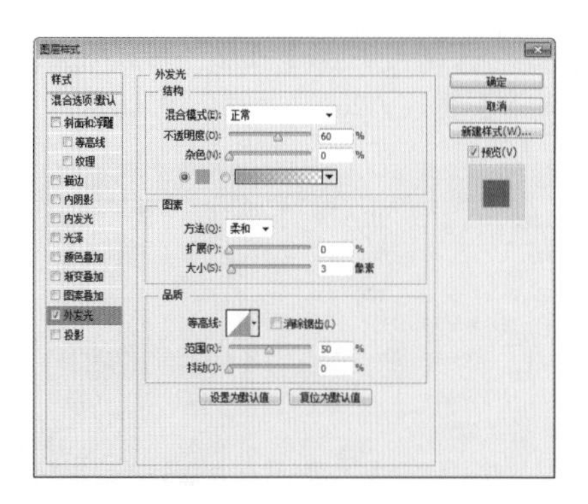

图7.197 设置外发光

⑫ 选中【圆角矩形1 拷贝2】图层，在选项栏中将其【填充】更改为白色，【描边】为无，在画布中按Ctrl+T组合键对其执行【自由变换】命令，当出现变形框以后，按住Alt+Shift组合键将图形等比例缩小，完成之后按Enter键确认，在【图层】面板中将其【不透明度】更改为30%，如图7.198所示。

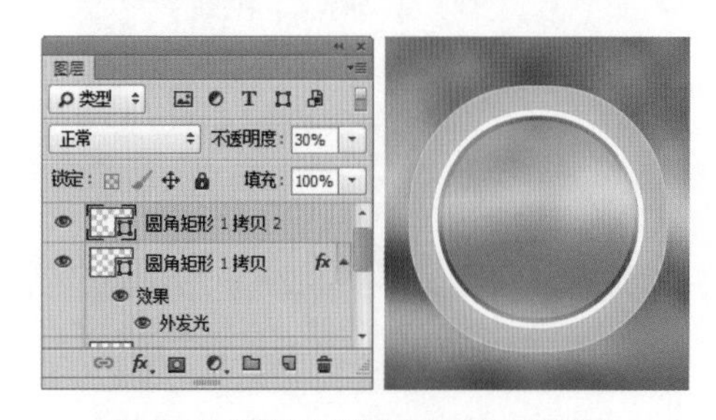

图7.198 变换图形并降低图层不透明度

⑬ 在【图层】面板中选中【圆角矩形1 拷贝2】图层，单击面板底部的【添加图层蒙版】按钮，为其图层添加图层蒙版，如图7.199所示。

⑭ 选择工具箱中的【渐变工具】，在选项栏中单击【点按可编辑渐变】按钮，在弹出的对话框中选择【黑白渐变】，设置完成之后单击【确定】按钮，再单击选项栏中的【线性渐变】按钮，如图7.200所示。

图7.199 添加图层蒙版

图7.200 设置渐变

⑮ 单击【圆角矩形1 拷贝2】图层蒙版缩览图，在画布中其图形上按住Shift键从下至上拖动，将部分图形隐藏，如图7.201所示。

图7.201 隐藏图形

⑯ 选择工具箱中的【钢笔工具】，在画布中沿刚才绘制的图形边缘位置绘制一个不规则封闭路径，如图7.202所示。

图7.202 绘制路径

⑰ 在画布中按Ctrl+Enter组合键将刚才所绘制的封闭路径转换成选区，如图7.203所示。

⑱ 单击面板底部的【创建新图层】按钮，新建一个【图层2】图层，如图7.204所示。

图7.203 转换选区

图7.204 新建图层

⑲ 选中【图层2】图层，在画布中将选区填充为白色，填充完成之后按Ctrl+D组合键将选区取消，如图7.205所示。

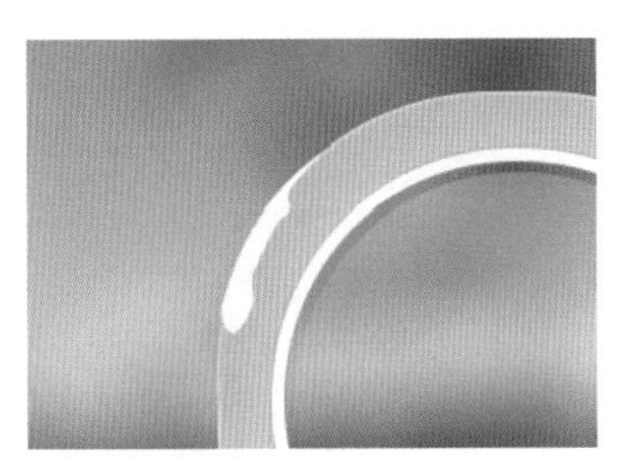

图7.205 填充颜色

⑳ 在【图层】面板中选中【图层2】图层，单击面板底部的【添加图层样式】fx按钮，在菜单中选择【内发光】命令，在弹出的对话框中将【不透明度】更改为55%，【颜色】更改为黄色（R:249，G:247，B:190），【大小】更改为5像素，如图7.206所示。

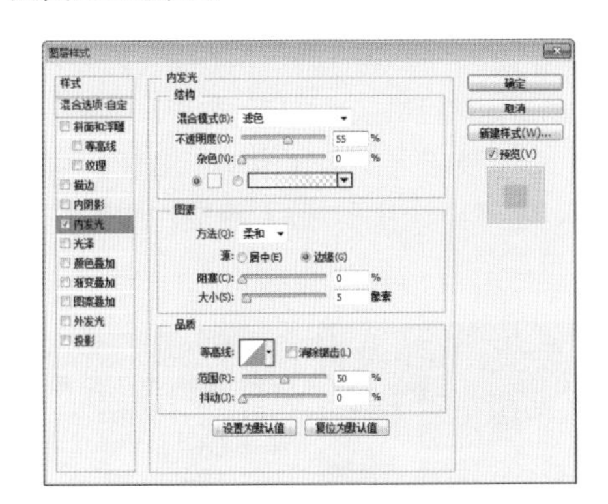

图7.206 设置内发光

㉑ 勾选【渐变叠加】复选框，将【不透明度】更改为30%，【渐变】颜色更改为透明到白色，【角度】更改为35度，如图7.207所示。

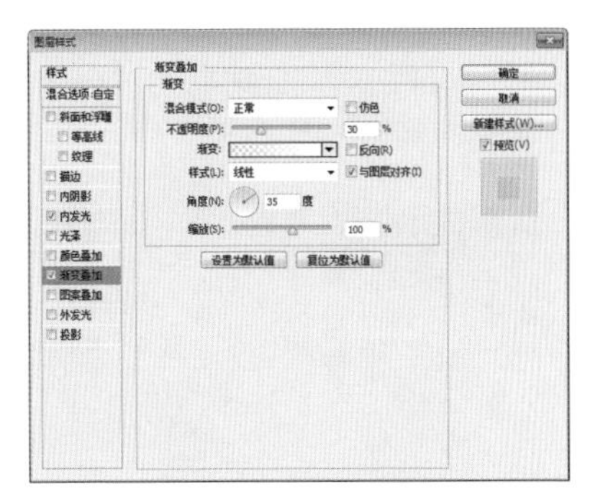

图7.207 设置渐变叠加

㉒ 勾选【投影】复选框，将【颜色】更改为黄色（R:245，G:192，B:40），【不透明度】更改为30%，【距离】更改为2像素，【大小】更改为3像素，完成之后单击【确定】按钮，如图7.208所示。

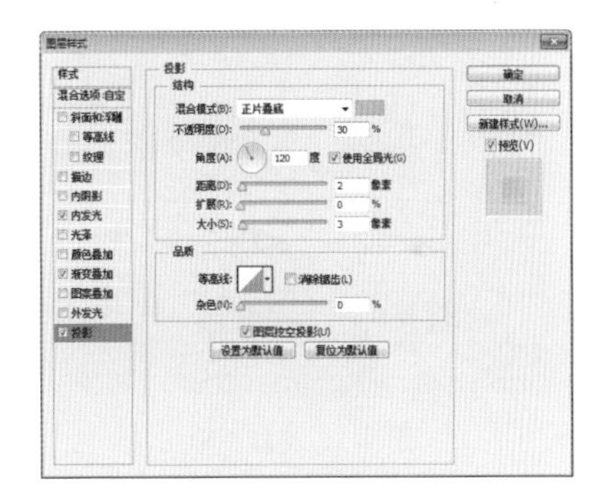

图7.208 设置投影

㉓ 在【图层】面板中选中【图层2】图层，将其【填充】更改为20%，如图7.209所示。

图7.209 更改填充

㉔ 选择工具箱中的【椭圆工具】，在选项栏中将【填充】更改为白色，【描边】为无，在刚才绘制的图形右上方位置绘制一个椭圆图形，此时将生成一个【椭圆1】图层，如图7.210所示。

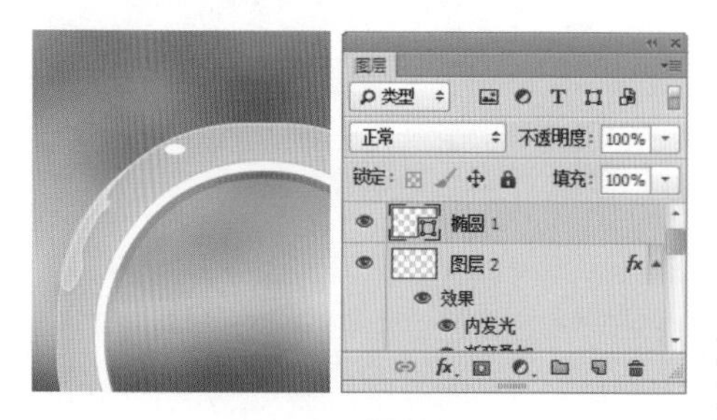

图7.210 绘制图形

㉕ 选中【椭圆1图层，在画布中按Ctrl+T组合键对其执行【自由变换】命令，当出现变形框以后，将图形适当旋转，完成之后按Enter键确认，如图7.211所示。

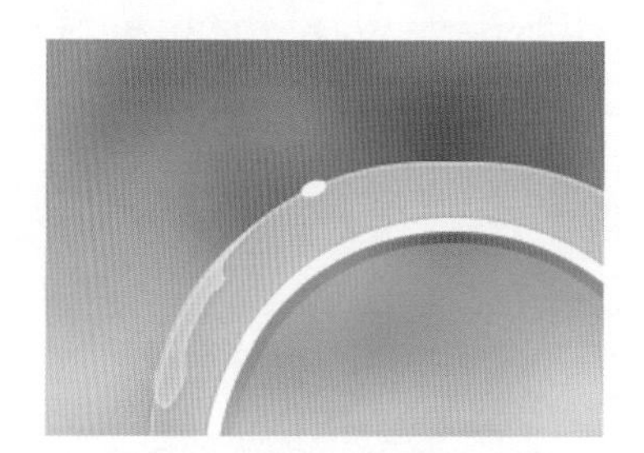

图7.211 旋转图形

㉖ 在【图层 2】图层上单击鼠标右键，从弹出的快捷菜单中选择【拷贝图层样式】命令，在【椭圆1】图层上单击鼠标右键，从弹出的快捷菜单中选择【粘贴图层样式】命令，如图7.212所示。

图7.212 拷贝并粘贴图层样式

㉗ 在【图层】面板中双击【椭圆1】图层样式名称，在弹出的对话框选中【投影】复选框，将【距离】更改为1像素，【大小】更改为2像素，完成之后单击【确定】按钮，如图7.213所示。

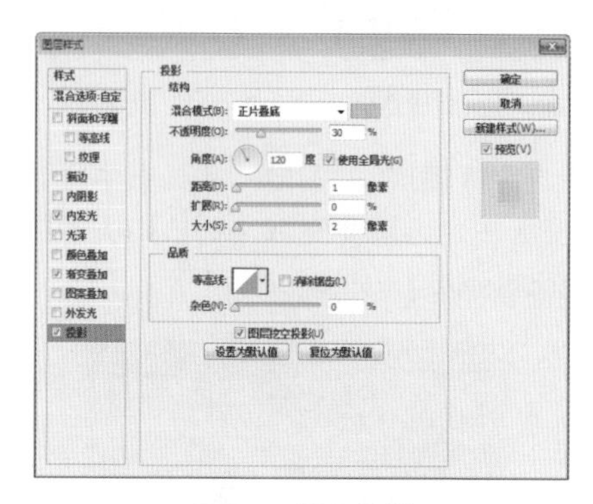

图7.213 设置投影

㉘ 选择工具箱中的【钢笔工具】，在画布中圆角矩形底部绘制一个不规则封闭路径，如图7.214所示。

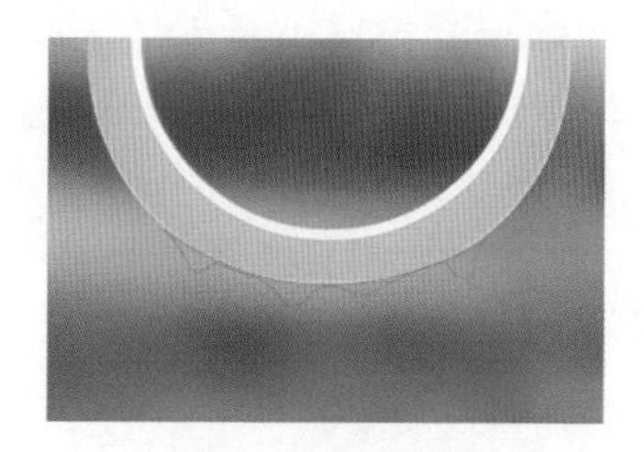

图7.214 绘制路径

㉙ 在画布中按Ctrl+Enter组合键将刚才所绘制的封闭路径转换成选区，如图7.215所示。

㉚ 单击面板底部的【创建新图层】按钮，新建一个【图层3】图层，如图7.216所示。

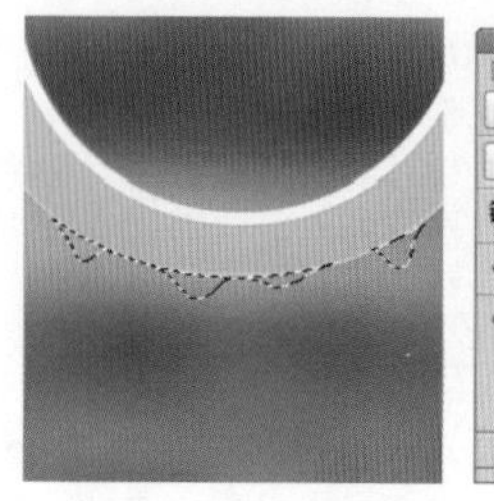

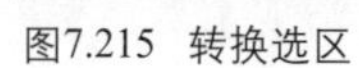

图7.215 转换选区　　图7.216 新建图层

31 选中【图层3】图层，在画布中将选区填充为白色，填充完成之后按Ctrl+D组合键将选区取消，如图7.217所示。

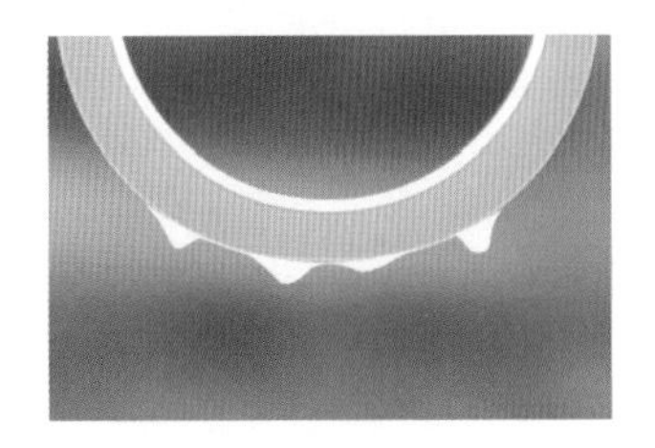

图7.217 填充颜色

32 在【图层 2】图层上单击鼠标右键，从弹出的快捷菜单中选择【拷贝图层样式】命令，在【图层 3】图层上单击鼠标右键，从弹出的快捷菜单中选择【粘贴图层样式】命令，如图7.218所示。

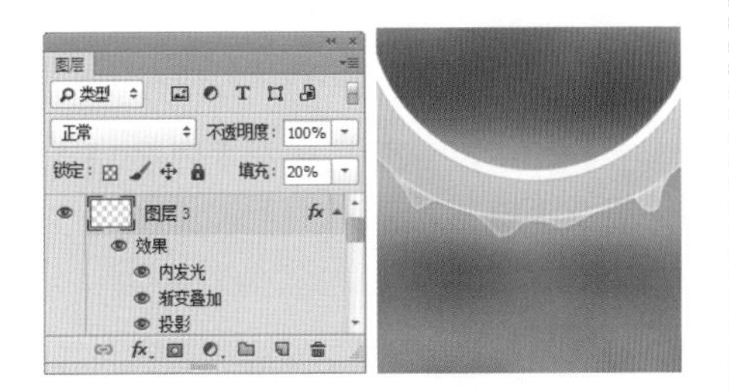

图7.218 拷贝并粘贴图层样式

33 选择菜单栏中的【窗口】|【路径】命令，在弹出的面板中选中【路径2】路径，如图7.219所示。

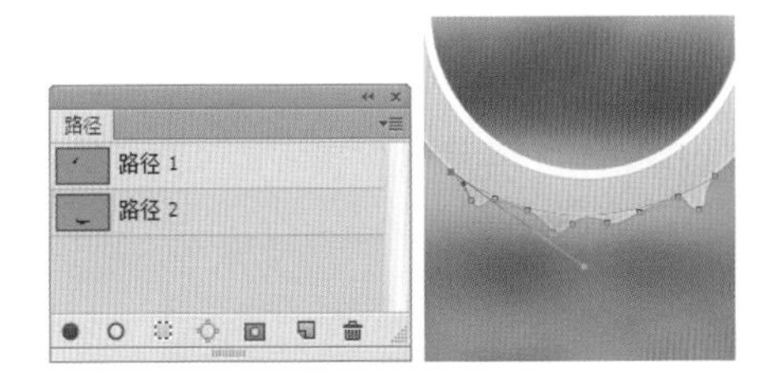

图7.219 选中路径

34 选择工具箱中的【直接选择工具】，在画布中的路径右上角锚点上单击将其选中，再按住Shift键在路径左上角锚点上单击将其加选，如图7.220所示。

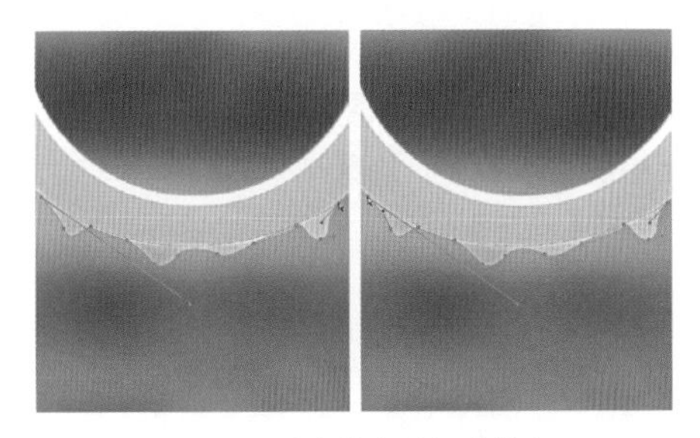

图7.220 选中锚点并加选锚点

35 在画布中直接按Delete键将刚才选中的两个锚点删除，此时上半部分路径将消失，如图7.221所示。

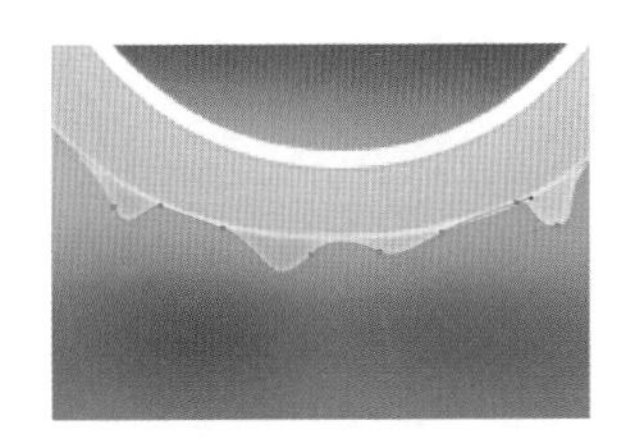

图7.221 删除部分路径

36 选择工具箱中的【钢笔工具】，在画布中路径左侧端点单击再沿着图形边缘绘制路径，将路径延长，如图7.222所示。

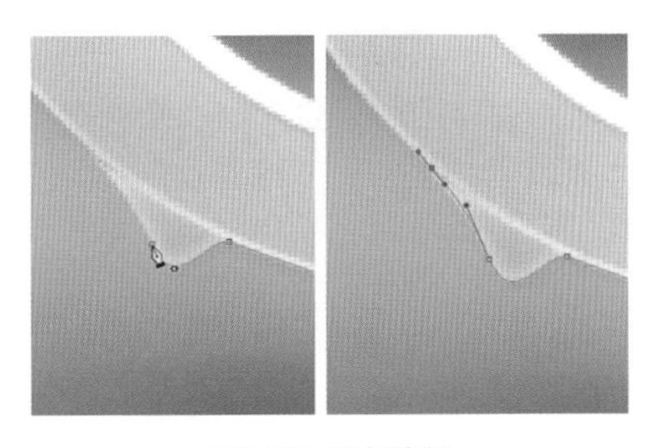

图7.222 延长路径

37 以刚才同样的方法将路径右侧适当延长，如图7.223所示。

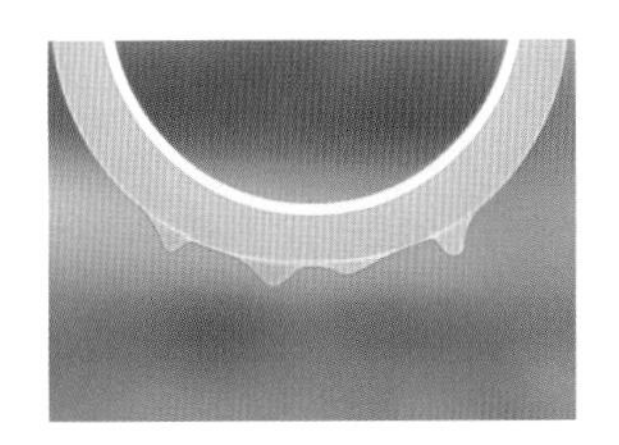

图7.223 延长路径

㊳ 在【图层】面板中双击【图层3】图层样式名称，在弹出的对话框中选中【内发光】复选框，将【大小】更改为3像素，完成之后单击【确定】按钮，如图7.224所示。

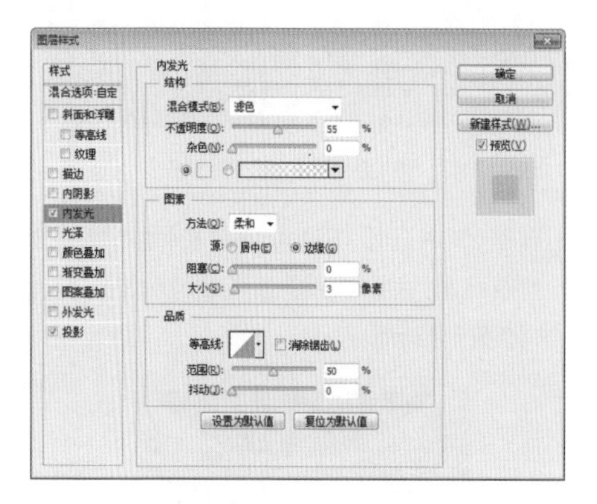

图7.224 设置内发光

㊴ 在【图层】面板中选中【图层3】图层，图层样式中的【渐变叠加】拖至面板底部的【删除图层】🗑按钮上将其删除，如图7.225所示。

㊵ 单击面板底部的【创建新图层】按钮，新建一个【图层4】图层，如图7.226所示。

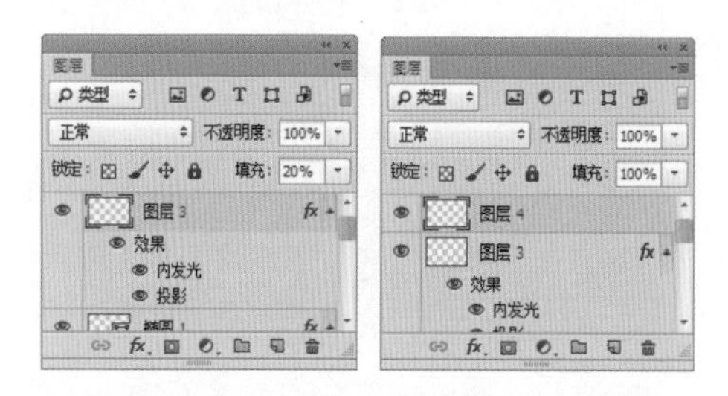

图7.225 删除部分图层样式　图7.226 新建图层

㊶ 选择工具箱中的【画笔工具】，在画布中单击鼠标右键，在弹出的面板中选择一种圆角笔触，将【大小】更改为2像素，【硬度】更改为100%，如图7.227所示。

㊷ 选中【图层4】图层，将前景色更改为白色，执行菜单栏中的【窗口】|【路径】命令，在弹出的面板中选中【路径2】路径，在其路径名称上单击鼠标右键，从弹出的快捷菜单中选择【描边路径】命令，在弹出的对话框中选择【工具】为画笔，勾选【模拟压力】复选框，完成之后单击【确定】按钮，如图7.228所示。

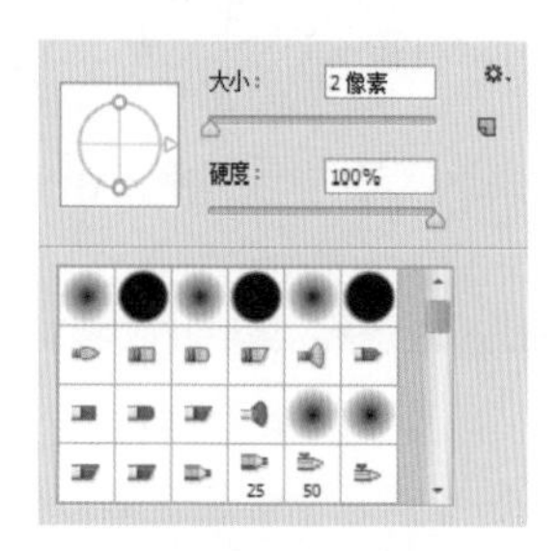

图7.227 设置笔触

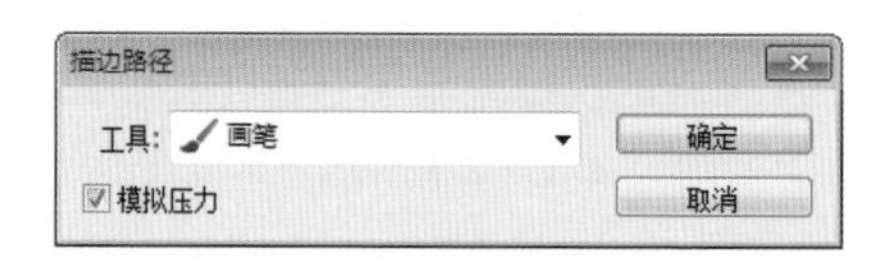

图7.228 描边路径

㊸ 在【图层】面板中选中【图层3】图层，将其【填充】更改为10%，如图7.229所示。

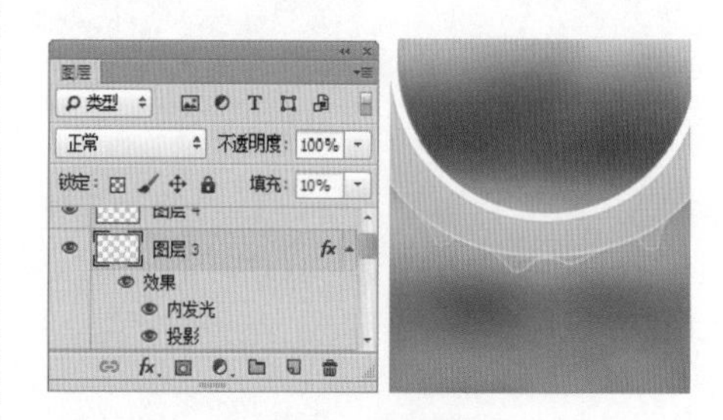

图7.229 更改填充

㊹ 以刚才同样的方法在画布中绘制数个相似的水珠样式图形，如图7.230所示。

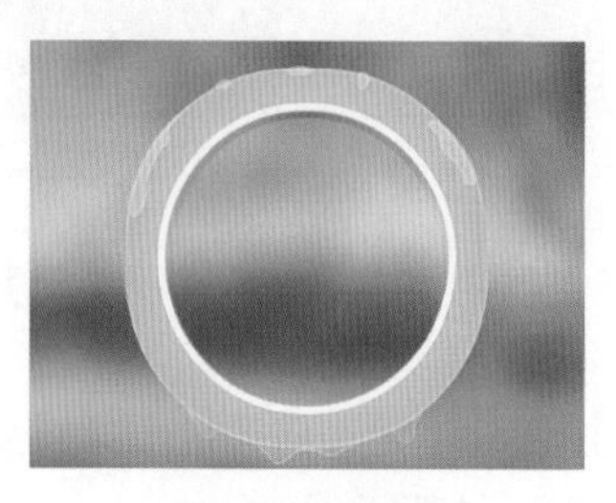

图7.230 绘制图形

㊺ 选择工具箱中的【钢笔工具】，在画布中沿刚才绘制的图形边缘位置绘制一个不规则封闭路径，如图7.231所示。

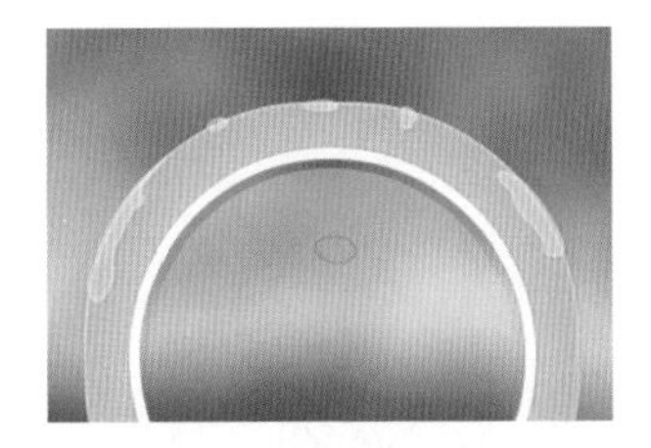

图7.231 绘制路径

㊻ 在画布中按Ctrl+Enter组合键将刚才所绘制的封闭路径转换成选区，如图7.232所示。

㊼ 单击面板底部的【创建新图层】按钮，新建一个【图层8】图层，如图7.233所示。

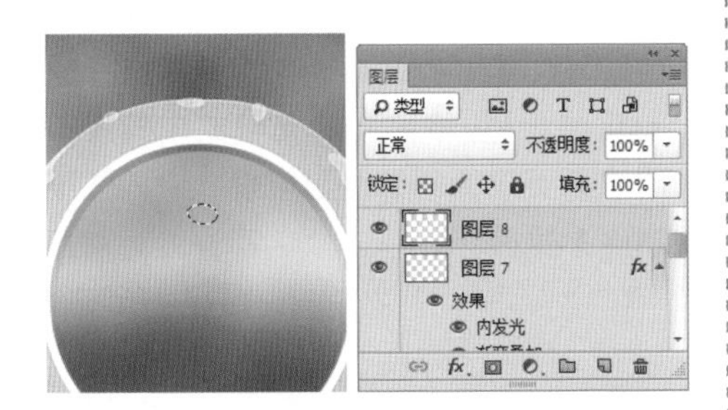

图7.232 转换选区　　图7.233 新建图层

㊽ 选中【图层8】图层，在画布中将选区填充为白色，填充完成之后按Ctrl+D组合键将选区取消，如图7.234所示。

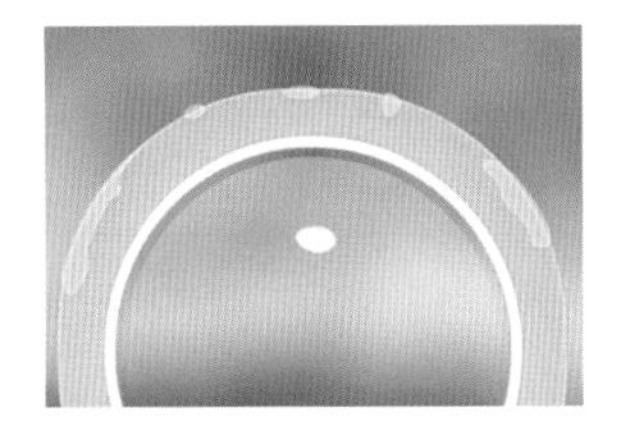

图7.234 填充颜色

㊾ 在【图层】面板中选中【图层8】图层，单击面板底部的【添加图层样式】按钮，在菜单中选择【渐变叠加】命令，在弹出的对话框中将【不透明度】更改为40%，渐变颜色更改为白色到灰色（R:108，G:108，B:108），并将灰色【不透明度】更改为10%，如图7.235所示。

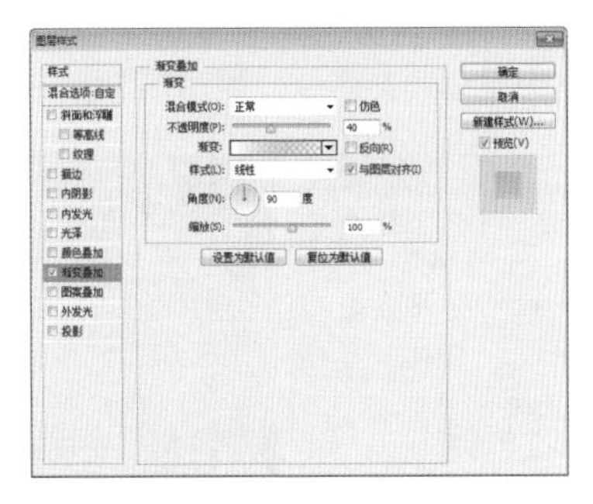

图7.235 设置渐变叠加

㊿ 选中【投影】复选框，将【颜色】更改为灰色（R:184，G:184，B:184），【不透明度】更改为50%，【角度】更改为90度，【距离】更改为1像素，【大小】更改为2像素，完成之后单击【确定】按钮，如图7.236所示。

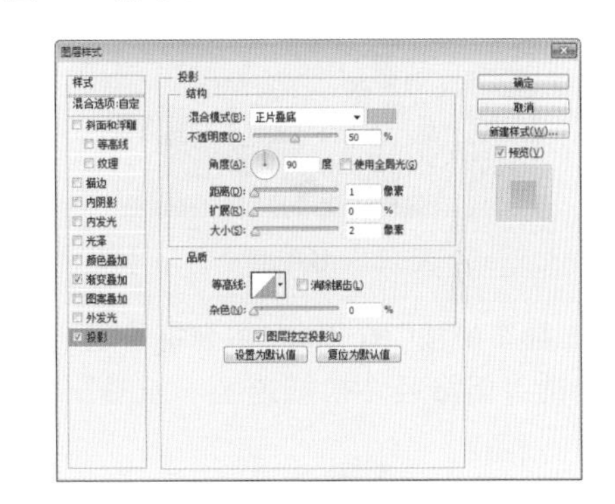

图7.236 设置投影

51 以同样的方法绘制多个相似图形，如图7.237所示。

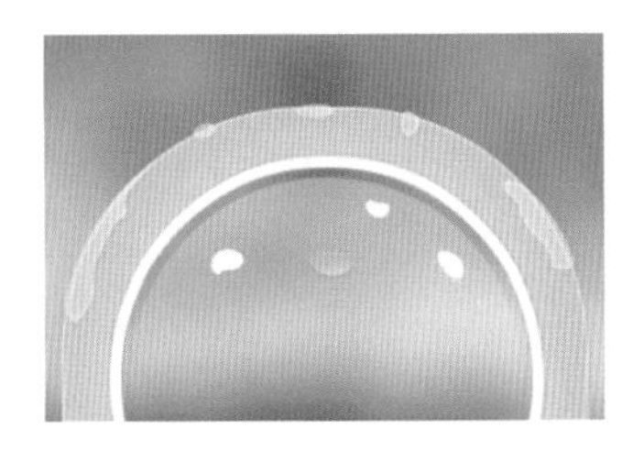

图7.237 绘制图形

52 在【图层 8】图层上单击鼠标右键，从弹出的快捷菜单中选择【拷贝图层样式】命令，分别在刚才所绘制的图形所在的图层上单击鼠标右键，从弹出的快捷菜单中选择【粘贴图层样式】命令，如图7.238所示。

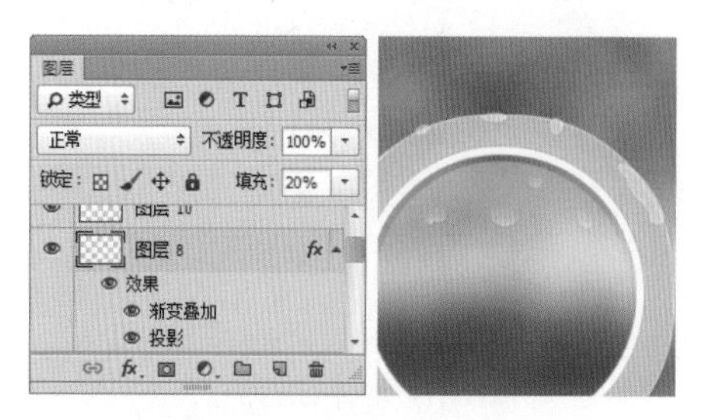

图7.238 拷贝并粘贴图层样式

53 选择工具箱中的【钢笔工具】，在画布中适当位置绘制一个云朵形状封闭路径，如图7.239所示。

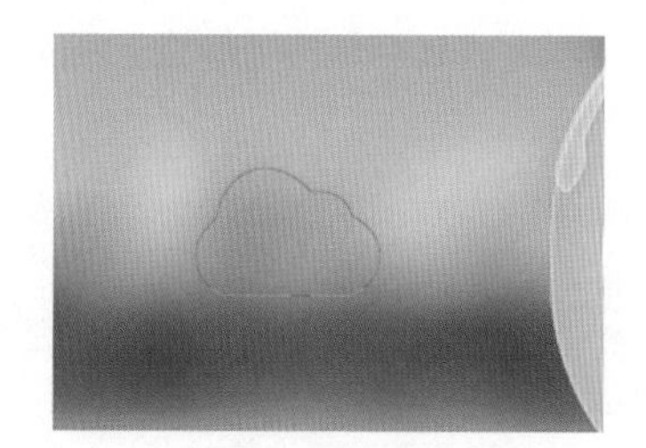

图7.239 绘制路径

54 在画布中按Ctrl+Enter组合键将刚才所绘制的封闭路径转换成选区，如图7.240所示。

55 单击面板底部的【创建新图层】按钮，新建一个【图层12】图层，如图7.241所示。

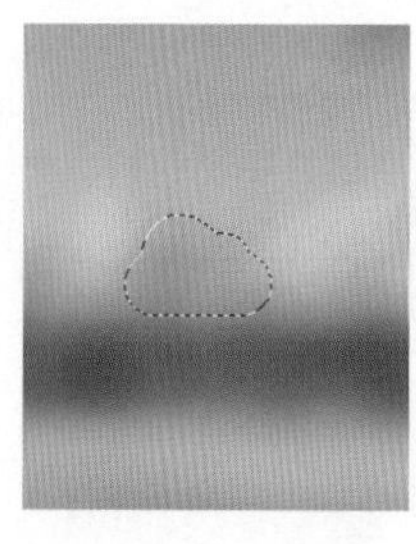

图7.240 转换选区

图7.241 新建图层

56 选中【图层12】图层，在画布中将选区填充为白色，填充完成之后按Ctrl+D组合键将选区取消，如图7.242所示。

图7.242 填充颜色

57 在【图层】面板中选中【图层5】图层，单击面板底部的【添加图层样式】按钮，在菜单中选择【斜面和浮雕】命令，在弹出的对话框中将【深度】更改为50%，【大小】更改为57像素，【软化】更改为1像素，将高光模式中的【不透明度】更改为15%，阴影模式中的【不透明度】更改为30%，颜色都设置为灰色（R:204，G:204，B:204）如图7.243所示。

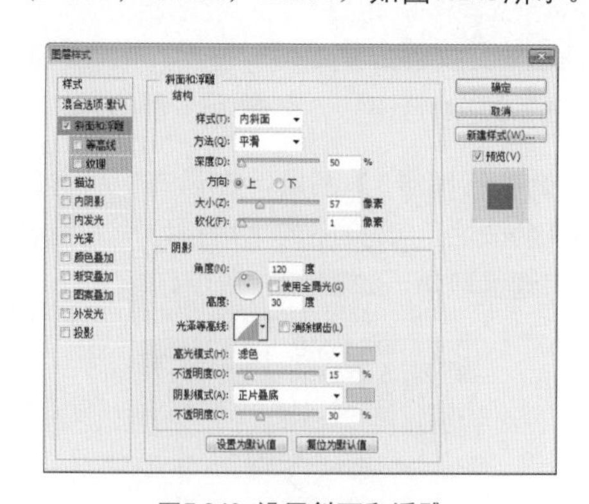

图7.243 设置斜面和浮雕

58 勾选【颜色叠加】复选框，将【混合模式】更改为【正片叠底】，【颜色】更改为灰色（R:228，G:228，B:228），【不透明度】更改为25%，如图7.244所示。

59 勾选【投影】复选框，将【不透明度】更改为10%，取消【使用全局光】复选

框，【角度】更改为90度，【距离】更改为3像素，【大小】更改为5像素，完成之后单击【确定】按钮，如图7.245所示。

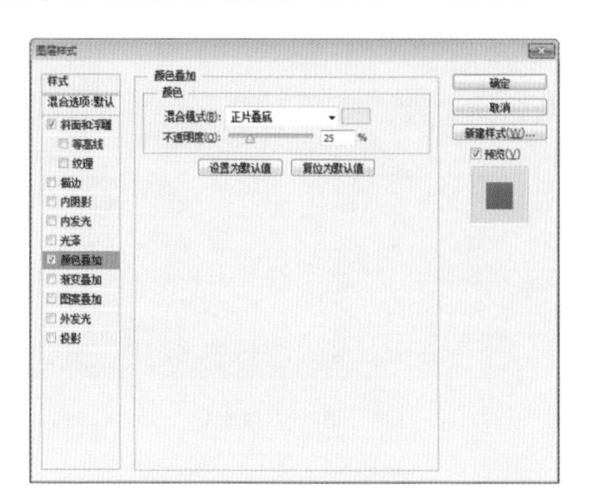

图7.244 设置颜色叠加

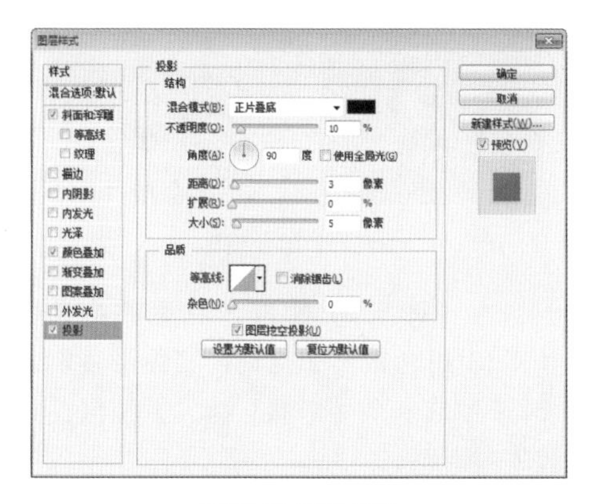

图7.245 设置投影

60 选择工具箱中的【圆角矩形工具】▢，在选项栏中将【填充】更改为灰色（R:240，G:240，B:240），【描边】为无，【半径】为5像素，在刚才绘制的图形下方绘制一个圆角矩形，此时将生成一个【圆角矩形2】图层，如图7.246所示。

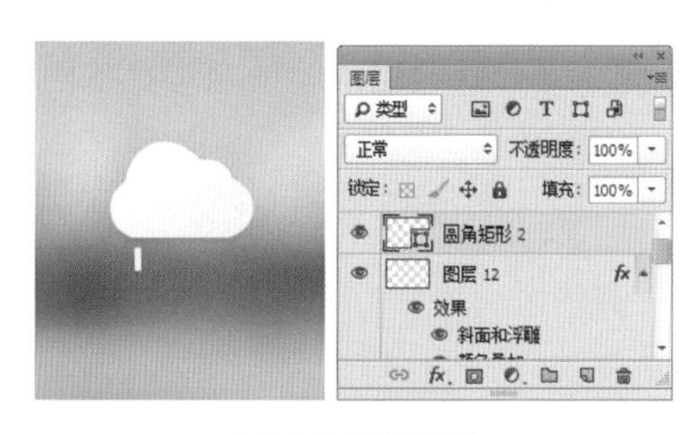

图7.246 绘制图形

61 选中【图层2】图层，在画布中按住Alt键向右侧拖动，将图形复制3份，此时将生成【圆角矩形2】、【圆角矩形2 拷贝】、【圆角矩形2 拷贝2】及【圆角矩形2 拷贝3】图层，如图7.247所示。

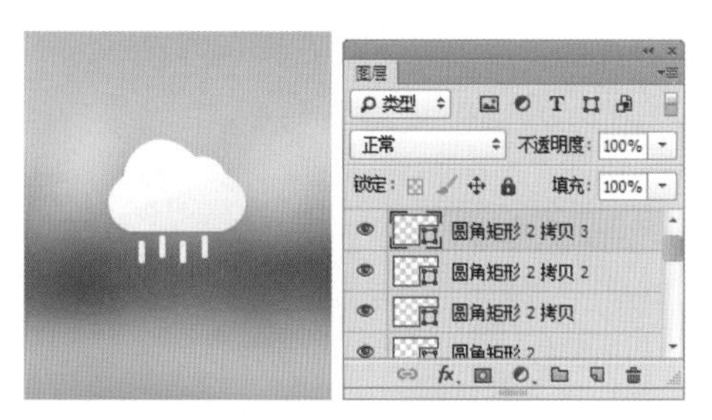

图7.247 复制图形

62 在【图层】面板中同时选中【圆角矩形2 拷贝3】、【圆角矩形2 拷贝2】、【圆角矩形2 拷贝】及【圆角矩形2】图层，执行菜单栏中的【图层】|【合并形状】命令，将图层合并，此时将生成一个【圆角矩形2 拷贝3】图层，如图7.248所示。

图7.248 合并图层

63 在【图层12】图层上单击鼠标右键，从弹出的快捷菜单中选择【拷贝图层样式】命令，在【圆角矩形2 拷贝3】图层上单击鼠标右键，从弹出的快捷菜单中选择【粘贴图层样式】命令，如图7.249所示。

64 选择工具箱中的【圆角矩形工具】▢，在选项栏中将【填充】更改为无，【描边】为白色，【大小】为3点，【半径】为10像素，在画布靠右侧位置绘制一个圆角矩形，此时将生成一个【圆角矩形2】图层，如图7.250所示。

图7.249 拷贝并粘贴图层样式

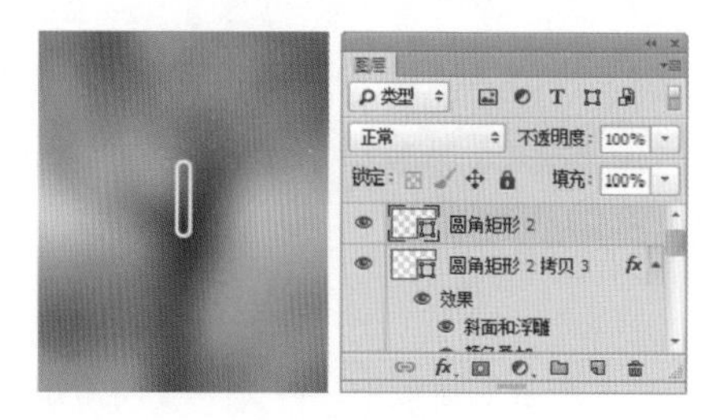

图7.250 绘制图形

65 选择工具箱中的【椭圆工具】，在选项栏中将【填充】更改为无，【描边】为白色，【大小】为3点，在刚才绘制的圆角矩形靠底部位置绘制一个椭圆图形，此时将生成一个【椭圆2】图层，如图7.251所示。

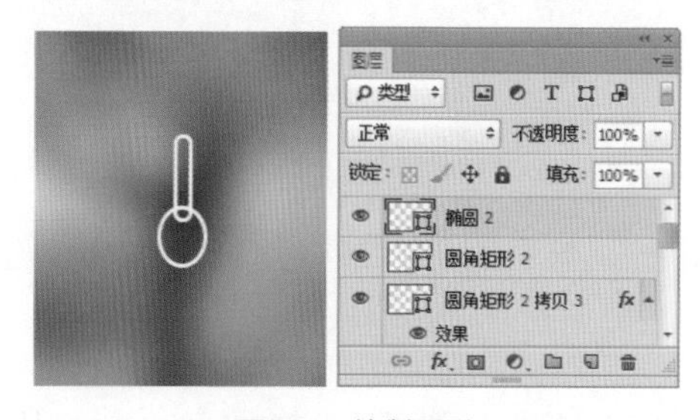

图7.251 绘制图形

66 在【图层】面板中同时选中【椭圆2】及【圆角矩形2】图层，执行菜单栏中的【图层】|【合并形状】命令，将图层合并，此时将生成一个【椭圆2】图层，如图7.252所示。

67 选择工具箱中的【直线工具】，在选项栏中将【填充】更改为白色，【描边】为无，【粗细】为3像素，在刚才绘制的图形左侧按住Shift键绘制一条水平线段，此时将生成一个【形状1】图层，如图7.253所示。

图7.252 合并图层

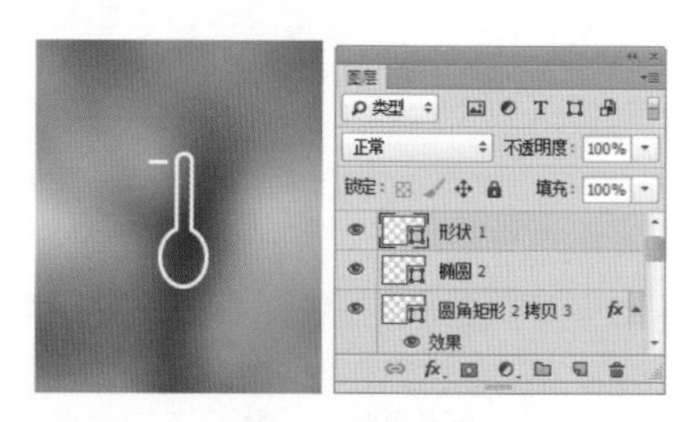

图7.253 绘制图形

68 选中【形状1】图层，在画布中按住Alt+Shift组合键向下拖动，将图形复制，此时将生成一个【形状1 拷贝】图层，如图7.254所示。

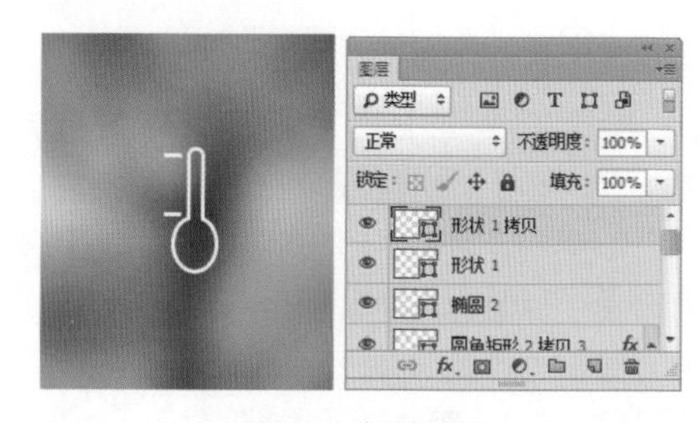

图7.254 复制图形

69 选中【形状1】图层，在画布中以刚才同样的方法再次按住Alt+Shift组合键向下拖动，此时将生成一个【形状1 拷贝2】图层，如图7.255所示。

图7.255 复制图形

⑰ 选择工具箱中的【直接选择工具】，在画布中选中【形状1 拷贝2】图层中的图形左侧两个锚点向右侧平移将线段长度减小，如图7.256所示。

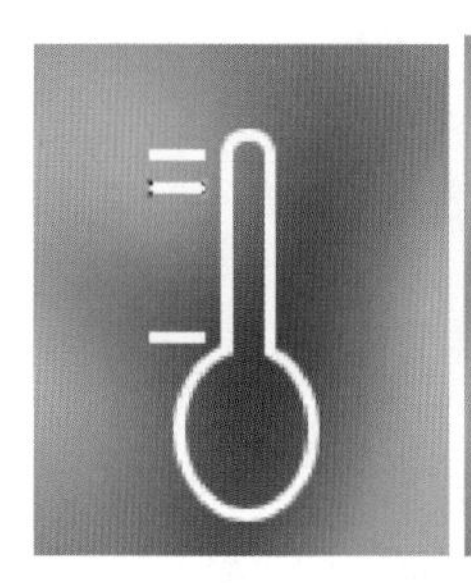

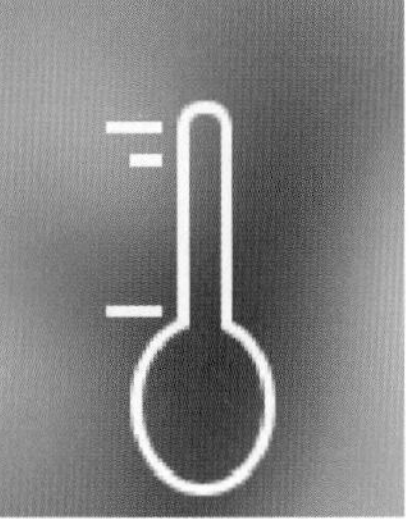

图7.256 变换图形

⑰ 选中【形状1 拷贝2】图层，在画布中按住Alt+Shift键向下拖动，将图形复制数份并保持间距相同，如图7.257所示。

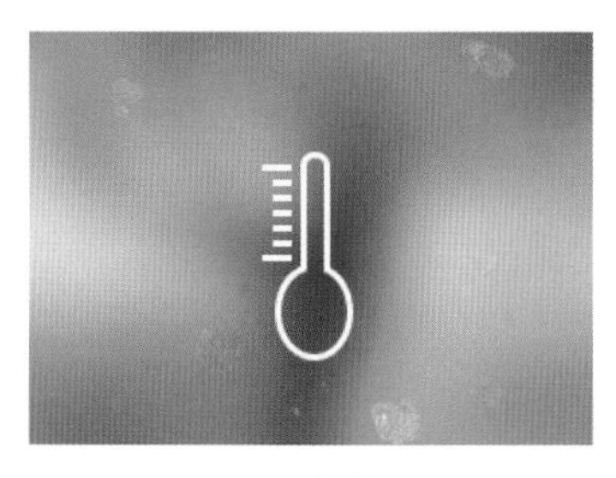

图7.257 复制图形

提示

想保持图形距离的时候，可以将画布放大看到像素，这样就可以通过计算相互间距来将图形保持相同间距，而对于较大的图形，可以利用选项栏中的对齐功能将图形对齐。

⑰ 选择工具箱中的【矩形工具】，在选项栏中将【填充】更改为白色，【描边】为无，在画布中【椭圆1】图层中的图形上绘制一个矩形，此时将生成一个【矩形1】图层，如图7.258所示。

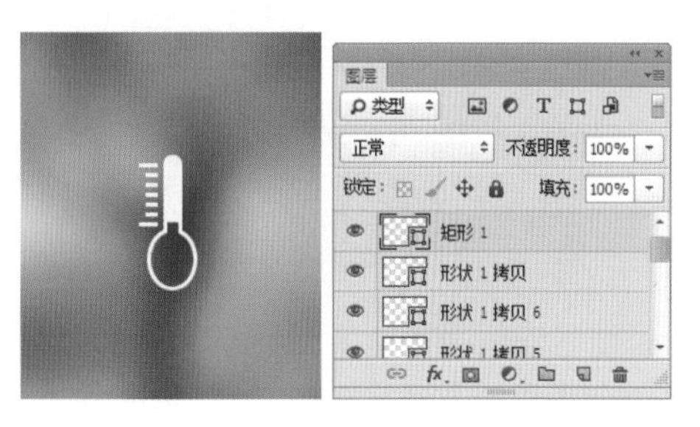

图7.258 绘制图形

⑰ 同时选中与温度计所有相关的图形所在的图层，执行菜单栏中的【图层】|【新建】|【从图层建立组】，在弹出的对话框中将【名称】更改为【温度计】，完成之后单击【确定】按钮，此时将生成一个【温度计】组，如图7.259所示。

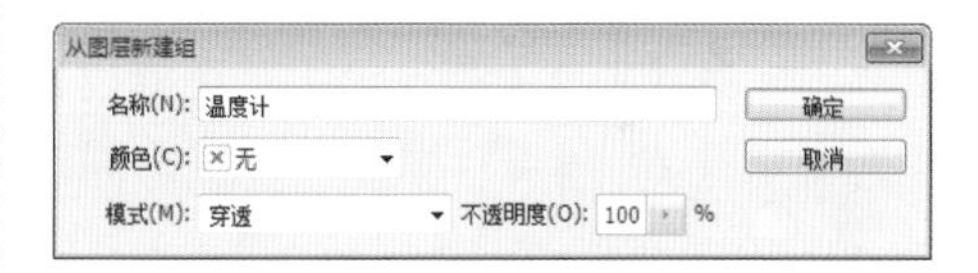

图7.259 从图层新建组

⑰ 在【温度计】组上单击鼠标右键，从弹出的快捷菜单中选择【粘贴图层样式】命令，如图7.260所示。

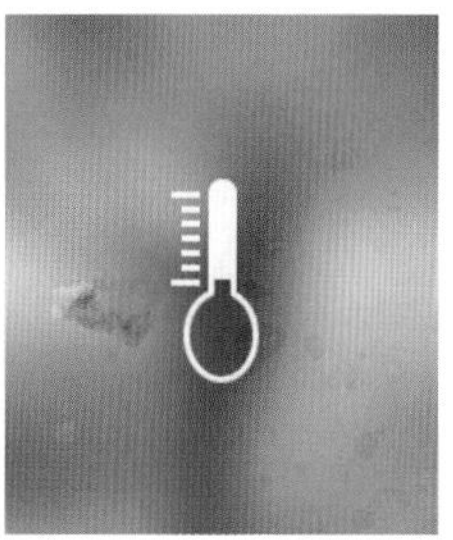

图7.260 粘贴图层样式

7.3.3 添加文字

① 选择工具箱中的【横排文字工具】T，在画布中适当位置添加文字，如图7.261所示。

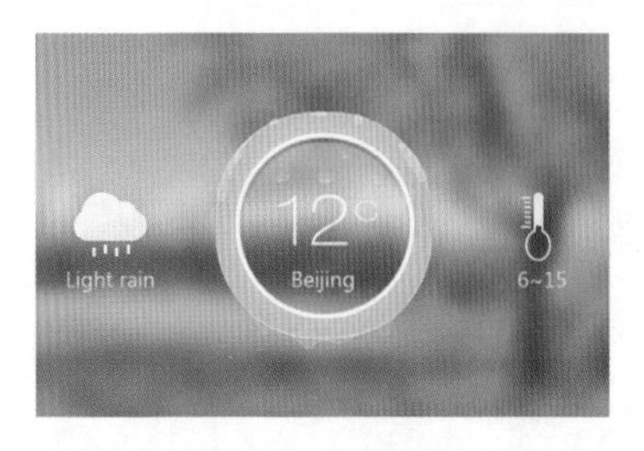

图7.261 添加文字

② 在【图层】面板中选中【Light rain】图层，单击面板底部的【添加图层样式】fx按钮，在菜单中选择【投影】命令，在弹出的对话框中将【不透明度】更改为30%，取消【使用全局光】复选框，【角度】更改为90度，【距离】更改为1像素，【大小】更改为1像素，完成之后单击【确定】按钮，如图7.262所示。

③ 选择工具箱中的【椭圆工具】，在选项栏中将【填充】更改为无，【描边】为白色，【大小】为2点，在刚才添加的"12C"文字右上角位置按住Shift键绘制一个正圆图形，这样就完成了效果制作，最终效果如图7.263所示。

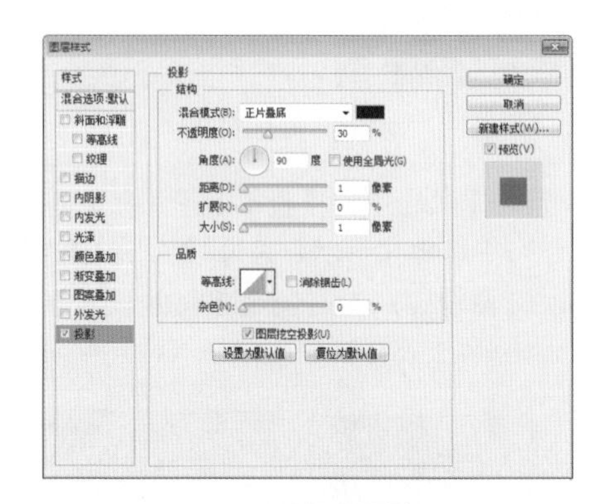

图7.262 设置投影

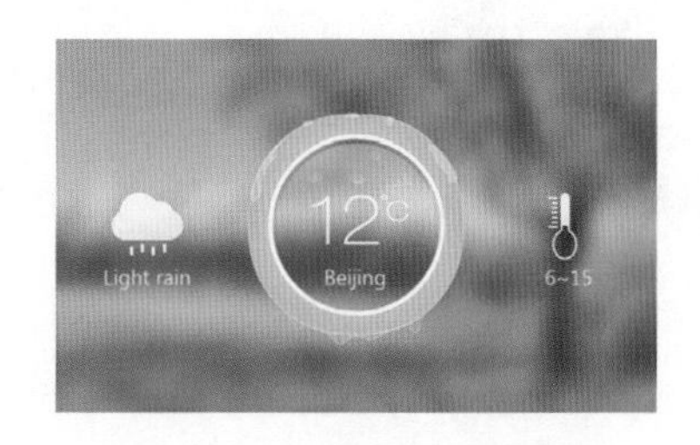

图7.263 绘制图形及最终效果

7.4 音悦电台界面设计

- 新建画布，填充渐变并添加笔触效果制作背景。
- 绘制图形制作主界面。
- 添加相关图形元素及调用素材图像。
- 绘制相关功能控件完成最终效果制作。

本例主要讲解的是电台类UI界面设计，网络电台的设计方向通常以简洁、易操作为主，所以在控件图形绘制的过程中以使用者的心态进行合理地布局安排，而在色彩搭配上也是讲究淡雅、舒适为主。

难易程度：★★★☆☆
调用素材：配套光盘\素材\调用素材\第7章\音悦电台界面设计
最终文件：配套光盘\素材\源文件\第7章\音悦电台界面设计.psd
视频位置：配套光盘\movie\7.4 音悦电台界面设计.avi

音悦电台界面设计效果如图 7.264 所示。

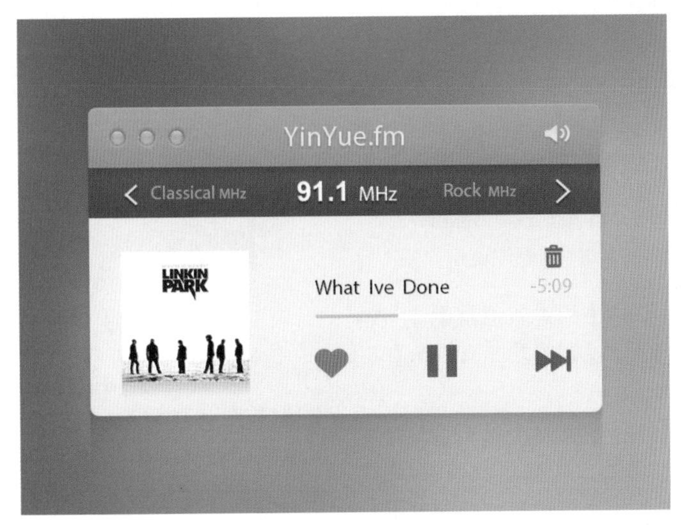

图7.264 音悦电台界面设计

7.4.1 制作背景

① 执行菜单栏中的【文件】|【新建】命令，在弹出的对话框中设置【宽度】为800像素，【高度】为600像素，【分辨率】为72像素/英寸，【颜色模式】为RGB颜色，新建一个空白画布，如图7.265所示。

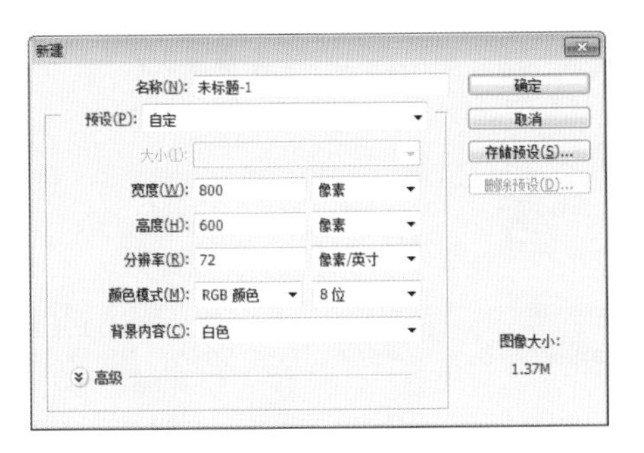

图7.265 新建画布

② 选择工具箱中的【渐变工具】，在选项栏中单击【点按可编辑渐变】按钮，在弹出的对话框中将渐变颜色更改为深蓝色（R:46，G:64，B:74）到蓝色（R:119，G:143，B:152），设置完成之后单击【确定】按钮，再单击选项栏中的【线性渐变】按钮，如图7.266所示。

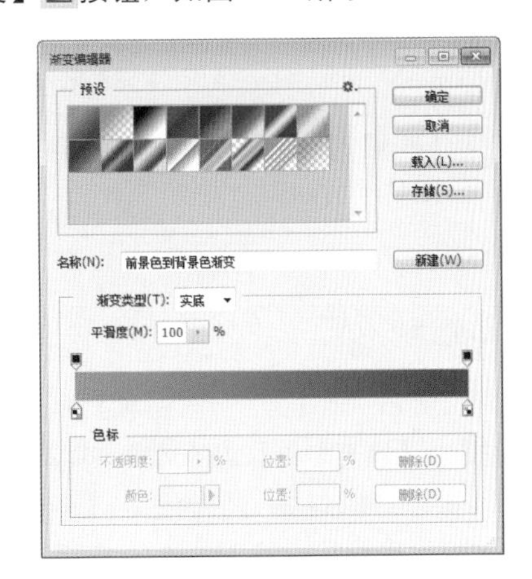

图7.266 设置渐变

③ 在画布中从左上角向右下角方向拖动，为画布填充渐变，如图7.267所示。

图7.267 填充渐变

④ 单击面板底部的【创建新图层】按钮，新建一个【图层1】图层，如图7.268所示。

⑤ 选择工具箱中的【画笔工具】，在画布中单击鼠标右键，在弹出的面板中选择一种圆角笔触，将【大小】更改为300像素，【硬度】更改为0%，如图7.269所示。

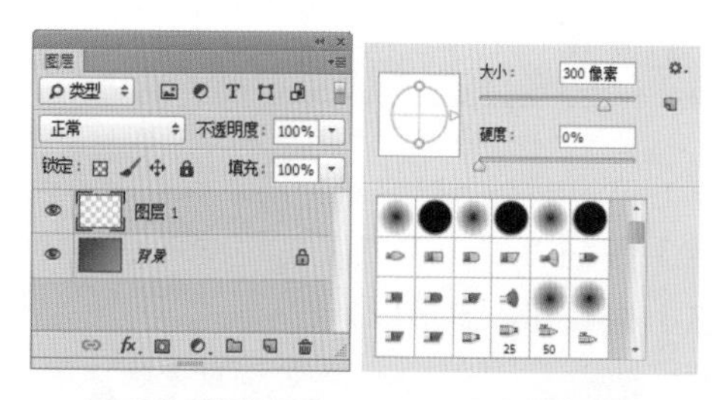

图7.268 新建图层　　图7.269 设置笔触

⑥ 选中【图层1】图层，将前景色更改为浅蓝色（R:170，G:197，B:207），在画布中适当位置单击添加画笔笔触效果，如图7.270所示。

图7.270 添加笔触效果

⑦ 选中【图层1】图层，执行菜单栏中的【滤镜】|【模糊】|【高斯模糊】命令，在弹出的对话框中将【半径】更改为70像素，设置完成之后单击【确定】按钮，如图7.271所示。

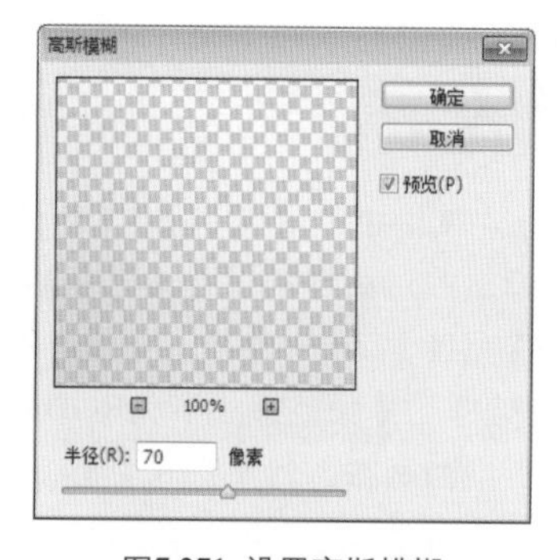

图7.271 设置高斯模糊

7.4.2 绘制界面

① 选择工具箱中的【圆角矩形工具】，在选项栏中将【填充】更改为淡蓝色（R:232，G:237，B:234），【描边】为无，【半径】为10像素，在画布中绘制一个圆角矩形，此时将生成一个【圆角矩形1】图层，如图7.272所示。

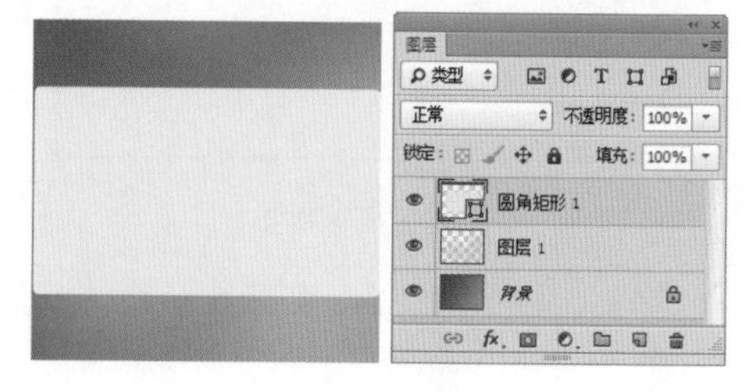

图7.272 绘制图形

② 选择工具箱中的【直接选择工具】，选中圆角矩形左上角靠上方的锚点按Delete键将其删除，如图7.273所示。

图7.273 删除锚点

③ 选择工具箱中的【直接选择工具】，以刚才同样的方法将右上角锚点删除，如图7.274所示。

图7.274 删除锚点

④ 在【图层】面板中选中【圆角矩形1】图层，将其拖至面板底部的【创建新图层】按钮上，复制一个【圆角矩形1 拷贝】图层，如图7.275所示。

⑤ 选中【圆角矩形1】图层，将其图形颜色更改为黑色，如图7.276所示。

图7.275 复制图层

图7.276 更改图形颜色

⑥ 选中【圆角矩形1】图层，在画布中将图形向下垂直移动一定距离，如图7.277所示。

⑦ 在【图层】面板中，选中【圆角矩形1】图层，执行菜单栏中的【图层】|【栅格化】|【形状】命令，将当前图形栅格化，如图7.278所示。

图7.277 变换图形

图7.278 栅格化形状

⑧ 选中【圆角矩形1】图层，执行菜单栏中的【滤镜】|【模糊】|【动感模糊】命令，在弹出的对话框中将【角度】更改为90度，【距离】更改为100像素，设置完成之后单击【确定】按钮，如图7.279所示。

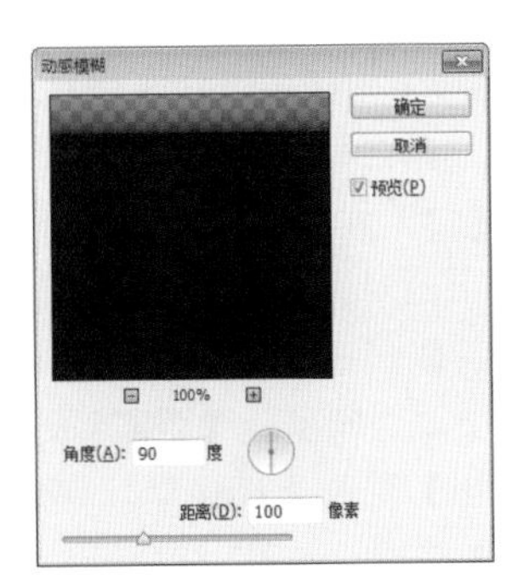

图7.279 设置动感模糊

⑨ 在【图层】面板中选中【圆角矩形1】图层，单击面板底部的【添加图层蒙版】按钮，为其添加图层蒙版，如图7.280所示。

⑩ 选择工具箱中的【渐变工具】，在选项栏中单击【点按可编辑渐变】按钮，在弹出的对话框中选择【黑白渐变】，设置完成之后单击【确定】按钮，再单击选项栏中的【线性渐变】按钮，如图7.281所示。

图7.280 添加图层蒙版　　图7.281 设置渐变

⑪ 单击【圆角矩形1】图层蒙版缩览图，在画布中其图形上按住Shift键从下至上拖动，将部分图形隐藏，如图7.282所示。

图7.282 隐藏图形

⑫ 在【图层】面板中选中【圆角矩形1 拷贝】图层，单击面板底部的【添加图层样式】fx按钮，在菜单中选择【投影】命令，在弹出的对话框中将【不透明度】更改为15%，取消【使用全局光】复选框，【角度】更改为90度，【距离】更改为3像素，【大小】更改为10像素，完成之后单击【确定】按钮，如图7.283所示。

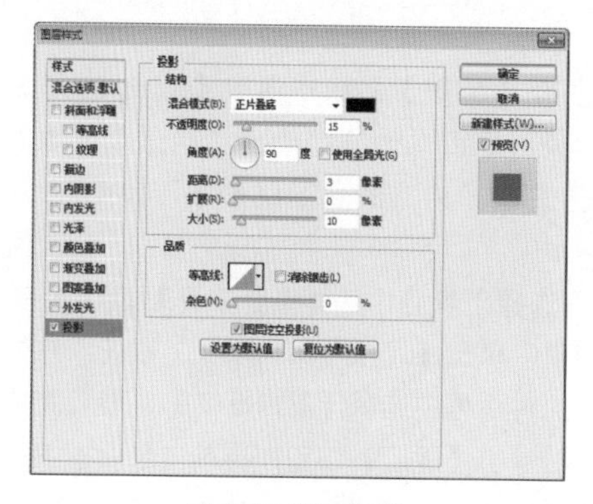

图7.283 设置投影

⑬ 选择工具箱中的【矩形工具】，在选项栏中将【填充】更改为白色，【描边】为无，在圆角矩形图形上绘制一个与其宽度相同的矩形，此时将生成一个【矩形1】图层。选中【矩形1】图层，将其拖至面板底部的【创建新图层】按钮上，复制一个【矩形1 拷贝】图层，如图7.284所示。

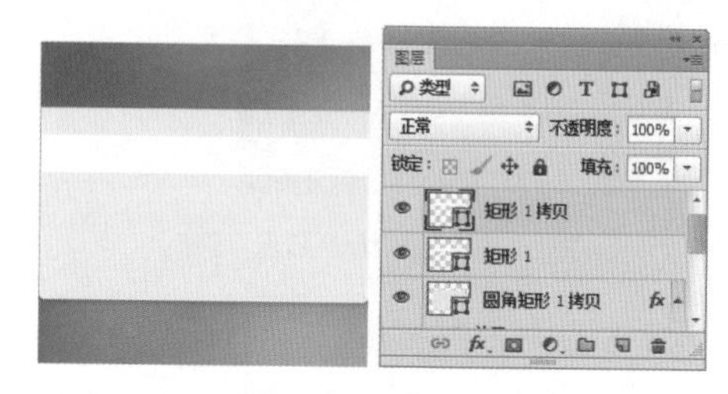

图7.284 绘制图形

⑭ 在【图层】面板中选中【矩形1】图层，单击面板底部的【添加图层样式】fx按钮，在菜单中选择【渐变叠加】命令，在弹出的对话框中将【渐变】更改为深灰色（R:48，G:48，B:48）到深灰色（R:63，G:63，B:63），完成之后单击【确定】按钮，如图7.285所示。

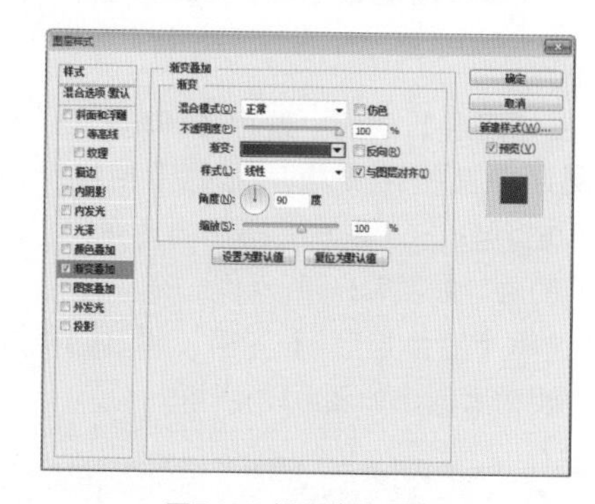

图7.285 设置渐变叠加

⑮ 勾选【投影】复选框，将【混合模式】更改为【正常】，【颜色】更改为白色，取消【使用全局光】复选框，【角度】更改为90度，【距离】、【扩展】、【大小】数值全部更改为0，完成之后单击【确定】按钮，如图7.286所示。

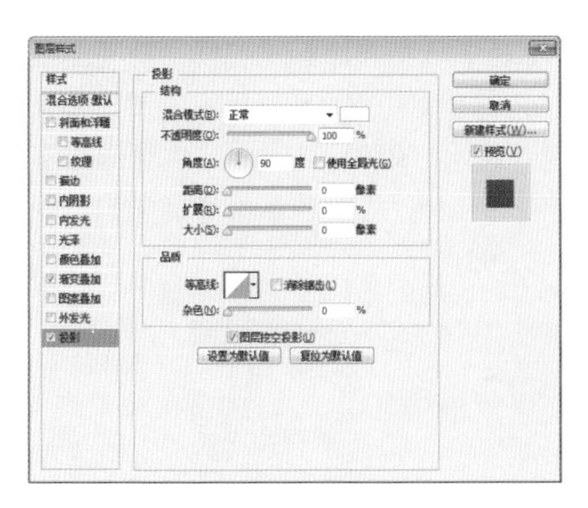

图7.286 设置投影

⑯ 选中【矩形1 拷贝】图层，在画布中将图形更改为蓝色（R:0，G:17，B:50），再按Ctrl+T组合键对其执行【自由变换】命令，当出现变形框以后，将图形高度缩小并向上稍微移动，如图7.287所示。

图7.287 变换图形

⑰ 在【图层】面板中选中【矩形1 拷贝】图层，单击面板底部的【添加图层样式】fx按钮，在菜单中选择【渐变叠加】命令，在弹出的对话框中将【渐变】更改为透明到绿色（R:0，G:50，B:34），完成之后单击【确定】按钮，如图7.288所示。

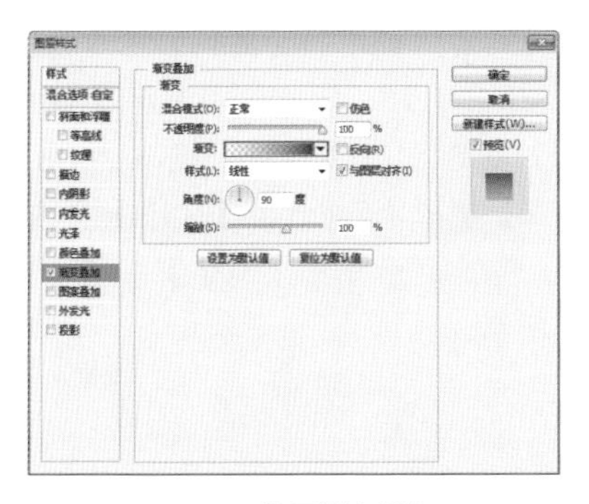

图7.288 设置渐变叠加

⑱ 在【图层】面板中选中【矩形1 拷贝】图层，将其图层【填充】更改为0%，如图7.289所示。

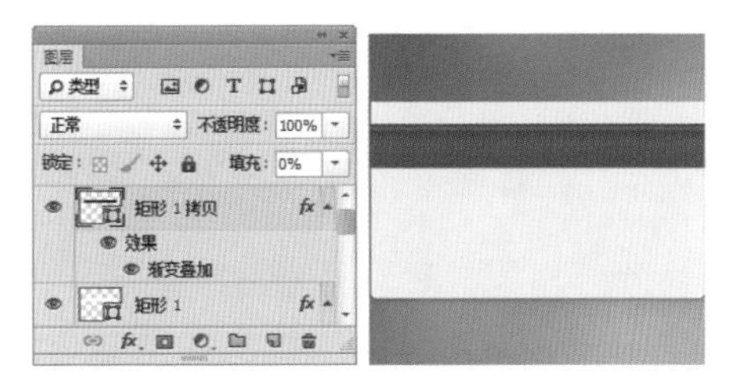

图7.289 更改填充

⑲ 选择工具箱中的【圆角矩形工具】，在选项栏中将【填充】更改为白色，【描边】为无，【半径】为10像素，在刚才绘制的矩形上方位置绘制一个圆角矩形，此时将生成一个【圆角矩形2】图层，如图7.290所示。

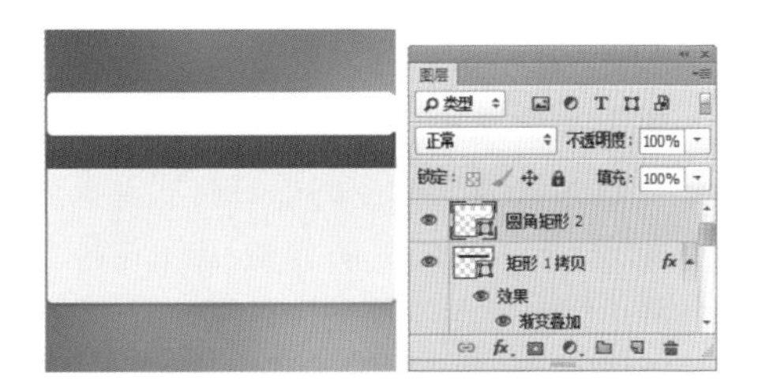

图7.290 绘制图形

⑳ 选择工具箱中的【直接选择工具】，以刚才同样的方法选中【圆角矩形2】图层中的图形底部两个锚点并将其删除，如图7.291所示。

图7.291 删除锚点

㉑ 在【图层】面板中选中【圆角矩形2】图层，单击面板底部的【添加图层样式】

按钮，在菜单中选择【内阴影】命令，在弹出的对话框中将【颜色】更改为青色（R:0，G:255，B:234），取消【使用全局光】复选框，【角度】更改为90度，【距离】更改为2像素，如图7.292所示。

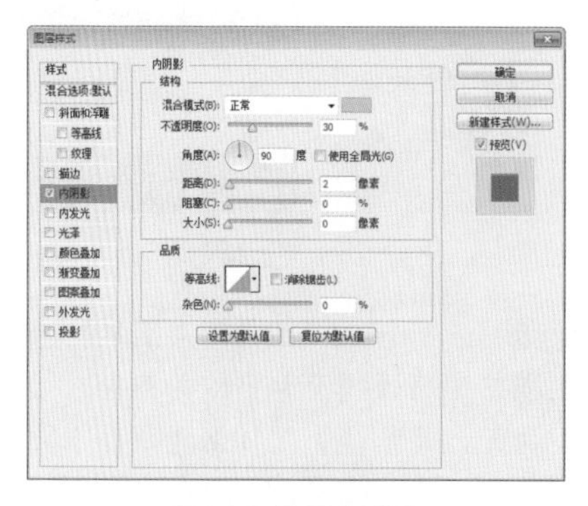

图7.292 设置内阴影

㉒ 勾选【渐变叠加】复选框，将【渐变】更改为深青色（R:15，G:142，B:153）到青色（R:0，G:178，B:164），【缩放】更改为150%，完成之后单击【确定】按钮，如图7.293所示。

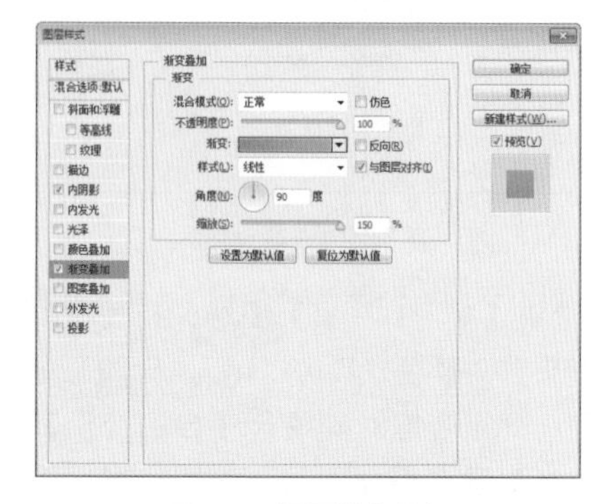

图7.293 设置渐变叠加

7.4.3 添加图形元素

① 选择工具箱中的【椭圆工具】，在界面左上角位置按住Shift键绘制一个椭圆图形，再为其添加相应的图层样式及高光效果制作控件，选中制作的控件并按住Alt+Shift组合键向右侧拖动，复制2份，如图7.294所示。

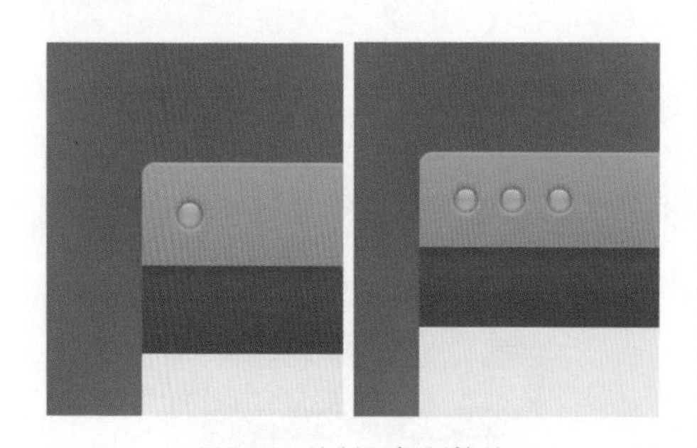

图7.294 绘制及复制控件

② 选择工具箱中的【横排文字工具】T，在界面靠上方控件右侧位置添加文字，如图7.295所示。

图7.295 添加文字

③ 在【图层】面板中选中【YinYue.fm】图层，单击面板底部的【添加图层样式】按钮，在菜单中选择【投影】命令，在弹出的对话框中将【颜色】更改为深青色（R:0，G:76，B:64），取消【使用全局光】复选框，【角度】更改为90度，【距离】更改为2像素，【大小】更改为4像素，完成之后单击【确定】按钮，如图7.296所示。

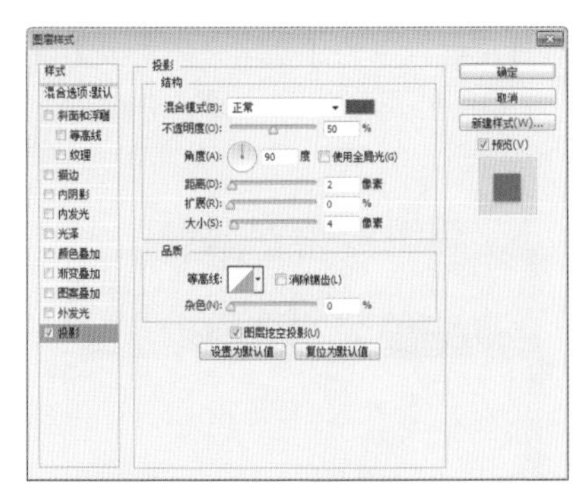

图7.296 设置投影

④ 选择工具箱中的【矩形工具】，在选项栏中将【填充】更改为无，【描边】为灰色（R:232，G:237，B:234），大小为3点，刚才绘制的控件图形下方位置按住Shift键绘制一个矩形，此时将生成一个【矩形2】图层，如图7.297所示。

图7.297 绘制图形

⑤ 选中【矩形2】图层，在画布中按Ctrl+T组合键对其执行【自由变换】命令，当出现变形框以后，在选项栏中【旋转】后方的文本框中输入45度，完成之后按Enter键确认，如图7.298所示。

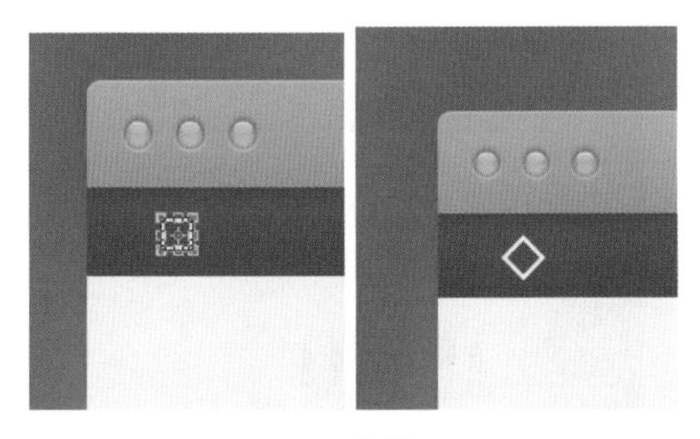

图7.298 旋转图形

⑥ 选择工具箱中的【直接选择工具】，选中【矩形2】图层中的图形右侧锚点并按Delete键将其删除，如图7.299所示。

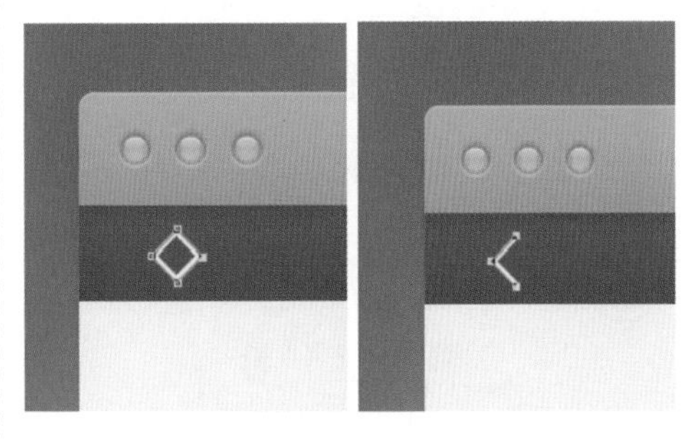

图7.299 删除锚点

⑦ 选中【矩形2】图层，在画布中按Ctrl+T组合键对其执行【自由变换】命令，当出现变形框以后按住Alt+Shift组合键将图形适当等比例缩小，再将光标移至变形框顶部按住Alt键向下拖动，将图形高度缩小，完成之后按Enter键确认，如图7.300所示。

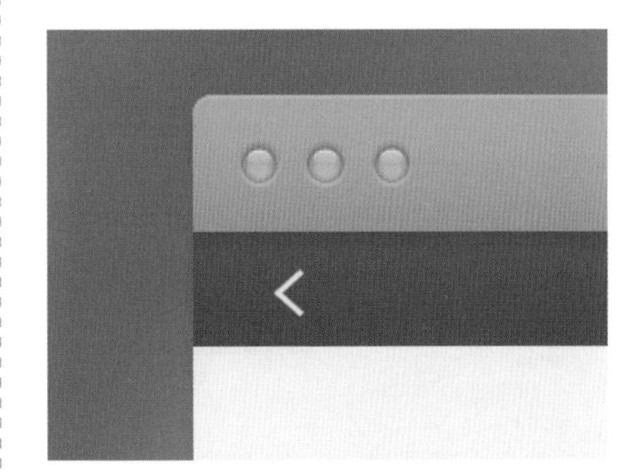

图7.300 变换图形

⑧ 在【图层】面板中选中【矩形2】图层，单击面板底部的【添加图层样式】按钮，在菜单中选择【投影】命令，在弹出的对话框中取消【使用全局光】复选框，将【角度】更改为90度，【距离】更改为3像素，【大小】更改为2像素，完成之后单击【确定】按钮，如图7.301所示。

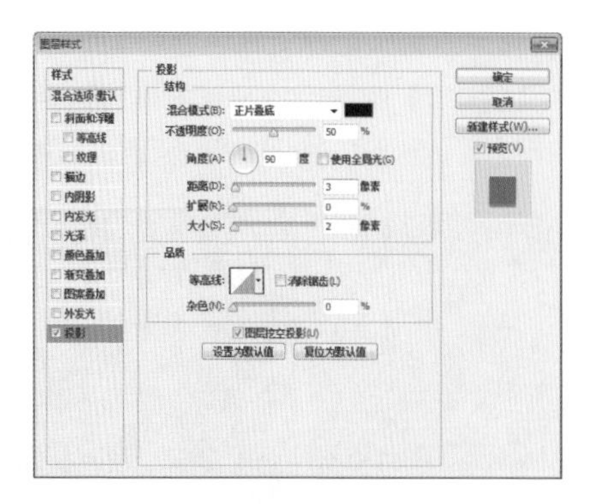

图7.301 设置投影

⑨ 在【图层】面板中选中【矩形2】图层，将其拖至面板底部的【创建新图层】按钮上，复制一个【矩形2 拷贝】图层，如图7.302所示。

⑩ 选中【矩形2 拷贝】图层，在画布中按Ctrl+T组合键对其执行【自由变换】命令，将光标移至出现的变形框上单击鼠标右键，从弹出的快捷菜单中选择【水平翻转】命令，完成之后按Enter键确认，再按住Shift键将其移至界面靠右侧位置，如图7.303所示。

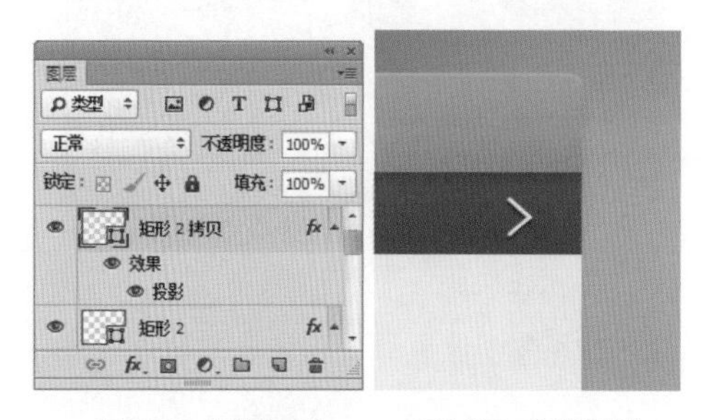

图7.302 复制图层　　图7.303 变换图形

⑪ 选择工具箱中的【横排文字工具】T，在刚才绘制的图形中间位置添加文字，如图7.304所示。

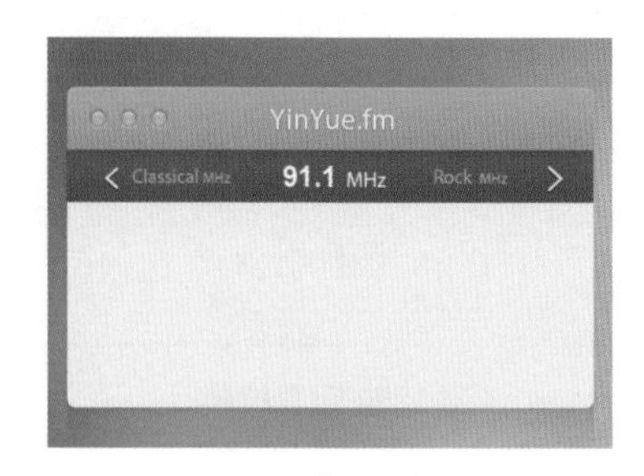

图7.304 添加文字

⑫ 在【矩形2】图层上单击鼠标右键，从弹出的快捷菜单中选择【拷贝图层样式】命令，在【91.1 MHz】图层上单击鼠标右键，从弹出的快捷菜单中选择【粘贴图层样式】命令，如图7.305所示。

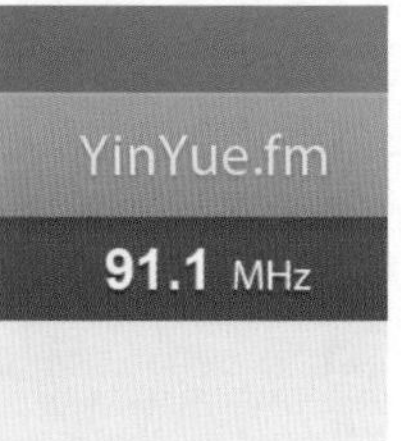

图7.305 拷贝并粘贴图层样式

7.4.4 添加素材图像

① 执行菜单栏中的【文件】|【打开】命令，在弹出的对话框中选择配套光盘中的“调用素材\第7章\音悦电台界面设计\专辑封面.jpg”文件，将打开的素材拖入画布中界面左下角位置并适当缩小，如图7.306所示。

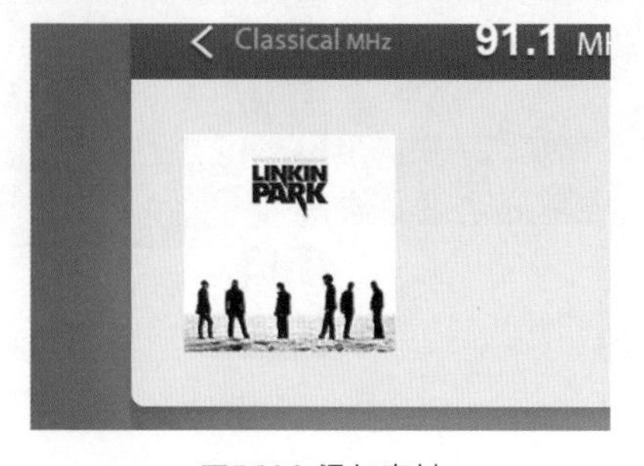

图7.306 添加素材

② 在【图层】面板中选中【专辑封面】图层，将其拖至面板底部的【创建新图层】按钮上，复制一个【专辑封面 拷贝】图层，如图7.307所示。

③ 在【图层】面板中选中【专辑封面】图层，单击面板上方的【锁定透明像素】按钮，将当前图层中的透明像素锁定，在画布中将图层填充为黑色，如图7.308所示，填充完成之后再次单击此按钮将其解除锁定。

图7.307 复制图层 图7.308 锁定透明像素并填充颜色

④ 选中【专辑封面】图层，在画布中将图形向下稍微移动，如图7.309所示。

⑤ 在【图层】面板中选中【专辑封面】图层，单击面板底部的【添加图层蒙版】按钮，为其添加图层蒙版，如图7.310所示。

图7.309 移动图形 图7.310 添加图层蒙版

⑥ 选择工具箱中的【渐变工具】，在选项栏中单击【点按可编辑渐变】按钮，在弹出的对话框中选择【黑白渐变】，设置完成之后单击【确定】按钮，再单击选项栏中的【线性渐变】按钮，如图7.311所示。

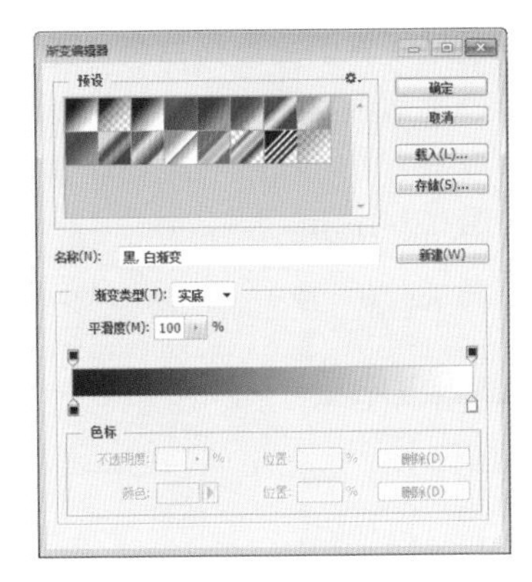

图7.311 设置渐变

⑦ 单击【专辑封面】图层蒙版缩览图，在画布中其图形上按住Shift键从下至上拖动，将部分图形隐藏，如图7.312所示。

图7.312 隐藏图形

⑧ 选中【专辑封面】图层，将其图层【不透明度】更改为60%，如图7.313所示。

图7.313 更改图层不透明度

7.4.5 绘制功能控件

① 选择工具箱中的【矩形工具】，在选项栏中将【填充】更改为白色，【描边】为无，在界面中绘制一个细长的矩形，此时将生成一个【矩形3】图层，将其复制一份，如图7.314所示。

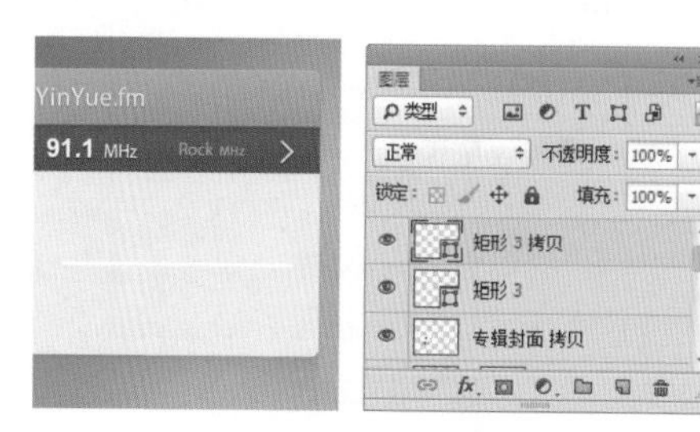

图7.314 绘制图形

② 选中【矩形 3 拷贝】图层，在画布中将其填充为深青色（R:145，G:189，B:180），如图7.315所示。

③ 选中【矩形 3 拷贝】图层，在画布中按Ctrl+T组合键对其执行【自由变换】命令，将光标移至出现的变形框右侧向左侧拖动，将图形适当缩小，完成之后按Enter键确认，如图7.316所示。

图7.315 更改图形颜色　　图7.316 变换图形

④ 选择工具箱中的【横排文字工具】T，在界面适当位置再次添加文字，如图7.317所示。

⑤ 执行菜单栏中的【文件】|【打开】命令，在弹出的对话框中选择配套光盘中的"调用素材\第7章\音悦电台界面设计\图标.psd"文件，将打开的素材拖入界面中的适当位置，如图7.318所示。

⑥ 选中【红心】图层，在画布中将其图形颜色更改为红色（R:217，G:65，G:78），如图7.319所示。

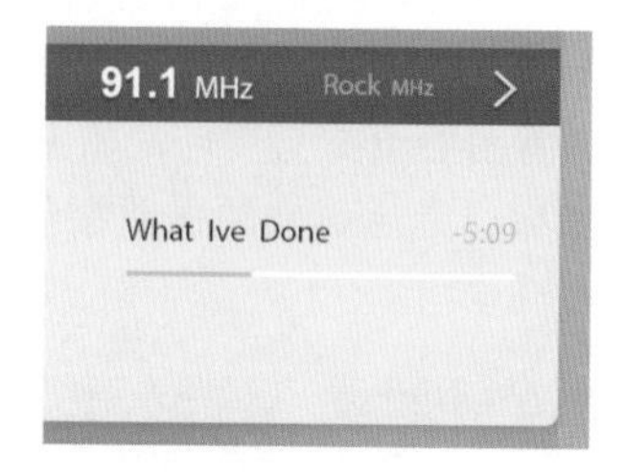

图7.317 添加文字

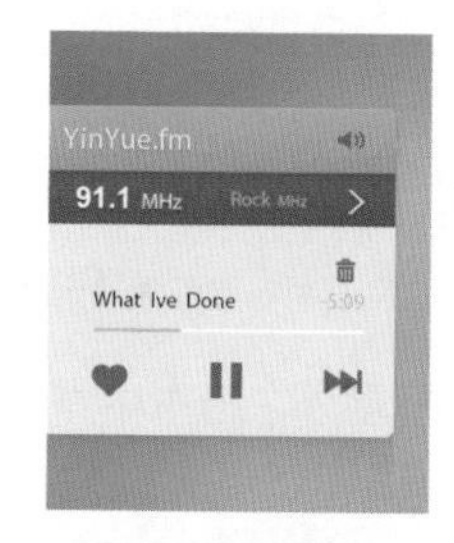

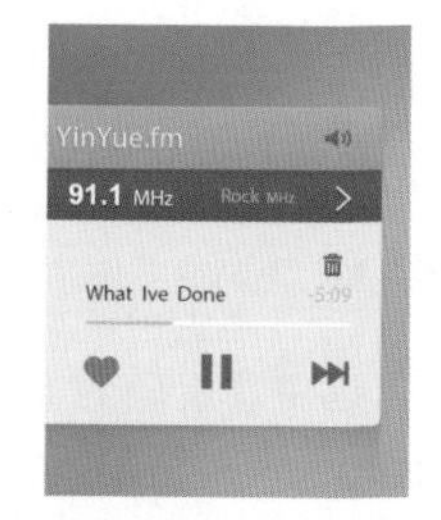

图7.318 添加素材　　图7.319 更改图形颜色

⑦ 在【图层】面板中选中【音量】图层，单击面板底部的【添加图层样式】fx按钮，在菜单中选择【渐变叠加】命令，在弹出的对话框中将【渐变】更改为浅蓝色（R:244，G:248，B:246）到浅蓝色（R:232，G:237，B:234），完成之后单击【确定】按钮，如图7.320所示。

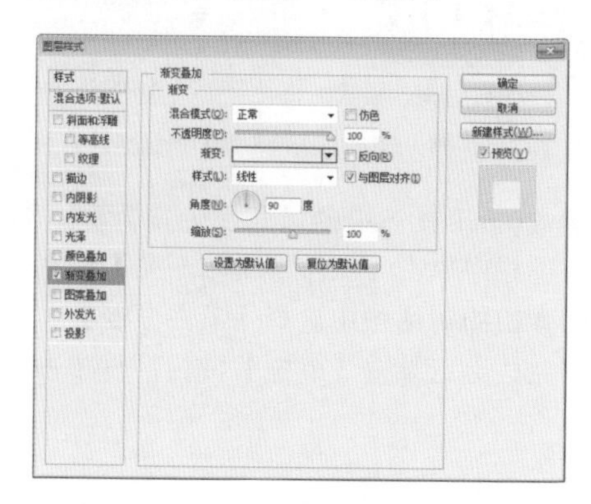

图7.320 设置渐变叠加

⑧ 勾选【投影】复选框，将【混合模式】更改为【正常】，【颜色】更改为深绿色（R:0，G:76，B:64），【不透明度】更改为50%，取消【使用全局光】复选框，【角度】更改为90度，【距离】更改为2像素，【大小】更改为1像素，完成之后单击【确定】按钮，如图7.321所示。

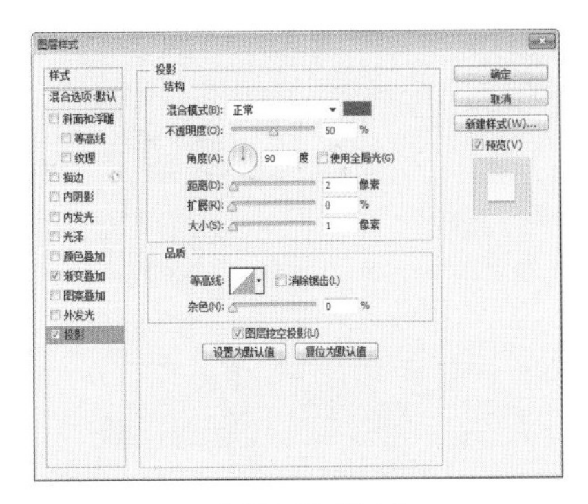

图7.321 设置投影

⑨ 选中【音量】图层，在画布中将其图层不透明度更改为90%，这样就完成了效果制作，最终效果如图7.322所示。

图7.322 更改不透明度及最终效果

课后练习

课后练习7-1 经典音乐播放器界面

本例主要讲解的是经典音乐播放器效果制作，一般经典类界面、图标在制作的过程中不会采用过于华丽的色彩，而是以实用、美观为主，所以本例的制作比较简单，只需要注意背景色及主界面的色彩搭配，即可绘制出漂亮的播放器界面。经典音乐播放器界面最终效果如图 7.323 所示。

难易程度：★★☆☆☆
调用素材：配套光盘 \ 素材 \ 调用素材 \ 第 7 章 \ 经典音乐播放器界面
最终文件：配套光盘 \ 素材 \ 源文件 \ 第 7 章 \ 经典音乐播放器界面 .psd
视频位置：配套光盘 \movie\ 课后练习 7-1 经典音乐播放器界面 .avi

图7.323 经典音乐播放器界面

操作提示

（1）新建画布并填充渐变，添加笔触效果制作背景。
（2）绘制图形制作主界面，在界面中添加素材图像，并为界面添加高光效果。
（3）绘制功能按钮，完成最终效果的制作。

关键步骤提示（如图7.324所示）

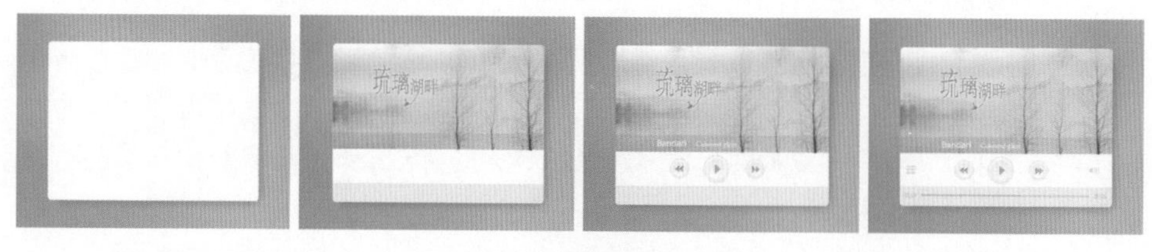

图7.324 关键步骤提示

课后练习7-2 影视播放界面

本例主要讲解的是影视播放界面制作，本例在制作的过程中，采用绚丽的色彩搭配及高清晰的图像作为主题，同时模糊效果的添加让整个界面更加富有立体感，在配色方面采用了神秘典雅的紫色及科技蓝的主界面搭配，使整个界面视觉效果十分出色。影视播放界面效果如图 7.325 所示。

难易程度：★★★☆☆
调用素材：配套光盘 \ 素材 \ 调用素材 \ 第 7 章 \ 影视播放界面
最终文件：配套光盘 \ 素材 \ 源文件 \ 第 7 章 \ 影视播放界面 .psd
视频位置：配套光盘 \movie\ 课后练习 7-2 影视播放界面 .avi

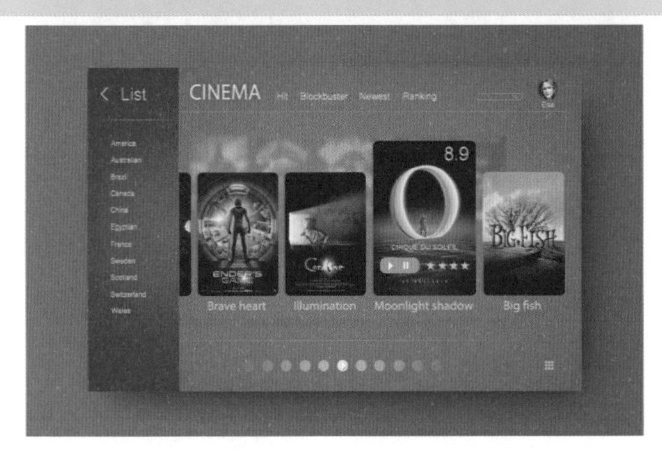

图7.325 影视播放界面效果

操作提示

（1）新建画布并填充渐变制作背景。
（2）绘制图形制作主界面，利用滤镜命令为界面添加阴影效果。
（3）添加素材并为素材添加滤镜命令，制作富有立体感的界面效果。
（4）绘制界面细节及状态图形，完成最终效果的制作。

关键步骤提示（如图7.326所示）

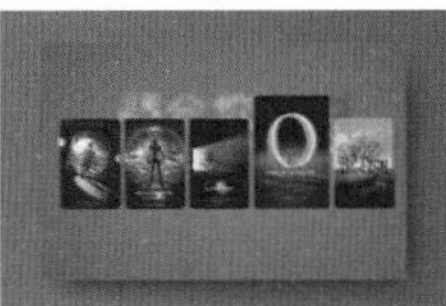

图7.326 关键步骤提示

课后练习7-3　锁屏界面

本例主要讲解的是手机锁屏界面效果制作，此款界面的通用性极高，采用拟物化的四叶草图形方式组合进行设计，并且搭配极强的立体背景效果，使得界面的视觉效果相当不错。锁屏界面最终效果如图 7.327 所示。

难易程度：★★★★☆
调用素材：配套光盘\素材\调用素材\第 7 章\锁屏界面
最终文件：配套光盘\素材\源文件\第 7 章\锁屏界面 .psd
视频位置：配套光盘\movie\课后练习 7-3　锁屏界面 .avi

图7.327　锁屏界面最终效果

操作提示

（1）新建画布并填充渐变制作背景。
（2）绘制图形并将图形复制，变换制作出立体的背景效果。
（3）绘制状态栏及主界面图形，完成最终效果制作。

关键步骤提示（如图7.328所示）

图7.328 关键步骤提示

第8章

本章精彩效果展示

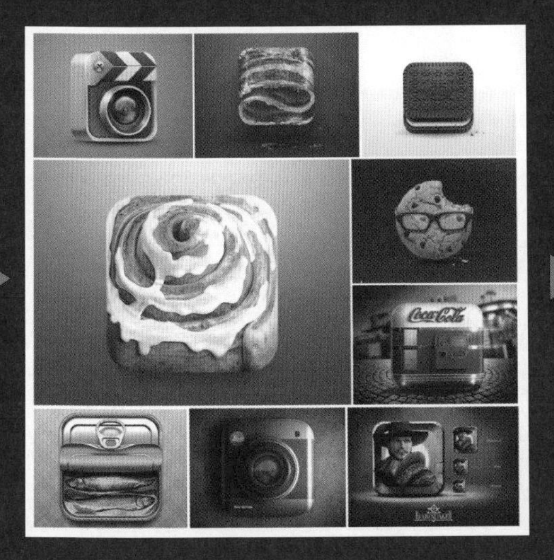

APP实用参考荟萃

内容摘要

本章主要详解UI设计中的APP实用参考荟萃，本章集合了不同风格的优秀界面赏析，设计过程中接触到的名词释义，以及国内外著名的设计参考网站。

教学目标

赏析优秀炫酷图标提升设计水平
赏析优秀风格界面提升设计水平
了解UI设计实用辅助工具
了解优秀国内外网站推荐
认识UI设计中常见的名词释义
掌握色彩基础知识
了解色彩的性格
学习界面设计配色秘笈

优秀炫酷图标赏析

1. 经典拟物化图标

模拟化的图形图标设计从最大程度上表现真实物体的材质、质感、细节，通过形象比拟的手法打造，它的制作过程比较复杂，视觉效果也一流，可识别性也是它的一大特点。

2. 游戏类图标

游戏类图标设计过程比较复杂，它对美术要求比较高，从配色到造型都需要一个整体的构思，同时图标对用户的心理影响也是比较重要的部分。

8.2 流行风格界面赏析

1. 质感类控件

质感类控件主要应用在功能操作按钮上，如音乐播放器、功能开关、响应按钮等元素，它主要表现图形控件的质感及一流的视觉效果。

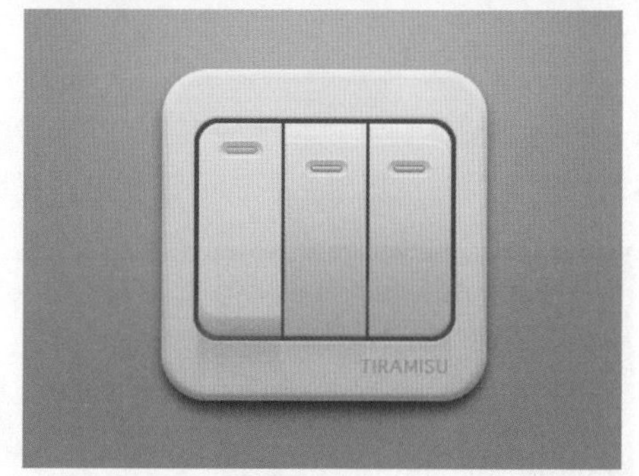

2. 扁平化界面

此类风格界面是最近十分流行的一种设计风格，扁平化界面概念最核心的地方就是放弃一切复杂、繁琐的设计步骤，界面简洁、各类功能及信息清晰明了是它的最大特点，配色一般都以清新淡雅为主。

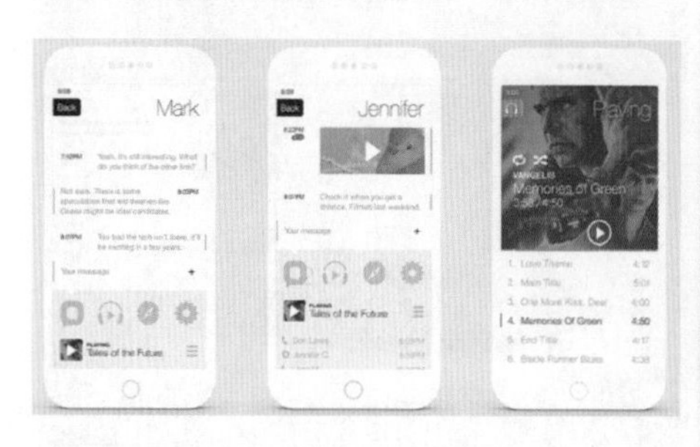

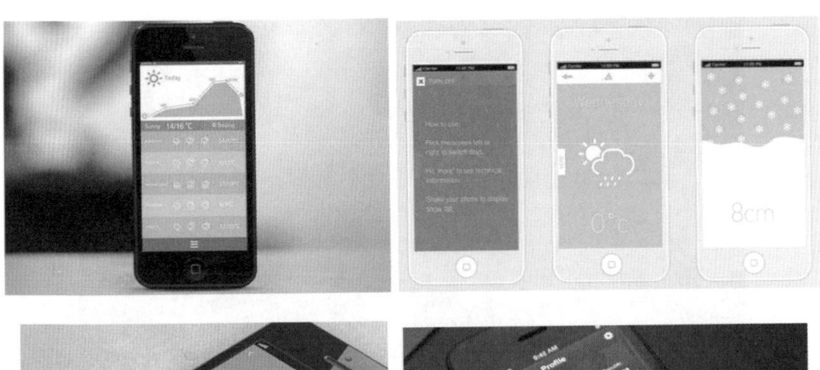

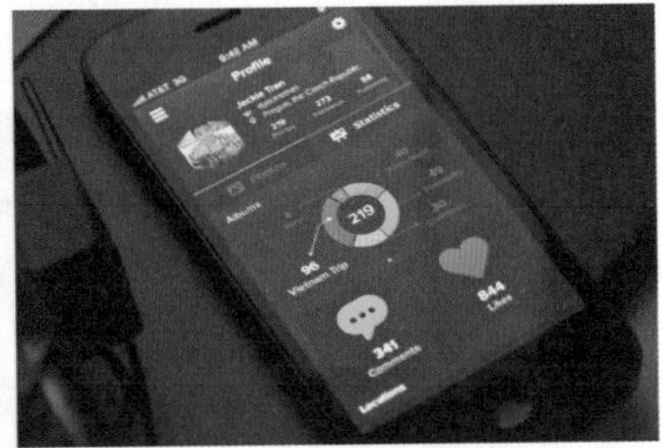

3. 游戏界面

游戏类界面设计中最重要的就是对整体风格的把控，这其中包括造型、配色、布局等元素的合理运用，在界面设计的过程中应以用户体验为基准，针对不同群体的玩家设计出不同风格的界面。

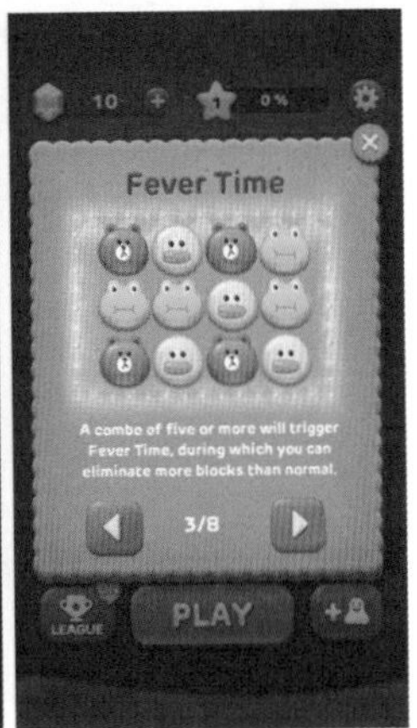

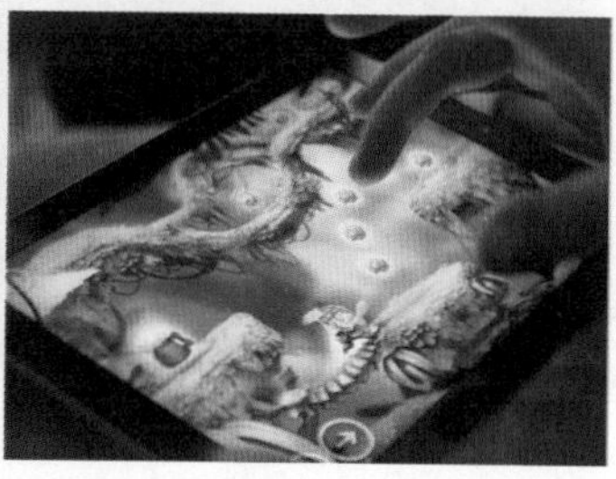

8.3 UI设计实用辅助工具

1. Axure

Axure RP 是一个专业的快速原型设计工具。它可以让负责定义需求和规格、设计功能和界面的人员快速创建应用软件或 Web 网站的线框图、流程图、原型和规格说明文档。作为专业的原型设计工具，它能快速、高效地创建原型，同时支持多人协作设计和版本控制管理。

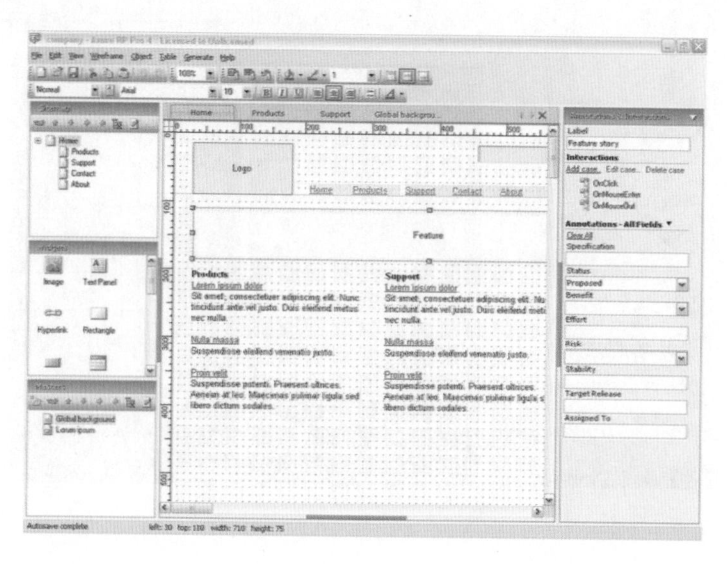

2. Lumzy

Lumzy LUMZY（http://www.lumzy.com/）是一个在线网站应用和原型界面制作工具。

使用 Lumzy 可以轻松创建 UI 模型并即时发送到客户电脑中，此外它还具有团队协作编辑工具。

由于整个页面为全英文，还需要具备一定的英文理解能力。

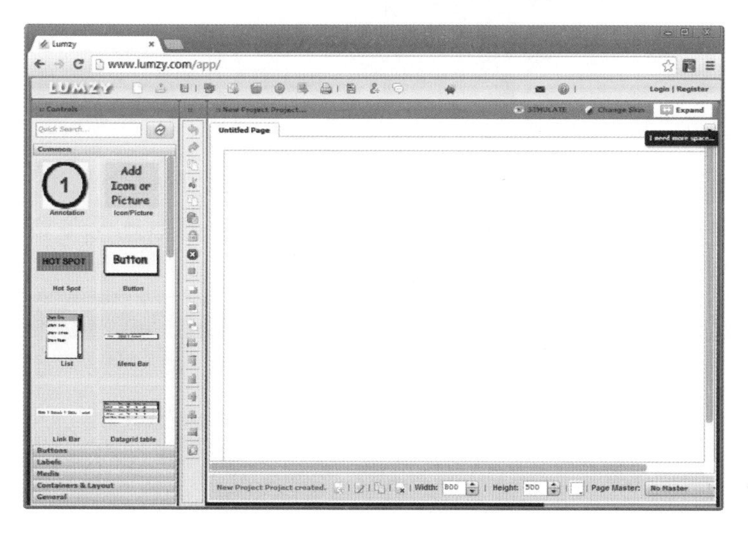

3. Color Scheme Designer

Color Scheme Designer Color Scheme Designer（http://colorschemedesigner.com） 是一个免费的在线取色工具，可以轻松搞定界面配色。

在该网站左侧选择需要搭配的颜色形式（单色、双色、三色等），选定一种颜色，随后选中的颜色以及网站推荐的配色就会显示在右侧。

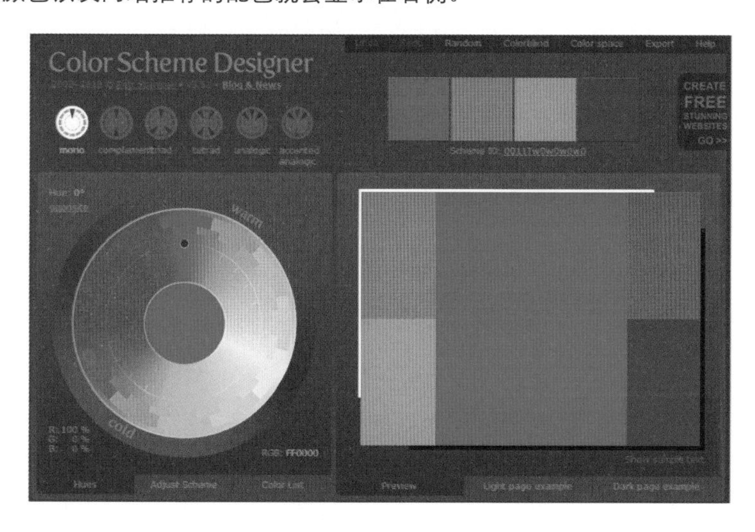

4. TapFancy

TapFancy （http://tapfancy.com）是一个应用设计展示网站，收集了很多优秀的 iPhone 和 iPod touch 应用设计截图，在没有想法的时候可以在这里找到设计灵感。

8.4 优秀国内外网站推荐

1. Iconfans

Iconfans （http://www.iconfans.com）是一个专业的界面交互设计论坛，它们以“小圈子，大份量”的建站理念服务于国内众多设计师，在这里可以与同行业的设计师交流，并且参考资源十分丰富。

2. 站酷网

站酷网 （http://www.zcool.com.cn）是中国最具人气的大型综合性设计网站，2006 年 8 月创立于北京。聚集了中国大部分的专业设计师、艺术院校师生、潮流艺术家等年轻创意人群，在设计领域极具号召力与口碑。

3. 花瓣网

花瓣网 花瓣 （http://huaban.com）帮你收集、发现网络上你喜欢的事物，并且随手“采摘”下来，在这里找到属于自己的灵感。

4. dribbble

dribbble dribbble （http://dribbble.com）是一个著名的国外设计网站，在这个网站通过获得邀请码可以上传自己的作品与全球的“设计高手”交流，同时它也提供招聘服务。

5. CodeNgo

CodeNgo（http://www.codengo.com）是一个应用推广和变现工具，在这里可以将自己开发的应用提交到 Google Play、亚马逊等多个应用商店，同时可监控在不同商店的下载情况并整理成报告随时查看。

6. Behance

Behance（http://www.behance.net）是 2006 年创立的著名设计社区，在这里创意设计人士可以展示自己的作品，发现别人分享的创意作品，相互还可以进行互动、讨论。

UI设计中常见名词释义

Android：（安卓）一种基于 Linux 的开放源代码的智能操作系统
Axure：原型设计软件
AI：（Adobe Illustrator）矢量图绘制软件
APP：（Application）操作系统中的应用软件

BUG：漏洞

CD：（CorelDraw）矢量图绘制软件
CHI：（computer-human interaction) 人机交互
CASE：（Computer-Aided Software Engneering）计算机辅助软件工程
Checkbox：复选框

DB:（Date Base）数据库
Demo：演示，用于演示目的
DB：（Date Base）数据库
DNS：（Domain name Server）域名服务器
DSC：（Decision Support Center）决策支持中心
DPI：（Dot Per Inch）网点密度

ERP：（Enterprise Resource Planning）企业资源计划
Element：元素
EditText：编辑输入

GUI：（Graphical User Interface）图形用户界面

GIF：图片格式

HUI：（Handset User Interface）手持设备用户界面
HCI：（human computer interaction）人机交互

IA：（information Architect）信息架构
ID：（identification Proof or evidence of identity）确认身份的证据或证明
iOS：苹果公司开发的一款智能移动操作系统
ITU：（International Telecommunication Union）国际电信联盟
IETF：（The Internet Engineering Task Force）互联网工程任务组
Image resolution：分辨率
JAR:（Joint Application Requirement）合作应用程序需求
JAD：（Joint Application Design）合作应用程序设计
JPEG：图片格式

KIT：配套元件

LauncheR: 桌面启动器
List Box：列表框
Layout：布局
LPI：网屏分辩率
MMI：（Man Machine Interface）人机接口，MMI 是进行移动通信的人与提供移动通信服务的手机之间交往的界面
Mockup：原型
Menu：菜单

OS：（Operating System）操作系统
OSF：（Open Software Foundation）开放软件基金会
OO：（Object Oriented）面向对象
OOA：（Object Oriented Analysis）面向对象分析
OOD：（Object Oriented Design）面向对象设计
OOP：（Object Oriented Programming）面向对象程序设计

PS：（Adobe Photoshop）图形编辑软件
PSD：Photoshop 专属文件格式
PM：项目经理
px：像素单位
PNG：图片格式

Progress BaR：进度条
PDA：(Personal Digital Assistant) 个人数字助理（掌上电脑）
PPI：(pixels per inch) 像素数目

SPI：(Software Process Improvement) 软件过程的改进
SCE：(Software Capabili Evaluation) 软件能力评鉴
SPA：(Software Process Assessment) 软件过程评估
SPI：信息技术
Template：模板
Text View：文本视图
Toast：提示信息
UI：(User Interface) 用户界面
UCD：(user -centered design) 用户中心设计
UPA：(usability professionals' association) 可用性专家协会
UE：(user experience) 用户体验
UIMS：(User Interface Management System) 用户界面管理系统

Widget：窗口小部件
WUI：(Web User Interface) 网页风格用户界面
WM：(Windows Mobile) 微软发布的一款智能操作系统
WP：(Windows Phone) 微软发布的一款智能操作系统
W3C：(World Wide Web) 万维网联盟